JN164713

エコロジカル・デモクラシー

まちづくりと生態的多様性をつなぐデザイン

ランドルフ・T・ヘスター 著
土肥真人 訳

Design for
Ecological Democracy
Randolph T. Hester

鹿島出版会

DESIGN FOR ECOLOGICAL DEMOCRACY
by Randolph T. Hester
MIT Press first paperback edition, 2010

Japanese translation published
by arrangement with The MIT Press
through The English Agency (Japan) Ltd.

エコロジカル・デモクラシー

目次

Contents

凡例
〔 〕は訳者による補足、原書の表記などを示す。
本文中の添字数字は原書の註釈を示す。

エコロジカル・デモクラシー

まちづくりと生態的多様性を
つなぐデザイン

イントロダクション

この本は、デザインによってエコロジカル・デモクラシーを実現することを記したものである。アメリカの都市をもう一度作り直すことについて記したものである。都市を作り直すことで、私たちは隣人やさまざまな人々とともに活動できるようになり、コミュニティの複雑な問題を解決し、そして自分たちの暮らす場所からたくさん楽しみを得られるようになる。そう、コミュニティにある複雑な問題こそが、私たちの自由や人生、そしてその両方が依拠する生態系の維持に役立っているのである。正しい知識をもち活動する市民を魅了する場所、生態的な回復力の高い場所、その場のもつ生命力が私たちの人生を力づけてくれるような場所、そのような場所がエコロジカル・デモクラシーの基礎であり、エコロジカル・デモクラシーこそが、私たちの国が長期的に健全であるための基本となり、今日の生き方よりも生きがいのある人生の基盤となるのである。

アメリカにおける人々の居住スタイル

　私たちが作ってきた都市のどこが悪いのか。地球規模で考えると、現在の私たちの居住スタイルが持続可能ではないことを多くの研究者が指摘している。彼らはその原因として、地球温暖化やグローバル経済（これが国際都市を形成し、自立した平和の地を奪い去る）、開発途上国との不平等、文化的生態的多様性の喪失をあげる。そしてこれらすべては、都市生活に関わる危機的な問題でもある。

　たとえば現在では、1週間に1000種もの動植物が絶滅し続けていて、これはおもに生息地の破壊によるものだ。つまり現在も拡大を続ける都市のその形態が、生態的多様性の減少を引き起こすおもな要因なのである。しかし私たちはもっと個人的な問題を抱え、毎日頭を悩ませていて、生態的多様性さらには文化的多様性の喪失などに思いをめぐらせる暇などない。しかしそれでも、自分たちの居住スタイルに起因する日々の問題にさえ対処できないのなら、より遠くの問題を解決することなど、到底おぼつかないのだろう。

　この50年の間、私たちは都市や街区や公園での人生を捨て去り、ついには自分の家でさえも人生の舞台でなくなってきている。まるで人生そのものがどんどん削り取られてきたようだ。それも多くの場合、私たちはそのことに気づきもしなかった。都市デザインの貧困によって、人々はコミュニティにあってもバラバラになり、コミュニティ感覚や場所を感じる心を失い、かつては大きな喜びを運んでくれた野生生物の生息環境を破壊し（いなくなってしまった多くの鳥のさえずりが、毎朝私たちの心を楽しませてくれたのに）、そしてついには、私たちの精神そのものまでが鈍くなってしまった。たとえば、私たちは進歩の名の下に、本当にすばらしい近隣地区を破壊して高速道路を建設したが、いまだに交通渋滞は解消されていない。そして拡幅された道路を走る自動車が、人々の生活環境に致死性の汚染物質を撒き散らし、子どもたちの遊びを危険に晒し、道路を挟む地区に住む住民の社交を阻んで、見知らぬ他人にしてしまった。自動車に合わせた環境整備を繰り返し、そのたびに歩くことが無視され、健康が損なわれていく。また私たちは土地利用の分離という考え方に固執してきた。生活費を稼ぎながら親としての務めを果たすという当然のことができなくなるほど、機能別のゾーニングが要求する移動距離は人々の生活の重荷になっている。私たちは郊外をとても清潔にできたが、しかし安全に感じる場所を創ることはできていない。健康に必要な清潔さと、幸せになるのに十分な汚さとのバランスが都市には必要なのだが、私たちはそれも失ってしまった。貧困地区や富裕地区を作り出し、そしてどちらも住民はそこから逃げ出せないのである。人々が閉じ込められ、追い出され、互いに疎外するような都市、本当にこれが文明化した都市の姿なのだろうか。

　私たちは都市を建設する一方で、コミュニティを建設する方法を失ってきた。伝統的なバーンレイジング〔納屋の棟上げへの協力に感謝し、近所の人々をもてなすパーティ〕は、コミュニティが育まれる物理的な場であり社会的な機会だったが、これも技術的な専門家の登場により廃れていった。しかし、コミュニティの建設を専門とする技術者などは存在しない。都市の建設にあたる専門家は、レンガやモルタル、道路幅員や照明、ゾーニングの規定と地区の指定、竣工期限の順守と財政的な制約には、十分に配慮するだろう。ここでは、コミュニティ感覚を育てることは目的ではなくて、私たちのともに働く能力は端から除外され、諸決定がなされていく。人々に愛されたダウンタウンの郵便局は閉鎖され、新しく遠く離れた場所に建て直され、こうしてダウンタウンのビジネスマンや商店主は互いに顔を合わせる機会を失ってしまう。新しい郵便局では低予算のデザインが採用され、人々が立ち止まり会話できるロビーはもはや作られず、そしてコミュニティが弱体化される。

　また私たちは、都市をデザインするのに、もともとその土地に存在する自然の要素を用いようとはしなかった。都市がある地域の特徴をよく理解し、それをデザインに取り込めば、エネルギー、食料、飲料水などの調達や塵芥処理の費用を数十億ドルは節約できるだろうし、同時にレクリエーションの場、地域としてのアイデンティティ、場所の感覚が生み出されるだろう。しかし都市の形を決めている人々は、どこも同じような都市や地域を次から次にデザインし続けていて、植生分布、微気象、空気の流動パターン、水循環などを尊重した、地域の固有性を表すデザインは減少する一方なのだ。私たちは今でも山火事やエネルギー不足や洪水を「自然災害」と呼んでいる。本当に必要か怪しい便利さ、エアコン、テレビ、戸別の郵便配達、個人邸のプール、インターネット、地下に埋設された雨水排水システムなどが、私たちを地域の環境から切り離し、エコロジーに関して無知にしている。

私が最近一緒に働いているコミュニティでは、20年前にまちの真ん中を流れていた小さな谷川を暗渠化した。これは市の洪水調整計画に沿ったものだった。この小さな谷川が氾濫したことは一度もなかったのだが、暗渠化が近代的な改良だと思われたのだった。そしてそれ以来、人々は川に棲む野生動物と触れ合うことができなくなった。今日では、このまちの子どもたちが川歩きや石積み遊びをして水の流れを変えたり、川辺の不思議を探検したりすることはない。子どもたちはカエルやトンボを追うこともなく、オタマジャクシや妖精の魔法の不思議に包まれることもない。実際のところ、このまちの人々は大人も子どもも、そこに川があったこと自体をもはや知らない。こんな風に人生を彩る大切な喜びが減っていき、もともと都市がもっていた、私たちを心身ともに育てる力も奪い取られてきたのである。私たちは自分たちが何をもっていたのか、失うまで気がつかないし、失ってからでさえ気がつかないのかもしれない。

これらの変化、つまりここでは道路の拡幅、あちらでは郵便局の移転、エアコンの設置や小川の暗渠化は、どれもとくに有害だとは思われないのだが、その累積効果が私たちの都市の生命を脅かし、私たちの人間としての存在に破壊的な影響をもたらすのだ。この力がまた、環境とコミュニティへのアノミー〔anomie、目的喪失〕をもたらしている。人々は隣人や仲間である市民、そしてランドスケープにどう向き合えばいいのか混乱している。アノミーの語源は「無法状態」〔anomia〕であり、つまり人々は不健全な混乱状態に置かれているのである。アメリカ合州国や先進国の市民は、技術の発達や標準化、専門化によって、環境の制約から自由になった。もはや日常生活のなかで、生態系の相互依存関係、農民が実践しているそれを経験することはない。この自由と豊富さが、私たちをコミュニティの責任からも解放してきた。かつては協働しなければ手にできなかった多くのものが、個人でも調達できるようになったからである。公園や学校、プールやジム、映画館など、かつては公共の領域でのみ提供されたものが、現在では日常的に個人で手にすることができ、市民の関わり合いはますます必然性を失っている。自らを取り囲む世界からの自立と、そしてコミュニティの解体は私たちに、短期的には巨大な自由をもたらしたが、長期的に見るならば、人間にとってだけでなく都市にとってもまったく思慮に欠けた結果をもたらしている。アノミーが、私たちの人間性をゆっくりと掘り崩している。そして都市を完成させ、人を感銘させる私たちの能力を奪っている。コミュニティと環境への依存から自由になるにつれ、私たちはもう一度、コミュニティと環境との新たな関係を考え、選択し、そして必死にそれを作らねばならないのである。

エコロジカル・デモクラシー

不安定で根無し草になった人々が不安定で根無し草の都市を作り、この都市がさらに不安定で根無し草な人々を作るという悪循環は、すでに何度も繰り返されてきたし、これからは破滅に至る段階に入るだろう。この不健全なサイクルを断ち切る本質的な変化が非常に重要になっている。これこそが私たちの時代のおおいなる挑戦なのである。

広義のエコロジーと直接参加型のデモクラシー、どちらも単独ではこれらの問題を克服することはできない。しかし両者が組み合わされたときに希望がもたらされる。エコロジカル・デモクラシーは、私たちが自分自身や自分たちのまちに撒き散らした、苦痛をもたらす毒を取り除いてくれるのである。さらに重要なことは、エコロジカル・デモクラシーは、私たちが到達しうるなかでも最もすばらしい人生を表すということである。エコロジカル・デモクラシーは、即効性の修復ではなく、長い旅路となる。

デモクラシーとは、人々による政治である。それは、直接には地域での活発な参加を通して、間接的には選挙を通して実現される。そして平等の原則に従い、個人の必要やより広くコミュニティに役立つよう配慮しながら実現されている。エコロジーは、有機体の関係の科学である。この有機体には、環境や私たち自身も含まれる。それは自然のプロセス、生態系、人間の相互関係、人間と他の種との関係、人間と都市との関係、これらの科学的研究を含む。つまりエコロジーとは、社会的、環境的機能とその相互接続の原理なのである。そして全体的、長期的、創造的にものを考える方法でもある。

エコロジカル・デモクラシーとは、直接的で実際の参加を強調する人々による政治である。行動は、自然のプロセスと社会関係の理解に導かれる。そして自然のプロセスと社会関係は、場所とそれを広く取り囲む環境のなかに刻まれている。これが、私たちの暮らす場所における個人の必要や幸福、そして長期的にコミュニティが受ける利益の再評価につながる。エコロジカル・デモクラシーは、新しい都市の生態系を作り上げ、現在の都市の形態を変えることができる。すると、大は流域の形から小は郵便局のベンチまで、変化した私たちの都市の形態が、さらにエコロジカル・デモクラシーの建設を後押しすることになるのである。

エコロジカル・デモクラシーの生と死、そして再生

エコロジカル・デモクラシーは、まるで結婚式のドレスのようで、「どこか古く、どこか新しく、繰り返すもので、真実のもの」である。アメリカ合衆国の建国者たちはエコロジカル・デモクラシーの農村版をはっきりと口にしている。それは私たちの独立と憲法を支えている。トマス・ジェファソン〔Thomas Jefferson〕は自作農をよく理解していた。自作農民は地域のランドスケープと深く協調しているので、雨や流路パターン、森や土、そして穀物が彼に、とるべき行動を一つひとつ、公的なもの私的なものも教えてくれるのである。ジェファソンの目には、農民が大地に仕えていると映った。同様に、農民はデモクラシーに仕えていて、それは地域固有の生態に基づく知恵と草の根の直接参加を通してであった。この見方は（当時は欠点があるとされ、今日ではロマン化されているにもかかわらず）、アメリカの理想を再生するのに役立つ。それはアメリカ人の無意識のアイデンティティの一部であり、自明の真実なのである。しかし、時が経つにつれ、大地への奉仕と直接参加型のデモクラシーに根ざしていた市民という存在は減少し、ほとんど消滅してしまった。

往時の農業社会は、今日の都市的で専門化した移動型の社会になった。南北戦争から公民権運動に至るまでの100年の間に、政府も次第に専門家によって運営されるようになり、素人たる市民が直接関与することはなくなっていった。代表制による政治によって私たちは、地元の物事に直接関与することから自由になった。都市においては多くの分野もまた専門化され、私たちは地元の生態系への依存から解放された。

しかし、瀕死の状態にあったエコロジーと直接参加型のデモクラシーは、20世紀後半に再び息を吹き返した。この時期に両者は別々に発見され、またジェファソンがイメージしたであろうものよりはるかに複雑な形をとっていた。どこか古いものは、完全に新しいものになっていたのである。広義のエコロジーと直接参加型のデモクラシーのふたつの力こそが、この時代の最も重要な発見であり、私たちが考えるに足る新しく力強いものであり、ポストモダンの世界観に最大の影響を与えたのである。

レイチェル・カーソン〔Rachel Carson〕が1962年に

『沈黙の春』で警鐘を鳴らして以降、エコロジーの諸原則は私たちの意識にゆっくりと根づいていった。人工的な環境は、広義のエコロジーにしたがって形成されねばならないことが明らかになったのである。しかし当時のエコロジーは、保存されるべき自然地はどこで、開発してはいけない範囲はどこか、ということに集中し、執着していた。その後、時とともに、都市でのエコロジカル・デザインが有機体や生息地や自然、政治的な出来事に関する全体的な理解のフレームワークになっていったのである。同様に、デモクラシーもまた大きく成長した。1988年から2005年の間にデモクラシーの国は2倍になり、66ヵ国以上が権威的な国家体制からの脱却を果たした。世界中で、自由への願望と、都市デザインに関わる決定に直接参加したいという市民の機運が盛り上がり、噴出している。しかしこれらの社会運動に、地域のガバナンスや民主的な住居のデザインについてのエコロジーの考え方が伝えられることはほとんどない。エコロジーとデモクラシーはそれぞれ力強いが、しかし分断された存在なのである。

必要と幸福の結婚

近代的な生活において、広義のエコロジーと直接参加型のデモクラシーがパートナーになることはほとんどない。政治的にも、生活の日常的な細々とした物事においてもである。私の仕事であるランドスケープ・アーキテクチャーと環境計画の分野でも、広義のエコロジーと直接参加型のデモクラシーは異なるイデオロギーから形作られてきた。ランドスケープ・エコロジーは、全体的な観点をもちうるのだが、しかし断片化した科学研究に依拠している。そしてこの科学研究とは、理論的で客観的で抽象的であり、人間の感情やまるで魔法のような不思議な現象には懐疑的であったが、しかし今日ではデモクラシーの衝撃を受け、当惑しているものである。はじめて都市デザインにエコロジーを適用した研究者たちは、大きな危機がすぐそこに迫っていると考えていた。したがって解決策はトップダウンで、市民参加などはできるだけ避けて、すばやく決定されねばならなかった。一般の人々はずぶの素人なのであり、信用できないというエコロジーの科学者たちの考えは、韓非子の、大衆の知能は赤子の心以上のものではないという言葉と呼応するものだったのだ。アメリカでは、都市デザインへの直接の市民参加は1960年代の公民権運動まで待たねばならない。当時、直接参加はある種の宗教的な熱狂をもって受け入れられたが、それは決して科学的な態度ではなかった。自由と平等への情熱、トップダウン型の権力への

可能にする形態、回復できる形態、推進する形態

人間の居住には3つの基本的な課題があり、したがってこれをもう一度定式化すれば、よりよい都市を作ることができる。この基本にしたがい、私たちの居住のランドスケープを変え、エコロジカル・デモクラシーへと移行する必要がある。第1に、都市とランドスケープは、私たちが活動できる場所にならねばならない。現在の都市とランドスケープは、反対に私たちを衰弱させてしまう。第2に、都市とランドスケープは、さまざまな衝撃に堪えられるように作られねばならない。現在の都市とランドスケープはとても脆い。第3に、都市とランドスケープは、ただ消費的であったり、逆に制約的であったりするのではなく、魅力に満ちていなければならない。

私たちの居住のランドスケープは、この3つの根本的かつ相互に関連する基本的な特性にしたがって、変わらねばならない。その特性とは、可能にする形態、回復できる形態、推進する形態であり、デモクラシーとエコロジーを統合するものである。これらは、エコロジカル・デモクラシーの都市を建設するためのレンガなのである。

3つの特性を定義するのは、人間の価値、日常の行動、参加するという行為、生態的なプロセスにもとづくデザインの諸原則である。すなわち社会科学と自然科学の考え方のどちらもが都市ランドスケープのデザインには重要なのだが、私はこの両者を結婚させて、デザインの15原則を抽出した。これらの原則は、大は地方、都市、町から、小は街区、曲がり角、庭、住宅に至るさまざまなスケールのランドスケープを実践的に改良するための命題を構成する。エコロジカル・デモクラシーのためのデザインの15原則が、可能にする形態、回復できる形態、推進する形態のなかに埋め込まれている。

可能にする形態〔Enabling Form〕

——「隣の人たちと知り合いになれた」

私たちはコミュニティで活動し、協議型のデモクラシーを守り、自らを衰弱させないために、都市を改良する必要がある。可能にする形態は、人々がそれほど親しくない隣人とも知り合い、困難な問題を解決するためにともに活動できるようにする形だ。可能にする形態が、互いに知り合い、経験を共有するのに必要な、「中心性—センター」〔Centerdness〕を実現する。郵便局のベンチがその象徴だ。ベンチは人々に、公共の場所でぶらぶらし、郵便を受け取りにきた人々と会い、地域のニュースを共有するように勧めている。可能にする形態は、私たちがいかに他の人々、そしてランドスケープに結びつけられているかを、明らかにする。「つながり」〔Connectedness〕の

感覚が私たちに沁み込むにつれ、家族や友人の枠を超えて、他の人々の世話をする責任感が湧き出す。「公正さ」〔Fairness〕は、罪悪感や利他主義の問題ではなくなり、至極当然のものとなる。可能にする形態によって、人々は「賢明な地位の追求」〔Sensible Status Seeking〕ができるようになるが、それは日々の暮らしに「聖性」〔Sacredness〕を発見することを通してなのである。可能にする形態は、場所に根づき相互に結びついている運命共同体の姿を明らかにし、共有している高い目標を、市民に気づかせるのである。

回復できる形態〔Resilient Form〕
——生活、自由、そしてずっと続く幸福の追求

私たちは、生態系が回復できるように都市を改良する必要がある。今日ほど都市の生態系が貧しく危ない状態になったことはなく、過去の技術が引き起こした環境破壊を正すための新しい技術が強く求められている。回復力に富む都市は、その場所に「特別さ」〔Particularness〕をもつ生態系、たとえば気候、水循環、植生、建設材料などから作られる。そしてデザインによって建物を自然の力で冷暖房し、健康な空気、水、食物を供給し、人間の居住地と野生動物の隠れ場所を作る。よい都市は、自然による回復力あるプロセスをそこここに配置し、生態的文化的「選択的多様性」〔Selective Diversity〕を増進し、同時に都市デザインに必要な統一と複雑さのバランスをとる。回復できる形態は、「密度と小ささ」〔Density and Smallness〕を軽蔑の対象から強みに変え、地方の内に「都市の範囲を限定する」〔Limited Extent〕。こうして持続性が向上し、健康がもたらされると、人々の日常生活に自然の創る不思議が組み込まれるようになる。そして都市は「適応性」〔Adaptability〕を備え、財政的にも安定する。回復できる形態は、人生、自由、ずっと続く幸福を追求するのに十分なエネルギーを、人々に与えるのだ。

推進する形態〔Impelling Form〕
——「まちが人々の心に触れるようにしなさい」

私たちは、喜びによって前に進むことができるように、都市を改良する必要がある。現在の都市は、不安定や恐怖や強制によって私たちに多くを強要する。人の心をもたない自由企業による都市化が生活の安定を脅かし、多くを強いる。核戦争による終末を演出する者たちが、恐怖と強制をもって私たちに迫る。もちろん、どれもエコロジカル・デモクラシーに相応しいものではない。そうではなく、私たちの心が都市に触れ、そして前に進めるようになる、そんな都市を作らねばならないのだ。未来の住まい方が今日のそれとは抜本的に異なるとしても、

それはまず私たちが親しんでいる現在の日常のパターンから導き出されるだろう（日常にある未来〔Everyday Future〕）。推進する形態は、私たちが自然の自分、本来の自分になるよう誘う（自然に生きること〔Naturalness〕）。推進する形態は、私たちの日々の生活のなかに、科学とともにある（科学に住まうこと〔Inhabiting Science〕）。この科学は、私たちがよき市民になるために、また私たちが豊かになるために必要としているものだ。よい都市は、生態系と私たちの一体性、そして生態系に表れるその特徴を意識させてくれる。そしてこの意識が、自らの生きる場所のアイデンティティ、関係性、子どもがもつような畏怖の気持ちにつながる。推進する形態は、さまざまな方法で人々の心に奉仕の精神を宿らせる（お互いに奉仕すること〔Reciprocal Stewardship〕）。この精神は大地とそれに奉仕する者の両方を健康にする。推進する形態は、光の速度からカタツムリの動きまで、多彩な都市のテンポを刻む（歩くこと〔Pacing〕）。そしてこのような都市では、人々の喜びが溢れだすのだ。この都市は、私たちの悲嘆も絶望も知りながら、しかしそれらすべてを超えて人生を祝福する。推進する都市は、何者にも惑わされず、私たちを高く持ち上げる。これこそがよい都市のもつ不思議なのである。

グローカルなデザインプロセス

エコロジカル・デモクラシーには当然のように、参加型で科学的で冒険心に満ちたデザインプロセスがともなう。エコロジカル・デモクラシーは、地域の意思決定に市民が直接関わるよう求めるから、未来の住まい方は、顔の見える草の根の参加によってデザインされる。人々の活動は、土地の知恵や場所への愛着、そして世界的なネットワークとエコロジカルな思考、その両者から情報を得て行われるだろう。したがって活動はローカルでもグローバルでもなく、グローカルなものとなるだろう。このデザインプロセスでは、外部からの影響と効果を考慮しながら、地域に関する決定がなされる。これが、エコロジカル・デモクラシーの根幹をなすデザインプロセスである。このプロセスについては、『人々とともに近隣地区を計画する』〔Planning Neighborhood Space with People〕（1984年）、『まちづくりの方法と技術——コミュニティー・デザイン・プライマー』〔Community Design Primer〕（1990年）などで詳しく述べたとおりである。このデザインプロセスが人々の社交の場、フォーラムを創造し、そこでは少数意見でも優れた意思が議論される。デザインプロセスが住民の最高の意思を明らかにし、そしてそれに従って活動するよう住民を促すのである。

焦点はデザインにある

しかし本書は、参加のプロセスについて述べるものではない。都市の形態についての本である。エコロジカル・デモクラシーを力づけるために、いかに都市のランドスケープを形作ることができるかを展望し、その重要性を強調する本である。私は、可能にする形態、回復できる形態、推進する形態の15原則を述べ、ランドスケープ・デザインにおいて何を考えるべきか、どのようなデザインを優先すべきかを説明しよう。私は、都市のランドスケープにどのように焦点を絞り、効果的に分析し総合するのかを説明しよう。エコロジカル・デモクラシーが現れる場所の作り方を、事例を示しながら解説しよう。本書で取り上げたプロジェクトはすべて、地域の自然のプロセスと伝統的な文化を利用して進められていて、一方で現代的な都市デザインによるものは少ない。この結果一つひとつのデザインが、特別なものとなっている。エコロジカル・デモクラシーのデザインは生態的に多様で、文化的に饒舌で、融和し、打てば響き、内側から満ち、形だけの流行や利己的な地位の追求に流されない。これらの点で、ほとんどの近代都市とは違う。そして、エコロジカル・デモクラシーがまるで夢のようなビジョンでありながらそれでも実際に実現できることが、本書で示す多くのプロジェクトから理解できよう。これらのプロジェクトは、人々がコミュニティをよく知り考え、抱いた夢に過ぎなかったものを、皆が協調し活動して実現したものなのだ。本書にあげたプログラム、そしてアメリカ中、世界中で見られる数千数万もの成功事例は、エコロジカル・デモクラシーが誕生しつつあることの確かな証左なのである。そしてここで重要なのは、傑出した個々のプロジェクトではなく、エコロジカル・デモクラシーのデザインの基礎と原則である。なぜなら、可能にする形態、回復できる形態、推進する形態を支える基礎の上に、いまだイメージできないエコロジカル・デモクラシーのランドスケープが創り出されるであろうからだ。

この基礎をどのように理論化すればよいのだろうか。私の主張は、シンプルである。すなわち、エコロジカル・デモクラシーを実現するために、すべてのデザイン行為は、可能にする形態、回復できる形態、推進する形態を同時に、別々ではなく一緒に実現することを目指さねばならない。優れたデザイナーならば、この3つすべてをひとつの作品に埋め込む。そのための合理的な方法は、デザインが形となるときにエコロジカル・デモクラシーの15原則すべてが最適に用いられているかと自問することである。私はデザインの諸問題と格闘し、右の理論が実際に使えることがわかった。ときどき自ら立ち止まってみて、15原則のどれも無視されていないか、きちんとチェックするのである。するといくつかの原則が忘れられているのが常なのだ。そこで欠落していた原則を加え、修正することが確実にデザインを豊かにする。このようにエコロジカル・デモクラシーの15原則は、理論的なチェックリストとして役立つ。一般的にいって、都市デザインのための理論の有効性はまず実用性に立脚しなければならない。

なかでもより重要な原則はあるのだろうか。これにはふたつの答えがある。まず理論的には、最もよく現象を説明する原則を抽出できるだろう。ここでいう現象とは、エコロジカル・デモクラシーを力づける都市のデザインである。この点からは聖性が最も強力な原則で、内容的にも実践的にも重要なものだ。聖性は人々に大切にされている価値を表現し、この価値は直接に都市形態に影響を及ぼす。聖性は、中心性―センター、つながり、都市の範囲を限定すること、特別さの4原則をはっきりと内包していて、間接的にはその他の諸原則もすべて含んでいる。また15原則の間は因果関係ではなく、特別な相互関係で示される。そうすると、中心性―センター、つながり、都市の範囲を限定すること、特別さの4原則が、他に比して強い相互関係を示すこともわかる。理論的には、これらがより重要な原則だといえる。

エコロジカル・デモクラシーの15原則は、並行しながら相互に触媒作用を及ぼすが、例外もある。たとえば、聖性は共感というつながりを通して、お互いに奉仕することと公正さのきっかけとなる。聖性はまた、誤った地位の追求へ反撃を加えるが、そうすることでまた、これが他の原則へ悪影響を及ぼさないようにする。いくつかの原則は(とくに日常にある未来とお互いに奉仕すること)、他の原則にあまり結びついていない。しかし人々と場所との新たな関係、地域の生態的なプロセスを熟知したうえでの関係を作り上げる。理論的にいうならば、原則の間に生じる触媒の働きが比較的独立したいくつかの原則を、エコロジカル・デモクラシーに不可欠なものとしている。これについては、この本全体を通して述べていこう。

どの原則が最も重要かという質問への実践的な回答は、それぞれの都市と地方の文脈に拠る。たとえば、中心性―センターと都市の範囲を限定することは、アメリカのほとんどの都市に欠けており、理論的にも実際の都市作りにおいても、最初に取り上げるべき原則である。しかし、コロラド州ボルダー市やロサンゼルス市などでは、都市の範囲を限定することはすでに目標とされており、したがって他の原則が優先されることとなる。同様に、密度と小ささが、アメリカのほぼすべての都市で最優先事項だが、ホノルルでは違う。すなわちエコロジカル・

デモクラシーの15原則は、つねに検証されるべきなのであって、そうすればどこでも共通する問題ではなく、その都市が抱える最も危機的な課題に集中することができる。それでもやはり、15原則が相互につながっていること、すべて同時に、一緒に追求されねばならないこと、これが最も大事な考え方であり、この視野を忘れてはいけない。

この本はエコロジカル・デモクラシーを学ぶ学生のためにある

私はまず、都市を作るのと同時にコミュニティ感覚も醸成したいと考えている人々に向けてこの本を書いた。読者のあなたたちはデザイナーで、多くはランドスケープ・アーキテクト、都市計画家、環境計画家、建築家、エンジニア、法律家、資源マネージャー、そして勇敢にものを考える学生諸君だろう。おそらく、都市作りに関与するすべての人々にこの本を利用してもらうことができる。法律、不動産、教育、健康管理、財政などの専門家であるあなた方、市長や議員、公務員、その他都市をデザインし運営するあなたに使ってもらえるのだ。NGOで働くあなたは、環境的公正の実現に取り組んでいても、世界の生態系ネットワークを守る活動に取り組んでいても、本書で議論される思考から学び、意義ある行動へとつなげることができる。私は、州や国家レベルの政治家の言葉遣いをよく知らないが、政治に関わるあなた方もここで述べられる15原則を使うことができるだろう。そしてすべての市民が、可能にする形態、回復できる形態、推進する形態を創るための行動をとることができる。

この本は、コミュニティを改良し、再建したいと考えている住民の方々にとっても使いでがあるはずだ。あなたが自分の暮らす地区、都市、地方の現状に満足しておらず、あるいはあなたがボランティア、親、子ども、不法移民、環境活動家、NIMBY（Not In My Back Yard、総論では必要性を理解するが、自宅の裏庭にはお断り！の住民エゴを表す略語）、社会改良家で、自分たちの地域に不満をもっているのであれば、この本の15原則が建設的な選択肢を構想するのにおおいに役立つことだろう。これは、決定的に大切なことである。私たち市民は「これが欲しい」というよりも、「これはいらない」というのが、はるかにうまくなってしまったからだ。荒廃したエコロジーと弱体化したデモクラシーが、あらゆる変化に対して私たちを悲観的にしてしまった。いまや破局的なエコロジーが私たちの意識の一部となっている。だからこそ賢明なエコロジーが、私たちの最も必要としているものなのだ。自由企業が統べるデモクラシーが私たちを無責任にしてしまった。しかしエコロジカル・デモクラシーの15原則は、新しい魅力的な選択肢を作ることができるし、よき市民であるために何を知り、何をすべきか、私たちに教えてくれる。私たちが皆、可能にする形態、回復できる形態、推進する形態の言葉をもっとうまく話せるようなったときにこそ、エコロジカル・デモクラシーが動き始めることだろう。

私はまた、私自身のためにこの本を書いた。40年前、社会学と生態学とデザインを組み合わせようと奮闘していたとき、もしこの本があれば、どれほど私を助けてくれたことだろう。昨年、ロサンゼルス市サウスセントラル地区のサンフェルナンドバレーで公園をデザインしていたとき、もしこの本があれば、どれほど私を助けてくれたことだろう。ああ、私がノースカロライナ州ラレイ市の若き市会議員であったころ、大小の決定をするのにまだ実践的なビジョンに欠けていたあの日々に、もしこの本があれば、どれほど私を助けてくれたことだろう。市民活動家として、高速道路に反対し、絶滅の危機にある動植物のために闘う私に、もしこの本があれば、どれほど助けになっただろう。もしこの本にある15原則を手にし、覚え、心に刻むことができたならば、もっとよい結果を残せただろう。私はこの本を、さらに努力するために用いよう。エコロジカル・デモクラシーがそこここに育ち、多くの人の生が豊かになる、そんな場所を皆さん一人ひとりが創造するために、この本が役立つことを望んでいる。この本は、エコロジカル・デモクラシーを学ぶすべての学生のためにある。そう、私たち全員のための本なのである。

I

可能にする形態

Enabling Form

「隣の人たちと知り合いになれた」

何年か前、私はカリフォルニア州ロサンゼルス市のハリウッドにある峡谷に公園を創っていた。この峡谷はハリウッド大通りの近くにある平坦な盆地から(アメリカに到着したばかりの移民が大勢いたために、西のエリス島と呼ばれた地域)、サンタモニカ山脈の尾根まで続いている(映画業界のリッチな有名人たちのまるで夢のような家々の間をマルホランド・ドライブが通る地点)。この公園を計画するために採用された住民参加のデザインプロセスは、数々の困難を乗り越えて、最後にコミュニティセンターと小規模な流域管理を要求する案にまとまった。私はデザイナーとして、この計画におおいに誇りを感じていた。コミュニティセンターの中庭で供されるハリウッド・スタイルのレモネード、公園の入口にある花が咲き誇るコミュニティガーデン、小さな砂防ダムや自然の池に囲まれプラタナスにささやきかける樫の木々、私は公園完成後のそんな風景を思い描いていたのだった。私の頭のなかでは、公園はすでに野生の自然と都会の両方の顔をもつハリウッドの街にすっかり溶け込んでいた。そしてロサンゼルス市が計画案を公式に採用するために、最後のコミュニティ・ミーティングが開かれた。この公園の近くに住む著名な映画プロデューサーが立ち上がり、計画案に好意的な意見を述べた。しかし彼がこう言うのを聞いたときに、私のデザイナーとしてのエゴは完全に萎んでしまったのだった。「これは実にいい計画だよ。しかしこのプロジェクトで何よりもすばらしかったのは、私たち皆がコミュニティの隣人と知り合えたということなんだ」。ここで彼が意図せずに口にした叱責が、デザイナーとしての私の頭から離れない。そう、このプロデューサーの洞察こそが、エコロジカル・デモクラシーの基盤なのだ。ハリウッドでは裕福な人々はすべてをもっているように見えたが、しかしコミュニティ感覚だけはもっていなかった。隣人を知る住民はほとんどおらず、住民で共有されるべきものはひとつも存在せず、そこには強烈な個人の利害があるだけだったのだ。ここに暮らす人々にとっては、一市民として他の人々と協働して公園についてのビジョンを創ることは非常に難しいことなのだった。デザインプロセスのあるときなど、売り出し中のテレビスターで公園に隣接した家の所有者が、気に入らない決定を前にしてそれなら自分が自分のためにその峡谷を買う、と言ってのけたものだ。「とっとと値段を言ってくれ!」と市の職員に言い放ったのである。

裕福な居住者たちは、公共心とは無縁のあたかも社会と無条件の自由契約を結んでいる人々のようであった。彼らはよく知られた学問的な用語「ボウリング・アローン」だったのである。[1] 共有できる価値を作ることは、この人々に隣人と知り合うことを求め、そしてそれは複雑な問題を解決するため協働するという能力を再び獲得する第一歩であった。[2] そして彼らはそれを達成し、おおいに満足したのだった。

隣人を知ることのすばらしさを述べた映画プロデューサーは、まったく正しかった。効果的にエコロジカル・デモクラシーを実現していくためには、私たちはまず地域で市民が隣人と関係をもてるような場所を創らなければならない。この考え方には、環境保護主義を主張する人々が直感的に反対するかもしれない。しかし、人々がともに活動することを可能にする社会的環境が整わずして、健全な生態系を守り育てることは望めないだろう。強力な民主主義は、思慮深く熟慮された協力のための場がなければ、その花を咲かすことができない。このセクションでは、このようなエコロジカル・デモクラシーを「可能にする形態」〔Enabling Form〕の創出に焦点をあてることにしよう。

先に述べたハリウッドの住民は地域ではまったく経験を共有しておらず、市民としては失格なのだが、これは例外的な事例なのか？　それとも、経験を共有しないことは、今日では普通のことなのか？　もしそうなら、私たちはどうしてそんな困難な事態に立ち至ってしまったのか。何よりも、よい都市デザインはこの問題を解決へ導いていけるのだろうか？

絡み合った複雑な都市問題を解決するためには、人々が地域で協働できる能力が必須なのだが、しかしそれが欠如していることが少なくともこの半世紀、さまざまな形で報告されている。[3] ロバート・D・パットナム〔Robert D. Putnam〕の「ボウリング・アローン」やリチャード・セネット〔Richard Sennett〕の「公共性の喪失」などの実証的研究や、NIMBYの蔓延は、元来人間に備わっているはずの規範的な力が失われていることを定性的、定量的に明らかにしている。[4] 例外はまさに特異であるがゆえに、注目に値する。[5] この意味でハリウッドのような例外的な近隣地区は感動的な話さえ生み出すのだが、しかし多くのコミュニティもまた、交錯する多くの協力関係を取り結び、ともに経験し実践した経験などもっていない。そしてそのような経験こそがコミュニティの直面する問題に対処するために求められているのである。[6]

失敗はさまざまな形で現れる。ハリウッドの事例では住民たちは互いを知らず、地域の生態システムを知らず、複雑な問題をともに活動して解決していく能力ももっておらず、しかし外の世界のことはとてもよく知っていた。彼らは世界的に活躍する人々なのだが、自分の暮らす地域のことはよく知らなかったのだ。他の都市ではこれと正反対のこともあり、住民は互いによく知っていたが、中心となる者たちの相互不信によって一緒に活動することができなかった。外の社会から隔絶した農村地域では、世界の動きをあまりにも知らず、効果的な行動がとれなかった。このように協力して事にあたれない理由はさまざまだが、結果はどれも似たようなものである。住民たちがある悩ましい問題を解決しようとともに活動を始めたとたん、もうひとつの大きな困難にぶつかるのである。

私たちの多様性が、ともに活動することを難しくしているという意見もある。[7] 確かに所得や社会的立場や人種や所有財産の違いによって、ハリウッドの人々は協働しにくかったかもしれない。しかし、彼らは自分によく似た階層の隣人でさえ全然知らなかったのだ。偏見や不寛容や狭量な既得権への固執は、この問題の一部しか説明できない。[8] 人々がともに活動することを妨げている要因の多くが、私たちの都市の形態にあるのだ。

って他者を扱い、地域の環境そのものにも敬意を払っていることをはっきりと示す。それは、私たち一人ひとりの人生とコミュニティでの生活を充実させ、破滅に導きかねない社会的地位の追求から私たちを自由にしてくれる。隣人を知ることができ、受容し共感に溢れた市民社会を打ち立てるための場所を創るのである。

可能にする形態は、おもに5つのデザイン原則によって形作られる。その原則とは、①中心性―センター〔Centeredness〕、②つながり〔Connectedness〕、③公正さ〔Fairness〕、④賢明な地位の追求〔Sensible Status Seeking〕、⑤聖性〔Sacredness〕、である。⑤聖性と①中心性―センターと②つながりの3つの原則は相互に強く関係していて、残りの2つの原則もエコロジカル・デモクラシーにとって重要である。デザイナーはどんな場所であっても、5つの原則のうちすでに十分なものとこれから強化すべきものを評価し、エコロジカル・デモクラシーのための資産を増やし、負債を償還する戦略を立てなければならない。しかも一方で、可能にする形態、回復する形態、推進する形態、これらすべてが全体として1枚のキルトに織り上げられるよう、注意しなければならない。本書で解説する15の原則――そのうち5つは第1部 可能にする形態、あとの10原則は第2部 回復できる形態と第3部 推進する形態の部で述べられる。この15原則は、デザインが全体としてうまく進んでいるかを評価する、チェックリストとしても役立つだろう。

1

可能にする形態

中心性―センター
Centeredness

コミュニティで人々がともに活動するためには、興味と場所を分かち合う必要がある。これらが人々を、顔の見える社会的な営みへと引き寄せるのである。ある経験を共有することや、活動をともにすること、互いに興味をもつこと、またそのための舞台、これらすべてが中心性―センターと呼ばれるものになる。センターは、多様な経済、地域のアイデンティティ、土地への帰属意識の基礎となる。センターは、社会―空間的な資本となり、成熟した民主主義を強め、そして地域という考え方を育てる。[1]

ルイス・マンフォード〔Lewis Mumford〕からスザンヌ・ケラー〔Suzanne Keller〕まで、都市デザインの理論家は大体、経済効率や、空間の明快さ、社交、コミュニティ感覚、そして地元への愛着のために、コミュニティにはセンターが必要であると述べている。[2] とくに、近隣地区の単位こそ、さまざまな施設が必要だとされてきた。公園や、集会所、郵便局、学校、図書館、地元商店などである。そしてセンターとは、市民が多目的に使うランドスケープによって構成され、さまざまな店舗がオープンスペースを取り囲み、人々が暮らす住宅やアパートから徒歩圏にあるものである。[3]

経済構造の変化、人や物の移動の増加、人々がそれぞれ異なる関心をもち始めたことなど、近代化によって生活様式が一変し、アメリカのコミュニティからは、右に述べたようなセンターが失われつつある。かつて多くの目的に利用されてきたセンターは、今日ではただ経済活動のための孤立したセンターとなってしまった。この変化が顕著に見られるのはバーモント州である。１９９３年、

２００４年、バーモント州は、存続の危惧される11のまちのひとつとして、ナショナル・トラスト〔National Trust for Historic Preservation〕が作成する歴史的保存リストにあげられている。ここでは、アウトレットモールや見せかけだけのセンターが、かつては生き生きしていたセンターから活気を吸いとってしまった。[4]ウォルマートの従業員たちが叫ぶ「奥まで並べろ、安く売れ、積み上げろ、売り飛ばせ、ダウンタウンの小売店主たちに悲鳴をあげさせろ」という掛け声が象徴するのは、さもしい利益追求であるばかりでなく、まちのセンターの死である。[5]ひとたび大規模小売店ができれば、５年以内に「30キロメートル圏内の町では20パーセント近く売り上げが落ち込む」。[6]こうして伝統的なセンターがもっていた公共性は私物化され、先進的コミュニケーション・ネットワークが、さらにセンターを衰退させる。自動車の通行や駐車によってセンターは壊され、人々がこれで移動するので、商業施設と公共施設がまち

緑が集まる

出来事が集まる

のランドスケープの至るところに分散することになってしまった。また地方分権は各地方にあるセンターの活性化を謳っているが、現実にはセンターを衰退させている。アメリカ全土を席巻した地方分権の流れは、実際には郊外化を進めてしまい、その結果まちは迂回され、活気のない弱々しいセンターがそこここに作られ、地域社会から本物のセンターを奪ってしまった。そう、これがスプロール現象なのである。ここではすべての場所がそれぞれの世界の中心となり、そこで分かち合われる物事は何ひとつない。

　都市計画の理論家たちもまた、近代的な生活は物理的なデザインとは無関係であると断言し、センターの衰退に拍車をかけた。彼らは「場所という制約を受けた社会的関係からの解放」を賞賛し、[7]場所を中心とする生活の破壊に力を注いだのである。[8]あるいは、センターなどというものは古臭く、ただの郷愁だと言う人もいる。[9]コミュニケーション技術の発達により、センターは不必要なものとなっ

たと繰り返す人もいる。確かにコミュニケーション技術の発達により、表面的な社会的交流は盛んになっただろう。しかし、場所に根ざさないコミュニケーションでは、地域のアイデンティティが強められたり、人々が地域に根づいている実感をもったり、場所を直に経験することはほとんどない。技術の発達は一般的に、家族やコミュニティとともに過ごす時間を減らす。コミュニケーション技術の進歩もまた、他の多くの「進歩」がそうであるように、場所を中心とする生活を脅かしている。

こうして地域の中心性が失われると、誰も気がつかないうちに、地域のアイデンティティ、地元への愛着、場所についての知識、コミュニティの人々とともに活動する能力が失われていく。これほどまでにまちにとって重要な中心性を取り戻すには、特別なデザインを施すことが必要だ。それは、街区、近隣地区、地域、それぞれの単位で、多くの目的に利用されるセンターを再生するデザイン、社交を促す場所を作るデザイン、コミュニティの行事の場所を創造するデザイン、である。

グエル公園は、近隣地区のセンターとしてデザインされ、今日までコミュニティ生活、地域への投資、重ねられる意味の中心となってきた

よいセンターのための10のルール

センターとは人々が集まり、さまざまな活動をする場所である。人々の活動と興味が集まりつながる焦点であり、人々の出発点となり、時間とエネルギーの投資を誘う場所である。そこでは、顔の見えるコミュニケーションが多彩なアイデアを生み出す。そして、こういったセンターの重要性を人々が理解し、そのメリットを喜んで受け入れるならば、よいセンターは驚くほど簡単に創ることができる。よいセンターのデザインの基準は、素朴で簡単なものなのだ。

第1に、よいセンターとは商業施設、公共施設、生活関連施設、レクリエーション、交通、宗教、教育など、さまざまな施設や用途が集積する場所であり、それらが多様な収入層、ジェンダー、年齢層の人々を引き寄せる場所である。よいセンターでの活動は、互いに育みあい、同じ場所で活動を行うことでより多くの利用者を呼びこむ相乗効果を生み出す。一見両立しがたい活動が、多様な人々を同じ場所に呼び寄せるのである。賑わっているセンターには、特定の人を排除するための差別的デザインが隠されていることはない。逆に、すべての人々を受け入れる暖かい雰囲気を醸し出す。

カリフォルニア大学デイビス校のマーク・フランシス（Mark Francis）は、デイビス市のセントラルパーク公園計画で、そんなセンターを創った。フランシスはまずはじめに、ダウンタウンの公園に接する道路を閉鎖するよう市を説得して、公園面積を倍にした。次に、デイビス市に暮らすさまざまな民族、年齢、収入層の人々が皆、惹きつけられる活動が起こるように公園を計画した。カリフォルニア州初のファーマーズ・マーケット、青少年センター、水浴びできる噴水広場（酷暑の時期には大変な人気で、デイビス・ビーチと呼ばれている）、庭園、蹄鉄投げコート、ステージ、ピクニックコーナー、回転木馬、子どもの遊び場などである。フランシスは「公園がデイビス市のコミュニティの中心になる」よう試み、そして成功したのだった。たとえばビーチでは、多くの親子連れがタオルとクーラーボックスを持参して何時間もはしゃいで過ごし、10代の少年たちも小さな子の水遊びを楽しそうに見ている。ファーマーズ・マーケットは、公園で開催されるようになってから売り上げが30パーセントも伸び、年商２００万ドルを超えるようになった。公園のおもな活動は、ピクニック、フェスティバル、マーケット（毎週）である。調査によれば、1日に４０００人を越える来園者があるが、これはデイビス市の人口のほぼ10パーセントにもあたるのだ。

ひとつの公園に多くの施設を設置すると、それぞれがバラバラになってしまいがちで、うまく組み合わせることは難しい。しかしデイビス市セントラルパーク公園では、芝生広場（35メートル×40メートル）を取り囲むようにさまざまな活動のための場所が用意されている。多くの活動は、芝生を取り囲む木立のなかで行われるので、騒音は緩和され、特定の場所に利用が集中し地面を傷めてしまうこともない。このように多くの独立した活動が集まりながら、この公園には統一感が醸し出されている。また公園に置かれている数多くのアート作品一つひとつが、公園全体の構造にきちんと組み込まれているのも、すばらしい。まち中のパブリックアート作品は、まるで「私を見て」と叫んでいるように見えることがあるが、それはアート作品が何の脈略もなく公共空間に放りこまれているからである。しかしこの公園ではアーティストが、中央のオープンスペースを囲むように岩石の壁を制作した。人々はこの美しい壁に目を奪われ、用いられている岩石を珍しがって、地質学にも関心をもったりする。この壁は、人々が座り、何かを見て、くつろぎ、知らない人と出会い、問題を話し合い、コミュニティのニュースを小耳に挟む、そんな場所となっている。デイビス市のセンターは、さまざまなことが起こることを可能にしているのだ。[10]

ただし、次のことには注意しなければならない。センターに多目的の場を創っても、デザイナーの狙いどおりに利用されるとはかぎらない。いろいろな利用の可能性をもつ環境が本当に人々に使われるのは、その環境が地域の活動パターンに適合している場合か、人々の価値観と行動がその環境が示す可能性に適合するよう変化した場合だけなのである。[11]

第2に、よいセンターには、その地域に暮らす人々が皆、簡単にアクセスできる。自動車をもつ人だけでなく、公共交通を使ったり歩いたりしてやってくる小さい子ども、高齢者、経済的に貧しい人々にも、アクセスしやすいのである。このようによいセンターにはさまざまなアクセス方法があり、とくに歩行者は大切にされる。しかし残念ながら今日の都市デザインのガイドラインでは、徒歩によるアクセスは考慮されないのが一般的なのだ。アメリカのＮＰＯであるアーバンランド・インスティテュート〔Urban Land Institute〕は、近隣地区のセンターには自動車で5分ないし10分で「アクセス」できるべきだとしているが、しかし自転車、徒歩、公共交通によるアクセスについての記述はない。[12] 多くのアメリカ人は、車でしかアクセスできない状況に慣れてしまったのである。

近隣地区単位のよいセンターは、必ず人々の家から徒歩圏内にある。そして、徒歩によるアクセスを重視するデザイナーたちは、いつでも近隣地区に関するあの有名な基準に立ち返る。それはセンターの４００メートル圏内に約５０００人の住民を適正とする、というものだ。簡単にアクセスできる場所に住み、地域を大切にするこの５０００の人々は、日常生活に必要なさまざまなサービスに対価を払い、商店や公共施設を維持し、多様な人々をセンタ

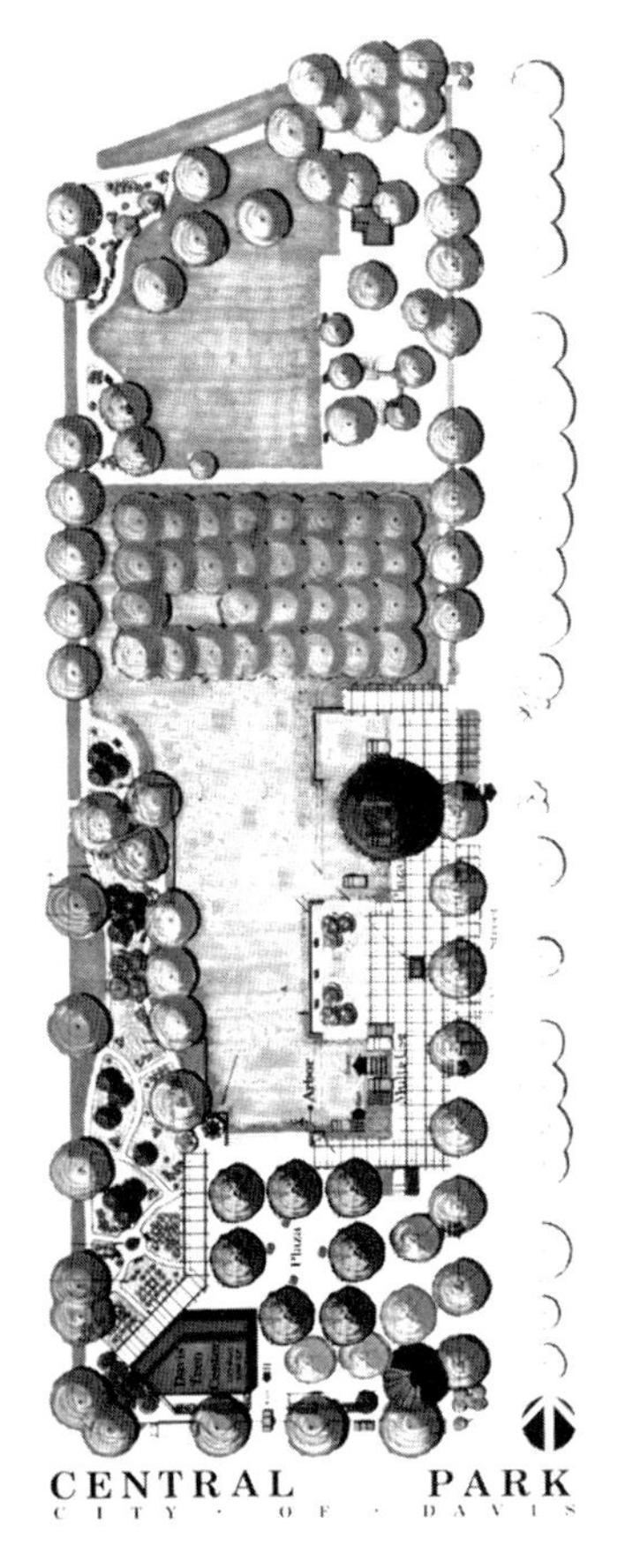

デイビス市、セントラルパーク公園

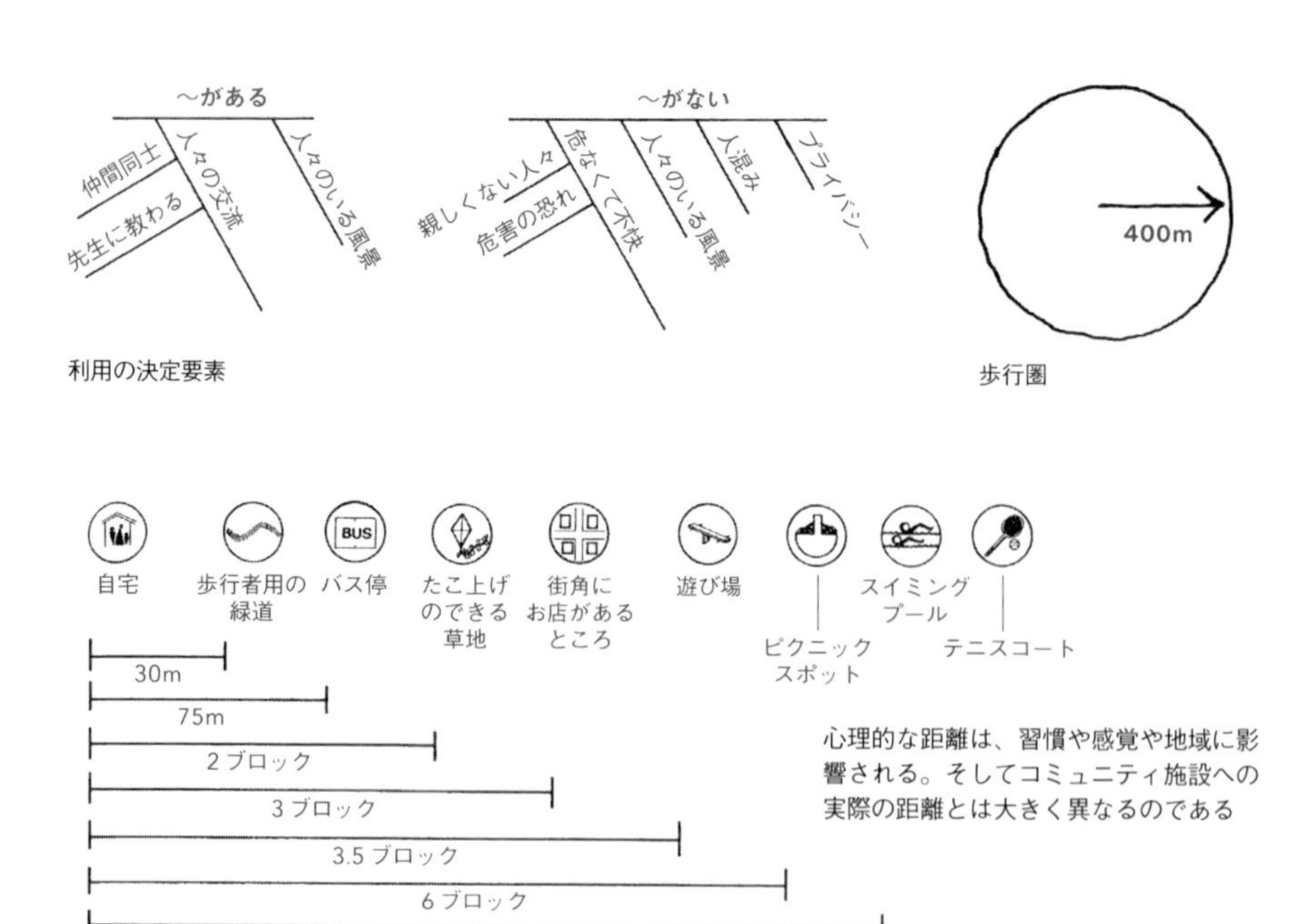

利用の決定要素

歩行圏

心理的な距離は、習慣や感覚や地域に影響される。そしてコミュニティ施設への実際の距離とは大きく異なるのである

ーに引き寄せる多くの活動を行う。よいセンターはどこからも歩いて来やすいように、空間的に近隣地区の中心にあることが多い。[13]ここで問題になるのは人々の感覚上の距離で、半径400メートルという基準も柔軟であり、実際には心理的な距離によって決まる。人は、職場や、学校、友人の家など、よく行く場所への日常的なルートを形作るものだ。そしてこのルートに沿ってさまざまな活動の集まりを創り出すことで、2次的な用事も日常の習慣の一部となっていく。注意深くセンターをデザインすることによって、人々の心理的な距離は実際の距離に近くなり、するとセンターは大いに利用されることになる。望まれる活動を集めること、歩きたくなるような心地よいルートをデザインすることで、人々にその距離を「近い」と感じさせることができるのだ。[14]

第3に、よいセンターは、毎日、それも昼夜を通して利用される。昼も夜も利用できれば空間は有効に活用されるし、同時にはできない活動も異なる時間帯に行えるようになる。よいセンターには人々を招く多くの要素があるが、なかでも多様な人々がそこにいるということが、さらに強く人々を惹きつけるのである。こうして異なる時間帯に異なる活動を行うことで、さまざまなグループがひとつの空間を利用でき、センターは自分たちのものだという意識が同じ空間上に幾重にも重ねられてゆく。一方で、専門家としてのデザイナーは必要以上に見た目の美にこだわり、しかし計画対象である利用者にはほとんど注意を払わない。住民の好む美しさ、求めている場所、施設の快適さ、利用規則、利用者の負担などを考慮することは少ないのである。[15]

第4に、よいセンターは、地域の公式、非公式な社交の場所となり、公的、私的な催しの場所となり、さまざまな活動が共有される焦点となる。公共空間は、人々にともに活動するように促し、多目的で柔軟性のある屋外環境を創り出し、利用されていないときでさえその目的を思い起こさせるような、そんな空間であるべきである。

第5に、よいセンターは新しいアイデアを生み、育み、広め、地域に関する知識を深めてくれる。まるでつねに新しい芽を出す樹のこぶのようで、なんとなくの雰囲気がちゃんとした計画となり、そこから再び新しい物事の種が蒔かれる場所である。このような創造的な活動により、エコロジカル・デモクラシーの実現に求められる革新的な物事も、人々に受け入れられるようになる。[16] センターは、抽象的な知識の情報源となり、地元にある知恵を紹介し、身近な自然と社会への興味を喚起する場となる必要がある。実際、さまざまな実験ができる場所があるものだ。市民が研究にいそしみ、地域の人々が研究成果を発表する場所もある。センターは、計画を広め、作戦を練り、意見交換によってアイデアを磨き、ときには抗議するための空間を提供する。人々はセンターでこそ、教え合い、話し合い、大事な情報を広めてゆくのである。

第6に、よいセンターでは、人々はデザインを通して関心を分かち合っている。センターは単なるひとつの場所ではなく、人々の共通の経験から生まれ、人々が共有する地域の価値そのものとなるのである。どんな理由からであれ日常行動のパターンが重なってくると、人は互いに関心を抱くようになる。普段は出会わないような人と一緒に新しい活動に加わることで、共通の関心が生じるのだ。私はあるコミュニティセンターに作られたボッチェコートで、この例を見たことがある。ボッチェはイタリアの球技で、年齢を問わず楽しめるゲームである。ボッチェコートはイタリア系アメリカ人のおじいさんたちの要望で広幅員の歩道に沿って作られたので、通りすがりの人々が観戦したり、ベテラン競技者と話したりする十分なスペースがあった。ボッチェを観戦しゲームに興じる人々と話すうちに、すべての年齢層、あらゆる職業の人々が、このゲームを楽しむようになっていった。ボッチェコートは、地域の社会問題を話し合う非公式なフォーラムになり、現在では共有された関心事から地域全体を良くする動きが生み出され

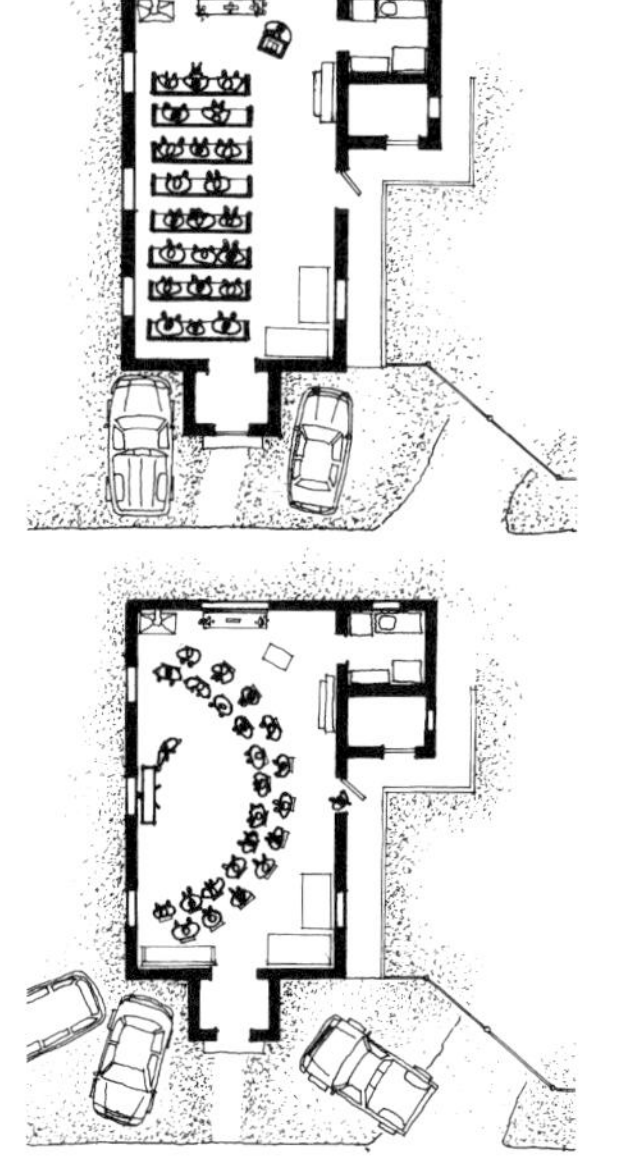
公式、非公式の利用方法

ている。こんなことは、人々の経験が重ねられる優れたデザインがなければ、なかなか起きないことである。センターの形が変化するときもある。コミュニティが政治的な動きに巻き込まれ、地域のアイデンティティが一挙に強まるとき、人々はとても真剣になる。コミュニティが重大な問題に直面していると人々が考えるとき、センターも、センターに集まる人々の範囲も変化するのである。

第7に、よいセンターは、来ては去るという感覚、また内側と外側という感覚を人々に与える。センターは人の成長の出発点でもあって、それはセンターが地域に根ざしたアイデンティティを人に授けるからである。シエナのカンポ広場は、これらの特徴を

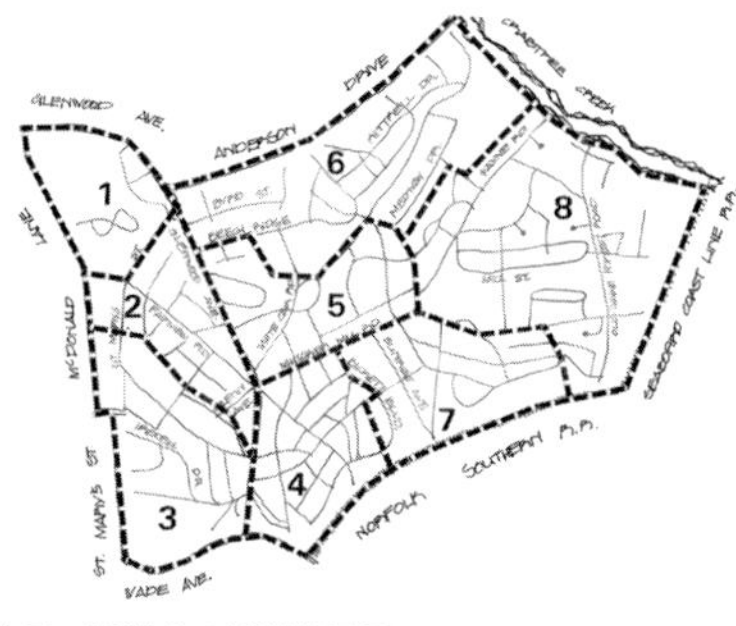

住民の認識する近隣地区界

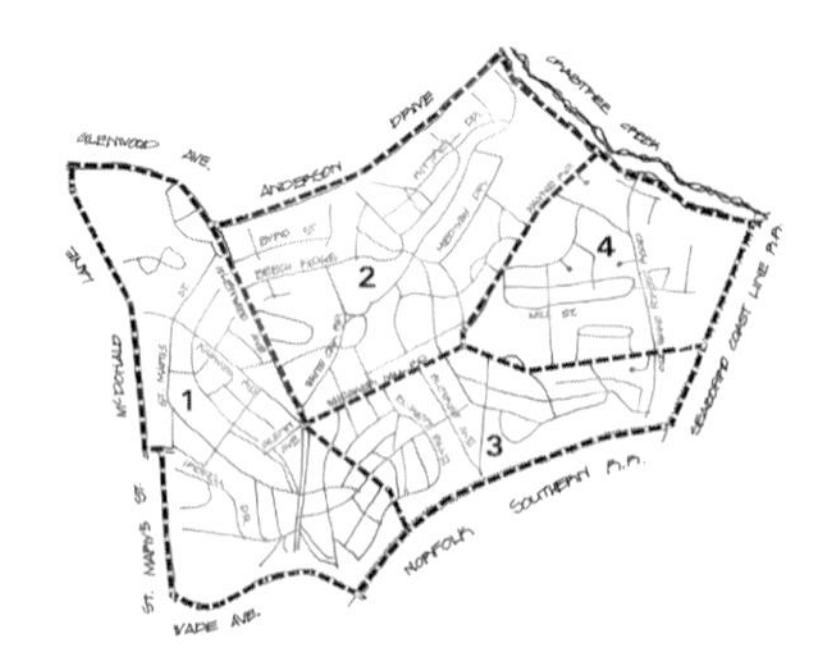

行政による都市計画における近隣地区界

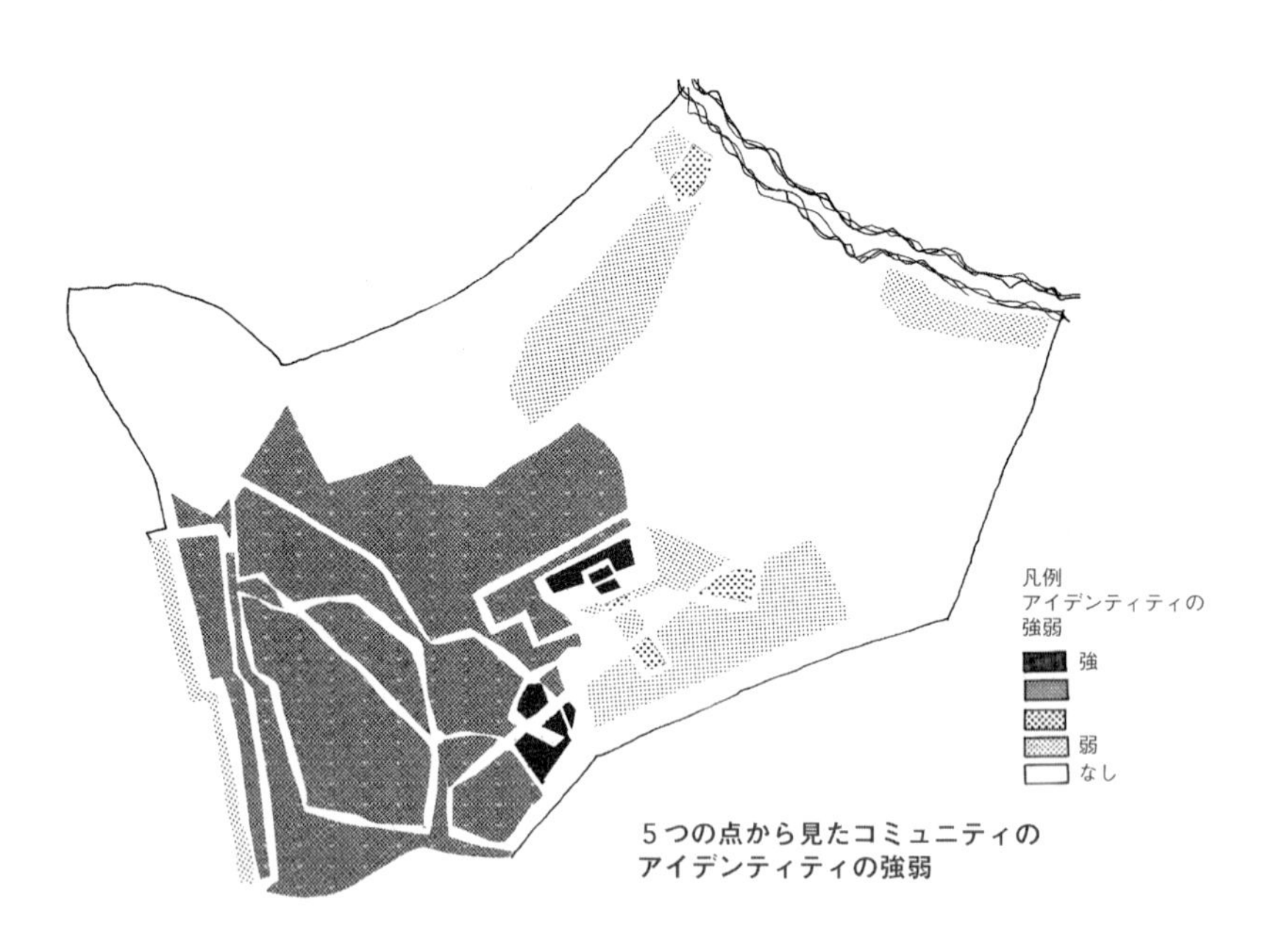

5つの点から見たコミュニティの
アイデンティティの強弱

近隣地区ごとのアイデンティティは、政治的な課題、変化の脅威、共通の関心や利用があると強くなる

すべて備えた広場の原型だ。そしてよいセンターには必ず、そこという場所がある。右に述べたことはすべて、人が精神的に健康に過ごすための重要な要素である。よいセンターはさらに、基本的な方位、日照パターン、降雨量、地形を明瞭に示し、私たちを地域の生態系に適応させてくれる。

第8に、よいセンターは、その人工的な形に、地域の生態的な文脈を反映している。地形がセンターの位置とデザインを決めることは多いし、人工的な環境をより劇的に表現するために自然のランドスケープを用いることもできる。しかし人間には勤勉という美徳があり、センターにもつねに手を入れるので、センターそのものが自然に支配されることはまずない。

第9に、うまくいっているセンターでは、地域固有の建築様式による建築物が多く、全体の統一感がある。ときには壮観さを醸し出す建築物もあるが、しかし他を圧倒してしまうようなものは存在しない。センターの全体像は、一つひとつの建物よりも重要なのだが、それでも公共建築はコミュニティがもつ特別な価値を強調するものでなくてはならない。

センターを創るときには、デザイナーはセンターに関わる個別のプロジェクトが果たす役割にとくに注意する必要がある。近隣地区やその他の単位におけるセンターをどこに置くかは、コミュニティの土地利用全体に関わる意思決定になる。したがって、どこにセンターを配置するかは、都市マスタープランやデザイン計画に明記されるべきである。もし関連する計画にセンターに関する政策が明示されていない場合、デザイナーは抗議し、これを訂正しなければならない。しかし多くのデザイナーは、官民のクライアントの建設プロジェクトのために働いている。そして、すで

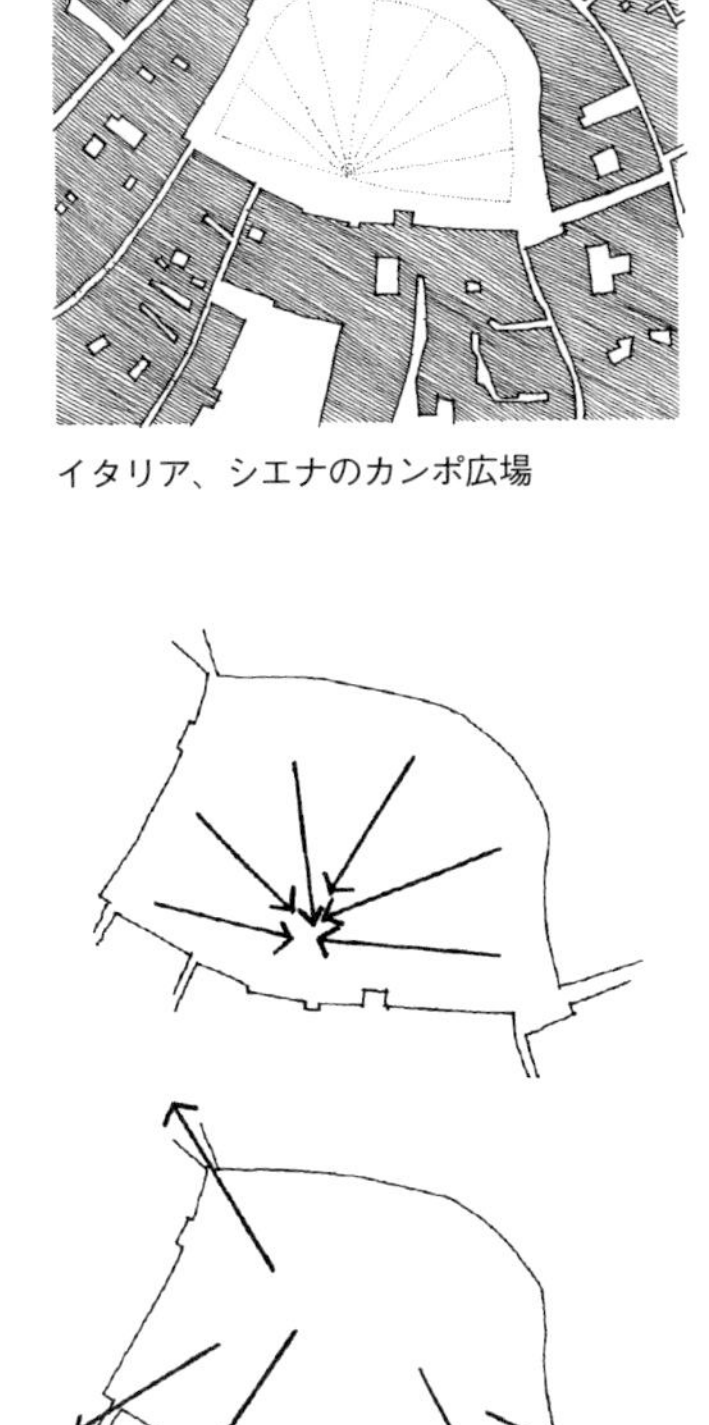

イタリア、シエナのカンポ広場

方向性　内と外

方向性　昇と降

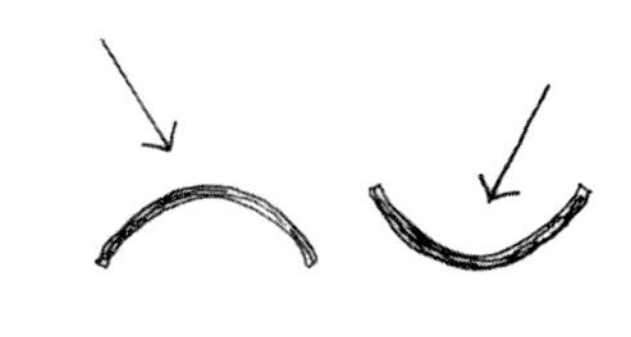

方向性　地形

に記したように、クライアントは、自分のプロジェクトを世界の中心にしたいと願うものなのだ。もう一度言おう、センターを多く作り過ぎたり、単一の目的のためのセンターを作ったりしてはいけない。個々のプロジェクトは、中心性を競い、弱めるのではなく、むしろ中心性を支持する役割を果たすべきなのである。

中心を多く創ろうとしてしまう私たちの衝動は、毎日のように都市を観察することから生じている。注意深く社会を観察すると、そこにしか見られない楽しそうな活動が予想もしない場所で起きていることに気づく。そして私たちは、そんな場所をより多く作ろうとするのである。デザイナーはこの誘惑に、ふたつの理由から抵抗しなければならない。第1に、こうした日常の活動は、人為的に場所を用意しなくてもちゃんと起こるものであり、第2に、もしうまく場所を用意できたとしても、その場所は全体の中心性

方向性　時間

シエナのカンポ広場は中心にあり、方向性を与え、アイデンティティを根づかせる。囲われ、傾斜し、ランドマークがあり、地元の材料でできていることがこの効果を生み出している

を弱めてしまうからである。中心性をセンターに置こう。拡散させないようにしよう。

第10に、よいセンターは人々が関われるようにデザインされている。どのセンターも必ず重要な経済的投資の対象地となる。そしてそれと同じくらい重要なのは、人々がセンターに時間とエネルギーを自発的に投資することで、これによりセンターは十分に利用され、見守られ、世話され、改善されるのである。擬人化するならば、センターは人々の関心の的であることを求め、そして個人的社会的な意味に満ちた象徴的な所有感を人々に与える。最高のセンターは、人々の想像力、参加、奉仕を導き出すのである。

昔ながらのセンターはダウンタウンのいわば共有地(コモンズ)であって、まわりには市庁舎、郵便局、教会、学校、図書館、銀行、雑貨店、食料品店があり、公的、経済的、日常的な活動が生まれる場所である。日々、顔の見える関係が、友人はもちろん見知らぬ人の間にも生まれ、それはまるで偶然のように、しかし実際によく起こっていて、それもこれもセンターがさまざまに利用され、多様な人々を惹きつけているからなのである。センターの原型としては、小さな都市の目抜き通り、ニューイングランドのタウンスクエア、マドリッドのマヨール広場、メキシコシティのソカロ広場などが思い起こされる。そして、ボストン・コモンやニューヨーク市のセントラルパーク、カリフォルニア州デイビス市のセントラルパークなどとその周辺地域は、現代的なセンターのあり方を示している。もとより古くからあるセンターを強化することは、エコロジカル・デモクラシーを可能にする形態〔Enabling Form〕に欠かせ

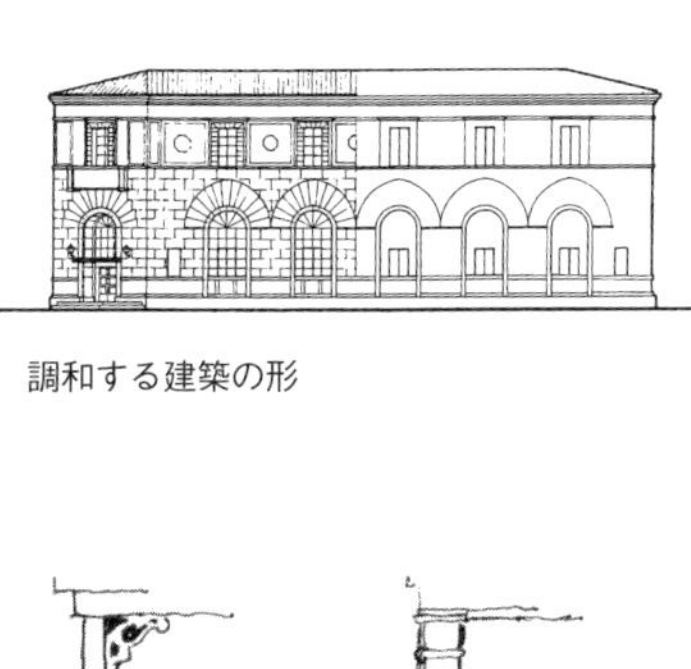
調和する建築の形

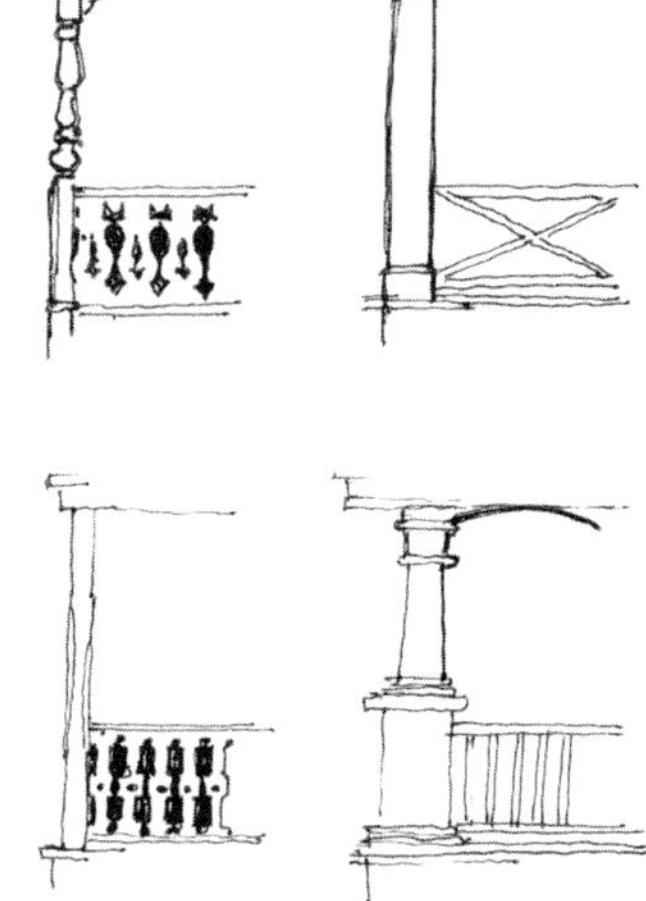
意味に満ちた細部のデザイン

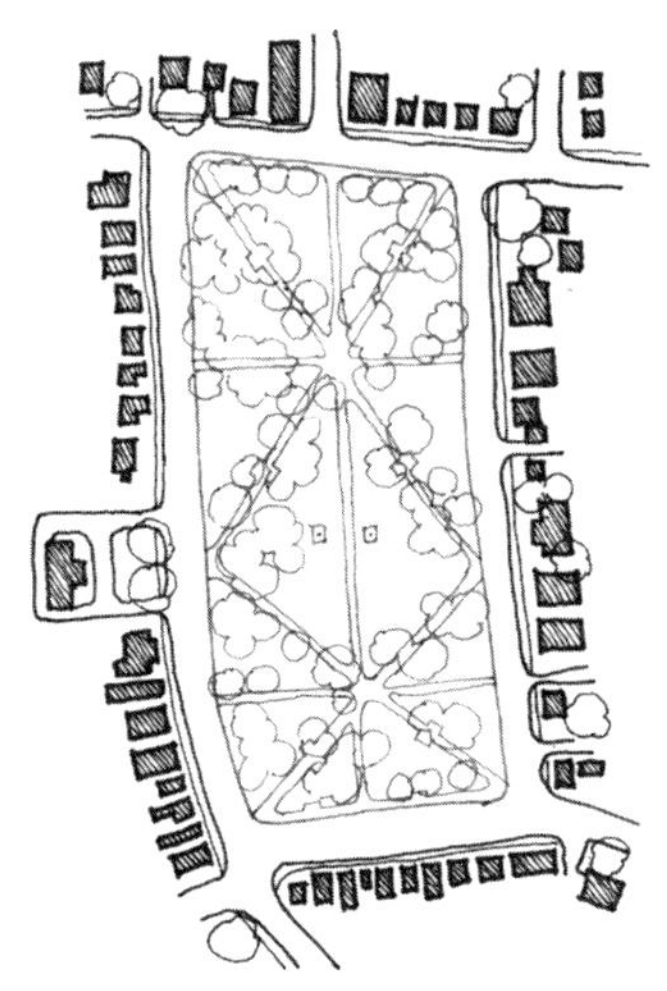
古典的なまちのコモンズ

ない。そして同じ理由から、センターのない地域には、新しい現代的なセンターが必要とされているのである。

私が知る最近のセンターのなかでも成功しているのが、中国大陸の沖合に浮かぶマツ島の広大なセントラルパークである。西洋的な見方ではこの場所は、ニューイングランド由来の伝統的コモンズとして完璧な位置にあるのだが、しかしここではコミュニティガーデンなのだ。重要な公共施設や商業建築が、人々が耕す1ヘクタールの都市農場の周囲に整然と並ぶ。この非常に活動的な場所では、商人と農民、若者と老人、富裕層と貧困層の間で、頻繁に社会的交流が起こる。私はマツの行政府がとくに民主主義的であることを知り、この特異なセンターをその観点から理解しようとした。おそらくこのセンターは、寺境内の広場か中国式中庭から影響を受けていると思われる。

しかし小さな畑が集まったコミュニティガーデンは、中国に通常見られるセンターではない。マツの市民社会の中心となっている郡政府の庁舎は、離れた場所にあったのだが、コミュニティガーデンや市場に近い現在の場所に移築された。続いて他の公共施設も設置され、こうしてマツのセンターは創造され、エコロジカル・デモクラシーが現れつつある。センターの形態は、東洋・西洋どちらの伝統にも由来しないが、この地域の地形、気候、社会的パターン、コミュニティの意思などによって形作られた草の根民主主義の強い表現なのだ。センターは、小さな山から海まで広がっている。いちばん重要な施設である郡政府の庁舎は、岬まで続く傾斜地を守る擁壁に沿うように建っており、重要な高さを獲得している。庁舎からは台湾海峡を一望でき、これは風水思想にも適っている。コミュニティガーデンは、人々が農作業をし、集まれるように、ひな壇状に作られている。傾斜に合わせて階段があり、コミュニティガーデンを取り囲んでいる。周辺の道路と建物は、センターの領域を定め、取り囲み、視界を集中させる。最初は内側に、そして軸線に沿って海のかなたの世界へとその視線を導いていく。アーケードの建物は人々を嵐や暑さから守り、立ち止まらせて、互いに会話するように促している。センター周辺の道路は自動車と歩行者の共用で、車は速度を緩め、人々の日常生活や社交の場となっている。道路やアーケードは商業活動や市民活動であふれかえっているが、それは本当にさまざまな物事が多くの施設や道路に組み込まれているからだ。

しかしなんといってもマツのセンターですばらしいのは、コミュニティガーデンである。ガーデンはセンターで最も目立つ場所にあり、市民の意思や日々のニーズを表す建築物に囲まれ、まるで紫禁城のように整然と軸線上に並んでいる。それは手入れされた整形式庭園ではなく、ミツバチの巣のような数百ものガーデン区画の集まりである。コミュニティガーデンのそれぞれの区画は食料生産の場であると同時に、年配者が若者に土地の文化や自然について教える場でもある。このガーデンのどの区画もコミュニティへの大切な贈り物であり、自然と協働して創られたマツの共同生活が縫い上げたパッチワークキルトの一部なのだ。ここでは多くの人がごみ箱、遊具、ベンチ、ゲートなどのガーデンアートを作っている。すべてのアート作品から、マツ特有の手触りが感じられる。このセンターには、前に述べたよいセンターの10のルールが、すべて表れている。多くの日常的な利用が徒歩圏内で生じ、センター全体やコミュニティガーデンが地域の生態系を教えてくれる。センターはさまざまな方法で位置を定めている。ここにはまれに見る統一感があり、突出して目立つ建築物はひとつもない。この場所は共通の関心を生み、投資を呼び込む。私たちが学ぶべきは、センターの伝統のない文化圏で、このセンターが生まれたことだ。マツは20年前まで台湾政府による戒厳令下にあり、最近まで軍の統治下にあった。だから人々は、意識的にエコロジカル・デモクラシーのためのセンターを創ろうと決意したのであ

海から町に入る

陸から町に入る

マツの市民活動や商業活動の多くは、海へと続くスロープにあるコモンズのまわりに集まっている

マツのセンターは、小さな農地の連なりである。それは伝統に根ざした、しかし新しい草の根の民主主義の表現である

る。地域の住民にとって、センターは過去への郷愁ではなく大胆で自信に満ちた未来を表現しているのである。

シアトル市のパイク・プレイス・マーケットは、アメリカにおける中心性を示す事例である。ここでは、ファーマーズ・マーケットや何百もの商店、レストラン、公共サービス施設、レクリエーション施設、住宅などが、シアトル市の中心部にひとつのまとまりを創り出している。シアトルの建築家ビクトル・スタインブリュック〔Victor Steinbrueck〕は、40年以上前に、この市場を都市再開発から守った人物として知られている。彼は、ここではひとつの街区に、薬局、衣料品店、映画館、ドーナツショップ、雑貨店、ペットショップ、証明写真スタジオ、ナイトクラブ、質屋、アンティークショップ、美容室、靴磨きスタンド、カフェ、ホテル、長期滞在用ホテル、レストラン、タトゥー職人、そして遠くにはレイナー山の眺望があったと、記している。このような多様性は、さまざまな社会階層や年齢の人々、観光客や住民を惹きつける。シアトルのどこにも、このようにのびのびと多彩な社会的混在が進んでいる場所はない。スタインブリュックは、この場所だけはあらゆる人種、宗教、年齢、国籍の人々が自由にやって来て、働き、買い物をし、ぶらつき、楽しんでいることを、実感したのだった。調査からは、ここで働く人だけでも18の国籍、26の言語が話されていることもわかった。[17] パイク・プレイス・マーケットもまた、マツのセンターのように民主的に考えられ創られたものだ。スタインブリュックは、現代の生活スタイルを取り込んだ他にはない場所を、歴史的に多くの人々が暮らし働いてきた街区の上に創りだしたのだ。現在では7階建てのファーマーズ・マーケットが作られているが、多くのアメリカの市場とは異なり、このビルにはシアトルの最貧困層のための低所得者用住宅やショッピングエリアが用意され、同時にあらゆる経済レベルの食通を惹きつける新鮮な野菜や海産物も提供している。ここにある絶妙なバランスは、あたかもパイク・プレイス・マーケットが自然に進化し偶然にできたかのように思わせる。しかしこのセンターのすばらしさは、注意深い計画と考え抜かれた公共デザインにより生み出されたものなのである。パイク・プレイス・マーケットは、市民の心をもったひとりの建築家のビジョンを映し出している。シアトルの住民たちが集う場所を創るために、建築家スタインブリュックは何年もの間、献身的に活動したのだった。

シアトルの例からもわかるように、新たなセンターの創造にはビジョンと勇気が求められる。たとえば、カンザス州ローレンス市は、小売店舗の70パーセントをダウンタウンのセンターに集中させる政策を打ち出して議論を呼んだが、これは都市の再生を確信してのことだった。このような大胆な行動をとれる自治体は少ないだろうが、実際に同市のセンターでは再活性化が進んでいる。喜ばしい例として、開発業者たちは郊外の見せかけだけのセンターを作れなくなり、ダウンタウンの打ち捨てられた工場跡をリノベーションし、リバーフロントプラザという複合商業施設を開設したが、これは喜ばしい一例である。[18]

センターが最も必要とされるのはどれくらいの規模の住宅地においてだろうか。センターは近隣地区単位、つまり人々が顔を合わせながらゆっくりとエコロジカル・デモクラシーを推し進められる単位の中心として重要であり、さらに市民が経験を共有するために街区ごと、居住するエスニックグループごとに10〜100世帯程度のサブセンターを設けることも有効である。[19] 人々はセンターから、地域への意識、アイデンティティ、誠実さを学ぶ。だからセンターは、エコロジカル・デモクラシーにとって非常に重要な場所なのである。[20]

パイク・プレイス・マーケット

社会性を強める場所、オープンサークルの形成

環境心理学では昔からよく知られていることだが、公共空間の形態は人間にとって本質的な触れ合いを活発にしたり、阻害したりする。[21] 社会的なふれあい、アイデンティティの確認、空間の創造（たとえば円形に配された椅子）を促すデザインは、ソシオペタルな空間、つまり社会性を強める空間を創造する。円形に配された椅子は、すべての人を包み込み、アイコンタクトし、人の話に耳を傾け、協力し合うことを促すデザインなのだ。[22] 私の暮らす町の教会では、円卓こそ社会組織の最小単位であり、困っている人に手を差し伸べる女性たちの集まりの形である。皆で輪になって踊るのとふたりで踊るのとの違いを思い浮かべると、円卓のもつ力がよくわかる。たとえば日本では参加のデザイナーたちが、円くなっての話し合いをラウンドテーブル運動と名づけている。日本のコミュニティ・デザイナーは、居心地のよい適度な距離でテーブルを囲んで向かい合うとき、人は積極的に他人の話を聞くということをよく知っているのである。円は強力なメタファーであり、力強いデザイン要素である。反対に社交を阻害するようなデザインは、社会性を弱める空間、すなわちソシオフガルな空間を創造する。社会性を弱める空間は孤独を演出できるし、つまりコミュニケーションを阻害できる（たとえば平行に置かれた長いベンチがそうだ）。そして私たちのまちには長い間、社会性を弱める空間ばかりが作られてきていて、だからこそ今日、社会性を強める空間を意識的に創造する必要に迫られているのである。[23] ソシオペタルな空間が、孤独や匿名性やよそよそしさ、限定された親密さに加え、協調や順応、文化的な変容をもたらしてくれるのだ。[24]

私たちは、互いの話を聞き、ともに活動できる場所を必要としている。そのためには、目と目を合わせて物事を了解できるほど人と人の距離が近く、平等に活動を引き受け、情報を受け取れるような場所を創ることが必須であり、また人々が全体としても、小さなチームでも、ひとりでも、他の多くの人々とともに活動できるような空間を創ることがどうしても必要なのである。

ランドスケープ・アーキテクトのジェンス・ジェンセン〔Jens Jensen〕は、以上の必要性をよく理解し、作品のデザインに反映させている。ジェンセンはすべての作品で、可能なかぎりベンチを円く並べ（カウンシルリング）、公共空間に会議室を組み込む。キャンプファイアを囲む人々の輪や青空教室の子どもたちが創るカウンシルリングは、直径約7・5メートルほどであるが、大きさは場所に合わせて変化する。彼は地元産の石材を使ったベンチを並べて円形を形作ることが多く、その円形は地形に丁寧に組み込まれる。円形の中央に丸い台があるものもある。カウンシルリングには、ひとつだけ出入口を設けることが多く、小さなスケールで社交を生み出し、コミュニティを活気づける。円形は実のところとても複雑な形であって、すべてを包む平等な形であり、大地の傾斜をよく吸収し、人々の視線を円の外のランドスケープへと導く。スロープの上り下りにより微妙な特徴が生まれ、また内と外

のはっきりとした対照が生み出される。円の中心部分を高く盛り上げたり、ところどころで円形のベンチよりも岩石を高く立てたりすることは、円を開く作用をもつ。[25] さまざまな円形にはこのように細かなデザインが組み込まれ、そこでは実に多様な社会的交流が生まれている。

円形は人々の間に容易に民主的な関係を創り出せる形だが、円以外の形態もまた社会性を強めることができる。まちのそこここにある、ちょっとした角や滞りやこぶや出っ張りや渦や交差点やはざまの空間は、社会性を強める形である。[26] だいぶ以前のことになるが、私はマサチューセッツ州ケンブリッジ市で難しい仕事を

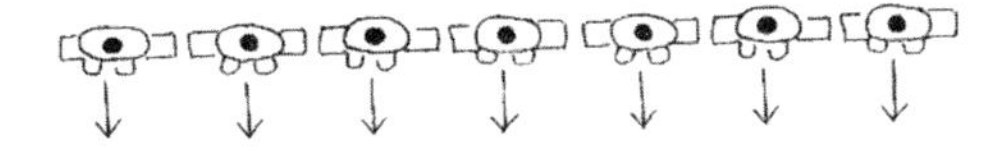

プライベートな空間

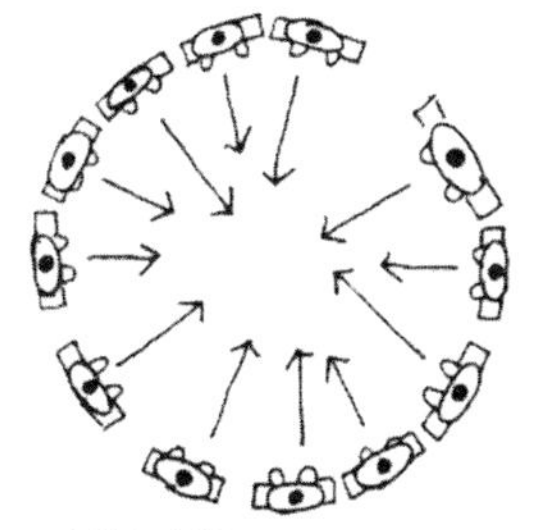

社会的な空間

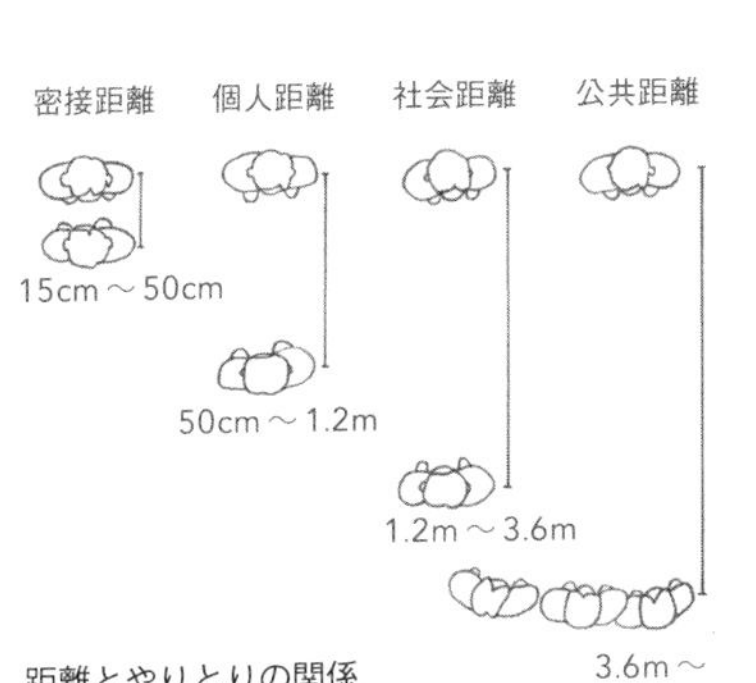

距離とやりとりの関係

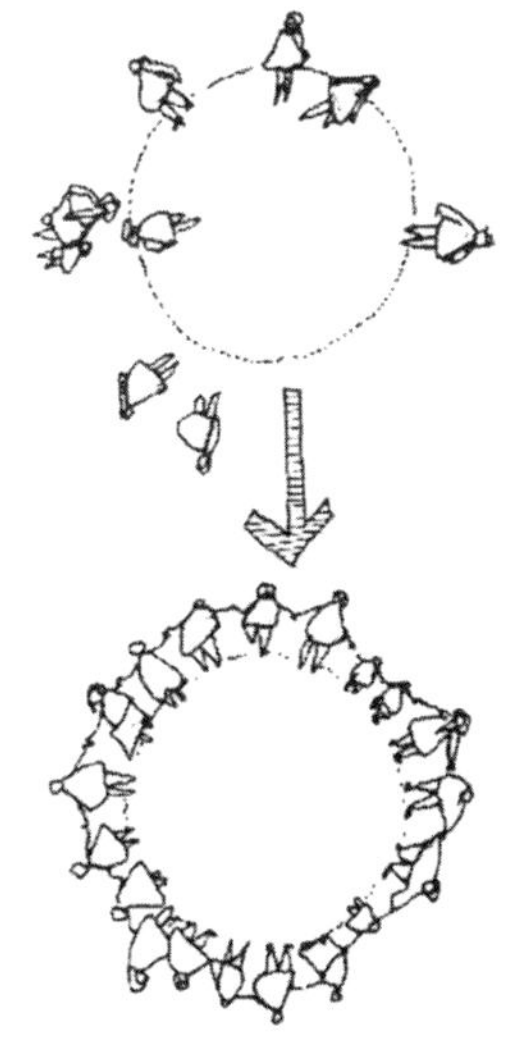

コミュニティを形成する

社会性を強める空間：ソシオペタル

社会性を弱める空間：ソシオフガル

受けたことがある。それは公共住宅をリニューアルする仕事だった。私はまず現地をよく観察し、そして真冬の中庭の日陰部分に凍った洗濯物がたくさん干されていることに気がついた。そこで物干しスペースを南に面した陽のよく当たる場所へ移すことを提案したのだが、住民たちはこれに強く反対したのである。中庭のまわりを囲む建物によってつくられる4ヵ所の渦のような場所は、その一つひとつが女性たちの集う大切な場所だったのだ。物干しスペースは、それぞれの建物に住む30世帯の人々の交流を生む小さなセンターとなっていて、友人関係や助け合いを育んでいた。これに比べれば、洗濯物がよく乾かないことなどは全然問題ではなかったのだ。住民たちは、今のままの配置でよいから、洗濯し子どもを遊ばせながらおしゃべりできるように、物干しスペースのまわりに皆が座れる場所を4ヵ所、デザインしてほしいと要望したのだった。[27]

デザイナーの考え

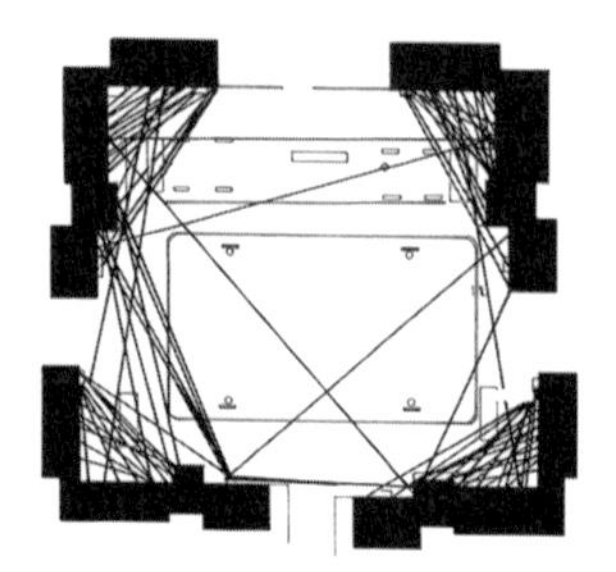

住民の親しい関係が示すパターン

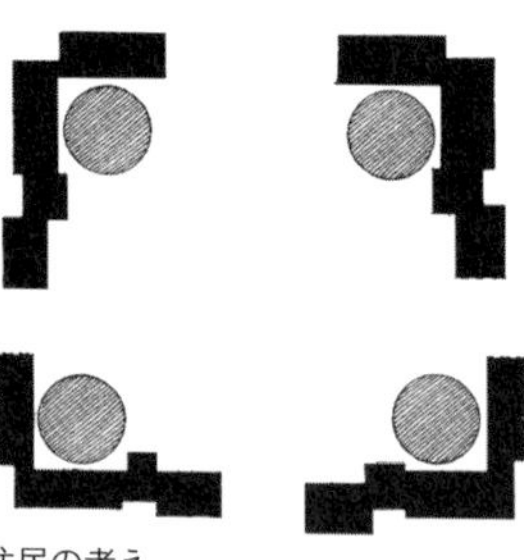

住民の考え

ジェファーソン・パーク団地の中庭の各角にある物干しスペースは、社会的な交流のセンターとなっており、ここから中庭の新しいデザインが生まれた

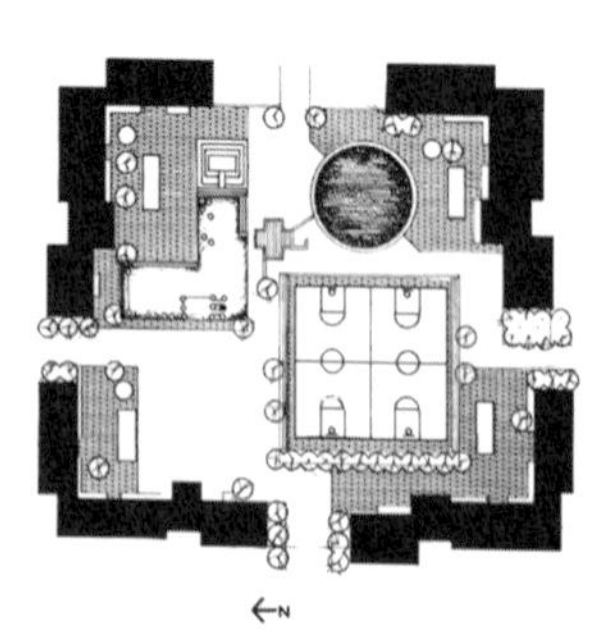

中庭のデザイン

社会性を強める空間は、まず内部への志向性という円形の特徴をもち、そして人数や社交のタイプによってその大きさを変える。2〜3人での親密な交流のための外部空間は直径1・5メートル程度の引き込み空間でよいが、直径1メートルほどの円形を好む文化や社会もある。[28] もっと大きなグループでコミュニティの問題について話し合う場合には、半径7・5メートルを超えないように、円形を大きくするのがよい。これ以上大きくするとアイコンタクトが失われてしまい、グループの一体感が薄れてしまう。キャンプファイアの人の輪も、これ以上の大きさではうまくいかない。社会性を強める空間では、アイコンタクトし、お互いの顔が識別できる距離がとても重要なのである。

カリフォルニア州ユーントビル市の住民は何年もの間、コミュニティセンターを改善したいと考えていた。しかしいざ複合用途ビルの建設計画がもち上がったときには、駐車場が必要だという理由でセンターから少し離れた場所に設置するという提案を受け入れそうになった。この建築計画では新しいビルの利用者が、現在のセンターの利用者とアイコンタクトすることはできない。そこでデザイナーは、新しい建物を既存のコミュニティホールと郵便局の間にはめ込み、多様な活動を生む小さな三角形の広場を創ることを提案した。こうすれば、どの建物のエントランスからも他のふたつの建物の利用者とアイコンタクトできるようになる。郵便局から出てくる人は、コミュニティホールや新しいビルの出入口にいる知り合いの顔を見つけ、目を合わせ挨拶するだろう。人々が偶然に出会う可能性は30パーセント以上も増え、そうしてこの小さな広場では、何千もの立ち話が生まれた。入口間の距離が30メートル以上ある場合や、入口の向きが並行である場合には、ア

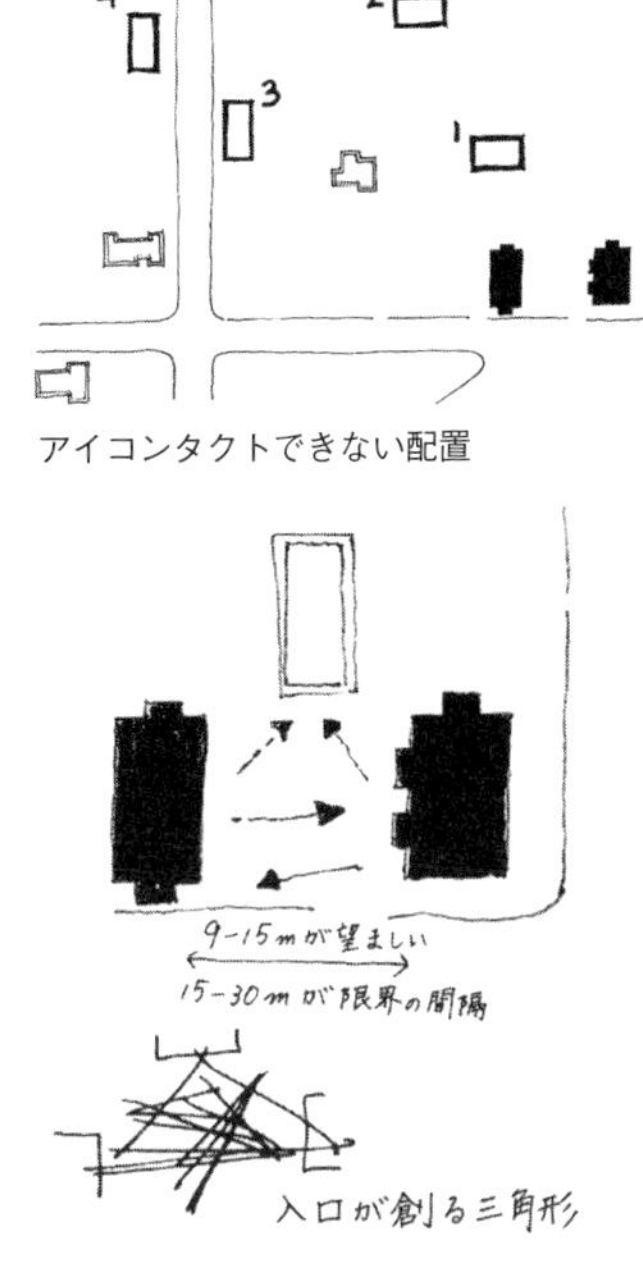

アイコンタクトできない配置

アイコンタクトによい配置

三角形をなす社会的な交流の場

イコンタクトのための三角形を形作ることはできない。ユーントビル市の広場は意図的に小さくしてあり（約７２０平方メートル）、一度には70人ほどしか入れない。つまりこの広場は、日常生活の社交を盛んにする空間であって、大きなイベントは開催できないのだが、それでよいのである。

一方で公共距離が30メートル以上になる広い外部空間でも、社会性を強める空間であれば、人々は経験を共有していると感じられる。イタリア、シエナ市のカンポ広場は、中心に向かって傾斜し円形劇場のような効果を生み出す。カンポ広場では、アイコンタクトやお互いの顔を識別することはできない。しかし空間全体のどの地点にいても、お互いに見ることができる。ここでは傾斜と円形劇場の形が、社会性を強めるのに役立っているのである。

さらに、社会性を強める空間は、ひとりで行う活動にとっても重要だ。犬の散歩をするとき、多くの人は犬と一緒に運

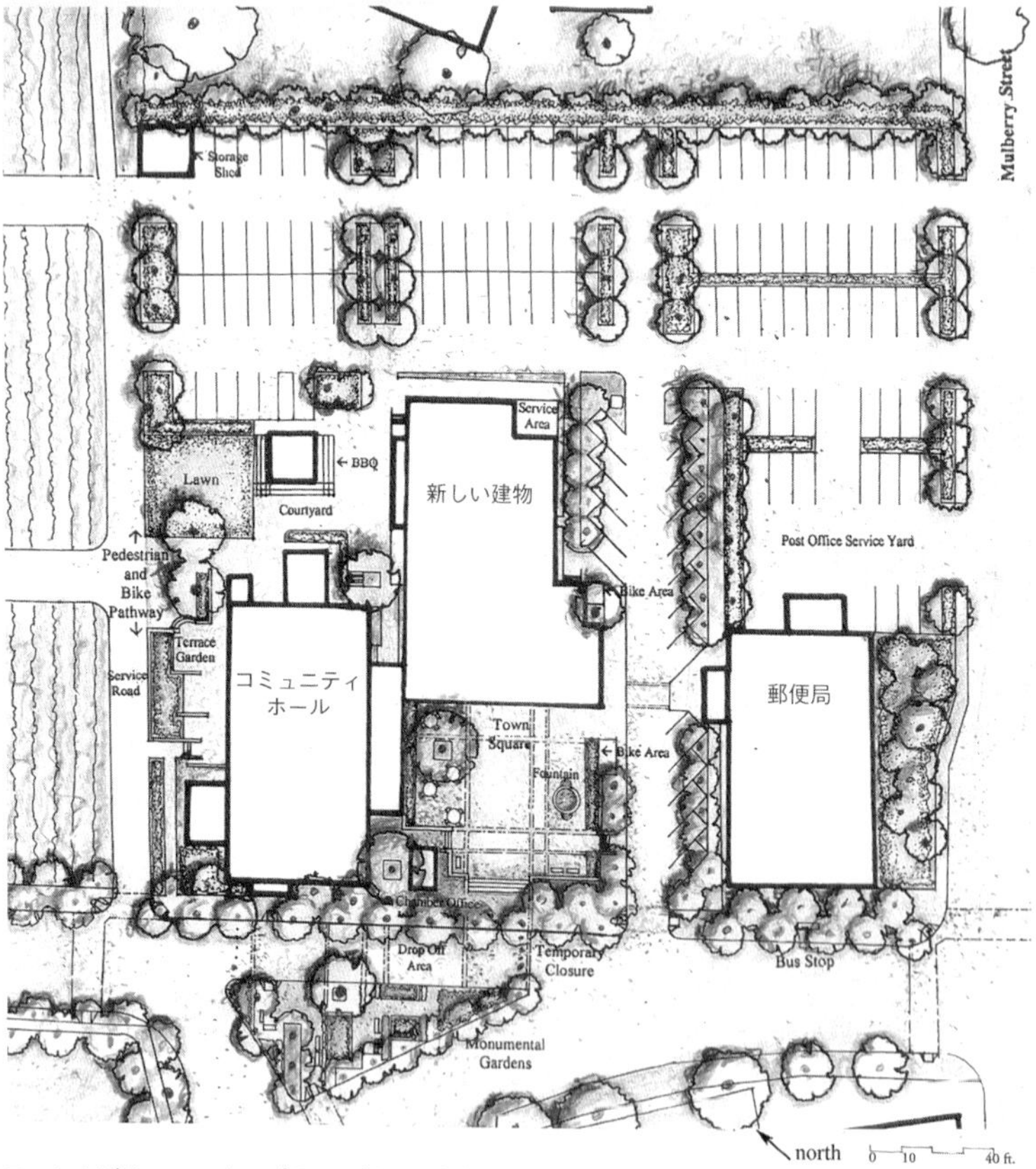

ユーントビル・マスタープラン。新しい建物は、コミュニティホールと郵便局の間にはめ込まれ、アイコンタクトと社会的交流は最大になった

動し、ひとりで考えをめぐらし、他の人を避けるものだ。しかしまた、犬の散歩の途中で立ち止まりおしゃべりに興じ、何頭もの犬の引き綱が絡まってクモの巣のように通りをふさいでしまったりもする。適当な箇所で道を広げると（直径2・5メートル程度の半円形を曲がり角や見晴らしのよい場所におけばよい）社会性を強める快適な空間ができ、犬の散歩をする人々はゆったりと会話し始め、くつろいだ日常の交流が増えるのである。このようにひとりで行う活動にも、多くの場合社会性を強める空間があるとよい。[29]

これまでに述べてきた社会性を強める形態はどれも、中心性を表すために重要であり、エコロジカル・デモクラシーを実現するための重要なデザインである。社会性を強める空間は、「中心性―センター」や「可能にする形態」（Enabling Form）の基礎となり、同時にエコロジカル・デモクラシーの基本的なデザインとなるのである。

コミュニティの行事のための場所

さまざまな階層や世代の人々が混ざり合って、コミュニティの行事を執り行う場所を用意することは、市民が思慮深く行動する力を鍛えるもうひとつの方法だ。日々繰り返される決まりごとや、定期的に行われる行事によって、人々は共通の活動、祝祭、儀礼へと誘われる。こうして人々は信頼し合い、ともに活動できる関係を築きあげる。コミュニティの行事は、他にはないそのまちならではの独自の文化、ランドスケープ、自然の循環を浮き彫りにする。

食料品店や雑貨店、郵便局、コインランドリーや銀行に行ったり、リトルリーグで野球をしたり、応援したり、自宅の前庭の手入れをしたり、何気ない日常の多くの活動が、経験を共有する機会となる。エコロジカル・デモクラシーを育て、その恩恵にあずかるためには、このような社交が無数に生まれる環境をデザインしなくてはならない。しかし不幸なことに今日では、日常生活の場がうまくデザインされていない。スーパーマーケットは通路が狭く、規格化された陳列棚は背が高すぎるので、通路や棚を挟んでの立ち話などはできない。[30] これと正反対なのがファーマーズ・マーケットで、広い通路や滞留空間が活発な社交を促している。当然だがスーパーマーケットよりもファーマーズ・マーケットの方が、何気ない社交をはるかに多く生み出すのである。[31] 近代的な科学技術やサービスに頼れば頼るほど、私たちはコミュニティという関係性を弱めてしまうようだ。

たくさんの伝統的で日常的な行事がコミュニティを強くしてきたが、現在ではこれらの行事は近代的な利便性によって切り捨てられ、新しい物事に取って代わられてしまった。近代的な事物を開発し提供してきた人々は、同時に人々が共有する経験が失われていくなどとは、思いもしなかった。上水道整備や郵便の戸別集配サービスなどが、そのよい例である。水道や戸別配達のないまちでは、水汲みや郵便を取りに行くといった日々の行事が、共同

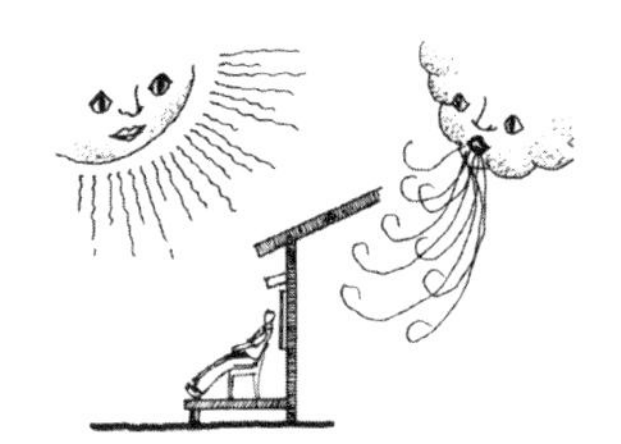

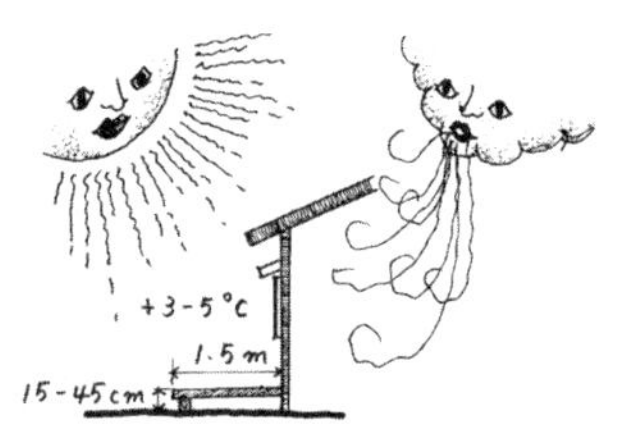

商店と郵便局をつなぐデッキ

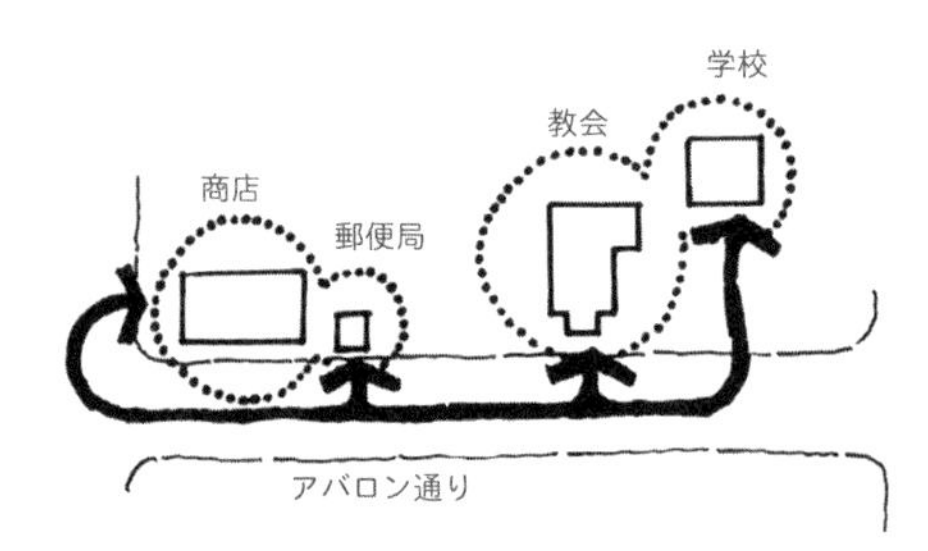

共生する配置

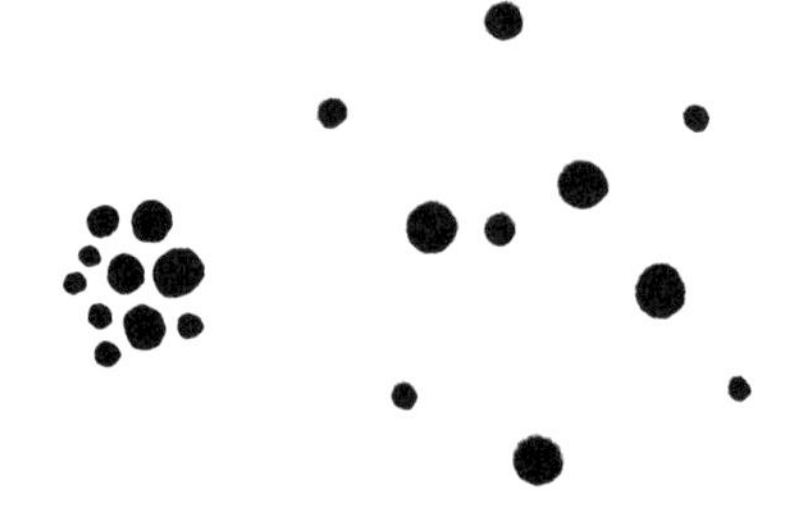

まとまったセンターと
分散したセンター

人々がいかに関わるのか、それをよく表す場となっている。

　ウエストポートにある商店は1軒だけで、この店を取り囲むように村のセンターができている。教会、いくつかの事業所、郵便局が店のまわりに集まっているのである。この村にも100年前には、何軒かの商店と小学校があったのだが、経済状態が悪くなり閉鎖されてしまった。とくに小学校の再開はコミュニティの悲願であり、そしてごく最近、ついにこれが成就した。再建される小学校にはいくつか候補地があったのだが、ウエストポートのコミュニティは当然のこととして、小学校はセンターにこそあるべきだとした。学校は教会に隣接して再建され、両者は駐車場、キッチン、トイレ、屋外の遊び場を共同で使用することにした。学校の設置場所は、すべてのコミュニティにとって、とても重要な決定事項なのである。

　ウエストポートの郵便局もまた、エコロジカル・デモクラシーを可能にするようデザインされている。郵便局は村でただ1軒の商店の隣にあり、戸別集配をしないことと建物の形態が、人々の出会いを増やしている。住民は皆、郵便物を受け取りに毎日郵便局に立ち寄る。待合室は約6平方メートルしかなく、ふたり以上郵便局に入ると、互いに挨拶しないわけにはいかない。郵便物を取りに来る人々で混み合う時間帯には、毎週、4分の3以上の住民が郵便局を訪れ、その一人ひとりが10人以上の村人と出会っている。それ以上に多くの人が、屋外で出会う。郵便局の出入口はデッキで商店とつながっており、南向きなので日差しがよく当た

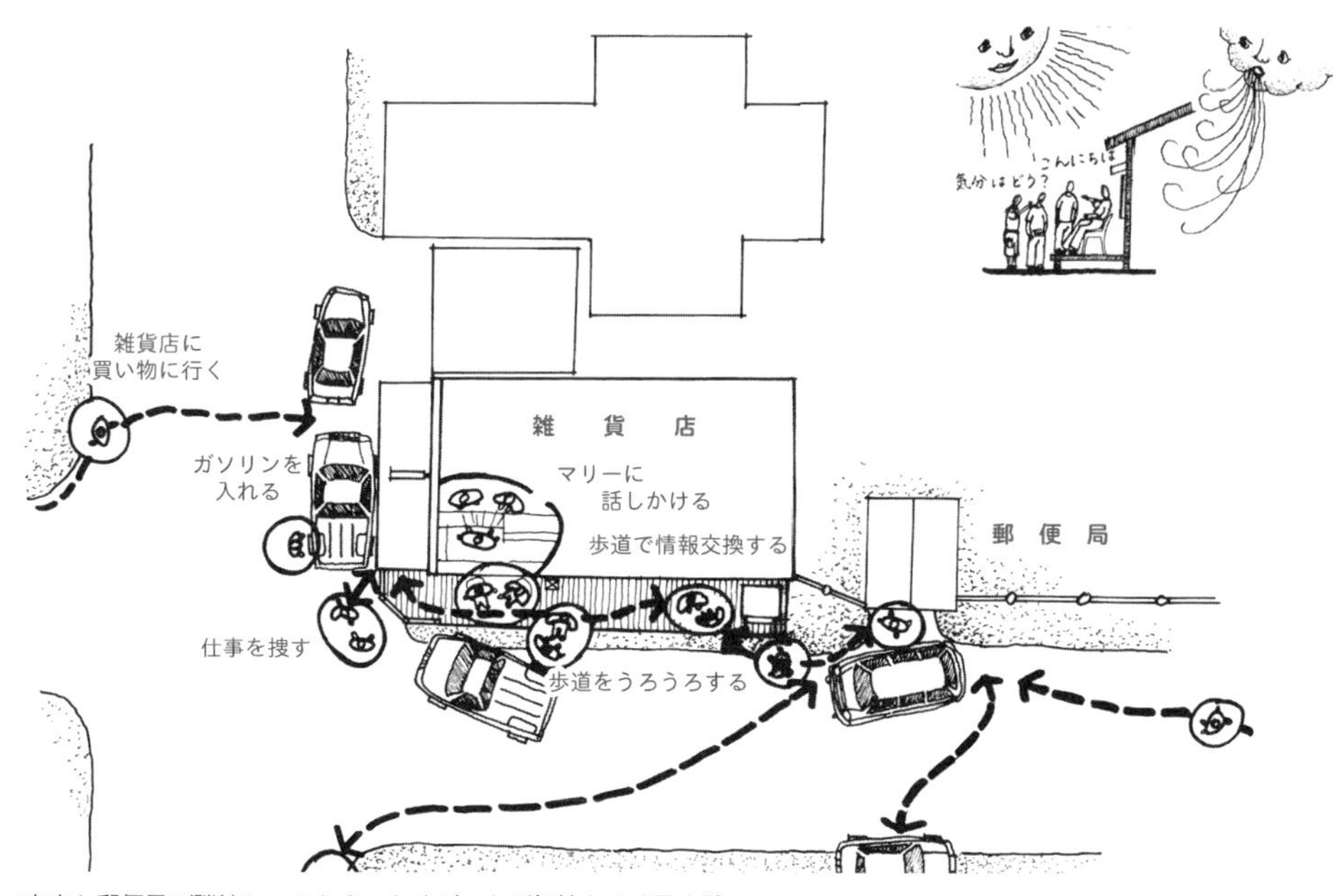

商店と郵便局が隣接し、これをつなぐデッキが気持ちよく風を防いでくれるので、すぐに皆が集まり、地元の情報交換に興ずる

り、同時に北風を防いでくれる。ここは短時間座るのにおあつらえ向きで、非常にうまく日照や風がコントロールされた場所である。もしも北側に壁がなければ、海岸から上ってくる冷たい霧にあっという間に包まれてしまうだろう。デッキは歩行者用の通路をつなぎ合わせたもので、学校、商店、デリ、教会、郵便局へと人々を誘う。いろいろな施設がセンターに集中しているので、他のまちでは平均約5分間とされている人々の立ち話が、ウエストポートではなんと15分にもなるのである。

ここの教会は、20年前に少し離れた場所からセンターへと移築されたもので、これもまとまりを創ることを意識したコミュニティの行動であった。数百人の地元のボランティアが、この教会の建設にあたった。ウエストポート・コミュニティ教会が正式な名称で、多宗派の教会であり、コミュニティセンターにもなる。ここでは精神的な活動と共に、行政の事務も執り行われている。この教会では毎日さほど重要でもない小さな活動が繰り広げられているが、これが社会性を強める空間とは何かを教えてくれる。ウエストポートのコミュニティはまず、説教壇に向かって礼拝席をきれいに並べて床に固定することをやめた。この教会では、もち運びできる椅子がコミュニティの会議のために、不器用に円く並べられている。そこにはアイコンタクトがあり、人々は必ず顔を見合わせることになり、つまり匿名ではいられなくなる。皆で親密さを感じる距離に座り、一団となり内側を向く。たとえば、コミュニティを分断し村を悪意で満たすような議論が巻き起こるときにも、この円形は偏狭さを抑え、協力こそ重要だと人々に教えるのである。たとえ大声での意見の応酬になったとしても、この円形があれば大丈夫なのだ。この教会では椅子を動かせるのでさまざまな活動ができるが、しかしとくに社会性を強める形は、主張の大きく異なる者たちの間にも調和を醸し出すのである。コミュニティが困難な問題に直面したとき、住民は何度も何度も集まって円くなり、一人ひとりが意見を口にしてきたのだ。普段はやってこない先住民族老人会議の人々も含め、ここではすべての年齢の人の意見が尊重される。もしも礼拝席が社会性を弱める権威的な形式に固定されていたら、こんな風にはいかなかっただろう。

　センターを構成する3つ目の重要な場面は、ボランティアの消防隊の資金調達を目的に毎年行われるバーベキュー祭である。どこの小さなまちでも年に1回開かれる祭りがあるが、ウエストポートの住民も皆、1年中この祭りを楽しみにしていて、準備にも余念がない。バーベキュー祭の週は、人々が活発に動きまわり、興奮がまちを席巻する。ウエストポートではすべての準備作業がセンターで行われ、専門家も労働者も、若者も年配者も、男性も女性も、コミュニティを構成するあらゆるグループが、センターへと引き込まれていくのだ。この祭りではバーベキューのための決まった場所はなく、地主の協力が得られた場所であればどこでも、センターのまわりのそこかしこでバーベキューが始まる。しかし、決して変わらないひとつのルールがある。太平洋に向かって開けた、村のセンターの緩やかに傾斜する広い場所は空けておかなければならない。こうしてこの祭りは、村の地形と村を囲むより広い生態系に結びつける。また毎年変わらないのが、全体のレイアウトである。会場全体はU字型で、西端は大きく海に開き、真ん

コミュニティのワークショップ会場になる教会

熟慮型民主主義のための場所となる教会

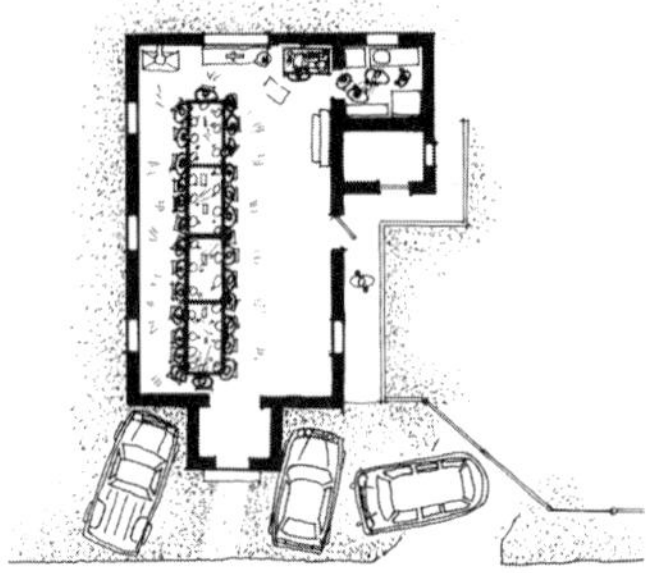

コミュニティの夕食会場になる教会

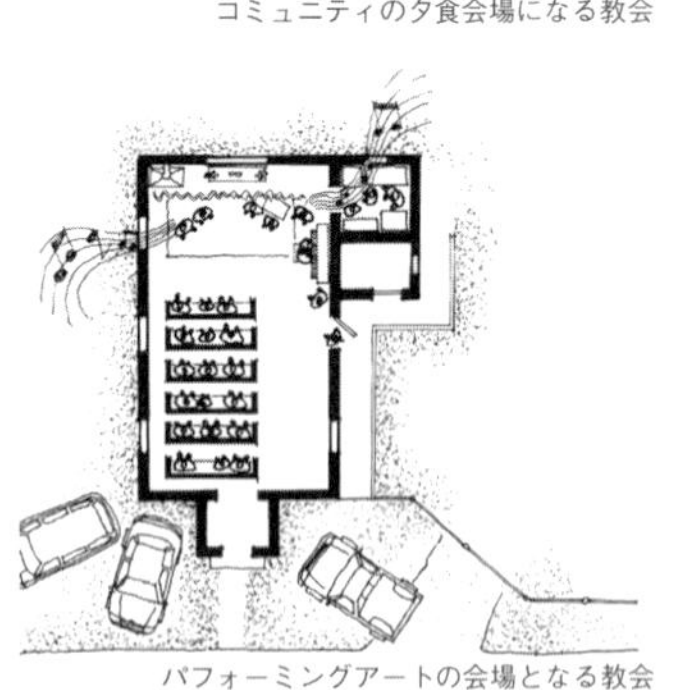

パフォーミングアートの会場となる教会

移動可能な礼拝席

中にはさまざまな活動に囲まれた大きく開けた広場がある。その1辺に調理場が置かれ、反対側にピクニックテーブルやベンチ、他の辺にはゲーム場や売り場ができるのが通例だ。バンドのためのステージは、スロープを下った海に近い場所の南側か北側の端に設けられる。ダンス、サッカー、アメフト、野球、バレー、フリスビー、追いかけっこなどが、真ん中のオープンスペースで楽しまれる。ピクニックテーブルからは、さまざまな活動が重なるように見え、その重なりの最後には音楽のバンド、そしてさらにその後ろには海を一望できる。世代を超え皆で楽しむダンスは、波、海、空の雄大さと一体化し、人々の間の対立を一掃し、1年の間続く共有のイメージを創り出す。この単純なデザインは、マツ島のシティセンターやデイビス市のセントラルパーク、さらにいえばシエナ市のカンポ広場とさえよく似ていて、皆が運命を共有していることを住民に思い起こさせるのだ。センターのデザインは、人と人をつなぎ、人々とランドスケープをつなぐのである。

2004年に村の住民たちは、より大きなコミュニティセンターを作るために、郵便局の近くの土地を購入した。この村なら驚くことでもないのだが、最終的に決定されたデザインは、現在のセンターにさらに多様性を与えるものとなっている。大きくなったコミュニティホールが商店の隣にあり、学校は教会の敷地に抱えられるように建っている。いくつかの新しい建物とコミュニティガーデンが、まちの新しいコモン〔共有地〕のまわりに不規則に並び、コモンではサッカーをはじめ多くの遊びが行われ、そして毎年のバーベキュー祭が開催される。このデザインは、優れたセ

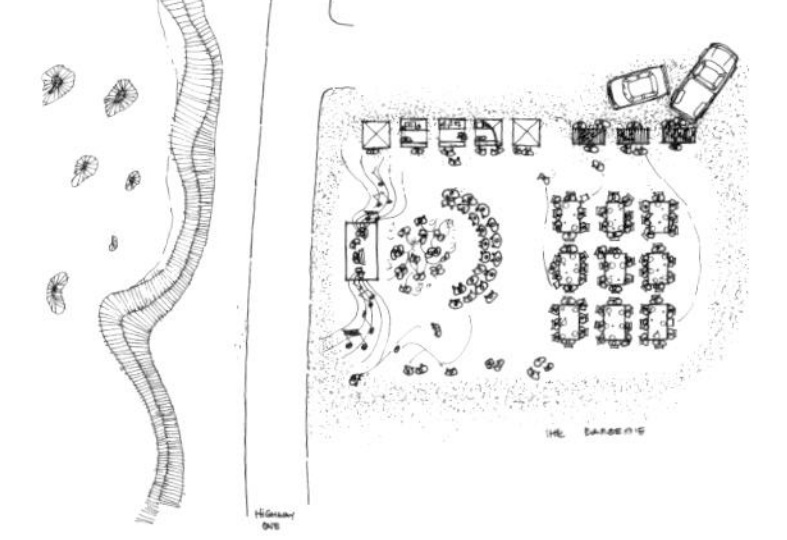

コモンズでの祭りや日々の交流

ンターをつくるための基準をほぼすべて、満たしている。一つひとつの活動が、日々の生活の舞台であるセンターを豊かにする。ウエストポートの人々は、大切にセンターを育み、村の誰もが徒歩でアクセスできるようにし、毎日利用できる場所とし、公式非公式に人々が集まる場所にしてきたのである。センターはまた、知識の集まる場所でもある。学校、教会、商店、新しいコミュニティ施設、これらのまとまりは、地元の情報や世界のニュースを交換する場となる。そこは人々の1日が始まる地点で、多くの場合1日が終わる地点でもある。ここのデザインは、センターが生態系にも適合していることを表現している。建物は混在し、全体を構成している。そしてセンターは、人々の自発性が投資される場所となっているのである。

　エコロジカル・デモクラシーを支持する都市の創造に携わる私たちに、ウエストポートの郵便局、移動できる座席、大洋を望むバーベキュー、広がったコミュ

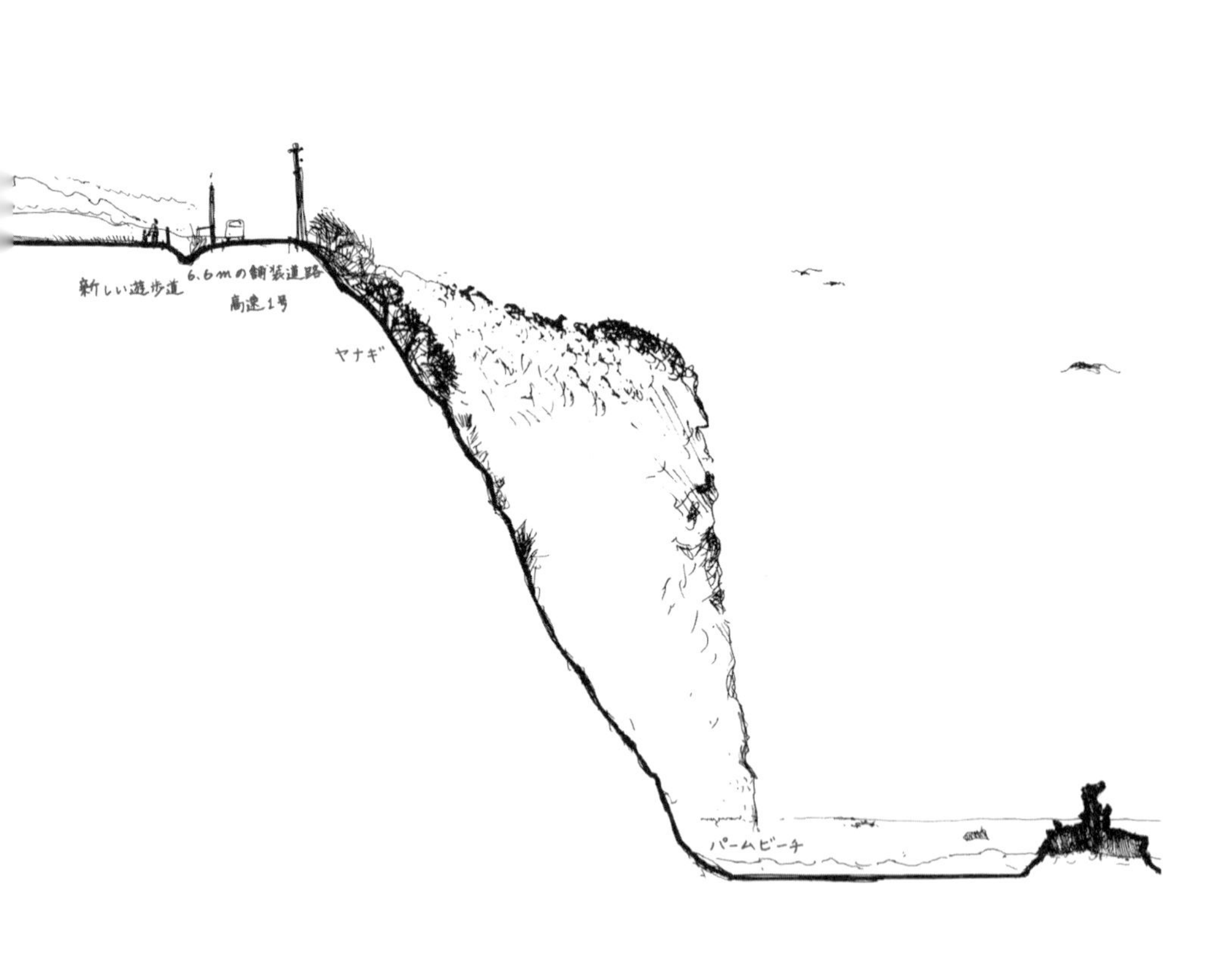

ニティセンターは、柔軟で力強いメッセージを伝えている。場所のデザインが、配置が、調整が、細部が、重要なのだ。注意深くあたればデザインには、中心を創ることができる。ウエストポート・コミュニティ教会でのある日の会議の後、ひとりの住人がこう話してくれた。「もしあなたのまちにもセンターが欲しいなら、毎日世話をしなければなりませんよ」。

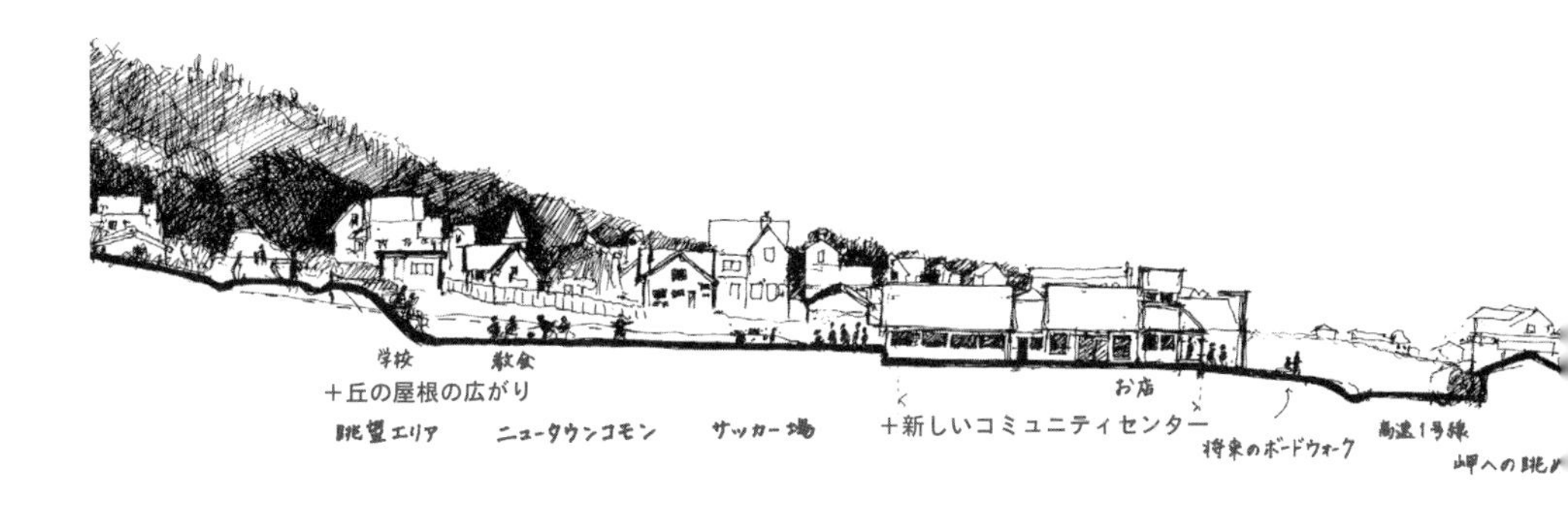

0 10m

新しいコミュニティセンターは以前のセンターの機能を強化し、まちがもつ山と海との関係を強調している

2

可能にする形態

つながり

Connectedness

生態学が私たちにまず教えてくれることは、すべてのものが生命の網の目のなかで互いに結びついているということだ。[1] 私たちは困難な問題に共同で対処するために、暮らしの舞台であるランドスケープに、さまざまに現れる相互の結びつきを意識し、経験し、そして理解しなければならない。[2] 都市のランドスケープに影響を及ぼす活動はすべて、その目的とは正反対の2次的反応や副作用を引き起こしてしまう。この副作用は目に見えず、人々に知られることもなく、そして多くは環境に有害なのである。この副作用の回路は、とくに土地利用に関する決定、都市デザイン、個々の敷地選定などと同時に作動し始める。2次的反応や副作用を引き起こす回路を理解すると、私たちがただひとつの運命を他の人々と共有し、地球上のすべての地域とつながっていることに思い至るだろう。この認識により私たちはともに活動できるようになり、活動が形作る相互の連関が、すばらしく創造的なデザインの基礎になるだろう。リサイクルにたとえれば、ある人にとってのごみが他の人にとっては宝物になるということだ。

つながりは、「可能にする形態」を動かす第2の原則であり、人々の相互依存と、生態システムの一部としての人間の適切な位置を扱う原則である。生態システムには人間に関わる面と関わらない面があり、そのどちらも事物の実際の配置に際して、考慮される必要がある。またつながりは特別なデザイン手法であり、社会的な利益と生態学的な利益を最大にしようとする。生態システムと、都市あるいは一つひとつの敷地の間にある基本的な結びつき

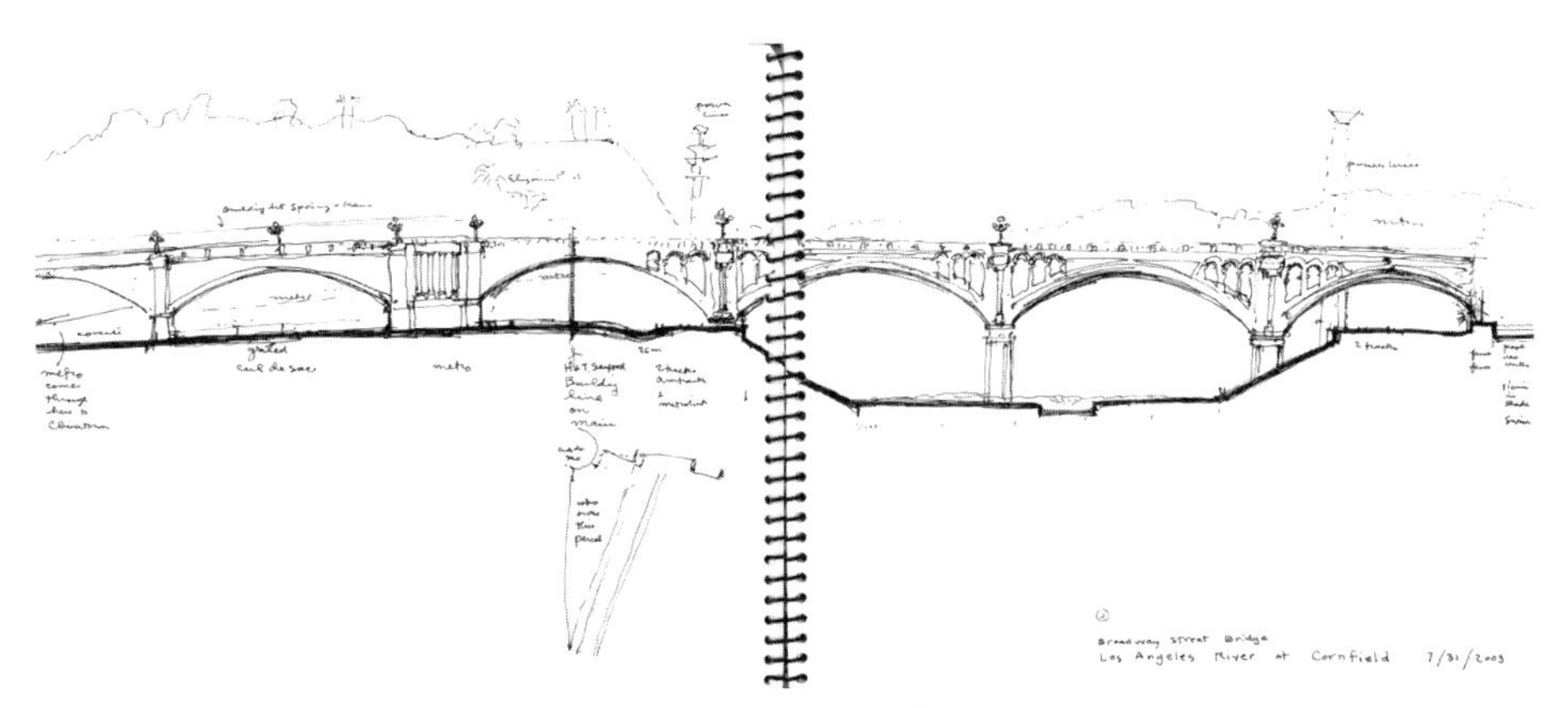

つながりは特別なデザイン手法であり、都市の生態系の基礎的な結びつきを表すことによってつながり合うもの両者の利益を最大にする

を明示することによって、両者の利益を最大にすることができる。しかし多くの地域ではこの結びつきは知られておらず、人々の目に映っていない。そう、つながりは可能にする。つながらなければ、多くのことが不可能になる。

都市デザインにつながりの原則を導入すると、これまではバラバラで場当たり的だった、環境に関する意思決定がまず問題になる。つながりは、生態系を維持するための根本原理だ。そうであるからこそ、市民が自分たちと都市の生態系の深い結びつきを理解することが、日々身近にあるランドスケープだけでなく、地球の反対側にあるランドスケープも健全だろうかと思いをめぐらし、全体として民主的に物事を決定していく基礎となるのである。そこでは全体的で長期的な考え方こそが求められ、逆に現在蔓延している短期的な消費者の満足感や経済的利益のための搾取は否定される。[3] この点に関しては、需要喚起を称揚する経済学がただひとり最大の犯人であることは明白だ。そして残念ながら、個人的な欲望が生態系プロセスとぶつかったときには、欲望が勝ってしまう。またこれと同じくらい脅威なのが、単純化され単一化された目的に拘泥する考え方、特定の場所に根ざさない考え方であり、これらはまた技術の進歩に依存する文化の産物でもある。私たちの仕事は過度に専門化されていて、皆狭い範囲の単純な仕事をうまくこなすことはできるが、しかし全体的に考え、系統立てて問題を解決する能力は失われている。全体的に考える能力の喪失は、一人ひとりの人間にも社会全体にも悪い影響を及ぼしている。[4] 私市がリサイクル・センターを分散配置してからは、私たちは歩いてセンターまで行ってさまざまなリサイクル品を引きとってもらっている。この例では市も住宅デザイナーも、リサイクルを持続的に支える隣接性を創り出したのだった。

しかしなかには、離しておくべき機能もある。たとえば農園の飲料用の井戸は、堆肥場から数十メートル以上は離す必要がある。しかし農民たちがスマイリーの著書から学んだように、水の循環システムは間にどれだけ距離や面積を挟んでいてもつながっているる。つながりとは、どんなに離れていても決して遠すぎるということはない、ということを意味しているのである。

都市デザインにおいて、本当に離しておかなければならないものは何だろうか。私たちはこれについて考えを改めなければならない。どんな物であっても目の届かないところへ追いやったり、頭から閉め出したりすると、後に深刻な事態になって返ってくることになるものだ。どこの町でも、ごみ捨て場や埋立処分場は、裕福な人々の居住地区からできるだけ離れたところへと押しやられ、あたかもリサイクルなどは不必要であるかのように見せかけ、一方でごみ処分場のある地域に住む社会的な弱者には負担が押しつけられている。これとまったく同様に、有毒な副産物から私たちを遠ざけておくという政策は、有害物質の危険性を先送りし一時的に忘れさせるということにしかならない。未来に実現されるよりよい都市では、好ましくない物事を遠ざけるのではなく、人々の近くに配置しデザインするだろう。有毒廃棄物や使用済み核燃料を都市から何千キロメートルも離れた先住民の居留地に押しつけるのではなく、すべての近隣地区で管理しなければならないとしたら、私たちはそれら有害なものをこれほど排出し続けるか、ぜひ想像してみてほしい。

都市を一体化する交通とコミュニケーション

交通システムとコミュニケーション・システムは物や情報、人を結びつけるものだが、しかしこれらのシステムには分離という2次的な効果が伴う。たとえば一般道路と高速道路の影響を考えてみよう。どちらの道路も歩行者の動きを鈍くし、水や生物の通り道をさえぎり、人の暮らす近隣地区をバラバラに分断する。道路ができると、それ以前は隣り合っていた地域から切り離され、それぞれがバラバラになった近隣地区は、島嶼効果〔部分として分かれてしまうと、全体としての効果が発揮できないことの意〕を被り大気汚染に苛まれ、そして受けるべきさまざまな行政サービスも低下する。やがて近隣地区への投資が止み、貧困の集中する地区ができる。都市デザイナーのシェルビー・ハリソン〔Shelby Harrison〕は100年近くも前に、このことを警告していた。私たちが高速道路や一般道路を建設し、そして都市の近隣地区が破壊されるはるか以前のことであった。しかし当時は誰ひとり、ハリソンの警告を心に留めなかった。彼は20世紀に建設される一般道路と巨大な高速道路網が、穏やかでゆったりとした交通が流れ、通り沿いの商店街と一体化していた往年のメインストリートとは似ても似つかないものになると警告していた。さらにハリソンの指摘はこう続く。巨大な道路や高速道路が連続する分断ラインとなり、都市は分割され、遂には都市自体が破壊されることも少なくないのだ。[10]道路の規模、速度、交通機能への特化に比例して、都市の分断は進む。道路がより大規模に、より高速に、自動車専用になれば、より分断は進み、他の利用の可能性は消滅し、そして副作用のコストは高くつくことになる。だがしかし、もし道路を慎重に注意深くデザインできれば、その空間を再び社会的な交流の場所にすることができる。

交通の緩やかな通りでの人々の交流

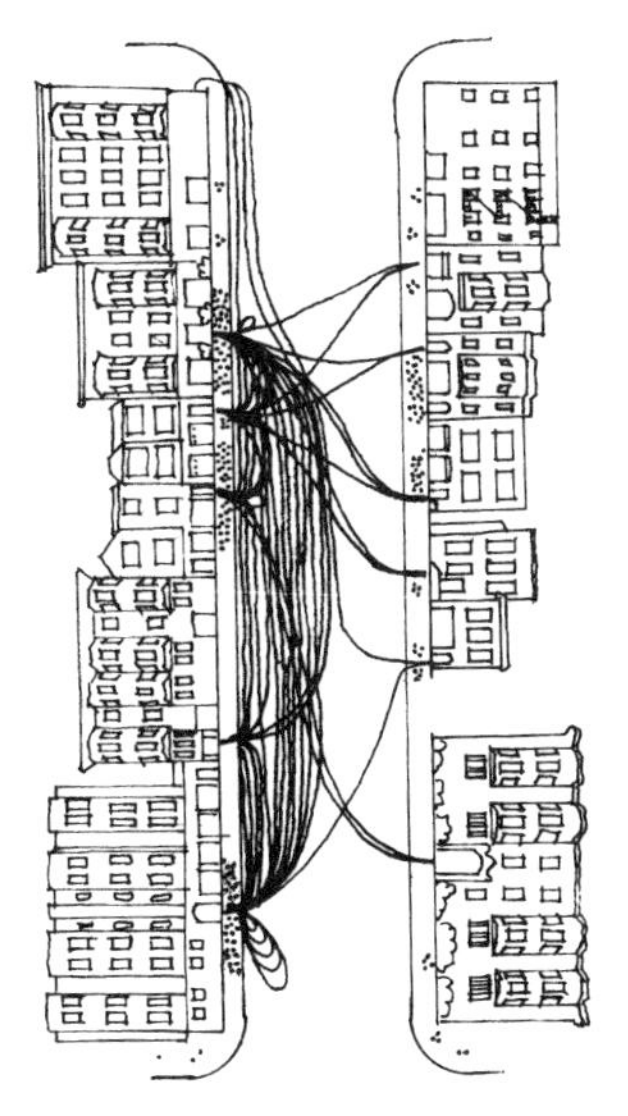

交通の激しい通りでの人々の交流

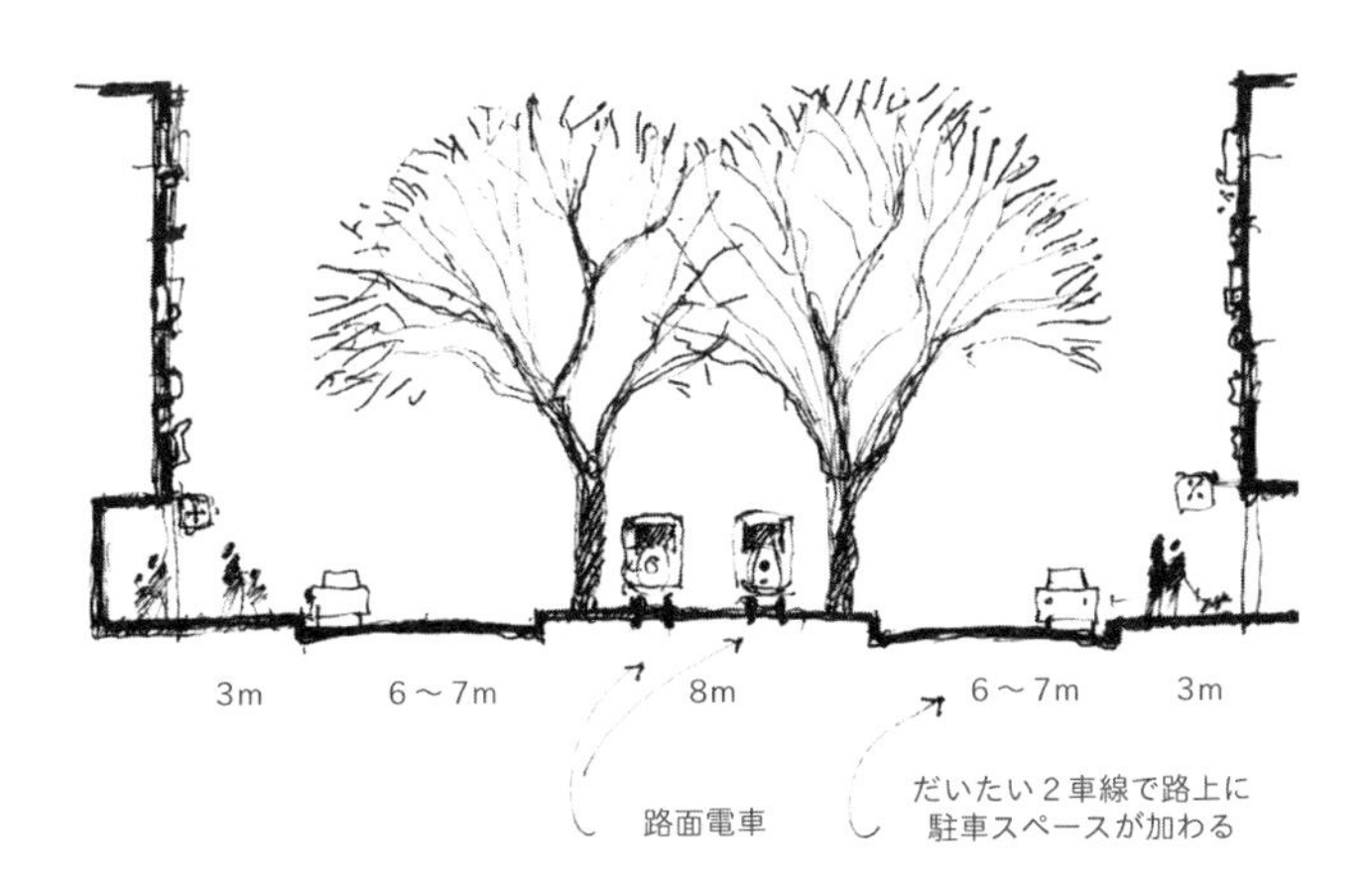

ミラノなどの街路の研究から、いくつもの輸送手段によって大量の交通を支える道路は、同時に歩行者にとっても歩きやすい道であることがわかっている

オクタビア大通り

たとえばカリフォルニア州サンフランシスコ市では、1990年代を通して地震で損壊した高速道路の再建の是非が検討され、そしてこの問題をめぐる闘争が始まった。中央高速道路の再建と廃止という正反対の議案が1997年、98年、99年と住民投票にかけられ、それぞれの議案は通過したり、また撤回されたりした。そんなときに、アラン・ジェイコブス〔Allan Jacobs〕とエリザベス・マクドナルド〔Elizabeth Macdonald〕は、ヘイズ・バレイ地区を分断する高架の高速道路を撤去する計画を作成した。この高速道路は何十年もの間、地区を分断する暗く危険な通路を作り出していた。ジェイコブスとマクドナルドが立てたオクタビア大通りの計画はまず交通に関する計画であり、高速交通のための4車線を中央に集め、地域交通のための低速度の車線を歩道に沿って配置するもので、以前の高速道路よりも、小規模で多目的の道路計画であった。地域交通のために設けられた車線には、自転車レーンも設置されている。4・5メートル幅のゆったりとした歩道は並木道で、人々を道路へと誘い出す。全体としての交通速度は少しだけ遅くなるかもしれないが、この新しい大通りは高速道路に比べていろいろな移動の楽しみ方を提供し、しかも交通量は以前と変わらないのである。オクタビア大通りは道行く人に歩く楽しさを与え、高速道路沿いにあった障壁や騒音や殺伐とした雰囲気によって分断されていたこの地区を、再びひとつに結びつけた。多様な速度を許容する大通りを創り、コミュニティを再びひとつに編み上げるこの計画は、住民投票にかけられ可決されたのであった。[11] ジェイコブスの長年にわたる研究が出した結論は、都市高速道路が必ず地域を分断し荒廃を生み出すということだ。反対に人々の散策できる大通りは通過交通に対応しながら、同時に地域交通や多くの歩行者にも対応できる。このような大通りは、分断する障壁を立てるのではなく、社会的経済的な結節点をいくつも形成すること

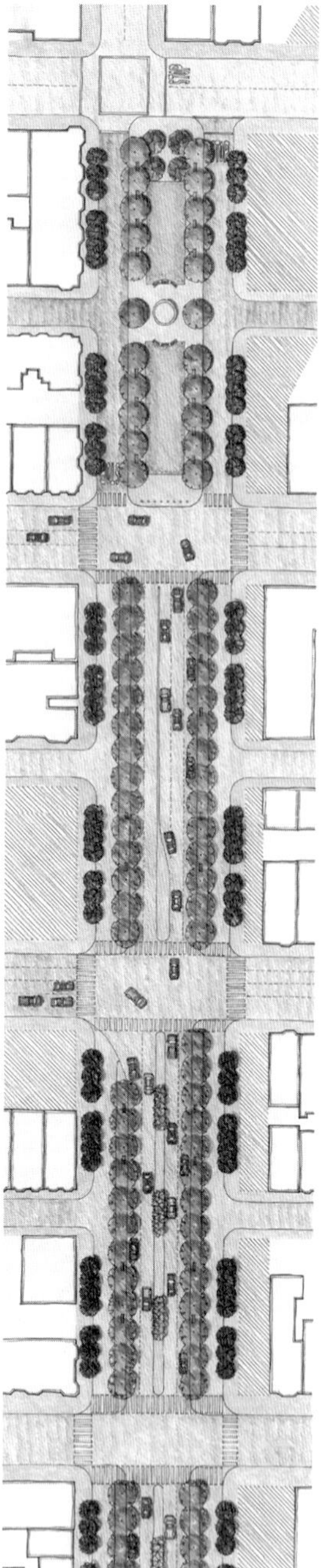

ができる。[12]

連鎖・ウェブ・流れ・ネットワーク・循環・リサイクル

社会システムと生態システム、どちらのつながりもなかなか目で見ることができない。[13] そのつながりは複雑で扱いにくく、一面的な見方では観察できず、また都市が建設されるときに壊されてしまうことも多々ある。このとき破壊された社会システムや生態システムを、後から修復するのは大変高くつく。たとえば食物の生産網、栄養分の循環、排水ネットワーク、水循環などである。

広範囲に及びまた整備に大きな費用が掛かるもののひとつ、排水ネットワークについて考えてみよう。ほとんどの自然システムでは、雨水は土壌に浸透するかあるいはランドスケープ全体に分散していく。都市の開発につれて、地面は道路や駐車場、住宅や建築物のために舗装されていき、雨が降った場所で浸透できないことになる。すると雨水が集中し激しい表面流となり、もともと存在していたきめ細やかな水の流れのネットワークを破壊してしまう。雨水が過剰に集まる時間や場所では、土砂崩れや洪水が引き起こされる。私たちのまわりにある一つひとつの建築物、歩道や道路がこうした問題を引き起こす要因になっているのである。[14] この状況への典型的な対応は、被害をもたらす洪水を抑えるための暗渠化であり、こうすれば濁流も見えなくなる。しかし実際には暗渠では水の流れが速くなり、下流域にはより深刻な洪水がもたらされ、水辺の植生はダメージを受け、魚類は激減するのである。[15] わずかな面積を舗装する、そんな小さなことが累積し、遂には都市の破壊に至る。[16] 2次的な影響はさらに悪い。暗渠化された流れは自然の水辺という遊び場を子どもたちから奪い、そして子どもたちは幼い日の最大の喜びのひとつを経験せずに大人になることになる。[17] 多くの都市たとえばロサンゼルス市でも、排水ネットワークの分断は目には見えないさまざまな条件から影響を受けていて、その結果とても複雑な要因が災害の引き金になる。ロサンゼルス市には浸食されやすい土質の急勾配地域が何ヵ所もあり、ここに集中した雨は激しい表面流となり壊滅的な地滑りを引き起こし、そして住宅や道路、その他のインフラストラクチャーを破壊してしまう。住宅のプールからの漏水でさえ土壌中の水を飽和させ、自然の排水ネットワークがもつ分散能力を簡単に超えてしまう。したがってこうした地域では頻繁に地滑りが起こる。今日こういった地域では、自然の排水ネットワークを無視したデザインが、1年に住宅1軒あたり平均800ドル以上の損害を与えている。[18] 実はロサンゼルス市の開発の初期に、先駆的なランドスケープ事務所が自然の排水パターンを尊重し骨格とすることを提案していた〔オルムステッド計画のこと〕。その計画は、雨水貯留や人々のレクリエーションや野生生物の生息域のために、自然が作った小さな谷筋を保存し、急峻で地滑りの可能性のある丘陵域での開発を制限し、都市の急激な成長をロサンゼルス川の流域内にある平坦な高台や崖の上に誘導するものだった。[19] だがこの提案はまったく無視され、その後80年以上もの間、この都市では自然の排水ネットワークがつねに開発という攻撃に晒され、崩壊してきたのである。

1980年代、私たちはロサンゼルス市北部にあるルニオン・キャニオン公園の仕事を始めた（この公園の計画策定に参加した地域住民が、計画プロセスを評していちばんよかったのは隣人同士が知り合いになったことだ、と言った人々である）。当時は自然にできた表面流は人為的に谷に集中して流れ込むようになっていて、その結果地滑りが家々を破壊し、土石流が下流にある集合住宅に損害を与え、道路から流れ出した水が渓谷の西側の斜面全体を深く浸食し亀裂さえ刻んでいて、水生植物群はすでにすべて押し流されてしまっていた。[20]そしてロサンゼルス市は、渓谷の最下部に貯水ダムや砂防ダムを建設する計画だった。砂防ダムに反対した市民はわずかだったのだが、それでも彼らはこのダムが分断してしまうだろう分水嶺というひとつのつながりを守りたいと立ち上がったのである。

生態学にも詳しい水文学者が、多くの小さな堰を設置して水を小流域に分散させれば洪水は防げるという計算結果を示してくれたのだが、しかし住民の多くは速効性のあるダムという技術的対応を望んでいた。そこで私たちは自然が作る表面流について学問的に解説するツアーを組んだ。このツアーには市民参加のさまざ

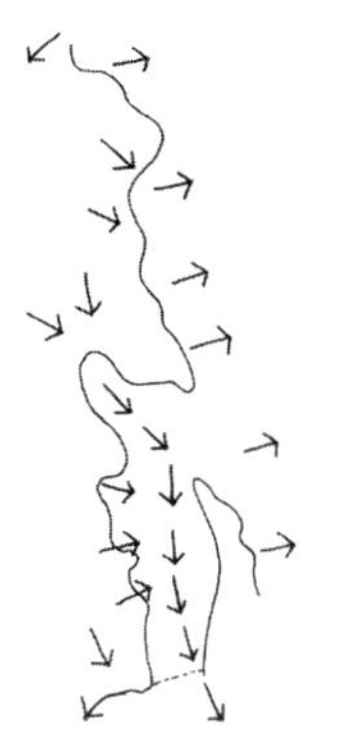

1900年
自由な水の流路

1985年
道路建設による洪水

1986年
溝を埋め、
侵食地に植林する

1988年
最大流時のための
堰の設置

1989年
水辺の植生の回復

1992年
90パーセントの水が
元来の流れに戻る

まな技術が用いられた。たとえば、市民が直接この地域の排水対策案を選択し、それぞれの影響を検討し評価できるプログラムなどである。長期間にわたる公開の討論を経て、住民たちはひとつの代替案を採択した。[21] その後、植生の再生に取り組む地域のボランティアグループが結成され、水辺の緑を回復し洪水や開発により破壊されたネットワークを再び結びつける活動を始め、徐々に地域の人々を巻き込んでいった。そうして地域の人々は仲のよい知り合いになり、同時に生態系のもつ重要なつながりに気づいていった。現在ではルニオン・キャニオン友の会〔Friends of Runyon Canyon〕が、流域の水循環システムの復元に粘り強く取り組んでいる。[22] 10年以内には、分散型の雨水表面流ネットワークが回復し、自然の力で洪水や地滑りを防止できるはずである。

この事例から一度破壊されたネットワークでも、再び結びつけられるものがあることがわかる。13章「科学に住まうこと」〔Inhabiting Science〕や14章「お互いに奉仕すること」〔Reciprocal Stewardship〕の事例からも、同じ結論が得られている。隠れた連鎖や流れの重要性に市民が関心を寄せるように、参加のデザインプロセスを使おう。壊れたつながりを再びつなぎ合わせるための効果的な方法を考えよう。通常の方法、たとえば砂防ダムのような方法を覆すのは困難なことだ。健全で現実的な代替案のみが、有害な技術に取って代わることができる。つなぎ直された連鎖や流れ、ネットワーク、循環が、日々のランドスケープのなかに見えるようにしよう。[23] 市民ボランティアに、つながりを再生し、維持する作

水を小流域に分散させ、堰を設置することで、ルニオン・キャニオン公園は洪水対策のコンクリートで固められた流域にならずにすみ、ハリウッド大通りより高い場所は人々に愛される野生の場所となった

めロビー活動にあてている。鉱山業界の８００万ドル、不動産業界の３１００万ドル、石油業界の６０００万ドルほど多くはないが、野生生物に関する連合組織はその多様な社会的相互主義ゆえに成功を収めているのである。その結果、今ではアメリカ国内に約３７２０万ヘクタールの野生生物保護区が存在することになった。そして徐々に、こうした保護区が都市を形作り始めているのである。[36]

小さなスケールでは、コミュニティガーデンが同様の相互主義を生み出す。人種や階級、世代間の分断に橋を架けることに成功したすばらしい事例を、14章「お互いに奉仕すること」〔Reciprocal Stewardship〕で紹介しよう。このように勇気づけられる事例はあるのだが、都市を創るための健全な社会的相互主義はまだまだ少ない。[37] 私たちは、都市をデザインするうえで、この問題にもっと注意しなければならない。社会的相互主義は都市のランドスケープにきわめて創造的な革新をもたらし、したがってデザイナーもまた十分に報われるのである。

もしグローバリズムによる均一化、支配、搾取による影響、すなわち社会関係への悪影響を無力化できれば、グローカリゼーションが積極的な社会的つながりを創出できる。グローカリゼーションはデザインプロセスであり、このプロセスを通して相互主義が世界中の地域から地域へと広がっていく。草の根の活動グループによる文化横断的な連携組織こそが、相互に尊敬し合い、互いの利益を考え、それぞれの土地の文化の独自性を強め、そして優れた可能にする形態を創造することができる。国際河川ネットワーク〔The International Rivers Network〕（ＩＲＮ）は、このような実践を効果的に展開してきた組織である。ＩＲＮは、地域文化を破壊するダムに反対するさまざまな活動グループ、以前は広範囲に散らばり互いに孤立して活動していたグループに、技術的支援と相互援助の機会を提供している。そしてこれが、世界中の危機に瀕した河川を守ることにつながっているのである。

閉ざされた箱からの脱出

全体的に考えることが都市デザイナーに求められている。敷地レベルのプロジェクトでは、境界や既定の基準を超えたその先を見ることが求められている。子どもが塗り絵をするとはじめは素直に枠のなかに色を塗っているが、しかしそれも枠の外側に色を塗る楽しさを知るまでである。子どもたちは、そこに喜びに満ちた力を見出すのだ。ここに面白い演習がある。それぞれ平行な縦3個横3個の全部で9つの点を一筆書きのなるべく少ない直線でつなぐ。[38] 5本の直線で9つの点を結ぶのは簡単だ。4本の直線でつなぐには、この問題の境界の外側にはみ出て線を引かなければならない。人々が暮らすランドスケープのためのデザインも、これと同じなのだ。[39]

ランドスケープ・アーキテクトが任されるのは、通常は小規模なプロジェクトである。明確な敷地境界がある公園や、すでに用途が決められ（子ども広場や駐車場など）、禁止条項まで細かく決められているようなプロジェクトである。たいがいは対象となる敷地内にも難しい課題があり、するとデザイナーは敷地境界の外側との重要なつながりが見えなくなってしまう。なかには周辺の環境を考慮できるデザイナーもいる[40]。一方で、民有地に芸術的で宝石のような作品を製作する自由を謳歌するデザイナーもいる。彼らの作品は自らの置き場としての敷地を際立たせるが、しかし多くの場合場違いなものになり、全体性を減少させてしまう[41]。

デザインが最も優れた解決に至るには、境界線をはるかにはみ出して考え、仕事の範囲を超えたつながりを作ることが要求される。都市デザイナーがこれをどのように実践しているかは、9章「都市の範囲の限定」〔Limited Extent〕で記したとおりである。

まず最初に、周囲のランドスケープ、文脈、隣接性を考えよう。これには前述した目に見えない自然のシステムや、よく見ないとわからない連鎖や流れも含まれる。しかし境界の外に出て考えるためには、それ以上の何かが必要である。デザイナーは与えられたプログラムそのものをよく吟味しなければならず、クライアントが熟慮してそのプログラムを用意したなどと仮定しないことが大事だ。多くの場合、プログラムのある部分は不必要なものである。あるいはプログラムに重大な欠落があるかもしれない。問題解決のためのプロジェクトの多くが、ただの対症療法にすぎない。たとえば数多い近隣公園の設置プロジェクトの目的には、10代の青少年たちがトラブルに巻き込まれないようにすることがあげられるが、それは彼らの問題行動が適切なレクリエーションの欠如によって引き起こされるという仮定にもとづいている。しかしそれは、まったくの見当外れなのだ。青少年たちと一緒に公園をデザインするといつもわかることだが、彼らがまず望んでいるのはレクリエーションではなく雇用なのである。公園は最初こそ歓迎されるが、それが長い間使われるためには、若者たちが公園建設や維持管理のために雇用され、関連する仕事につけたときだけなのである[42]。

境界の外側を考える

またプランナーには、敷地単位での優雅な都市デザインのためにかつて定められたさまざまなルールに、立ち向かうことが求められる。とっくに時代遅れになっている道路幅員、駐車場面積、壁面後退、低密度、分離する土地利用などの厳格な基準が、エコロジカル・デモクラシーのためのデザインへの障壁になることが多いのだ。

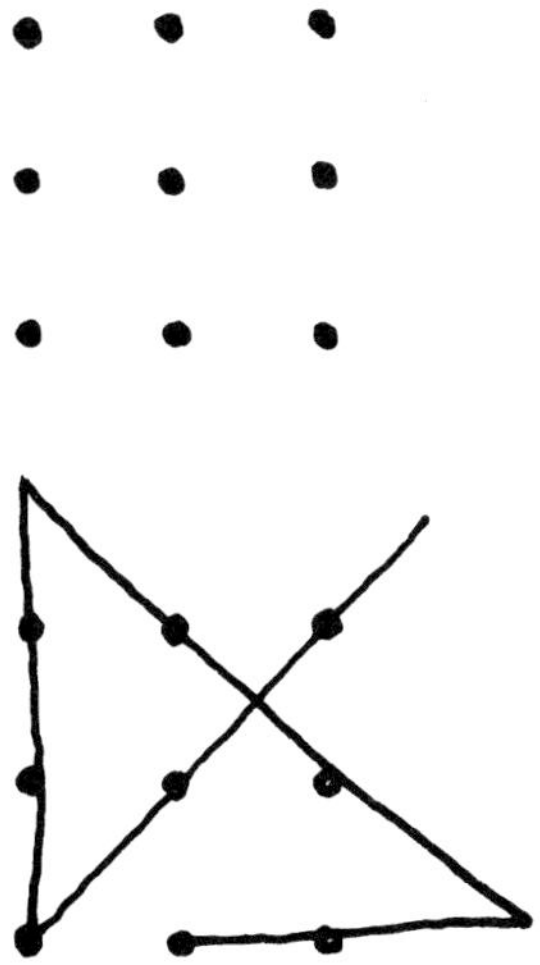

一例をあげよう。建築家ダン・ソロモン〔Dan Solomon〕は自分が仕事をしているコミュニティに、こんな実態があることを知った。行政の計画の基準は、住宅1戸あたり駐車場2・2台、そして住民1000人あたり図書館の本が2・8冊であった。ダン・ソロモンがデザインしていた4000戸の住宅に換算してみれば、8800台分の駐車スペースと30冊の本が必要だということになる[43]。若い世代の都市計画家によって提起された対抗的な基準が、現在のこうしたばかげたルールへの挑戦なのである[44]。せせこましい境界の外側に立って考えることだけが、本当の問題解決を実現する。

両立しない物事、でももしかしたら

箱の外側で考えるためには、明らかに両立しないものをつなげてみよう。こうしたつながりは、優れて創造的な行為のなかに見出されることが多い。歴史上はじめて油と酢が混ぜられ、誰かがそれを味わったときのことをイメージしてみてほしい。この奇妙な取り合わせが永遠に輝き、私たちを思わず笑顔にさせ、そしてあるいは重大な都市問題を解決するかもしれないのだ。

ロバート・ラウシェンバーグ〔Robert Rauschenberg〕はこれと同じ考えから、コンバイン・ペインティング〔combines〕（キャンバス地とペンキ、コラージュを合体させたアートワーク）を制作し、先住民族のアーティスト、レランド・ホリデイ〔Leland Holiday〕もまた同様に、ニューメキシコ州の砂漠で拾ったもので崇高な像を創り上げた。こうした考え方が、私たちの生きるランドスケープのデザインに革新をもたらす。アーティストであるタイリー・ガイトン〔Tyree Guyton〕のハイデルベルグ・プロジェクト〔Heidelberg Project〕は、前代未聞の方法で、デトロイト市の土地利用の変化とドラッグの蔓延がもつ関係へ人々の関心を導いた。町の至るところで見つけたガラクタを材料に、タイリーは誰にも思いつかないようなアートを完成させたのである。彼は放棄された住宅を占拠し、ドラッグ密売人を追い出し、その家を希望と絶望の表現へと作り変えた。アートと放棄された土地を結びつけることなど、普通一緒に考えられることはないが、しかしこの作品がきっかけになって、デトロイト市は衰退する地域の回復のための多くの施策を実施することになったのである。

多くの野生生物の研究者たちは、地域の人々による利用も全面的に禁止する保護区域を設定し、絶滅危惧種を保護しようとしてきたが、その試みはすべて不首尾に終わった。そして彼らが野生生物の保護と地域の経済開発をつなぎ合わせたときに、はじめて目的が達成されたのだった。土地利用の権利、エコツーリズム、許可制の狩猟が認められて、はじめて野生生物の保護が実現できるのである[45]。メキシコ・シティの西方に位置するオオカバマダラの生態圏が、よい例である。ここにはメキシコとアメリカを渡るチョウが越冬する唯一の地域があり、このチョウの生存にはそこに生える木々が必要である。しかしこの森を、最低生活水準にある20万人の農民が脅かしている。農民たちはチョウの保護区域に住み、木で家を建て、木を燃料にし、作物を植えるために木を伐採する。彼らは外部の人がチョウにばかり注目し、自分たちがその犠牲になることに憤慨している。この30年間で慣習として与えられている木材伐採権は縮小されてきたが、しかし不法な伐採により手つかずの森の半分以上が切り倒されてしまった。消失しつつあったチョウの生息地が救われたのは、ふたりの生物学者がふたりの農民とタッグを組んで、ある「信じがたい発想」を実行に移してからだった。オルタネア・チーム〔Team Alternare〕は厳しい利用制限を説くのではなく、通常25本分の木材が必要だった住宅建設を、乾燥レンガとわずか1本分の木材でまかなえるようにしたのだ。彼らは単純な仕組みのオーブンも導入し、それまでの焚き火を止めさせた。オーブンは薪ではなく、木材チップで十分に調理ができる。次にトウモロコシの茎や、雑草、牛馬の糞を堆肥にして、それまで大量に使用していた高価な化学肥料をやめた。これにより1家族を養うために必要な作付面積が、1ヘクタールにまで減った。現在彼らは、皆伐されてしまった森に苗木を植えている。そして他の農民たちが訊いてきたときにだけ、この新しいやり方を伝えている。オルタネア・チームがチョウについて語ることはない。この草の根の努力が、チョウではなく人々の生活に焦点をあてたことで、貴重な種の生存に必要な数千ヘクタールの森を守ることができたのであった。チョウだけを考え保存しようという努力は、森林の保全にことごとく失敗してきた。彼らはそんな森を残すことに成功したのである。これがチョウの生息地を保護する戦略として適切かどうか、疑問を呈する外部の人もいる。しかし地域の人々ははじめて、そして熱心にチョウの保護に取り組んでいる。今日彼らは、自分たちの生活を向上させながら、同時に森を守ることができるのだ。この実践は、矛盾する力をひとつにし、協働させたのだった。[46] エコロジカル・デモクラシーにおいても、必要が革新の母となるが、それは誰かが月並みな考えから身を剥がし、独創的に思いをめぐらし始めたときにだけ起こることなのである。

タイリー・ガイトンの希望のアート

あらゆる地域と近隣地区では、資源が搾取されてきた。魚の加工業にたとえれば、魚の切り身を取るために、頭は無用の産物として捨てられるのが常だった。今日では、魚の頭、内蔵、尾びれが、有機肥料や高級食材などの付加価値のついた商品となり、排水処理や廃棄物処理のコスト減に結びついている[47]。これは、ある地方の起業家がサケ加工業の廃棄物から高級サーモンペーストを作り出したことによる。しかし彼は、自分の発想力に対する賞賛は的外れで、サンフランシスコの人々には何だって売ることができるんだと言っている。それまではごみだと思われていた資源を発見することが、リサイクルや循環の輪を閉じること、自然保護、そして創造的な都市づくりにとって重要なのだ。大規模なリサイクルの例では、第2次世界大戦のベルリン陥落による瓦礫８００万立方メートルの廃棄物で、同市の周囲の10個の丘が造成されたこともある。これらの丘が今日では屋外レクリエーションの場になり、市民に愛されているのである。

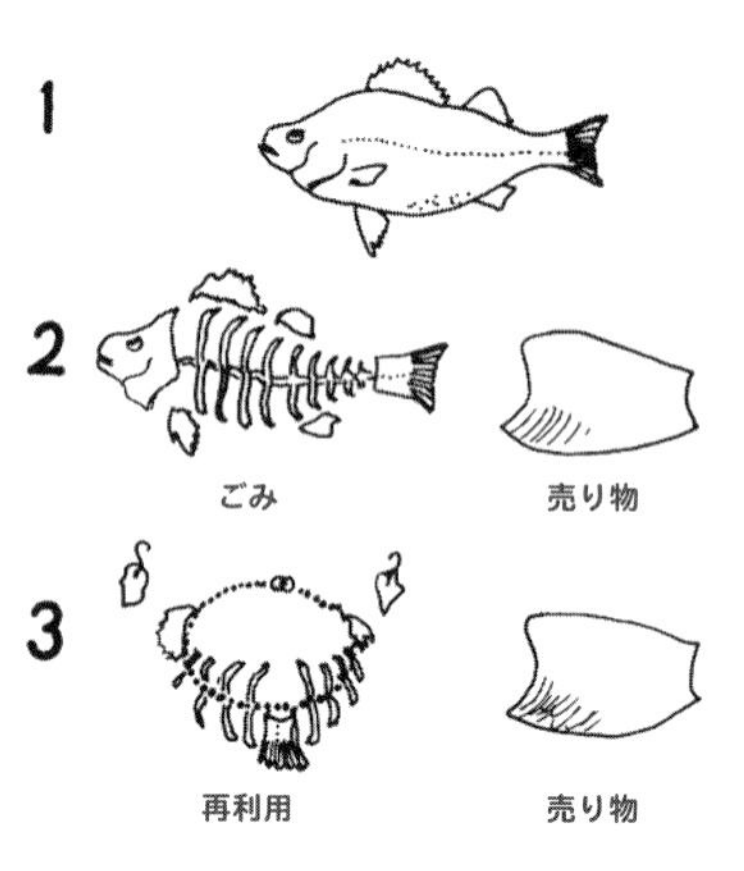

「魚の頭」を見つける

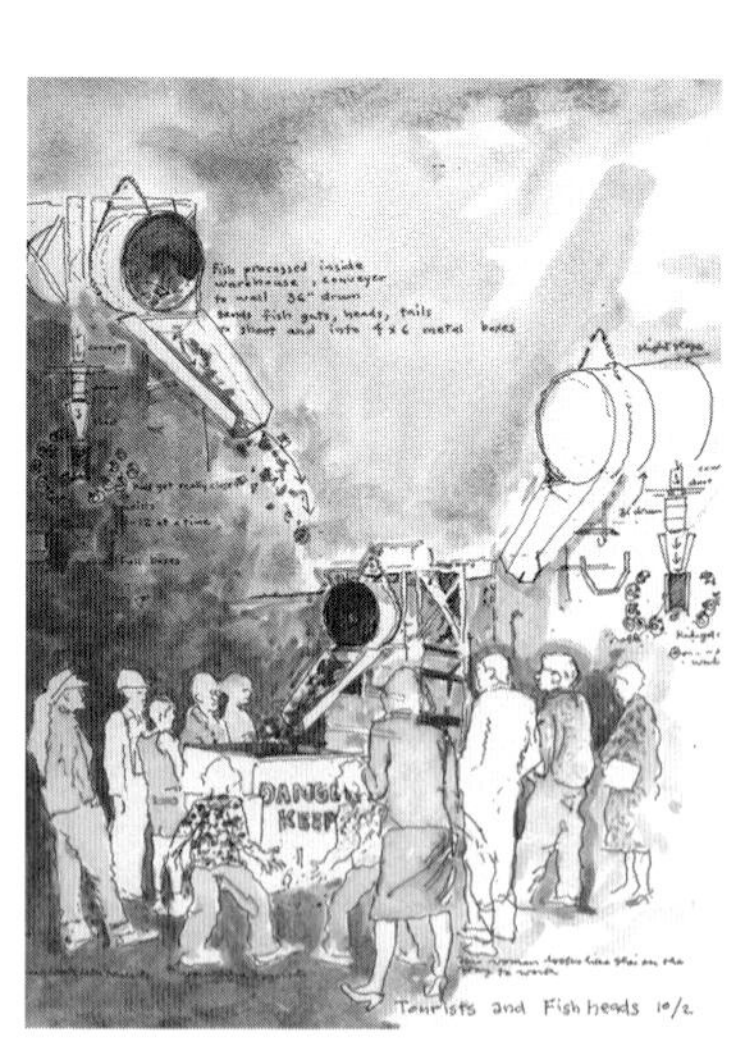

魚の加工場の見学観光という「魚の頭」

魚の頭と尾びれの発見

都市デザインでもプロジェクトがうまく進まないときに、「魚の頭」を使うことで後退することなく、環境的によいものとしてそれを活性化することができる。以前は一顧だにされなかった資源が、改めて見直され経済的な価値を得たとき、それが資本となり、危ぶまれていたプロジェクトの実行につながる。魚の頭を見つけるには、相互のつながりに注意を払うことが必要だ。私たちはばかばかしい物事について考え、見慣れぬものを慣れ親しんだものに、慣れ親しんだものを見慣れぬものにしなければならない。魚の頭を見つけ出すことは、「〜したらどうなるのか?」「〜してはどうか?」と多くを問いかけ、そして嘲笑を覚悟することでもある。都市デザインの場合の「魚の頭」は、放棄されたビル、隠れた歴史的なイベント、無視された場所、美しい風景、退職した人々、そして生活のための肉体労働かもしれない。[48]

たとえばある港町では観光客がボート作りを見に来るし、歴史的に魅力ある場所を訪れる。魚の加工業が主産業である別の町では、魚の缶詰を作る工程にある、頭、尾びれ、内蔵を取り除く機械に観光客が魅了されている。アメリカ人は仕事の現場を見るのが大好きで、それが血だらけになるような作業でも一向に構わない。ホワイトカラーの仕事ではコピーやファックス以外に具体的な作業というものが見えないので、肉体労働（魚の加工業のような）や見過ごされていた資源（生の魚の頭や尾びれのような）を目で見て、感じて、経験したいと思っているのだと分析する人もいる。デザイナーが魚の加工産業を地域経済の中心にし、そして2次的に観光産業を立ち上げようと提案したとき、地域の人々はデザイナーたちの頭がおかしくなったと思ったものだ。なじみのあるものを見慣れないものにし、そして一時デザイナーたちは地元の人々の冗談の種にされたが、しかし実際に都市から訪れる人々は魚の頭や尾びれに夢中になったのである。

荒廃した地域が、小さなきっかけで大きな繁栄に転じた事例を見てみよう。オレゴン州のコロンビア川沿いは強風が数週間にわたって吹きすさび、険しい渓谷を不毛に、農業を不振に、そして日常生活を惨めにしてきた。しかしウインドサーファーたちには、この風こそが理想的で、世界でもこれ以上エキサイティングな場所はなかったのである。ウインドサーフィンに来る人が増え、地元のリーダーたちが支流のフード川周辺に吹く風の流れをおおいに宣伝した。起業家たちが、潰れた工場をサーフィン関連の製品作りやサービス提供のために転用した。公共セクターも川へのアクセス設備を改修し、ウインドサーフィンに関連する製造業を奨励した。迷惑だった風が、衰えつつあった地元経済を数百万ドル規模の産業に押し上げ、地元コミュニティを刷新した。これこそが、つながりの力なのである。

失われた山、パワーマップ、土砂運搬業者

かつてレセダリッジ（尾根）は、ロサンゼルスとサンフェルナンドバレーにまたがる山系の頂上部を形成していた。最高地点は海抜３３５メートルを超え、地元の住民たちはこの山を深く愛していた。私はこの尾根をアメリカ合衆国地理院の調査地図で見たことがあるだけで、実際に見たことは一度もなかった。以前レセダリッジが続いていた地域で約４００ヘクタールの公園計画の策定に私たちが関わり始めたころには、尾根の低い部分が近くの谷を埋めて住宅地にするために削り取られ、尾根の高い部分は尾根の始まりから海まで、つまりサンフェルナンドバレーからサンセット大通りまで、山を横断する新しい高速道路のために平らに造成されていた。山登りを楽しむ人々や環境保護主義者たちが高速道路計画に反対していたがうまくいかず、この反対運動が近隣住民

を得ていた。ブルドーザーに乗り込み、実施設計図の指示にはない、周囲のランドスケープにとけ込んだ土地造成を実現していったのだ。再生された山々の頂きが、一度は失われた面影を取り戻し、息を呑むような眺めを生み出した。その姿は、碁盤の目のようなサンフェルナンドバレー市の街並みと対照的である。流れる川のたおやかな岸辺には草々が育ち、さらにその外側を自生植物が縁取り、チョウや地上性の鳥の生息地と人々が自由に遊べる平らな場所もできた。在来種であるカシやクルミの木立が、ピクニックエリアに木陰を落とす。駐車場や若者たちのたまり場、ハイキングやマウンテンバイクの出発施設が、中止された高速道路の名残である26メートル幅の舗装部分に組み込まれた。植生群落がさまざまな自然条件や人々の利用を反映したモザイクをなし、新しい山並みを彩っている。

レセダリッジ公園は地形と植生と岩石だけでできていて、それぞれの要素がさまざまな、ときとして相反する目的に対応している。地形が高い丘と窪地を創り出している。窪地では世界のすべ

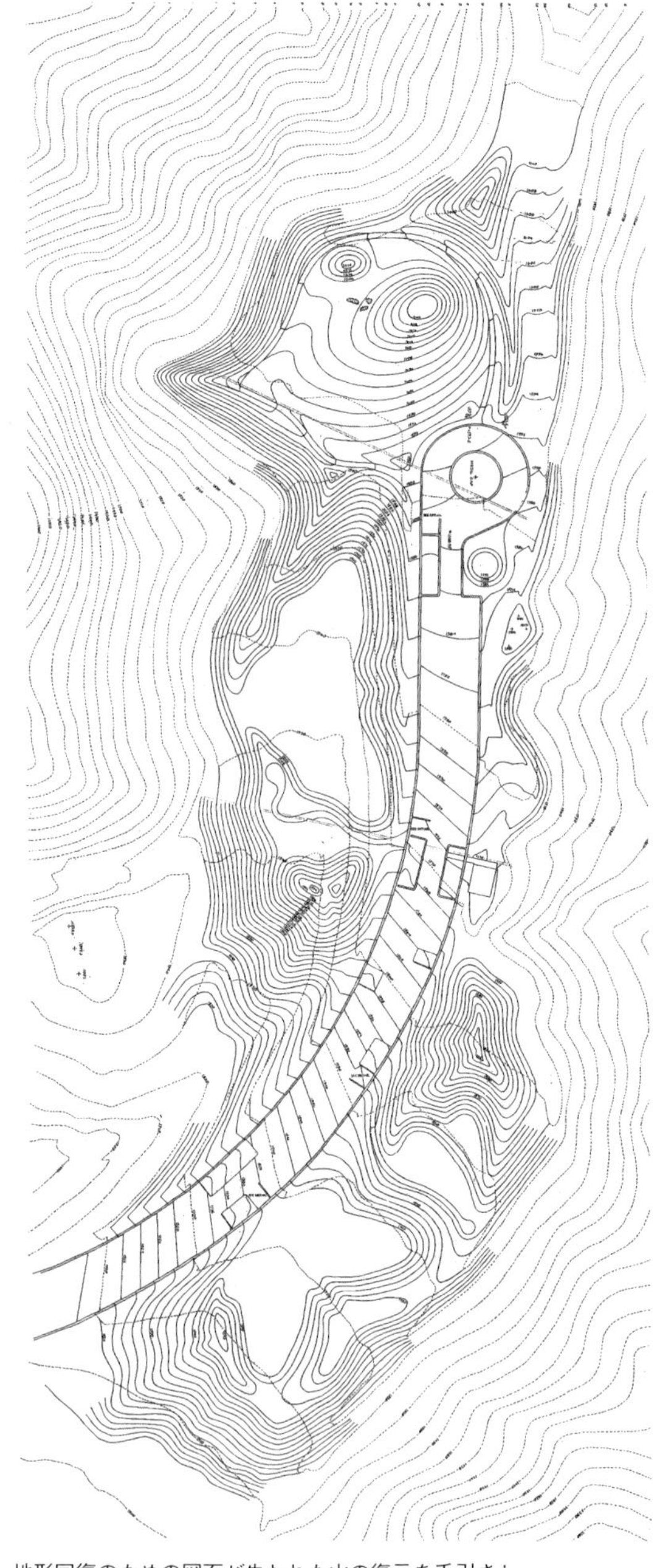

地形回復のための図面が失われた山の復元を手引きした。ロサンゼルス市の勾配基準を満たしながら、散策路やレクリエーション施設、すばらしい眺望、そしてチョウの形をした大地の芸術（造成）が創られた

てが隠され、空だけが大きな天蓋となり広がる。ここで復元された地形は自然の姿をよく真似ているが、わずかに変形した場所ではヒスパニック系の移民たちが芝生のサッカーや、大人数のピクニックを楽しんでいる。在来植生が車椅子でも移動できる小道を包み込み、その道をたどっていくと眼下に碁盤の目の街並みが見晴らせる壮観な場所に出る。高齢者の好む歩きやすい道や、女性が安心してひとりで歩ける開けた道もあり、普通の人ではとても登れそうにない屈強なクライマーだけが歓喜する急峻な山頂への道もある。

この公園にベンチはないが、岩石をベンチと見るなら話は違う。たくさんある大きな板状の砂岩や丸い凝固岩は、かつて高速道路の工事中に掘り出された宝物だ。それらが最高のベンチやソファ、奇妙な風景、迷路、そして市場にもなる。利用目的に合ったちょうどいい大きさや形の岩石が選び出され、集められ、数えられ、配置された。エド・ラザックは、岩を一つひとつ据えながら、ひとりになれる場所や皆で集れる場所を作り上げた。また地形や植生を貫くように岩を置き、自然にはない幾何学的な場所も作った。岩はレセダ大通りにも垂直に積み上げられて城壁となり、高速道路の建設中止を祝福している。岩はもちろんピクニックのテーブルやベンチとなり、子どもたちの遊び場になっている。

つながりが一連のプロセスにならなかったら、レセダリッジ公園が創造されることはなかっただろう。埋め戻された土砂は、典型的な魚の頭だ。サンタモニカ・マウンテン保全局の創造的なスタッフは、私たちが必要とするものと土砂運搬業者のポール・バ

新しい山をつき固める

自生植物の植栽

回復した野生生物の生息地

3

可能にする形態

公正さ

Fairness

エコロジカル・デモクラシーが都市にしっかりと根づくためには、デザインプロセスの公正さ、そして、形態の公正さが求められる。公正さは、民主主義が機能するための基盤である。つまり市民は、法がつねに明快で中立で公平であると感じていなければならないし、もしもそうでないと判断したときには、昔から伝わるアメリカ的手段である不服従という方法に訴えるだろう。エコロジカル・デモクラシーにおいてもこれはまったく同様で、市民は正しい法に従う責任と正しくない法に従わない責任があるのである。

市民が日々の生活を支える都市デザインに参加できるようになればなるほど、公平に関する微妙な問題がもち上がってくる。重要な情報を握っているのは誰か。自治体の仕組みを理解し、あるいは理解していないのは誰か。行政と交渉のつてをもっているのは誰なのか。このデザインプロセスにいつも参加しているのは誰で、参加していないのは誰か。地域のあり方を左右する重要な決定に際して最も無力なのは誰だろうか。これら公平に関する問題は、激しい反対運動に比べれば穏やかで日常的なものだが、しかし市民の参加や貢献が意味あるものになるためには非常に重要なのである。とくに情報への平等なアクセスは、確かな知識をもって事にあたる市民が育つために決定的に重要である。そしてこの点について都市デザイナーは、複雑な情報のやりとりができる方法を考え出す重要な役割を担う[1]。

公正なプロセスは、公正な都市の形態をともなわなければならない。しかしアメリカの都市の形態は、人種、貧富、性別、年齢による隔離や差別を助長してしまっている。古い言い回しをすると、都市とは市民がタカの巣のそばのスズメのように感じる場所なのである。20世紀半ばに沸き起こった公民権運動は、まさにこのことわざを体現する状況から発したのであった。[2] 当時好んで用いられた都市デザイン戦略が高速道路建設と都市再開発であり、インナーシティの近隣地区を破壊し、そこに暮らす黒人や貧困層の人々を追い出していた。[3] このころの都市再開発は「黒人の移転手段」などと悪名を冠されたが、それは貧しい近隣地区を収用し、家々を破壊し一掃し、住民を追い出したうえで、その土地を裕福な人々のための開発にあてたからである。[4] このような人種差別や貧しい人々からの搾取が、ついには激烈でときに暴力的な抵抗に遭うことになったのだ。時代はめぐり、今日では一見してわかるようなあからさまな不公正は少なくなった。[5] 現在の都市デザインが実現すべき公正さには、アクセス、包摂、資源と生活施設の平等な分配という、行政課題でもあるこの3点が直接に関係している。これは貧困層のアフリカ系アメリカ人だけでなく、その他のマイノリティの人たちやグループにもあてはまることだ。

都市を計画する際に必要である公正さと公的秩序だが、現在でもなおこの両者の間には緊張関係がある。マルティン・ルーサー・キング牧師は前述の「バーミンガム監獄からの手紙」で、力強くこのことを訴えていた。キング牧師は、公正さへの最大の障害はクー・クラックス・クラン〔Ku Klux Klan、白人至上主義者の団体〕ではなく、「正義より秩序の維持に腐心する」穏健派の白人であると断言した。キング牧師は秩序と正義を対立する力とし、正義のない秩序は社会の進歩の流れを妨げる危険な障害物となる、とも述べている。[6] 都市ランドスケープに関わるデザイナーは、ランドスケープに与えられる秩序、ランドスケープが現す公正さ、そしてランドスケープが実体化する不公正、これらの間の緊張関係をつねに意識しなければならない。不公正は、退屈な日々の生活のなかから何度でも頭をもたげ、強いられた秩序を公正にしようと新しく創造されたランドスケープに襲いかかるのである。

合法的排除

見逃された排除

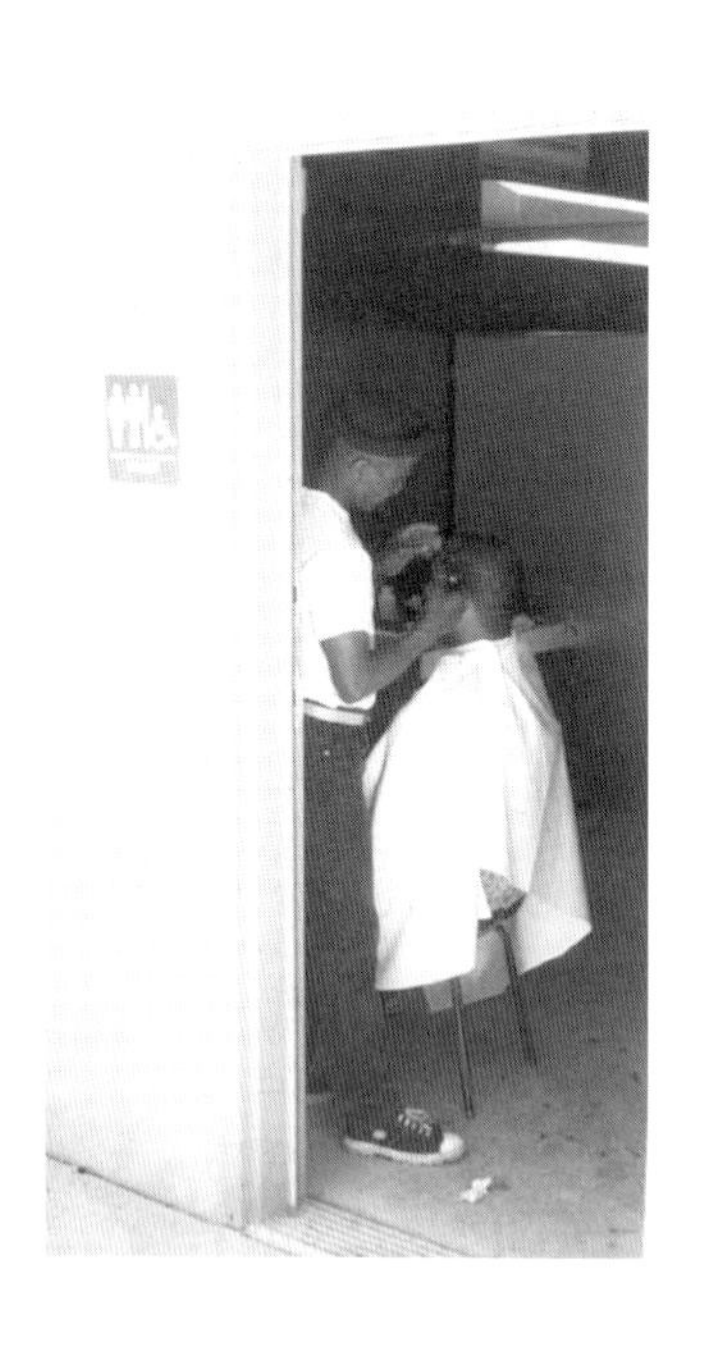

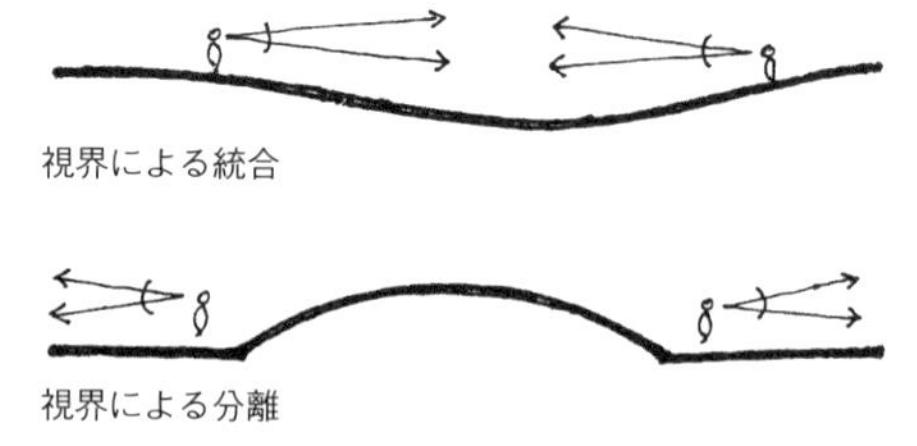
視界による統合

視界による分離

のだ。物理的な障壁も心理的なそれも、力ずくの脅迫なのである。その典型が、貧しく権利を奪われ、周縁化された地域の公園で、そこでは酷いデザインが人々の排除を引き起こしている。そのような公園はたいがい、犯罪活動や望ましくないグループに占拠されていて、こうなると子どもたちや高齢者は公共のランドスケープを利用できない。しかしよく考えられたデザインは、これらの問題の多くを緩和することができる。

オークランド市のラファイエット・スクエア公園は、長い間、老人の公園として知られ、高齢者が毎日のように集っていた。しかしいつのまにか、ホームレスの人々や麻薬常習者や売人がこの公園のイメージを変えてしまった。高齢者の集う親しみやすい場所から、多くの人々が利用したいけれど近寄れない恐ろしい場所というイメージになってしまったのである。10年ほど前にこの広場が再生されることになり、多くの人々はまず望ましくない事物を公園から取り除こうと考えた。しかしランドスケープ・アーキテクトのウォルター・フッド〔Walter Hood〕だけは、この再生プロジェクトではどんな利用者も排除しないと決心していた。フッドがとったデザインプロセスは、人々を力強く包摂するものだった。ラファイエット広場の縁部や中央の歩道空間は細かく分けられ、さまざまな利用者が使えるようになっている。小さい丘は互いに交流したくない人々を隔てている。フッドは現在広場を利用しているすべての人々に加え、多くの新しい利用者にも楽しめる場を創り上げた。子どもたち、高齢者、中所得層の韓国系アメリカ人、低

ラファイエット・スクエア公園には包摂のデザインが施され、小さな丘がさまざまな利用者、遊びに興じる人々、日陰で過ごしている人々、トイレで散髪する人の視線を互いに遮っている

所得層のアフリカ系アメリカ人、野外演奏会の常連、散髪屋やその他のインフォーマル経済に従事する人たち、やって来るすべての人々が、この公園は自分たちのものだと言う。これを実現したフッドのデザインは画期的で、それは包摂の地形とでもいうものを反転しているからである。誰でも使える民主的な公園の真ん中には、広く平らでわずかにへこんだ皆が使える多目的広場があるというのが、普通の考えだろう。こうすれば多様な利用者が広場の周辺に集まり、それぞれ距離を保ちながらもお互いに視野に入るからだ。しかしラファイエット広場では、小さい丘が互いの視線を遮っているのである。

資源と生活施設の平等な分配

社会的資源の不平等な分配は、都市の健全な発展を妨げる。それは何百万人もの市民が活発に参加し活動することを阻害してしまうのだ。最富裕層のアメリカ人が、圧倒的に多くの資源を個人所有し支配していることは理解できるだろう。しかし同時にきれいな空気や水、オープンスペース、教育、公共施設、公害、洪水、有害廃棄物などの公共の資源が分配される際の不公平さもまた、途方もないものだ。公共の資源が、まるで必要性と反比例するように配置されることは、どこでも見られることだ。裕福な人たちは公共財の大部分を得る一方で、公共の不利益を負うことはほとんどない。力のない人たちは公共財をほとんど得ることなく、その不利益の大部分を受けている。[17]

有害廃棄物の処分について考えてみよう。環境的不公正の存在を提唱した社会学者ロバート・ブラード〔Robert Bullard〕らは、都市が最も貧しい近隣地区に廃棄物処分を押しつける際の、普遍的なパターンを見出した。ある地域では致死的な毒物であるＰＣＢ〔Poly Chlorinated Bipheny、ポリ塩化ビフェニル〕を含有する重油が、黒人の圧倒的に多いコミュニティの道路に撒かれ、廃棄されていた。都市のどの地区も望まないような土地利用は、多くの場合最貧のコミュニティに押しつけられる。[18] あなたは、これは他の都市のことで自分のまちのことではないと思うかもしれないが、自身のコミュニティのことをもう一度考えてみてほしい。重工業プラント、火葬場、下水処理場、廃棄物の最終処分場のような、望まれざる土地利用はどの地区に割り当てられているだろうか。

次にオープンスペースのような、望ましい公共施設について考えてみよう。それらはどこにあるのだろうか。ロサンゼルス市では都市公園の多くが、裕福な近隣地区にある。たとえば「映画スターのまち」といわれるような地区である。ロサンゼルス市の西側にはベルエアー地区やビバリーヒルズ地区などがあるが、ここには５３００ヘクタールの公共のオープンスペースがある。一方で貧しい有色人種の人々が住む市の南東部には、全部合わせてもわずか30ヘクタールしかないのである。[19] この結果、この地区に暮らす多くの若者は公園へアクセスできず、健康上の利益を享受することなく成長する。そして彼らは生態学に無知なまま大人になり、それは家庭内暴力の増加と無関係ではないかもしれない。[20] あなたの都市には映画スターのまちなどなく、ロサンゼルス市ほど施設が不均衡に配置されていることもないだろうが、それでも公

資源の不平等な分配

共資源が公正に分けられていない可能性はどの都市にもあるのである。

このような環境的な不公平は、何度となく激烈な都市暴動を引き起こしてきた。また環境的な不公平が病気や生育不良の原因となり、その結果社会的弱者と言われる人々が自分のコミュニティに十分に貢献できなくなることも少なくない。そう、高いレベルの有毒物質に曝されると、人はがんを発症し、すると闘病のため市民活動に向ける時間を奪われてしまうのである。

注意深くデザインする

都市デザイナーはこれらの問題に、ほんとうにわずかな活動で対応できる。アクセスの不公平は、公共施設の配置や公共交通機関のネットワーク化、差別的でない土地利用によって正すことができる。たとえば、サンフランシスコ湾のイーストベイエリア地区にあるおもに核家族用の魅力的な近隣住宅地区では、デザイナーが1棟あたり6～8戸の小規模集合住宅をすべての交差点の角地に組み込んだ。この集合住宅は近隣の住宅より少しだけ大きいが、それでも小さく控えめでこの地区の雰囲気になじんでいる。通常は、賃貸の集合住宅は地域と分断され巨大なビルになりがちで、すると戸建地区に比べ公共施設は少なく、住民の受ける不利益は大きくなる。戸建て住宅の瀟洒（しょうしゃ）な街区の街角に集合住宅を組み込めば、賃貸住宅に暮らす人々は公共施設へアクセスできるようになり、社会階層を超えた相互交流が生まれる。建築家のマイク・ピアトック〔Mike Pyatok〕とピーター・ウァラー〔Peter Waller〕はカリフォルニア州オークランド市およびその周辺のいくつかの都市で、中低所得者層向けの住居を中上流の近隣地区に組み込む技術を洗練してきた。成功の秘訣は事業を小さくすることにあり、また優れたデザインは新たな居住者に喜ばれるだけでなく、周辺のコミュニティ全体にも新しい建築的価値を付け加えている。オークランド市の隣のエメリービル市のゲートウェイ・コモン地区ではデザイナーが、コミュニティにもともとあった格子状の街区パターンを利用して、17の新しい住戸群を落ち着いた近隣地区に溶け込むように建設した。この計画は街区を横切る車道を歩行者の

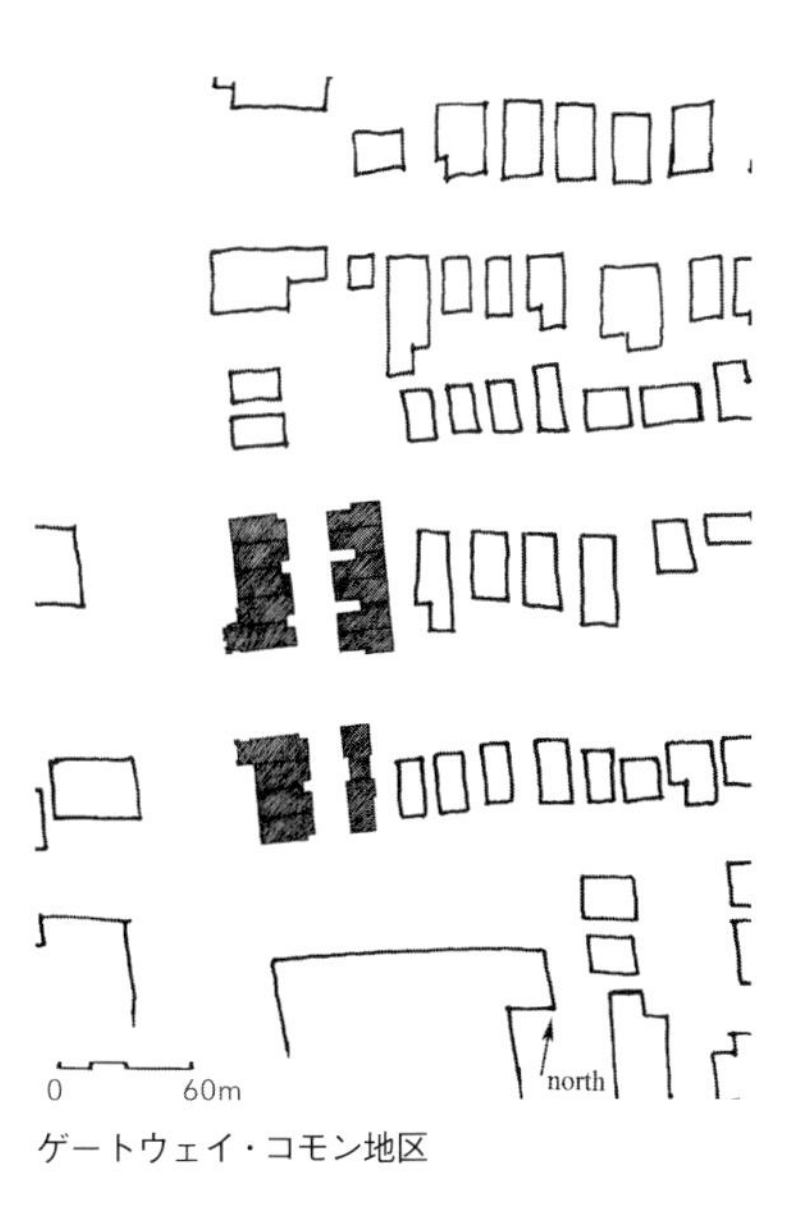

ゲートウェイ・コモン地区

よくデザインされた小規模開発を進めると、既存の近隣地区に中低所得者層が住めるようになり、住民にとっては近隣地区の価値が上がり、そしてNIMBY（住民エゴによる排除）を克服することができる

ための中庭にし、修景したオープンスペースを作り、小さい子どもの遊び場を数多く設置するものだった。中庭もオープンスペースも遊び場も、新住民や周辺住民がいちばん必要としているものだったのだ。街角に建てられた新しい住宅はすべて、台所からアクセスできる屋外デッキを備え、これはベイエリアではとても人気のある屋内と屋外をつなぐ装置で、普通は裕福な人々の住宅にしかないものだ。近隣住民は以前に提出された別の計画には反対したが、はじめて住宅を購入する低所得者向けのこの事業は、喜んで受け入れた。優れた住戸計画やデザインが、普通なら起こるであろう高い密度の住戸計画や低所得層の新住民の転入への反発を、凌駕したのだった。[21] それでもこれまで述べてきたような包摂のデザインは、つねに以下の難しい疑問や課題に向き合わねばならない。どうすれば分断と差別に満ちた土地利用を、創造的に公正なものにできるのだろうか。どうすれば貧しい人々のためのデザインを、強い偏見を打ち負かす優れたものにできるのだろうか。どうすれば排除された人々の活動の場を都市に包摂できるのだろうか。よくあることなのだが、熱心に低所得者用住宅の建設にあたる人々は、もてるエネルギーのすべてを合意形成のために使ってしまい、デザインにまで力が回らず結果としてこれを無視してしまう。しかし合意形成もデザインも、両者ともに重要なのである。ピアトックとウァラーのような卓越した建築家は、社会的な合意形成にも建築デザインにも注意深くあるのだ。

包摂のデザインには、静かに、だが劇的な変化を起こした例もある。サンフランシスコ市の建築家たちが、チャイナタウンに暮らす高齢者たちの話をじっくりと聞く機会があった。そして建築家は1万人もの高齢の中国系アメリカ人が、1部屋しかないアパートに住んでいることを知る。アパートは小さく狭苦しく、住人の長い人生を忍ばせる物で溢れかえり、ひとたび地震や火事が起これば住民の生命が脅かされるような状態であった。建築家らによるデザインチームは高齢の住民と一緒に、溢れる物を収納するための多目的家具を部屋の隅や柱の間に創った。テーブルの下には食料をしまい、ベッド台は衣装タンスになった。デザイナーは高齢者が最も必要としている物事に注意を向け、鬱々とした部屋を生き生きとした空間に変える手助けをしたのだった。家具によって一変した自分の部屋を見て、ひとりのおばあさんは「私の人生がまた新しく始まるわ」とつぶやいたのだった。[22]

不公正を地図に記録する

都市デザインに埋め込まれている不公正のほとんどが、意識的に作られ頑強に維持されているものだ。権力をもつ者たちがそこから利益を得ており、彼らは不公正に光が当てられるのを決して望んではいない。権力者でない私たちが、不公正を察知するほど鋭敏ではなく、知らぬ間に不公平に加担していることも多い。私はカリフォルニア大学バークレー校の同僚ルイス・モジンゴ〔Louise Mozingo〕の調査結果を前にすると少々居心地悪く感じるのだが、それは彼女が私の大好きなサンフランシスコのダウンタウンの広場から、多くの場合女性が排除されていることを明らかにしたからである。男性は、通りすぎる女性を眺めながら賑わう街を楽しむのだが、しかしそんな場所は多くの女性を不快にさせている。彼女らは止むを得ないときにだけ、じろじろと無遠慮な視線を投げかける男たちの前を通り抜け、そして居心地よく静かに座れる場所を探すのだ。モジンゴはまた広場のほとんどには、ドレスを着た女性が安心して座れる場所のないことも発見した。[23] 都市デザイナーは、住宅の状態や植栽パターンを調査し記録するのと同様に、都市にある不公正についても調査し、分析、記録しなければならないのである。

公正さの基盤は、資源の分配を正確に測ることにある。公平さを客観的に比較するひとつの方法は、都市や地域にあるさまざまな公共資源の配置を地図に描き、そして各地区を比較することだ。環境的公正を示す地図によって、公正さを精査できる。そしてこの地図によって、人々は都市に存在する重大な不公平について、率直に意見を交わすことができるようになる。権力のある場所、権力のない場所、愛されていない場所、特別に民主的な場所、ある人々を排除する場所を地図に落とすことも、必要な変化のきっかけになるだろう。ある場所に影響を与えているのは誰か、特定の場所にいないのは誰か、これらを記録することも同じように役立つだろう。[24] 特定のグループの人々が決して現れない場所を示す地図は、ランドスケープに存在する不公正を目に見えるものにする

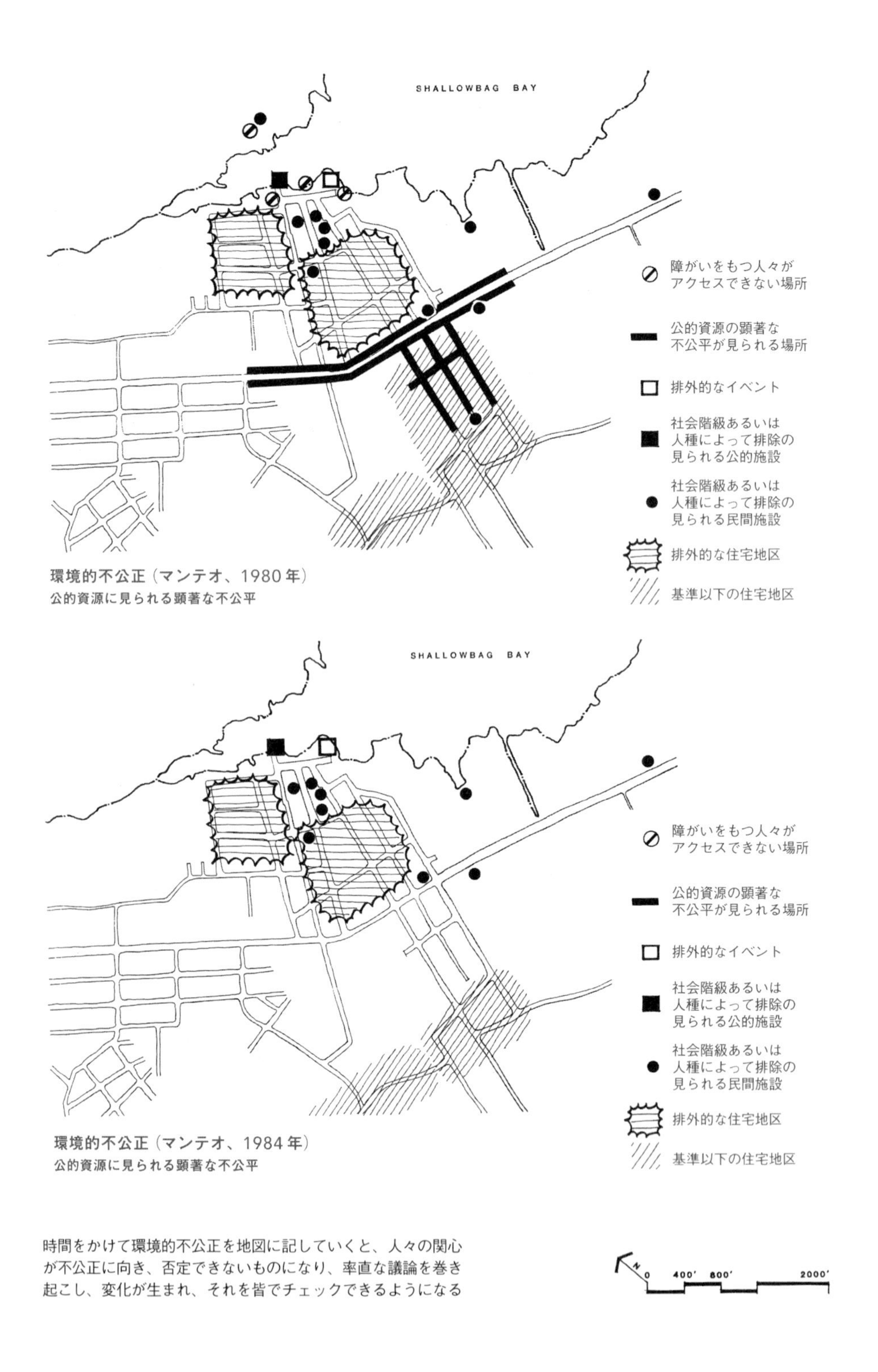

環境的不公正（マンテオ、1980年）
公的資源に見られる顕著な不公平

環境的不公正（マンテオ、1984年）
公的資源に見られる顕著な不公平

時間をかけて環境的不公正を地図に記していくと、人々の関心が不公正に向き、否定できないものになり、率直な議論を巻き起こし、変化が生まれ、それを皆でチェックできるようになるだろう。[25] このように、環境的不公正を正すには、強力な技術と固い決意が必要なのである。

公正なランドスケープは力を与える

カリフォルニア州オークランド市のフルータベル地区は、同市でも人口密度の最も高い地域にある。多様な住民が暮らす地区で、市で最も貧しい地区のひとつである。そして市のどの地区よりも多くの子どもがいる。フルータベル地区および隣接するサンアントニオ地区は、地区内に職場をもつ住民の割合が市内で最も高く、そしてオープンスペースが最も少ない地区である。オークランド市のオープンスペース基準からすると、この地区のオープンスペースの面積では、わずか13パーセントの住民にしか対応できない。１０００人あたりの公園面積は、０・27ヘクタール以下である。オークランド市の丘の上にある裕福な地区には１０００人あたり３・６ヘクタール以上の公園面積があり、加えて個人所有の大きな敷地や数千ヘクタールもある広大な州立公園へのアクセスも容易である。１９９９年の研究によれば、フルータベル地区が市の基準を満たすためには、現状に加えて少なくとも25・６ヘクタールのオープンスペースが必要である。この調査報告は、この地区のレクリエーションとオープンスペースの欠如がきわめて深刻な状態であり、それは生活の質の問題に止まらず「大変な危機であり、住民の健康や子どもの成長にも重大な結果を招来しかねない。即座に行動をとることが必要である」と警告している。[26]

オークランド市のリーダーたちは、実際には何年もの間この不平等に気づいていたのだが、地図ではっきりと示されるまでは、この深刻な格差を黙殺するのは簡単だった。したがってこの地区で繰り返されてきたオープンスペース獲得の試みも、無視され成功することはなかった。しかしついに、全国規模のＮＰＯ財団であるリラ・ウォレス・アーバン・パークス・イニシアティブ〔Lila Wallace Urban Parks Initiative〕が、この地域のグループ間に強靭な協同関係を作り上げた。それはフルータベル・レクリエーション・アンド・オープンスペース・イニシアティブ〔Fruitvale Recreation and Open Space Initiative〕（ＦＲＯＳＩ）という団体で、スペイン語系団体協議会〔Spanish Speaking Unity Council〕、パブリックランド・トラスト〔Trust for Public Land〕、カリフォルニア大学、そしてオークランド市も参加し結成された。ＦＲＯＳＩの目標は、問題を特定し、不公正への関心を高め、さまざまな公的組織を動かしてオープンスペースを獲得し、フルータベル地区にレクリエーション施設を作ることであった。

彼らはまず始めに、現在の状況を精査しその結果を他の地域と比較し、また未発見の資産を見出すために共同で実態調査を行った。ここではじめて試みられた未発見の資産探しが、これまでの正確な情報を欠き、ただ怒りを表明するだけの行動では達成できなかったオープンスペースの獲得を成功に導く鍵となる。この調査は、フルータベル地区の最も窮乏した地区に比べて、市の裕福な地域には実に10倍ものオープンスペースがあることを明らかにした。またフルータベル地区では新たにオープンスペースを獲得できる機会がほとんどないなかで、既存のオープンスペースさえ優先順位の高い活動のための施設が建てられ、失われていることがわかった。たとえば、生徒が定員を超過している学校には簡易教室が増設されたが、これには校庭というオープンスペースの減少がともなう。この地区以外では当たり前の学校庭園だが、フルータベル地区の校庭はすべて舗装されていた。ラテン系の移民が数少ない運動場やサッカー場をめぐり、争い合っていた。この地域では、さまざまな遊び場所がすべて不足していたのである。

一方でFROSIは、すばらしい資源を発見した。オークランド市の32キロメートルに及ぶウォーターフロントは大部分が転換期にある工業用地なのだが、そのうち3・2キロメートルがフルータベル地区にあり、新しい経済開発とオープンスペース獲得の両方を実現できる場所だったのである。このオープンスペースは、現在は近づけない河口へと人々を再び誘うことができる。そしてこのウォーターフロントは、この地区に5・2ヘクタールのオープンスペースを加えることになる。サウサル川とペラルタ川はフルータベル地区を縦断する小さな川で、暗渠化こそされているけれども今日でも自然植生や洪水調整池を有しているので、そこに人々のレクリエーションを組み込むことができる。この2本の川からは、20・4ヘクタールのオープンスペースが得られることになる。フルータベル地区におけるオープンスペースを効果的に配置する戦略上重要な地点には、いくつかの空地や元鉄道用地があって、これによりさらに2ヘクタールのオープンスペースを造成することができる。2、3の学校と公園は近距離にあるので、緑道や共同施設を整備すれば両者をつなぐことができ、これによりさらに5・2ヘクタールが加算される。この地区の活気ある商店街は、不必要に広い道路を狭めて約1ヘクタールのオープンスペースを作れば、さらに賑わうことになるだろう。工業からハイテク産業への構造転換からは、ゾーニングの変更によるものと合わせて、2・8ヘクタールのオープンスペースを捻出することができる。ここは新しい雇用センターとフルータベル地区のウォーターフロントを通るサンフランシスコ湾周回トレイルの一部になる。

オープンスペースになりうる資源をこのように詳細に計算することは、以前にはなかったことであった。そしてそれは図らずも、オープンスペースの獲得がなぜ成功してこなかったのか、その理由の一端をも明らかにしたのであった。FROSIの実態調査からは、誰もが困惑するほどの不公正が明らかになり、そして現実的な解決策が強く求められることになった。先に述べたような多くの場所でオープンスペースを獲得するための働きかけを続けながらも、実際には少しずつ事態を改善していくしかないとFROSIのメンバーは判断する。小さなオープンスペースを少しずつ獲得し改善することにしたのであった。長い時間をかけて実現する夢と今すぐに必要な活動が、同時に進めるべきふたつの戦略となった。そしてそれぞれ特徴のある8つのモデルプロジェクトが

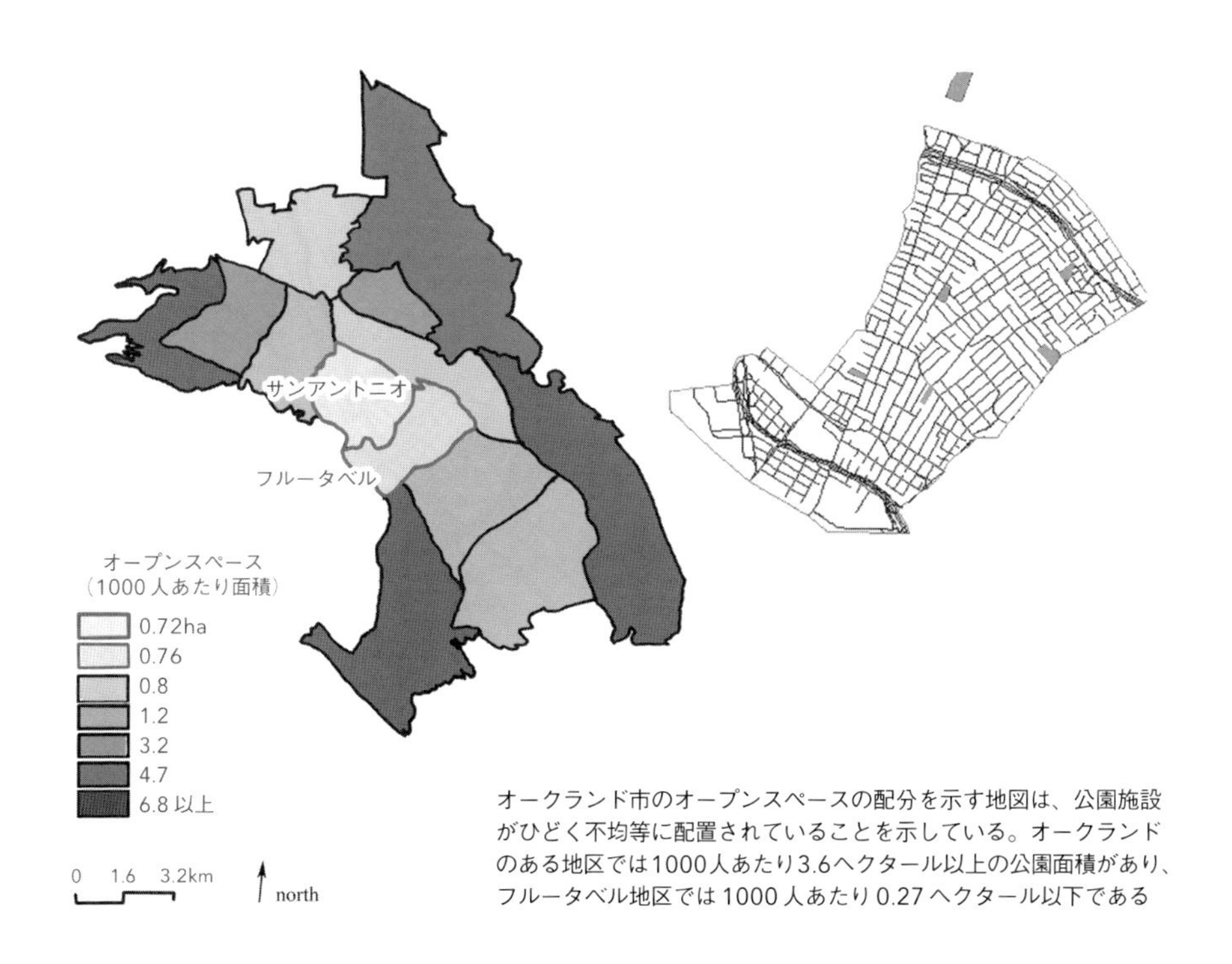

オークランド市のオープンスペースの配分を示す地図は、公園施設がひどく不均等に配置されていることを示している。オークランドのある地区では1000人あたり3.6ヘクタール以上の公園面積があり、フルータベル地区では1000人あたり0.27ヘクタール以下である

提案された。サンボーン公園とホーソーン・ウィットン学校をつなぐプロジェクトはすでに開始され、3・6ヘクタールの元工業用地であるユニオンポイントは、最初に購入すべきオープンスペースとされた。それはこの場所の位置と面積が、現在はアクセスできない河口への入口として最適だったからであった。その他のモデルプロジェクトは、戦略上重要な3ヵ所の空地の購入、サウサル川の洪水調整池、元鉄道敷地の開発である。

不平等の明確な証拠、長期的な計画、少数の機敏な行動を自らの強みにして、FROSIは前進していった。スペイン語系団体協議会が先導し、FROSIのチームははじめて広大なオープンスペースであるユニオンポイント公園を創ることになり、そして「夢みよう！　建設しよう！」キャンペーンを実施した。最初にぶつかった壁は、ここがオークランド港湾局の所有地で、この部局がレクリエーションに関しては何の権限ももたないことであった。しかしスペイン語系団体協議会は、ベイエリアでも最も力のあるNPOグループのひとつであり、フルータベル地区にしっかり根づくと同時に、地区外の諸団体とも強いつながりをもっていた。スペイン語系団体協議会の理事、アラベラ・マルチネス〔Arabella Martinez〕が水面下で政治的に動いた。ユニオンポイント公園創設を訴える人々は、公園を求める3000人の請願署名と、コミュニティ団体からの支援の手紙100通を集めた。住民は異議申立てと連帯のための行動を計画した。そしてついに1998年、オークランド市とオークランド港湾

を強く求めた。彼らはまた、コミュニティルームの近くで子どもたちが安全に遊べる場所を欲しがった。

さまざまな民族のグループの大人たちが、コミュニティの行事や文化的な祝事のために大きな芝生広場を求めていた。高齢者は河口に近い駐車場を望んだのだが、それは悪天候でも車のなかから座ったまま海を見るためであった。若い世代は、車をもっていない多くの住民のための公共交通について議論し、屋根つきのバス停が必要だと訴えた。

しかし、現地ツアーを経験した後に、すべてのグループが最優先にしたのは野生生物の生息環境と野鳥観察所の整備であった。人々はユニオンポイントを訪れ、実際にアジサシやスズガモ、鵜を見て、小さな生き物とその環境を優先しようと決めたのだ。自然観察が文化的な違いを超えたのである。

公園のマスタープラン作成のためには、右に述べた活動以外にも住民たちからあげられた数十もの活動を評価する必要があった。貧困層のコミュニティではよく起こるのだが、人々の要求をすべてかぎられた小さな空間に詰め込まざるを得なくなり、するとそのように混み合った空間ではつねに利用者間の対立が生じてしまうのだ。あまりに多くの活動がたったひとつの空間に押し込められると、遊び場での事故が増加し利用者間の緊張が高まるだけでなく、オープンスペースそのものも乱雑な空間になってしまう。こうなると、オープンスペースだけがもつ心理学的な利点が失われてしまう。ユニオンポイントでは住民と専門家が、このウォーターフロント公園に相応しいもの、他の敷地に移してもいいものと、活動の一つひとつを吟味していった。

FROSIのメンバーは、コミュニティを力づけることや地域の人々によるプログラム運営を支援していたが、同時に彼ら自身の計画ももっていた。たとえば海岸保護委員会は、湾をめぐるベイトレイルの一部となるウォーターフロントへ人々がアクセスできるよう求めていた。カル・クルーは公園のいちばん重要な地点をカル・クルーの建物敷地としたいと考えていて、後には「彼らの」ウォーターフロントへの人々のアクセス制限も考えていることを認めた。海岸への人々のアクセスをめぐるこの対立は、それまでの協力関係を損なうものだった。カル・クルーのリーダーたちの横柄で傲慢な態度は協力の精神を裏切り、彼らがフルータベル地区におけるオープンスペースの欠如という不公正にはまったく関心がないことを明らかにしてしまった。

最初にカル・クルーの施設の妥当性に疑問を投げかけたのは、若者たちであった。1998年の秋、スペイン語系団体協議会は、10代の若者がさまざまな目標に優先順位をつけるためのワークショップを開催した。若い世代の皆は、敷地の分析にあたり、まずボートによる冒険ツアー、カル・クルーのボート試乗、ウォーキングツアーに参加した。それから小さなグループに分かれ、大人たちが提案している活動を評価し、彼ら自身の公園プログラムを作成し、最後にはユニオンポイント公園のビジョンを表す模型を作製した[27]。すると半分以上のグループから、カル・クルーが河口への最もよい眺めとアクセスをもつ場所を占有する理由がわからないとの疑問が出されたのである。そのうちの数グループは建物を取り除くことを求め、皆の公園にとってこれは不適切な施設だとも訴えた。たとえばレクリエーションや職業訓練のためのユースセンター、さまざまなスポーツが自由にできるグラウンド、多目的舗装コート、ピクニックとバーベキューのエリア、立派な屋根つきバス停、ボート乗り場、野生生物の保護地域である。9年生〔中学生〕の女の子は自分の掲げた目標をこんな風に話している。「私は大家族の一員です。私たちは10人家族なので、両親は子どもたち一人ひとりに向き会える時間があまりないのです。私はユニオンポイント公園には、私の兄や弟や姉や妹が何かできることがあるといいなと思っています。そうすればみんな、町でトラブルに巻き込まれないですむでしょ」。[28] 10代の若者たちがどうしても必要だと考えた施設がマスタープランに採り入れられると、彼らはボランティアで多くのコミュニティグループにその計画案を発表してまわった。また他の若者たちは、オークランド市とサクラメント市でロビー活動のための基金を集める公開討論会を開催した。そして最後には、これまでFROSIとの関係をもたずにいた有力な団体が、この都市デザインプロセスのメンバーとなり大きな力を行使したのである。6ヵ月後にカル・クルーがFROSIから脱退したとき、若者たちは自分たちの力がもたらしたものを目

ビジョンを共有する

ボートによる冒険ツアー

の当たりにすることができた。完成したマスタープランには、若い世代が重要と思うものすべてが反映されており、公園の第1期工事はこの本が〔アメリカで〕出版される2006年には完成していることだろう。[29]

これまでに実現したいくつかのモデルプロジェクトだけで、オークランド市におけるオープンスペースの不公平な配置が直ちに是正されることはないだろうが、しかしこれは始まりなのである。私たちが目指すべきものを考えるとき、フルータベル地区が払った努力は示唆に富む。ここでの経験はわずかな公正の実現にすら、とてつもなく大きなエネルギーが必要であることを示している。ひとつの地域を大きく越えた範囲での協力関係が必要であり、しかし地区外の協力者はそれぞれ独自の目標をもち、それらは必ずしもコミュニティの関心事とは一致しない。フルータベル地区の場合は、住民の関心事を優先する仲間たちが勝利した。多くのものを包摂するデザインプロセスの実現には、ときに克服できない困難も待っているだろう。フルータベル地区ではスペイン語系団体協議会が多くの民族グループにつながっており、また彼らと共有できる資源をもっていた。これらのグループは皆、公園のデザインプロセスに参加した。しかし、いくつかの言語を話す人々は、最後まで参加できなかった。多様な民族グループが訴えた切実な要望のいくつかは公園計画に採用されたが、残された多くの要望は今でもどこか他の場所で実現されるのを待っている。これは公正さを希求するデザイナーにとって、厳しい現実だ。必要なもの

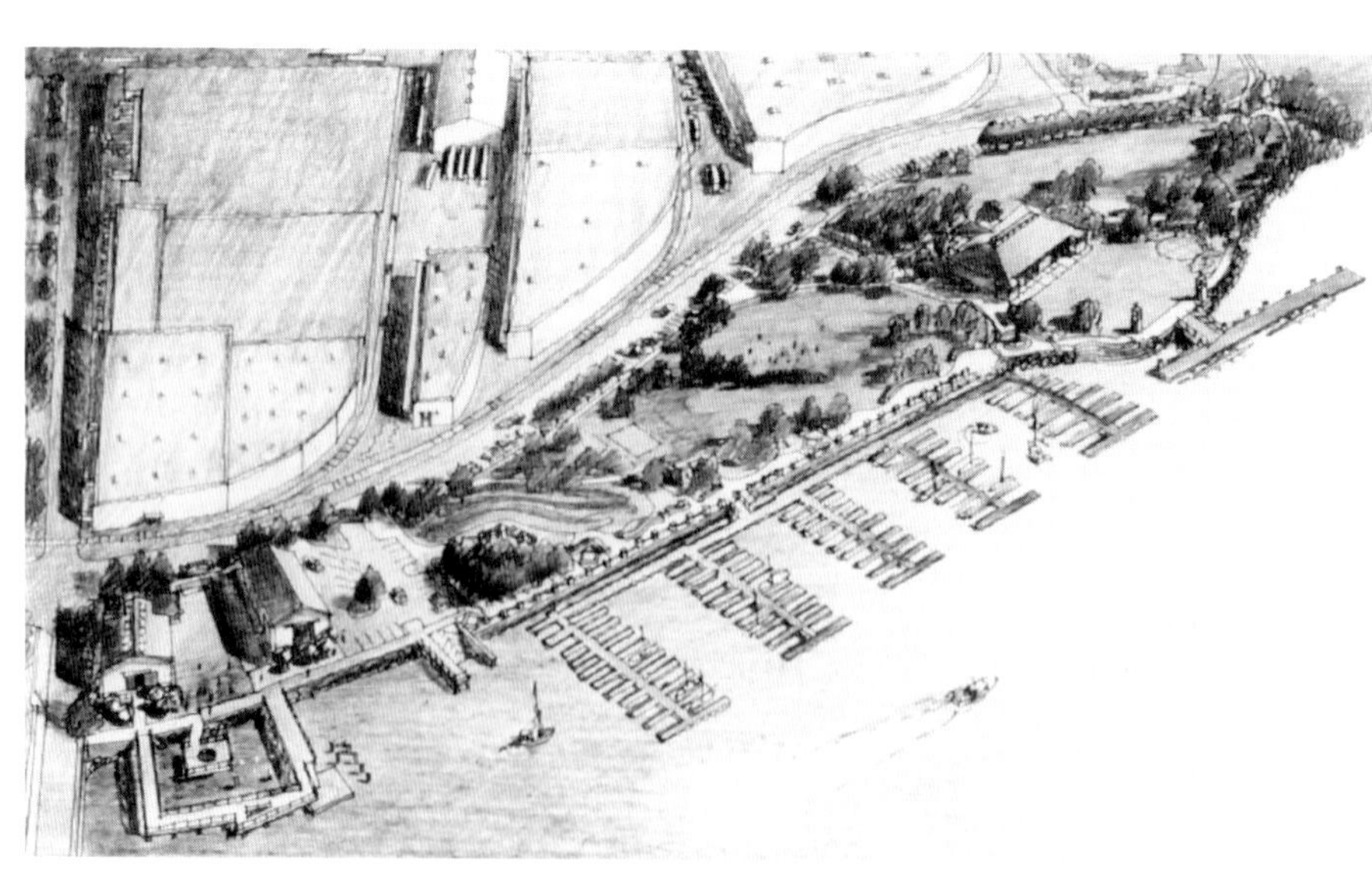

若者たちは、ユニオンポイント公園計画案でカル・クルーがいちばんよい場所を占有することに疑問を呈した

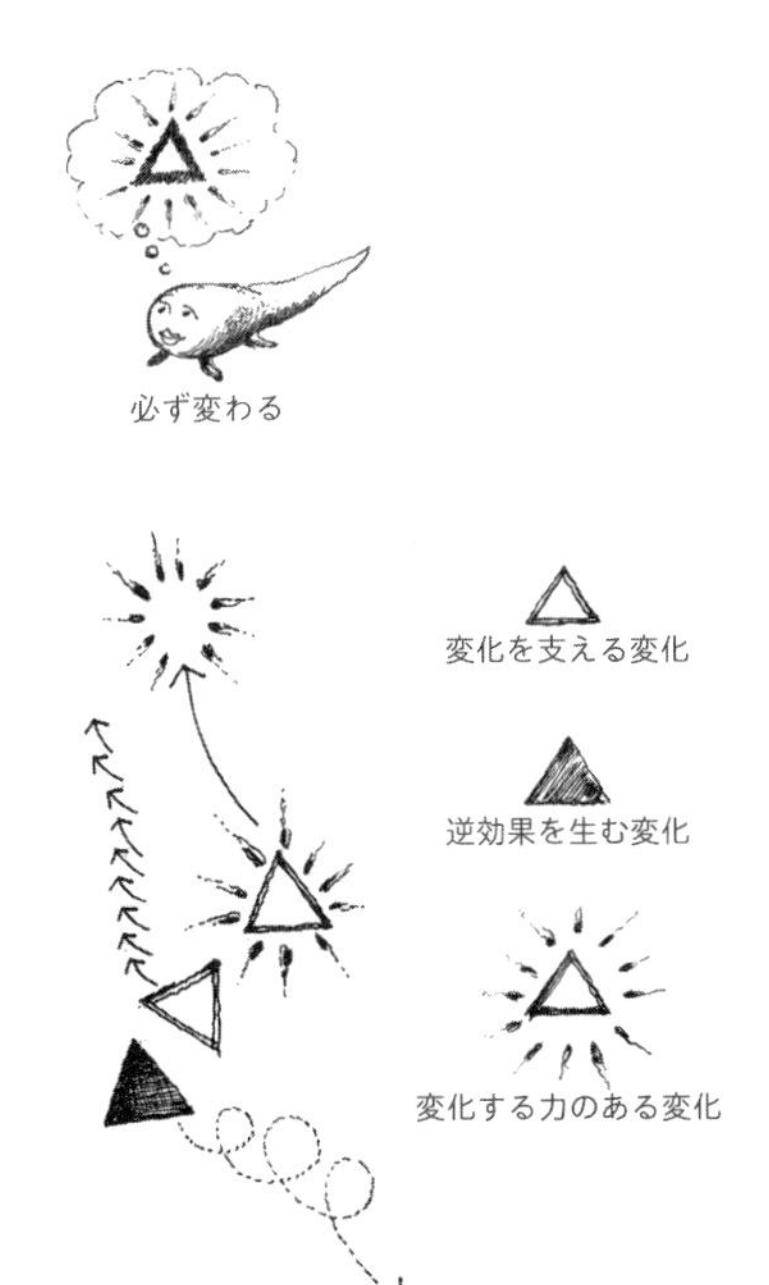

フルータベル地区の諸団体は、貧しいコミュニティが陥りがちな悪循環から脱却することができた。そして力のある変化を起こしたのである

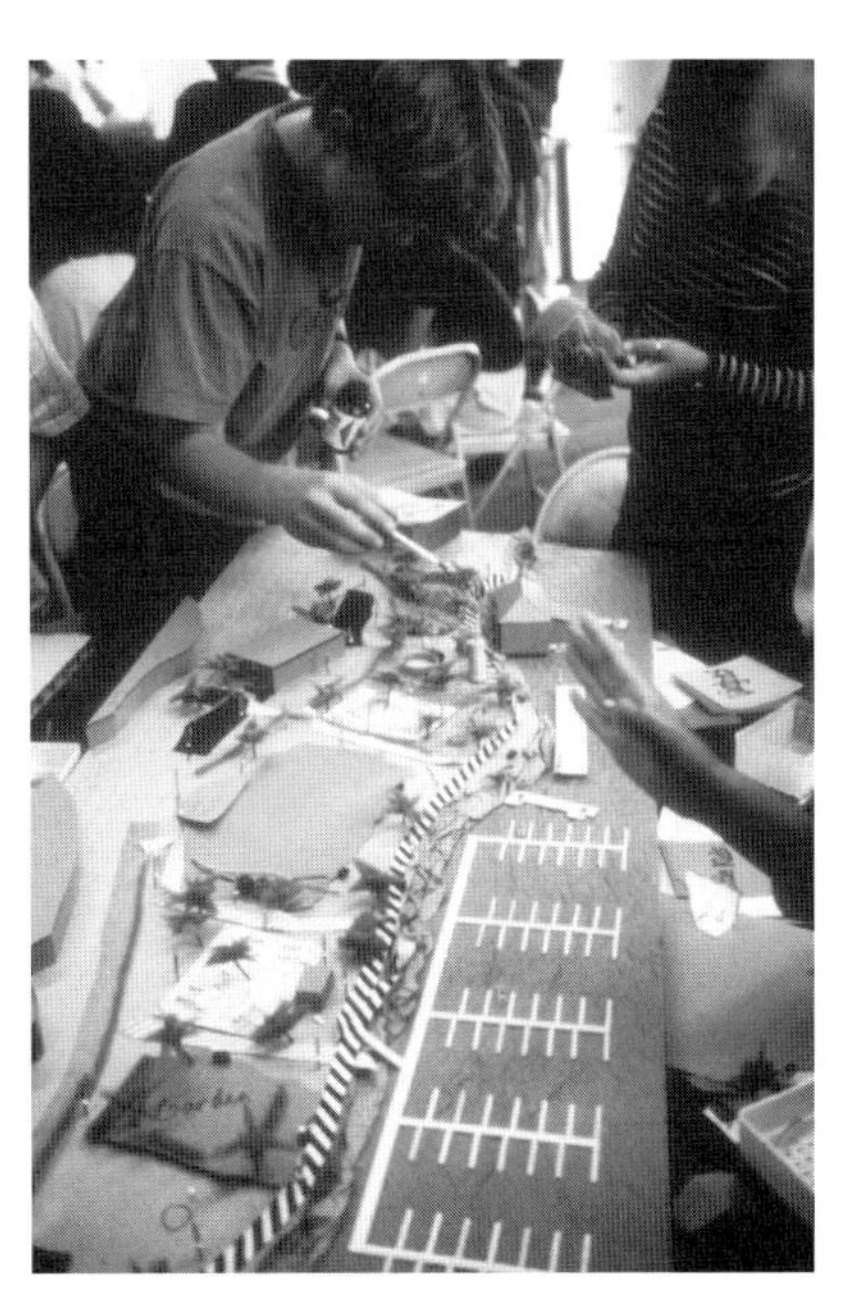
若者のデザインワークショップ

最終的な計画からはカル・クルーの施設は除かれ、人々が海へアクセスできるようになり、河口の眺望を楽しめる丘にも登れるようになった

丘や谷が有害物質対策として造成された。この地形は湿地の生態系に微妙な差異をもたらし、風を弱めてさまざまな活動ができる場所を創った

を順位づけて明快にしたことで、ユニオンポイントへの過剰な施設建設は避けられ、最も大切な目的だったオープンスペースの喪失は避けられた。なかでもすばらしかったことは、若者が力を得たことだ。デザインプロセスはよく準備され、透明性の高いものだった。情報は皆に共有された。住民は正しい知識をもって行動した。彼らはオープンスペースにはさまざまな要望があることも、さまざまな民族グループと世代グループがそれらにつけた順位も、よく知っていたのである。

公正さがプロセスや形態に表れる都市を創造することは、多くの市民の意義ある参加を可能とし、そして市民がエコロジカル・デモクラシーを強くすることを可能にする。見た目の形態にのみ関心がある人々にはこう言おう。公正さは、美しく楽しい都市のランドスケープを創る。これに対して資源の不公平な搾取は囲い込まれ隔絶された美の場所を作るし、そのような不公正の美は同時に生み出される絶望的な醜さをもつ地域を見捨てる。そう、どんなランドスケープも、正しいランドスケープより美しくはなれないのだ。

ユニオンポイント公園によって、フルータベル地区にどうしても必要なオープンスペースが3.6ヘクタール増え、この地区のさまざまな民族グループがともに創る文化フェスティバルの舞台ができた

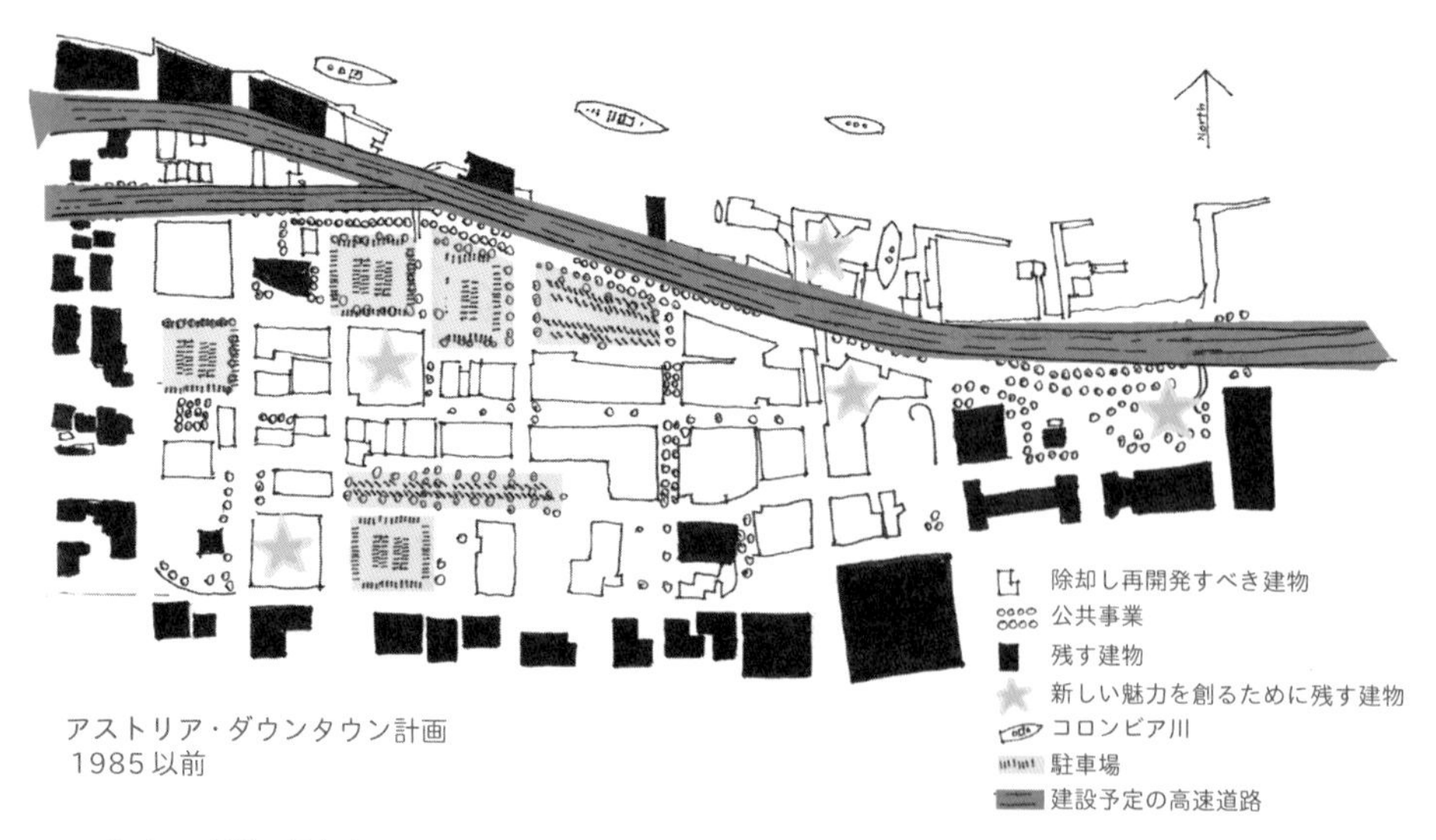

アストリア・ダウンタウン計画
1985以前

アストリアは近隣の観光地のようになりたいと望み、固有の資源を無視して、生き生きとしたウォーターフロントを撤去し、ハイウェイを建設して、水辺からダウンタウンを切り離そうとした

で繰り広げられるさまざまな作業の邪魔にならない場所に設置されているのだが、それでも旅行者は水産関係の作業や積荷作業、曳船作業などを間近で見られる。それは普段一般の人々が見ることのない作業であり、そしてまるで自分もその作業に携わっていると錯覚するほど現場と近いのである。

ウォーターフロントから歩ける距離には臨海博物館があり、現役の港湾だけがもつ独特な雰囲気をさらに強めている。場所に根ざさない誤った地位の追求を思い切って断念し、誤った計画を覆したことで、アストリア市は最適な戦略を探ることができ、経済を再活性化させている。水産業を中心に置いた戦略は、この都市の伝統に根ざしている。控え目にいっても、この都市のアイデンティティに合ったものなのである。そうしてアストリア市は新たな名声を獲得し、場所に適合した経済発展のモデルとなったのである。

地位は、ある者の立場を他との関係でみる尺度である。コミュニティにとっても、このような地位は本質的なものであり、それはまるで人間やニワトリと同じである。ニワトリが自らの地位を知り餌をついばむ順位を知るように、都市もまた社会における位置を自らの地位から判断する。地位は秩序を与える。それは承認欲求を満たす。しかし健全な自己表現と不健全な上昇志向の間には、ときに不明瞭なのだが、それでも一線が画されている。[2]

コミュニティの地位の追求はきわめて複雑な過程であり、自らを改善したいという欲求と絡み合い、進歩という考え方にも深く

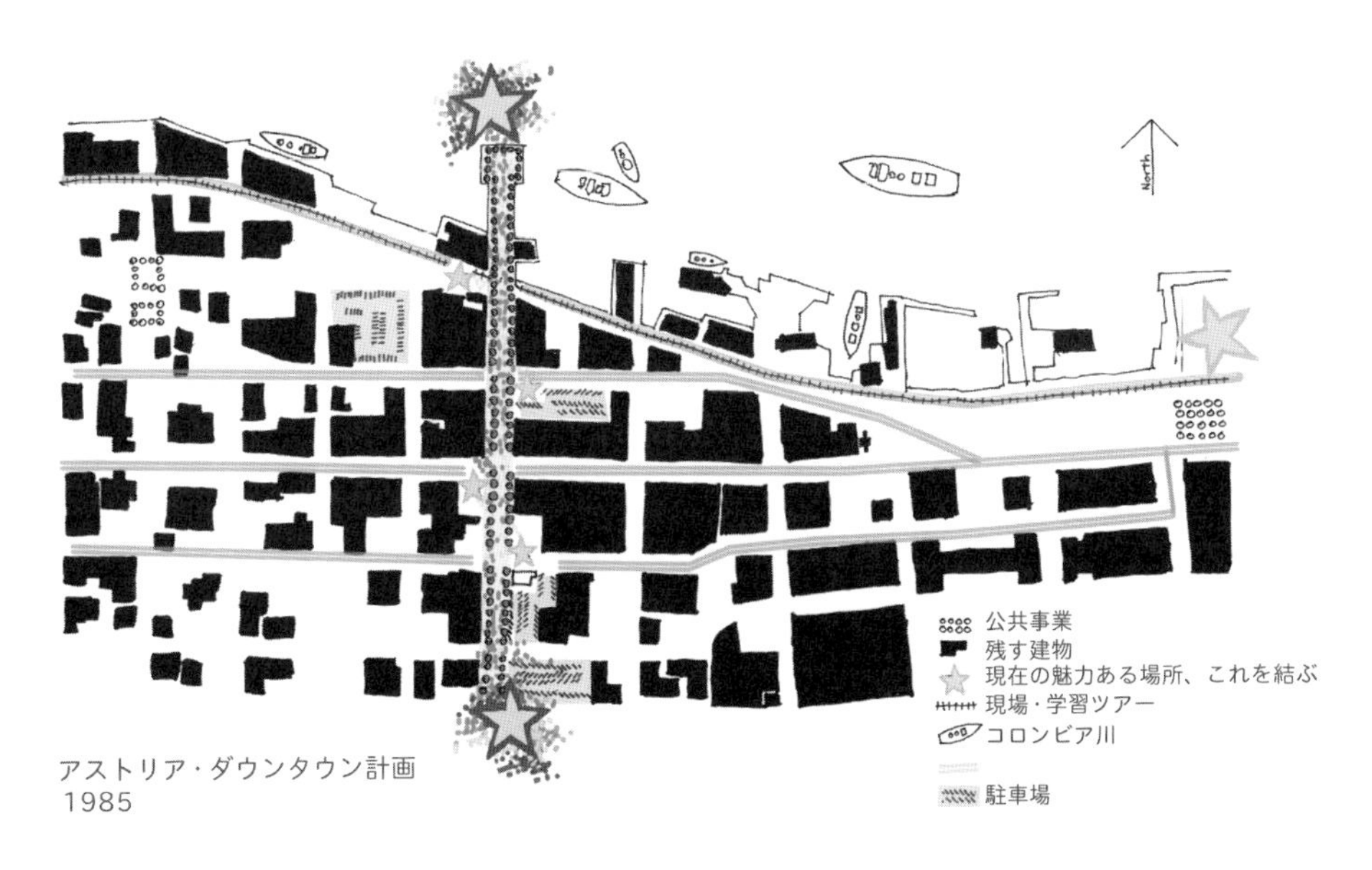

アストリア・ダウンタウン計画
1985

より賢く適切な戦略によって、水辺にある産業用の建物が保存され、緑道とピープル・プレイスがダウンタウンからコロンビア川までを結びつけた

関係している。とくに進歩については、私たちは好ましい方向と好ましくない方向をよく区別し、決して無条件に受け入れてはいけない。「進歩的な出来事」[3]がもたらす結果について、いつでもよく考えなければならない。要らない見栄を互いに張り合う隣人のように、私たちは本当の必要からではなくコミュニティに広がる不安感、つまり何事につけ競い合う近隣のまちから見下されることへの恐れから、進歩を選んでしまうことが多いのである。

人々が土地に根づくことなく流動する社会では、ある人の社会的地位は、目に見えるサインとして表示する以外に方法がない。[4]住宅や近隣地区や車やランドスケープが社会的立場の表現、証明、尺度になるが、これが自身やコミュニティや環境にとって悲惨な結果を招いてしまう。[5]なぜなら私たちの暮らす環境が他人の目ばかり気にするものになってしまい、本人の充足のためではなく他人に地位を伝えるためのものになってしまうからだ。[6]高い地位の象徴となる権威的な形態が、コミュニティを弱体化させ、ランドスケープを消費し、つまりエコロジカル・デモクラシーを消耗させる。以降ではランドスケープを健全に形作るための方法について書こうと思う。これによって、私たちは健全な方法で地位を追求できるようになる。すなわち本章の目的は、地位を表すサインを追放することではなく、害を及ぼす表現をエコロジカル・デモクラシーの実現に向けた積極的な行動へと転換することである。このような行動も、人々の承認欲求に十分に応えるものなのだ。[7]これから述べる積極的な行動が織りなすパターンは、実用本位の靴にもたとえられよう。それは目的に適うが、これみよがしに無駄な装飾をつけることはないし、足を傷つけることもない。健全に地位を追求すると、個人やコミュニティは、有害な副作用を被ることなく、ただ恩恵のみを手にできる。次のセクションでは、地位を追求するうえで役に立つ8つの健全な形について記そう。

コミュニティをあるがままの姿に形作ること

劣等感が不健全な地位の追求を引き起こす。過剰な消費に走る地位の追求は、屈辱的だった年少期の体験や成長期の愛情の欠如や自尊心に負った傷などに、その原因を求めることができる。[8] 住宅開発業者は販売促進のために、「上昇志向の努力家で、いつも怯えている人々」と彼らが好む顧客層の不安に、長いことつけこんできた。[9] このタイプの住宅購入者は、より上位の社会的地位への上昇と、かつては手が届かなかったし、もしかしたらまだ届いていないかもしれない社会階層に、束の間であっても仲間入りを果たしたのだという感覚を購入するのである。

「ふさわしい」近隣地区に住宅を購入した人々は、いったんは欲求を満たすが、しかし心の奥底に抱える不安のために、自らを精神的に追い込むことや貧弱な自己イメージを克服することができない。地位を求める人はほとんど全員、地位が上昇し続けるという幻想に包まれているために、たとえ満足を得られてもそれは一時的なものでしかなく、すぐにまた今よりは少しだけ地位の高い近隣地区に移ろうとし、住宅を次から次へと買い換えることに必死になる。憧れは、すぐ上の社会的階層が所有している(と彼らが考える)物事へ到達することである。[10] そう、劇的な地位の上昇ではなく、少しだけ社会的地位が上がることが望ましい。なぜなら彼らは上の層に怯えているし、またどんどん住宅価格が高くなるからだ。地位を求める者は名声を求め、そして新しい近隣地区に受け入れられたいと思っている。しかし「よりよい」隣人たちが自分たちを見下すのではないかという怯えから、上位の社会に少しずつ昇っていき、階層ごとに近隣地区に溶け込むことを学ぶのである。[11] アストリア市で見たのとまったく同じ回路が、人々にも都市にも作用している。人間が心理療法士にかかるように、強い自尊心をもてないコミュニティもまた、デザインプロセスをうまく使って自らを癒すことができる。[12] アストリア市は、痛みをともなって自己診断を行ってはじめて、魅力的な隣町への羨望を乗り越えることができたのである。

そうしたケースではデザイナーが、地域の資源や不利な点を正確に調査し、さまざまな選択の先にある将来像を示し、地位を求めるプロセスで失われるであろう価値ある資源にとくに注意し、コミュニティが弱点ではなく強みから活動を始められるよう手助けしなければならない。コミュニティは、自分らがもつ固有で、特別で、内側から立ち現れる形態を発見しなければならない。なぜなら、それこそがコミュニティを本来の姿にしてくれるからだ。こうして、その場所ならではの形態をもつ新しいランドスケープが創造されるのだ(5章「聖性」〔Sacredness〕と6章「特別さ」〔Particular-ness〕を参照)。かつて都市再開発が都心部のマイノリティの暮らす近隣地区を一掃しようとしていた時代、デザイナーたちは撤去に脅かされている人々とともに活動し、はじめて右に述べたようなプロセスを知った。社会の多数派は、こうした地区はスラムなのであり、改善の余地などないと決めつけていた。そしてその地区の住民自身も、地区外の有力者が下すこの手の乱暴な判断を受け入れてしまっていた。いつだって楽しく、十分に価値を認めてきた自分たちのコミュニティを、いつのまにか否定的に見るようになっていったのである。このような場合にコミュニティ・デザイナーが果たすべき重要な役割は、住民たちが自分たちのもっている大切な資源についてはっきりと話せるようにすること、そしてそれらと変化させたい物事とを峻別できるようにすることである。デザイナーのこの役割は、貧しい人々や貧しい地区の問題にとどまらず、すべての都市デザインのプロセスに影響を与える。

これをよく示す事例がある。マサチューセッツ州ケンブリッジ市のハーバード大学法律校にあるチャイルドケアセンターで、施設に対する親たちへ参加型の意向調査が実施された。その結果、居心地はよいが少々古びた2階建ての住宅を転用した現在のセンターを、新しい施設に建て替えたいという皆の要望が明らかになった。親たちが思い描き、要望した施設はぴかぴかの新築の建物で、たとえば郊外に広がる駐車場つきの最新のプラスチック製の遊具が置かれた複合施設のようなものであった。しかしセンターのスタッフたちは、この調査結果は疑わしいと考えた。なぜならここは、いくぶん壊れたような外見と、それが醸し出す愛らしい雰囲気で知られていたからである。実際にこの建物は、子どもを預ける家族たちのひそかな自慢でもあったのだ。誰がなんと言っても、ここはハーバードなのであって、建物は古臭くてもよいのである。だからこそ毎年追加配当される予算はほとんどスタッフの給料にあ

ハーバード法律学校チャイルドケアセンター

日常生活を育むこと

てられ、子ども3人にひとりの先生という誰もが羨む環境を生み出す一方、建物のメンテナンスが先送りされることも多かったのだ。スタッフは同じ質問をもう一度することにしたのだが、今回は、親たちを小グループに分け、自己催眠に似たガイドファンタジーという方法を用いた。スタッフは親たちの子ども時代に重要だった環境を、彼ら彼女らの潜在意識レベルから引き出そうとしたのである。多くの親が、催眠下で誘導を受けながら前回と同じ質問に答えることに同意した。すると今度はまったく異なる調査結果が出て、それはまるで別のグループの人々が答えたのかと思われるほどであった。その後の親とスタッフのミーティングで、ひ

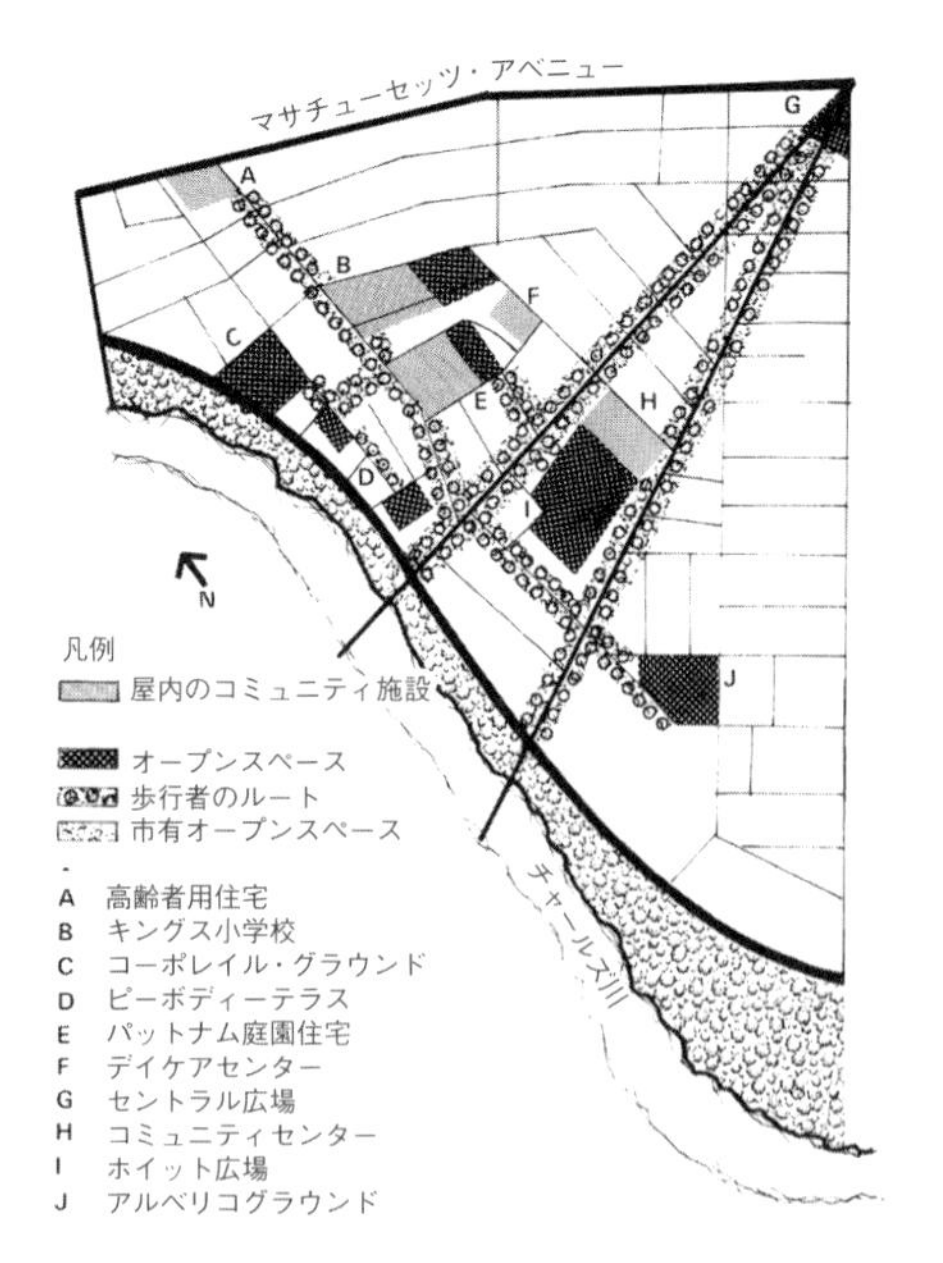

ハーバードスクエアの近くにある自然

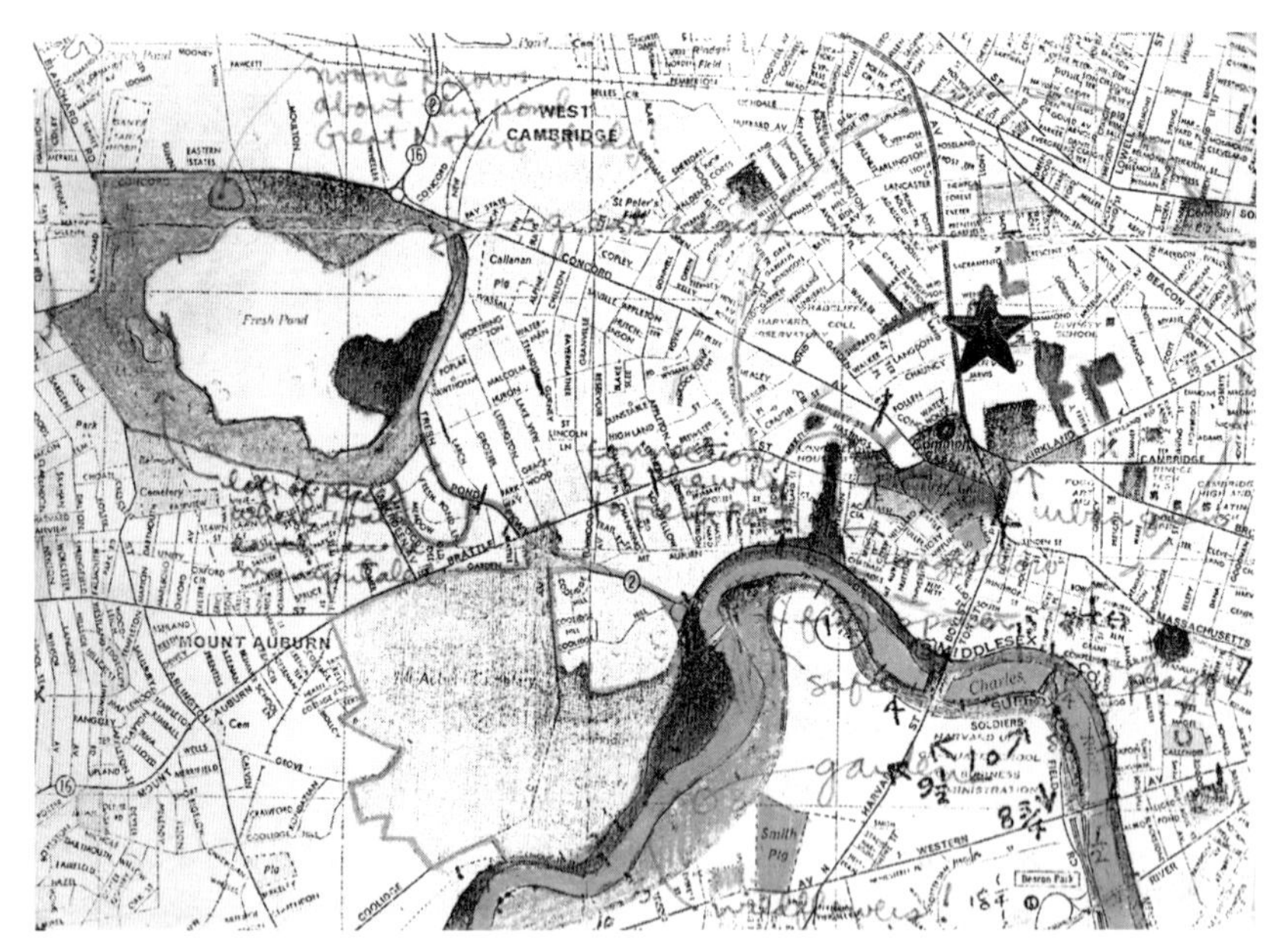

センターから歩いて行ける範囲で自然と触れ合うことのできる場所を調査した結果、ハーバードスクエアの周辺にも、日々散策することができる都会の自然があることが明らかになった

とりの父兄が素直な考えを述べた。最初の調査のときには、近くの裕福なコミュニティにあるデイケアセンターをイメージして答えたんだ、と。他の親が彼に続いて同様のことを告白し、裕福な階層の友人たちが利用するセンターと比べて、自分たちのは見た目が少し恥ずかしいと思っていたと話すと、皆の間にきまりの悪い笑いが起きたのだった。そしていくつかの意見が出された後、親たちはセンターの将来の方向性をまとめ直し、普段着の気取らない場所として現状を大切にしていくことにした。

　ガイドファンタジーの結果は、少し古びていて愛着を感じさせる雰囲気や、子どもが豊かに多くのことを経験できる環境など、現在のセンターの姿とよく似たものだった。こうしてこのセンターだけがもつ本質的な形態が姿を現し、親たちはもとの雰囲気を残しながらも根本的な改修を加えることができたのだった。センターに加えられた最大の変化は、大人たちの子ども時代の記憶から木登りのできる大きな木が植えられたことである。彼らは子どもに自然のなかでたくさん遊んでほしいと思っていたが、それはデイケアセンターの敷地内だけでは到底無理であった。センターの周辺にあるオープンスペースの一覧が作成され、すぐ近くにまだ利用していない資源がいくつもあることがわかった。カエルを捕まえたり水たまりを作ったりできる小川や、花の咲き誇る庭や、野生の生き物が棲む空地、これらすべてが簡単に歩いて行ける範囲にあったのだ。ハーバードスクエアの近くにある自然などは実に驚くべきもので、こうしたすばらしい場所を子どもたちと散歩することが、センターの新しい特色となった。一方で建物自体には、見張り台を作り、2階の隠れ場所を秘密基地のようにし、子ども用の押入れを拡大するなどの小さな改造がなされた。押入れは、子どもたちに人気があって超満員だったのだ。見張り台のアイデアは、子どものころにお気に入りだった外を見晴らしながら自分はしっかり隠れられる場所を、親たちが何度も何度も思い出したことから生まれたものだ[13]。空しい地位の追求の結果の形態がなかなか目に映らないものだったり、元来その場所に備わっている本質的な形態と簡単には区別できないこともある。だからこそ、つねにその場所に本質的な形態を見出す努力には大きな価値がある。なぜならそうすることが、経済的な解決をもたらし、場所の精神を表現し、コミュニティが誇りにできる独自性を再発見することを可能とするからだ。たとえ大きな名声を獲得できる別の選択肢があったとしても、それとは比べ物にならないほど大きな価値なのである。

貧しさから学ぶこと

　地位の追求は、人々につねに上を見ることを強いる。もちろん彼らが見るのは天がくださる奇跡などではなく、自分より上位の社会的な階層である。さらに専門に分化された社会は、成功するために狭く専門化された見方を強いる。地位の追求と専門化が組み合わさり、本来ならコミュニティが選びとれるはずのいくつものすばらしい生活の場としてのあり方を見えなくしている。上昇志向に凝り固まった狭窄した目でしか欲しい家を見つけられないのだとすれば、その結果は単に近視眼的であるだけでなく、はるかに深刻なものになる。地位の追求がもたらすこのような判断力の欠落を克服するひとつの方法は、貧しさから意識的に学ぶことである。子どものころ、あるいは過去に、社会的地位が下だとされていた経験や環境から学ぶのである。もし社会的な地位など無関係の場所にいたのだとすれば、なおさら学ぶことは多い。地位を上げるために、人は過去の振る舞いや話し方、かつて拠りどころとしていた大切な環境をも覆い隠さなければならない。しかし、私たちが劣っていると思い自ら否定した環境は、実にエコロジカル・デモクラシーの繁栄を可能にする事例の宝庫なのである。

　歴史を通して蓄積されてきたこうした事例は、現在でも、環境への適応が必要な農場で働く近年アメリカに来た移民の社会、あるいは他の背景をもつ移民社会にはよく見られ、また都市や農村の貧しい人々の暮らす地域にも見出すことができる。そこでは複合的な土地利用、生活と労働を一体化する職住近接、多世代住宅、日々の社交の場所、そして修繕の美への感覚が、彼らの生活の只中に見事な可能にする形態〔Enabling Form〕を生み出している。[14] 貧しいコミュニティには、「無駄なければ、不足なし」といった倫理的な価値観がある。これは必要から生まれた価値観だが、そのまま自尊心や価値の再発見、創造性の源となりうる。必要性に知識がともなえば、不足という問題は画期的なアイデアを生み、その場で解決できるのだ。ケニヤでは、これをトティトティ〔toti toti〕と呼ぶ。同じようにゼロから何かを想像し作り出す、ちょっと変わった考え方をニューヨーク市では、「手に入る材料と突飛なアイデア〔available materials, possible ideas〕」という。[15] ノースカロライナの農村では、なんでもその場でなんとかしてしまうことを「メイキングドゥ〔間に合わせ〕」と呼ぶ。貧しい農家にとって、余った布きれを素材に作るクレイジーキルトは、厳寒期に私たちを温めてくれる掛布であると同時に、アート作品でもある。私の祖母のクレイジーキルトは、メイキングドゥの精神の貴重な表現である。私の祖父のメイキングドゥは、軽い木材のコブから削り出した植木鉢であり、壊れた車の車軸を使いやすい形に加工した干し草用の

修復の美

フック、捨てられた金属片から作った羽の形をした鋤であった。

修繕の美意識については、日本の美の古典的名著である『徒然草』（吉田兼好、1332年）の第184段で語られている。高い位の役人が、禅宗の尼僧松下の質素な庵を訪れる場面である。役人たちの訪問に備え、尼僧は庵の引き戸の障子を修繕していた。尼僧は、引き戸を丸ごと修繕するのではなく、障子の破れた枠一つひとつを丁寧に貼り直していた。彼女の兄は継ぎはぎのある障子では高貴な人が訪れるのに相応しくないと思い、尼僧にこれでは醜いとは思わないのか尋ねた。彼女は高貴な訪問者が、壊れた部分を修理することで物を使い続けることができることを悟れるよう、わざとそうしているのだと答える。[16] こうした自覚が、自分の上にあるものだけを見させる視野を狭くする目隠しを取り除き、コミュニティが自分たちの身の回り、足元にある多くの可能性に気づくことを可能とするのである。

根づくこと

地位の追求が生み出すもうひとつの不満は、頻繁な移動として現れる。隣の芝は青く見えるのだ。私が子どものころには、コカコーラがリターナブルボトルで売られており、ビンの底には作られた町の名前が刻印されていた。コーラを買うときは、家からいちばん近いところで作られたボトルを抜き取ってしまった奴が、皆の分をおごる約束だった。この賭けの偉大なる勝者は、バージニア州ロアノークや南カロライナ州スパータンバーグなどの遠い町から来たボトルを誇らしげに手にしたものだ。そして敗者はノースカロライナ州のロックスボロ、つまり私たちの町のボトルを握る。社会的な地位は移動することで上がり、遠く離れた場所への移動は地位を高めるのだ。これはほとんどのアメリカ人に当てはまる真実である。そう移動には名声がともなうのである。とくに移動が上向きであったり、外向きであったりする場合にはそうである。私たちは動き続けなければならず、「成功できない場所からは立ち去るのだから、その場所はどうでもよいというふりをするのがよい」。[17] こうした態度は、中心性—センター〔Centeredness〕、場所に根づく感覚、そしてアイデンティティの喪失を招く。[18] 一方でほとんどのコミュニティには、自らの行動で自分や自分の近隣地区が場所に根づくようにしている人々がいる。ノースカロライナ州マンテオ市では、ジュールズ・ブラス〔Jules Burrus〕がそういう人であった。ひどい不景気の真っ只中で、多くの人々がどこか他の場所に幸運を探していた時代にも、ブラスは黙々と働き、町のためにたったひとりで何年もかけて新しい公園を創り上げたのだった。彼はそこが自分たちのルーツを示す場所であることを、人々に気づかせた。ジュールズ・パークは、他のほとんどの人がマンテオ市の将来を信じることができなかったときに、ジュールズがひとりこの場所に関わったことの証明なのである。今日のマンテオ市は、ジュールズのように深く土地に根ざし、安易に飛び去ることを拒んだ人々の活動によって劇的な方向転換を遂げている。[19]

不健康な地位の追求に抵抗するデザインは、人が真に帰属する場所、人をランドスケープに結びつける場所の価値を高め、土地とのつながりを心に留め、進むべき先を教えてくれるのである。[20] すべてのデザインは、人々が場所に根づくことができるようにするべきである。[21]

小さいことはたいがい美しい

アメリカにおける地位の重要な尺度が、大きさである。果物や自動車から住む場所や働く場所まで、巨大さへの崇拝は人々の心を奪い、私たちの生活のほとんどを支配している。[22] 会社の権力は、高層ビルの最上階の最高の眺めの最大の角部屋を自分のオフィスにすることで示される。幹部社員たちは自分のオフィスの位置を、昇給と変わらないほど大事なことだと考えている。[23] 大きいことは、きわめて重要な報酬なのだ。家のなかでも、大きいことは重要である。アメリカ人にとっては自動車も重要な地位の象徴であるが、しかしなんといっても住宅こそが社会的ランクを表現する最も重要な手段である。住宅関連業者は、昔から住宅が成功のシンボルであり、成金趣味がマーケティングの重要な材料であることをよく知っている。[24]

重要なポイントは住宅を大きく作ることであり、通行人から見て実際よりもさらに大きく映ればなおすばらしい。ある建築家は

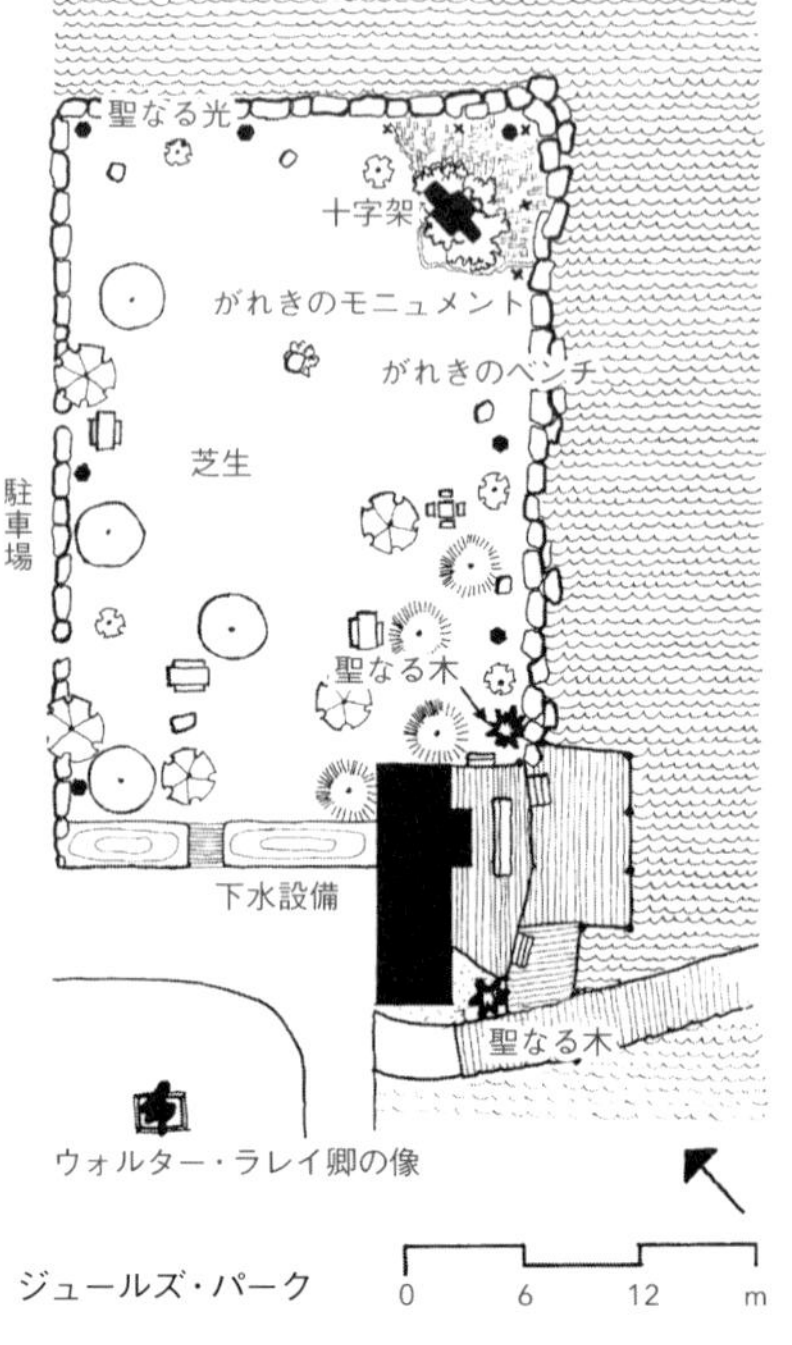

ジュールズ・パーク

ジュールズ・パークでのイースターの日の出

クライアントに、設計案が敷地に対して大きすぎ、このままでは隣の家とうまくいかないから、その案を諦めるように助言した。ところがクライアントは大喜びで手を打ちながら言ったものだ。「いや、それでこそ完璧だ！」。彼は本当に、大きく威圧的に見える家が欲しかったのである。そして悲しいことに、この家もあっという間に売られて、より大きな敷地のより大きな家に買い替えられるのだろう。アメリカでは1955年から2000年の間に1世帯あたりの平均人数が3・4人から2・6人へと減少しているのに、住宅面積は平均117平方メートルから227平方メートルへと拡大している。[25] より大きな不動産をもちたいという欲望は、郊外の農地や重要な野生生物の生息地を消滅させる原因のひとつとなっている。大きさへの衝動は、コミュニティやランドスケープに対して不健全な結果をもたらす。さらに悪いことに巨大さはおそらく、私たちの幸福を減少させる。なぜなら一度大きいことに夢中になると、小さな楽しみが見えなくなるからである。そのうちに小さく親しんだ世界から追放され、「大きくてなじみのない一変した世界」に巻き込まれ、こうなると私たちにはもはや小ささの美徳がわからなくなってしまうのだ。[26]

ある大企業の本社ビルの建設計画が、ウォーターフロントの再活性化戦略として発表されたことがある。会議には私も出席していた。担当の建築家がそのプロポーザルの最大の売りだと強調したのは、この巨大な複合施設のひとつがアメリカでいちばんの高層ビルになるということであった。このプロジェクトがどのようにして地域の再活性化に貢献するのか、いかに周辺のコミュニティに役立つのか、ビルで働く人々にどんな影響を与えるのかについてはまったく議論されず、いちばん高いビルが建設されるということだけが発表されたのだった。私の同僚のアラン・ジェイコブス〔Allan Jacobs〕が、1枚の紙切れを手渡してきた。1・5センチメートル四方ほどの小さな紙片に、彼の小さくきれいな字でメッセージが書いてあった。「私は世界でいちばん小さいビルをデザインしたいよ」。

中国の荘子〔Chuang Chou〕が、偉大な知恵とは「小さいことを軽んぜず、大きいことを重んじない」ことだと述べている。[27] 経済学者のE・F・シューマッハ〔E. F. Schumacher〕は小さいことに、まさにこの理性を見ていた。彼は生活のあらゆる面において小さいことがもつ、人間にとっての利点について詳述している。シューマッハはおもに大規模生産の誤謬を明らかにしたが、そこで掲げられた経済原理は、都市デザインにも直接関係するものだった。彼は人間の活動のスケールには、固有の限界点があると主張した。そしてその限界点を超えると2次的、3次的な副作用が生じてしまい、生活の質を悪化させ、やがては生活そのものを破壊することにもなると訴えたのであった。シューマッハは、適度な分散を許容し、そうして数を増やした近隣地区の単位で、互いに顔を合わせながら意思決定が行われることがよいとした。彼は小さな土地を所有することから生じる土地への倫理観こそが、健康や美や永続性の源だと考え、人口50万人以下の小さな都市の提案を結論と

世田谷の暮らしにある美

人々の暮らしの舞台であるランドスケープをデザインするもうひとつの重要な戦略が、平凡な美しさへの気づきを引き起こし、日常のランドスケープを地域の誇りにすることである。こうすることで、誰もが美的な満足感を得られる。[32] 日常的で最も目立たないランドスケープのなかにこそ、コミュニティの独特の美しさがあるのだという信念から、日本の世田谷区のコミュニティ・デザイナーたちはイベントを開いた。住民たちが町にあるとくに美しいと感じた場所を選んで、そこに大きな赤い額縁を置く。これは、日々の生活のなかにあるランドスケープこそ価値ある芸術として額に入れるのにふさわしく美しいと、町全体へアピールする仕掛けである。このプロジェクトは、地位を共有のランドスケープに求め、また住民たちの町についての知識を豊かにし、人々に大きな喜びを与えたのだった。

　これらのエピソードからは、地位を表す希少さをコントロールする3つの戦略を考えることができる。まず希少なものが壊れやすいものである場合やコミュニティを特徴づけるものである場合、その資源は都市を特徴づける形態を創り出すために公共によって所有され維持されなければならない。次に地位を表す施設は、住民がその場所を自分たちのものとし奉仕するために重要だということを、デザイナーは知る必要がある。つまりデザインは、健全で象徴的な所有を推進するべきなのである。最後に都市のランドスケープには多くの知られざる美しさがあり、住民がこれを見出し護ることで、それは誇りに満ちたアイデンティティを象徴するものへと高められるのだ。

目に見える非消費

再生不能な資源がこれみよがしに、ただ消費を顕示するためだけに費やされることも多い。そのような自己顕示はマーケティングの手法である計画的陳腐化によるもので、そしてエネルギー、水、土地、木材や他の建材を浪費する結果を招いている。

　建築家のマイケル・コルベット〔Michael Corbett〕は資源の枯渇を深く憂慮し、そして目に見える非消費の生活スタイルを実践するため、カリフォルニア州デイビス市にビレッジホームをデザインした。[33] ここは太陽エネルギーを利用したコミュニティのモデルと

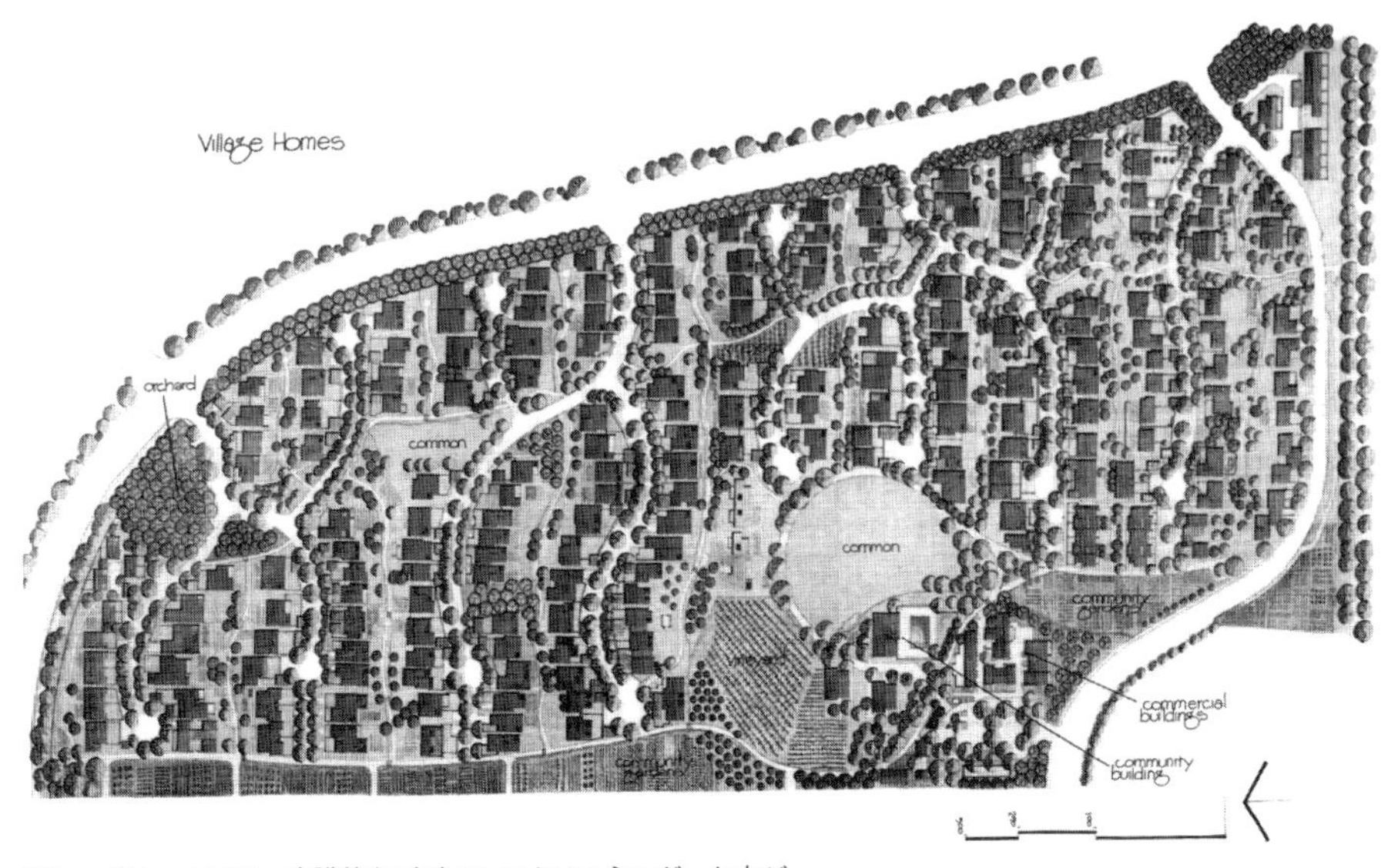

ビレッジホームでは、意識的なデザインによりエネルギーと水が保護され、食料が生み出される。住民のライフスタイルは変わり、象徴的な先行事例としての役割を担うこととなった

して有名だが、しかし28ヘクタールの敷地は、他にも多くの資源を保全できるようデザインされている。近隣地区全体の形態は太陽光の利用効率から決められ、家々の敷地は南北方向に向き、通りは東西方向に走っている。自転車と歩行者用の道路が重視され、自動車用の道路は最低限に抑えられた。住戸とオープンスペースの関係は、他の中流階級の近隣地区によくあるパターンとは正反対のものだ。すなわち柵で囲まれた個人用の庭が道路に面していて、道路と反対側の敷地と敷地の間には共有地が置かれたのである。この細長いオープンスペースには、各家から庭が溢れ出していて、住民たちが共同で管理にあたっている。この共有地は、自然による排水システムの基幹施設でもある。豪雨の後に下流に洪水を引き起こす最大の原因は、流域からの急速かつ大量の排水なのだが、ここでは少しずつ水を地下に浸透させ排水する。豪雨時に道路を排水施設として使うという一般的な工学的解決に挑戦し、コルベットは敷地から流出する水を道路から引き離し、住宅の間を縫う浅い窪地へと導いたのだった。これらの浅い窪地はゆっくりと、より大きな水路につながり水を流す。その水路は雨のシーズンだけ水が流れる枯川として作られたもので、その結果季節ごとに現れる水に彩られた、まるで自然のようなランドスケープが生まれたのである。

個人所有の広大な芝生がないので、灌水の必要がなく水の消費は少なくなった。ここでは地域固有のランドスケープか食用植物のランドスケープが芝生に取って代わり、住民たちは中庭や遊び場にも小さな野菜畑を組み込んでいる。野生の桜が、排水用の水路に沿って育っている。この地区にある資源を生産的に使っている。ビレッジホームは、人々が与えられた土地に穏やかに暮らし、コミュニティガーデンや果樹園やワイン用のブドウ園が、コミュニティのランドスケープが非消費の価値を表現できる街なのである。[34] ロバート・セイヤー〔Robert Thayer〕は、デザイナーが忘れてはならないのは、家やランドスケープはただ住むためだけのものではなく、資源を保全するための行動に影響を与える力ある象徴的なメッセージ体系でもあることだ、と言う。そうした生活環境は、おそらく、目に見える非消費のメッセージとなるであろう。[35] ランドスケープはより健康的で慎重な消費に対して、あるいは多くの場合には消費しないことに対して、高い「地位」を与えるようにデザインできるのだ。

水を流出させない窪地

目に見える非消費

包括的な異種混交性

アメリカで地位を追求する者にとって、排他性は重要な目標である。都市デザインにおいて排他性がよく見える形で表れるのが、居住地たる近隣地区である。[36] より高い地位は、一定の住民だけが暮らす近隣地区を示す住所により表明される。それは都市の中心部から離れ、できれば他の近隣地区より高い場所にあり、自分と異なる階層の人々からも離れ、招かれざる客を拒むゲートによって排他性を保証された近隣地区である。[37] こうした隔離が一部の都市デザイナーによって促進され、しかも上流階級の地区からより

包括的な異種混交性

低い階級のものへと広がっている。[38] 社会の頂点に立つ人々のなかに、多様な価格の住宅がありさまざまな世代が暮らす住宅地だけがもつ利便性や豊かさに、興味を示す者はほとんどいない。[39]

しかしいつもこんな風だったわけではない。わずか50年ほど前までは人種や階層によって分けられることこそ多かったが、ほとんどのアメリカ人は地域生活を送るすべての人々が徒歩圏に暮らすコミュニティで育ったのである。そして多くの職業や年齢の知り合いをもっていた。[40] こうした一人ひとりがもつつながりによって、コミュニティの問題がこじれた非常事態には、まったく階層や収入の異なるグループがともに活動し、対応できたのだ。異種混交の形態がこうした状況を推進した。都市デザインが社会的な包括性と異種混交性を、魅力的なもの、価値あるもの、高い地位を示すものとして形にできたときに、私たちは再びそんな状況を作ることができる。

幸せになるのに十分なくらい泥だらけになる

知的で専門性のある職業を価値ある仕事とし、肉体労働や農業労働を低く評価する社会では、清潔な環境によって高い地位が表現される。[41] 最初は純粋に健康への関心から生まれた清潔さだが、今日では高い地位を表す重要な指標のひとつとなった。多くの場所では、土を耕し死んだ動物を扱う産業に従事する人々に対するタブーがあり、彼らを社会から排除している。さらにより高い地位にある「サラリーマン」があまりに魅力的であるため、農民から転身した世代の人々は「上品ぶった」生活を追い求め、農業のあらゆる面を否定する。アメリカではこれは複雑な事態を引き起こす。それは私たちが、自作農民を民主的な生活の基盤をなす者たちとして歴史的に擁護してきたことと、現在でも彼らへのロマンチックな視線をもっていることによる。しかし依然として圧倒的なのは、居住環境を無菌にしてしまうほどの清潔さの蔓延である。そして居住環境は清潔さのために、食物やサービスや大事なエコシステムを提供してくれる労働からも切断されている。泥だらけになるランドスケープは、本当に無秩序で不完全で乱雑なだけのランドスケープがたくさんあるせいもあって、「汚い」「不快」「野蛮」あるいはそれ以下のレッテルを貼られてしまうのである。[42]

日本には、イモムシ、カタツムリ、ムカデなど、ほとんどの人々が気持ち悪いとか怖いと思う多くの生き物を愛した女の子の物語がある。虫めずる姫君は、虫たちを喜びに満ちた仲間だと思い、それらが棲む黒土や伸び放題の草むらで1日中過ごしていた。人々ははじめはだらしないとか風変わりだとか、次には野生だとか野蛮だとか、ついには頭のおかしいだとかばかだとか、そんな風にこの姫のことを考えていた。姫がイモムシが変態して愛らしいチョウになる様子を一生懸命説明しようとすればするほど、人々は彼女のことをおかしな娘だと思う。姫のことを憐れみ、「不快なイモムシ」や「不潔な虫」などのいないきれいな庭で遊べばいいのにと言う人もいた。やがて人々は姫の住処を軽蔑するだけでなく、

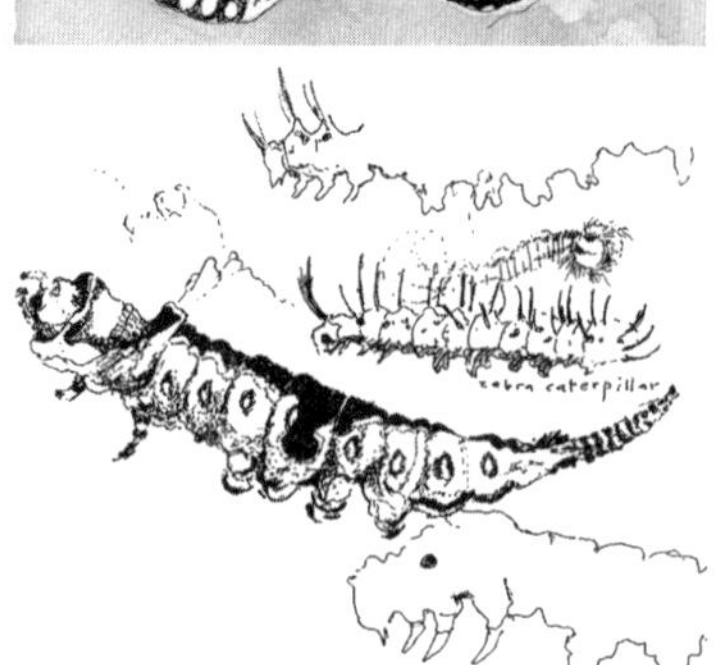

汚く、不快で、野蛮？　これこそ美しい！

姫自身のことも後ろ指を指し笑い者にして、遠ざけるようになった。「もしあなたが表面から少しだけ掘り下げて物事を見るならば、他人がどう思うかなんてそれほど気にならないわ」という姫の言葉は、無意味な地位の追求に対する至高の教えである。しかし姫のまわりの者にはまったく効果がなかった。彼らは、姫とその喜びに満ちた場所を笑っただけだった[43]。

子どもたちはすぐに大人たちから地位の低い場所を学び、そしてそんな場所を避けるようになる。こうして、子ども時代の胸ときめくような喜びを奪われると、従順で冒険心のない若者ができあがり、あるいは歳を経てから大きな病気に罹りやすくなるかもしれない。子どもたちの喜びの源である畑やガラクタ置場、建設現場、熱帯雨林、沼地、湿地、泥沼、水たまり、そしてついには池や小川や森でさえ嫌悪され汚名をきせられ、立ち入り禁止になる。

私たちが暮らすランドスケープは、健康であるために必要なくらい清潔でなければならない。しかし子どもや大人が、ミミズに触り、庭を造り、小川で遊び、ガラクタの山をかき回すことができるくらいには、汚くなければならない。どうしたら偏見に満ちた社会が、汚いと毛嫌いされる場所を受け入れられるのだろうか？　そのためには、汚い場所から離れている人々に教育的なワークショップに参加してもらい、ゆっくりとその利点を知ってもらうことで、彼らの先入観を克服するのが有効だ。その際に最も効果的なデザイン戦略が、「見える化」と「額縁」のふたつである。過小評価されているランドスケープを目に見える形でわかりやすく表現すること、その内的な働きを明らかにすること、デザインによりその機能を表現し明示すること、これらの見える化戦略は多くの人の知的好奇心に訴えかける[44]。一方で汚く不快に見えるランドスケープも、額縁に入れれば受け入れやすくなるだろう。垣根や柵、窪地、刈り込まれた植栽などで囲むものを作ると、乱雑さが抑えられ、むき出しの野生が管理されているように見えるのだ[45]。13章「科学に住まうこと」〔Inhabiting Science〕に、関連する戦略や提案があるので参考にしてほしい。

25年以上もの間、注意深く観察され評価されてきたプロジェクトでさえ、汚さについては現在でも議論されている。カリフォルニア州バークレー市にあるワシントン・環境の庭〔Washington En-

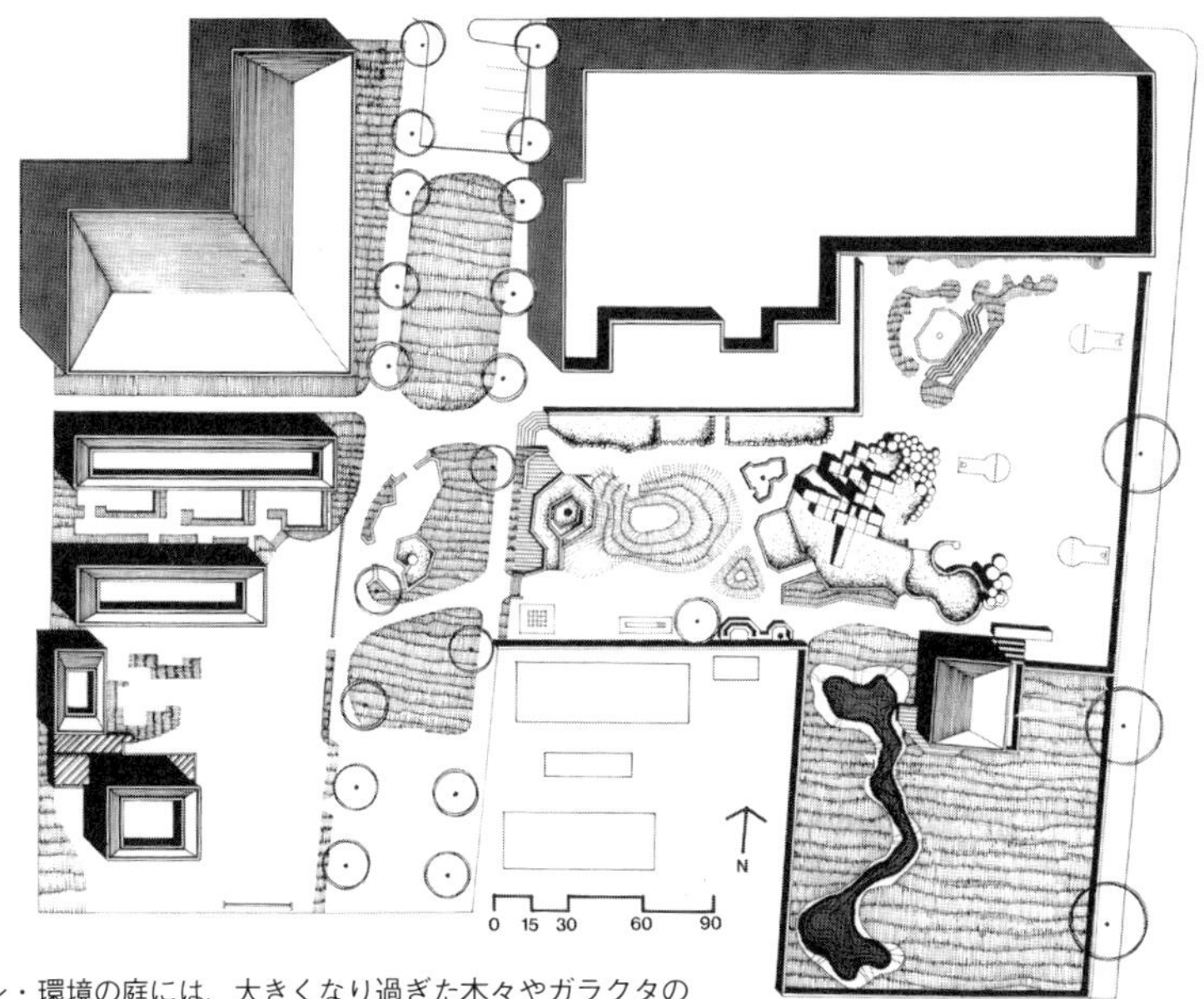

ワシントン・環境の庭には、大きくなり過ぎた木々やガラクタの山があって、大人たちは汚くて危険な場所だとみなしていたが、子どもたちは一貫して、その場所を冒険遊び場だと思っていた

vironmental Yard〕は、ロビン・ムーア〔Robin Moore〕が設計した革新的な冒険遊び場である。ここは永久に未完成で変化し続け、子どもたちが遊びながら学ぶ多様な場となるよう作られた。以前はアスファルトで覆われた不毛な場所だったが、今では丘や森や池がアスファルトに取って代わり、庭や壁画も現れた。親と子どもたち、先生や近隣住民が、出し物のための手作りステージやすばらしいサマーキャンプ場を作ってきたのである。環境の庭は、たくさんの始まりを生み出した。その活動の豊かさは、大きくなり過ぎた木々、ガラクタの山、さまざまな未完成の活動の痕跡に見ることができる。しかしただの通行人にとって、これらは汚く危険なものに見えた。壁画や常緑樹の垣根の額縁を作ると、しばらくの間は不満が抑えられた。しかしいつもドロドロになって帰る

幸せになるのに十分な汚さ

子どもの親が池は汚水溜めだと文句をつけ、ついに大きな池は撤去されてしまった。このように汚さをめぐる新しい試みの後には、きれいな場所にしようという企てが起こり、永遠に続く潮の満ち引きのように、清潔さと汚さの両方向の試みが活発になったり落ち着いたりを繰り返すのである。ただこの何年も続く遊び場の外見をめぐる大人たちの衝突の間、こぎれいな環境を支持する親たちに賛成した子どもはただのひとりもいなかった。この庭で遊ぶ子どもたちにとっては、この場所の自由に変更ができ完成していない感じは、とても魅力的でやる気をそそられるものだったのだ。そしてこんな風にワシントン・環境の庭は、すべての世代の人にとって冒険遊び場であり続けているのである。[46]

賢明な地位の追求

人が環境に与える価値やとる行動の、強力な指標が社会的な階級である。だから都市デザイナーは人々が暮らすランドスケープを形成する際に、社会階級が及ぼす力に対して共感し理解する必要がある。それもあからさまな権力の行使に対してだけでなく、微妙な象徴的な表現に含まれる力に対してもである。私たちの社会のように、人が移動し、不安定に流動し、非人格的でさえある世界で生きるためには、社会的な立場を表現する目に見えるものが必要とされる。地位の追求の結果現れる形態の多くは、コミュニティやランドスケープにとって有害なものだが、しかし次の８つの戦略が、無意味な地位の追求を１８０度転回し逆方向に向けるのに役立つだろう。それはすなわち、コミュニティをあるべき姿に形作ること、貧しさから学ぶこと、地域に根づくこと、小ささは大抵の場合美しいということを理解すること、貴重な美しさと平凡な美しさを認めること、目に見える非消費を実践すること、包括的な異種混交に適応すること、人々が幸せになれるぐらい汚くなるのを許容することである。ここで述べた８つの戦略の一つひとつが、不健康な地位の追求に対する特別な治療法となる。そしてそれぞれの戦略は、健全な都市と充実したランドスケープを創造し形作るための直接的な手がかりともなる。大事なことは、地位を示すことに反対するのではなく、自らを知ることと創造的なデザインにより不健康な地位の追求のパターンを覆し、生産的なそれへと私たちの力を振り向けることなのである。

5

可能にする形態

聖性

Sacredness

形態があまりに厳密に機能に従うとき、形態は冷たい効率性や心のこもらない利便性だけをもたらす。近代都市は生活のための合理的で科学的な機械だとみなされ、そして合理的で科学的な機械のような生活を生み出す。[1] 同じことが、エコロジカル・デモクラシーの都市デザインにも起こりうる。エコロジカル・デモクラシーの都市デザインがただ機械的に都市生物学の法則に従うとき、ここでも機能が自らを最も重要な原則とみなし、人間的な意志を圧倒してしまうからだ。公正でよく考えられた参加こそが、私たちの最も大切な目的を機械的な法則の間に差し込む。そのひとつが、聖なるものの追求なのである。

聖性は私たちの本質を表す

聖性とは、犠牲を必要とする根本的な信念、守るに値する価値、達成すべき徳を表す。信念、価値、徳は、人間と人間の創るランドスケープを高貴にする。[2] なぜなら、信念、価値、徳が私たちの本質、精神、存在に命を吹き込む力の表現だからだ。こうして信念、価値、徳が合理的な機能や経済に取って代わる。そして聖なるランドスケープとは、犠牲と献身によって神聖化され、コミュニティによって崇高な信念や価値や徳の力を授けられた場所である。信念や価値や徳が、そこで執り行われる行事を通して経験される。この経験は、抽象的なもの（たとえば神の超越性や信頼や希望を感じること）から感情的なもの（共感や静謐や慈しみの感覚）、そして現実のもの（地域の知恵やコミュニティ感覚や方向感覚）へと広がる。[3]

聖なるランドスケープには、さまざまな歴史的な由縁がある。普通は神話や宗教に結びつき、そして説明も制御もできないのが聖なる場所だと考えられている。庭園は天国の原型を象徴し、創造を祝福し、先祖に捧げられ、そして人間に理解できる造形を施されることで、神秘を歴史へ転化する方法となる。[4] 同様に聖なるランドスケープは人に進むべき方向と世界観を与え、その形態は一生を通してその人を支えるのである。[5] 宗教施設などの伝統的な聖なる場所に加え、今日では外部を眺望できる安全な場所、生命を謳歌する場所、生態系の神秘が表れる場所が、進むべき方向を知り、世界観を表現したいという現代の人々の要求を満たす。そして聖なる場所は矛盾や対立を和解に導き、私たちを再び原始的な力と結びつけようとするのである。[6]

ランドスケープは、ひとりの人間のきわめて個人的で文化的なアイデンティティや歴史が具体化した場として神聖化されるのだろう。[7] 子どものころのランドスケープ、わが家、すばらしい体験、歩いた多くの道などが、象徴化（ランドスケープが美徳や出来事を象徴する）と共感（あるランドスケープが別のランドスケープに似ている）を通して、聖性の基礎となる。[8] そして土地に根づき人と関係をもつ必要こそが、場所への愛を生成するプロセスとなり、ランドスケープをランドスケープのうちにランドスケープ自体として神聖化する。[9]

聖なる場所は、私たちの至高の信念、価値、徳を具体化し、形にし、象徴するだけでなく、私たちの努力を目に見えるものとし、神秘を理解し、信念を公にできるようにしてくれる。聖なる場所は、人に進むべき方向、世界観、アイデンティティを与え、その土地に根づかせる。聖なる場所は私たちの信念を、理解可能な形態にして表現しているのである。

国のレベルでの聖なるランドスケープは、歴史的建造物、歴史的地区、国立公園、記念碑、国立墓地、自然のままの美しい河川、自然保護区域、野生生物保護地区、国有林、軍事基地、州間ハイウェイなどだ。これらのランドスケープが、私たちの最高の価値である、自由、平等、野生、防衛、移動を称えている。地域的な価値と同様に国のレベルでの聖なる場所も、都市デザインに影響を及ぼす。

聖性を掘り起こす

聖性の掘り起こしとはどのようなものか、例をあげよう。ノースカロライナ州マンテオ市のウォーターフロント活性化のためのデザインプロセスではさまざまな論争が起こり、反対意見も噴出した。一部の住民たちが、将来起こる変化は彼らの生活を壊すと感じたからである。これは裕福なコミュニティではよくある反応だが、しかしマンテオ市は失業率22パーセントの荒廃したダウンタウンなどの問題を抱え、その改善の見込みも立たない町だったのだ。デザイナーたちはインタビューや行動マッピングを実施し、コミュニティ生活で住民が最も大切にしていることを明らかにしようとした。そして調査結果から、マンテオの人々が織りなす社会構造を支える、重要な場所の一覧表を作成した。

コミュニティのリーダーたちが、この一覧をチェックし改良していった。新聞のアンケートでは、町の人々に一覧にある場所を大切に思う順にランクづけしてもらった。デザイナーは住民に、観光客のために変えてもよいと思う場所、観光で稼ぐためであっても犠牲にしたくない場所を尋ねた。これにより当時マンテオにとって有望な経済開発戦略だと考えられていた、歴史を目玉にした観光事業が検討された。

トレードオフ関係にあるもののリストが提示された。たとえば、ダウンタウンの砂利敷き駐車場のクリスマスツリーをそのまま残すほうが、全面を駐車場にするよりも大切だ、という意見に賛成か否か、といった具合である。この回答によってデザイナーは、場所への愛着の強さと観光による利益とを比較し、それぞれの場所の相対的な重要性を再確認できたのだった。

こうしてランクづけと重みづけがされたマンテオの重要な場所の一覧が得られた。ひとりの住民が、教会や墓地よりも高くランクされている場所が多いのに驚いて、〝これは聖なる構造だ!〟と叫び、それ以来人々はそれらの場所を「マンテオの聖なる構造」と呼ぶようになった。墓地と高校が基準となり、新しい開発が悪影響を及ぼしてはならない場所が示された。町を取り囲む湿地、地元の人が廃校の建材を使い愛情を込めて建造したジュールズ・パーク、薬屋とソーダ売り場、郵便局、教会、クリスマスショップ、家々のフロントポーチ、町の船着場、ウォルター・ラレイ〔Walter Raleigh〕卿の像、ダッチェス・レストラン、タウンホール、地元で作られたもはや判読不能な道路標識、町営墓地、砂利敷き駐車場のクリスマスツリー、故人を追慕して置かれた公園の街灯、その他2ヵ所の歴史的施設が、マンテオの聖なる構造である。

新聞にこの結果が公表され、聖なる構造の地図が計画プロセスで作成された町の財産目録と一緒に掲載された。この地図はアン

ダッチェス・レストラン

ジュールズ・パーク

ケート結果にもとづき大切さをいくつかの段階に分けて色づけした単純なもので、まるで土地利用図のようだった。こうして聖なる構造は、コミュニティの潜在意識に触れ、また可視化されたのである。住民は、これらの場所が保護されることを望んだ。町の新聞の編集者などは、デザイナーがこれらの場所を特定したのは、観光のために開発しようとしているからではないかとの懸念さえ表明したものだ。この編集者は観光客のために壊してはいけない場所を注意深くリストアップし、それらは今のままでマンテオの「完璧な宝石」なのだと訴えた。彼の言う「完璧な宝石」は直接にはジュールズ・パークを指したものだったが、しかしすべての価値ある場所が「完璧な宝石」だったのだ。その後の計画プロセスでも、この編集者はよくデザイナーを問い詰めて、その度に「完璧

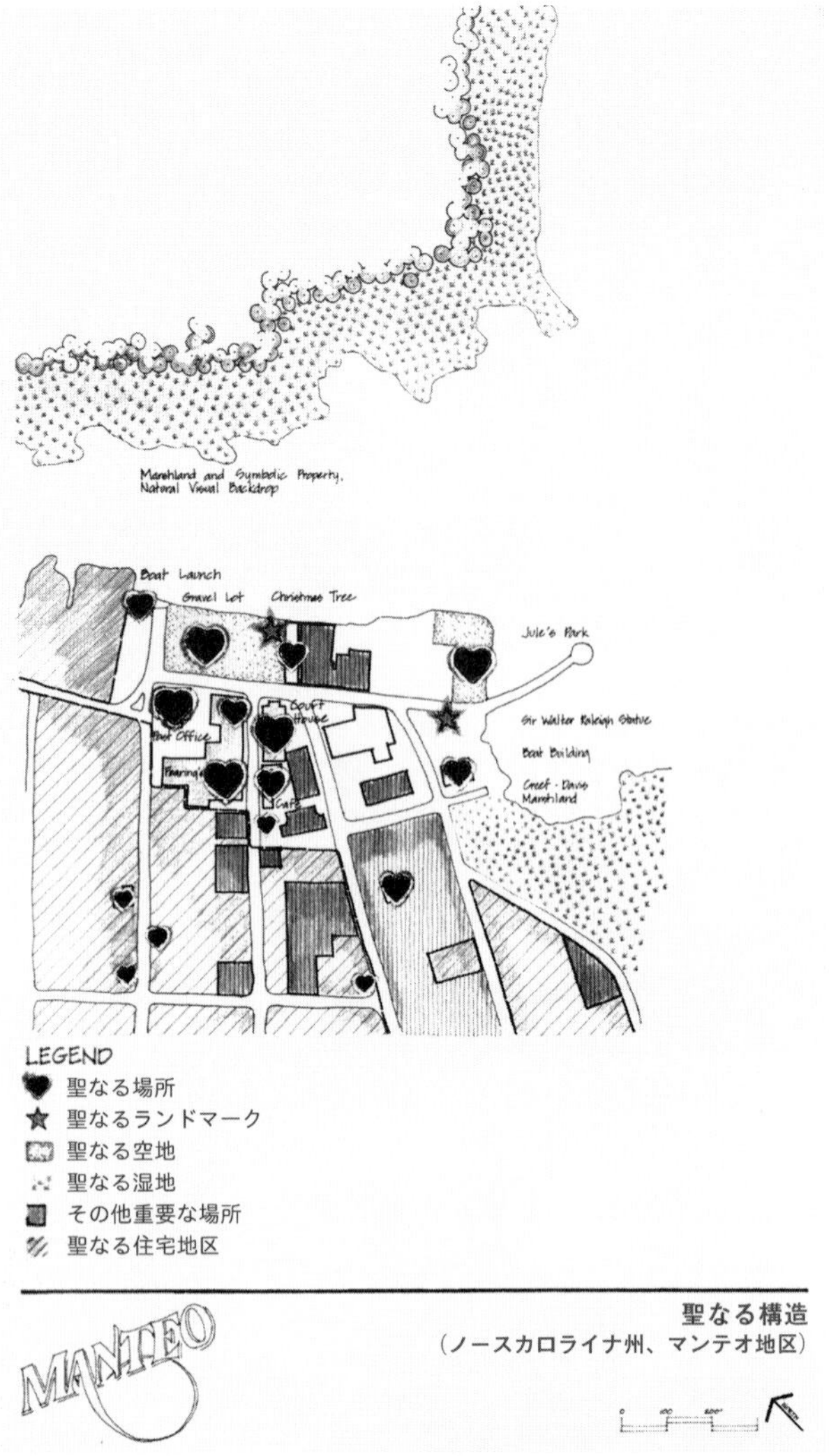

LEGEND
聖なる場所
聖なるランドマーク
聖なる空地
聖なる湿地
その他重要な場所
聖なる住宅地区

聖なる構造
（ノースカロライナ州、マンテオ地区）

マンテオの聖なる構造は、ほとんどが粗末なものでできた場所だが、コミュニティの日々の暮らしやアイデンティティや健康のために大切な場所であり、経済的に苦しい時期にあっても、諦められることはないだろう

な宝石」を思い出させた。つまりそれらの場所は神聖であり、金銭では計れない価値があるので、そこを守るためなら人々は喜んで経済的収入も諦めるというのである。デザイナーは最初、彼の言うことを信用していなかった。

マンテオの人々は、聖なる構造でどんな意味を伝えようとしたのだろう？　マンテオの聖なる場所とは、建築物や野外スペースやランドスケープである。これらの場所は日々の生活パターンやコミュニティ生活で繰り返される行事を目に見えるものとし、象徴し、強固なものとし、称賛している。聖なる場所は利用され、象徴化され、住民生活の本質となっていて、こうしてコミュニティは聖なる場所と一体となっているのである。これらの場所は、住民の町に対する考えや暮らしそのものである。それらを失うことは、コミュニティがまとまっているために必要な何か、まとまるのに必要な何らかの社会的プロセスの破壊を意味するだろう。またもしそのようなことが起きたときには、聖なる場所を取り戻すことこそが必要になるだろう。

マンテオの聖なる構造の多くは地味な場所（ただの「壁の穴」など）で、コミュニティの日々の暮らしの場であった。しかしそれは単なる場所ではなく、マンテオの生活を具体化している地点なのである。これらの場所はマンテオの独自性を表現し、住民の内にある町のイメージを構造化している。すべての場所はごく普通にあるものだったが、一つひとつの場所が歴史的社会的な背景をよく表していて、カロライナの海岸沿いによく見られる特徴を示している（今日ではそのほとんどが荒廃してしまったが）。つまりは、家庭的であり平凡な場所なのだ。

こういった場所は建築家や歴史家、不動産ディベロッパーなどの専門家や中産階級の観光客には、まず魅力的には映らない。その結果、マンテオの聖なる構造のうち歴史的建築を保全する法律で守られているのはわずか2ヵ所で、その他2、3ヵ所がゾーニング法で保護されているだけだった。また地元住民にとっても、聖なる場所はあまりにも当たり前のもので、その価値は人々の潜在意識に留まっていた。だがあるときに4つの出来事が起こり、聖なる構造が大きくぼんやりとその価値を現していったのである。

ひとつ目は、それらの場所が脅威にさらされたことである。町のリーダーや住民は、経済再生のために求められる変化を話し合い、コミュニティが過渡期にあることを知り、そして警戒し始めた。コミュニティに提案された計画が劇的な変化を招くことを知って、これまでは当たり前だと思っていた自分たちの社会的慣行と環境を再考せざるを得なくなったのである。

ふたつ目は、これらの場所が正当化されたことである。地元住民は多くの場所に愛着をもっていたが、それらがメディアで扱われるようなすばらしい環境とは違うこともわかっていた。他人の価値観にしばられた、社会的な地位を表す事物のことを思い出してほしい。デザイナーは地元の平凡な建築といわゆるスタイリッシュな建築がどう違うのか、住民に簡単に説明した。地域の人々は、人がたくさん集まるステレオタイプな洒落た場所と比べて、自分たちの場所を少し恥ずかしく感じていたのだ。だからプロのデザイナーが彼らの場所のよさを認めることが重要で、さもなければ町の人々は外部の専門家には観光客に評価されるような場所だけを伝え、本当に重要な場所が明らかにされることはなかっただろう。

3つ目は、価値ある場所についての共有イメージが、コミュニティに提示されたことである。一人ひとりの住民は多くの場所を利用しそれぞれの価値を見出していたのだが、そこが他の人にとっても価値があることを知らなかった。バラバラに散在している場所が全体としてひとつの構造を創っていることを、誰も知らなかったのである。聖なる場所の一覧と地図、それに「聖なる構造」というネーミングが、状況を一変させた。この3つによって町の

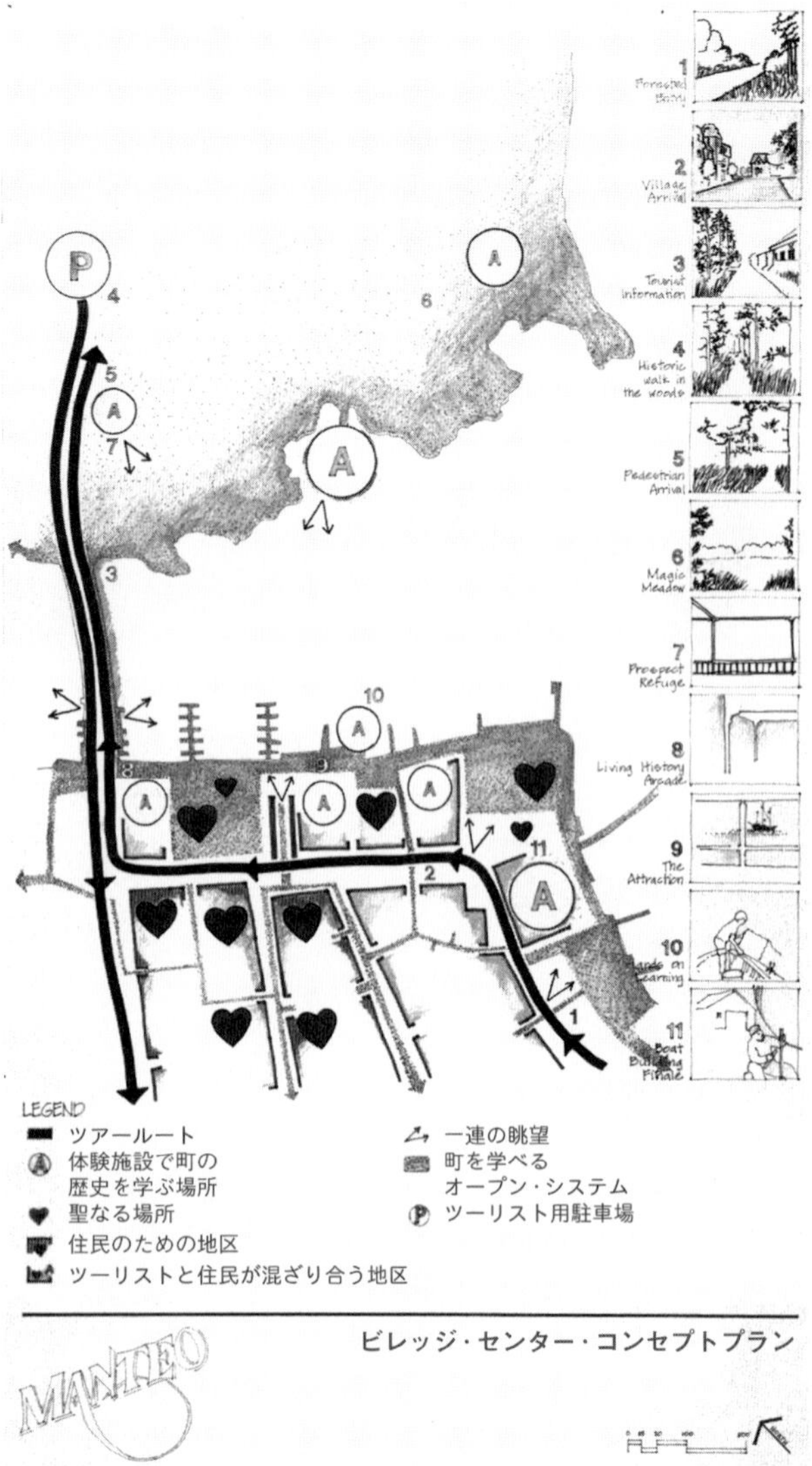

LEGEND
ツアールート
体験施設で町の歴史を学ぶ場所
聖なる場所
住民のための地区
ツーリストと住民が混ざり合う地区
一連の眺望
町を学べるオープン・システム
ツーリスト用駐車場

ビレッジ・センター・コンセプトプラン

コンセプトプランは、マンテオの特徴と都市の形態を利用して、伝統的な産業を改革し、新しい産業を創出し、聖なる構造を守る方法を示した

人々は、以前からよく知ってはいたが、バラバラであった事実の全体像を獲得したのである。また各地区の住民は身近にある場所はよく知っていても、全体のパターンを知る術がなかったのだが、この後は全体が同じ皿に盛りつけられたひとつの料理なのだと、了解したのであった。この了解には、聖なる構造の地図がおおいに役立った。「こんなに多くの住民が郵便局で人に会う機会を大切にしているなんて、それに町の誰もが海の様子を確かめに行っていることも、これまで全然知らなかったんだ。こんなに皆がつながっているとは考えてもみなかったよ」。聖なる構造を表した地図によっていくつもの特別な場所が、経験されてこそいたが理解されてはいなかったひとつのパターンへと変化した。そしてある住民が聖なる構造という名前を思いつき、全体のパターンがわかりやすくなった。ついには聖なる構造はこの地域の共通の言葉となった。ダッチエス・レストランやベティーズ・カントリーキッチンでは、たとえば観光による雇用、不動産税の控除などがよく話題に上がるが、これと一緒に聖なる構造も議論されることになったのである。コミュニティの潜在意識にしかなかった特別な場所に対する関心は、今や住民全体に共有され、顕在化し、意識的に表現されることになったのである。

4つ目は、それらの場所が住民により神聖化されたことである。このために最も重要な場所をそれ以外と明確に区別し、特定する必要があった。[10] 町の人々は新聞の調査に協力し、計画プロセスの間中、ずっと聖なる場所の一覧を改良し、それを体系的に区別していった。デザインプランが完了したときには、最も価値ある場所が神聖不可侵なものとして特定されており、どんな形であっても開発による変更を受け入れてはいけない場所となっていた。これは、町の一部の人々には犠牲を求めるものだったが、それでもプロジェクトが聖なる構造と両立しないと住民が判断した場合には、経済開発は抑えられたのである。80年代を通して聖なる構造の保全のために、町は小売販売額で年50万ドル以上を負担した。この財政収入の減少という犠牲が、場所の神聖化には必要なのだと人々は考えたのである。これこそあの新聞編集者が、これらの場所はドルよりも価値があるんだ、と繰り返し、何度もデザイナーに確認していたことだったのだ。[11]

聖なる構造はコミュニティ活性化の障害になるどころか、優れた経済再生を実現し、大切にされているランドスケープを守り、マンテオのアイデンティティの根本である人々のもつ徳に形を与えた。マンテオ計画は多くの賞を受け、本に書かれ、映画になり、高く評価された。そしてマンテオ計画が、他の都市のモデルにもなった。続く数年間に数十のコミュニティがマンテオで開発されたプロセスを使って、体系的にそれぞれの町の聖なる構造を明らかにした。この経験からは、可能にする形態〔Enabling Form〕を創るための力強いヒントを得ることができるのである。

恵を語ることはできないだろう。このような人々は場所の魂とでもいうべきものをもっているのだが、コミュニティの邪魔者扱いされていることも少なくない。聖性は彼らがもつ土地の知恵を、コミュニティのデザインの議論の中心に据える。マンテオでは多くの人々が土地の知恵をもっていた。それぞれが特別な知識をもっていて、その知識は場所への共同意識に組み込まれていた。こうしてできた共有の知恵が聖なる場所の地図に、歓びをもって書き加えられ、そして生命を与えられた。マンテオの人々がもつ土地の知恵は、その後30年もの間、計画策定時の市長であり、最近市長に返り咲いた建築家ジョン・ウィルソン〔John Wilson〕によって大切に守られている。

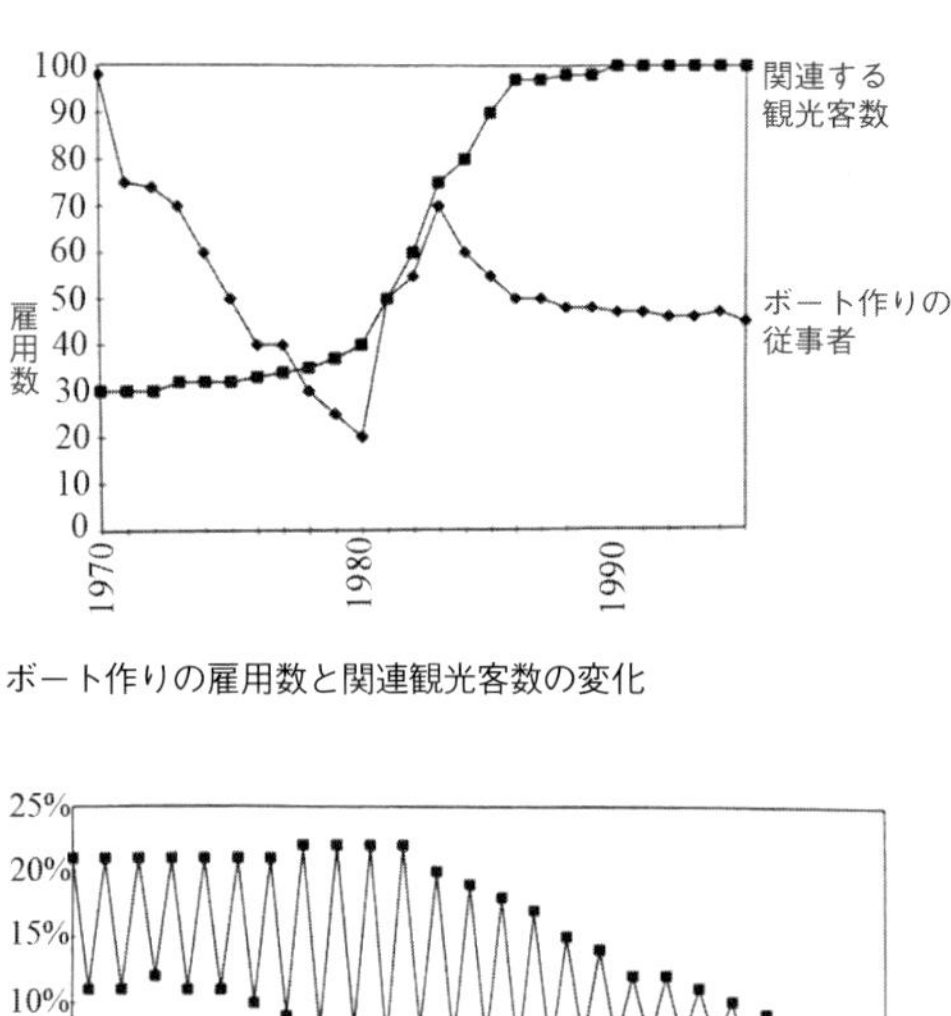

ボート作りの雇用数と関連観光客数の変化

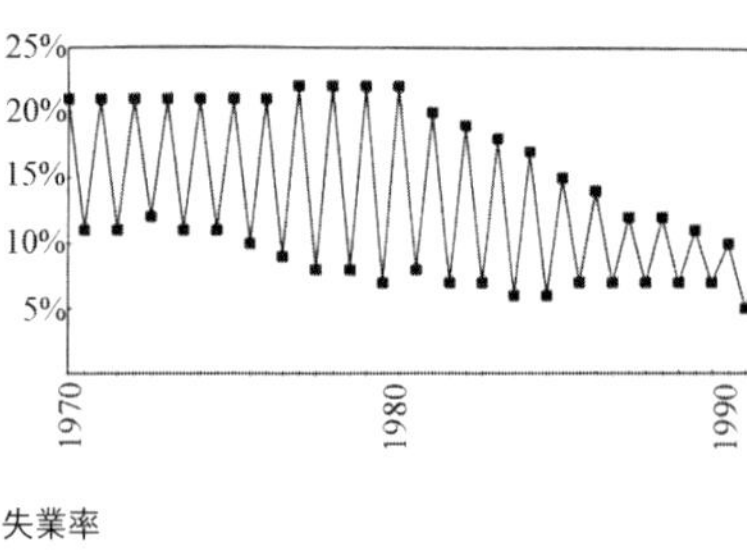

失業率

　実践的には、聖なる場所を地図に表したことによって、感情的な議論だけを煽る「生活の質」などの曖昧な表現が、具体的で測定可能な要素に代わった。マンテオの聖なる構造がコミュニティの姿をはっきりと描き出したのだが、これこそが以前は潜在意識のなかに埋もれ、ぼんやりと不明瞭であり、十分に議論できなかったものなのだ。聖なる構造の地図は、マンテオの基本的な社会パターンと文化的な場所を、他のどんな計画書よりも明瞭に描き出した。するとマンテオの最も価値ある場所の半分以上が、沿岸域管理ガイドラインで定義されている重要歴史的建築物、町全体の景観、文化的重要施設などに該当しないごく普通の場所だったのである。[12]

　もし私がコミュニティ計画の策定のために、1枚だけ地図を作って物事を決めなさいと言われたら、迷わず聖なる場所の地図を選ぶ。この地図が明らかにするさまざまな情報は、他の何にも増してコミュニティの実現を可能にするのである。

保全

　聖性をコミュニティ計画策定のプロセスに組み込むと、住民が本当に大切にしているコミュニティの姿を保全することができる。それは、歴史的に重要な建築物、美しいランドスケープ、生態学

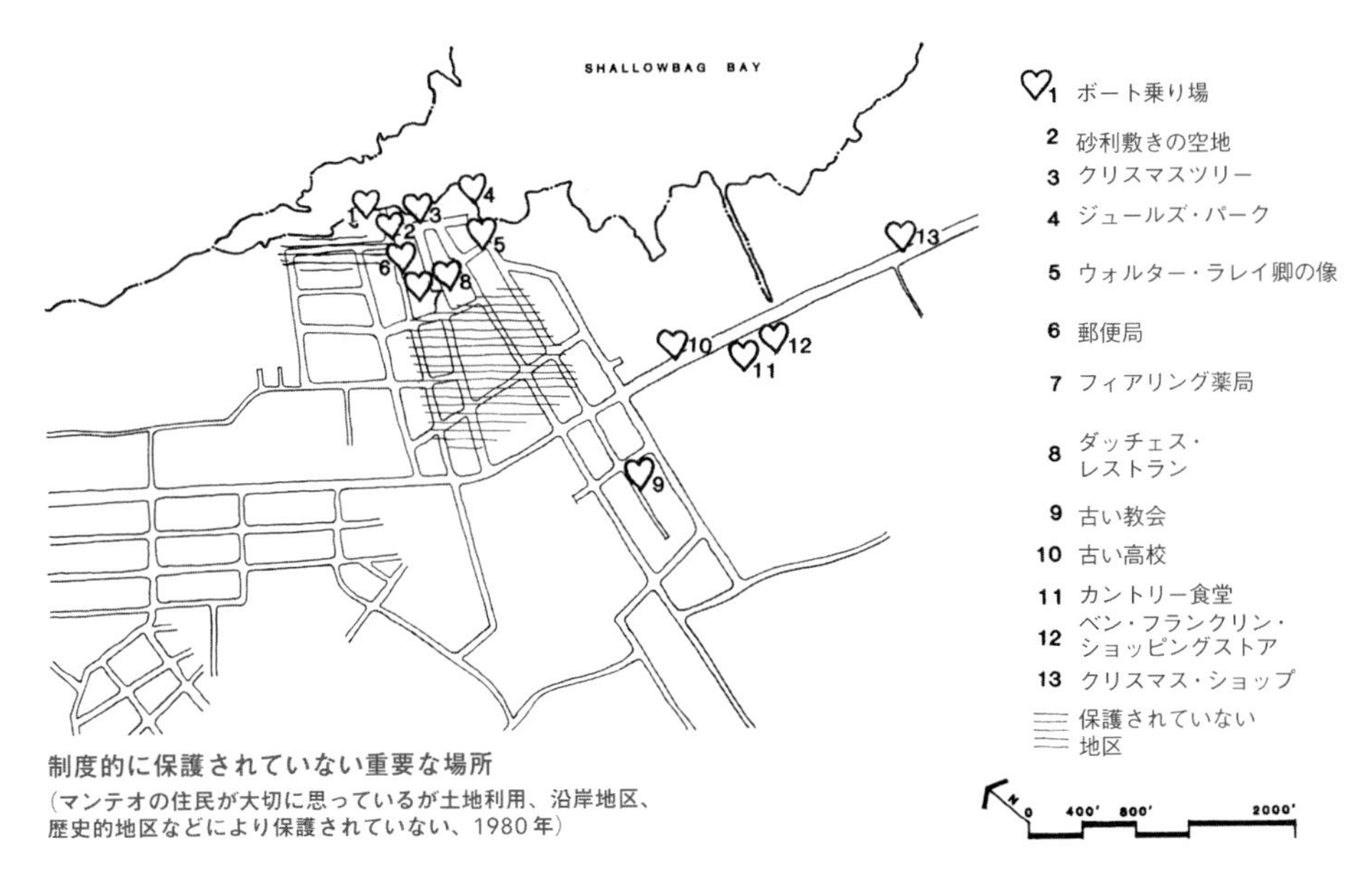

制度的に保護されていない重要な場所
（マンテオの住民が大切に思っているが土地利用、沿岸地区、歴史的地区などにより保護されていない、1980年）

聖なる場所のほとんどは、既存の保全制度の対象ではなかった。マンテオの独自性を維持するためには、国と地方レベルでの創造的な法律の制定が求められた

的に貴重な地区、河川、山地、農地、森林、自然保護区域、これに加えて日常生活や行事のための特別な場所である。私たちはいくつものコミュニティで聖なる場所の地図を作ったが、制度的に保護されている場所はほとんどなかった。たとえばマンテオでは、聖なる場所のうち開発によって壊される可能性のあるものが3分の2以上にものぼった[13]。

聖なる場所の地図があると、コミュニティ生活において最重要の保存すべき地区と重要度が低く変更してもよい地区を明確に区別できることも、同じくらい重要である。この仕分けのプロセスは住民があらゆる変化を恐れ身動きがとれなくなったときに、どうしても必要な変化を起こし受け入れるために、非常に役立つ[14]。

ゲシュタルトをデザインする

ゲシュタルトとは、いくつもの要素が織りなすひとつのパターンである。パターンは全体としてまとまったものなので、その特性を部分の総和から導き出すことはできない。ゲシュタルト心理学の基本は、人生とはさまざまな感覚と反応の組み合わせの単なる集積ではなく、経験がそれらを構成してはじめて成立するということにある[15]。デザインでいえばゲシュタルトとは、地図を何枚重ねても描き出せない類のものなのだ。たとえ地図が数十枚、数百枚重ねられたとしてもゲシュタルトを得ることはできない。それはただ単に多くの要素を集めたものではないのである。生態学

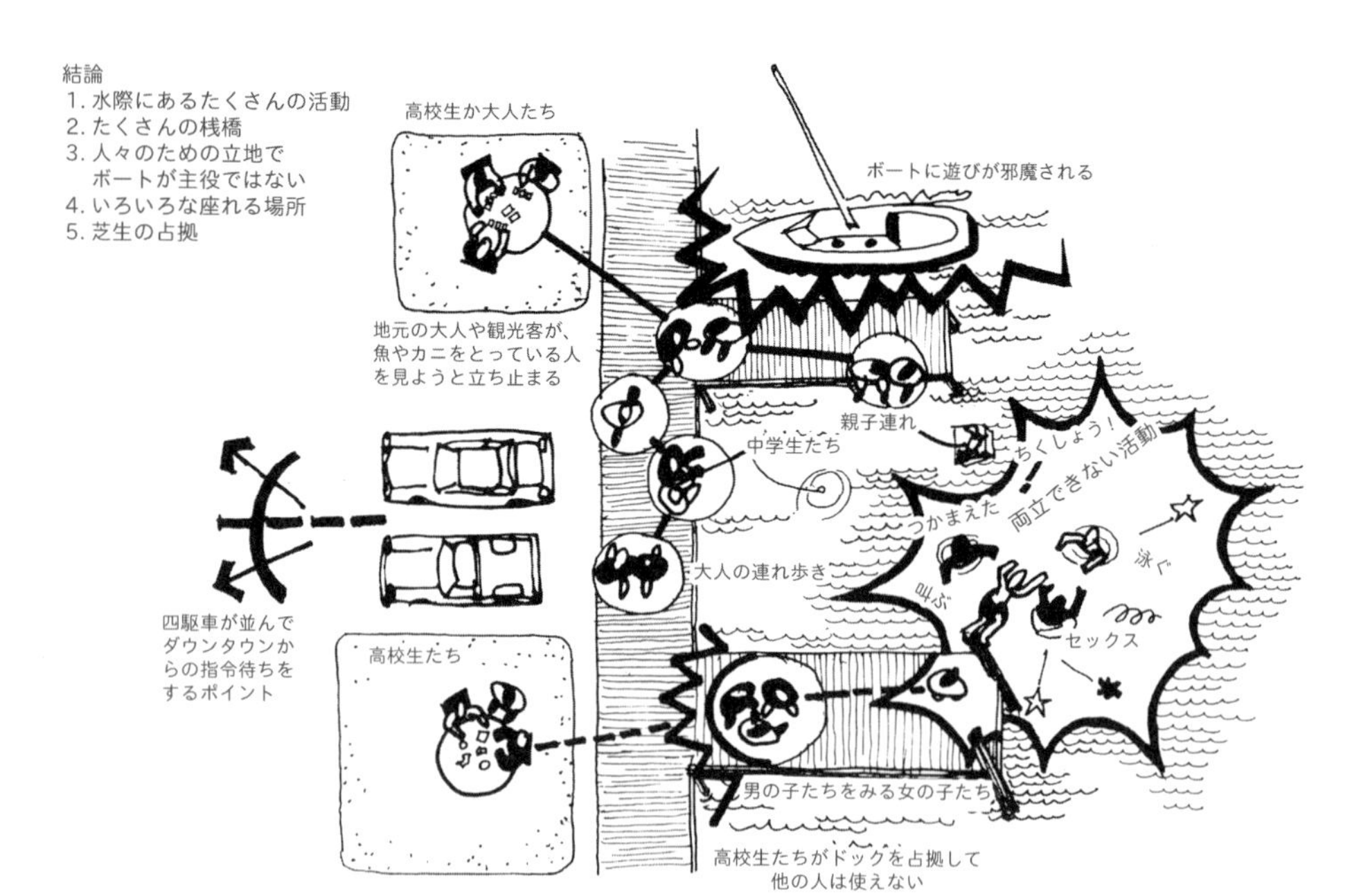

桟橋でブラブラと時を過ごすことは、マンテオでは
大切なことで、そのための明確な空間的要件がある

的レイヤー、文化的レイヤー、経済的レイヤーなど、多くのレイヤーを重ねれば、それだけ実用的なデザインを生み出すことができるだろう。しかしゲシュタルトが統合され獲得されたときにのみ、デザインが人々の心に触れる。都市デザインにおいては、ゲシュタルトこそがコミュニティ生活の本質である。その本質は要素に還元できず、わざとらしい操作を必要としないただひとつの形態によって表現される。デザイナーは皆、この本質すなわち場所の魂を表す唯一の構造を追求することがきわめて重要であることを知っている。[16]ゲシュタルトが獲得されるとき、デザインはそれと一体となり、それに従うのだ。[17]数多くある計画手法のなかでも、聖なる構造がいちばん確実にそして整然とコミュニティ生活のゲシュタルトを表すことができる。私は多くの町の聖なる構造を研究してきたが、その内容や細部はかなり異なるものだった。しかしどの町の聖なる構造にも共通する4つの特徴があることもわかった。それは、センター〔Center〕、自然が形作る境界〔Boundary〕、つながり〔Connectedness〕、特別さ〔Particularness〕である。この4つの原則こそがコミュニティ生活の本質であり、他の活動に先んじて追求されるべきなのである。センターとつながりは可能にする形態の主要な原則として既述したし、境界と特別さの原則は第2部 回復できる形態〔Resilient Form〕の部で議論しようと思う。しかし、聖性と直接に関係するいくつかの点は、ここで述べておかねばならないだろう。

ポーチのある生活のデザイン・ガイドライン

フロントポーチから学ぶ

繰り返し現れるセンター

私たちが聖なる場所の地図を作成したすべてのコミュニティにおいて、中心となるセンターがなくてはならないものと考えられていた。センターは経験を共有し、一人ひとりの場所を確認し、そしてアイデンティティの源となる場所として描かれる。どこの町でもとくに神聖だと考えられているのは、小さな単位にあるセンターである。マンテオのような村や小さな町のセンターであり、大きな都市では近隣地区のセンターだ。人々はセンターを細胞の核のようなものだとはっきり言うし、この細胞では日常生活が繰り返し営まれているのである。メリーランド州の短期間に開発が進んだ郊外地区で見た聖なる構造は、ひどく心の痛むものだった。ここには実際には存在しないセンターを含んだ聖なる構造があったのだ。現実には存在しないセンターは2本の幹線道路の交差点にあり、そこには本来なら人々が集まる場所にあるべき公共施設はひとつもなく、ただガソリンスタンド、ファストフード店、大型商業施設が建っていた。コミュニティの人々は、ヨーロッパの町の広場のようなセンターを思い描き、切望したが、それはこの郊外地区には決して存在できないだろう。彼らの住む低密度の分譲地は、センターの成立とは相容れないのである。しかしそれでもなお、人々はセンターを心から欲していたのだった。

ボードウォークは、親密な空間と地元産材の家具と人々の愛を示す労働によりデザインされ、特別な祭りのための空間となり、普段は市民のためのフロントポーチである

自然が形作る境界

自然が形作る境界も、繰り返し現れる聖なる構造である。そして自然の境界はさまざまな形態をとる。マンテオの町の境界はシャローバッグ湾と湿地帯によって形作られている。ペンシルバニア州ユニオン郡では、農業の営まれる谷の輪郭を描く森が境界となっている。カリフォルニア州オークランド市では、湾、丘、小さな谷川に囲まれた地形がたくさん作り出されている。ハワイ州ハレイワそしてワシントン州マウントバーノンでは、農地が町の境界を決めている。ノースカロライナ州ローリー市では、小さな谷が境界を形成し緑道がそれを強調している。これらの境界はセンターと同様に、住民にアイデンティティと世界のなかでの位置を与える。自然の境界は、心理的な世界観にもフレームワークを与える。自然の境界によって住民は自らの場所を把握できる。自然の境界はそれぞれの場所を、環境からはっきりと浮き上がらせるのだ。自然の境界が強固なもので、大規模開発を止め、あるいは小さくコンパクトにすることができれば、一つひとつの開発事業はコミュニティをまとめるように実施されるようになる。圧倒的な地形に囲まれた小さな町(たとえば、イタリアのカモッリやポルトガルのエボラの丘の町やカリフォルニア州ウェストポート沿岸の村や台湾のマツ島など)では、地形学上の幸運な偶然によって境界が形作られているように見える。同様にベネチア、サンフランシスコ、ホノルル、香港などの大都市もまた、山や海が形成する境界から大

きな恩恵を受けている。一方で人が入れないような大自然の境界をもたないので、意識的に町の境界を作ろうと努力してきたコミュニティもたくさんある。カリフォルニア州ナパバレーの町々、コロラド州ボルダー、メリーランド州グリーンベルトの町が思い浮かぶ。自然の境界がまったく存在しない場合には、高速道路や土地利用の変化点などの人工的な地物が、認識可能な町の境界を形成する。だが住民がそれらを聖なるものとすることはまれである。[18]

コミュニティ、祖先、精霊とのつながり

他者、ランドスケープ、家族、コミュニティの伝統、神、超自然的な世界、神話的な過去、これらとのつながりは、現代社会であっても聖なるものと考えられている。だから礼拝の場所や墓地には、聖なるデザインが施される。より無意識に現れる聖なるものが、自然のうちに認められた神話や超越の場所である。アメリカ先住民はこのようなつながりをたとえば、ウサギが太陽を射止めた場所、眠れる巨人が地球を揺るがす場所として、ランドスケープに組み込んできた。今日の先住民にとって聖なる場所は古の神話と現代科学が同居する場所なのだが、しかし多くのアメリカ人にとってはこの大陸に移り住むはるか以前に、創造神話や超自然現象が大地から切り離されてしまっている。[19] その結果古から続く超自然の世界が、ランドスケープに溶け込むことはなくなってしまった。私たちが科学と技術で自然を征服していた時代には、それでよかった。しかし人は自らの聖なる場所について聞かれると、神話や超越が空間に満ち満ち、超自然的な力を感じさせる場所とつながりたいとはっきり言う。私たちは昔日のあり方に歩み寄る必要があるように思う。そう、「大地や場所の精霊への回帰である」。[20] マンテオでは、沖合にウォルター・ラレイ卿の幽霊船が目撃されたと何度も報告され、今日まで語り継がれている。史実としてはラレイ卿がマンテオの沿岸部を航海したことはないのだけれど、神話は彼がこの地を訪れたことを別の現実として証していて、そして彼の精霊としての存在がマンテオのコミュニティ活動を活発にしているのである。神やランドスケープとのつながりは、ニューメキシコ州ラスクルセスからトルトゥガスマウンテンまでの、過酷な巡礼の旅でも感じられる。ペンシルバニア州の酪農場やハワイ州オアフ島の北海岸で神聖だとされている噴出泉は、それを信じる者を歴史や母なる恵みを与える大地の精霊に結びつける。大地から絶えず湧き出るふたつの泉の水は、どちらも世界で最も純粋であると信じられている。

私が日本にいるときに、このような超自然主義を鮮明に経験したことがある。日本では、神道という古代の自然崇拝が、現代生活のなかにごく自然に取り入れられている。日本では自然崇拝が完全に捨てられることはなかった。京都に近い鞍馬山には、600万年前に金星より魔王尊神が地球へやって来た。魔王尊とは大地の精霊であり、また邪悪な征服者の偉大な王であり、そして頂上近くの開けた岩場に住みついた。それ以来その岩は魔王尊の精

この小さなお寺は、600万年前に魔王尊が金星から鞍馬山に降り立った岩の上に乗っており、今日でも大切にされている先祖や共有の価値やコミュニティとつながっている

霊を放射し、すべての人間、すべて生物の進化を方向づけている。1000年ほど前には、天狗と呼ばれる恐ろしく赤い顔をした鞍馬の森の怪物が、後に日本文化を代表する叙事詩の英雄となる若者の世話をした。天狗は人間を醜くしたような姿で邪悪を服従させることを使命とするものであり、若かりしころの源義経に最新の軍事技術と規律、創造的な知恵を教え施した。義経は聡明な武将に成長し、人間のよい部分を一身に集める人物となった。鞍馬山の岩や木の根、湧水は、彼が日々神と出会ったその痕跡となった。特別な場所の神々は、それぞれ露出した地形や木々の移ろいのなかに暮らしている。その存在はこの山の至る所で感じられる。私は、魔王尊がこの岩々に存在していることを確信している。現在の日本を特徴づける科学的、技術的な生活の只中に、神は定期的に訪れる。参拝者は、その場所の神の姿である岩や木々と交流する。仕事の成功や恋愛の成就、学校の試験がうまくいくように祈り、愛する人の病気治癒を神に願う。このような崇拝は、エコロジカル・デモクラシーに必要なさまざまなシステムに関する科学的知識を蔑ろにするどころか、より全体であるべき環境的な思考の土台となると思われるのである。

特別さ

特別さは4番目によく現れる聖性のゲシュタルトであり、コミュニティの特徴が形に表れたものである。人々は社会とランドス

天狗は妖怪のような赤い顔と清らかな意思をもち、
人間を醜くした姿をもつ怪物は邪悪を征服するよう
義経を鍛えた。この場所は崇高な行動を引き起こす

ケープをそれぞれ特別な方法で形作り、自分たちの住む場所に独特なアイデンティティを与えている。それぞれのコミュニティがもつ特別な方法は、何百年も続く文化的慣習のパターン、日々の生活パターン、求める美徳の違い、自然の力や技術の力を和らげ、利用し、組み合わせる方法、それらから生み出されるのだろう。特別さを生み出す方法やパターンのすべてが、コミュニティの充実した生活そのものなのであり、それは人工のランドスケープに表現されている。センターや境界と同様に特別さもまた、ひとりの人間の内なる認識、世界における位置の確認、世界観の形成に役立ち、コミュニティ内でそれらを共有するための力にもなる。しかし特別さを、明確に説明するのが難しいことも多い。中国の詩人タオ・チエン〔T'ao Ch'ien、陶淵明〕は「これらのなかに、私が言いたい根本的な真理がある。しかし言葉は存在しない」と言う。[21] だから特別さについて、言葉では話せないことをランドスケープが語り、ランドスケープだけがそれぞれのコミュニティに特有なゲシュタルトを映し出すのである。

センター、境界、つながり、特別さが、コミュニティの聖性の地図に繰り返し現れる主要なパターンである。どのコミュニティにも共通する4つの特徴から生まれるゲシュタルトは、コミュニティ・デザインが必要とする、はっきりしたコミュニティのフレームワークを作り出す。このゲシュタルトこそがデザイナーが可能にする形態を創造するときに役立ち、神秘的でありながら優れて実用的なものなのである。

デザインの閃き

聖性が、コミュニティ・デザインにもプロジェクトデザインにも閃きをもたらしてくれる。マンテオで大切にされている聖なるパターンのひとつは、フロントポーチに座ることだった。フロントポーチは、家族皆で家事をしたりくつろいだりする涼しい場所で、また近所付き合いのための場所でもあった。マンテオの都市計画で得られたゲシュタルトは、ポーチのある生活を地域で繰り広げられるさまざまな活動に結びつける、というものだった。「こっちに来てうちのポーチにお座りなさいよ。私たちの夢を聞いてくださいな」。そしてデザイナーたちは、公共のウォーターフロント空間が、町全体のフロントポーチになることに気がついた。デザイナーが得たゲシュタルトからは、特色あるデザインが生まれ、他のウォーターフロント公園には見られないマンテオならではのデザインが施されたのであった。シャローバッグ湾に面した連続した広大な空間はいくつかに分割され、張り出し屋根がつけられ、座って人々の活動を眺められるポーチほどの大きさの場所をたくさん作り出している。ボードウォークは歩道になり、大きな祭りやパーティなどの集まりに欠かせない出店をつないでいる。さまざまな出店が、街なかにある本当のポーチのように連続し並んでいる。普段、ポーチは市民活動のための半公共の空間となり、人々が親しく社交できるようにデザインされている。これらが歩道や通りへのフロントポーチからの贈り物なのである。細部に至るデザインのすばらしさもまた、マンテオの特別さを明らかにしている。丁寧なデザインによってボードウォークは住宅のフロントポーチのようになり、あたかも人が住んでいるかのように見える。これは、採用された建設方法によって醸し出された雰囲気でもある。地元の建設業者の参入を保障するために、プロジェクトは単一の大きな契約ではなく、多くの小さなプロジェクトに分割されて入札にかけられた。別々の業者の施工したポーチをつないでボードウォークが完成し、これが本物のポーチの連続と同じ感じを作り出した。このボードウォークは参加や社交、そしてコミュニティの誇りの場所となっている。また地元の家具業者も、このオープンスペースのために既製品ではないベンチやテーブルを用意した。この業者はこのあたりのどの家のポーチにもある家具を参考にして公共のランドスケープのストリートファニチャーを製作、設置したので、強い歓迎のメッセージが人々へ伝えられることになったのである。ボードウォーク沿いには、マンテオの歴史を伝える生きた教材が並べられ、展示されている。それらが人々を招き入れる。家庭的な雰囲気が丁寧に醸し出され、親密な社交の似合う小さなポーチ風の場所が作られ、それはまるで改修中の住宅のようにも見える。これらすべてが、誠実に捉えたマンテオという町の本質なのである。

歴史的に見ると聖性は、ピラミッドやアクロポリス、フィレンツェのドゥオーモ教会や京都の清水寺の参道などの、世界で最も感動を与えるランドスケープにデザインの閃きを与えてきた。これらの傑出したランドスケープと同じような、しかし世に知られることもない何千何万の聖性の表現が世界中には溢れていて、地域のコミュニティに歓喜をもたらし、コミュニティの価値を高めている。[22] 聖性を表す環境は、その場所のランドスケープとコミュニティがもつ最高の価値から作り出されている。アーカンソー州ユーレカスプリングス市にあるソーンクラウン〔茨の冠〕教会は、見事にこれを表現している。建築家のフェイ・ジョーンズ〔Fay Jones〕が、教会の建物をとても強く場所と時間と人に結びつけたので、この教会は神々しさを帯びているのである。幾重にも重なった枝を支える樹々の幹のように、木製の柱が何本も立ち上がり切妻屋根を支える。この教会は、アーカンソーの森と結婚した神殿である。まるで森の一部のようなのだ。木漏れ日が建物の内と外をひとつに見せ、建物は森に開かれ、木の葉や太陽や空が透明なガラスをステンドグラスの窓にする。[23]

それぞれの地域で大切にされている場所は、ランドスケープを構成する諸要素を人々の感情に触れるように配置することで、聖性を保持している。山や谷や森は時代や文化によって異なる意味を告げるのだが、しかしその違いを超えて、つねに人々に強い反応を呼び起こす。水がもつ誕生や生命への連想、火がもつ死や永遠の命や先祖への連想が、私たちの感情を揺り動かす。ヤシの木の散歩道やアーモンドの果樹園を歩くとき、私たちははっきりと幸福を感じるだろう。日本の飯田市のリンゴ並木は、第2次世界大戦の空襲の後に当時の学生たちが植えたものだ。植樹後60年を経た今日、瑞々しい生命の贈り物を毎年のように実らせている。小

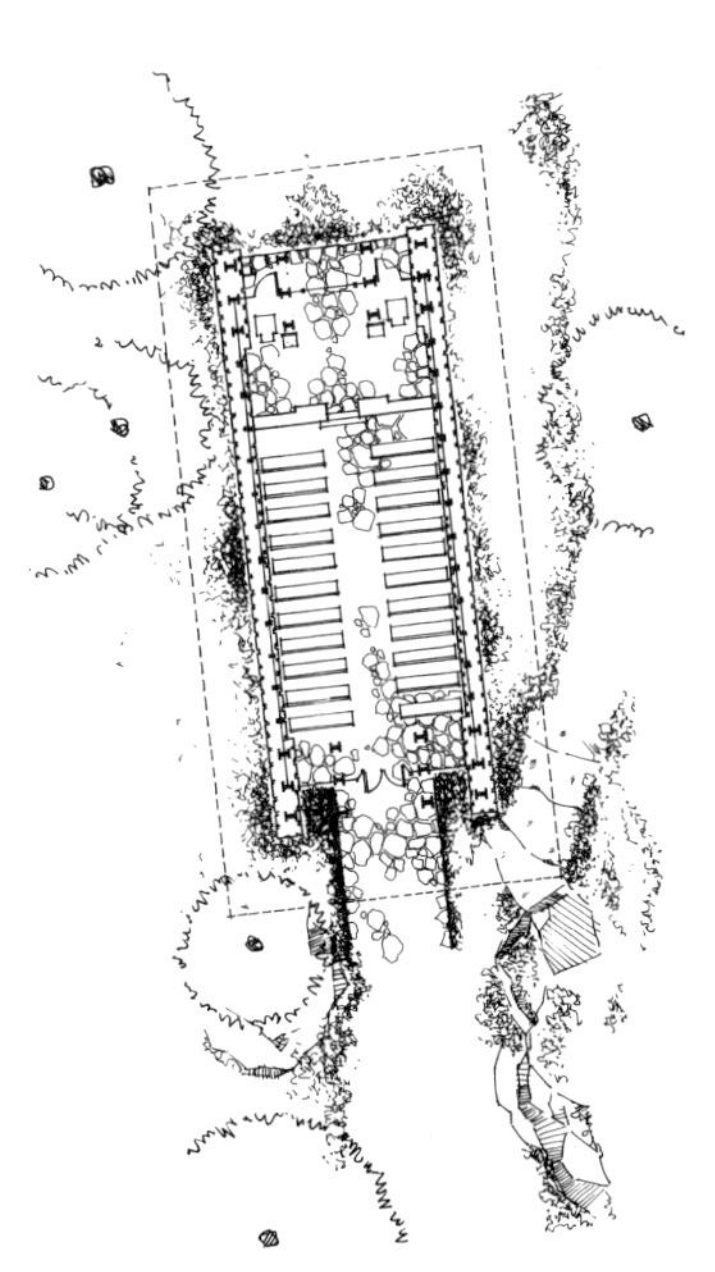

ソーンクラウン教会、アーカンサス州、ユーレカスプリングス

川が子ども時代の魔法の記憶を蘇らせ、川の源流と河口がそれぞれに当時の感覚や満たされた感情を掻き立てる。丘の上の雑木林が、小神殿から見るような眺望や隠れ家を与えてくれ、力の感覚を呼び起こす。このようなランドスケープの言語こそ、コミュニティ内部の感性を周囲の世界に形として表すことを可能にするのだ[24]。都市デザイナーは、これら根源的な要素を用いた簡素なランドスケープを作るために、あらゆる機会を捉えるべきである。

困難な問題にあたるためにより高い目的を立てる

聖性が、エコロジカル・デモクラシーを支える都市を創造するにあたって、根源的な役割を果たす。都市デザインのプロセスが、尊重すべき価値観を人々が共有するという段階にまで高まると、小さな個人的利害の声高な主張は減少する。デザインにひとたび聖なるものが組み込まれれば、デザインが最良の人間性の発露である気高く高貴な美徳を実現すべく闘い始めるのである[25]。こうして相互に高潔さを強め合うデザインサイクルが生み出される。このサイクルでのすべての行動は、先行するよき意思と善良さにもとづいて進められるのである[26]。このようなデザインのために払われる努力が、住民が協力してコミュニティの複雑な問題に取り組む力を育てる。

聖性が、科学的知識や技術を有機的で親しみやすく非暴力で優雅で美しいものに変える知恵を、授けてくれる[27]。聖性が倫理的フィルターを通して善と悪を分類し、科学の進歩を監視する。私たちの心が知性に偏ってしまった場合にも、聖性が介入する[28]。

日常のなかで聖性は、実際の場所の保全に役立ち、ゲシュタルトを創り出す。このゲシュタルトが場所の魂を表し、都市の形の細部のデザインを充実させる。これらすべての過程で、デザイナーは形をもたない美徳と信念を、ランドスケープの構成要素と輪郭へと変換して、形あるものにする。すると今度はランドスケープが表情豊かに、美徳と信念をコミュニティへ伝えるのである。聖性は可能にする形態を、善良さ、誠実さ、驚きで満たす。そして善良さ、誠実さ、驚きがより高い目的をもたらし、人々はコミュニティの困難な問題にともに取り組むことができるようになるのである。

II

回復できる形態

Resilient Form

生活、自由、そしてずっと続く幸福の追求

私の故郷にある海岸の砂浜には、1億5000万年前からほとんど姿を変えていないカブトガニが、産卵のために上がってくる。遠い遠い昔にこの浜が形成されたときから、ほとんど変わらない営みである。これはカブトガニが、生態システムに完全に適合しながら生存してきた証左なのだ。[1] 同様にトルコのハラン村の人びとは、祖先に倣って厚い粘土の壁でミツバチの巣状の家を作る。それぞれの家は広い中庭につながっていて、空気が循環し部屋を冷やす内部通路を組み込んだデザインになっている。これもまた極端に暑いハラン村の生態システムに完全に適合しているので、人間がこの地に居住して以来、4000年以上ほとんど変わっていない。[2]

台湾では前世紀最後の世界的な経済危機に襲われたとき、ハイテク産業に特化した新竹(しんちく)市が15パーセントを超える失業を抱えてすっかり荒廃した。しかし近くにある台南市にはバランスのとれた多様な経済活動があり、失業が5パーセントを超えることなく世界的な不景気を切り抜けた。[3]

真冬のアメリカ中部のプレーリー（平原）では、気温が数日にわたり氷点下になる。ウズラが1羽になってしまうと、時速8キロメートルで吹き続ける風に晒されて数時間以内に死んでしまう。しかし同じ場所でも10羽のウズラが小さく円形に固まると、生命を脅かす寒さのなかでも生き残ることができる。カリフォルニア郊外のサンラモン市は、1ヘクタールあたり平均1・3戸しかない低密度の住宅地で、自動車でしか通勤できない。居住密度の高いサンフランシスコ市では1ヘクタールあたり平均14戸で、住民の75パーセント以上が徒歩で職場に通っている。サンフランシスコ市の平均的な世帯が支払う自動車関連の費用は、サンラモン市のような低密度の郊外に比して、年に6300ドルも少ない。[4]

ミシガン湖畔の砂地に点在するブナ、カエデ林に棲む木カタツムリが、まわりを囲む砂丘を超えてカシやヒッコリーの森や浜辺の草地へと生息域を広げることは決してない。同様に、カリフォルニア州ナパ郡では流域の都市を囲む農地を守るために、都市開発を制限している。ナパの人々はこうして居住とブドウ栽培、両者の生息域を維持している。

寒い地方の森に生息するオオシモフリエダシャク（蛾の一種）の翅(はね)は白地に茶のまだら模様の保護色で、周辺に多い色が薄く皮のはがれた木々によく溶け込み、カムフラージュされる。しかし近くの重工業地帯では、オオシモフリエダシャクがまったく別の種の蛾に見える。白にまだらからすすけた黒色の翅へと素早く進化し、汚染された森林の黒ずんだ植生に合わせたのである。[5] ダーラム市はかつてノースカロライナ州のタバコ製造の中心地だった。一時は経済的に瀕死の状態にあったが、近年では医療都市へと変化し、成功している。ここでは時代遅れになったタバコ倉庫が、先端医療の研究オフィスや住宅に再利用されている。

ハリケーン・ヒューゴ（1989年に発生した記録的なハリケーン）の後のサウスカロライナ州では、3つの家族が台風の被害を調べていた。ひとつ目の家族は、住んでいたモービルハウスが影も形もなくなっていて、欠片すら拾えない。もうひとつの家族は建っていた砂丘から引き摺り下ろされ屋根も飛んでしまった別荘を発見した。そして3番目の家族は、高台に建つまったく損害を受けなかった家の中庭で、風に吹かれて飛んできた破片を掃き集めただけであった。[6]

アフリカのマサイの村では、数世紀前から続く村づくりのパターンがあって、最も貴重な財産である牛と羊がコミュニティの真ん中で飼われる。牛は生存のために必要不可欠な家畜であり、富や祝い事や宗教や神秘的な力の源でもある。だから連続した円形をなす小屋や、植木、小枝、泥からできたとげのある垣根によって、部族の宝は幾重にも囲われ保護されるのである。[7]

以上のスケッチは、いずれも自然のデザインあるいは自然を模倣することを教えてくれる。ときに生存を脅かすような激しい環境の変化を体験することで、人間は自然のデザインを学び、居住地を周囲の環境とうまく両立させ維持できるようになった。このような自然とともにあるデザインこそが、「回復できる形態」〔Resilient Form〕の基盤であり、持続可能な都市のエコロジーの基本となる。

カブトガニやウズラの群れや木カタツムリやオオシモフリエダシャク、トルコやアフリカの村の話を聞いて、そんなの何の関係もないだろうと野次を飛ばしたくなっただろうか。しかしすでに人間は、これらの教訓から学んでいる。右に述べたような粘り強さを表現する諸原則は、今日の都市を健全なものに変える鍵となる。「回復できる形態」だけが、何世代にもわたって守り伝えられる生活や自由、そして幸福の追求の舞台になることができる。私たちが皆、自然のデザインの教えに耳を傾ける必要がある理由がここにある。回復できる都市の形態がカブトガニのあの優美な形態のように永続することはないだろうが、しかしさまざまな衝撃から回復する力だけが、人間の居住地が何世紀も引き継がれることを可能にする。危機のときにあってもコミュニティが必要とするものを一貫して提供できる都市の形態のためには、衝撃にもちこたえる能力を強化しなければならない。[8] 回復力の高い都市の日常生活には、持続のための内なる能力が秘められている。それは病気や災厄や他者からの攻撃や自然災害や人災や激しい社会的混乱などがあっても、決定的な損失を被らずに容易に回復できる能力である。また変化をすぐに吸収できるのも能力の一部である。回復力の高い都市は、たとえ大きく損なわれたとしても、その形態の基盤を保持できる。このように考えると都市デザインの目標には、回復力〔resilience〕という語の方が持続可能性〔sustainability〕よりも適切な言葉のように思われる。回復できる形態は、ランドスケープと文化的なネットワークの両方に効果的に組み込まれ一体的であろうとする。

回復力の高い都市は、相対的な安定を得ることができるが、その形態が静的であるわけではない。自然のシステムと同様に、都市のシステムのゆらぎによる影響も覚悟すべきであり、これを完全に制御することはできない。ただしこのゆらぎが、肯定的なも

あるいちばん重要な問題に見える化のシステムを対応させ、そして何も関係ないように見えるいくつもの問題を一体として解決できる対策を追求するのである。

システムのスケールでは、ナンシー・トッド〔Nancy Todd〕とジョン・トッド〔John Todd〕が有機化学と生物学の原則をデザインに応用している。[16] 生命力に溢れる世界が、すべてのスケールのあらゆるデザインの母体となる。それゆえにデザインは生物学の法則に従うべきであって、逆らってはいけない。ライルと同じく彼らも、生物学がすべてのデザインのモデルだと考えているのである。そして生物相が最適の環境を求め、デザイナーがそれを提供したときはじめて、システムデザインにおけるホメオスタシス〔生体恒常性。生体が内部環境を安定な状態に維持する作用〕を作動させることができる。トッド夫妻が試みたのは、生物学的な平衡やバイオリージョン単位での自律や再生可能なエネルギーを、デザインの基盤とすることであった。これまで述べてきた人々と同様に、彼らの原則のひとつが諸システムの統合であり、システム相互の利点を補強し合うことである。デザインは自然の世界と共進化すべきであり、それは廃棄物を排出しないということに止まるものではなく、地球をもとの状況に戻しながら展開する。最後にはデザインが、人間の世界と自然の世界の分化できない相互連関を明らかにし、人間性を神々しい高みへと導くのである。

シム・バン・デル・リン〔Sim van der Ryn〕が明確に表現したのが、回復力の高い住宅である。[17] 住宅デザインは標準化されてはならず、それぞれの場所や敷地の特性から生まれ育つものなのである。そのためには、現場での注意深い調査が必要となる。住宅を作り維持するコストに見合い、浪費を避けるために、デザインのあらゆる面における結びつきや影響を考慮することが求められる。バン・デル・リンは、生命力にあふれる世界に存在するパターンやプロセスを用いてデザインする。多様性を高める。リサイクルする。輪を閉じる。すべての廃棄物を使う。デザインに自然のプロセスが見えるようにする。彼は、自分もデザイナーだと一人ひとりが気づくよう促す。民主主義のデザインでは、どんな人もひとりで解決策を主張することはできないのだ。

これまで紹介してきたデザイナーたちは皆、異なるスケールのデザインに従事しているが、しかし都市のランドスケープを改善するための原則を共有している。以下にすべてのスケールに共通する、回復できるデザインのためのルールをあげよう。(1)多様性を高める、(2)都市内で分断されている生態系を統合する、(3)拡散し間接的にしかつながっていない多くの都市のシステムを再考する、(4)生物学的プロセスのながれや循環に従う、(5)場所の本質的な特性からデザインを展開する、(6)再生可能なエネルギーや資源に依拠する、(7)自然の境界であるバイオリージョン内で生活しデザインする、(8)多くの問題を少しの行動で解決する、(9)デザインによる自然のプロセスの見える化を図る、(10)民主的な意思決定プロセスを採る、(11)人類の発展と居住、自然を共進化させ、人々の達成感と生態系の回復を実現する。これらのルールはほぼすべて、都市のランドスケープの物理的な形態についてのものであり、またランドスケープに暮らす人々の姿勢や振る舞いの変化についてのものもある。

回復力のある都市は、以下の3点によって実現できる。ランドスケープが備えている固有の形態、人々が自分たちの暮らすランドスケープと取り結ぶ関係、人々の行動、である。神戸の大震災の後に、比較的被害の小さかったところが強固な地盤上にあることが明らかにされたが、これはとくに驚くようなことではない。最も被害の大きかったのは、地盤の緩い埋立地のような、自然の要素を無視しデザインされた場所であった。回復力がランドスケープそのものに依存することを、はっきり教えている。また被害の小さかった場所は、新築の際に適用される厳しい建築基準に従い、老朽化した家屋の修繕にあたった、自然の力に敬意を払ってきた場所であった。しかし本当に驚くのは、被害の小さかった、あるいは死者の少なかったのが、以前からさまざまな問題をめぐり行政と闘ってきた町で、震災以前からよく組織化されていた近隣地区であったことである。ここの住民たちは、町の人々の日常生活のパターンをよく知っていて、倒壊した建物からすぐに隣人を助け出すことができた。さらに長いこと一緒に活動してきた彼らは、災害後の復興へもスムーズに移行できたのだった。ここからは被災前からの民主的な行動が、人命救助を含むあらゆる回復力の強化に貢献していることがわかる。回復力を考えるときには、以上の3つの教訓を忘れてはならない。

では、都市の回復力をさらに高めるための基礎的な諸原則とは何であろうか。都市生活は「可能にする形態」なくして、回復力に富んだものにはならない。「中心性―センター」、「つながり」、「公正さ」、「賢明な地位の追求」、「聖性」が、自然のシステムが作る生物学的な諸原則とともに、回復力の基礎となる。つまり都市の回復力は、人間の努力如何で決まるのである。まずは都市の形態に、自然のプロセスとともにデザインするという考えが反映されるようにしなければならない。ハリケーン・ヒューゴや神戸の震災がもたらした被害は、社会的な構造と生態学的な構造の両者のつながりこそが重要であることを明らかにした。ハリケーン・ヒューゴや神戸の災害の分析からは、自然そのものによる被害がほとんどないことがわかっている。デザインによって人々が殺され、台風の被害が甚大なものになったのだ。崩れやすいことがわかっていた砂丘に建てられた別荘や、洪水条例や、地面への固定、床の高さなどを無視したモービルハウスが、最も大きな被害を受けた。モービルハウスの90パーセントが被災した地域もある。[18] 上昇しつつある海面よりも低い海岸部にある諸都市は、ハリケーン・ヒューゴが示し2005年のハリケーン・カトリーナがあまりにもはっきりと突きつけたように、もはや存在し続けることができないだろう。自然の力と人工的な環境の関係の構築に失敗すると、その対価は多くの人命の喪失と数十億ドルの損害となるのだ。近年ではつながりが大事だという認識が高まっていて、これが可能にする形態の基礎となる。そして、次にはつながりが実際に作られることが回復力の向上のために重要なのである。同様に中心性ーセンターもまた、社会的、生態的な構造の基礎となる（マサイの村の事例では、評価の低い資源が外に追いやられ、貴重な資源が中心にある）。このように都市の回復力は可能にする形態に依拠しているが、ただそれだけでは足りない。後で私たちは、「推進する形態」〔Impelling Form〕がいかに回復力に影響しているかを考えよう。しかしここでは、回復力ある都市の形態の基礎となる5つの社会生態的な原則、特別さ〔Particularness〕、選択的多様性〔Selective Diversity〕、密度と小ささ〔Density and Smallness〕、都市の範囲を限定する〔Limited Extent〕、適応性〔Adaptability〕について考察を深めよう。これらのうち、「都市の範囲を限定する」ことが、他の原則と強い関係をもっている。なぜなら、「都市の範囲を限定すること」は、「密度」と「多様性」に直接影響を及ぼし、また「特別さ」により形成されるからである。加えて「特別さ」は「適応性」と「多様性」に影響を与えている。また「都市の範囲を限定すること」、「特別さ」、「密度」が、アメリカの多くの都市には欠落しており、回復力を高めるためには注意せねばならない原則である。

6

回復できる形態

特別さ
Particularness

ランドスケープが特色ある都市を生み出していたのは、それほど昔のことではない。その地域の特徴を帯び、全体としての形態を保ちながら、それぞれの都市が無数の固有の方法で人々の暮らす居住地区を構成していた。一つひとつの都市が、固有の土地利用パターン、植生、街路ネットワークをもち、独特な排水システムと建築様式を誇っていたのである。[1] チャールズ・ダーウィン〔Charles Darwin〕なら都市生態学における「形質分岐[2]」と名づけたであろう法則に従って、都市はそれぞれ立地するランドスケープに特有なものであったのだ。地質、土壌、水循環、気候、そこだけに吹く風や日照パターン、自生植物、これらが都市を特徴あるものにしていたのである。[3] まるでカブトガニと同じで、環境に適合した都市は回復力に富み、歴史的に見てもランドスケープとのつながりが弱い都市よりも長く生き残る。そのような都市だけが自然災害を乗り切ることができ、他にも多くの有利な点をもった。トルコのハラン地方に見られるハチの巣状の複合建造物などが、生態系に適合し、時代を越えて守られてきた伝統的な都市形態の一例である。あるいはドイツのシュトゥットガルト市は、清浄な空気を生み出す緑の谷を創り出して周囲のランドスケープに適合し、回復力をもつ都市になった現代の事例である。

特別さは、人間の生活が示す優れた適応性に由来している。人間は固有の自然生態系に本当にうまく合わせて、自らの居住地を形成してきた。環境にうまく適合することで、周期的に襲われる山火事、地震、台風、洪水、干ばつなどの自然災害による壊滅的な被害を避けることができ、また同時に経済制度や社会状況の激変による混乱も抑えることができる。特別さが、場所に適した経済活動のための基礎となり、公害の発生や再生不能エネルギー、資源の利用を抑え、そして都市に特徴ある形態を与える。特別さにより、一つひとつの都市が、イメージしやすく覚えやすく愛されるものになるのである。

人々が新たな土地に作った入植地には、都市を建設するための知恵が蓄えられていった。立地する環境と共存し、回復力を備えるための、それぞれの都市に固有な方法が生み出され、積み重ねられていったのである。建設を誤り環境に適応できない都市ができると、それは淘汰され消え去る。この試行錯誤を繰り返しながら、人は都市をうまく建設する方法を粘り強く模索してきた。[4] 場所の生態系に適応するように都市をつくり、その場所ならではの暮らしを送るための知識は、「土地の知恵〔Native Wisdom〕」と呼ばれている。

今日ではアメリカの多くの場所で、土地の知恵が失われてしまった。この数百年あるいはわずか数十年の間に、場所に固有で独特な生態系に対する無知が、土地の知恵に取って代わってしまった。都市を作る人々の現在の挑戦は、それぞれの土地に固有の適切な特別さを見出し、育み、用いることであり、そして消滅してしまった特別さの織りなすパターンを再発見することである。また土地の知恵がよく残っていて、人々がよくそれに従っているところでも、現代の科学的知識や技術を適切に用いて、生活を改良する必要がある場合もある。現代の都市デザイナーは、特別さの新しいパターンを見出し、回復する力を生み出して、都市と地域にそれを与えることに挑戦するのである。たとえばこれは、ニューオーリンズなどのメキシコ湾沿いの町ではきわめて難しい作業になるだろう。

特別さは、空間のスケールに対応するように、さまざまな方法で知ることができる。回復力のある都市を作るためには、地域全体のパターンとして表れるマクロスケール、建物の形態に必要なミクロスケールの両方が重要になる。たとえば、地域全体が示す大きなマクロパターンを知ると、地下水源や氾濫原などの貴重で壊れやすい土地の上に建物を建て、水資源を過剰に利用することを避けられる。マクロパターンは、農業、太陽光、風力による生産力を最大にし、かつ都市に必要な物資を経済的に生産できる適地を示す。イアン・マクハーグ〔Ian McHarg〕が指摘するように、マクロパターンを知ることで人間の居住地が周辺の生態系に適合できるようになり、すると生態系はエントロピーを下げ自然は循環を始める。マクロパターンを地域レベルで把握し、管理運営しなければならない。しかしマクロパターンには目に見えないものも多く、またとても複雑かつ広範囲に及ぶので、注意深い住民にさえ漠然としか知られていないことがほとんどである。造園家のイアン・マクハーグやアンガス・ヒルズ〔Angus Hills〕、フィル・ルイス〔Phil Lewis〕が開発した地域スケールで地図を重ねて見る技術は、マクロパターンの理解のために有効である。カール・スタイニッツ〔Carl Steinitz〕、ジャック・デンジャーモンド〔Jack Dangermond〕、ジョン・ラドック〔John Radke〕は、地理情報システム〔GIS〕を用いてコンピュータ上で複雑かつ大量のデータを総合する空間解析学を提案し、地域の形態を可視化した。[5]

ミクロのレベルで特別さを示すのは、場所に合った生活や建物のデザインだ。これは比較的簡単に観察できる。たとえばトルコのハチの巣状住宅のデザインは、場所に固有の生物学的な関係と循環を反映し、まるで地域が直接生み出しているかのようだ。この力が建物に地域資源の特徴を刻み込む(この力は無意識のうちに人々の生活や文化に用いられている。建築家だけがこれを意識的に適用する)。この種の発明が、土地の知恵になっていく。ミクロのレベルに存在する特別さを見出すには、リモートセンシングよりもきめ細かな現場観察が合っている。[6] 次節ではマクロスケールであるバイオリージョン〔流域圏〕の特徴と、そのうちに見られる固有なミクロスケールの保全、循環、修復のパターンについて考えることにしよう。

バイオリージョンの特徴——地形の類型学とわがままな水

伝統ある町のマクロパターンを研究すると、そこからは大きな教訓が得られる。それはそれぞれの地域で独特な生活を育み、バイオリージョンの範囲内で充足する都市が、そうでない都市よりも格段に回復力に富むということである。バイオリージョンとは、地形と気候によって固有に形成され、一目瞭然に理解できる地域の単位である。地形と気候というふたつの要素による数千数万年にわたる自然界の土壌形成と植生群の進化と、数百年の間の人間からの文化的な働きかけを受けて、地域はゆっくりと形成される。そしてバイオリージョンに、質においても、量においても固有の資源を生み出し、人々の生活や都市に与えるのである。歴史的には、地域外からの輸入に頼らず地元で十分な資源を確保することが、非常に重要であった。これは収入の範囲内で家計を収めることにもたとえられよう。都市の場合、本来の収入は地域内に存在する資源によって限定される。輸入しなければならない資源が多いほど、都市の回復力が弱まる。外部への依存を減らし地域内の資源を増やすことで、都市の回復力が高くなる。地域の資源とは、食料、水、空気、エネルギー、都市を維持するために必要な原材料や加工材料などである。[7] たとえば近隣の河川流域から十分な水が供給されているサンフランシスコやサクラメントのような都市は、ロサンゼルスや他の南カリフォルニアの都市よりも、水に関する回復力が高い。南カリフォルニアの都市は、遠くワイオミング、コロラド、ユタ、ニューメキシコなどの河川流域からの導水に依存している。

食糧生産、水の供給、その他さまざまな資源をバイオリージョン内に求める生活が、その地域にだけ成立する形態を創り出す。地域の形態が、ランドスケープの織りなす幾何学として表れる。人工的なランドスケープ、自然のランドスケープのどちらにもこの幾何学を見て取ることができる。回復力は多くの場合、地域の生態系に特化し順応したオープンスペースの諸システムから生み出される。これらのシステムが、全体としての都市の形態を決め、都市が必要とする物資や資源をちゃんと提供する。ドイツのシュトゥットガルトでは、前述した大気の流域〔airsheds〕がとても印象的な地域の形態を描き出している。盆地にある都市の多くが汚染された大気を溜め込んでしまうのだが、シュトゥットガルト市も例外ではなく、大気汚染と気温が上下層で逆転する現象に悩まされていた。シュトゥットガルト市は公園、森林、農地からなるネットワークを作り、大気の自然な流れを起こして都市を清潔にし、冷却した。このオープンスペースのネットワークの形は、シュトゥットガルト独特の地形、住宅地のパターン、微気象、植生から導き出されている。[8] 近い将来に汚染された空気の移動と影響の研究が進めば、より適切な場所に森や草原や農地などのオープンスペースを配することができるようになり、そしてこの地域ならではの独特な形態が見られるようになるだろう。オープンスペースは都市内部に清浄な空気を導き入れ、汚れた空気の溜まりやすい地区から都市外部へと大気を押し出す風の道を作るように、地形を考えて配置されていく。また、強い風と太陽光のパターンが地域の形態を決めることもある。平地からせり上がるノースダコタからアイオワへと続く丘陵沿いに設置された風力発電施設〔wind farms〕の織りなすパターンはきわめて印象的で、ミネアポリスとセントポール地域の特徴あるランドスケープのパターンを創り出している。[9]

　よく計画された河川流域もまた、特徴ある地域の形態を創り、水供給、汚水処理、洪水管理のシステムを回復力のあるものにできる。ノースカロライナ州ローリー市は、1792年に州都として高台に計画された都市である。地元の行政官でローリー市の都市計画図を描いたウィリアム・クリスマス〔William Christmas〕は、緩やかな尾根線に沿うように道路網と宅地を開発し、水供給のた

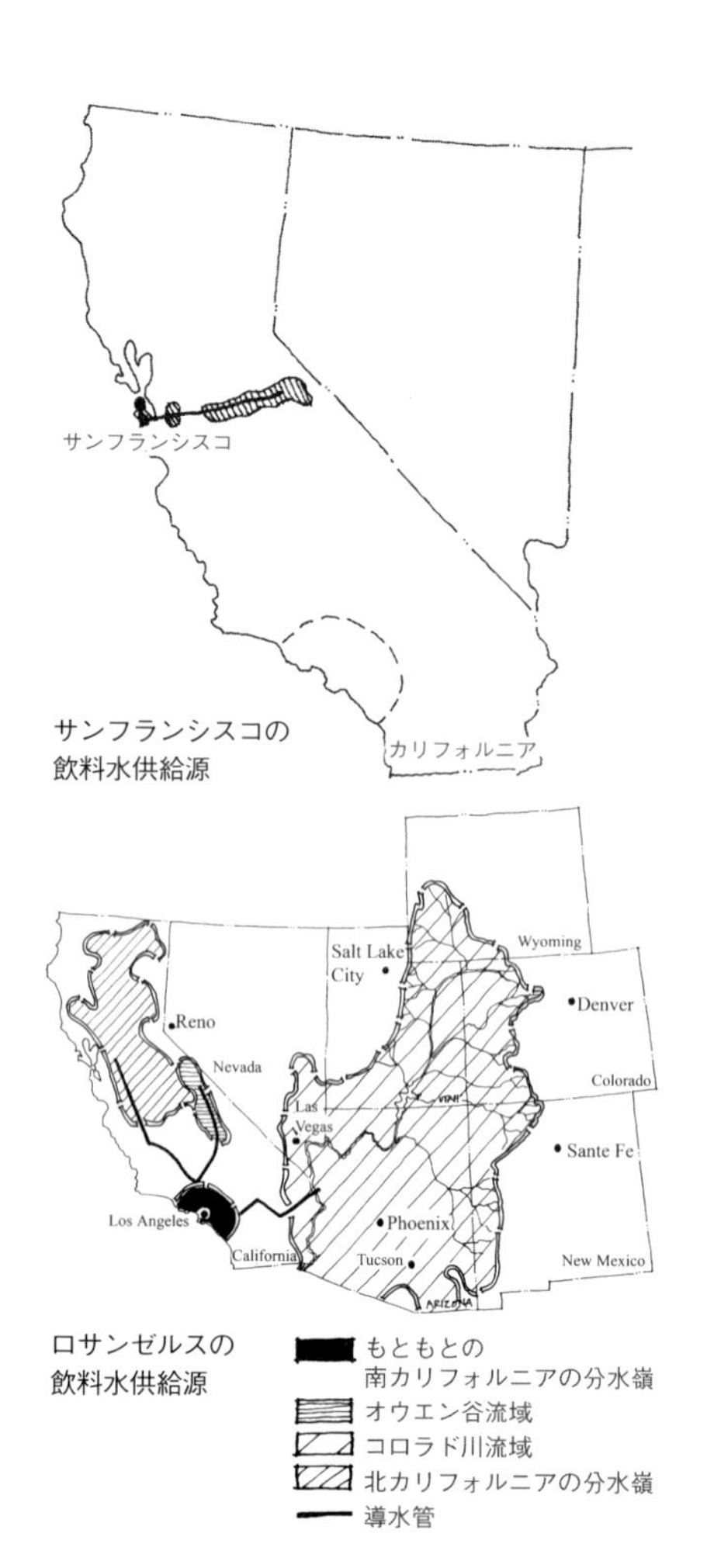

サンフランシスコの飲料水供給源

ロサンゼルスの飲料水供給源

めに周囲の小川を保護することにした。以降およそ150年間、この開発パターンが維持されてきた。緩やかな尾根部が都市化され、周囲の小川の流れは法律に縛られてではなく、人々の聡明さによって保護された。この都市では洪水が最小限に抑えられ、水が安定的に供給され、汚水が安全に処理されてきた。ローリー市とシュトゥットガルト市とは正反対の地形に立地しているが、どちらの都市も大地の文脈を生かしうまく機能してきたのである。ローリー市は凹型の谷底ではなく凸状の尾根に沿って都市化された。このまちは温帯の森林地域にあるので、都市化後に整備されたオークやヒッコリーの都市林の再生も速く、樹木が鬱蒼と茂った近隣地区ができている。しかし1950年代以降、土地所有者たちが氾濫原を開発し始めた。そしてついに地域の回復力が消滅してしまったのである。土地の知恵は、貪欲さ、成長神話、そして人間の生態的な限界が技術的に解消されることに圧倒されてしまった。なかでも当時のローリー市長による大型ショッピングセンター建設の推進が、とくに悪名高かった。洪水が繰り返されてきた都市周辺部の土地を開発するために、政治的影響力と市職員を総動員したのである。しかし完成した市長肝煎りの新しいショッピングセンターは、何度も繰り返し水浸しとなった。また同時期には、ウォールナットとクラブツリークリークの谷沿いに新しい高速道路建設が提案されていた。この計画もまた人々の住まない、あるいは計画への抵抗の少ない低地を通るものであった。しかし近隣の住民たちがウィリアム・フロノイ〔William Flournoy〕を先頭に反対運動を組織し、ローリー緑道計画を対案として示した。この対案は、氾濫原を保護しレクリエーションの場を提供し、この都市に特別な形態をもたらす連続するオープンスペースを創出する計画だった。谷筋に計画された高速道路の建設中止を求める活動がついに成就し、こうして都市周辺の小川は保護された。時が経つにつれ、尾根部の都市と谷筋の自然という組み合わせが、この地域を流れるニュース川の上

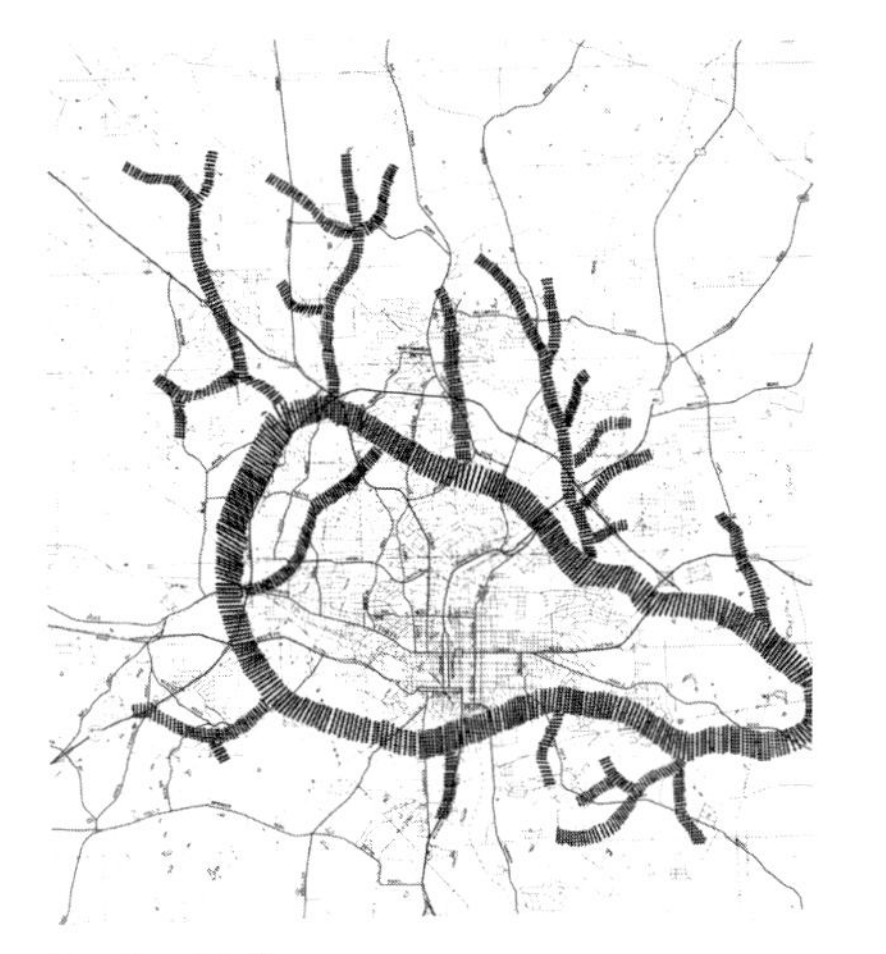

ローリーの緑道

ピードモント地方の緑道

流域にある多くの都市のお手本となっていった。ローリー市では現在でも複数の貯水ダムから地域内のすべての飲料水が供給されているが、人口増加によりこの地域の形態のもつ回復力が、厳しい局面を迎えていることも確かである。[10]

日本の吉野川流域の地形は、まったく違うものだ。そして現在〔2006年〕起こっている激しい紛争〔第十堰などをめぐる紛争〕の結果次第では、流域の都市の形態が大きく変わることになるだろう。北四国の地域全体が長期にわたり回復力をもてるか否か、この争いの帰趨に大いに影響されるだろう。吉野川流域は、ノースカロライナの高台を形成する古い地質と異なり、地質学的には最近の地殻変動によって形成された若い山々からなる。吉野川は源流から北へ流れ始め、そして地震によって海への最短コースを塞がれた地点で右へ急角度で曲がり、東へと流れ下る。吉野川が流れるのは、大きく3つの異なった区域である。その源流は急勾配の斜面をもつ岩だらけの高い山々にあり、山麓の森林は20世紀初頭に軍事目的により伐採された。源流域では人々の居住地のほとんどが小さな町で、洪水時の水面レベルよりもわずかに高い場所に位置している。中流域は、吉野川が地殻変動の影響で東へと向きを変える辺りから始まる。中流域にはどんどん広くなる平らな氾濫原があり、藍や穀物が栽培され小さな町が散在している。これらの町は昔から、村を囲む堤防や高床、大規模な氾濫による高水位から避難するための最後の手段である浮き屋根を用意し、周期的な洪水から身を守っている。3つめは、湿地と山々が混ざり合っ

よく練られた流域管理が、多くの都市の回復力にとって重要である。ローリー緑道は飲料水をもたらし、洪水を抑制し、ピードモント地方ならではのレクリエーションを提供している

た珍しい区域である。この地域の最大都市である徳島が、吉野川の河口を望む丘の上に鎮座している。日本政府は（日本の各地域には非常に大きな地形や文化的な相違があるにもかかわらず、河川流域を均一の土木工事の対象として扱っている）、巨大ダムを吉野川の流路全体にわたり等間隔に建設する意向であった。ダム建設が政府の伝統的な政策であり、地域経済を刺激するという根拠の疑わしい効果も建設推進の理由としてあげられていた。これについては、その欺瞞性が暴露されたところだ。姫野雅義さんたちの市民グループが政府の計画案に対し異議を唱え、ほとんど例のなかった住民投票という方法で、徳島市に計画されていたひとつのダムを見事に撤回させた。政府はダム予定地を数キロメートル移動させて、徳島市外に作るという暴挙に出た。姫野氏はこの事態を受けて、流域全体の代替案をつくる必要があると判断した。彼は大きなダムではなく、３つの区域の特徴にもとづき土地利用パターンを再構成して洪水をコントロールしようと考えた。鍵となる考えは、皆伐された急斜面への植林であり、第２次世界大戦以前の多様な自生植物の再生である。日本の科学者たちは、この対策によって河川の上流区域では十分に雨水が地面に浸透し、地下水の量が回復し、下流での洪水を減少させると断言している。次第にその幅を広げていく氾濫原は、高い生産力を有する農地でもある。この区域では洪水被害を回避する伝統的な方法が、再び用いられることになるだろう。たとえば、洪水のないときには米以外の穀物を耕作している非常用の集水地に、氾濫した水を導き入れるための水辺の植林などである。下流域に昔からある石造ダムは、もともとは地下水の補充を図るためのものであったのだが、氾濫原の外にある丘の上の町への十分な水供給のために再び利用されるようになるだろう。そして吉野川河口の湿地が徳島市からの排水を浄化するだろう。もし市民による代替案であるこの吉野川流域計画が採用されるならば、地形、植生、水循環、町など、地域だけがもつ特別な力に依拠する独特な形態が地域全体に創り出されることになるだろう。つまり吉野川の生態系に適合した持続可能な成長パターンが創られ、そこに固有な形態が誕生する。このような成長パターンは、これまでの日本にはなかったものなのだ。[11]

　ノースカロライナの高台から四国の沿岸の山々に至るまで、地域へのさまざまな適応の仕方があり、それらに共通して重要な点

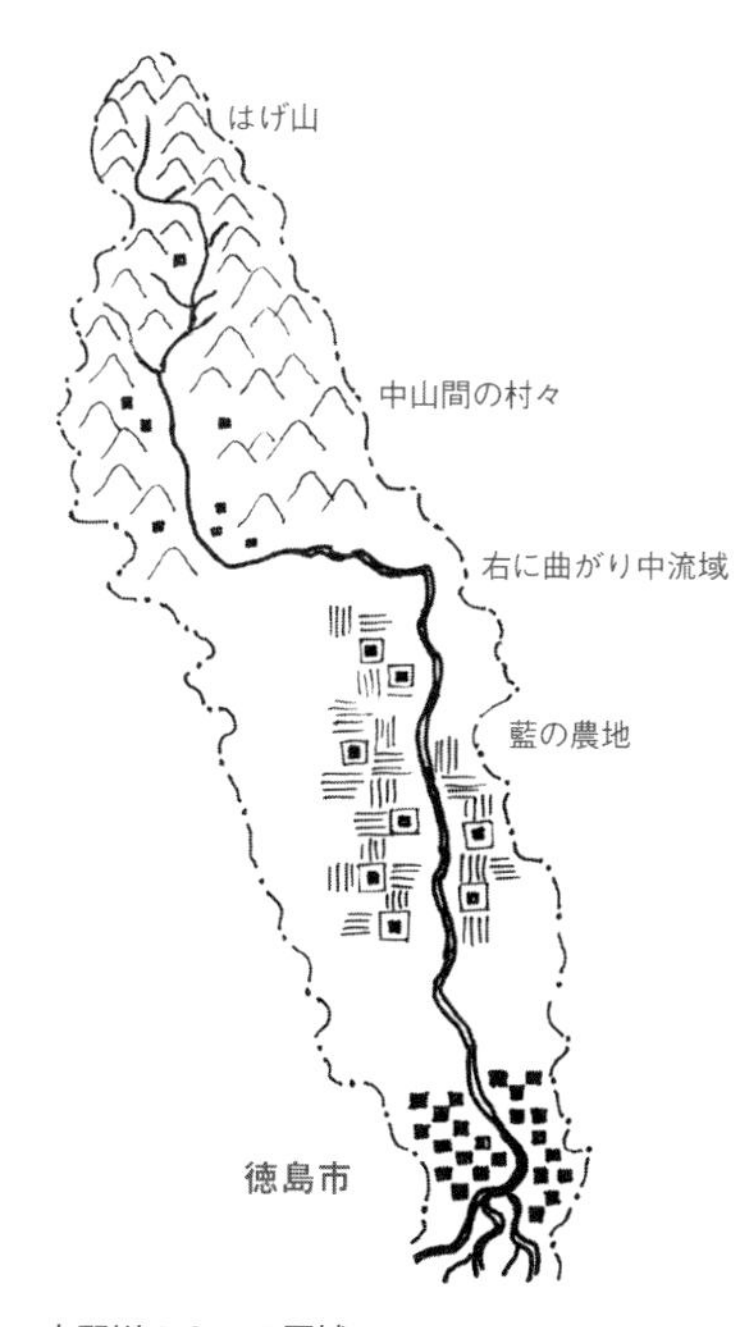

吉野川の３つの区域

が、地域の水循環のパターンを尊重してデザインすることである。自然に存在するすべてのパターンのなかでも流域が重要で、これを上手に管理できるとそれぞれの地域に固有の対応もまたうまく形作られ、回復力が増す。[12] 地形や河川の流路によって決まる流域は目に見えるもので、そこがたとえば帯水層や地下水などの他のパターンとは決定的に異なる。一般的に水の流れは、多くの自然のサイクルやネットワークの指標となる。これによって、植生パターンや生物学的多様性が予測でき、野生生物の移動経路も影響される。流域を良好かつ健全に保全することが、私たちの健康を直接支える土台となる。流域パターンに適合したデザインが都市にもたらすものは、バイオリージョン内での生活に求められる制約をはるかに超えるものだ。地形と水のパターンが都市に不易な形態を与え、自然のフレームワークを尊重した近隣地区を創出する。一つひとつの流域が示す独特な形態が、その地域の都市や建築の優美なパターンの源となる。すなわち特別さの第1の法則は、流域ごとの形態が地形と水循環のパターンから引き出される、ということである。

保全、再生利用、修復に関わる特有の形態

地域のマクロパターンを見出そうとするときには、回復力に欠かすことのできない多くの細部が見過ごされるものだ。マクロスケールを見る大きな視点からだけでは、地形、土壌、気候、植生

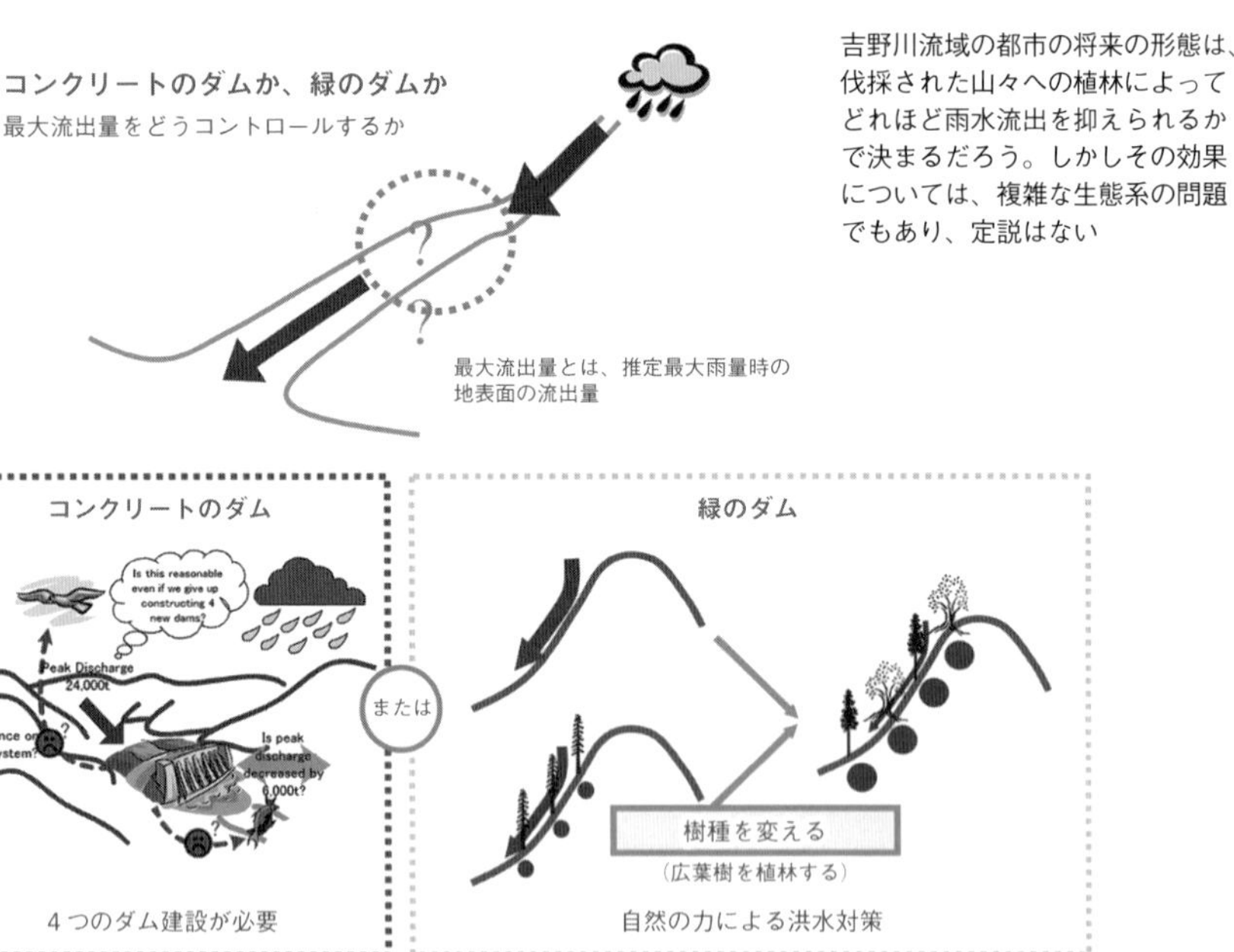

の間にある細かな因果関係を完全に捉えることができないのが普通である。そして地域が自立する際にとても大事な役割を担う、場所によく適応した固有の建築形態も見逃されてしまう。[13] マクロからミクロへとスケールを交互に切り替えて見ることが、非常に有益なのである。吉野川流域の物語からは、特別さの基本的なパターンがミクロスケールで何度も繰り返され、そのたびに新しくなるのを見ることができる。このようなミクロスケールのパターンは、人々が実際に見ることができ、日々の生活へとそれを組み込むことを想像できるという点で、優れて効果的なものなのだ。抽象的なマクロパターンと反対に、ミクロパターンは人々が了解できる地域の現実であり、都市生活の日常を構成するものである。たとえばミクロパターンは、住宅スケールでも実現できる。

吉野川が、人間の居住地に見られる最小のスケールに宿る、価値あるすばらしい「特別さ」を教えてくれる。先に述べたとおり吉野の谷の下流域にある広大な氾濫原では、今日でも特徴的な建築パターンが見られる。農業にとって洪水が運び補充する土壌はとても大切なので、ここではむしろ氾濫が歓迎され、昔から費用のかかる治水技術を用いることはなかった。都市開発はなだらかに起伏する丘陵のふもとで行われ、氾濫原は藍畑のためにとって置かれた。洪水はほとんどが農家を囲む壁で堰き止められる。こうすることで治水に必要な資材が圧倒的に少なくてすみ、そして農家の庭以外のあらゆるところに沈泥を多く含む水が広がるのである。ぶ厚く入念に築かれた青石の壁が、通常の洪水であれば水を締め出す防水性のバリアとなる。さらに壁が崩れた場合の被害を考えて、寝室や穀物倉庫など濡れてはいけない部屋は高床になっている。加えて各農家が、洪水時に行き来できる特殊な小船を納屋の梁に備えている。老人たちは過去何回かあった大洪水の際に、この小船を漕いで村から村へと物資を運搬したことを覚えている。洪水への最後の備えが、農家の屋根のデザインにある。屋根は木材や茅葺きで造られていて、緊急時に住民がひどい洪水から避難できるように取り外せるしつらえになっている。

吉野川の氾濫への適応

私が一緒に活動していた吉野の谷の人々の誰ひとりとして、避難のために屋根を取り外した例を知らなかった。しかし屋根がそうできているという事実こそが、過去の洪水がこのデザインを必要とした証拠だと、私は確信している。吉野川流域のコミュニティが見せる生態系への固有の適応は、時代を超えてコミュニティを回復力あるものとし、至るところに特徴ある個性を生み出している。吉野の人々の発明は私たちにはなじみのないものだが、実によく考えられたものであり、とても少ない資源で効果的に機能するのである。[14]

私が子どもだった時代には、どこの町にもちょっと風変わりな人がいて、皆、「変わり者」と呼んでいた。私の町ではルビーおば

吉野川。低い堰でのさまざまな行動

市民が生み出した「吉野川流域緑のダム計画」は、水の流れに干渉する古くから地元にある知恵をもとにしている。たとえば低い堰は、水が地下へ浸透しやすくし、洪水時には氾濫原に水を広げる

さんが、とくに変わり者だった。彼女は私たちの家にノックもせずに入り込み、冷蔵庫の残り物やごみ箱の彼女には使えそうな物をもっていくのだ。ほとんどスーパーには行かず、しかも十分に食べていたようだったから、どうやら近所中で同じことをしていたのだろう。彼女の家の裏には、見事なまでのガラクタの山があった。ルビーおばさんは自分や他人の壊れ物を修理していた。その多くは生活用品であり、リサイクル品からすばらしいおもちゃを作り上げたこともある。うち捨てられた植木を集めてきて、自分の庭で育てていた。また近所の誰も見向きもしない荒れ果てた空き地に、クリやクルミ、ドングリを植えていた。ルビーさんが亡くなって数十年経った今、彼女の造ったランドスケープから、美しさが溢れ出している。大人にとっては変わり者だった彼女だが、近所の子どもたちには驚嘆すべき存在であった。私たちはすぐに彼女を真似るようになり、両親たちはうろたえたものだ。彼女は私のニワトリ、ヘニーペニーをどう調教するのか教えてくれて、そしてニワトリはペットの犬のように近所中を私についてまわるようになった。ルビーおばさんが毎日のように繰り返していた近隣地区の保全、再生利用、修復は、都市の当たり前の形態への挑戦であり、人々はおおいに刺激を受けた。なぜなら彼女の努力は私たちにもよくわかるもので、そして心を奪われるものでさえあったからだ。今日私には、彼女の行動こそ、エコロジカル・デモクラシーの優れたモデルだということがわかる。彼女が造り出したランドスケープが、この町ならではの保全、再生利用、修復の例となっている。あいまいな抽象概念ではなく彼女の奇妙な行動こそが、他でもない私たちの近隣地区への目に見える形での適応だったのだ。私はルビーさんを思い出し、そしてその昔ひとりの藍農民が吉野川の洪水から安全に避難できるように浮き屋根を考案し作ったときに、まわりの住民たちが見せたに違いない反応を思うのである。

　こんな風な創造的なパターンが、ほとんどすべてのコミュニティに存在する。

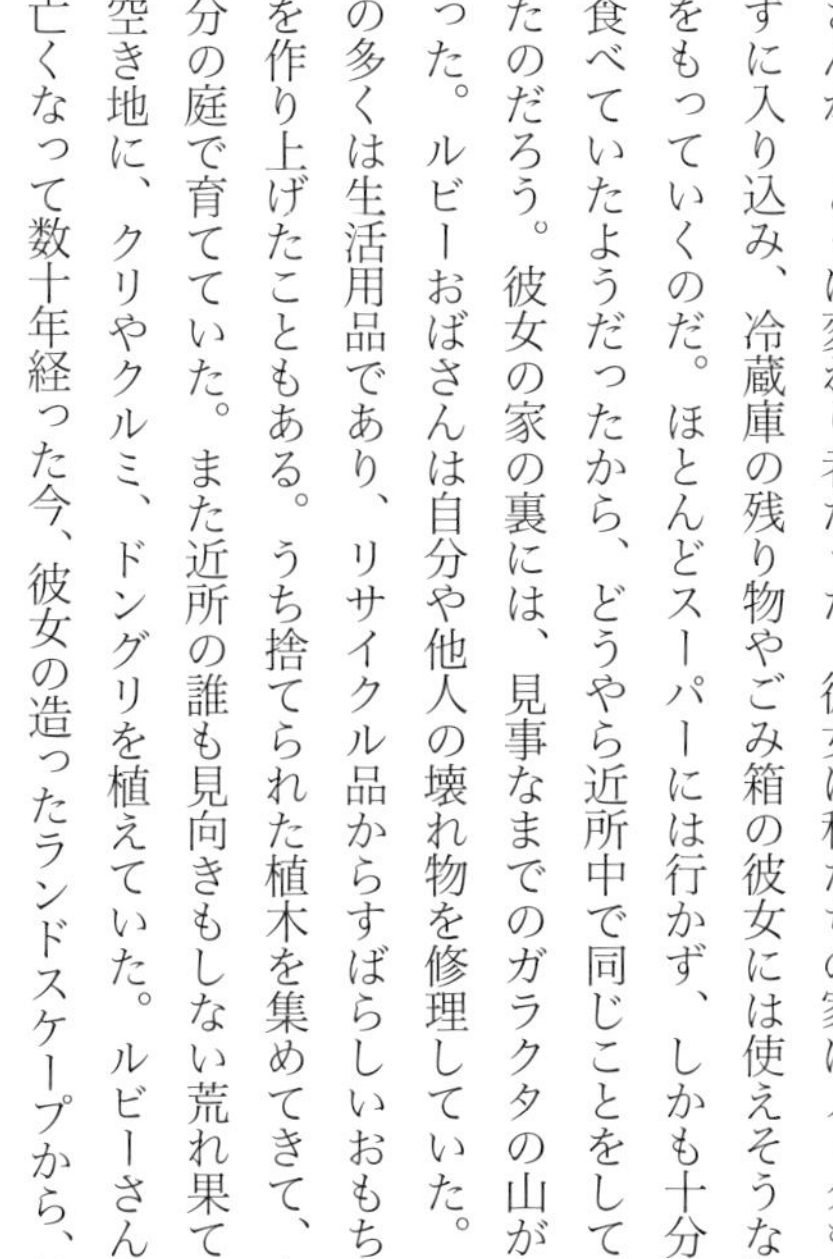

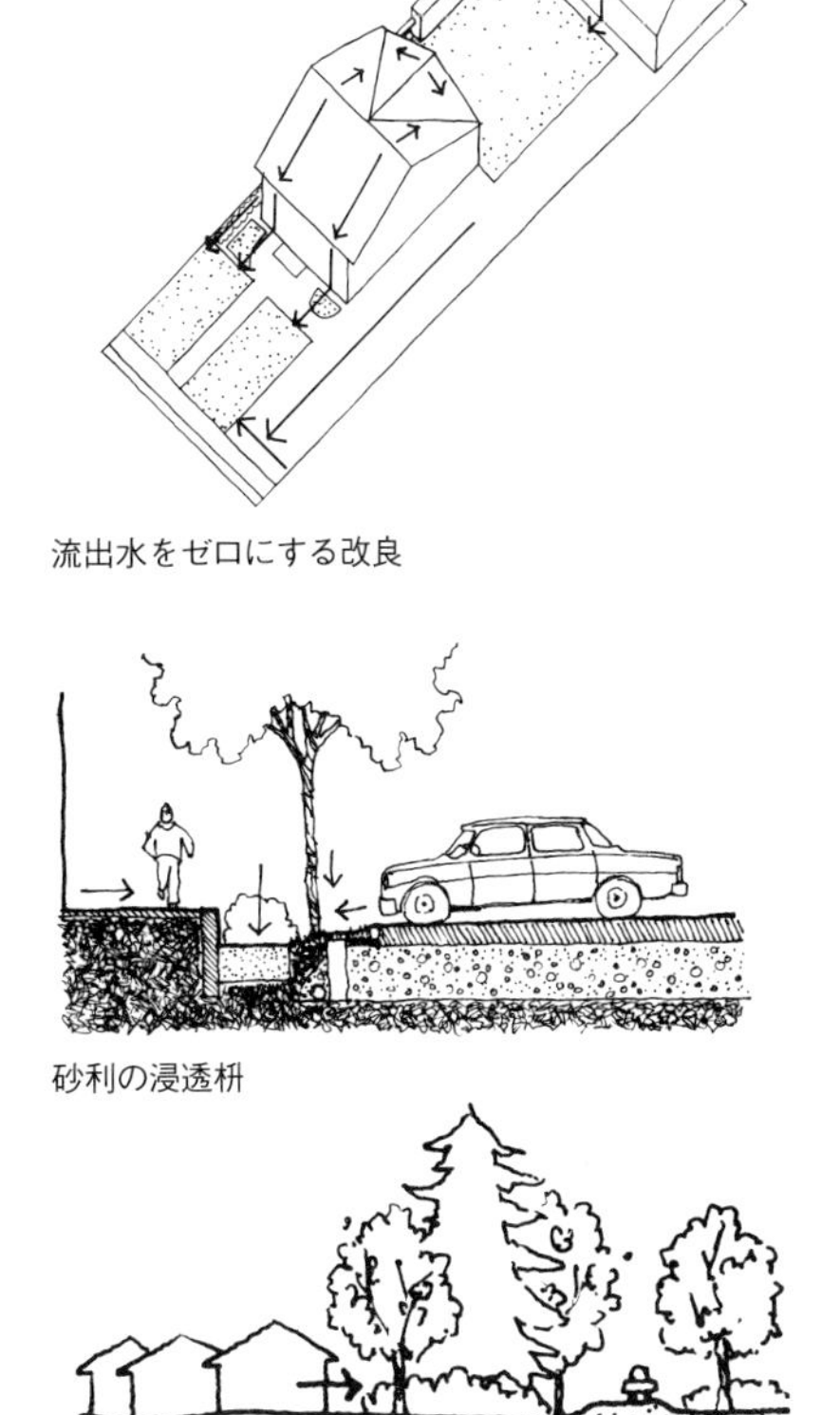

流出水をゼロにする改良

砂利の浸透枡

地下水の補充

それをただ珍奇なものと捉えるのではなく、それ以上の何か意味あるものとして見ることができると、ランドスケープを舞台に展開する市民の回復力ある活動は、大きな示唆を得られるだろう。1976年、ロサンゼルス生まれのアンディ・リプキス〔Andy Lipkis〕という若者が、私の町のルビーおばさんとまるで同じように、自分の都市に樹を植える活動を始めた。ただルビーおばさんと違って、彼の活動はツリー・ピープル〔Tree People〕と名づけられ広がってロサンゼルス全体の市民活動となり、1984年オリンピックまでの3年間に実に100万本以上の樹が植えられたのである。こうして彼は、ロサンゼルスのランドスケープを永遠に変え、数万人の住民の考え方もまた永遠に変えたのだった。[15]

ルビーおばさん、藍農民、アンディ・リプキスがちょっと変わった方法でランドスケープを変えたように、地域の文化に根ざしたコミュニティのパターンが、コミュニティの形成や維持のためのエネルギーを減らし、補給可能で長距離を運搬する必要のない地場材料を用い、古い建物やランドスケープを再利用し、廃棄物や有毒物質を低減する。[16] これが地域への見事な適応であり、同時にそこにしかないというコミュニティ感覚の基礎となるのである。

フィリピンのバタン諸島の最北に位置し、現在はラン島と呼ばれている地域〔Pongso-no-Tawo〕に住むタオの人々に起こったことを考えてみよう。タオの人々は、数世紀にわたりこの島の気候パターンと生活パターンに順応し、住居形態を発展させてきた。彼らの住居は、4つの部分から構成される。バハイ〔vahay〕は、地

タオの人々はフィリピンのバタン諸島だけに見られる家屋に暮らす。家々はモンスーン気候の蒸し暑さに見事に適応しているので、まるでランドスケープと一体に見える

元産の巨大な石でできていて、台風から身を守る部屋として地下に埋め込まれている。ここには祭壇や寝床、台所があり、激しい雨や風からの避難場所となっている。ふたつ目がマカラン〔makarang〕と呼ばれる部屋で、石材や木材で建てられる。一部分が地下室になりうまく地形に組み込まれているので、離れた場所からは屋根が丘と溶け合って見える。ここは仕事場であり、よい季節には居住部屋にもなる。伝統的な家屋の3番目の部分はタガカル〔tagakal〕という床を高く上げた開放的なテラスで、むし暑い季節には海のそよ風を取り込み、作業や睡眠のために使われている。高く風通しのよい構造によって、最も暑い季節でも住居は涼しく、海を眺める大切な場所となる。これら家屋の3部分によって作られる中庭は、イナロド〔inarod〕という4番目の部分と考えられている。近くの砂浜から集められた、波にきれいに削られた丸石が敷かれている。石の間に芝生が生え、柔かいカーペットになる。魚を干したり、食事の支度をしたり、海を眺めたり、尊敬するお年寄りと憩う。これらが混ざり合い、この場所の目的となる。通常はお年寄りの背もたれになるように、3つの石が垂直に置かれている。彼らは座り、話し、そして折々の季節の仕事をしながら海を見つめる。すべての家にとって、海への眺望は欠くことのできないものなのだ。

世界でも他に類を見ないタオの住居は、ランドスケープに調和しランドスケープを賛美する独特な適応の結果である。地元の材料で建てられた住居は、建設や居住に外部のエネルギーや資源を必要としない。

家屋の形態と地元の材料

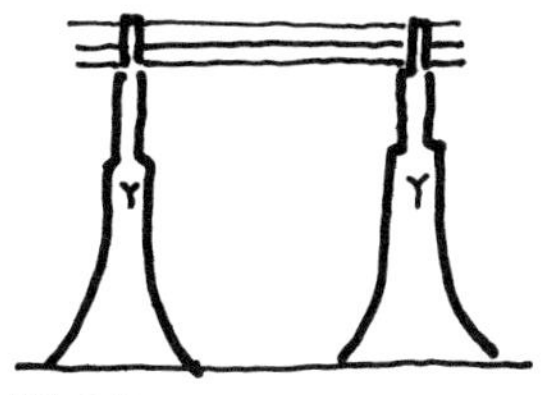

祖先の霊

家屋の形態と社交

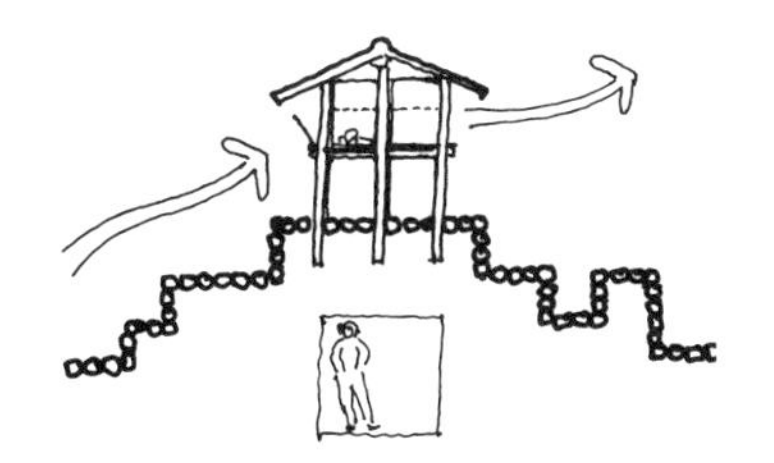

家屋の形態と気候

さらに注目に値するのが、村の構成である。ひとつの村はおよそ100戸の住居からなり、海からも台風の高波からも十分に離れたなだらかな斜面に位置している。住居は密集しているが階段状に配置されているので、すべてのタガカルとイナロドが海への眺望を確保している。下方にある港や浜辺、墓地や植林地は、村が共同で管理している。村の上方にある急勾配のタロイモの段々畑などの耕作地は、個々の家族が所有し皆が等しい水利権をもっている。そしてここでは歴史的に、水が開発の限界を決める。急勾配の山々に囲まれた流域はどれも、100世帯ほどの家族を支えられるだけの量の水を供給する。水の供給量の限界に達したとき、別の小さな流域に新たな村が生まれるのである。今日では、このような村が6つある。人々の暮らしを支える地域の扶養力が限界を超えたときに、新しい村が生まれるという特異な分割方式は、地域の力についてのすばらしい知恵を表している。

しかし外部者がやって来て、この住宅は原始的で人間の居住にはそぐわないと断定したときに、すべてが変わった。この島にやってきた中国人たちが、タオの人々を未開人だと決めつけ、文明化しなければならないと考えたのである。ラン島を訪問した大統領婦人などは、ひどい状態で生活している気の毒な人々に何かしてあげなければと強く決心してしまった。その後すぐにタオの人々のための住宅として、長方形のコンクリート舎が整然と5列に建設された。伝統的なパターンが人々の生活や気候にすばらしく適応していたのに比べ、新しい住宅はまったく環境に適しておらず、ただただ文化的支配の破壊的な側面を示す結果に終わった。またタオの人々は世界でも最も平等な意志決定プロセスをもっていたのだが、その文化も大きく損なわれてしまった。

新しいコンクリート製の住宅は、タオの人々の日々の生活や儀式を侮辱するものだった。4つの部分からできた従来の家屋では当たり前のようにできた物事のどれひとつとして、コンクリートの箱ではできないのだった。食事の準備は、ひどく不便だった。屋内のトイレは使えない代物だった。コンクリート舎は、夏は我慢できないほど暑く蒸れ、冬はひどく寒く湿気が人々を襲った。人々はタガカルと中庭を付け加えようとしたのだが、コンクリート舎が平坦な土地にまるで軍隊のように整列しグリッド状に配置されているので、増築はうまくいかなかった。そしてついに、お粗末なコンクリート建築が崩壊し始めた。洗浄の不十分な海砂が建設に使われ、塩分が鉄筋を腐食したのだった。ついには屋根が落ち、壁が倒れた。政府は失敗を認めざるを得なかった。タオの人々の抗議を受けて、新しい住居を建設する5ヵ年計画が立てられた。多くの人々は現代的な利便性を望んだが、兵舎のような建物では伝統的住居の大切な面が失われることも十分に知った。それでも利便性と伝統と、両方を望む人々がいたのだ。

建築家のジョン・リュー〔John Liu〕たちは、伝統的な様式への回帰を望みかつ現代的な利便性も求めるタオのグループとともに活動し、現代的な住居に合わせられる伝統を特定した。古い家屋を実測し、年長者たちと話し、人々が伝統的な家屋とコンクリー

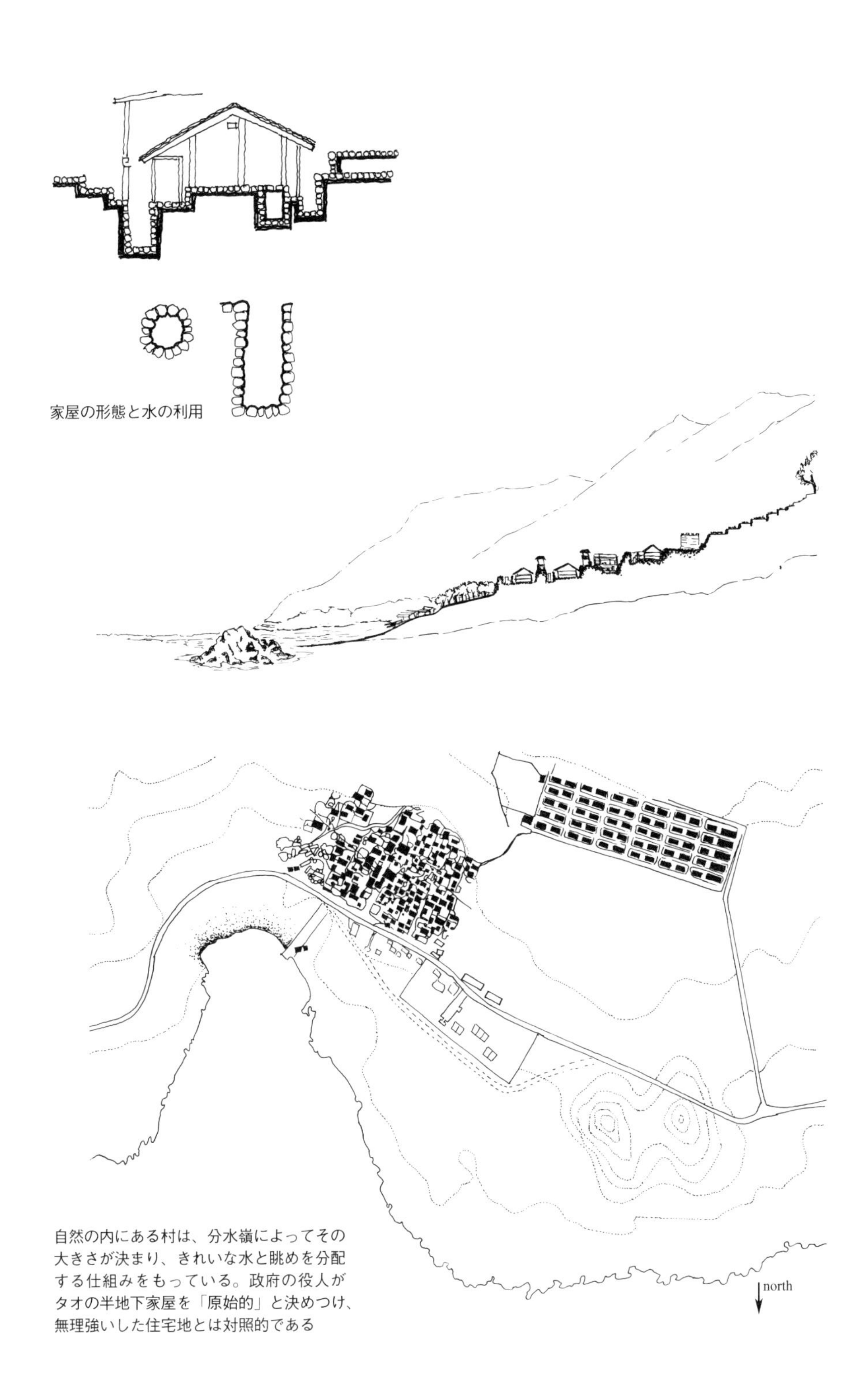

家屋の形態と水の利用

自然の内にある村は、分水嶺によってその大きさが決まり、きれいな水と眺めを分配する仕組みをもっている。政府の役人がタオの半地下家屋を「原始的」と決めつけ、無理強いした住宅地とは対照的である

下げ、非常に心地よく、伝統的な住居よりも快適なのである。しかしコンクリートの箱に比べると、高価で耐火性に乏しい。[17] この新しい現代的な住居が、伝統的な価値と今日の生活様式を組み合わせ、少ない資源を節約するひとつのすばらしい先例となった。地元産でない材料、再生不能で有害な材料を多く使い、そしてときに魅力的に映る新規の住宅様式に、この住居が対抗している。そして、人々に選択の機会を提供しているのである。

これほど劇的でこそないが、アメリカの多くの都市でも回復力を高めるインフィル型の開発プロジェクトが進められている。伝統的な家並みや街、中庭のある住居などのパターンを活用しながら、そこに現代の太陽光発電や節水技術を組み込み、その場所に特有の気候と地形に適応した住居が作られている。[18] 地域に学びながら、新たな独特な住居の形態を作り出すことで、建築家は生態的な現実と社会的な要求とが見事に美しく結びつくことを実証した。その一つひとつは地域に特化した住宅なのだが、これからは世界中ですばらしい実例として受け入れられていくだろう。

瞑想、想像、そして似た環境をもつ他の場所

回復力にとって最も重要な地域固有のパターンは、そう簡単には見つからないものだ。場所やコミュニティの微妙なニュアンスを見つけるのは相当困難で、さらに誤った使われ方が本当のパターンを隠してしまっているかもしれない。ランドスケープ・アーキテクトならば、丁寧な敷地分析を行えばさまざまなニュアンスを知ることができると言うだろう。しかしそれぞれの地域の特別さを構成している細部を発見するためには、以下のことが求められる。それは文化と場所をひとつのものとして見ること、自然の要素と文化の要素を統合すること、観察するものと観察されるものの差異を乗り越えることである。デザイナーは、風景の一部にならなければいけない。[19] そのためには普通の仕事の仕方とはまったく異なる努力が求められるのである。私は学生のころ、著名なランドスケープ・アーキテクトであるローレンス・ハルプリン〔Lawrence Halprin〕についての伝説を聞いたことがある。シー・ランチ地区では、地形と植生と風のパターンがオーケストラのように編曲され、ランドスケープを創り上げているが、彼はそのありようを把握できるまで、カリフォルニアの海岸に何日も何晩も滞在した。今日ではシー・ランチ地区は、20世紀の最も力強いランドスケープ・デザインのひとつとして認められている。モントレー杉と常緑樹が、長く2列に続きかたまりになり（樹々の多くはハルプリン自身が植えた）、岩だらけの海岸線に垂直に向かう。ランドスケープを樹々の列により編成したことで、見る人が即座にこの場所の全体も、小さく分けられた部分も、把握できるようになっている。この並木は今では風をコントロールし、日光を取り込み、視線を方向づけ、私たちをわくわくさせる自然の小道を作り出している。シー・ランチ地区の30年後に、私はハルプリンと一緒にサンフランシスコのプレシディオ・ナショナル・パーク〔Presidio Na-

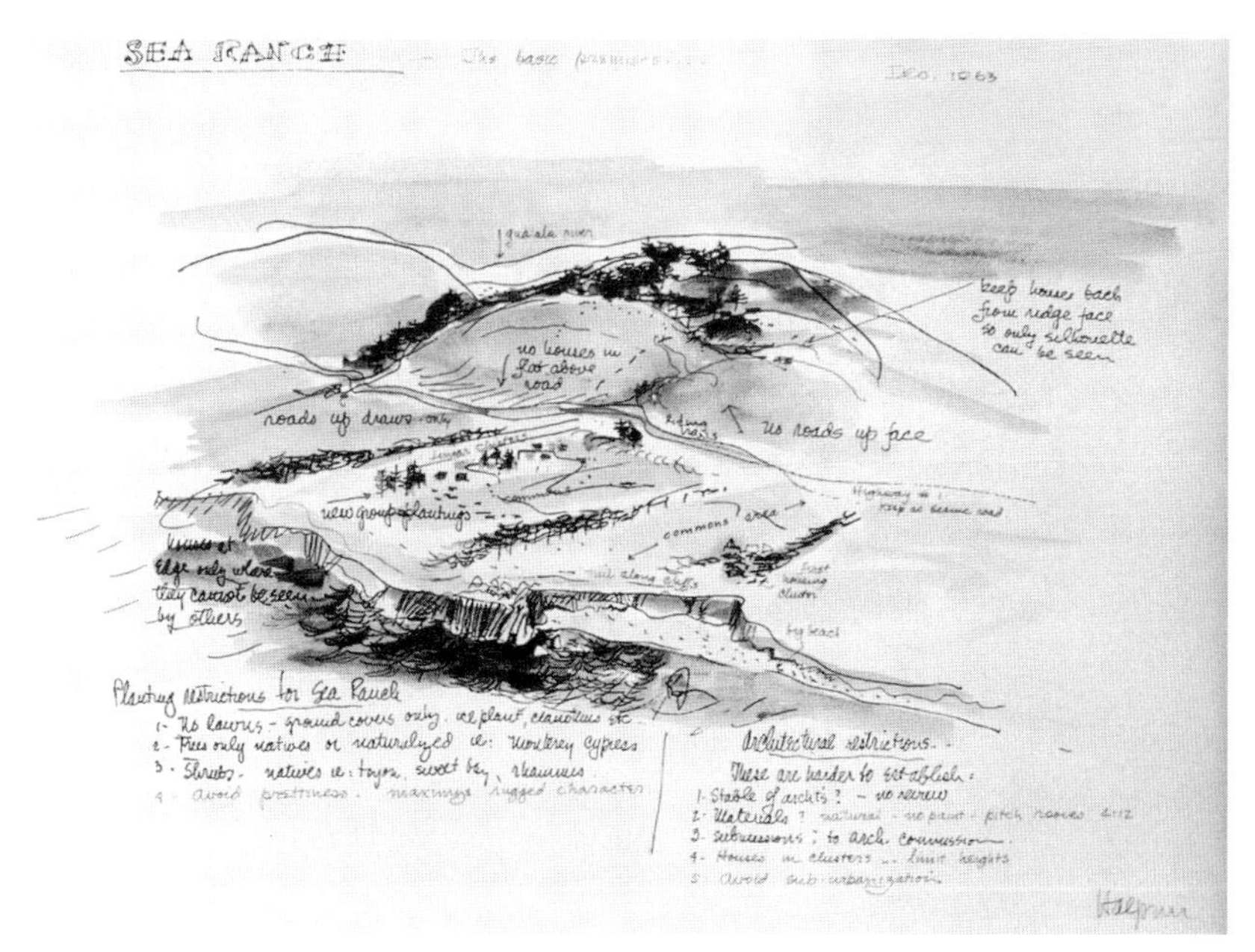

ローレンス・ハルプリンは、シー・ランチ地区を形作るランドスケープを体感し総合するのに１年間かけ、そして大地と糸杉の防風林が織りなす山ひだに暮らすコミュニティをまとめていった

tional Park」の設計についてアイデアを考えることになった。このときには場所と一体化する彼の能力は、さらに研ぎ澄まされていた。メインのパレード広場を海岸へどうつなげるか、意見が一致しないまま私たちはある1日を終えたのだが、その翌朝ハルプリンが何十枚も、敷地をじっくりと観察し、考え、描いたスケッチを見せてきたのである。一体いつ、もう一度ランドスケープをじっくり見つめる時間があったのだろうか。ハルプリンは真夜中に起き出して、ゴールデンゲートの冷たい朝を地面に座ったまま迎え、そしてランドスケープを何枚もスケッチに描きながら、その場所がどのようにデザインされるべきか、紙上にイメージしたのである。そして言うまでもなく、彼はこの場所に特有の重要なパ

ハルプリンのデザインした糸杉の防風林

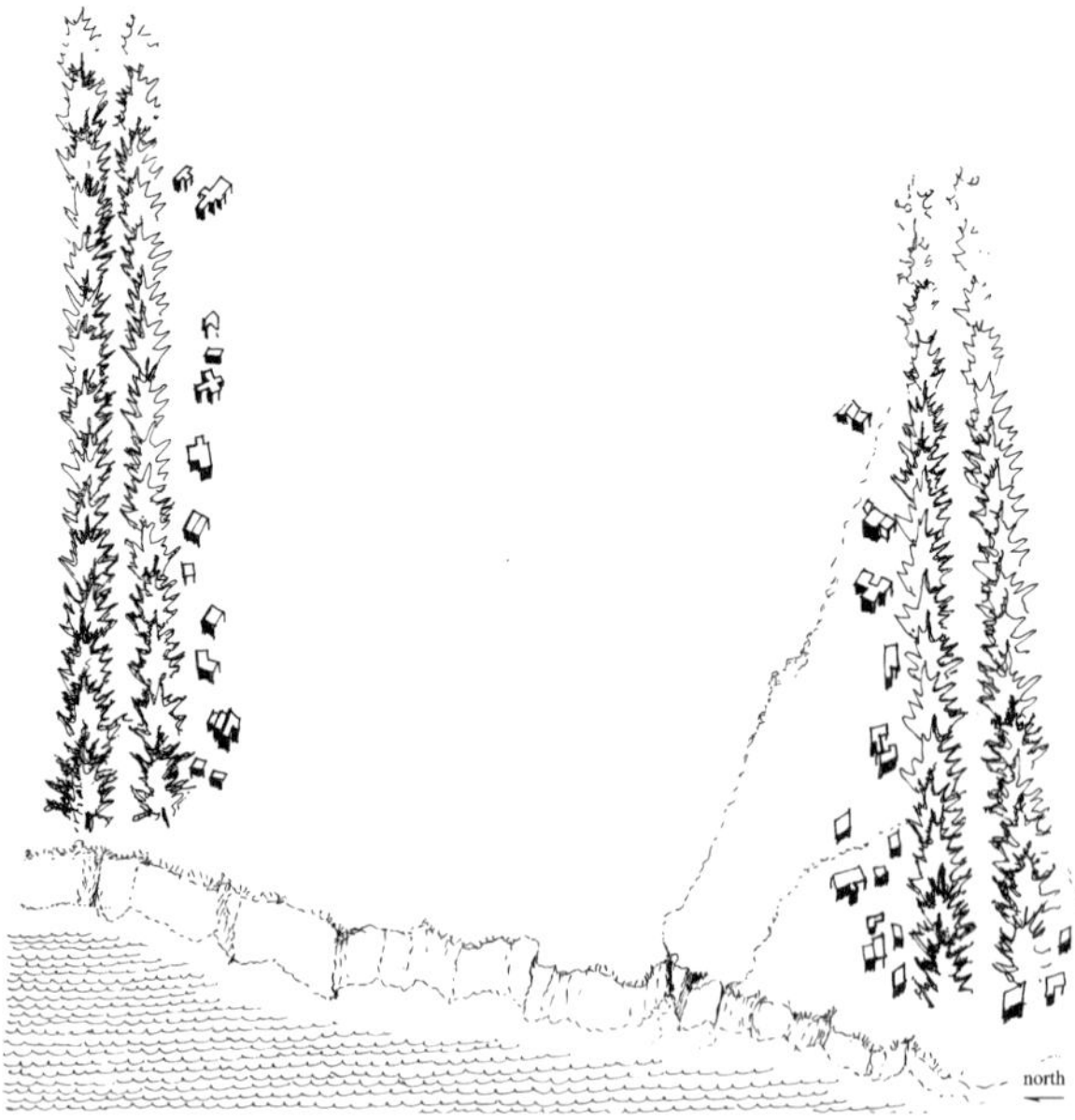

ハルプリンはもとからあった糸杉の防風林を強調した。防風林は眺望とオープンスペースを確保しつつ家屋を風から守っている

ターンを見出していたのであった。

　土壌と植生と風のパターン、他にも敷地に関するほとんどの情報がコンピュータによって得られる今日でも、このように時間のかかる現場での瞑想が必要なのだろうか。[20]答えは明快、イエスである。現在では、さまざまな方法により地域の重要なパターンを発見することができるだろう。コンピュータによる情報の統合は、とくに地域スケールや歴史的スケール、さまざまな事象の背後にある特殊な文脈などのきわめて複雑な物事から、多様な形態を描き出すことができる。コンピュータ上の自然システムと社会システムに関するデータを相互に参照し分析できるならば、さまざまな力のつながりが空間的にはっきりと描き出されるだろう。見えない力、たとえば地下水の枯渇とスプロール型の都市開発との関連などは、他の方法では観測できないものだろう。このように特別さのパターンを明らかにするのは情報の統合なのであって、情報そのものではない。単一の要素を描いた地図を何百枚見ても、生データを見ても、あるいはそれらを重ねたものを見ても、成果は得られないだろう。回復する力のもつ本質的なパターンがはっきりと現れることが多いのは、自然の力と文化の力が組み合わさり起こる相互作用など、多数の要素が統合されたときである。また都市における特別さのパターンを明らかにできるのは、少し変則的なもののマッピングだろう。それはたとえば、市民社会を拒む壁、河川の大切にされている箇所とそうでない箇所、市民が怖れている場所などの地図化である。

　コンピュータ上の地図は作成も操作も簡単だが、しかし最も重要な洞察は手で、そして現場での瞑想によって地図を描くことから得られる。私が地域の特別さのパターンを発見するのは、たいがい基本的な情報を絵に描いているときや、さまざまな基本データを総合し地図を描いているときである。これは地図を描くためには、描きたい部分だけでなく他の部分にも集中することが求められるからで、それは他の人やコンピュータが作成した地図をただ見るのとは全然違う作業なのだ。同様に、現場で瞑想しているとき、とくにスケッチやドローイングをしているときには、その場所への意識的、そして意識下での集中力がとても高まる。トム・アルコゼ〔Thom Alcoze〕は川岸に目を閉じて座ったままで、小川を渡るビーバーが上流、下流どちらに向かって移動しているかわかるまでは、そこのランドスケープのデザインを始めてはいけないと言う。これと同じことが、広大な地域のスケールから植木鉢の並べ方のスケールまで、どんな大きさのどんなデザインにも当てはまる。つまり実際どのように利用されているかを見るときに、特別さのパターンが得られるのである。

静かに観察することが、たとえ対象が喧騒に満ちた都市の環境であっても、デザイナーを直感へ導き時間を与えてくれる。直感や時間を得、実際の情報を確かめながら、人は想像の翼を広げて、デザインの現場とよく似たどこか遠くのランドスケープに起きた物事を自分の場所と結びつける。遠く離れているがよく似た気候や植生、地形や文化をもつ場所への独特な適応の形態と回復力のあるデザインの記憶が、ときに有効なのである。私の息子ネイト〔Nate Hester〕は、最近ノースカロライナにある私たちの農場に作る納屋をデザインした。ネイトはかつてタバコの葉を収めていた納屋のひとつを建て替え、自分の作業場にするつもりだった。しかし、この地域の伝統的な納屋がもつ形態を活かして、新しい作業場を地域の文脈に合わせたいという彼の希望は、自然エネルギーによって建物の照明と冷暖房をまかないたいという要望と矛盾するものだった。この辺りの納屋（手作りの床と赤土と岩の壁でできている）は出荷前のタバコに味つけするためのもので、雨に濡れないようにしながらできるだけ湿度を高く保つ構造をもつ。その他に納屋の内部環境をコントロールするものはなく、夏は極度に暑く、冬はひどく寒くなるのだった。納屋はおもに秋と初冬に使われていたのだが、この期間だけは何をしなくても快適で、自然にこもる湿度がタバコの乾燥を防いでくれた。大抵の納屋には、荷物の搬出入用の小さなドアが端にひとつあるだけで、窓はひとつもない。したがって空気は循環せず、それはタバコの管理には最適なのだが、1年中活動するアーティストの作業場には全然向いていなかった。地元の建築家は、納屋には空調機器を入れるべきだと強く勧め、そうしなければアンティーク家具が全部ダメになってしまうと訴えた。しかしネイトが不思議に思ったのは、「アンティーク家具はどうやってアンティークになったのだろう。1902年にキャリアー〔Wills Carrier〕が発明するまで、空調機器はこの世界には存在しなかったのに」ということだった。

その後ネイトは、建築家にアドバイスを求めなくなった。そして悩み続けていた。たぶん古い納屋の形態を維持しながら、建物を自然に涼しくするのは難しいと思い始めていたのだろう。そんなある朝、前に絵に描いたことのあるハワイのハレイワの建物を思い出したのだった。ハレイワの倉庫には両側にもち上げ式の大きな扉があって、空気が建物を吹き抜けていた。ふたつの扉は海と垂直な方向に配置され、西側には木が植えてあって海からのそよ風を建物の内に誘い込むようになっていて、とても涼しかったのである。

ネイトは近くの湖から吹く冷たいそよ風を、深い日除けのついたふたつの巻き上げ式のドアから引き込むように納屋を置くことに決めた。全体的な大きさや屋根勾配、日除け、納戸など、ネイトの新しい納屋はこの土地固有の様式を保持している一方で、一対のドアは同じ暑い夏を過ごすための、しかしまったく異なる場所のアイデアを借りたものであった。新しい納屋はこの土地の文脈にとてもよく適合し、十分に涼しい。環境の似た他の場所から解決策を借りることで、ネイトは涼しさという悩ましい問題を解決し、そして自然光など新しい課題に集中することができたのだった。[21]

遠く離れた場所の解決策

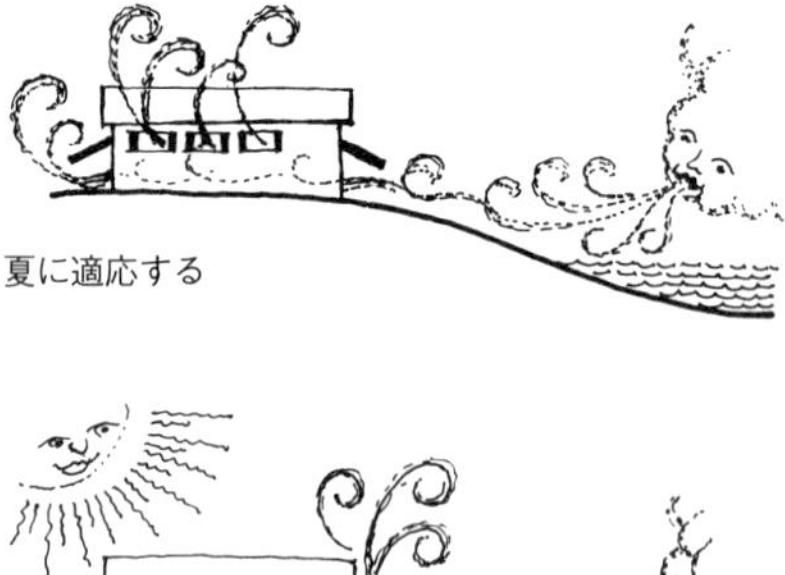

夏に適応する

冬に適応する

早送りの歴史と災害の履歴

ある場所に適した特別さを探すには、地質学的な時間とこれに比べればごく短い人間の居住期間の両方を考えるのがよい。奥泉光が「河原の石ひとつにも宇宙の全過程が刻印されている」と書くとおりである。[22]確かに大きく見れば、今日の土地利用パターンも何百万年も前の地質変動によって決められている、とも言える。ノースカロライナ州のネイトの納屋があるチャペルヒル周辺のラン

束の間の永続

ドスケープでは、森林が繰り返し伐採され畑地が作られたので、オークやヒッコリーの森は、点在する耕作に不適な露出した岩地にだけ残っている。この岩地には広葉樹がゆっくりと育つ程度の養分があり、そしてこの森が人の住居を冷やしてくれるのである。新しい納屋をどこに置くかでさえ、ほんの小さい敷地に地質学的な時間が流れる間の変化を見極めて決められるのだ。

大きなスケールでは地質学的な変化を推測せねばならないが、それは過去を再構成し、適切な土地利用のあり方を予測するためである。私たちがワシントン州マウントバーノンのスカジット渓谷計画を立案したときも、古い地図を研究するだけでは広大な氾濫原で川がどれほどその形を変えるのか、到底理解できなかった。アメリカ地質研究所〔USGS〕による地図などができる何千年も前からの、川の流路の大きな変化を推測することが必要だったのである。この川をよく知り川に暮らすゼル・ヤング〔Zell Young〕が、私たちの取り組みを導いてくれた。生態系にできるだけ影響を及ぼさないように一生涯地面には腰を下ろさずただしゃがむだけにした聖人、ゼル・ヤングはまさにそんな人だった。[23] 彼は流路の日々の変化も、ときに起こる大きな変化もその痕跡を正確に理解し

賢明な将来の土地利用を予測しコミュニティの人々に見せるために、ゼル・ヤングは川に関する知識を総動員して、数百万年という地質学的時間におけるスカジット川の動きを再現した

砂洲が伸びる

ていた。そして地質学的な大変動を描いてくれた。この画がスカジット渓谷の河川管理のための新たな基礎となり、従前よりも大幅に流路の変化を許容する管理体制が採用された。こうして回復力のある都市の形態が創り出されたのである。ゼル・ヤングが見せた時とともにうねり曲がる川の流れをコミュニティが理解し、同時に現在の川の流路を大切に思うようになったのだった。河川の流れの変化から地域全体の歴史を見ることもできるだろう。変化に適応するデザインが、高い堤防、コンクリート護岸、川の排水路化を再考するように促す。これらはすべて川の過去の姿、本来の姿を否定し、流路を固定する工事である。コミュニティが要望したのは、コンクリート堤防を低くし、洪水時に貯水できる公園用地を購入し、河川植生パターンの変化を許容し、自然公園にする計画だった。そして一つひとつがとても印象的で、時とともに姿を変えていくいくつもの公園が生まれた。これらの公園では植物が移動する。それはまるでさまざまなパターンに編み込んだ髪のようだ。植物は洪水が運ぶ沈泥に導かれて移動し、洪水の起こり方も毎年異なる。長く湾曲した植物の列が、ところどころにジギタリスが出っ張って心地よい程度に強調されている。毎年変化する泥の堆積パターン、腐敗する豊富な有機物、日向と日陰の境界条件などによって、その年ごとにこの曲線がまったく変わるのである。自生植物が季節ごと、年ごとに気まぐれに自分たちの居場所を決める。植生の移動パターンと沈殿物の堆積パターンが、マウントバーノンを貫くこの公園の独特な形態を作り出す。この川を挟んで数平方キロメートルにわたり広がっている花卉農場には、列植され丁寧に手入れされているラッパズイセン、チューリップ、ダッチアイリスの畑があり、河川の自然のランドスケープとの対照が圧倒的に美しい。

たとえ水文地質学に関する情報が得られず、人間による数千年に及ぶ変化の物語も失われていたとしても、過去に一定の頻度で発生した災害への反応のパターンを見ることで、都市に特別な形態を与え、回復力を増すことができる。残念なことだが、火災、地震、洪水、台風による災害を受けやすい地域に住む都市住民たちは、過去の災害から多くを学んでいない。この事実を知っておくことが大切だ。もしひとつの都市が本気で過去の災害から学ぶならば（ワシントン州マウントバーノンやさらに大胆なアイオワ州チェロキー市のように）、実に有益な情報を手にすることができるのだ。

チェロキー市の住民は、リトル・スー川の洪水に長い間苦しめられていた。なかでも1993年の洪水は、6ヵ月にも及ぶものだった。人口6千人の小都市が、400万ドル近い被害を被ったのである。低地では何百もの住宅や仕事場が倒壊した。市民たちは多くの協議を重ね、そして氾濫原にある建物を修復しないことに決めた。彼らはこれまで何度も多額の費用をかけ建物を再建してきたが、ついにそれを止めたのである。都市が回復力あるコミュニティへと進化すると、以前とははっきりと異なる形態が表れてくる。チェロキー市は氾濫地域外の高台に移転、再建された。新しい町はこれまでとは違って見えるが、それはこの都市の形態が、地域に固有な地形の流れのパターンや土壌パターンに従っているからだ。町全体は、洪水から安全な標高の等高線に沿って蛇行している。建物の移転した後には、60ヘクタールもの原生林と湿原からなる大きな緑地が設けられた。こうしてチェロキーの住民たちは、以前は存在しなかったレクリエーションの場を得、それが町を将来の洪水災害から守っている。チェロキー市の変革は、安いものではなかった。しかし町全体の移転と新しい公園にかかった費用は、2回の洪水による想定被害額で元が取れる程度なのである。[24]

移転した町

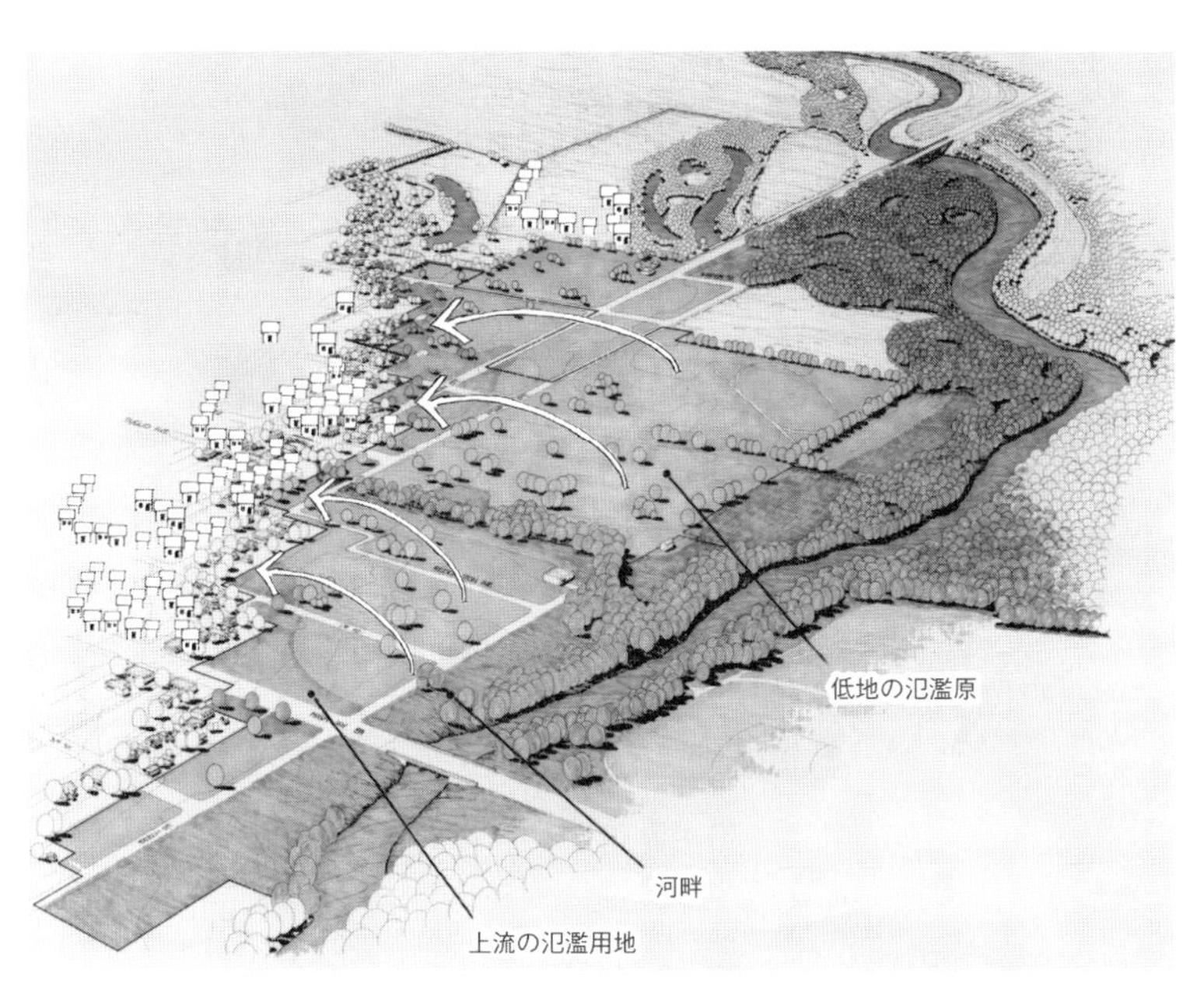

壊滅的な洪水災害を受けて、アイオワ州チェロキー市の住民たちは高台へと移転することを決めた。安全な標高に沿ってうねる町からは、60ヘクタールの氾濫原となるオープンスペースが見下ろせる

住民たちはもとの家があった場所を訪れる。そこは自然林と湿地に戻っている

特別さが適合という善をもたらす

場所の特別さは、地方の地形に、風のパターンに、小川や地下水の流れに、建築の暖房や冷房の仕組みに、建物の配置に、土地利用の特異性に、それからガラクタ置き場にも、見出すことができる。これらのパターンはランドスケープからひと目で読み取れることもあるが、多くの場合はたくさんの地図や地質学的な変遷の痕跡、地元の人々の伝承や過去の災害記録から学び取り、そしてゆっくりと瞑想して見つけ出さねばならない。

以上見てきたどの事例でも、それぞれの場所に特別なパターンの発見が、生態系に適合した都市を創るための道を開いている。特別さが用いられると、廃棄物、消費エネルギー、再生不能資源への依存が少なくなる。特別さは長期的には高価ではない。特別さこそが、自然災害や経済不況による壊滅的な被害に対抗する力を都市に与え、印象的で特徴溢れる都市の形態をもたらすのである。

7

回復できる形態

選択的多様性

Selective Diversity

多様性とは変化と差異であり、特色ある多くの構成要素によって作り出される。多様性はさまざまな形態をもつ。多様性は相異と区分を意味する。

ランドスケープについて考えるとき、多様性はアメリカ人をひどく困惑させる。私たちは歴史的な経験から、多様な経済をもつコミュニティはひどい大量失業時代にもあまり影響を受けないことを学んでいる。だから多様性はよいことなのだ。しかしすぐに類似産業が集積し、同質な経済を作り出す。つまり多様性はよくないことに違いない。アメリカ人は、多くの異なる文化や国からやって来た人々によって合衆国が生み出されたという考えが大好きだが、しかし互いに隣人になりたいと思わないのもまた確かだ。[1]私が暮らす町には、多様性を賛美する詩や生態学、政治的正当性の表現が溢れている。私たちは互いに似ていなくて、互いに異なり、互いに分かたれている。これがよいことなのか悪いことなのか。多様性が都市の形態に与えるものとは、いったい何なのだろうか。

都市の形態には実に多くの物事が関わっていて、それらの多様性を守りさらに創出できると、回復力が確実に強化される。しかし最も重要なことは、断片化してしまったランドスケープを修復し、近視眼的な利益追求集団への人々の分断を克服することであり、これがエコロジカル・デモクラシーの成否を決する。アメリカ人の根本的な信条であるエ・プルリブス・ウヌム〔e pluribus unum、多数でできたひとつ〕から考えると、現在の私たちの都市は、

ように地理的に分離すること、これにより在来種を駆逐する外来種を抑制できる。次に多様性が増すように安定した生息地を維持すること、[7] そして広大な領域を必要とする陸上動物種のためにまとまった生息地を確保すること、である。つまり都市を建設する際に、貴重なランドスケープの開発を避け、都市の中心部から離れた地域に広大な野生生物保護区を設定し、その保護区を都市の形態に組み込むのである。[8]

　絶滅の危機に瀕しているクロツラヘラサギ〔Platalea minor（学名）〕の越冬地の保全計画が、多くの教訓をもたらしてくれる。世界でも貴重な鳥の一種であるクロツラヘラサギは、北朝鮮、韓国、そしておそらくいまだ知られていない場所を繁殖地とし、冬に中国、日本、フィリピンに渡る。最大の越冬地が、台湾の台南沿岸にある曾文〔Tsen-wen〕河口である。クロツラヘラサギは、この地域の都市化とそれにともなう越冬地の消失により、絶滅の危機に晒されてきた。そして20年ほど前この越冬地に、石油精製施設、製鉄所、関連工場を擁する世界でも最大級の複合工業地帯、浜南〔Binnan〕工業団地の建設計画がもち上がったのである。即座に非営利の国際団体であるＳＡＶＥインターナショナル〔Spoonbill Action Voluntary Echo International〕が、クロツラヘラサギの採餌と営巣に必要な河口面積を調査し、計画されている工業団地が回復不能な種の絶滅を引き起こすと発表した。

　残念なことだがこのときすでに政府の環境影響評価が、浜南工業団地の開発はクロツラヘラサギに影響を与えないという結論を出していた。ＳＡＶＥの予備調査は、まったくの誤りだったのだろうか。あるいは政府の環境調査に欠陥があったのか。ＳＡＶＥは台湾政府による環境影響評価を検討するために、国際的な科学者によるチームを編成した。このチームは6ヵ月に及ぶ調査から、クロツラヘラサギにとって最悪の脅威があることを立証した。揮発油熱分解プラントや複合鉄工施設、工業専用港から構成される浜南工業団地開発の第1段階は、クロツラヘラサギの生存に欠かせない、また他の２００種以上の野生生物が生息する豊かな湿地を２０００ヘクタール以上埋め立てるものであった。国際自然保護連合ＩＵＣＮ〔International Union for Conservation of Nature and Natural Resources〕のコウノトリ、トキ、ヘラサギ専門家グループの議長など、ヘラサギ研究者を含む10名余りの専門家が、工業団地とそれに誘発される開発は４０００ヘクタール以上に及ぶことを指摘し、生息地の消失によるクロツラヘラサギの絶滅への強い危惧を表明した。この調査を受けてＳＡＶＥは、政府の環境影響調査がヘラサギのねぐらがある地域への影響のみを考慮していることを指摘する。政府の調査報告書は、採餌地域をまったく無視していたのである。もっとも、クロツラヘラサギが昼はねぐらにいて夜間に採餌するため、採餌地域についてはほとんどデータがなかった。政府の環境評価が、科学的には誠実であったうえでの結果的な誤謬だったのか、もともと不正な調査だったのか、それはわからない。いずれにしても、この誤謬は保護生物学者には信じがたいもので、しかしこの調査に則って工場とその周辺の開発が進めば、クロツラヘラサギのねぐらが減少し、採餌地域が破壊され、餌をとれなくなってしまうのだ。

この時点で、ヘラサギ研究の第一人者であるマルコム・コルター〔Malcolm Coulter〕が、クロツラヘラサギおよび関連する生物に関する既存研究を精査した。そしてクロツラヘラサギが必要とする空間についてわかったことを書き出し、SAVEのデザイナーがそれを地図上に描き出した。すると地図に一定のパターンが現れ始めた。日中休息する地域は、曾文渓〔Tsen-wen〕川北部の広大な水域一帯に集中していた。コルターは関連研究から、夜間に採餌する地域は海岸沿いに北へ30キロメートルほど広がっていると推定した。現在では曾文渓川の南部に、生息地はほとんど残っていない。台南市が湿地のほとんどを埋め立ててきたからである。コルターはクロツラヘラサギが最もよく利用する採餌地域が、ねぐらの北から東にかけての10〜14キロメートルの範囲にある浅い湿地、河口、養魚池だという仮説を立てた。この仮説は後に、実地調査により裏づけられている。デザイナーたちがこの仮説の範囲を、生息可能地域が示された地図の上に重ねて描き出した。コルターは、クロツラヘラサギがその敏感な嘴で水深20センチメートル以下の浅い河床を掻き小魚や甲殻類を探しあてる触知摂食動物であることから、生息地を推定した。クロツラヘラサギの生存に必要なのは、採餌のための浅瀬、強い海風から守ってくれる防風林、ねぐらと採餌のための天敵（ほとんどは飼い犬で、ときには漁師）のいない穏やかな水域、干潟や漁獲後休ませている養魚池などであった。SAVEのデザイナーたちが、さらにこれらの生存条件を満たす地域を地図に落とした。作成された地図を見れば浜南計画や都市域の拡大により、いずれクロツラヘラサギが生存できなくなるのは明らかであった。この地域は、世界でも最も重要なクロツラヘラサギの越冬地なのだが、それが破壊されようとしていたのである。

SAVEは、浜南工業団地建設に反対する地元の人々とともに行動し始めた。

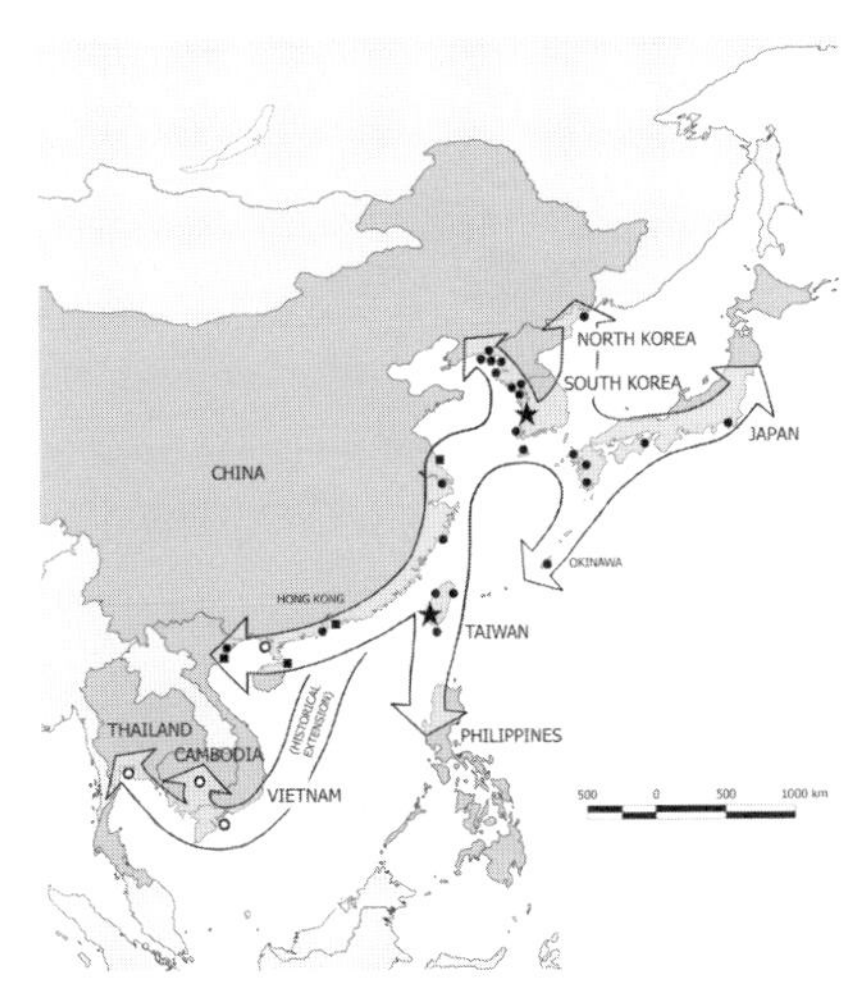

クロツラヘラサギの渡りの経路

ほぼすべてのクロツラヘラサギが曾文渓河口で越冬する。ここでは石油精製工場と関連する都市開発が絶滅の脅威をもたらしていた

この時点ではわずか数名の漁師と地元の環境活動家、国会議員ではただひとりスー・ファンチ〔Su Huanchi、蘇煥智〕だけが、計画反対の声をあげていた。しかしＳＡＶＥの環境調査が政府報告書の欠陥と詭弁を暴き出したことで、多くの人々が工業団地計画を疑問視し始めた。水産業とその関連産業の1万6000人分の雇用が失われることを危惧する人もいたし、工業団地に必要な1日32万トンもの工業用水、そのための3つの分水嶺を越える導水管、そして多くの生物を絶滅させ先住民の村を破壊するいくつものダムを憂慮する人も出てきた。さらに計画の第1段階だけでふたつのプラントが年間2780万トンもの二酸化炭素を排出し、それが1990年の台湾全土の総排出量の31パーセントにあたることも明らかにされた。[9]

多くの人々が浜南工業団地計画に不安を抱き始めたが、しかしそれでも地元のコミュニティは分断されたままだった。ある政府首脳などは計画の受け入れを迫って、この地域は醜い女のようで、工業団地よりよい相手など絶対にいないんだと放言した。計画への抗議と危険な対立が繰り返し起こり、反対する人々への脅迫や攻撃が常態化した。その間ＳＡＶＥは、浜南計画が与える影響評価を台湾政府に認めさせ計画中止を求めるために、国際的なキャンペーンを組織し、展開した。国際的な関心は激しい怒りとなって台湾政府にぶつけられたが、それでも政府は動かなかったのである。

採餌パターン

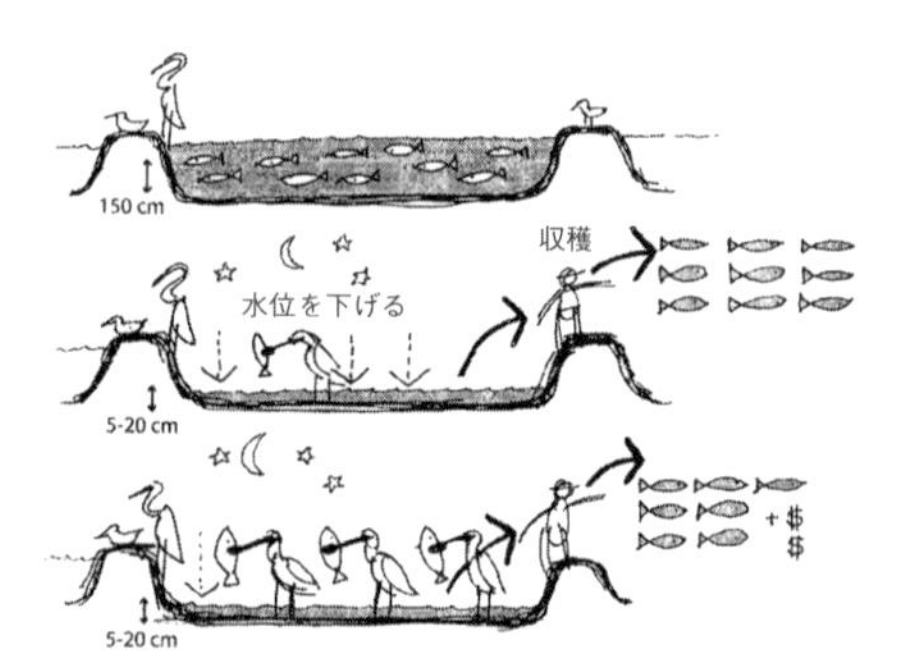

水産養殖業との共生関係

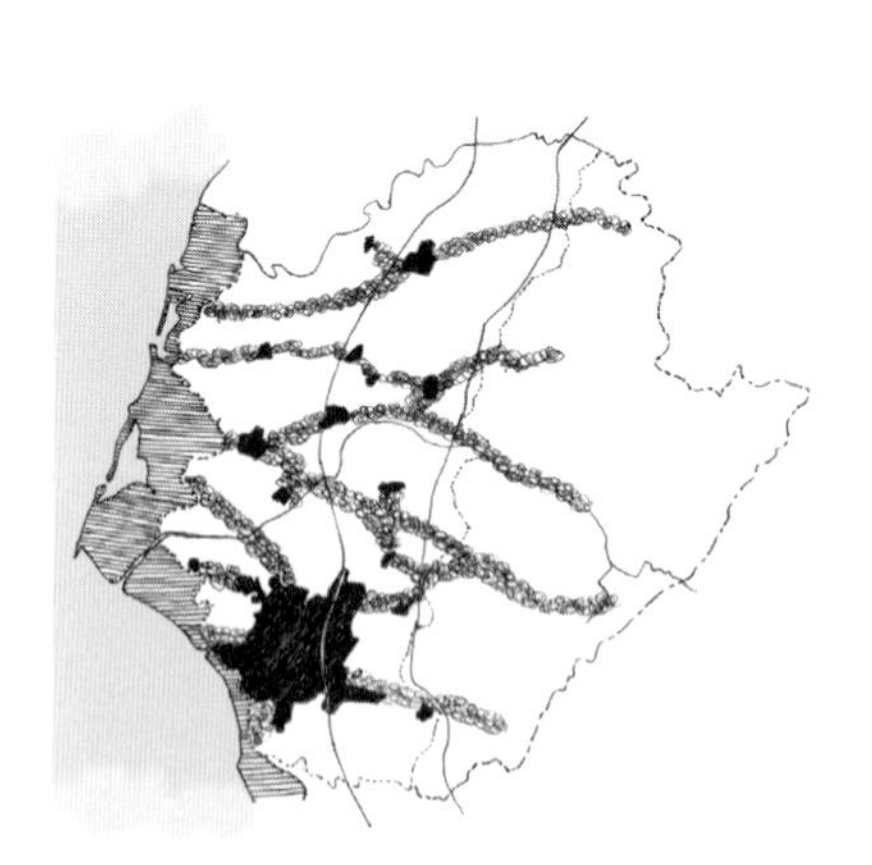

生息地を尊重する都市の形態

クロツラヘラサギは夜間に採餌するため、生息地の条件がほとんど知られていなかった。実地調査により水産養殖業との共生関係が明らかになり都市の形態に根本的な変化をもたらした

ここに至りＳＡＶＥは、台南沿岸部の新たなビジョンが必要であると判断した。多くの人にとってそれまでは、重工業だけが考えられる唯一の将来像だったのだ。クロツラヘラサギと漁師たちが生き残るためには、新しい経済とそれに対応した都市の形態を見出さねばならなかった。こうして国立台湾大学のチームと国会議員スーの事務所、ＳＡＶＥの科学者たち、地元住民が代替案を練り始めた。

この地域には、新しく健康的な居住地を構想し開発するための基礎的条件が十分あった。台南市は、多様な経済をもつ歴史ある地域である。複数の新興ハイテク工業団地が存在し、漁業や農業は現在でも活気に満ちている。環境産業や文化、エコツーリズムが発展する素地もある。特徴ある経済で自立する数十もの村々がある。1年間の検討の後、ＳＡＶＥが新たな地域成長プランを提案した。壊れやすく貴重なクロツラヘラサギの湿地を犠牲にする政府の浜南計画とその関連開発とは大きく異なり、新しい成長プランは漁業、付加価値の高い漁業関連産業、観光産業、研究志向のハイテク産業の開発に重点を置いた。浜南工業団地計画と比べると、この代替案は環境保全や中長期的な雇用の安定など、ほとんどすべての点で優っており、創出される雇用者数でさえ上回っていたのである。

このプランによる都市の成長の形態もまた、浜南の湿地を破壊するそれとはまったく異なっていた。ＳＡＶＥの計画は、ハイテク産業団地の周辺に新たなコミュニティを作り、数十の小さな村々のコンパクトな成長を促すものである。佳里〔Chia-Li〕と學甲〔Shuei-Chia〕というふたつの大きな町には現在でも多様な産業経済があるのだが、農水産物を域外に出荷する際に付加価値を生み出す加工産業を発展させることで、これを一層強化できる。農漁村は、龍山〔Longshan〕と北門〔Pei-men〕などのように、小規模工業、ラン栽培、漁業、観光業などの分野に集中して成長できる。しかもこれらの村々は、すでに観光道路で接続されているのである。こうするとほぼすべての湿地帯が、水産業、観光業、そして野生生物の生息地のために保護されることになる。提案された新たな都市のパターンでは、失われる重要な生息地が2パーセント以下となる。湿地の保護地域が、ハイテク産業地域で働く技術者にとっても重要な公共施設になる。生物的多様性に必要な野生生物の生息地を都市の形態に統合すること、実際には野生生物の生息地に合わせて都市を形作ることは、台南の沿岸部全域への貢献にもなる。この保護地域が、都市の間に緑の境界を生み出すことで、この地方にあるすべての都市の形態を作るからだ。２００４年に設立された国立景勝地域には７つの野生生物保護区が設定されることになっているが、それは漁業と水産業を保全し、レクリエーション関連産業と観光業を活性化し、クロツラヘラサギの多様な採餌地域を保護することにつながるはずである。

ＳＡＶＥの計画は、クロツラヘラサギの絶滅を防ぐことに加えて、生物的多様性を獲得し都市に回復力をもたらす点で人間のためのものでもある。実際に自然の生態系が多様であればあるほど、

SAVE の計画による生息地の喪失範囲

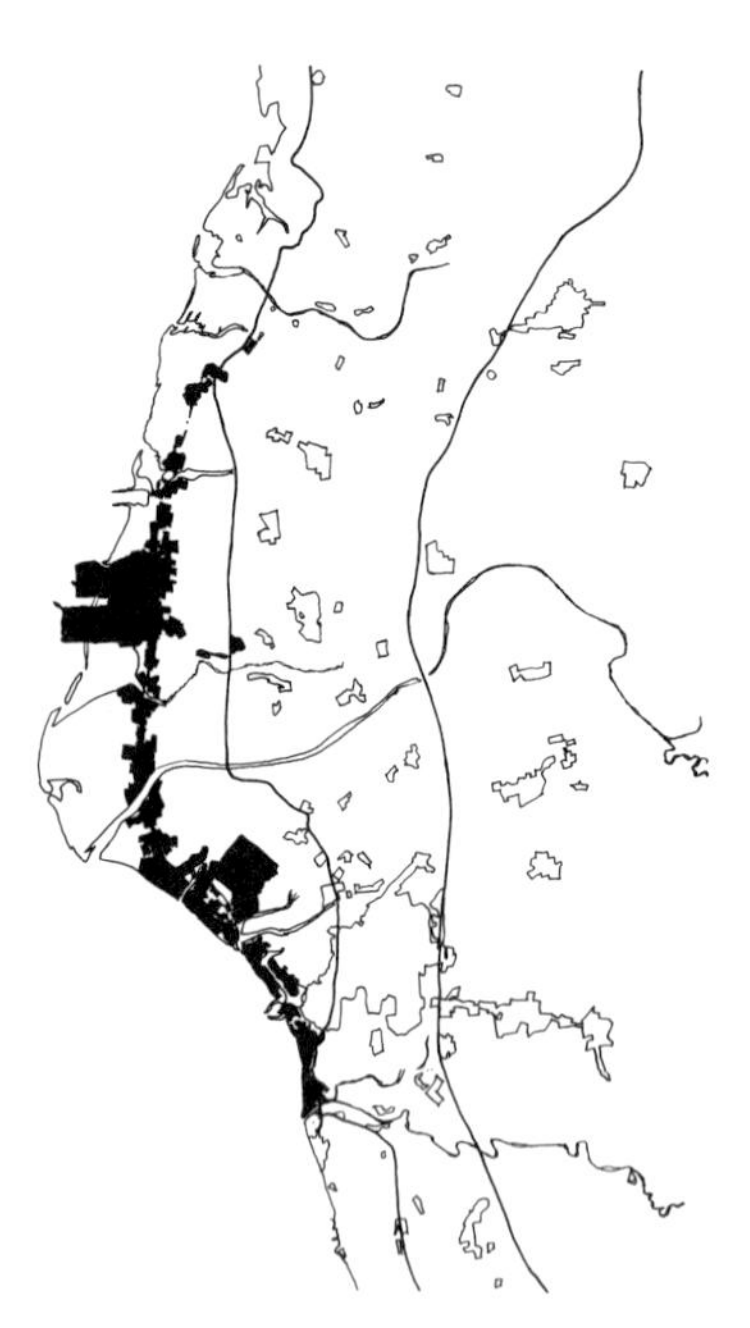

浜南工業団地計画による生息地の喪失範囲

都市の回復力が増すことが実証されている（多様な種が食物連鎖上その他の機能において代替できる場合、例外になる）。人類の種としての回復力は生物的多様性から大きな利益を受けているが、それは私たちの生存の鍵を握る遺伝子構造を守るためだけでなく（乳がんや卵巣がんの抗がん剤の主成分であるタクソールはイチイから抽出された）、持続可能な都市形態を創るためにも重要なのである。クロツラヘラサギの例では、河口やその周辺の湿地の保護がクロツラヘラサギを絶滅から救い、漁業で7000人、漁業関連産業で1万6000人の雇用を新たに創出し、湿地を維持しながら真水の供給量を最大化する水資源の分配を実現している。大地がきわめて浸食

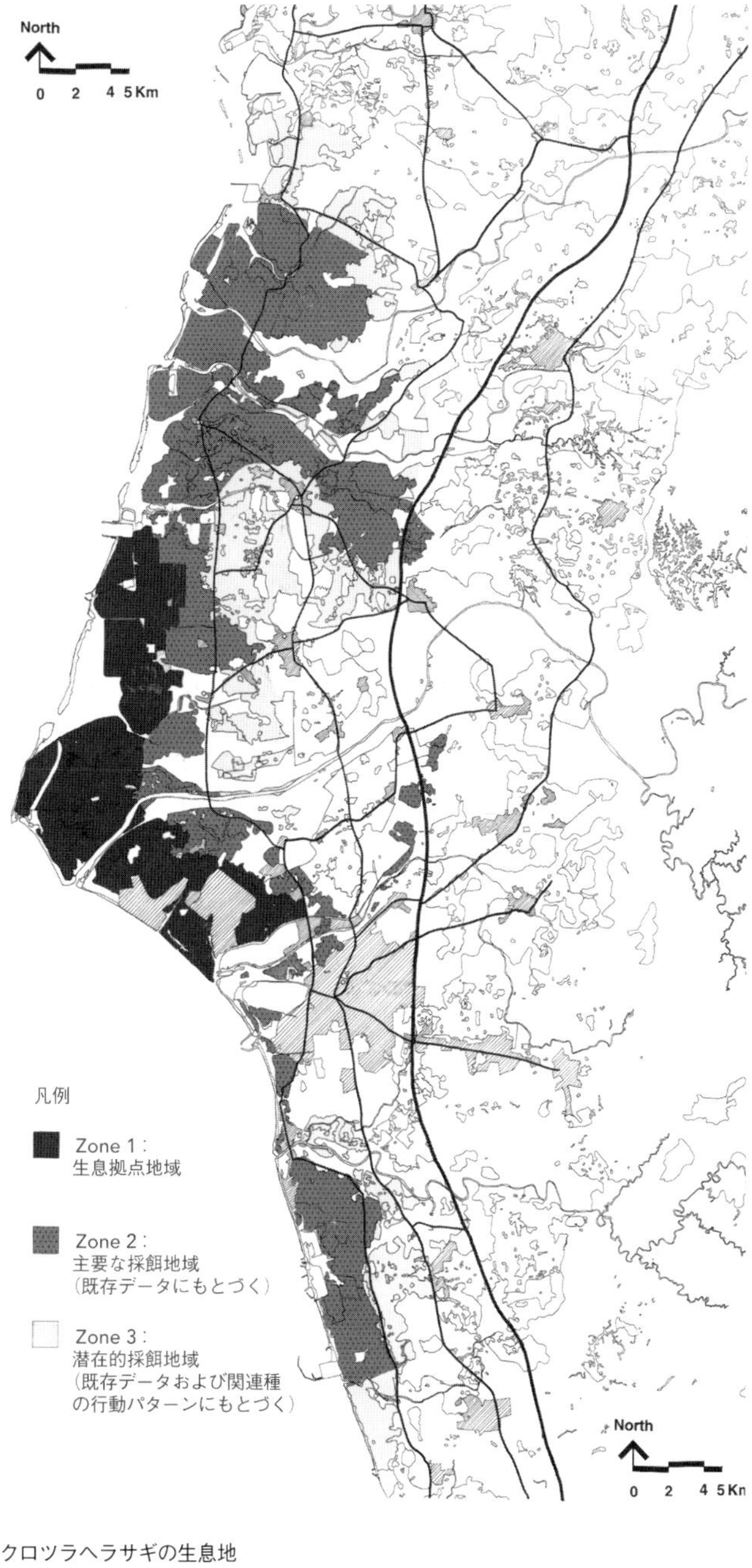

North
0 2 4 5Km

凡例
Zone 1：
生息拠点地域
Zone 2：
主要な採餌地域
（既存データにもとづく）
Zone 3：
潜在的採餌地域
（既存データおよび関連種の行動パターンにもとづく）

クロツラヘラサギの生息地
1998年、SAVEの科学者とプランナーたちは、クロツラヘラサギの生息地に適している湿地を同定し、種の生存に最重要な場所としてランキングした。そして都市化のパターンによってはクロツラヘラサギがほぼ確実に絶滅することを示した

されやすく短い河川の多い台湾では、水が最も貴重な自然資源なのである。

このような場合、つまり種や生態系の存続に不可欠な生息地を都市の形態の一部として組み込むときには、つながりの原則、とくに保全のための生物学による空間的な要請に従うことが重要だ。野生生物の生息地と都市を統合すると、都市から影響を受ける地域が増え、土地の断片化が進む傾向がある。しかしクロツラヘラサギや生態系の中心となる大型哺乳類であればなおさら、ひとまとまりの連続した生息地が必要なのである。これがＳＡＶＥの台湾計画がそれぞれ２００ヘクタールから３００ヘクタールある７つのコアエリアを必要だとしている理由である。ひとたびクロツラヘラサギが絶滅の危機から脱すれば、越冬期にはコアエリアが種の持続できる個体数を支える十分な生息地となる。マウンテンライオンの例では、内陸部におよそ２６００平方キロメートルもの生息地が必要である。多くの陸上生物種、とくに最上位捕食種にとって、最良の生息地の形態は都市部の貫入がない円形に近いものである。周囲の長さを最小化するように、都市から極力離れた広大な地域を確保し、そして拠点となる生息地を最大化しなければならない。生息地域の境界部は高い多様性をもつ生態移行帯（Ecotone、生物の生息環境が連続的に変化する場所）となるのだが、しかしそれでも大型の動物のための生息地を創出するためには都市との境界線は最短化されるべきなのである。さまざまな種の生存に必要な生息地の面積や条件によって、都市形態への組み込み方が決まる。たとえばクロツラヘラサギの生息地は、比較的小さな拠点でよいので（また養魚池との共生関係もあって）、ピューマの生息地よりははるかに容易に都市に組み込める。対照的にピューマやその他の最上位捕食種の生息地は、都市の形態を決める境界部を形成する。これ以外の組み込み方はない。陸上生物種が必要とする都市や人からの分離と、都市や近隣地区の形態を決めるための野生生物の生息地の都市への組み込み、この両者が実現するように生息地と居住

先住民の芸術センター

塩田からとれる塩の山の提案スケッチ

塩の山を観光する

地を配置することは、都市デザイナーのおおいなる挑戦なのだ。

都市に絶滅危惧種のための生息地を作ったはいいが、しかしその種を含む生態系全体が持続するためには規模も質も不十分だったということは、よくあることだ。野生生物の生息地が全体としての生態系を維持できるとき、とくに最上位捕食種が生存できるものであるとき、生物的多様性が実現される。これらの種は、生息地が断片化され絶滅することが多い。また同様に重要なことが、健全な遺伝的多様性のための十分な個体数と、一定の確率で起きる大量死から回復できる個体数を維持するために生息地を複数カ所、作ることである。絶滅寸前であるクロツラヘラサギの場合、曾

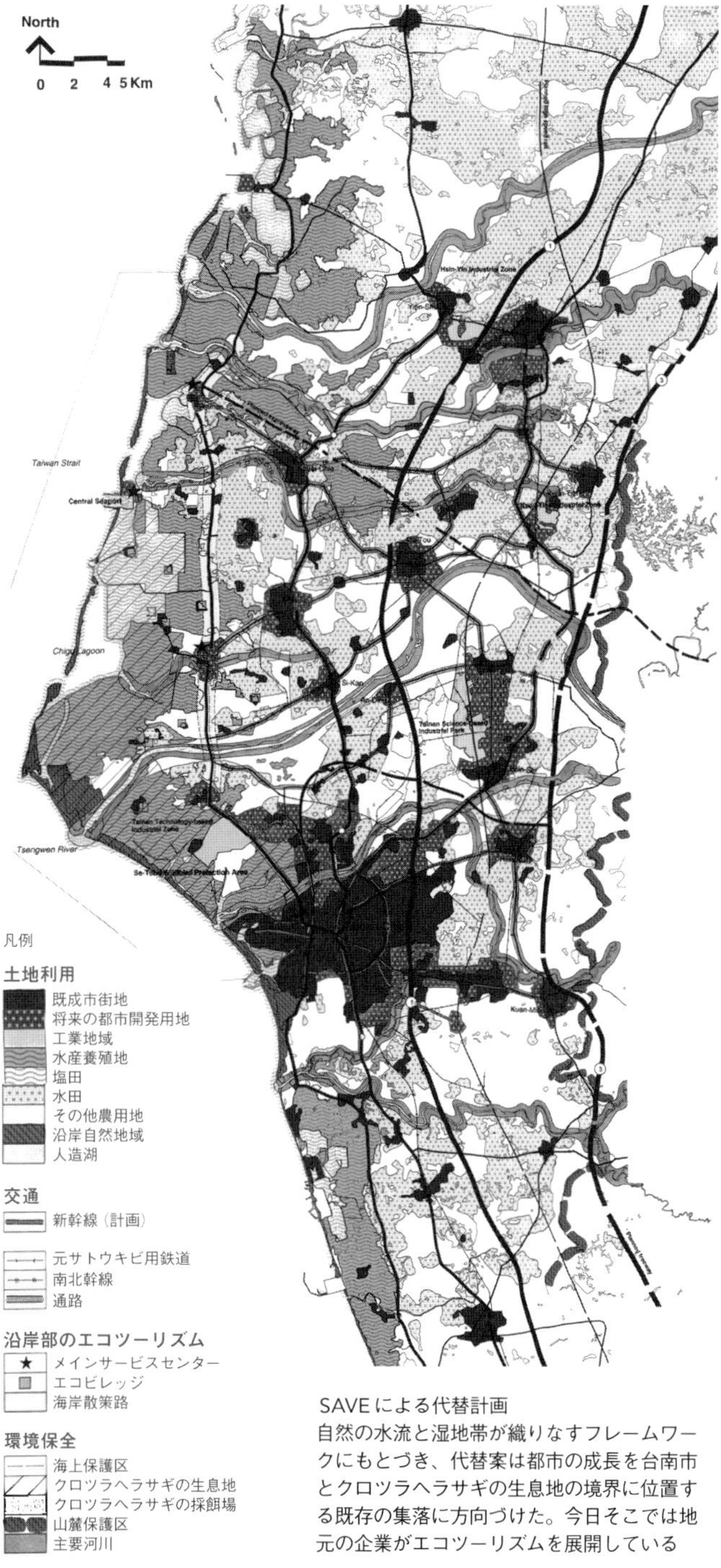

North
0 2 4 5Km
Taiwan Strait
Central Seaport
Chigu Lagoon
Tsengwen River
凡例
土地利用
既成市街地
将来の都市開発用地
工業地域
水産養殖地
塩田
水田
その他農用地
沿岸自然地域
人造湖
交通
新幹線（計画）
元サトウキビ用鉄道
南北幹線
通路
沿岸部のエコツーリズム
メインサービスセンター
エコビレッジ
海岸散策路
環境保全
海上保護区
クロツラヘラサギの生息地
クロツラヘラサギの採餌場
山麓保護区
主要河川

SAVEによる代替計画
自然の水流と湿地帯が織りなすフレームワークにもとづき、代替案は都市の成長を台南市とクロツラヘラサギの生息地の境界に位置する既存の集落に方向づけた。今日そこでは地元の企業がエコツーリズムを展開している

文河口域に危険なほど集中している。世界中に生息するクロツラヘラサギの3分の2が、直径10キロメートル以内で越冬する。この結果、2002年の冬には全クロツラヘラサギの5パーセント以上がボツリヌス菌中毒により死んでしまった。この経験から台南の沿岸湿地に、相互に離れた複数の生息拠点が必要だと考えられたのである。これがSAVEが7つの異なる生息拠点を創ろうとしているふたつ目の理由である。これによって遺伝的多様性が保全され、クロツラヘラサギに1ヵ所しかねぐらがなければ、たった一度で死滅に追い込まれる石油流出事故のような災害にも耐えられるようになる。都市デザイナーが注意すべきは、異なる生物のための生態系にはそれぞれ独特な空間的要請があることを知り、それを都市形態へ統合する前に十分に調査することだ。野生生物の拠点となる生息地を都市へ組み込むことはただでさえ難しいことだが、ほとんどのランドスケープが改変されている場合はとくに困難を極めるだろう。これまでは遠く離れた原野に野生生物保護区を設けるのが、いちばん簡単な方法だった。しかしこれでは、都市住民の望みが満たされることはない。私たちには利己的で人間中心の価値観があって、日々の暮らしのなかで野生生物を観察したいという欲求も少なからずその価値観にもとづいている。私たちはこの価値観に依拠しながら、貴重な種の生息地をデザインしうまく都市形態に組み込むことができるだろう。科学を空間の原則へと翻訳するための文法を知り、優れた科学と知識をもつことで都市は作り変えられるし、地方全体も生物的多様性を維持しながら同時に都市居住者が豊かな恩恵を受けられるように形成されうるのである。

クロツラヘラサギの保護活動では、地元住民が直接その恩恵を受けることができた。村の住民たちは、新たな計画のための闘いを通じて力をつけていった。地元住民のグループはSAVEと協力し、七股〔Chigu〕湖と周辺の湿地に国際的な注目を引きつけた。そして彼らはついに、浜南工業団地計画の撤回を勝ち取ったのである。しかしこの闘いをリードした環境保護グループは、現在の湿地をめぐる皮肉な状況も理解している。この地域は、科学的調査にもとづけば生物的多様性のホットスポットに該当し、国際連

内海の漁師

龍山の魚市場

合のラムサール条約の基準による国際的に重要な湿地〔wetland of international importance〕に該当するとされている。一般的には絶滅危惧種の1パーセントが生息する場所は、ラムサール条約の認定基準を満たす。台南沿岸は世界中のクロツラヘラサギの80パーセントの越冬地であった。しかし台湾は国連加盟国でないため、台南沿岸の湿原に公式にラムサール条約が適用されることはない。それでも外部の人々がこの場所の重要性に気がつき始めるにつれて、地元の人々もまた自信と誇りを取り戻していった。住民は直ちにエコツーリズム計画を実行に移した。この5年間でクロツラヘラサギとその関連する場所が、年間50万人近くの観光客を惹きつけ、雇用の増加は10年間の目標値を上回った。すると地元の企業家やNGOは、予定より早くさまざまな施設を建設でき、そしてまた数千の新たな雇用が創出された。SAVEはレストランやボートツアーの運営から環境教育センターや土地利用計画までさ

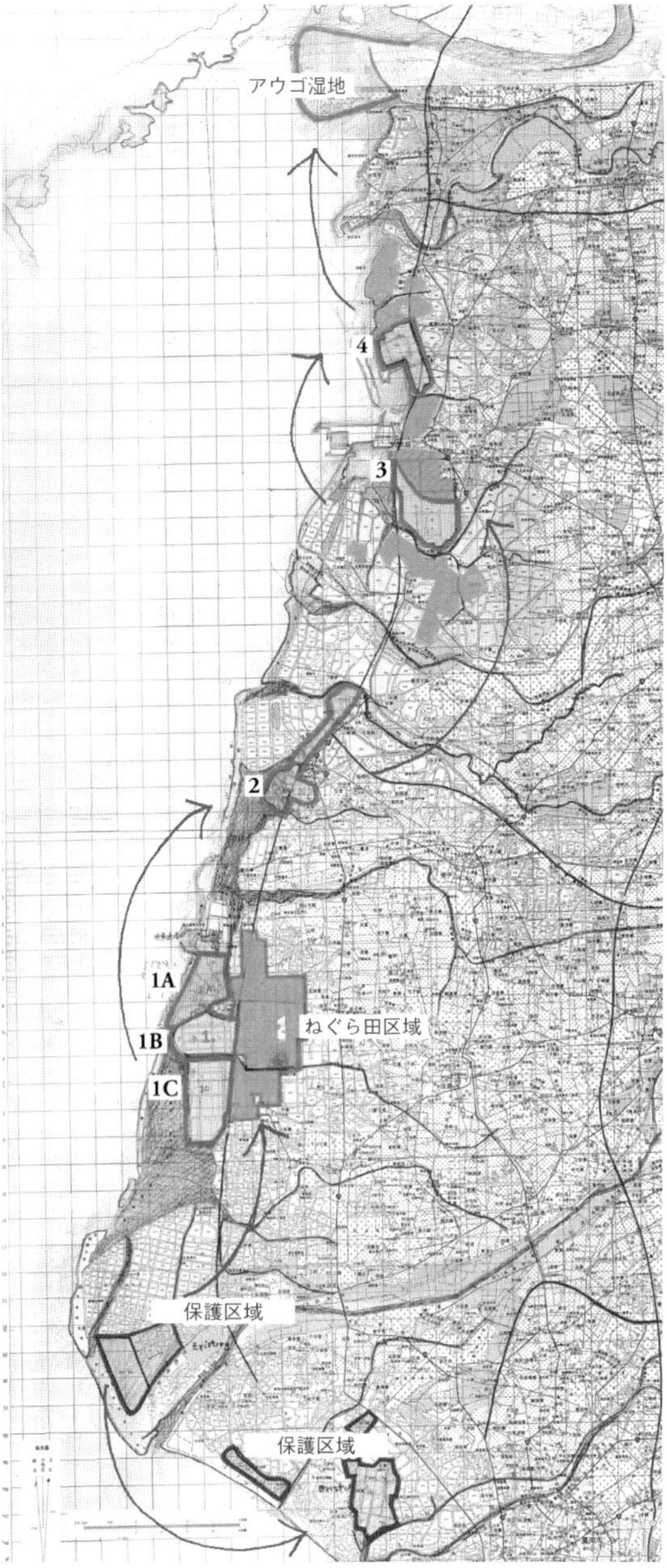

飛び石状の生息拠点
現在は湿地帯のうち2ヵ所だけが保全されている。この湿地帯は1万6000人の漁業関係の雇用とクロツラヘラサギの生存に必要不可欠な場所である。他の5つの拠点は、鳥群が分かれて広がれるように考えられているところである

まざまなアドバイスをしてきたが、しかし沿岸域の各集落は、生物的多様性を維持することから利益を得る方法をつねに主体的に開拓してきたのである。地元自治体が、エコツーリズム教育センターを建設し、水陸の観光ルートを指定し、野生生物観察区をいくつも作った。現在では4つの村が、野生生物の生息拠点を組み込んだ経済開発計画を作成している。それでもこうした多くの成功を黙殺するかのように、台湾政府は不備のある環境影響評価を承認したままであった。スー・ファンチが台南県知事に当選し、ようやく浜南工業団地の建設が中止されたのである。

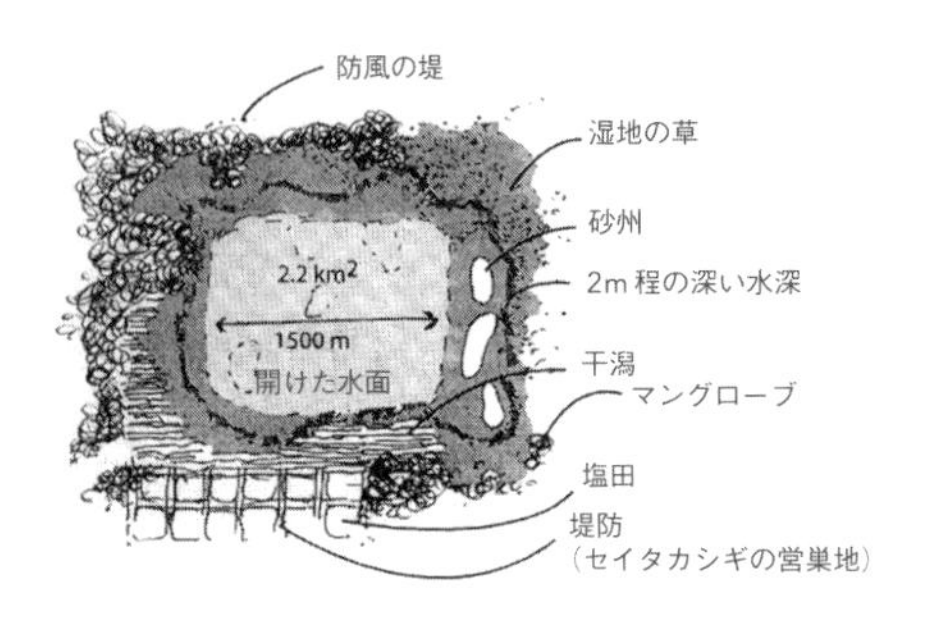

ねぐらの必要条件

国立台湾大学のデザイナーらは、マングローブ、塩原、そして干潟など多くの生態系を表す場所に合った野生生物展望台を設置した

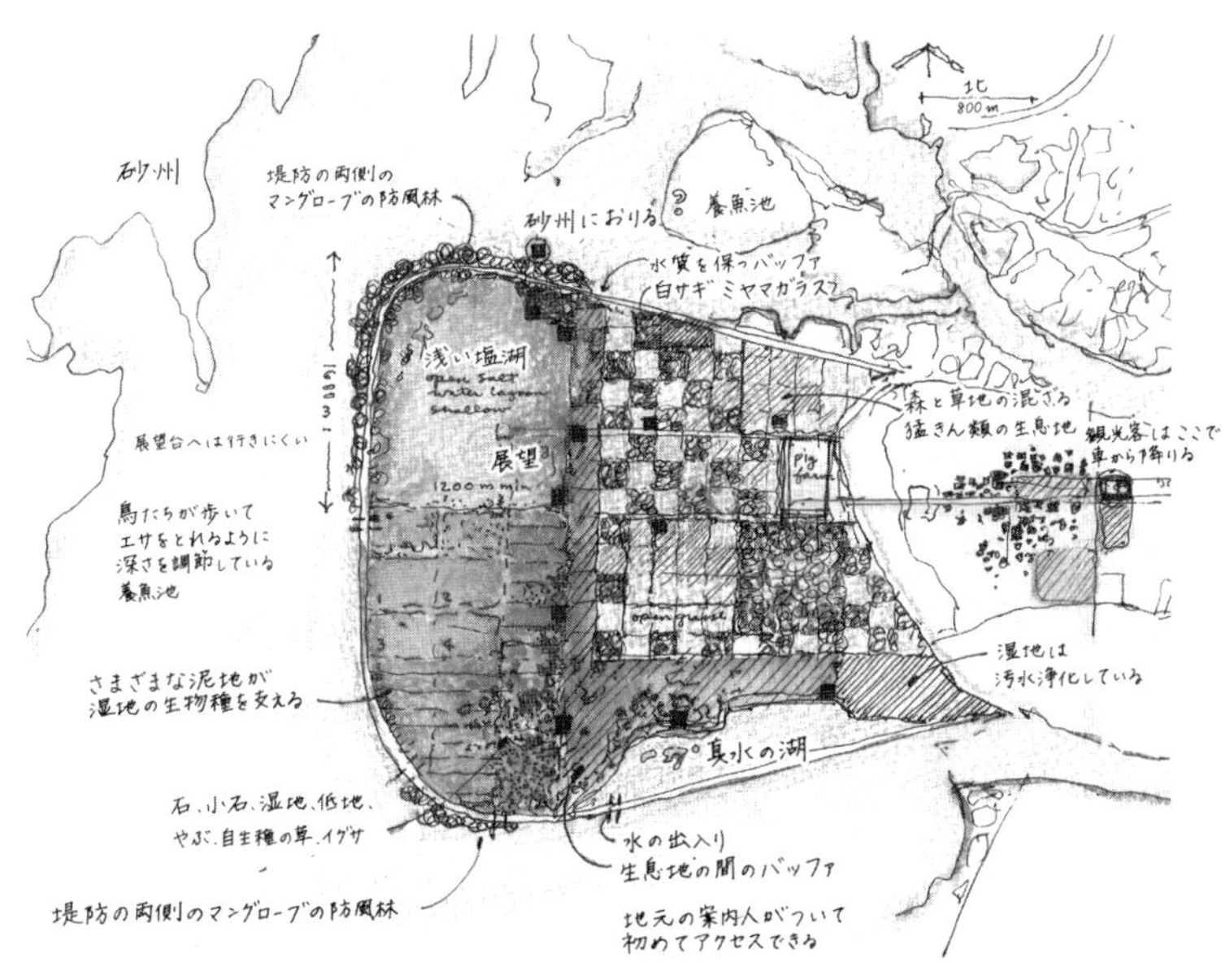

アウゴ湿地は、飛び石状に配置される生息拠点に相応しい十分な広さをもつ数少ない場所のひとつである。地元の村人もデザインに参加し、生息地の保全、アクセス、そして観光業の利益を自分たちでコントロールできるように設計した

文化的多様性

世界的には、生物的多様性と同じく文化的多様性もまた、急激に減少している。社会的多様性を明示する指標である言語を見てみよう。今日、世界ではおよそ６０００の言語が話されているが、伝統的文化がグローバル化するにしたがい、２１００年には３０００にまで減少する可能性がある。言語の指標からみると、１００年以内に私たちの世界の文化的独自性は半減する。カリフォルニア州だけでも、１０００年以上もの間話されてきた34の先住民言語が失われると予測されている。[10] 人類の居住形態と文化的多様性の保護には、直接的な関係がある。これは文化の固有性がランドスケープに現れ、具体化することがきわめて多いことからもわかる。トルコ、ハラン地方の蜂の巣状建物や山の多い日本の棚田、ニューメキシコ州メシージャの旧市街の活気溢れる中央広場ソカロ、台北で自然発生する路上劇場、ミネソタ州セントポール市のモン族移民の都市農地などがすぐに思い浮かぶ。こうした文化の複雑性は、物質的なものも非物質的なものも世界中で失われつつあるが、それは都市形態が普遍的な建築と化し、すべてを均質化したことに起因する。固有の文化をもつ人里離れた農村部ですら、メディアを通じてグローバル文化に席巻されている。この事態は、かつての植民地主義ですら招来しえなかったことなのだ。文化的多様性の喪失は、遺伝的多様性の減少と同じ理由からきわめて憂慮される問題である。どんな文化が、未来の回復力への鍵となる

特別な居住形態をもっているのか誰にもわからないのだ。

たとえばボルネオ島のペナン州の人々はサゴヤシの木を８つの異なる名で呼ぶが、それはデンプンやその他10余りもの必需品をこの木から作るからである。彼らにとって、サゴは生命の木である。この人々はまた２０００以上ある小川に一つひとつ名前をつけ、順位づけ、生存に必要なそれぞれの川の微妙な差異を識別している。彼らの土地は近年、外部の材木業者によってひどく破壊されてしまった。今日では伝統的な遊牧文化を継承しているペナンの人々は、３００人しかいない。彼らは自分たちの環境を表すのにふたつの単語を使う。世界は木陰の土地か破壊された土地に分割されてしまったのだ。森の喪失が、ペナンの文化を確実に滅亡させるだろう。この人々とその生活様式は、彼らのランドスケープとともに死滅するだろう。実に多くの理由からこれは大問題なのだ。もし彼らが生き残るならば、私たちに教えてくれるだろう多くの教訓は、そのひとつに過ぎない。ペナンの人々は共有が義務だと信じているので、ありがとうという言葉をもたない。彼らは、彼も、彼女も、それも同じひとつの単語で表し、私たちに相当する単語を6種類もち、使い分ける。さあ、協働の方法について、アメリカ人が彼らから学べることを想像してみるとよい。これこそアメリカのモットー、エ・プルリブス・ウヌムではないか。彼らが、「可能にする形態」について私たちが知る必要があるすべてを教えてくれるだろう。[11]

アメリカでは、トップダウンの力もボトムアップのそれも、都市の形態に表出した文化的差異を壊している。都市デザインが、アメリカに到着して日の浅い移民の文化的変容、主流文化への同化と結びつくことは少なくない。公園では支配的な文化規範が日々演じられ、新たな移民に対して「どのようにふるまうべきか」を教育する手段となり、逸脱行為を減らし、人々を均質化し、私たちの都市から望ましくない異文化を取り除いている。[12] 連邦政府による都市再開発や高速道路が、貧しい人々や移民の住む近隣地区を撤去し、そして見事に文化的多様性を衰退させた。[13] しかし移民たち自身の願望もまた、こうしたトップダウンの力と同様に強いことがある。多くの移民は古くから伝えられた文化的様式を捨て去り、支配的文化に熱心に加わろうとする。これは文化のるつぼの根本的な命題なのである。[14] 同化への抵抗が起こることはほとんどない。多文化を支援する近年の運動でさえ、独特な文化の維持よりも社会的資源の公正な分け前を求めるものに見える。この両者をどちらもうまく実現できる方法はないのだろうか。

コミュニティデザインを用いて対抗することで、文化的多様性を保全している事例がある。6章「特別さ」で記したタオの人々の住居〔Tawo House〕を思い出してほしい。この対抗の事例が、文化的多様性を維持する未来の都市ランドスケープをデザインする方法を教えてくれる。[15] たとえば移民の多く暮らす居住地区に刻み込まれた多くの特徴ある空間は、繰り返す日常のなかで彼らの文化的差異を守っている。重要なのは、分離すること、広大な領域、アクセスしにくいこと、文化的特異性のためのデザイン・ガイドライン、文化がはっきりと表された場所の保全、である。

農村では距離をとることにより分離し、都市においては歴史的、社会的文脈を尊重し分離することで、それぞれの文化に固有な行動パターンと環境への適応の両者が守られる。農村でも都市でも、住民の数や共同体の規模が小さすぎると、文化は維持できない。最低限の人口を維持するための十分に広い土地が不可欠なのである。文化的多様性も生物的多様性と同様に、少数の個体が狭い生息地に閉じ込められ島嶼効果を被り、絶滅に追い込まれることを避けなければならない。分離と十分な広さの土地はまた、高速道路がないこと、人々が簡単には近づけないことで安全や孤立が保障される。都市においてこのような場所は、物理的にアクセスできないこと、あるいは他者を締め出す記号〔stigma〕によって作り出されるだろう。

支配的文化の力や魅惑に抗えるマイノリティ文化はほとんどないが、それでもいくつかのグループは特徴的な建築様式やコミュニティの形態を堅持し、そして自らの文化への誇りを再び発見している。文化的多様性の存続には特別な空間が不可欠なことをよく知る都市デザイナーだけが、移民の誇りとアイデンティティを強化できる。このためには、文化的な差異が環境に表現されることを違法とする規制や基準の変更が、どうしても必要である。この規制にはゾーニング、セットバック、建築基準など、都市を形作る基本的なルールも含まれる。高密度な居住の防止、伝統的建築の利用の禁止、前庭での自動車修理の禁止、家畜の飼育禁止などの規則は、表面的には大した問題ではないように見えるが、しかし水面下では多様性と回復力を損なっていく。

マイノリティの人々は、独自の文化が主流文化に勝る地区全体を自らでまとめなければならない。公共空間は道路も公園も、一般的規制ではなくそれぞれの文化の特異性によってデザインされるべきなのだ。アメリカの多くの都市にある本物のチャイナタウンや移民地区や孤立した異文化地区にある、住民だけが使う公共空間にその例を見ることができる。同質化や一般化を強いる規制を超えて、これらのオープンスペースは普通なら逸脱とみなされる利用も可能にしており、つまり多様性の入れ物となっている。こうした文化的な混血とも呼べる空間は、外部者には居心地悪く感じられ、あるいは彼らが入ることを拒否しさえする。そこでは都市を覆う主流文化と比べれば排他的な多様性が創り出されるが、しかし地区の内側には明確な構造がある。このような場合には、外部の人々と協働する施設や彼らのための教育設備を住民が用意するとよい。ここから生まれるつながりが、分離されてはじめて実現できる多様性に必然的にともなうネガティブな影響を打ち消す。[16] 距離を置くこと、居心地の悪さを都市の形態に導入することで、文化的複雑性が強化されるのである。[17]

世界的な異種混交とグローカル・デザイン

グローバリゼーションが、生物的多様性も文化的多様性も減少させている。[18] 都市デザイナーは均質化に抵抗し、場所を異種混交の器にしなければならない。ひとつの都市の形態が、他の都市のそれとは明確に異なるようにする。[19] この原則によってすべての都市が、それぞれ固有の内的な統合を保ち、生態系に根を下ろし、よりよく環境に適応する形態をもてるようになるだろう。これは世界的な結びつきを無視することではない。地域に固有な場所を作る細かな差異が、デザインの発想の源とならねばならないということなのだ。グローカルなコミュニティこそが、地域の独自性と世界への意識を両立させ、回復力を高めるのである。これは、ウェンデル・ベリー〔Wendell Berry〕が言う「自らを意識する地域の生活」である。[20] 自らを意識化するデザインは、ひとつの行動で生物的多様性と文化的多様性の両者に貢献できる。内的な統合と世界的規模での多様性を一度に創り出すのである。[21]

異種混交は、対立を生みはしないだろうか。おそらくそうではない。文化的な相違がデザインに表現されると、多様性が具体的に表れ理解できるものになる。謙虚に相互に与え合う尊敬が、差異を正しく評価し、賛美し、楽しむことを可能にする。しかしデザインだけでは、極端な自民族中心主義や外国への憎悪に対抗できないのも事実である。

ランドスケープの形態と多様化した経済

多様な経済をもつ都市は安定し、回復力を備える。[22] わかりきったことなのに過ちは何度も繰り返され、台湾の新竹市のように経済が過度に1分野に特化し損害を受け、そして再び学び直される。都市のランドスケープの形態は、ビジネスの多様性に寄与するだろうか。もちろんそうだ。ポール・ホーケン〔Paul Hawken〕は、生物の種の多様性こそすべての富の源泉であると述べている。そして持続可能な経済の基準を以下のように説明する。[23] 大事な原則は、その土地の生産物を創り、加工し、消費することで、経済はその場所、その土地に適合したものであるべきである。「自らの土地で必要なものの多くを調達できるコミュニティは、国全体や世界規模での経済の混乱の影響を受けにくい」。[24] そのようなコミュニティは景気がよければ繁栄し、そして景気が悪いときにこそ強い回復力を示す。

ホーケンは、経済の中心的問題が経営などではなくデザインの問題だと考え、「すべてのビジネスに共通する誤謬が蔓延している」[25] とした。持続不可能な経済は、大地から人々の口へと簡単に資源を利用できる居住形態を見出すことに失敗している。[26] これはとりわけデザインの問題である。強い回復力のある都市や地域は、概して自給自足できる。自給自足を可能にするのが、多種多様な資源を短期間で直接消費者に届けることができるランドスケープの多様性なのである。生産と消費が統合されればされるほどよい。都市が効果的に調整され、土地利用の不整合や対立を生むことのないようしなければならない。互いに依存する隣接地の法則〔2章「つながり」〕を思い出してほしい。

自立的な地域経済においては、極端な環境要因や激しい異種間競争によって多様性が抑え込まれることも多い。そのような場所で多様性を増大させるには、ランドスケープのデザインを通して極端な環境要因を抑え、思いもよらないパートナー間での共同事業を作り出すことである。また一般的に輸入に頼る経済体制においては、規模の経済が実際にも認識のうえでも多様性を制限している。シューマッハ〔Ernst Friedrich Schumacher〕が、適切な規模は目的によると指摘している。もし多様性を主要な目的にするのなら、ハイテク産業であろうと養豚業であろうと、単一産業の集積は制限されなければならない。さらにシューマッハはすべての活動には適切な規模があり、規模の経済は大抵企業が提案するよりはるかに小さな集中によって達成でき、成功のためには単一産業の集積よりむしろ多業種間の緊密な協調が必要だと記している。このような指摘は社会的な環境が移り変わる場所、すなわち社会的環境の移行帯を組み込んだ都市の形態が必要であることを示している。より正確には、社会的な境界効果〔social edge effects〕によって、普通では考えられないようなパートナー間の創造性が生まれる空間的な窪みや突起、でこぼこを作らなくてはならない。[27] たとえば養豚業者が同業者といるよりも、湿地の生態学者と知り合うときに重要な発見が生み出されるだろう、ということだ。[28]

以上述べてきたように、都市プランナーは多くのデザイン上の示唆を受けて、多様な経済を育むランドスケープを創造することができる。そのためには、(1)生物的多様性を保護し、(2)地域の自然資源と場所に適合した産業を選択し、(3)配置と敷地のデザインを通して多様性を制限する極端な環境要因を抑制し、(4)小規模な経済に合ったランドスケープと土地利用の多様性を増大させ、(5)地域内で可能なかぎり地域の需要を満たし、(6)隣接による対立を最小限にするデザインにより、相性の悪い土地利用を抑え、(7)異なる土地利用の間に創造的な相互作用を起こす舞台を作る、ことが重要なのだ。

用途の混在した近隣地区における社会的環境の移行帯
〔Social Ecotone〕

排他的で単一の機能を振りあてるゾーニングにも、かつては意味があった。1世紀前に家内工業が発展し有毒な廃棄物に住民が脅かされたとき、工場を地区外に追い出すことはきわめて合理的な対応だったのだ。やがて健康への脅威を隔離することが、公衆衛生、安全、福祉になんら影響を及ぼさないものも含め、土地利用をすべて分離する根拠となり、口実となっていった。そして単一の都市的機能を担う広大な地区、商業地域、工業地域、住居地域が出現した。今日ではたとえば8ヘクタールの戸建住宅専用地区に、わずか0・5〜1ヘクタールの一般住宅地区を設けることさえ(衛生、安全、福祉上の脅威はないのに)、「命に関わる侵入」とされ、実現できないのである。そして高い資産価値や社会的地位が、都市デザインの「極端に狭隘な考え方」による地区の分離と結びつく。[29] 繊細な多様性の喪失は多くの問題のひとつに過ぎないが、しかしとても重要なものなのだ。

　多くの偉大な思想家たちがこの数十年、土地の複合的利用を健全な都市への戦略とするように提唱している。この議論は生態学者や都市計画家[30]（近年では土地利用を複合化する詳細な方法を示している）から始まった。ピーター・カルソープ〔Peter Calthorpe〕が近隣地区と地方、両方のスケールでの人口と土地利用の多様性を論じ[31]、現場で土地利用の分離という問題に直面したアンドレス・ドゥアニ〔Andres Duany〕とエリザベス・プレイターザイバーグ〔Elizabeth Plater-Zyberk〕は、これに対処するためのデザインの原則を打ち立てた。いわく「近隣地区では、住居、買い物、職場、学校教育、礼拝、レクリエーションなどの活動がバランスよく複合していること」[32]。家から約400メートル以内に、右にあげたものすべてが存在するようにすること。実際の複合的利用には、さまざまな所得層のための住宅タイプの提供も重要で、ガレージアパート（ガレージを改装した住居）、店舗の上階の住居、共同住宅など、低所得者も住めるアフォーダブル・ハウジングがあること。これらが彼らの原則である。[33]

　リチャード・レジスター〔Richard Register〕による統合的な近隣地区という主張にも、同様の特徴が見られる。彼の描いた近隣地区計画は5000〜1万5000人の人口を対象とし、人々は皆、半径400メートル以内（または徒歩5分以内）に住み、そこにはすべて必要なものが揃っているというものだ。暗渠化しない小川と農地も計画されているが、これは居住密度をわずかに増やすことで実現している。家畜の飼育場、リサイクル回収所、太陽発電と風力発電プラントもある。つまり近隣地区のスケールでの自立的な複合的土地利用の提案なのだ[34]。彼の複合計画は多様で全体的であり、都市内を分離する区分を必要としない。ニューアーバニストたちは、すでに機能の特化している地区ですら土地利用による分離を正当化する理由は存在しない、という基本理論を提示し、多

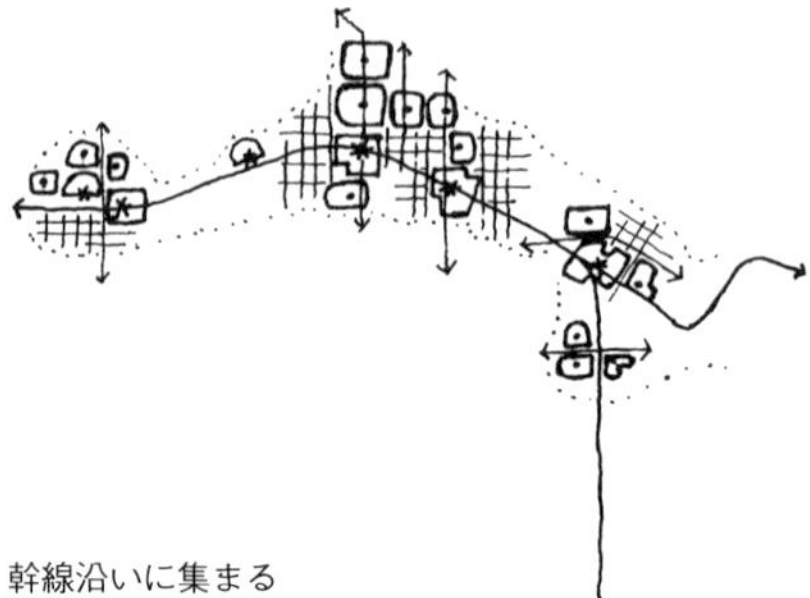

幹線沿いに集まる

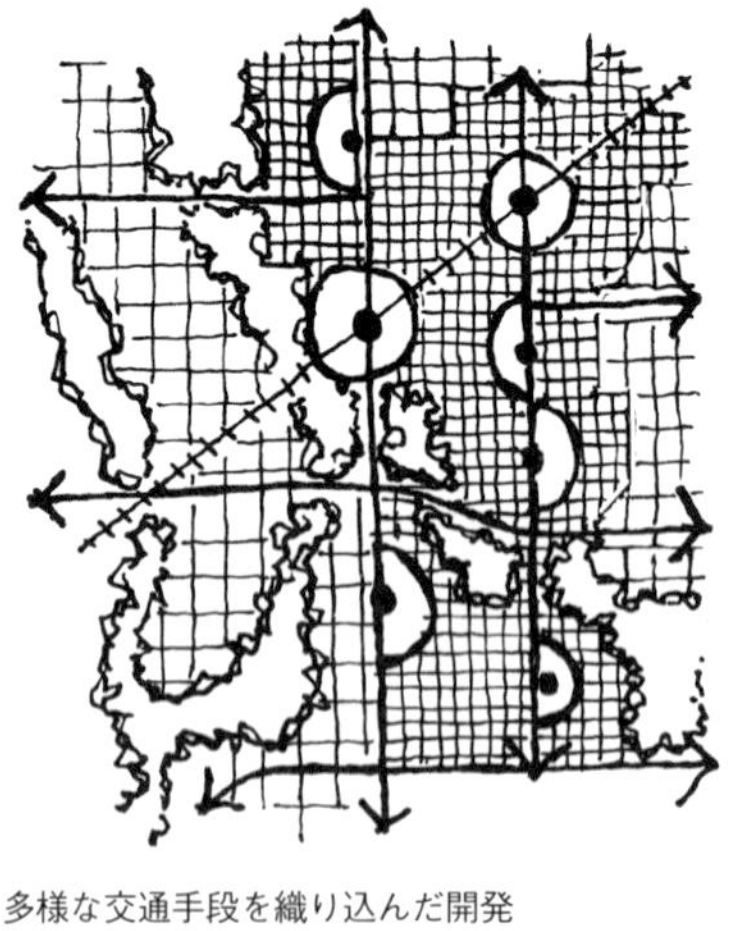

多様な交通手段を織り込んだ開発

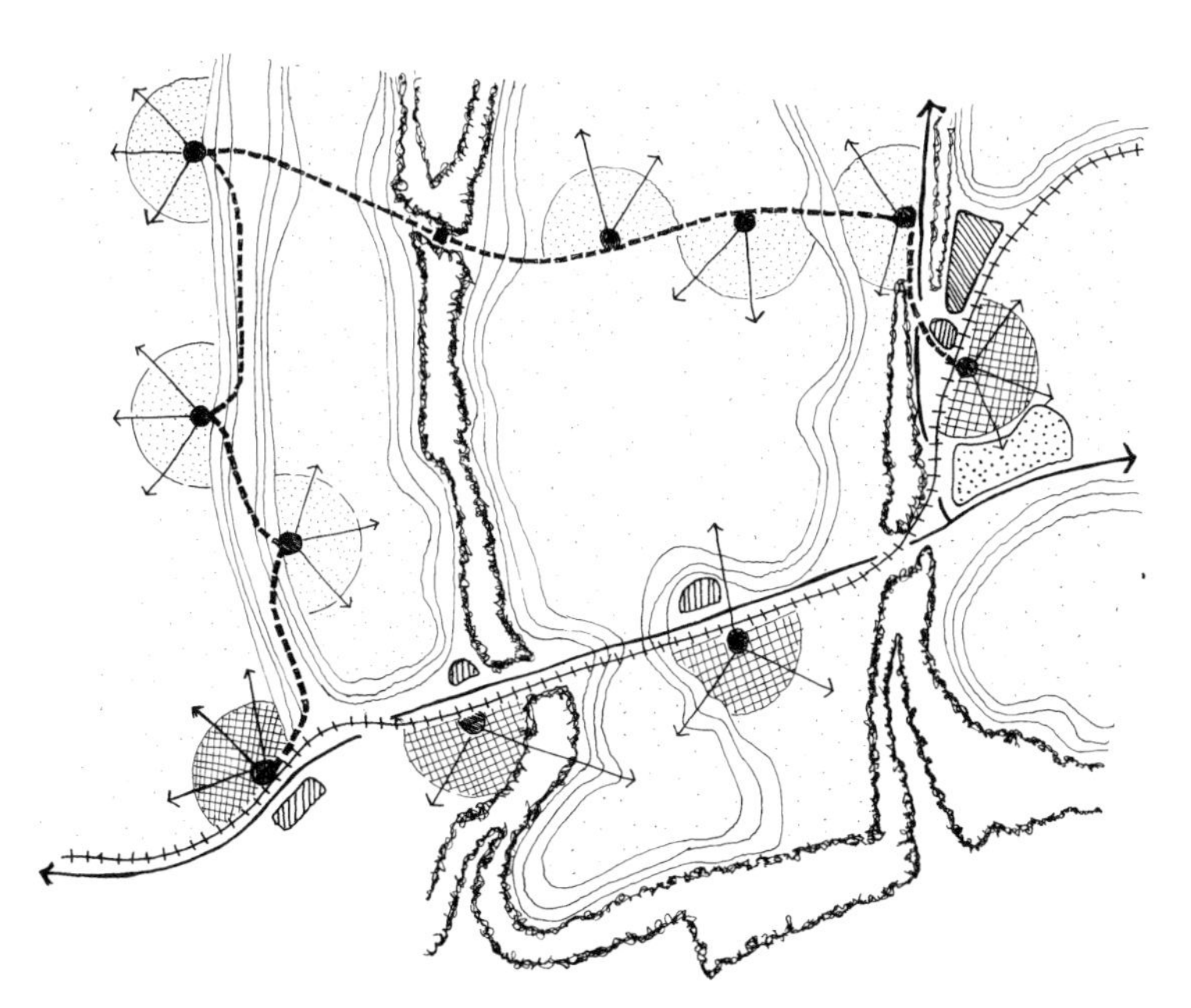

ピーター・カルソープは、交通を中心にした開発、小売店の存続のために少なくとも 1.5 キロメートル離れた駅ごとの開発が大切であり、歩行圏内に多様な土地利用も必要であると説く

様性を主張するのである。[35]

強い有毒物質を使用し排出するような産業の隔離は正当かもしれないが、しかし私はそんな施設でも近くにある方がよいと思う。それは有害物質から目をそらさず、その産業の製品に依存している自らの責任を直に感じるためである。多くのものが共存できる隣人となる可能性を有している。[36] 毒性が強いため住宅主体の近隣地区と共存できない産業は、結局のところ止めるべきなのである。そうした工場をより貧しい地区や国へと押し出すよりは、ただ止める方がはるかに賢明ではないだろうか。このままだと数十年先に、汚染された土壌を浄化するコスト、汚染された人々の医療のコストを私たちが負担することになるのである。

さまざまな社会階層がひとつの近隣地区に暮らすために問題となるのは、実は、用途の混合よりも人々の抱く感情である。多くのアメリカ人が均質性、すなわち自分と同じような人々と一緒に住み、自分と異なる人々とは隔てられていることを好む。[37] これはすべての社会階層と民族集団に当てはまる真理である。[38] 集住と分離は、たとえば、文化的多様性を保護する。同質な地域や集団が、強い助け合いを生み、公共生活に必要な道徳心の共有を可能にし、ストレスから守り、そして人々を力づける。

このように自ら選ぶ社会的分離もあるのだが、しかし多くの場合、社会的な分離は地位、抑圧、差別、強制の問題である。実際に社会的に多様な人々が混住している近隣地区が、抑圧や差別、偏見を克服するひとつの方法を示してくれる。[39] そしてそのような地区はまた、分離によって人為的に単純化されてしまった私たちの世界観を再び広げてくれる。[40] 多様性を統合した近隣地区が、本当は異種混交を好むアメリカ人に選択肢を提供する。[41] 都市は現在、多様性の欠如に悩まされている。そして社会の複雑性と多様で複合的な土地利用だけが、回復力を高める。多様性はおそらくコミュニティにおける社会的な対立を最小にし、不確かな状況に対応するための最良の保険なのである。[42] そのためには選択、マイノリティ文化のための場所、多様性の統合された近隣地区が必要とされる。しかしそれでもまだ、問題は残っている。

どのくらい多様であれば十分か

自然の生態系では、種が少なく1種あたりは多数であることと、多種だが1種あたりは少数であることの割合は予測可能である。これと同様に、近隣地区の回復力を最大にする用途の複合度合いも、多様性を表す指標によって決まるのだが、[43] 私たちはいまだそれを知らない。生物学ではこの指標が、統一性と多様性のバランスを創る。カオス理論ではこれが、反復する自己相似として表される。人間関係においてこれは、秩序と自由、相反する両者への欲求[44]であり、秩序と正義への欲求[45]である。都市デザインには、秩序とカオスの間のバランスを探り、[46] 画一性ではなく統一性を求めることが要請される。今日の都市デザイナーは、すべてのスケールで多様性に関する問題に直面している。たとえば住居専用地区をデザインし直す場合には、どれくらい多様であれば十分なのだろうか。

どのような生態系でも、ある種（近隣地区の場合、土地利用）が数あるいは地域において支配的となり、他の種はその下位に従属する。つまり支配的な用途と従属的なそれの比率と分布が、近隣地区のあり様を決める。住宅用途が5割程度しかない場合、居住が支配的になることはない。この場合近隣地区は、用途の混在する地域となるだろう。[47] 同時にこれは人々の感覚の問題でもある。互いに隔離された居住地区での暮らしに慣れた人々はわずかな多様化にすら反対するのが常で、そうでない人々は多くの種が混ざり合うことを好む。[48]

これではまるでユーザーの好みがすべてで、他の考えなどは黙殺されるただの人気コンテストになってしまう。土地利用を分離することに必要なすべてのコスト、それにより生じる健康と環境の脆弱性のコストがどれほどのものか、ひとたび人々が理解すれば、私たちは公共教育、都市デザイン、その他のさまざまな規制を通して、より複合的な用途の実現に向けて行動できるだろう。権力をもつ市民からの抵抗にも遭うだろうが、それでも行動し続けなければならない。専門家としてのデザイナーが、コスト調査の結論などを待つことなく回復力を増大する多様性を近隣地区に導入し、その改善のために市民と協働し始めるだろう。先述したように、比較的強い社会的同質性を保っている小さなグループや地域が、喜んで社会に受容されている場合もある。[49] しかしこれは一つひとつ慎重に判断することが必要で、たとえば排他的に隔離され広大な敷地を有する戸建て住宅地区は低所得者を締め出していて、回復力をもつ都市では望ましくなく、受容されることもないのだ。[50]

これに関連する重要な問題として、職場と住居のバランスがある。すべての近隣地区が、労働人口とおおよそ同じだけの雇用機会をもつべきなのだ。家で仕事ができれば、住居が生活空間と仕事空間になる。これが職場と住居のバランスをとるひとつの方法だろう。すると住宅地が変化に富んだものになり、平日の人気がなかった地区がいつも活気に満ちた町となる。ガレージアパート、高齢者用の離れ、既存敷地に付加する住宅ユニットは、うまくデザインすれば戸建て住宅地に組み込むことができ、近隣地区のもつ同質感を削ぐことなく多様性を加えることができる。同様に賃貸用メゾネット住宅や集合アパートメントをデザインして、通りの角に置くこともできる。これらの住宅に暮らす人々がもともとの住民の4分の1以下であれば、戸建て住宅地区の雰囲気が損なわれることはない。

一方で福祉関連の居住施設がひとつの近隣地区に集められると、これは必ず非難の対象となる。ニューヨーク市グリーンバーグでは、市がホームレスの人々のための施設を同地区に集中的に設置するのではと懸念する住民が、現状以上の建設はしないという協定を市と結んだ。[51] この場合福祉住宅が各地区の住戸の2、3パーセント以内になるように市内に分散配置すれば、人々が自分たちの町の雰囲気を壊されると感じたり、安全性に不安を覚えることはない。

住宅地区にどれくらいの商業用地が必要かは、また別の問題である。これは町の雰囲気というよりも、どれだけの商業施設が利用されるかという問題である。用途の複合化にあたっては、需要が商業空間を決める。5000人が暮らす歩行者優先の住宅地区では、約4500から1万4000平方メートルの商業面積しか維持できない。これは複数の店舗のあるひとつのセンターか、いくつかのサブセンターとして簡単に実現できる。住宅地区の密度と配置形態に応じて、商業施設を1階、オフィスを2階、住居を3階以上に配置することもできる。しかし近隣地区レベルではすべての住宅ビルの1階を商業施設にするほどの需要がないので、多くの中高層住宅ビルは複合用途にはならないだろう。

近隣地区には、どんな用途が混在するとよくて、どれくらいなら許容されるのだろうか。暮らしに必要な場所（地元の食料の生産農地、日用品を製造、修理する店、リサイクル回収所など）があればあるだけ、その地区の回復力は増す。

多様性は追求されるべきだが、しかし住宅地区では従属的な用途が住居用途を損なわないようにしなければならない。それでも私は、豊かな多様性が容易に既存の住宅地区に吸収されることに驚くのだ。十数年前、私は京都の修学院に住んでいた。戸建て住宅、店舗併設住宅、7階建てマンション、農場が混在する地域である。店舗併設住宅では、畳から台所用品まで大抵の日用品が作られている。農場は1年中新鮮な野菜を、養豚場は豚肉を供給する。果樹園、水田、ほとんど自然のままの川や野生のサルが生息する山、これらがすべて住宅地から徒歩圏内にあり、そして都市の境界となっている。この驚くべき多様性により、都市内に位置する特徴的な集落としての修学院は、統一されたアイデンティティを今日でも保っているのである。森に覆われた山と高野川を保全すること、低い場所を走る幹線道路沿いの中層建築物の高さを制限すること、川の支流や水路を暗渠化しないこと、が統一性を醸し出しており、この近隣地区が自然とともにデザインされているのだとはっきりと感じられる。街路樹、庭園や神社の木々も、この統一性にひと役買っている。このような統一性の強固なフレームワークのなかで多様性が広がり、しかし主として住宅地であるこの地区の雰囲気を乱すことはないのである。全体のランドスケープ構造に加えて、建物もまた統一性を強めている。最近までこの近隣地区の建築様式は店舗併設住宅だけで、それは地元の職人が地域の材料で建て、小さな庭をいくつもうちに抱え、通りに直に接する2階以上の建物であった。前庭は狭い小道に面していて、近隣地区のそこここでこのパターンが繰り返されていた。近年この統一性は壊れ始めている。住宅の小さな庭が駐車場に替わり、インターナショナル・スタイルの戸建て住宅やマンションがまるで郊外の町のように道からセットバックするからである。現在のところ、統一性を保つランドスケープがしっかりしているので不似合いな多様性が吸収されているが、しかしやがては不調和な変化がこの地区を覆ってしまうだろう。揃って前庭が駐車場に置き換わってしまったいくつかの通りでは、わずか数年の間に心地よい散歩道がまるで障害物レースのようになってしまった。統一性と多様性の絶妙なバランスが壊されてしまったのだ。どれだけ多様なら十分なのか。どんな多様性が問題なのか。都市デザインにおいては、これが形態を決めるすべての側面に関わる根本的な問題なのである。

修学院。交通手段が選べること

主要な住宅タイプ

自然へのアクセス

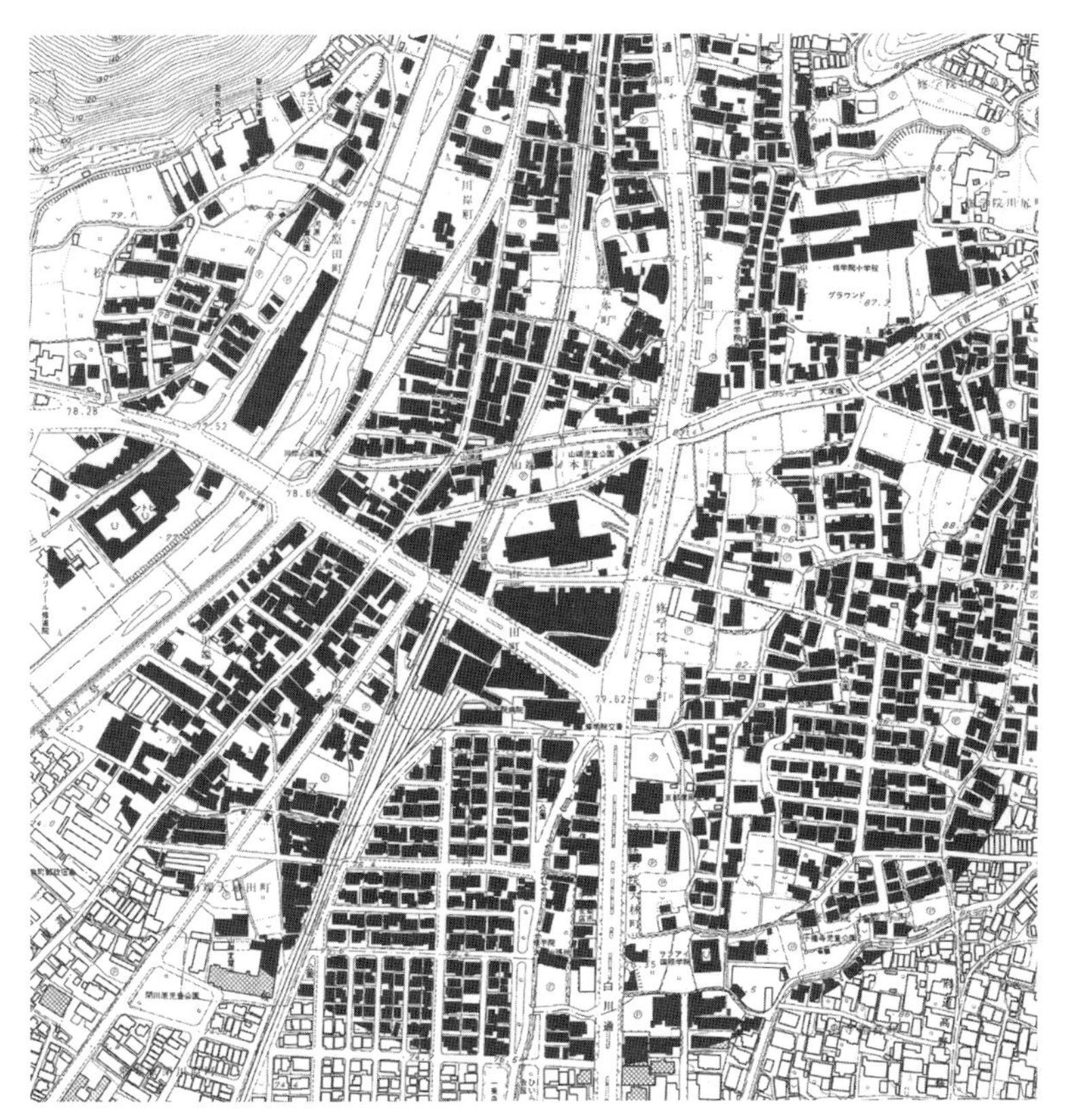

修学院の活力あるセンターと川と山による境界が、統一感を維持し、
住宅タイプと農産物および工業製品の豊かな多様性をもたらしている

近隣地区の農業

冬の果樹園

秋の果樹園

工場とお参り

ふたつの痛ましい事例を紹介しよう。カリフォルニア州バークレー市では、昔から通りごとに異なる樹種の街路樹を植えていた。街路樹がそれぞれの通りにアイデンティティを与え、そして市内にあるおよそ４５０本の通りが多様性をもたらしていた。しかし実際には街路樹に適した地元の樹種はほとんどなく、多くの試行錯誤が繰り返されたのである。いくつかの樹種は夏の乾燥に耐えられず、他は病気や害虫に冒され、また住民に好まれないものもあった。たとえばシナノキはアブラムシに弱く、この昆虫に対抗するためねばねばした樹液を出し、木の下に垂らす（大抵は車にかかる）。外来種のナンキンハゼは、川岸や水辺に侵入していった。ブラッドフォード梨は、近年アメリカで最も人気のある樹種だが枝が弱い。こういった樹種が除去されることになると、通り全体が丸裸になってしまう。これはクリの胴枯れ病やニレの立ち枯れ病などに比べれば大きな被害ではないが、しかしバークレーでは深刻な問題であった。市の街路樹計画を立てたジェリー・コフ〔Jerry Koch〕は、誤った樹種選定によるこのような悲劇を減らすべく、多様性を増大させる新たな方法を採った。今日のバークレーでは単一の樹種がうまく育ち生き残って、住民に歓ばれている通りは数少ない。そこでコフはいくつかの通りに、地元の樹種を実験的に植えてみた。とくに長い通りの場合には、ブロックごとに異なる樹種を割り当てた。たとえば、長く延びる通りに沿って4ブロックごとに反復するように異なる樹種を用意したのである。この方法は多様性を増大させ、1本の通り全体よりはそれぞれのブロックにアイデンティティをもたらした。しかしそれでも、混ぜ返したサラダみたいでよくないと言う人もいるだろう。健康な樹種の織りなす多様性と見た目の統一性の間の適切なバランスを探ることが、現在の課題である。[52]

ふたつ目はカリフォルニア州ユーントビルで起こった、ナパ・バレーにあるコミュニティの根幹を揺るがす事例である。この町は長い間ナパのワイン産地めぐりの観光コースからは外れた田舎町だったのだが、約20年前に昔の風情をよく残す町であることが広く知られたのだった。[53] これがレストランやホテルその他観光客向け施設の開発のきっかけとなった。1990年代半ばにはホテルの部屋数が200以下だったのだが、それでも住民は観光客に町を占拠されるのではないかと心配し始めた。新しく認可されたプロジェクトがホテルの部屋数を倍増させることがわかったとき、町議会はホテル経営の採算性について、専門家に調査を依頼した。市場調査は宿泊設備に対する大きな需要があることを示したが、それは自由市場の圧力が単一栽培のブドウ園や、ほどなく町を席巻するだろう観光という単一文化を創ってしまうがゆえなのである。住宅よりもホテルが多くの利益を生むことを知った地主たちが、町のほぼすべての住宅地域のゾーニング変更を要求した。

多様性　　統一性

今から思えば、ユーントビルでの調査は質問を誤っていた。観光産業が田舎の村の暮らしに取って代わることのないようにするためには、どれだけの従属的用途（ホテル）が適切なのかを調べるべきだったのだ。ユーントビルが観光都市に特化するのではなく、住むための都市であり続けることを望むのであれば、この疑問への明確な答えが必要だったのだ。現在もこの問題が、コミュニティを苦しめ弱らせている。似たような町の経験からはユーントビルの場合、一時に町にいる人間の90パーセントが永住者で観光客が10パーセントくらいならば、問題なく住むための都市であり続けられただろう。観光客用ベッド数が住民数の20パーセントまで認められると、もはや観光客の町となり住むための町としてのアイデンティティが失われるだろう。観光宿泊者が実数で町を占拠するはるか以前の段階で、このすばらしい田舎町のアイデンティティは失われてしまうのだ。どれだけ多様であれば十分なのか。ユーントビルでの多様性は、新しい用途が地元の人々が侵略的と感じる10パーセントを超えないことなのである。

世代間および社会階層の多様性

20世紀の半ばを過ぎると、アメリカ人の多くが性によって隔絶された近隣地区に住むことになった。つまり日中、女性と子どもが居住地区で暮らし、男性は労働地区で働くのだ。そして今日では近隣地区の隔離がさらに進行している。肉体労働者、取り澄ました知的職業人、育児中の家族、子どもが成長し家を出て行った親たち、定年退職した人々、貧しい高齢者などが孤立しながら集住しており、それぞれが広告や公共施策のターゲット集団となっている。こうした極端な均質性が回復力を弱めてしまう。[54] 一方で多様な社会階層や世代が暮らすコミュニティでは、日常生活上の多くの社会的な習慣が実に効率的に働くのである。リチャード・スカリー〔Richard Scarry〕の絵本、『みんな1日何してる？〔What Do People Do All Day?〕』を見てみてほしい。この絵本には見事な回復力の連鎖を創り出すたくさんの仕事が描かれている。歯医者さん、道路清掃員、おばあさん、冷蔵庫を修理する仕事、石工のジェイソンさん、大工のソウダストさん、他にもたくさんの仕事と人々が登場する。[55] あなたの住む近隣地区には、皆の日常生活を支えるこれらの人々やその他多くの仕事をもつ人々が暮らせる住居があるだろうか。おそらくないだろう。世代や社会階層の多様性を実現する最も重要なデザインが、多くの住宅タイプを用意しうまく配置して、人々が自分に合った家を選択できるようにし、同時に近隣地区の全体としての統一性を維持することである。次に重要になるのが、多様なグループに必要なさまざまなサービスの提供とそれらのグループが共有できる場所を創ることで、こうしてはじめて住宅の選択が現実的になる。右に示したのは中心性と多様性、両者の基本的な働きである。

多様性の種を蒔く

ジョン・トッド〔John Todd〕が制作した汚水浄化装置リビングマシンは、水生生態系のもつ豊かな多様性に汚水を晒すことで機能する。生態系の多様性が増加すると、人間の廃棄物から有害物質を除去できるようになる。この相互作用がまだよく知られていなかったころから、トッドは自作のリビングマシンに、多種多様なバクテリア、「下等植物」、動物プランクトン、カタツムリ、魚を入れていった。そして何が起こるのかをじっと観察したのである。時の経過とともに、さまざまなバクテリア、浮き草、ガマなどがそれぞれ特定の病原菌を除去し、こうして水の浄化プロセスは自らをデザインし始めた。この考え方は、建物や近隣地区全体、地域全体のデザインに適用できる。環境建築家のシム・バン・デル・リンが、このデザイン手法について述べている。「多様性の種を蒔くことは創造性への触媒のひとつであって、システムに対する多様な働きかけを生み出し、システムそのものを強化する方法である」。[56] バン・デル・リンは自分のデザインもトッドと同じで、環境中のプロセスに広く多様な要素が蒔かれると、より強固になると記している。[57] さまざまな住居タイプ、複合的な用途、そして多くの社会階層やライフサイクルのための場所が、近隣地区に多様性の種を蒔く。社会環境的な移行帯〔Social ecotone〕、先に述べた窪みと突起、すなわちさまざまな視点と知識をもつ市民が集い交流できる場所が、多様性をまくもうひとつの形態である。人々の行動やそれを誘発する環境を孤立させず、用途をあらかじめ定めず、いや、行動や環境や用途の分類さえしない。このような状況においてこそ、新しい民主的な問題解決の方法や居住の形態が生まれ出て、すくすくと成長するのだ。[58]

以上をまとめると、多くのデザイン上のルールが選択的多様性の原則から導き出されることがわかる。私たちは、多様性の探求に際して賢くあらねばならない。都市が機能するためには、人々が運命や価値観や統一性をともにしているという感覚を強めなければならない。民主的なプロセスを通して、多様性と統一性のバランスをとらなければならない。私たちは多様性の探求に際して、選択的であり、識別力をもち、賢明でなければならない。私たちは多様性、複数性、多文化主義と分離主義を混同してはならない。私たちはそれらを探求すべきときを知らねばならない。地球的スケールでは、生物文化多様性の追求が都市を作る際の最も大切な活動となるから、これをさらに強化しなければならない。人間にも野生生物にも適切な居住環境と生息環境を用意して、生物的文化的独自性を維持することが最優先なのだ。多くの場合これは、野生動物や植物について生物学が教えてくれる、空間パターンにより実現できる。また地域経済のスケールでは都市デザインが、地場産品を生産し、加工し、消費するためのランドスケープを整えなければならない。うまくデザインすれば、周辺地域の経済圏と摩擦を起こすこともなく、さまざまなランドスケープを保持し、高い回復力をもつことができる。ひとたびそうなれば、地元の資本を活用して地域経済が必要とするほぼすべてのものを生産できるようになる。私には頭のよいいとこがいて、普通の資本とグローバル資本の違いをこう説明する。投資したディベロッパーが自分では住みたくないと思う地区には、私も絶対に住まない。彼女が言うには、遠く離れた場所からの投資資本に比べて、地元資本は力こそ弱いが土地の健全さに長期にわたり責任をもち、地元の法規制を尊重する。

マウナケアはハワイ島の頂に雪を抱く４２０５メートルの山で、ここで繰り広げられている闘いが国際的な資本がどのように多様性を脅かすかを、如実に教えている。マウナケアは父なる空と母なる大地が、最初のハワイ人を創造した場所だ。火山群は、パパ〔Papa〕（母なる大地）、ポリアフ〔Poliahu〕（雪の女神）、リリノエ〔Lilinoe〕（霧の女神）、ワイアウ〔Wai’au〕（水の女神）、霧の夫、クジラ（神聖な女神）の背骨、その他の神々を表している。マウナケアの山頂地帯は神の領土であり、ハワイの人々にとって神聖であってこれまで建造物が作られたことのない場所である。噴石丘と周囲のランドスケープは、それ自体が神聖な神殿なのだ。山頂に見られる風の生態系には、ウェキウ〔wekiu〕という昆虫を含む希少種や絶滅危惧種などのこの地方特有の種が生息する。しかしこの数十年の間に、この山に多くの近代的な天文学施設が建設された。先住民の宗教指導者たちが抗議したのだが、天文台は地域の経済を多様化するものとして承認された。そして天文台はあっと言う間にその数を増やしていった。現在では13もの天体望遠鏡があり、

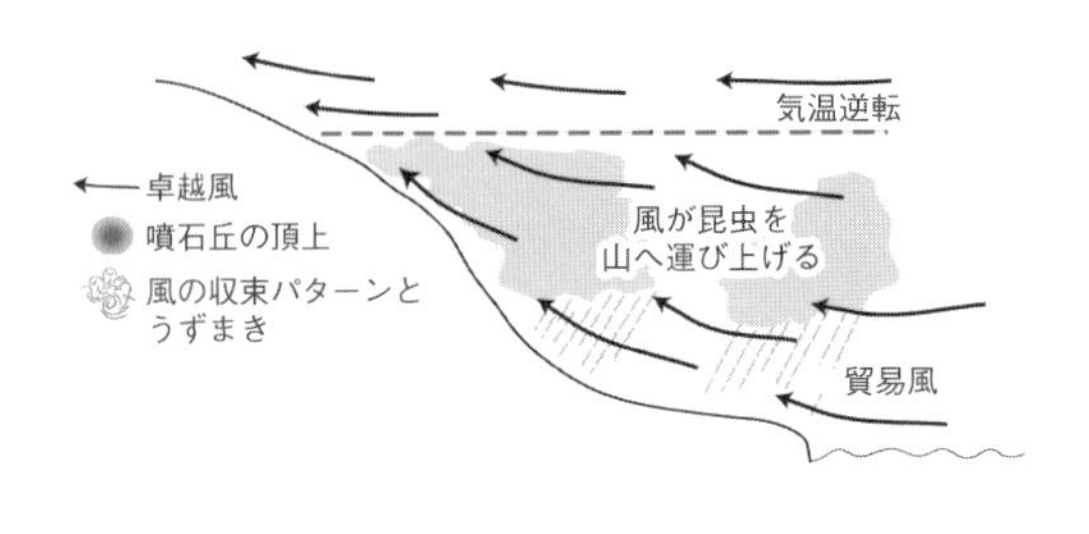

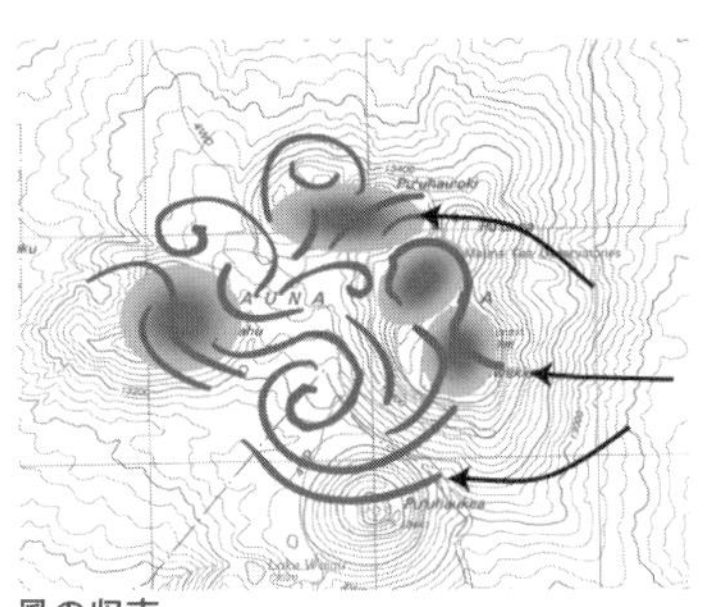
風の収束

グローバル資本

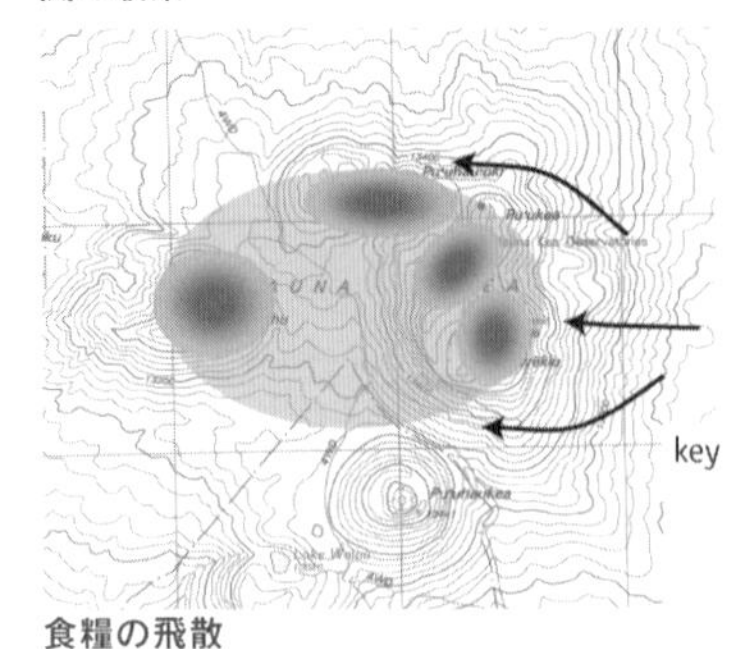

食糧の飛散

マウナケア地特有の風の生態学

さらに増設される計画である。ブラジル、日本、台湾、イギリス、フランス、カナダ、アルゼンチン、その他の国々からの投資を追い風に、マウナケアの山頂は地元の環境的文化的慣習を無視した単一目的の産業地帯になってしまった。天体望遠鏡が神々の身体に埋め込まれ、宗教儀式に欠かすことのできない大切な眺望を塞いでいる。道路や天文台が、キムネハシブトやウェキウムシの生息地を横切り占拠している。現地の多様性はグローバル支配の犠牲となったが、これは自ら投資した土地に住むことのない不動産投資家とまったく同じ構造である。文化的多様性、生物的多様性のいずれもが絶滅の危機に脅かされ、地域経済は現地の回復力ではなく、地域外の気まぐれな経済状況に依拠することになってしまった。グローバル資本主義が地域経済を支配するとき、多様性は弱められ、回復力を保つことはできない。そんなときは抵抗のみが力を均衡させうる。そしていったん種が蒔かれさえすれば、多様性は自ら育つに違いないのだ。

近隣地区のレベルでは、より大胆な用途の複合化がどうしても必要となる。用途の複合化とは、多くの社会階層や世代の人々に対応する多様な住宅タイプを提供するだけでなく、幅の広い土地利用（食料生産、工業、エネルギー生産、廃棄物置き場、野生の自然）を指す。ここでもデザイナーが慎重に、近隣地区の統一性の維持と多様性のバランスをとらなければならない。主たるランドスケープと従属的なランドスケープ、支配的な構造と従属的な構造、両者の割合、その組み合わせ、分布をコントロールし、的確なバランスを実現するのである。近隣地区が示す異種混交への抵抗を考えるとき、エコロジカル・デモクラシーの果たす最も重要な役割のひとつが明らかになる。それは多様性の増大こそが居住環境の回復力を高めるのだということを市民に知らせ、市民がこの知識で武装できるようにすることなのである。

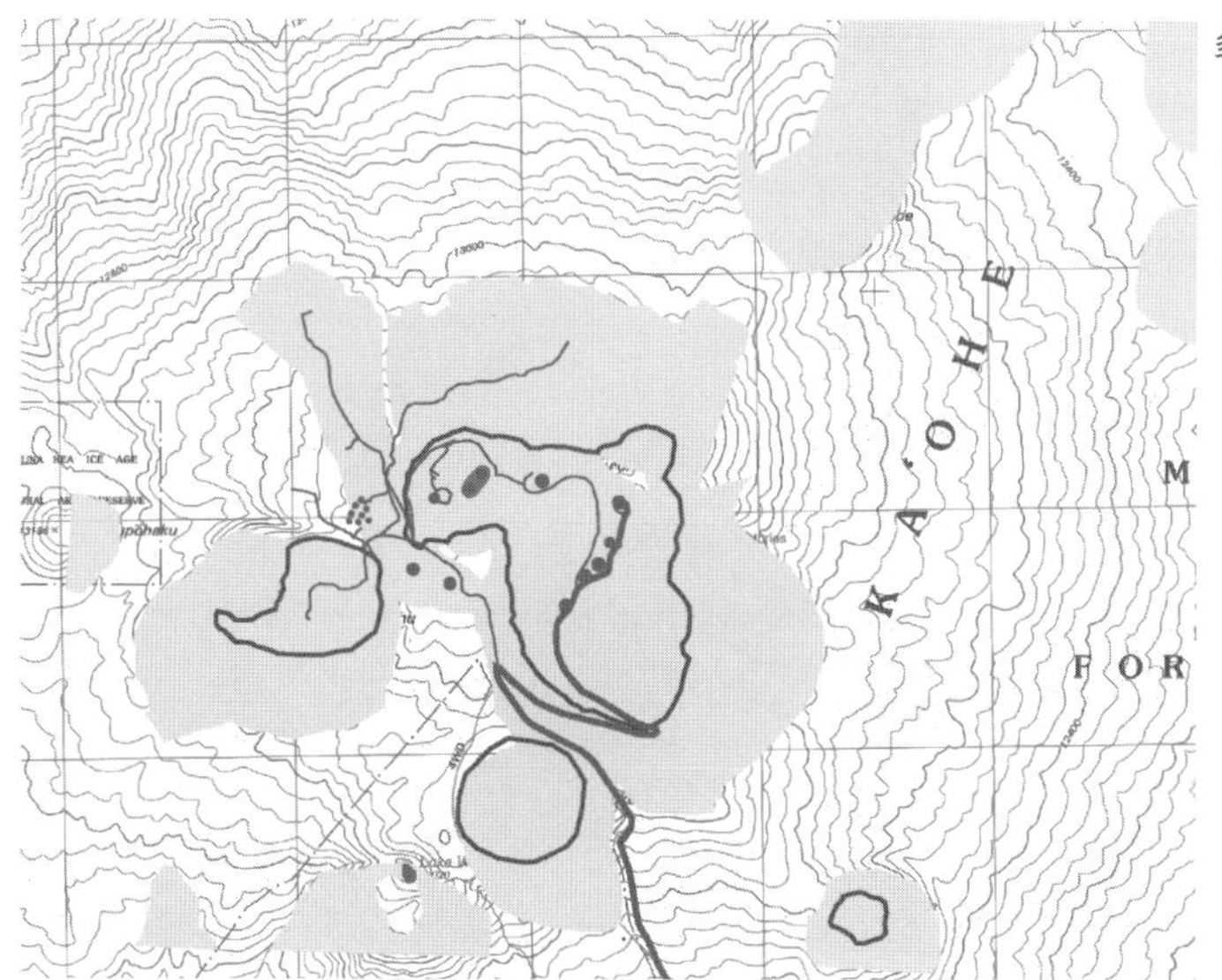

多様性の喪失
マウナケアの天文台開発は、多様な経済を期待させるが、聖なる場所や重要な生息地を破壊し、今日では文化的、生物的多様性を脅かしている

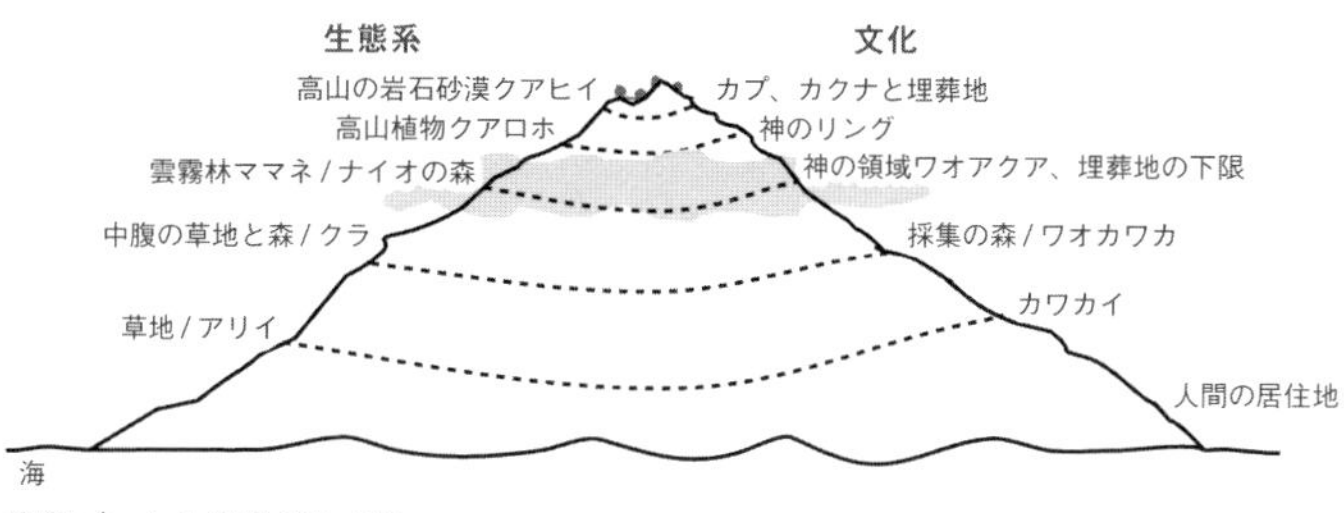

生態ゾーンと聖性のレベル

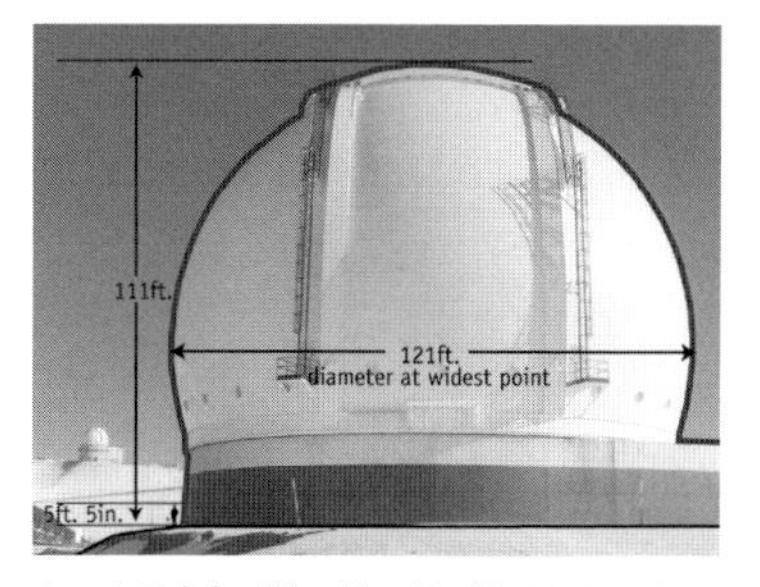

ケック天文台が神の体に埋め込まれたとき、多様性は単一目的に支配され、圧倒され、聖なる山が産業地帯に変貌した

8

回復できる形態

密度と小ささ

Density and Smallness

第2部「回復できる形態」の解説で紹介した一見関係ないふたつの話、ウズラとサンフランシスコ市の住民の話は、同じ教訓を語っている。ウズラは丸く密集し体温が下がるのを防ぎ、生命を脅かす極寒をしのぐ。このときウズラは、サンフランシスコ市で高密度に暮らす近隣地区の住民と同じく、集団の優位性を創り出している。ウズラは生命を手にし、サンフランシスコ市ノブ・ヒルの住民は一生分の自動車関連の費用、1家族あたり数十万ドルを節約する。動物界においては密度の増加に由来する優位性が(アリー〔Warder Clyde Allee〕が100年も前に指摘したように)、生存率を著しく押し上げることが多い。

生態学用語であるアリー効果が、今日の人間の居住についてのきわめて重要なのに忘れられてしまった教訓を伝えている。植物界では拡散が、日照と栄養をめぐる競争を緩和するのが普通だ。これが動物に当てはまる場合もあるのだが、しかし一般的には集中による密度の増加とそれに伴う「同種内の共生」がより重要なのだ。つまりアリーは、社会性をもつ動物にとって密度の不足が過剰と同じくらい有害であることを発見したのだった。[1] このような種にとっては、小さく凝集した空間に高密度で共存できるか否かが種の回復力を決定するのである。

密度は回復力をもたらす

これとまったく同じ理由により、また他の理由も絡み合いながらら、人間の場合も居住密度が回復力あるランドスケープの形態を決定する。密度は多くの方法で回復力を創り出す。密度が生物多様性を守り、自然へアクセスできるようにし、中心性を創り、移動と健康のための費用を減少させる。

　都市の居住密度が少しだけ高いと、生物多様性に必要不可欠な動物のための生息地を保護できる。世界中で起きている種の絶滅のおもな原因が生息地の喪失であり、人間の居住地域の拡大がそれを引き起こしている。増加する人口と非効率な都市の形態が、他の生物が必要としている生息地を侵略し続けている。要するに私たちはあまりに多くランドスケープを取り上げてしまい、7章「選択的多様性」で触れたように、他の数十万種のために必要な土地をあまりにわずかしか残していないのだ。１９８６年までの15年間に世界全体で、都市域は約50万平方キロメートル拡大し、周辺の森林が１２６万平方キロメートル減少した。そして生物の貴重な生息地である自然が１００万平方キロメートル以上失われた。[2] アメリカ合衆国はとくに危機的で、都市の形態が貪欲なまでに広大な土地を要求し続けている。アメリカでは毎年約80万ヘクタールの未開発地が、低密度のスプロール現象により失われている。[3] 最も低密度な郊外開発が、生態系に最も大きな災厄をもたらす。[4] 人口成長が緩やかになっているのに、ひとりあたりの占める土地はますます拡大している。アメリカ合衆国の人口増加は１９６０年から１９９０年にかけて１５０パーセント以下だったが、土地の開発面積は2倍以上になっている。[5] シエラクラブ〔Sierra Club〕の報告では、１９９２年と１９９７年で、土地開発のスピードは倍以上になった。現在の低密度な郊外開発は、8、9年前の開発に比べてさえひとりあたりの土地が2倍以上になっている計算だ。その結果が種の絶滅と生態系の衰退なのである。

　生物多様性の喪失はそれ自体取り返しのつかない大変な出来事だが、それに加え低密度のスプロールが、人々の充実した生活に必要な大切なものをも壊してしまう。都市住民が野生の自然に触れる機会は少なく、日々の生活で鳥や野生生物とともに過ごす機会はほとんどない。そして自然と触れ合えないことが、多くの疾病を引き起こす。[6] 一方で低密度のスプロールの居住密度がわずかでも高くなると、生命力に溢れる生態系や野生生物と触れ合う機会は増加する。

　密度が中心性を支える。クラレンス・ペリー〔Clarence Perry〕が、ニューヨーク市の有名な近隣住区の計画に際して、はじめて徹底的にこれを研究した。住居から４００メートルの徒歩圏にさまざまな公共施設と商店のある近隣地区センターが成立するためには、５０００〜６０００人の住民が必要であり、すなわちこの人口が中心部に商店街が成立する基盤である。つまり居住区１ヘクタールあたり30〜37戸が、商店街の徒歩圏内に人々が暮らすための最低限の密度なのである。ペリーの郊外開発のモデルでは、住宅密度が34戸／ヘクタールであった。[7] 密度がこれを下回ると商店街は立ち行かなくなり、それはちょうどウズラが群れを作らないと死んでしまうのと同じである。日用品店、パン屋、雑貨店など近隣

ドルを超えている。[28] 居住密度を少し上げるだけで、大気汚染、水質悪化、騒音を減少させ、住民の健康に関わる費用を大きく削減できるのである。

密度に対抗する陰謀

これほど多くの利点にもかかわらず、アメリカ人は密度を好まない。密度にはこれまでに述べてきた利益があり、他の多くの文化が密度を保ち繁栄しているのに、なぜ私たちだけがこれほど密度を敵視するのだろうか。アメリカ合衆国の大半の人が低密度を好み、アメリカの伝統および最良の生活を巨大な空間に結びつけている。農地に隣接して一部だけが開発された低密度の郊外が、開拓と自由を象徴する。それは自分のことしか気にかけない粗野な個人主義者のためのイメージ、すなわち牧場に建つわが家なのだ。現在の低密度区域にある戸建て住宅は、このような感傷的なイメージだけでなく自尊心、プライバシー、占有感、所有権に関連する商品である。[29] 低密度の分譲地を購入することは、隔絶された近隣地区の高い地価、子どもたちが安全に遊べる庭やクルドサック、広幅員の道路、運転や駐車に便利な区画が約束されることである。とくに道路や駐車場が、住宅を購入するアメリカ人にとって重要な要素なのである。[30] 郊外の手ごろな価格の住宅も同じ文化的背景をもつ子どもたちが通う学校もどちらも公共政策の結果であり、そして低密度がさらに好まれる理由となっている。

長い間低密度を目的にした政府の政策が展開され、補助金が支給されてきた。低密度を支持する政策は100年以上前に始まったのだが、それはまさに都心部に暮らす住民が、不快で不健康で過密な都市から逃げ出したいと感じていた時代であった。そして不動産投機家、高速道路やビルの建設産業、政府の官僚たちが一体となって、低密度の開発を擁護してきた。アメリカ史上のどんな政策キャンペーンと比べても、それらをはるかに超える莫大な公的資金が補助金として低密度の郊外開発へと投入された。仮に過去1世紀の間に同じ規模の金額が、密度を保ちながら暮らす都市のために投資されていれば、圧倒的多数のアメリカ人がコンパクトシティや密度の高い近隣地区を好むことになっていただろう。

しかし都市住民は単に政府の補助金や不動産開発業者のマーケティング・キャンペーンに誘惑されて、高密度の住環境を捨て去ったわけではない。多くの人々が逃げ出したかったのだ。人々は密度を、過密、犯罪、肉体的精神的な病気と関連づけて考え、知識人や研究者がさらにこの考えをあおったのである。[31]

1978年にニーナ・シモン〔Nina Simone〕が発表したランディ・ニューマン〔Randy Newman〕の「バルティモア」が、当時多くの人々の感じていたことを歌っている。数行の歌詞が、数百万のアメリカ人の抱えていた感情を描き出した。

都市に流れる耐えがたい時間、電車を待つ街角の売春婦
歩道の上に酔っ払いが倒れ、雨の中でつぶれている

人々は顔を隠し、目を伏せる
なぜなら都市は死につつあり、人々はその理由すら知らない

人々は捕われていると感じたのだ。なぜなら「逃げ出す場所がなかった」からである。歌詞の続きは、多くのアメリカ人がとった行動を記している。

妹のフランシスと弟のレイを連れて行こう
キャデラックの一団を買って、どこまでも乗っていく
そして高い山の裾の田舎で一生を終えるんだ
死ぬ日までずっと、あそこに戻るつもりなんかない[32]

そして都市の郊外化によって、かつては富裕な人々だけのものであった脱出の約束が、貧困層を除くすべての人のものとなった。この歌詞は現実となり、アメリカ中で何百万回も繰り返されたのだ。密度を徹底的に非難した学者や研究者と異なり、ニューマンの歌は密度を非難しているわけではない。しかしニューマンが呼び起こした風景が、郊外を魅力的な避難場所に仕立て上げたのは間違いのないことだ。都市から逃げ出す人々は高密度こそが都市の病の元凶だと感じていたが、これは正しくもあり、また誤解でもあった。[33]当時の一流の都市プランナーもまた、人々のこの感覚を共有していた。オルムステッド〔Frederic Law Olmsted〕は郊外を擁護したし、フランク・ロイド・ライト〔Frank Lloyd Wright〕もそうだった。生態系を志向する多くのデザイナーでさえ、カルホーン〔John B Calhoun〕による病に至る群集理論を支持し、ネズミの実験結果を人間の居住地に適用してしまった。都市の心臓部は病の心臓部である、と決めつけた学者もいた。[34]都市の形態を思索する人々も低密度の生活こそ好ましいとし、実際にはよい都市を創ることを一貫して妨害してきたのである。[35]都市に関する多くの専門家が低密度への動きを支持し、高密度の生活ができないようにする計画、法令、基準を策定した。１９５０年代になると20戸／ヘクタールの密度でさえもスラムであり、健康にとって危険であるとみなされるようになっていた。[36]

病の原因は高密度だとしたのは、お粗末な診断だったのだろうか。そう、実際にひどい誤診だったのだ。20世紀半ばには密度に関する研究がさかんに行われたが、どれも決定的な結論には至らなかった。ガンス〔Herbert J. Gans〕は、スラムにおいても強い社会ネットワークが充実した生活を作り出していることを発見した。[37]スラムでは密度こそが、社会的協力を支えていたのではないか。ガンスが叙述したのと同じ近隣地区を対象にして、そこに高密度と病気との関連を見出した研究もあったが、しかし密度よりも他の社会的な要因が病気を引き起こすことは広く知られていたことでもある。[38]またアメリカの最も高密度な都市でさえアジアのほとんどの都市の居住密度の5分の1以下なのだが、アジアの諸都市の精神疾患、凶悪犯罪、乳幼児死亡率はアメリカよりもずっと低いのである。密度や混雑に関する議論は、単純化されすぎている。[39]持

続可能な居住密度を拒否せねばならない科学的根拠は、ひとつも存在しない。ある時代には密度は他の要因と混同され有罪とされ、あるいはただ誤って有罪を宣告されたのだった。そしてこれら一連の密度への攻撃こそが、事実無根のまま誤った方向へ世論を誘導する陰謀なのである。この陰謀により、公共の財源を流用した個人的な成功が作り出されてきた。これこそが現在でも回復力ある都市の実践を阻むものであり、人々が密度への態度を変えることによってのみこれを乗り越えられるのである。

純密度、認知密度、感情的な密度

学術上の評価が定まっていない問題へのアプローチに、既存の研究の渉猟がある。密度に関してはエイモス・ラポポート〔Amos Rapoport〕が多くの研究を見事に統合している。彼は測定可能な密度、たとえば1ヘクタールあたりの住戸数などの密度よりも、認知密度〔Perceived Density〕の方が重要であるとする。また純密度〔Net Density〕を算出する際の分母は近隣地区の住居用地のみであり、道路とオープンスペースと商業地域が除外されている。これは純密度が、分母に道路、オープンスペース、商業用途を含む実際の密度よりも高く表示されることを意味する。たとえば、アメリカの典型的な住宅地区は実際には15戸／ヘクタールだが、これが純密度では25戸／ヘクタールに変換される。

測定可能な密度が極端に低いと、人は反対に密度が高いと認知する可能性がある。[40] 狭い空間、高層ビル、標識、街灯、騒音、交通、駐車している車、人々などの存在が、密度が高いと感じさせる場合があるのだ。さまざまな用途の混在は認知密度を増加させるが、それは社会的に異質な人々と一緒にいるときとまるで同じだ。同じ近隣地区でも、同人種ばかりが住んでいる場合に比して、異なる人種が混住すると人は密度が高いと感じる。選択とコントロールの機会の欠如が、認知密度を増加させる。[41]

環境は、私たちがその場所で感じることによって評価されている。この評価が感情的な密度〔Affective Density〕となる。私たちが居心地悪く感じる近隣地区は、混雑と孤立の両方の感情を引き起こす。[42] この相反する感情が絡み合い、人々はその場所を誤って高密度だと認識する。すると今度は、その場所が人々に一定の決まった感情や判断を引き起こすようになる。これらの感情と判断が価値観となり、人は一般論としても実際の環境に対しても、密度を嫌うようになる。おそらくアメリカ人は、何か他のものへの感情的な反応を密度への反感にすり替えてきたのである。

実際の空間的密度よりも認知密度こそが、社会的な力となる。そして、誤って高密度だと判断している環境への嫌悪は、実際には密度と無関係な刺激によって引き起こされている。あるいは、仕事のストレス、テロの恐怖、世界の不確実性など、密度と直接関係のないことが誤解の原因となるだろう。結局のところ、認知密度と感情的な密度が、低密度のスプロールを推し進めているのだ。しかし密度は、アメリカ人が将来にわたり安定して居住するための根本的な問題である。どうすれば社会全般が密度を好むようになり、そして回復力を高めることができるのだろうか？　これは子どもにほうれん草を食べさせるほど、簡単なことではない。

密度を好ましいものにする

一般的にアメリカ人は低密度を好むのだが、重要な例外がある。密度への指向には、社会階層によって大きな幅があるのだ[43]。大規模な集合住宅に居住する平均的な収入の若い世代は、高密度を受容する傾向が高い[44]。民族性によって、とくに近年の移民グループの間でも、密度への指向に大きな幅がある[45]。アメリカン・ライブス〔The American LIVES〕の研究は、単身世帯、夫婦のみの世帯、専門職の人々が、高い密度を支持する傾向にあることを明らかにしている。これらの人々は居住地を再び都市化するいくつかの戦略も支持している[46]。この研究がより重要なのは、密度に関する幅広い戦略を取れば、市場のさまざまな需要に対応できることを実証した点だ。調査対象である自宅購入者と購入希望者の20・8パーセントが、低密度の郊外に大きな不満をもっている。この人々は高密度の都市だけでなく、新しい都市デザインへの多様な戦略も受け入れられる。対照的に30・8パーセントの人が、現状の郊外を好んでいる。彼らは市場において、高密度を受け入れない需要を構成している。両者の中間の人々は（48・4パーセント）、現在の郊外には不満であり、町の中心部への施設の集中、さまざまな用途の混在を支持しているが、一方で自動車の利便性を好み、高密度は好まない。研究者によればこのグループの人々は「ニューアーバニズムのイメージを好んでいるが、密度は嫌っている」のである[47]。

これら3つのグループに必要な戦略を考えてみよう。密度の高い近隣地区を選好している人々は、近くに公園がある90戸／ヘクタールの密度を好ましく感じるだろう。セルベロとボッセルマン〔Peter Bosselmann〕は、「公園や商店、鉄道駅へのアクセスさえあれば、鉄道輸送サービスを維持できる高密度を受け入れる意思をもつ人々がいることを確認した」[48]と言う。街路樹の整備や近隣地区の緑化、商店まで歩く心地よくて安全な道、車の低速化、騒音と見た目の乱雑さの低減などによって、密度はさらに望ましいも

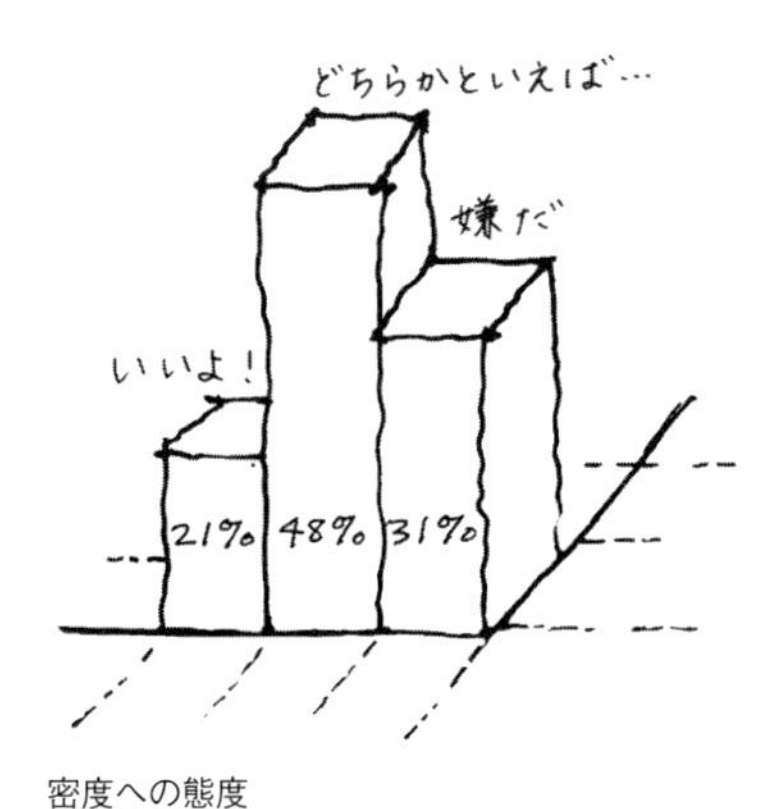

密度への態度

のになる。[49]丁寧にデザインされたインテリアとエクステリアのつながりもまた、密度への選好を強めるだろう。[50]
　カリフォルニア州パサデナ市の再生計画では、これらのすべての戦略が用いられた。金融オフィスと市役所があるシビックセンターの具体的な改善計画を立てるために、私たちが雇われた。パサデナ市も1950年代半ばまでに作られた多くの都市と同様に、中心部が住民から見捨てられてしまっていた。しかしここには古典的な都市美計画〔City Beautiful plan〕が生んだ、主要軸線上の焦点となる宝石のように豪華なシティホールと、副軸線上の立派な役所や図書館がある。デザインチームの各メンバー、ドンリン・リンドン〔Donlyn Lyndon〕、マービン・ブキャナン〔Marvin Buchanan〕、マーシャ・マクナリ〔Marcia McNally〕、アラン・ジェイコブス〔Allan Jacobs〕、フランセス・ハルスバンド〔Frances Halsband〕、そして私は、それぞれ現状分析を行い、とるべき行動のリストを作成した。都市の密度を高めるための住宅供給が、私たち全員のリストの上位にあげられた。一緒に活動していた市民は、高密度の住宅供給こそが最初に実現すべき重要なことなのだ、と言う私たちに驚いたものだ。計画策定を始めたころの私たちも同じだったのだが、彼らはこの地区の再生に必要なのは都市美計画の伝統を引き継ぎ、市民が地区再生の意思を明確に示すことだと考えていたのである。市民たちは住宅供給などという退屈な行動が重要だとは、まったく考えていなかった。私たちは、かつてこの地区では住宅が市役所などと混在していたこと、オフィスと行政機関に特化したのはごく最近であることを説明した。当時、この地区には誰も住んでおらず、ここがどうなるべきか提案する人物もいなかった。シビックセンターがないがしろにされ、補修もされずひどく荒廃してしまったのは、ひとえにこの理由による。かつては市の象徴であり魂であったシビックセンターの改善には、住民、それも多くの住民がどうしても必要だった。建設可能な敷地すべてに住宅を建設することが、唯一の有効な戦略だったのである。

パサデナ市のセンター。かつては、市民の中心であった優美な場所を取り囲むように住宅が建ち並び、宝石のようなアメリカの都市だったのだが、低密度な近隣地区が好まれるようになり、宝石のほとんどは見捨てられてしまった

数多くのコミュニティ・ワークショップや長時間の討論など、人々が互いに学び合うための教育キャンペーンが繰り広げられ、最後には特別委員会が住宅を再導入するための明確な行動を含む計画を推奨することになった。住宅と他の用途混在を認可できるように、ゾーニングの変更が必要なこともあった。住宅開発業者を計画に引き込むために、公有地と補助金の提供も必要になった。ホームレスの人々向けのワンルーム住宅を供給でき、かつ市場価格での住宅開発も可能だと説得できるような、さまざまなセクターとのパートナーシップも求められた。そしてついに市議会がこの住宅供給戦略を全面的に採用したのだ。この計画は全部で約1200戸の住宅を供給する予定で、密度が全体では50戸／ヘクタール、高い場所では125戸／ヘクタールになる。パサデナ市の再生計画はきわめて野心的な事業であったが、その初期から成功を収めた。そしてパサデナ市を含むロサンゼルス都市圏には生活に適した高密度を求める需要があり、市場が成立することを証明したのである。

しかしその後、人々が高密度の住宅地区に住みたいと思うようになるまでには、さらに多くの手段を講じる必要があることがわかってきた。パサデナ市には都市美計画により作られた地区構造があったので、容易に必要な手を打つことができた。忘れ去られたような都市公園が、いくつも新たにデザインし直された。私たちはメモリアルパークを再デザインしたのだが、このときに公園に隣接する大規模住宅供給事業を最初に請け負った開発業者と一

住宅建設の提案
ドンリン・リンドンとアラン・ジェイコブス率いるデザインチームは、人々に住んでもらうことだけが、パサデナのセンターを改善する唯一の方法だと考えた。デザインチームは利用できる区画すべてに、高密度の住宅を建設することを提案した

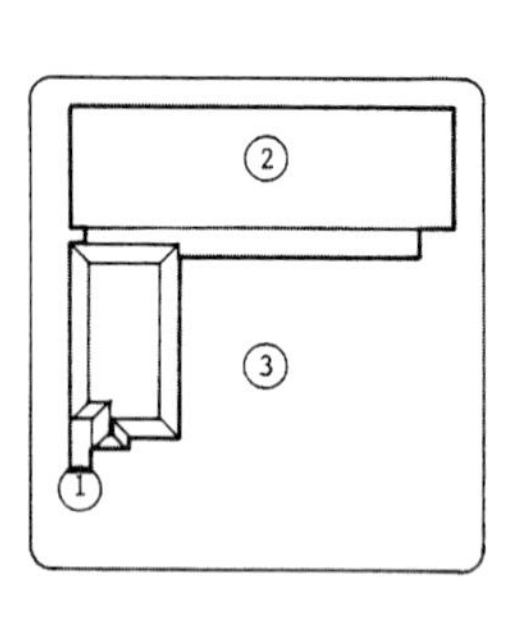

改良の条件
①郡役場はそのまま残す。除去する場合でも、柱廊は残す
②裁判所はそのまま残す
③ここにある歴史的事物には、ガイドラインを適用する

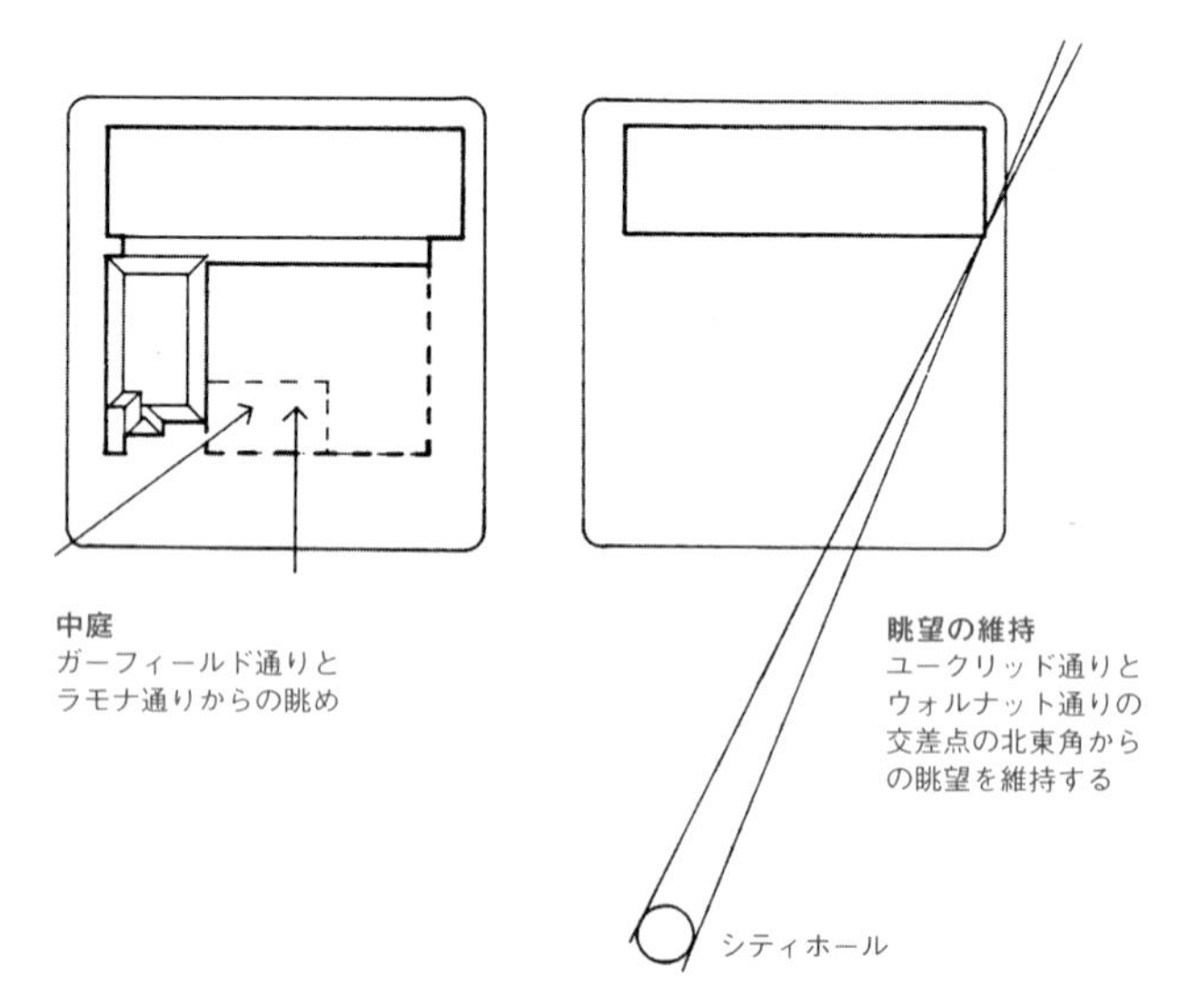

中庭
ガーフィールド通りとラモナ通りからの眺め

眺望の維持
ユークリッド通りとウォルナット通りの交差点の北東角からの眺望を維持する

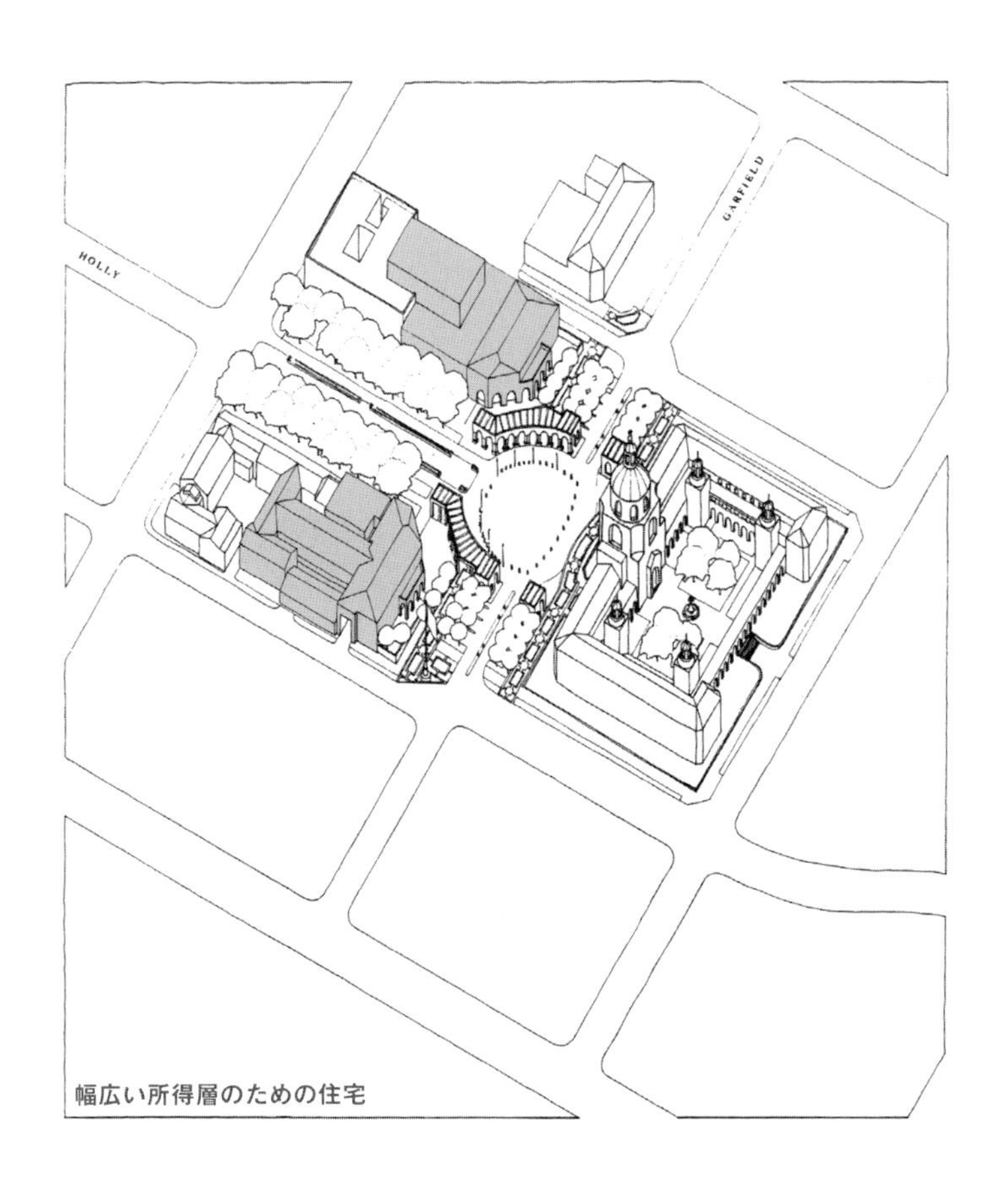

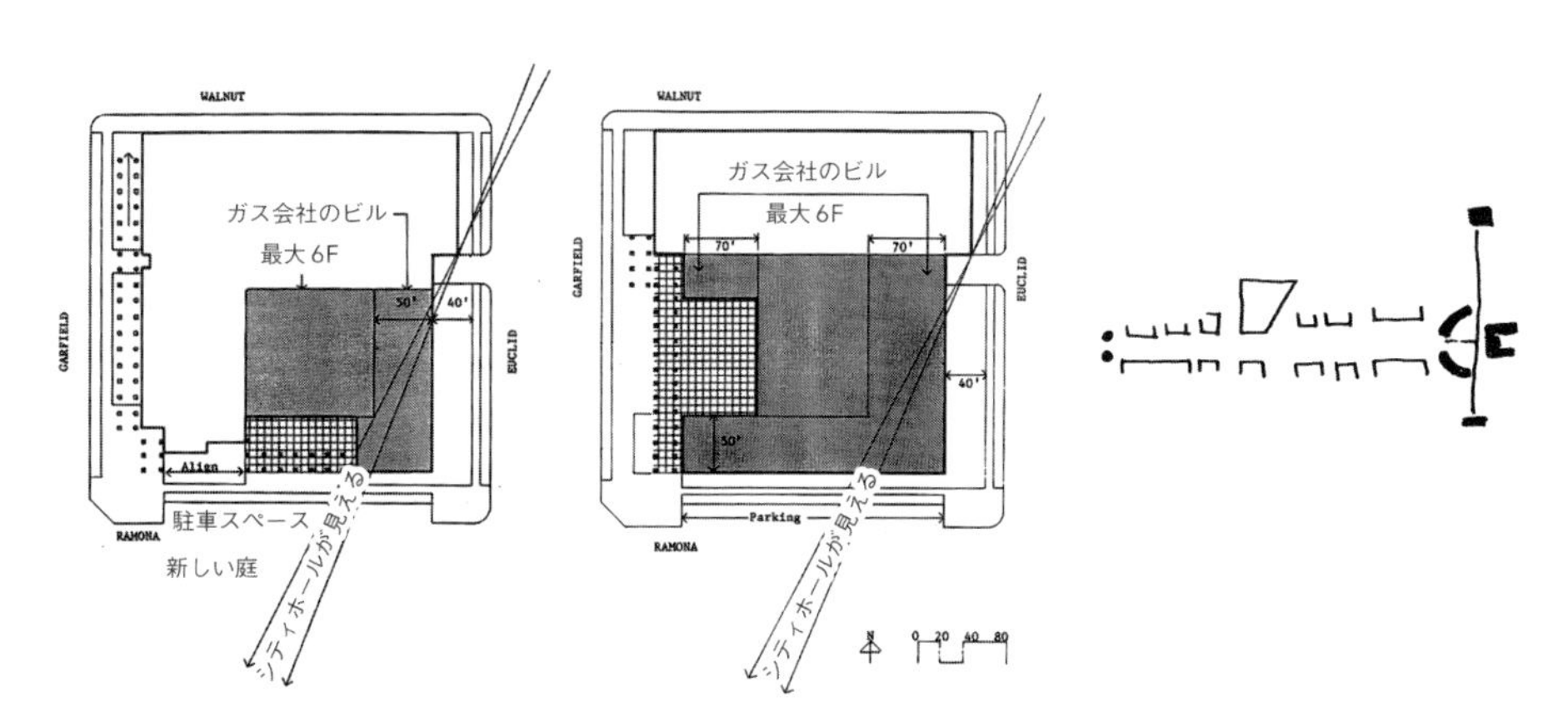

多様な所得階層のための住宅提供
市民センターのまわりには、実にさまざまな住宅が建設される（ホームレスの人用の１部屋アパートから市場価格の住宅まで)。どの建物も公共性を増大するデザイン・ガイドラインに沿っている

緒に働くことになった。この業者はもし人々を惹きつける公園ができないのなら、住宅事業を引き受けなかっただろうと言っていた。その後1年間、私たちと彼らは路面電車の駅が中層住宅地区や公園にうまく溶け込むように協力したのだった。

主要な軸線であるホリー通り沿いには、地区全体の緑化のために街路樹と庭園が提案された。私たちは利用の少ない通りの幅を狭め、自動車の速度と騒音を抑えるように助言した。この段階ですでにさまざまな種類の商店が住宅地からの徒歩圏にあったのだが、そこまでの道は決して心地よいものではなかったのである。これらの道の改善にあたっては、歩行者のための環境が自動車利用よりも優先された。すると多くの人々が自分の足で歩き始めたのである。

この地区では開発指針が、施設の敷地ごとに容積を規制している。パサデナという都市がもつ既存の構造と新しい開発を統合するため、ドンリン・リンドンは各建築物への入口と半公共のオープンス

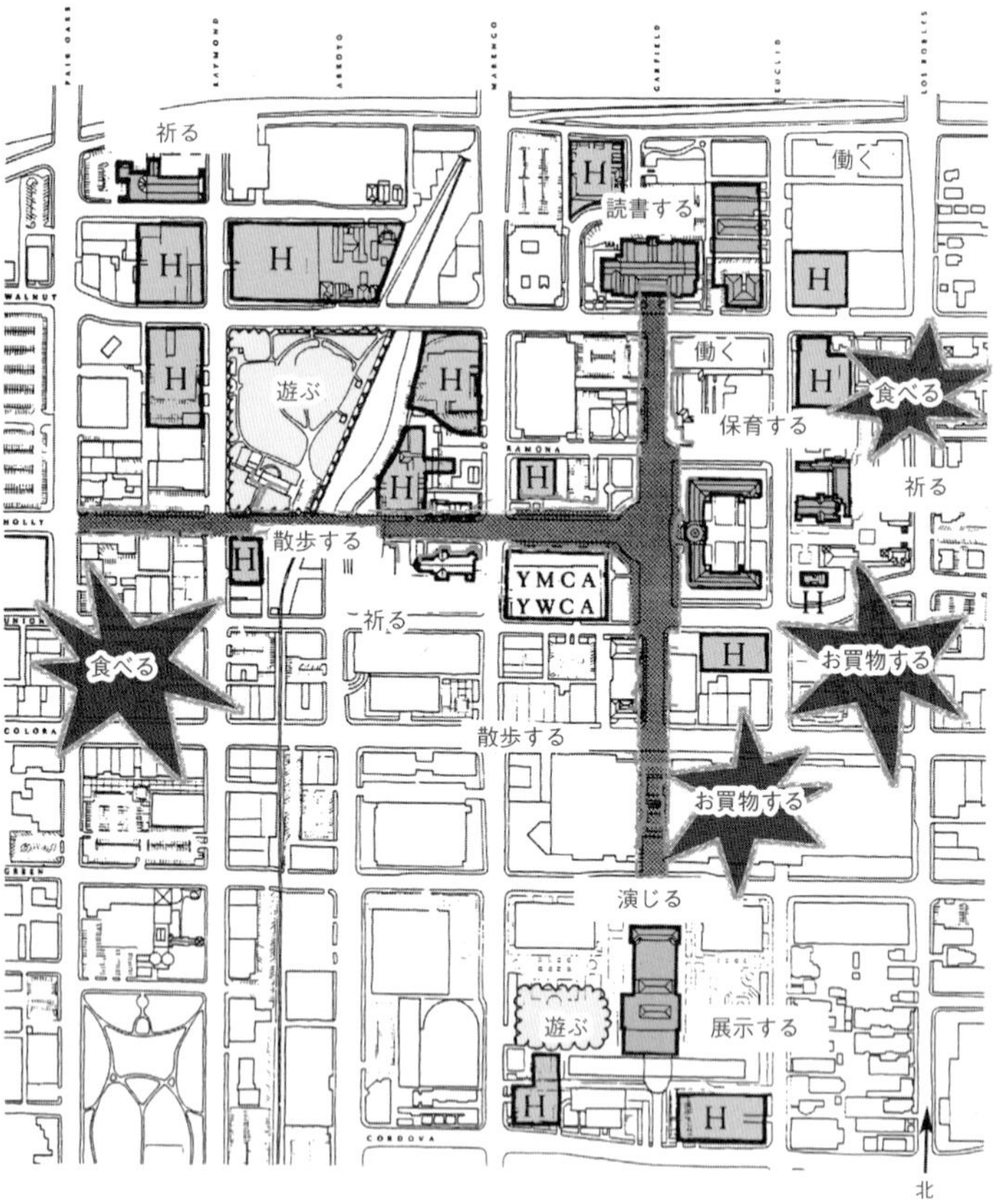

住宅建設に伴うさまざまな活動
はじめはパサデナ・センターへの住宅建設に関心をもつ開発業者はほとんどいなかった。市民が楽しむさまざまな活動は、パサデナの他のどの近隣地区にも見られなかったのにである

ペースや私有地のオープンスペースを、街区レベルで詳細にデザインしていった。こうして豊富な緑地と楽しい建築が高い密度を実現した。このような活動を重ねて、居住密度が増加したにもかかわらず、あるいはたぶんそのおかげで、シビックセンターはさまざまな人々が住んでみたいと思う場所になったのである。

公共交通システムを維持できる近隣地区を創るためには、右のようなデザイン戦略が重要なのだが、そのためには低密度を補助する政策が障害になる。この政策を変更しなければならない。研究者たちが推奨しているのは、密度による容積や高さのボーナス制度、中間層も居住できるゾーニング、公共交通システムを利用する住宅への有利な投資プログラム、密度を高くする計画事業や初期費用への課税の減免などである。[51] しかし現状は、たとえば公共交通システムを維持できる高密度の住宅開発においても、開発地内でのレクリエーション施設と駐車場の設置、広幅員の生活道路が義務づけられている。これでは計画のコスト増につながり、また自動車を使わない生活への意志をくじいてしまう。つまりこのような開発要件は、密度とは逆の方向を向いているのだ。公共政策に見られる密度への先入観を覆すことが、市場が高密度の居住に貢献するために必要かつ重要な戦略となる。

現状の郊外を好む30・8パーセントの人々は上のグループとは完全に異なるタイプで、郊外の生態系にすんなりと順応してきたように見える。他のふたつのグループと対照的なのは、この人々がまず私有地に集まりたがる点である。多くの人々が、どんなものであれコミュニティの場所というものになんら価値を認めない。「不適切な」人を締め出す画一的な郊外を好み、下層階級を排除する同一価格帯の住宅地を支持する。利便性のために広大な駐車場を受け入れる。小さな商店がよいサービスを提供し、人々が交流する場となっているなどとは決して考えない。彼らは高密度の近

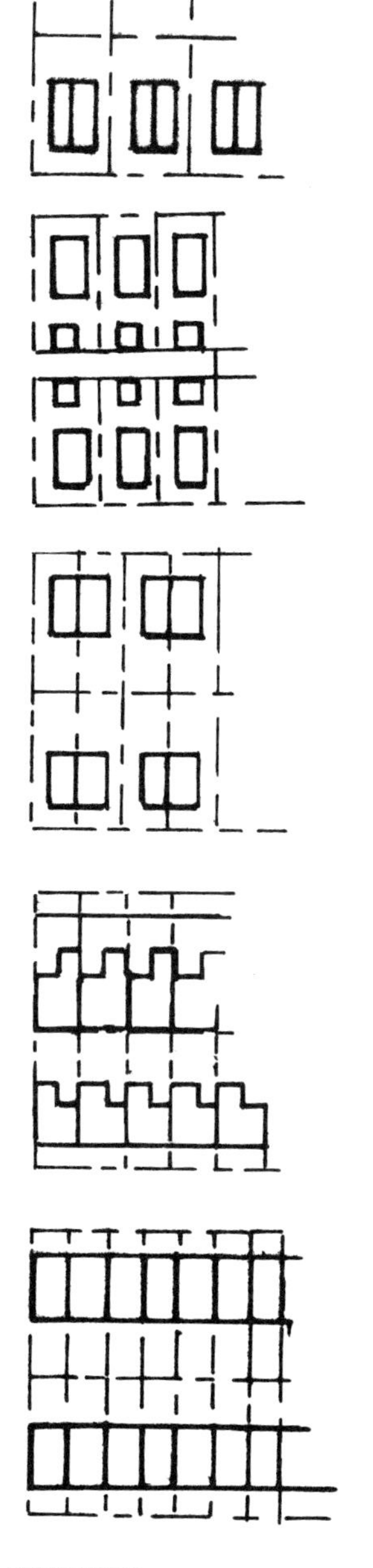

密度の類型学

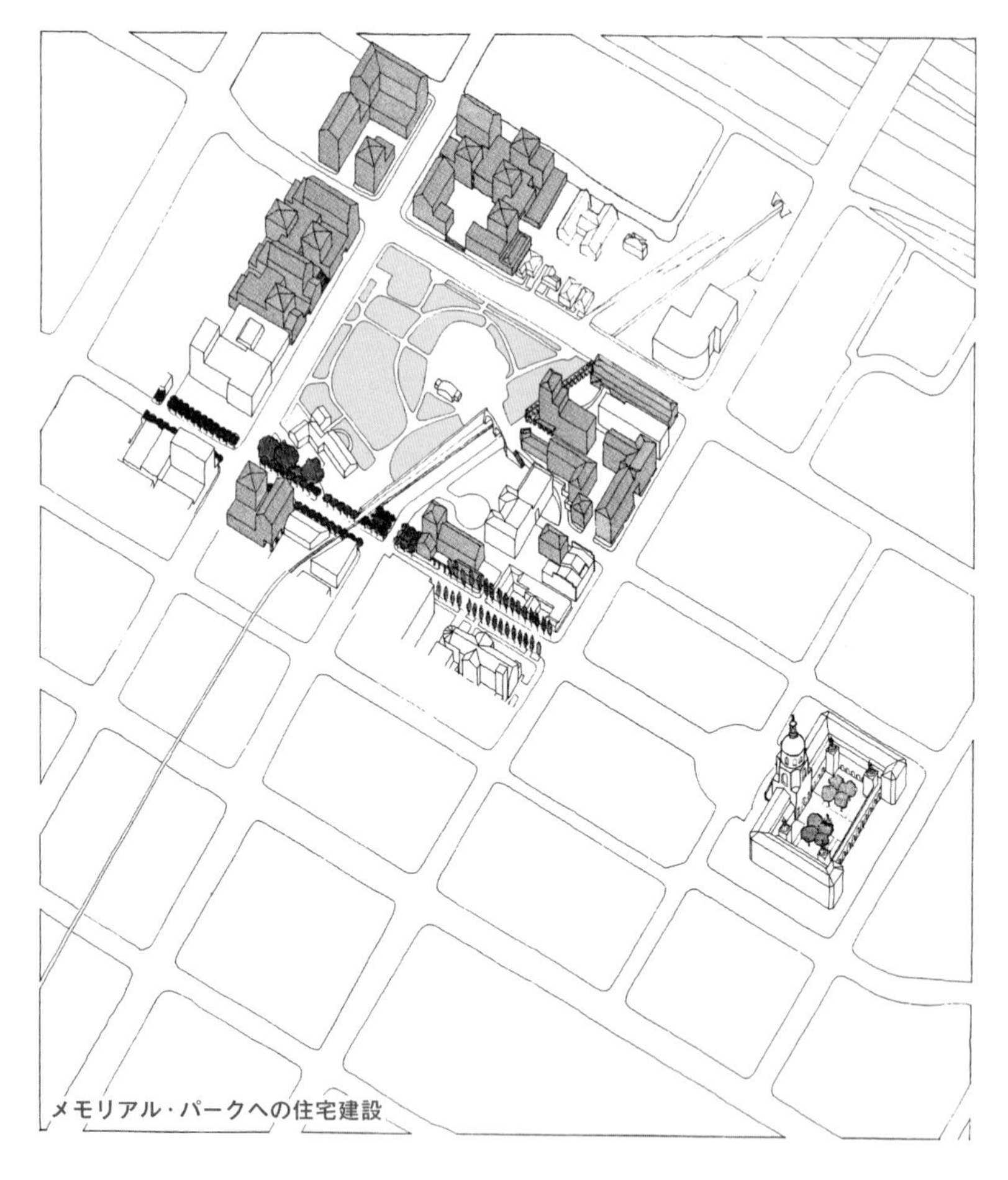

メモリアル・パークへの住宅建設

最初に事業を引き受けた開発業者は、メモリアル・パークと路面電車に魅力を感じ、中庭型アパート（かつてパサデナでは一般的であった高密度の住居タイプ）を建設した。この開発業者は公園が創り出す楽しさだけが、投資の理由だと述べている

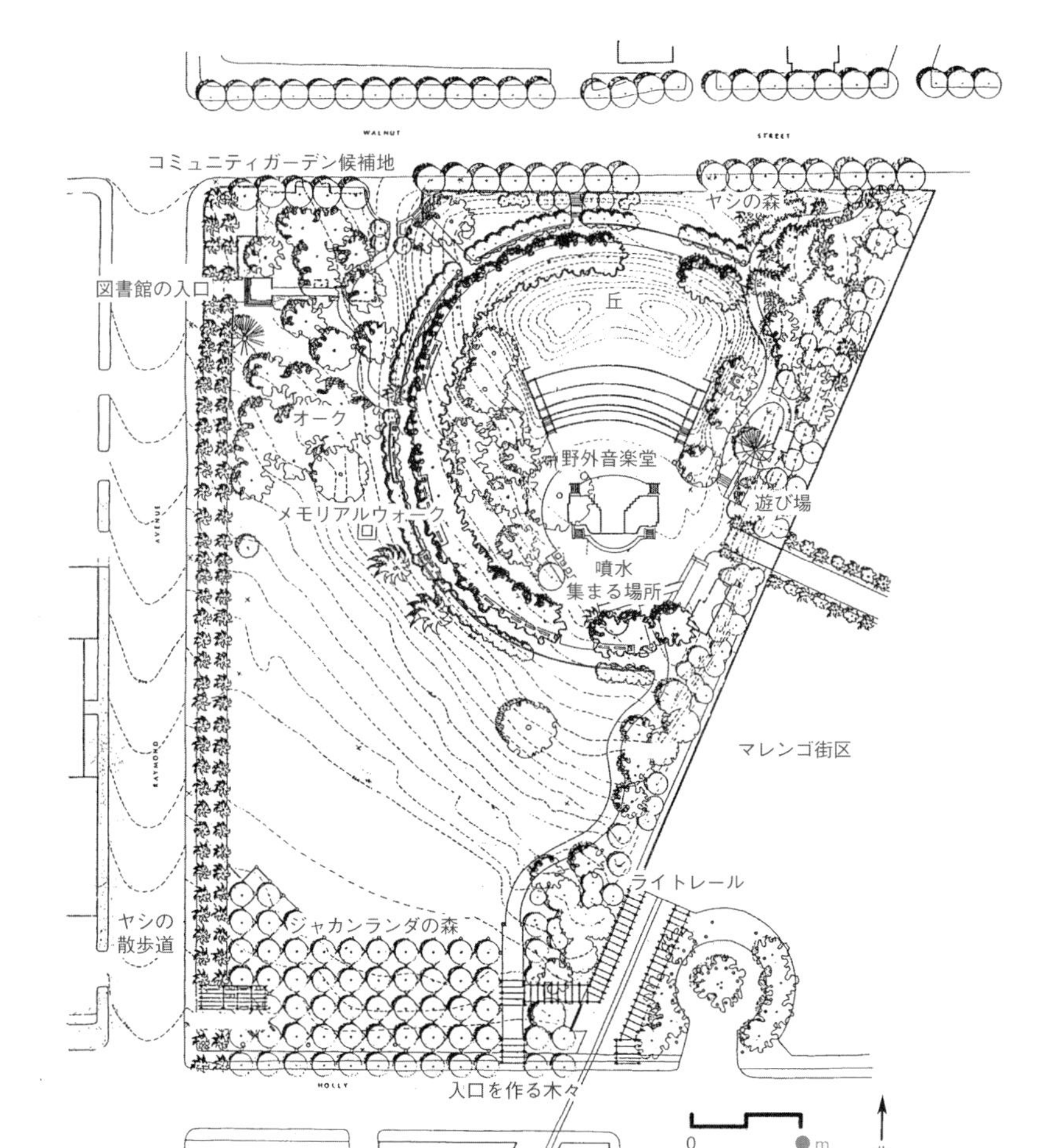

メモリアル・パーク平面図
メモリアル・パークは、さまざまなレクリエーションを可能にし、市民の活動が自然に起こり、住宅から緑の眺望を楽しめるように、デザインを加えられた

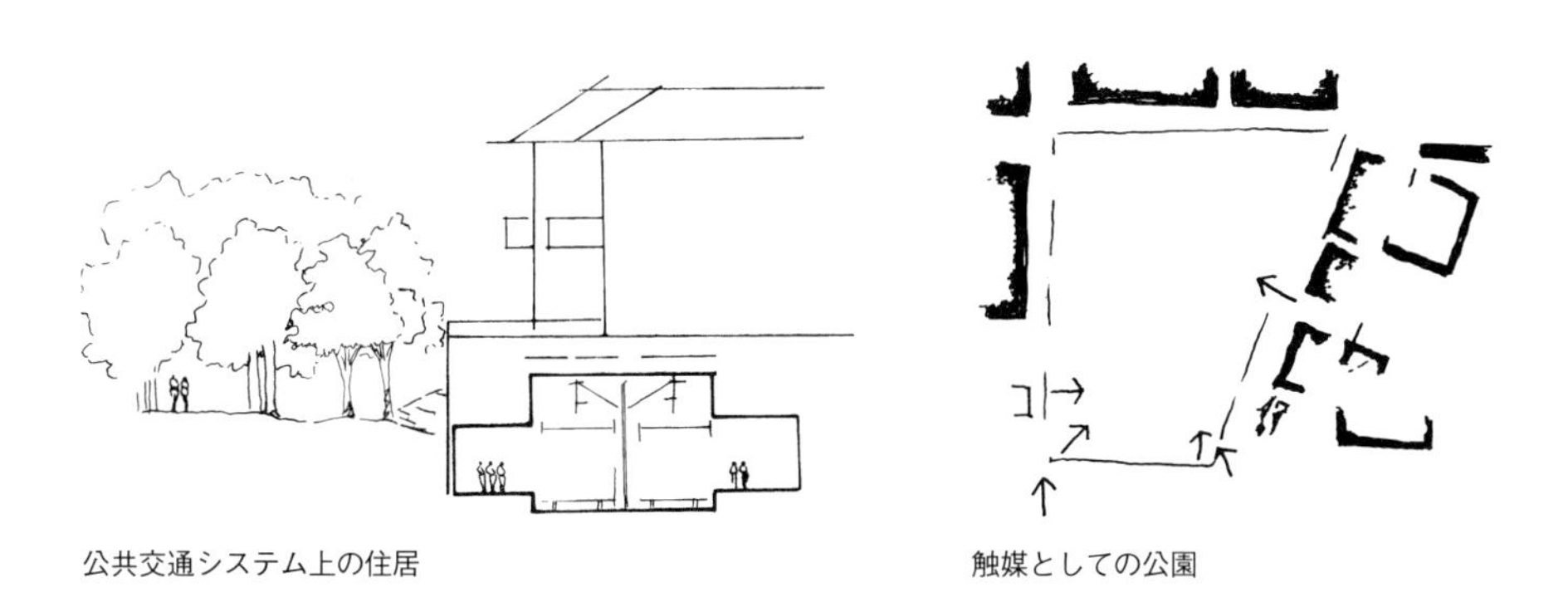

公共交通システム上の住居

触媒としての公園

野外音楽堂では多くのパフォーマンスが行われ、人々に、密度高く住む都心生活の楽しみを伝えている

隣地区では、プライバシーを守れないと考えている。[52]このような態度は概して、都市の回復力を強化するうえでの手ごわい壁となる。この人々に対しては、近所の公園や公共施設、住宅と混在する近隣商店街、社会の多様性などは、なんの動機づけにもならない。実際他のグループの人々にとって密度への積極的な誘因となるものも、このグループには忌避すべきものとなる。しかしそれでもまだ、より高い密度を実現する方途はある。

最も重要なデータが、低密度の郊外を強く求める人々でさえ、82・39パーセントが町と町の間に広大な緑地帯があるとよいと思っている、ということだ。彼らも地平線まで延々と続く家並みを求めているわけではない。[53]採るべき戦略のひとつが、公共教育の場を利用して低密度で際限のないスプロールと、拡大範囲を定めた自然の緑地のある高密度の住宅地という2案を対比させることだ。[54]すると思い込みが崩れ、価値観が変化し始めるだろう。すでにこの変化は起こり始めている。いくつかの野生生物保護グループが結集し、熟議し、高密度居住を提案することに決めたエコロジカル・デモクラシーのすばらしい事例があるが、これなどはまさに右の価値観の変化によるものである。[55]一方で、低密度で同質な郊外を断固として選択することが、不確実性、情報過多、アイデンティティと社会的地位の喪失、複雑さへの恐怖による激しい防衛反応ならば、思い込みを覆す戦略はより多くのストレスをこの人々に与えることになってしまうだろう。[56]もし私が隔離された郊外に住んでいて、その住み方は不確実性にはうまく対処できるが、おかげで緑地帯ができないのだなどと言われたら、ただ緊張し防衛的になるのがおちだろう。アメリカン・ライブスのデータからも、これがおそらく正しいことがわかる。密度を嫌う回答者は同時に、自分の近隣地区を防衛したいと強く願っている。彼らは明確な境界線、視覚的な画一性、社会的な同質性をもつ近隣地区を圧倒的に好み、それはすべて情報過多と複雑さへの防衛戦略なのである。つまり密度の増加は、近隣地区の間や隣り合う住宅の間に明確な境界線をデザインすることで受け入れられるだろうということだ。防衛のためならと柵とゲートで囲われた近隣地区をよしとする人々もいる。[57] しかし明確な境界線を作るためにフェンスではなく自然の緑地帯を利用できれば、都市の回復力を強化することができる。このようにしていけば、おそらく全体として複雑性も多様性も減少して、一定の妥協点に至り、密度の増加と防衛反応の充足の両者が同時に達成できるだろう。このグループは、プライバシーと閉鎖性を保証するデザインであれば、密度をわずかに高めることを受け入れるだろう。

低密度な郊外を好む人々が抱くもうひとつの関心が、子どもたちの安全である。[58] この点では、柵に守られた庭や中庭、ボンエルフ〔オランダ発の語で「生活のための道路」〕、クルドサック〔袋小路〕、エックス交差など交通整理の装置〔diverters〕でさえも、密度を心地よいものにできるだろう。[59] 今日では、低密度の生活に満足している人々の暮らす近隣地区でこそ、この状態を改善できる技術と忍耐力をもつデザイナーが強く求められているのだ。それは密度に対してこのグループが徹底的に抵抗するという理由からだけではなく、むしろ彼らの変化がどうしても必要だからである。

ニューアーバニズムの考え方を好むが密度を「嫌う」グループに対しては、用意できる条件がたくさんある。このグループが、不確実性、情報過多、複雑性に対して、それほど防衛的でないことがそのおもな理由である。これらの人々は緑地帯を強く要望しているので〔90・6パーセントが賛成〕、低密度の居住と自然の緑地帯、どちらかを選択しなければならないと理解したときには、緑地帯を選ぶだろう。[60] この人々はまた、町にセンターをもちたいと強く望んでおり〔95・1パーセント〕、緑地、商店、教会、公共施設からなるコミュニティのセンターを創ることが、少しでも密度を上げる動機になるだろう。さらに地域の特別さ〔72・7パーセントが選好〕の表現である小さな町の雰囲気を創ること〔89・2パーセント〕、伝統的な建築、ポーチ、並木を創ること〔83・9パーセント〕で、高い密度はさらに受け入れられるに違いない。彼らは都会的なものにも関心があり開放的なので、さまざまな条件を話し合い、混雑していないように見せながら密度を上げる革新的なデザインをうまく創造するだろう。また彼らは住宅とランドスケープが美しくデザインされれば、適度な密度の増加を受け入れるだろう。こうして家族用の住宅を守りながら、同じ敷地にもうひとつの戸建て住宅を建てることで、適度な密度が実現されるのである。

人々が密度に対して示す多様で複雑な態度、よくある誤解、高密度を奨励する政策への転換、これらに対応するために、以下に

させている)。(4)明り取りの窓、部屋と部屋の間の壁に開口部を設ける。これが一つひとつの部屋を広くする。(5)日照を確保しながら隣の家を隠すために、窓をステンドグラスにした。私の家には、じっくりデザインした自分だけの隠れ場所が2ヵ所と、空っぽの外部空間がある(私たちはそれを間、あるいは聖なる空っぽの空間と呼んでいる)。空っぽの空間は、あたかも必要以上の空地があるかのよう見せる。そしてさまざまな用途に使えるのである。私たちの空っぽの空間は、最近数週間はニワトリが平飼いされ、ときには大きなパーティー会場となり、住宅修繕の作業場所となり、そしてアートプロジェクトの舞台ともなる。小さな庭では常緑の蔦が柵を形作り、空間を圧縮して「緑」のプライバシーを醸成する(生垣は、プライバシーと自然の緑の両方を作り出す。つまり生垣は空間を無駄にせず、私たちが密度を認識する際に働くふたつの重要な点、プライバシーと自然を一度に実現できるのである)。

近隣地区を緑化する

近隣公園の設置は人々に高い密度を受け入れてもらうための、きわめて重要な条件である。[71] 近隣地区全体を緑化すると、情報過多やストレスが軽減され、込み合っていると感じにくくなる。[72] アメリカン・ライブスの調査によれば、高密度を蔑視する人々でさえ、緑の豊かな近隣地区を強く選好する。芝生広場(85・9パーセ

プライバシーを守る

密度を隠す

近隣地区を緑化する

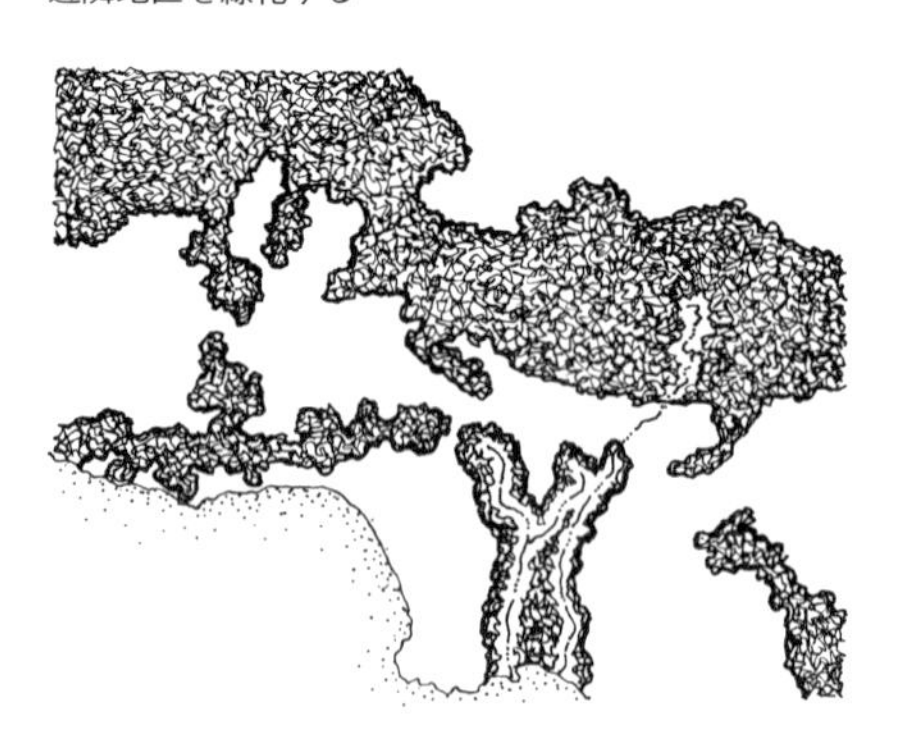

大きな自然地域を取得する

ントが好んでいる）や小さな公園（84・2パーセント）を創出し、子どもたちが安全に屋外で遊べる緑の庭とクルドサックを用意し（80・5パーセント）、日影を創る樹々を植えれば（74・6パーセント）、高密度を受け入れる人々も現れるに違いない[73]。地形と水もまた、この目的に利用できる[74]。自宅から自然が眺められれば、密度も望ましいものとなるだろう[75]。ランドスケープの形態は、コミュニティの構成に応じてその姿を変えなければならない。一般的に上流階級の人々は自然で手を入れていない植生を好み、中流階級はよく手入れされた植物を好む[76]。人々はたとえ人工的な環境にあっても自然を強く望んでいて、これが近隣地区の緑化の原動力となり、そして高密度が実現できるのである[77]。

近隣地区の緑化には、認知密度を下げる別の作用もある。多くの近隣地区の緑化にはまずコミュニティのグループが取り組むが、すると当然のように住民の協働が求められる。緑化活動をとおして見知らぬ人同士が顔なじみになり、自分たちで物事を進められると感じる。つまり人々が親しくなりコミュニティの力を確信することで、認知密度が軽減されるのである[78]。

大きな自然地域を取得する

近隣地区の緑化活動と結びつけながら、広大な「自然」のかたまりとしてのオープンスペースを創ることが、認知密度を下げ、高密度が受容される条件になる[79]。緑地帯は、野生生物の通り道となり、レクリエーションや動物の観察や運動の場となり、近隣地区の境界を明確にし、高級住宅地の一部にもなる。このような広大な自然地域を選好する住宅購入者と購入予定者は89・6パーセントにのぼり、すべての調査項目の中で最高の数字だった[80]。広大な自然地域の取得を堂々と主張できるのは、コンパクトな住宅開発とセットにした場合だけなのだ。つまり広大な自然地域を確保することこそが、密度を上げる最大の条件なのである。

交通システムにアクセスする

公共交通に簡単にアクセスできると、住民が密度の増加を受け入れるようになる。近くに鉄道駅があれば高く評価するし[81]、住宅の価値も上がるだろう[82]。公共交通システムへのアクセスが、ピーター・カルソープの交通システム型開発モデルの中心となる原則である。彼は駅の周辺から平均約６００メートルの徒歩圏、すなわち心地よく歩ける10分の範囲を高い密度にするべきだとする[83]。もちろん距離も重要なのだが、交通システムにたどり着くまでの経験をうまくデザインできるとよい。楽しく安全に、歩いたり自転車に乗ったりして、駅に着けることが大切なのだ[84]。駅までの道で、楽しく買い物ができ、日常のこまごまとした用事を足せるようにしなければならない。これで心理的な距離が短くなる。多くの用事を一度にやってしまえれば、歩かなければならない総距離が短くなるだろう。また歩く途中に便利で面白いものがあれば、私たちは距離を短く感じる。[85]

　無駄の多い道路と駐車場もまた交通に関連する問題で、今ではこれらが町の空間のほぼ半分を占有してしまった。たとえば私が住んでいる近隣地区の幅約12メートルの通りを８メートルに狭めれば、街区ごとに1戸の新しい住宅を加えることができる。約50メートルごとに道路上に約８×24メートル（約２００平方メートル）の敷地ができる計算になり、これは小規模住宅やガレージハウスにちょうどよい広さなのだ。もしサンフランシスコのベイエリア全体でこれが実現したら、この先25年間、郊外の豊かな農地や野生生物の生息地をほんの少したりとも破壊する必要がなくなるだろう。

近隣地区と街区を特徴づける

　日常生活が複雑になり、移動が多く、過剰な刺激に晒され、不確実性に囲まれると、人々は急に混雑を感じるようになる。密度を高くするためには、近隣地区に休息のための場所が必要なのだ。[86] プライバシー、自分のものと感じること、緑が、人々をほっとさせる。住区間にはっきりとした境界を創り、それぞれの住区に一目でわかるような特徴をもたせることが、デザイン戦略の根幹となる。明確な境界が一つひとつの住区を特徴づけることは、近隣地区全体の構造を把握するためにも重要である。[87] 80パーセント以上のアメリカ人が、南部やニューイングランドの古い町に見られる明確な境界と独特な個性のある近隣地区に住んでみたいと思っている。[88] これらの町の境界は約８００メートルの幅があり、それ自体特徴ある場所にならなければならない。近隣地区のデザインは、確実性、アイデンティティ、親密さ、ひとりになれること、コミュニティ感覚、皆による管理、これらをうまく引き出さねばならないのである。

　うまくデザインされた近隣地区においても、住宅を囲む空間が、

公共交通システムにアクセスする

街区に個性を与える

センターを創る

隣の家と明確に区分されることが求められる。街区とは、住民が直接コントロールする公共領域である。10〜30世帯の暮らす街区が、場所に根ざした市民性、顔を合わせる親密さ、心理的なアイデンティティ、近所付き合い、対話による民主主義などの基礎となる構成単位である。[89] 街区は、現代の私たちが属する部族単位なのだ。先に触れた緑化活動や近隣地区をよくするさまざまな活動、そしてNIMBYもまた、この最小の近隣単位から始まる。近隣地区にある街区などのより小さな単位は、近隣地区全体の性格を保ちながらも一つひとつ微妙な差異をつけるように、デザインされるべきである。

センターを創る

大半のアメリカ人（85・9パーセント）が、公園、商店、学校、公共施設、礼拝のための場所のある近隣地区センターに高い価値を見出している。[90] 高密度を受け入れたいと一部の人々は願っているのだが、それは何よりも近隣地区内に商店が必要だからである。[91] 多様な商店や市民のための公共施設があればあるほど、密度は受け入れられる。

ここにニワトリと卵の命題がある。近所で買い物ができると人々は密度を受け入れるが、買い物には十分な密度が必要なのである。そんなわけで、センターをもたず、明確な境界もない近隣地区が連綿と続き、自然もなく公共交通システムもない低密度の郊外を改造するためには、総合的なアプローチが求められることになる。これまでに述べてきたデザイン戦略をすべて採用したうえで、密度を高めるための政策と投資が必要になるのだ（交通の効率化のための融資、高齢者用住宅に転換するための低利子貸付や、自動車シェアプログラム）。しかしこのような包括的アプローチが採られることは滅多にない。一般的に言って、変化は次第に大きくするのがよく、機会を見つけては少しずつ変更を加えていくべきだ。近隣地区の緑化が人々の興味を惹きつけるのなら、それを住宅増設のための市の助成金と組み合わせよう。野生生物のための連続した生息域をという抗議活動があるなら、野生生物に必要なオープンスペースを取得する資金を、近隣センター周辺の密度を高めるためのゾーニングと組み合わせて獲得しよう。この戦略の要は、ふたつの物事の間に論理的な連関を作り出し、待望されている変化を密度の増加と結びつけることなのである。

申しわけないが、あなた方にバラ園を約束したわけではないのです

住宅地の密度が基本的に、ゾーニングをとおしてコントロールされていることを忘れてはならない。私が記してきたデザイン戦略は密度の受容を図る本質的な戦略だが、しかしゾーニングこそが基本的規則であり、実際に密度の最低ラインを定めている。多くの郊外では、基本計画やゾーニング、住宅地区条例や使用許可、

これらを組み合わせた現在の規制を変更する必要がある。住民は、このような変更に抵抗するのが普通だ。バークレー市には現在、住民が反対する3つのプロジェクトがある。正当で適正な密度を実現する空地の利用計画が大きな反対を受けているのだ。これらはすべて、本節で述べてきた理由からより高い密度が求められる場所で起こっている。プロジェクトのひとつが、私の家から1街区行ったところで実施されている。4階建ての複合ビルの建設プロジェクトで、1階の商業空間約480平方メートルと上階の住居35戸からなる。このビルをデザインしたのはベテランの開発業者と地元の建築家であり、プロジェクトも地域の文脈に合致するよう計画、実施されていた。商店が集積する地区に20年間も放置されていた元ガソリンスタンドの敷地に計画されたもので、同じようなプロジェクトをあとふたつか3つ実施すれば、現在の商店の集積が本当の近隣地区センターに変わるだろう。ところがコミュニティ集会で誰かがこのプロジェクトも悪くないのではと発言すると、ほとんどの住民たちはコミュニティを台なしにするに決まっている高密度を支持する人の意図を計りかね、ただ困惑するのである。発言者の大半は、密度を高くすることに熱心に反対した。ある近隣地区のリーダーなどはプロジェクトそのものが却下されるべきだと訴えたが、それは開発業者が葉巻を吸うような人物だからなのであった。このプロジェクトが密度を増加させ、近隣地区の徒歩圏に新たに3つの商店を呼び込み、同時にコントラコスタ郡の約12ヘクタールの優れた農地を守ることにつながる、という事実には、このリーダーは考えが及ばなかった。彼はおそらく、凍えて死んでしまうウズラのことも知らないのだろう。

3つの空地利用プロジェクトへの反対運動を展開した住民たちは、その後プロジェクトごとに密度と闘うのに多くの時間を費やしてしまったと考え、住宅地域でのあらゆる開発を高さ7・2メートルに制限する条例を市民発議した。これが採択されれば現在の密度が凍結され、未来の空地利用が一切できなくなるはずだった。[92] 彼らの発議は論争を巻き起こしこそしたが、結局否決された。この例のように、密度の増加はそう簡単に進まないだろう。しかし当たり前のことだが、誰も私たちに夢のようなバラ園を約束してくれたわけではないのだ。[93]

まず最初になすべきことが、現在の郊外住宅地を改良することである。ほぼすべての低密度の郊外地区では、厳しい変化が求められることになるだろう。交通環境はよくなる前に、一度悪化するだろう。便利な商店は密度が高まり必要性が生まれるまで、手に入らないだろう。本物で最良で慎重なエコロジカル・デモクラシー、草の根から巻き起こる密度の重要性についての複雑な検証と議論が必要となるだろう。こんな風に物事が進み、やがてついに、小さな声と小さな変化が集まって密度と小ささの美徳を生み育み出すのだろう。誰かがガレージアパートメントを増築すれば、密度が2倍になるだろう。この変化にほとんどの近隣住民は気づくこともないだろうが、自分にも同じことができるんだと思いつく住民もいる。こうして近隣地区が自ら変化し始める。その間もあらゆる機会を捉えて、総合的な政策や資金の投入、ゾーニングの変更、よりよいデザイン戦略を追求しなければならない。このためにすべての地域で、まずは単純な政策が考慮されるべきだ。たとえばアメリカ全土で30戸／ヘクタールの密度を満たさなければ、住宅開発は一切許可されるべきでない。農場住宅だけを対象外とし、その他の例外は作らない。

　どんなデザインプロジェクトにも、密度をうまく町に組み込み、人々の恐怖を取り除ければ、高密度を実現できるチャンスがある。小さな空間にプライバシーを与えること、近隣地区を緑化すること、広大な自然地を取得すること、交通システムへのアクセスを確立すること、近隣地区のアイデンティティと自己管理を創出すること、地域のセンターを強化すること、これらによって密度を高くすることができる。私たちの関わるすべてのプロジェクトは、その規模の大小に関わらず、密度を増やし大切にする文化を育てるために貢献すべきなのである。「回復できる形態」を作るために必要な密度は、混雑とは違う。これを心にとどめておくこと。一般的に25〜30戸／ヘクタールの居住密度によって、交通システム、近隣地区センター、野生生物の生息地が維持される。丁寧に建てられた小さな戸建て住宅と庭でも、この程度の密度ならば実現できる。しかし多くの場合は、回復力を強化するためには、これよりもはるかに高い密度が望ましい。たとえば１２５戸／ヘクタールという密度は、広々した優雅な生活をもたらすことができる。4階建てのビクトリア様式住宅が並ぶ近隣地区が、たいがい１２０戸／ヘクタールの密度になり、大半の住民は専用あるいは共有の庭をもっている。[94] さらに密度への不当な非難がはねのけられるにしたがって、より多くの人々が２５０戸／ヘクタール程度の密度もよいと感じ、回復できる都市がもつ本当の都会的な楽しさに気づき始めるだろう。ここが、私たちがバラ園を約束する場所である。現在とは違うように密度を感じ、到達しうる最良の人生への新たな展望を選択すること、これこそが求められているのだ。

9

回復できる形態

都市の範囲を限定する

Limited Extent

エコロジーが教えてくれることは、ミシガン湖のほとりの砂丘にある。ここでは木カタツムリが、ブナとカエデの森から離れることは決してない。彼らは、自らの棲むかぎられたテリトリーで繁栄している。そして森のまわりのランドスケープを自分以外の他の役割のために残していて、つまり砂丘の生態系が自らを全体として維持しているのである。これとまったく同じことを教えているのが、町の境界にグリーンベルトをもつ都市である。そのひとつであるメリーランド州グリーンベルト市は住民が健康に暮らす町として知られ、簡単に仕事、買い物、オープンスペースに赴くことができる。つまり人々は都市内部で充足している。

ふたつのすばらしさが、ひとつの強い回復力を与える

人間も、都市の範囲を限定することから大きな利益を得られる。生態系がきちんと機能し、地域の生物的多様性が守られれば回復力が増大する。農地やその他の役割をもつ土地を残すことができ、そこから食料、きれいな空気、水など多くの資源が都市に供給され、自然災害に強くなり、多様な経済が生まれる。6章で見た「特別さ」のすべての利点が、もたらされるのである。公共施設や公共サービスも小さな範囲をまかなえばよくなり、財政的にきわめて有利になる。都市の範囲を限定することで、自らの暮らす町の大きさを把握でき、強いアイデンティティが生まれ、住民もおおいに満足するようになる。都市の拡大する範囲を限定することで、

都市の範囲を限定することはふたつのすばらしいこと、生き生きとした都会
生活と野生の自然へのアクセスを可能にする。そして優れた回復力を創る

自然や野生のレクリエーションを身近に楽しめる。これらはすべて、1章「中心性—センター—」、7章「選択的多様性」、8章「密度と小ささ」の各章で、詳しく述べてきたものだ。9章「都市の範囲を限定する」は、これらの原則を支え、またそれらに支えられる原則である。

都市の範囲を限定することと密度が、「回復できる形態」に深く関わっている。密度がほとんどのアメリカ人に疎まれているのとは異なり、人々から圧倒的に支持されているのが都市の範囲を限定することである。先に述べたアメリカン・ライブスの調査によると、都市デザイン戦略のなかでも強く支持されたのが、都市の間にグリーンベルトを設けることだった。この調査では89・6パーセントもの支持があったのである。郊外の生活を選好する人々でさえ、82・4パーセントがグリーンベルトを支持している。都会的な生活を好む人たちでは、実に97・9パーセントが町と町の間にグリーンベルトがあるとよいと考えている。[1]これは単に人々が延々と続く住宅分譲地にうんざりしている、ということだけではない。むしろ、ふたつのすばらしいことがあるという認識なのだ。すなわち、都市と農村の「それぞれが不可欠で、それぞれが異なり、互いに補完し、ともに生を高めあう」すばらしさである。[2]都会が連続し拡大するその範囲を限定すること、都市の境界を意図的にコントロールし、周辺の農地や自然を保全することが、このふたつのすばらしさを現実のものにする。都市の範囲を限定することで、コンパクトな都市と周辺の農村、両方が容易に維持できる。ただ、人々のグリーンベルトへの強い願望にもかかわらず、あるいは人々が他の要望を優先した結果なのか、アメリカの都市がその大きさを抑制することはほとんどなかった。メリーランド州グリーンベルト市は20世紀なかごろの例外であり、特異値である。この町のグリーンベルトは、長い時間をかけて作り出されたものなのだ。

入植地から都市周縁へ、そして肥満しきった郊外へ

アメリカの都市の成長は、ほとんど単一のパターンをなぞる。つねに周辺部へ拡大し続け、その周辺部は先行投資され私有化され、人々のためのオープンスペースは遠くへ、より遠くへと追いやられる。[3]最初はわずか数百人の小さな入植地が、新たに数千の人々を受け入れるために外部へと広がる。そしていわゆるアメリカ的な成功を果たせば、町に受け入れる人々が数十万人、数百万人になっていく。時代によっては、都心部に人口が集中したり、後には周辺部でも人口が増加した時期があっただろうが、[4]しかし低密度の周辺部の拡大こそが主要なパターンだったのだ。[5]この拡大を推し進めたのは、都会を嫌う心情、アメリカ人の嗜好、政府の補助金、政策、法律、高速道路、建設業界の圧力団体などである。ガソリンへの不当に低い課税、場あたり的に決定される土地利用、私有財産の法的権利保護のための圧力、土地投機が生む不当な利益、これらも都市を周辺部へ拡大させ、成長させた要因である。[6]成

長しなければ都市は死を迎えるという、広く信じられているスローガンが、人々のもつ大きさへのプライドを満たしたのも確かである。[7] 成長と拡大がごく小さな町に利益をもたらすのは間違いないし、どの都市の歴史を見ても外部への成長に意味がある期間があるのだが、しかしそれはとても短い間である。500人から5000人に人口が増加することによって、小さな村では適わない職業の専門化、富の蓄積、文化的な組織、多くの公共サービスが実現できるようになる。しかしこのような利点を使い果たしたはるか後まで拡大は続き、まるでぶくぶくと弛んでいくウエストのように太り続けるのである。

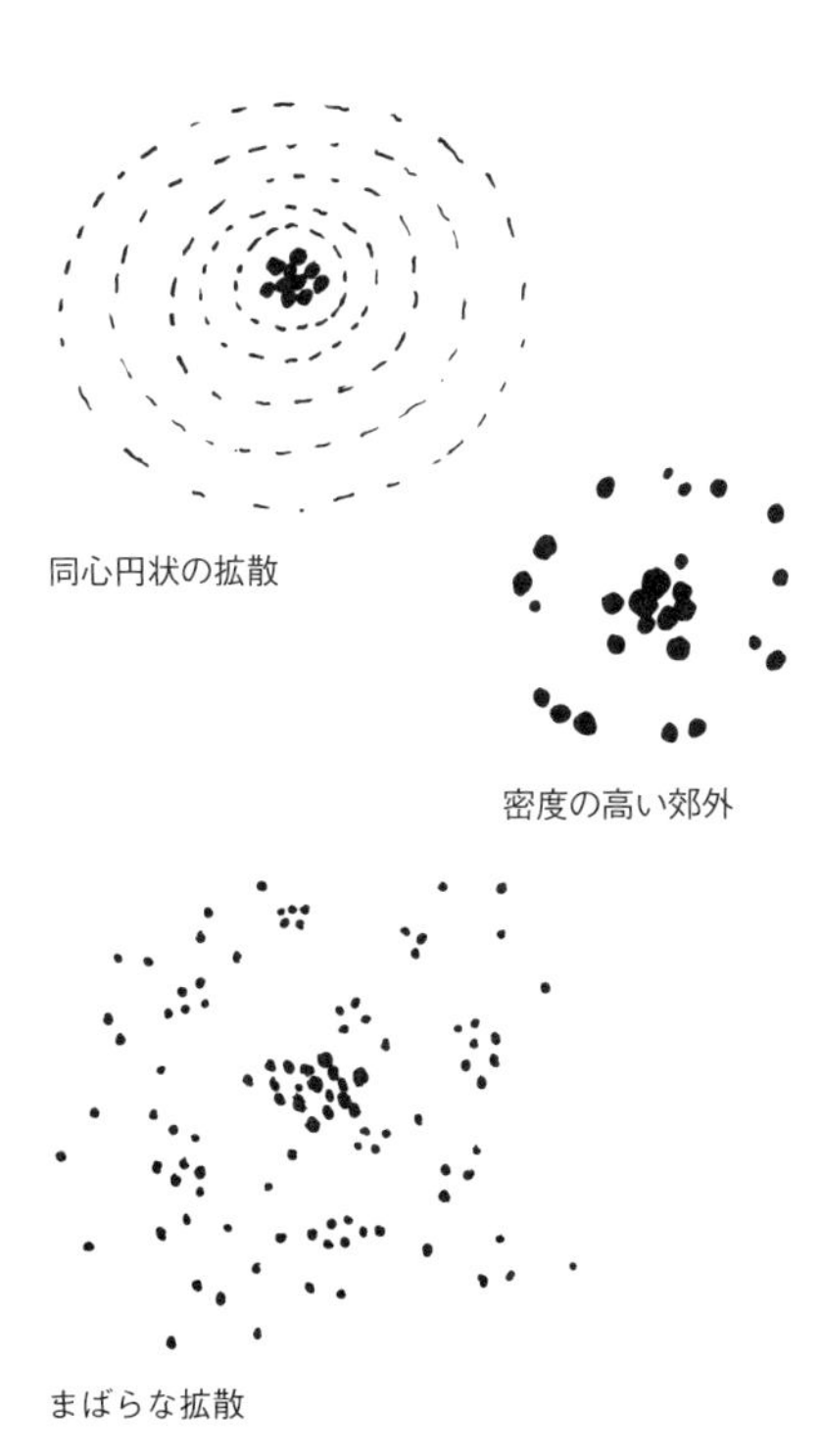

都市のサイズに関する3つの疑問

強大な力が都市の拡大に拍車をかけている。その力を一旦止めて、「どれだけ拡大すれば十分なのか?」と問い直すことは難しいことだ。しかしエコロジカル・デモクラシーのためには、この基本的な疑問を熟慮し、答えを出さねばならない。回復力を左右する都市の範囲に関しては、3つの重要な疑問がある。ひとつ目が、都市を抱える一地方は最大でどれだけの人間とその占有する土地を維持できるのか。ふたつ目が、どれだけの人口、面積が最適な都市のサイズなのか(これに関連して、最適なサイズを維持するためにいかに拡大を制限できるのか)。3つ目が、ある地方で人口が最適な都市のサイズを超える場合、新たに作るべき副次的な都市の大きさはどれくらいか、そしてそれらの都市の間で拡大をどのように制限するのか。これら3つの疑問はそれぞれ外部限界、内部限界、最小限界として考えられる。

最適なサイズ——地方の最大許容能力という外部限界

一つひとつの地方は、どれだけの人と人間のための土地を維持できるのだろうか。これは、回復力に関する最も基本的な問題である。どんな地方でも人々の需要が環境の能力を超えると、回復力は失われる。[8] 最大許容能力〔Regional Carrying Capacity〕とは、いかなる地方にも水、空気、食物、エネルギー、森林、その他の必要な生産物を供給する能力には限界があり、それを超えてはいけないことを示すものだ。地方が有する災害に対し安全を確保する能力や、地域内で廃棄物を処理する能力についても同様である。これがミシガン砂丘の森にいる木カタツムリが知っているのに、私たちには学べないように思われることである。現在では、ほとんどの地方が許容能力の限度を超えている。たとえば水を考えてみよう。世界観測機構〔World Watch〕は、アメリカの都市の4分の3がなんらかの形で地下水源に依存しており、「35の大都市のうちわずか3都市、サンアントニオ市、マイアミ市、メンフィス市だけが地域内の水資源で需要を満たしている」としている。[9] カリフォルニア州では、水が最大の競争的資源である。南カリフォルニアでは人口に見合う分量の水資源がまったく不足していて、北カリフォルニアの豊かな水資源に依存し、長い間導水プロジェクトで水を運んでいた。しかし現在では、北カリフォルニアもまた水供給の限界に近づいている。それでも南カリフォルニアに大量の水を供給する計画は、いまだ数多い。最近の提案はグアララ川とアルビオン川から水を吸い上げ、全長270メートルの巨大貯水袋に詰めるというものである。この貯水袋は、カリフォルニア北部の海岸からサンディエゴ市まで運ばれるという。[10] このような提案を前にして、多くの人々がカリフォルニア州は分水嶺ごとにいくつかの州に分割された方がよいのではないかと、真剣に考え始めている。国内のどの地方においても、水はきわめて限定された大切な資源であるが、しかし他にも土壌、気候、地形によって地方ごとに異なる重要な資源がある。

ここ数年のサンフランシスコやベイエリアでの問題のひとつが、ベイエリアで汚染された大気が卓越風に乗って東に拡がり、セントラルバレー諸都市の大気の質が悪化していることである。サンホアキンとサクラメントバレーの両行政管区がカリフォルニア州を訴え、サンフランシスコ地域は大気汚染がセントラルバレーへと流れ込まないよう対策をとるべきだと主張している。サンフランシスコ市の大気汚染との因果関係についてはいまだ議論されているところだが、より厳格なスモッグ管理プログラムをサンフランシスコ・ベイエリアへ強制的に適用する法案が州議会を通過し、州知事もこれに署名した。[11] 巨大な規模に膨れ上がる世界貿易、非常に安価な輸送費、大量生産のために地域ごとに単一化される生産物。このような時代に、一地方に大気汚染の問題に注意すべきだと期待すること自体が、地方主義的であり時代遅れなのかもしれない。しかし地方の最大許容能力が、回復力を維持できる最大人口を左右するさまざまな変数を決定していることは確かなのだ。

適度なサイズ——最適な都市サイズの内部限界

都市内部の状況を見れば人口の拡散が不利なことは、地方の最大許容能力の閾値が明らかになるはるか以前からよく知られていた。たとえば都市の整備された道路は、人口が5万人に達するまでは、自動車文化が生み出す交通量を処理できただろう。しかしその時点を超えると、拡大する都市の外部を結ぶ新しい高速道路が、農村を切り裂く環状のベルトとなる（環状ベルトとは適切なネーミングだ。というのもこのベルトは膨れ上がる都市のウエストに巻かれているからである）。活気が溢れていた都心の近隣地区もまた、町を横切る高速道路の敷地にされてしまった。町を切り裂く高速道路が、貧しい近隣地区や川の流れを破壊しバラバラにした。しかし実のところ分断されたのは貧しい地区だけでなく、すべての近隣地区だったのだ。人口が5万人を超えるにつれて、どんなに多額の予算を割いても交通システムが悪化していく。そのころには渋滞が50キロメートルにもならんとし、自動車の流れが滞るようになる。低密度な郊外への拡散が都市内の近隣地区を窒息させ、郊外もまた交通渋滞で身動きが取れなくなっていった。

　拡散する都市パターンはある段階で、非効率に転じ、高くつくものになる。拡散が広範な機能不全をもたらすのだ。

　それでは、このような都市内部の要請に対し、どの段階で都市の範囲が限定されるべきなのだろうか。これには厳密な数字を求めるのではなく、おおまかな限界を示すほうが簡単だし、それで十分である。５００人なら少なすぎ、５００万人なら多すぎるといった具合である。アリストテレス〔Aristotle〕は、都市を形成するにあたり10人では少なすぎ、10万人では多すぎると述べている。[12] 適切なサイズにはおそらく大きな幅があるので、誤って具体的な大きさを公言すると政治的ダメージを受けることになる。[13] 思慮深い科学者である私の友人は、ノースカロライナの州都ローリー市が、30年前には健康的であるための限界に達しつつあったと考えている。そのころの人口は、なんと10万人以下であった。当時友人は有能な市会議員だったのだが、市長選に立候補して大敗し、そしてローリー市の歴史で最も重要な議論は幕を下ろしたのであった。私は考え込んでしまう。プラトン〔Plato〕もまた、理想の都市とはわずか５０４０人で構成されるという考えを進め公言し、そして追放されたの

← 少なすぎる人口　　多すぎる人口 →
(500 ——— 5,000,000)

(10 ——100,000)
(100,000)
(5,040)
(500,000)
(500,000)
(250,000 –500,000)

理想的な都市人口

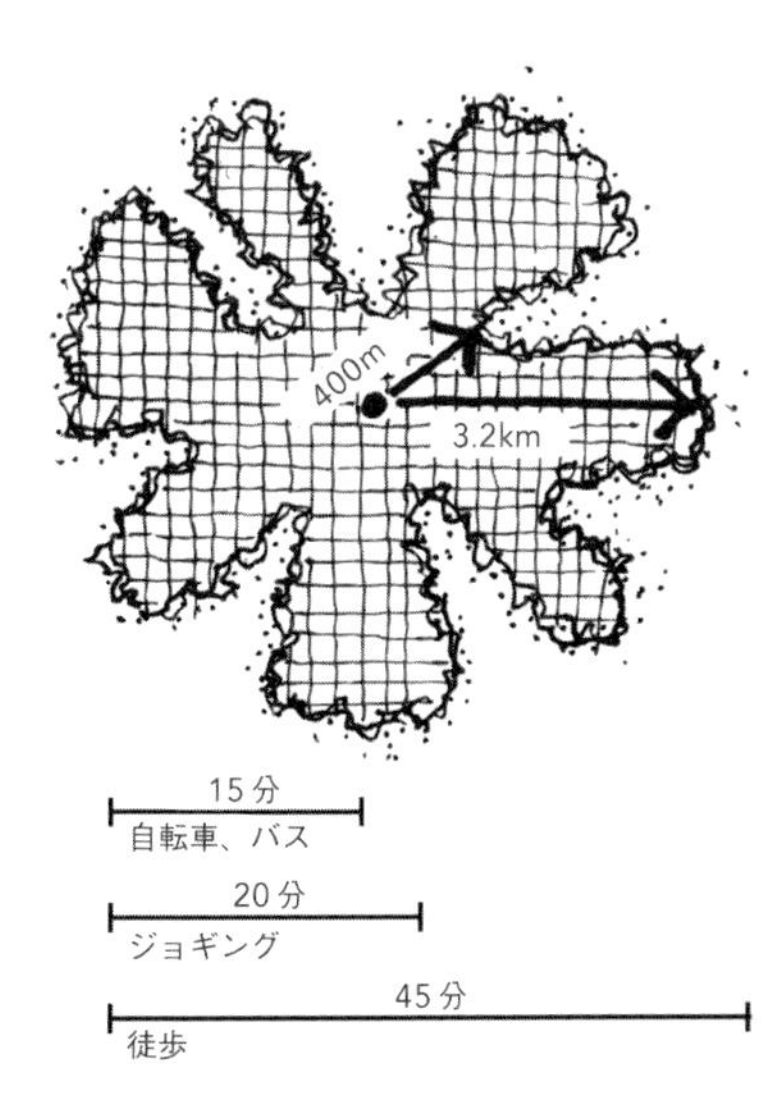

野生の自然へのアクセス

だろうか。[14]

E・F・シューマッハ（Ernst Friedrich Schumacher）は、都市の極限状態を検討して経済学理論を構築し、そして最適な都市のサイズについてわかりやすい議論を展開した。彼の経済分析の結果が示すのが、数百万規模の都市は住民になんら便益を与えることはなく、その代わりに大きな問題と苦しみをもたらすことなのだ。一方で彼は、人類史上大きな発展を遂げたたくさんの都市が、今日と比べとても小さいことに注目した。豊かな生活に不可欠であるとされる富の蓄積が、考えられているよりも小さくて十分であることを示しながら、小さな都市の成功を説明した。またそこでは哲学、芸術、宗教に、ほとんどコストがかかっていないことも明らかにした。次にシューマッハは、最適なサイズに関する問題に正面から取り組み、「都市の望ましいサイズは、上限50万人程度と言っていい」とした。[15]クリストファー・アレグザンダーの『パタン・ランゲージ』で取り上げられるおもな事例の都市のサイズもこれと同じ、ちょうど50万人である。[16]ケビン・リンチは、最適なサイズが「25万～50万人の間」とするのが現在の考え方だとする。[17]

シューマッハのマクロ経済分析は、経済学的に考慮されるべきどんな数値にも適用できる。インフラストラクチャー・コスト、経営コスト、科学の発達はもちろん、アノミー、アイデンティティ、健康、市民参加などについても分析できる。たとえばこれまでの健康の計り方がいかに不十分であったかをみよう。研究者たちは最近、野生のままの自然へのアクセスが、身心の発達、ストレスの削減、病気からの回復にとても効果的で重要であると指摘している。私たちもこれと同じ論理を展開できるだろう。多くの研究者の考えを私たちも共有し、想像してみよう。すべての人々にとって、広大な野生の自然へすぐにアクセスできることが必要なのだと。自然が都市の境界をなし、人々の家から遠くても3キロメートル程度にあり、家の近く４００メートルにまで伸びてきている自然の回廊を通って、グリーンベルトへアクセスできる。こうして都市の境界を形作る野生の自然へ、自転車やバスで15分、ジョギングで20分、歩いて45分でアクセスできる。このような自然の境界に囲まれて、コンパクトな都市ならば40平方キロメートル、細長い都市ならば80平方キロメートルの都市的な土地利用が可能になる。50戸／ヘクタールというそれほど高くない密度で、そして土地の半分を居住以外の用途にあてても、都市の形態により25万から50万人が居住できる計算である。

最適な人口は、他にも人間側の条件（同質性や密度への要求）、自然の許容能力が決める条件（水供給や地形など）により、大きく制限されるだろう。しかし一般的にいって、25万～50万人を1都市の最大人口とすることが妥当である。それでは、この人口が最適なのだろうか。確かに人口の上限はわかった。しかし持続可能性に関する要素を幅広く考慮すると、人口10万人以下の多くの都市が最高の評価を受けることとなる。都市の最適なサイズは、この辺りで変動している。私は25万人を、回復力ある都市へのさまざまなデザイン戦略を描くときの最大値としよう。

地域のもつ許容能力が、回復力を維持できる人口の限界と土地開発の範囲を決める。都市がサイズによるすべての恩恵を受けるには、現在の多くの都市のように巨大化する必要はまったくない。人々の健康や幸福の観点からも、都市のサイズを限定し回復力を維持することが重要なのである。それでは、3番目の疑問に向かおう。ある地域に立地する小さな都市が保つべきサイズの下限である。都市の範囲を限定することが、巨大都市、25万人程度の都市、それ以下の小さな都市、それぞれにどのような影響を与えるのか、もう一度考えてみよう。

大都市の構成を変える

アメリカでは約70都市が、25万人以上の人口を有している。これらの都市が最適な人口を超過しているのだとすると、私たちの採るべきデザイン戦略はどのようなものだろうか。それぞれの都市には異なる機能があって、その主たる活動から適当なサイズが決まるというのは、正しい答えではない。[18] さまざまなサイズがあることは、全体に多様性を加えることにはなるのだ。しかし優れた都市デザインを実現するためには、時間をかけて都市の大きさそのものを分解し、再構成することが重要になるだろう。これはまた多くの巨大な公共組織や民間組織が、経験上得てきた教訓である。「巨大なサイズが構築されるとほぼ同時に、大きさのなかに小ささを獲得する活発な試みが生じることが多い」。[19]「大きさを分解せよ」、これがアメリカの大都市の、主要な戦略にならねばならない。[20] すでに広がりきっている都市では、この戦略は痛みを伴う。最も費用対効果が高く見込まれ、かつ多くの目的を同時に果たすようなアプローチが、過去の都市開発で破壊された自然のシステムを再発見し、時間をかけてその自然のパターンを取り戻し、巨大都市を小さく個性ある部分に分割することにつながる。この分割は、自然の特徴にしたがって行われる。自然の排水と小川の流路が、その最も見えやすいフレームワークである。今日では一度は埋め立てられた小川を掘り戻し、3面コンクリート張りを剥して自然工法で回復するなど、都市が再び分割され始めている。大きさはまた、巨大都市の内部に農地、都市林、野生生物の回廊をもう一度作ることで実際に分割できる。ロサンゼルス市ではロサンゼルス川とその支流が緑化され、都市が分割されつつある。ここでは国立野生生物保護区〔National Wildlife Refuge〕が未来を見通した提案を行っている。それは河川を主要なフレームワークとして、ロサンゼルスという大都市を12の流域と204の近隣地区に分割し、それぞれの地区に適合した居住区を創出しようというものだ。居住区には、緑の手指〔green fingers〕が創られ、コミュニティの単位となり、洪水を減らし水質を改善し、レクリエーションの場を提供し、ついには、200種もの鳥類を招き寄せるだろう。不幸なことに現在のさまざまな行政の単位が、これら自然のシステムのパターンと合致していることはほとんどない。行政の単位が自然のパターンと合致すれば、大小の行政機関がエコロジカル・

広げられていて、これは必要なことである。しかし範囲を限定することは人間の本質であり、内部と外部を明確に分けたいという深い心理的な欲求でもある。内部と外部が、方向感覚、世界観、関係性、人間の健全な成長にとって、本質的に必要なのである。[22]ドナルド・アップルヤード〔Donald Appleyard〕の環境認知に関する研究は、内部者と外部者の違いが人間の発育に強く影響し、また住み方にも関わっていることを明らかにしている。[23]回復力をもつ人類がちゃんと育つには、よい食事と運動が必要であり、同時に、はっきりと分かたれた内部と外部が重要なのだろう。内部と外部は多くのレベルで区別されるが、都市デザインでは、住宅と庭の境界、近隣地区や都市を区切る自然の境界、都市と農村の境界が重要である。どの境界も、建設地と非建蔽地を明確に分けるのである。

内部と外部の区別を設けるためには、内部へと入り込んでくる境界と、ただの緩衝帯ではなくそれ自体異なる領域として経験できる外部が必要になる。2列に並ぶ果樹10本は、果実を実らすが果樹園ではない。これと同様なことがグリーンベルトにも当てはまる。独立したひとつのランドスケープとして感じられる大きさが、必要なのだ。都市の境界とその向こうに広がる都市とは異なる地区が必要なのである。[24]この考えにもとづくと、近隣地区同士は最低30メートル、できれば500メートルの奥行きをもつ自然の回廊で区切られねばならない。グリーンベルトの幅は、空地の果たす生態的機能によって決まる。巨大都市を少なくとも幅40０メートル、できれば幅16キロメートルのグリーンベルトで小さな部分に分割するのも、この内部と外部の考えによるものである。最低幅30メートル、できれば幅400メートルの自然回廊が境界を作る。最低幅500メートル、できれば幅16キロメートルのグリーンベルトが、内部と外部をそれぞれはっきりと体験できる異なるふたつの地区を創る。

エコロジカル・デモクラシーに求められる活動的で顔の見える参加は、それぞれ特徴をもつ小さなコミュニティという単位を必要とする。この単位には明確な内部と外部、それに生態学的な文

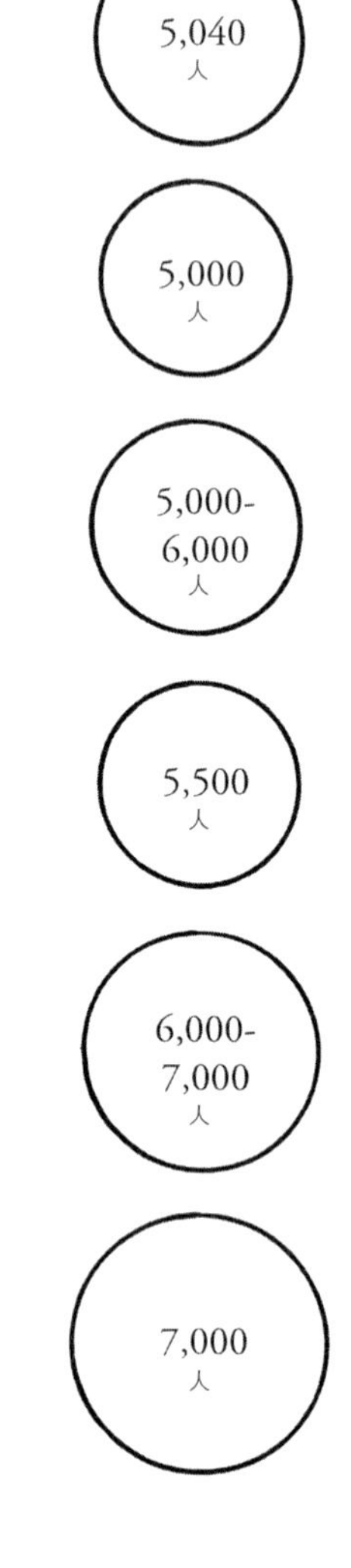

理想的な近隣地区のサイズ

脈がある。アリストテレスは小さなコミュニティを賛美したが、それは市民が知り合いになり、さらに互いの性格や能力まで熟知できるからであった。[25] プラトンによる自然の境界が画定する５０４０人の理想的コミュニティが、すべての人に肉声で話しかけることができ、エコロジカル・デモクラシーにどうしても求められる思慮深い意思決定に、皆が加わることができる最大限なのである。プラトンの言うコミュニティは、５０００〜６０００人の近隣地区を提案したクラレンス・ペリー〔Clarence Perry〕や、５５００人を近隣単位としたポール・グッドマン〔Paul Goodman〕、６０００〜７０００人の近隣単位が必要だとしたミルトン・コトラー〔Milton Kotler〕、７０００人の近隣単位を指示したクリストファー・アレグザンダーらと一致する。他にも多くの研究者、都市計画家が同じ結論に達している。[26] 内部と外部の区別は基本的なことであって、なぜならそれは参加を容易にし、居場所、アイデンティティ、共同責任の感覚を掻き立て、経験、現実、深い知識に根ざし、人と場所への愛情を育むからである。[27]

人口25万人までの都市

合衆国には現在、人口5万〜25万人の都市が約６００ある。このサイズの都市は高い費用対効果で、都市の範囲を限定する機会に恵まれている。比較的安価に、(1) 土地と不動産開発権を購入でき、(2) 地域の成長戦略を立て、あらかじめ境界を形成するための権利移転もできる。これらの都市には、成長の選択肢が多くあり、分岐することも、拡大することも、衛星都市を作ることもできる。[28] あらかじめこれらのパターンを創れば、巨大都市では必要になる土地利用の再構成や開発済みの土地買収を避けることができ、費用が少なくてすむ。小さな都市は現在の自然境界を維持するための大都市とは異なる問題を抱えているが、しかしそれさえも、今日では人々が都市の成長範囲を限定する必要性に目を向け、現実的に解決する方法を知りつつあり、ゆっくりと変化し始めている。２０００年にはアメリカ全土で５３３件の都市の成長を制限する議案が住民投票にかけられた。有権者たちはそのうち４００件を承認した。[29] ここ数年はオープンスペースの獲得と都市の拡大抑制の議案が、72〜77パーセントの割合で採択されている。これらの投票結果により、１９９８年にはオープンスペースを保全する費用、約70億ドルが確保された。[30]

　コロラド州ボルダー市は、都市の範囲を限定することにうまく成功した人口約9万人の中位サイズの都市である。50年ほど前に、ボルダー市の人々はスプロール現象による費用負担を心配するようになった。多くの都市を研究対象にして成長管理の効果が検証され、ボルダー市は成功した戦略を借用し、都市の範囲を限定する強力なメカニズムを採用した。こうした行動をとれた都市は、数少ないのだ。たとえばボルダー市はインフラ整備計画を立て、郊外の分譲地における高コストの給水サービスの拡大を抑制した。幸いなことに、他の多くの都市とは違い、ボルダー市周辺の郡政府もこの戦略に同意し支持した。

ボルダー市は、新しい開発を都市域内に集中し、主要なセンターとしてダウンタウンを支える戦略を採用した[31]。市は、改修や増設の繰り返される公共施設をダウンタウンから移転させず、また低家賃住宅を建設しようとしている。これは痛みを伴う英雄的な試みであり、しかもそれをずっと継続しているのだ。ボルダー市ではアメリカのエコロジカル・デモクラシーのなかでも最良の事例が進行しており、これこそ私たちが必要としているものだ[32]。

ここで重要になるのが、グリーンベルトの取得プログラムである。このプログラムの目的はきわめて実践的で、開発地域と自然の原野の間に明確な境界を形成することである。ボルダー市は30年以上もの間、都市の成長を制御するための鍵となる重要な土地を積極的、系統的に買収してきた。オープンスペースの購入資金は消費税を財源とし、これまでに1万ヘクタールの土地が購入され、「広大で連続するオープンスペース・ネットワーク」が創出された。今日ではこのオープンスペース・ネットワークが、ボルダー市の見事な自然環境を保全していると言っていい[33]。ある評価書は、「ボルダー市が払った努力はアメリカの基準ではとてもユニークなものであり、都会と農村のオープンスペースの間に明快な分離をもたらしている」と結論づけている[34]。

ほとんどの中位サイズの都市が、自らの範囲を限定するためにさまざまな都市デザインの技術を用いてきた。そのひとつがボルダー市の実施している、都市サービスの境界設定である。これは新規の開発に不可欠な公共施設の建設を、成長を引き起こしたい地域に誘導し、成長が望ましくない地域では制限する、というものである。上下水道、交通関係の施設に適用されることが多かったが、学校や他の公共施設もまた成長を方向づけるという目的の実現にひと役買ったことだろう。急斜面、沼沢地、氾濫原での開発の規制が、都市の範囲を限定するための第2の戦略である。しかしこの規制だけで、望まれる都会と野生地の明確な分離はできず、自然の土地が都市全体を囲むようにはならない、というのが普通である。

３つ目の戦略として、クラスター型の開発がある。これは開発を目立たなくし、美しい自然回廊を作るという点で効果的だ。しかしクラスター型の開発は小さな敷地を対象とし、オープンスペースこそ作りはするが、都会と野生地を明快に分離できない郊外へのスプロールの飛び地を作ってしまうことがほとんどだ。都市が全体として計画されたときのみ、クラスター型もオープンスペース・ネットワークを形成することができる[35]。

４つ目に、成長限界ラインまたは都市の成長境界があげられる。これは有名な手法だ。オレゴン州には２４０の小、中位サイズの都市があり、１９７３年に都市の成長境界に関する有名な法律（都市成長境界線〔ＵＧＢ〕）が可決された。ポートランド市は現在に至るまで、最も住みよい都市のひとつであり、この都市の高い生活の質と回復力の維持に、成長境界は大いに役立っているように思われる。

都市の範囲を限定する5番目の手段が、農地の都市的用途への転用を制限する農業保全地区の創出である。カリフォルニア州ナパ郡では、この保全地区制度によりナパ・バレーの大部分がブドウ園とワイン醸造のために保護され、コンパクトな都市と農村が創られてきた。

6番目が、保全地区にある開発権を高密度な都市中心部へ移転することの認可である。これは保全地区の設定と同時に適用されることが多い。土地所有者が、土地を都市化する権利を「移転」し、都市内の高密度が求められる地域で建設認可を得ている開発業者に売却するのである。

これに関連して7番目に、農地所有者から土地トラスト〔land trust〕への農場開発権の売却がある。他の権利移転とは異なり、この譲渡には通常土地の保全条項が設定される。しかし開発権の譲渡も土地の保全条項も、それらが保全地区内で行われなければ、都市の範囲を限定する、連続した空間を創り出すことにはならないだろう。

8番目にあげる技術が、オープンスペースのために都市の成長限界にある土地を取得することである。これは、ボルダー市が用いた方法のひとつである。通常は効果的に都市の範囲を限定するために、以上の技術を組み合わせて用いることになろう。ボルダー市もまた、そうしてきたのである。

適切な規模
——地方のもつ独自の形態に抱かれた小さな町々

ここで適切な規模についての第3の疑問に戻ろう。最適な都市のサイズが人口によって決まる地方では、副次的な都市の大きさはどれ位になるべきなのか、都市同士、都市と町の間にどれだけの空間があるべきなのか。この問いはつまり、小さな町が回復力をもつために必要な最低限の大きさに関するものである。

アメリカの大都市はその地方全域に影響を与えていて、近郊の小さな町々や田園地帯にもそれが及んでいる。しかしたとえ大都市が地方をコントロールしているように見えても、実際には主要都市の方が周辺の町々に、大きく依存しているのである。どのような大都市も、範囲を限定し回復力を得るためには、周辺の町々の協力が不可欠なのだ。地方が多くの自治体に分かれていると、この協力を得ることが難しくなる。[36] ボルダー市もまた周辺の郡部に暮らす人々の支援がなければ、現在のグリーンベルトを創ることはできなかっただろう。都市の範囲を限定し適切な場所で成長を起こすには、その地方の将来像への広範な人々の賛同が必要であり、これがエコロジカル・デモクラシーの大いなる挑戦のひとつなのである。同じ地方に暮らす多くの市民が賛同するためには、相互関係についての知識（2章「つながり」を参照）、各々の自治体の応分の役割を果たそうという意欲、公共財や公的責任の公平な分配に関われること、地方全体での土地利用計画と交通計画、これらが必要になる。以上の知識、意欲、関与、計画があれば、大小にかかわらずそれぞれの自治体が、自らの範囲を限定するオープンスペースをもてるようになる。これが実現できないときには、ぶくぶくと肥満した大都市がさらに膨張し、ついには小さな自治体を包囲し、呑み込んでしまうだろう。一地方のすべての自治体は、相互に依存しているのである。[37]

都市化された自治体の間には、どれだけのオープンスペースが必要なのだろうか。一般的なルールとして、ふたつの都市の間には最低でも幅1・6キロメートル以上の未開発地、すなわち農地や原野のオープンスペースが必要である。小さな町同士では幅12〜16キロメートルが望ましいと考える研究者もいる。[38] 多くの場合、地方の都市間の最小距離は、水、食料、エネルギーを供給できる土地の広さにより決定される。グリーンベルトは幅1・6キロメートル以下にしてはならず、逆にその地方に必要なものを生産するために、これよりも幅が広くなることも多いだろう。

関連して、小さな町の場合の最適規模の問題がある。小さな町が回復力をもつためには、どれだけの大きさが必要なのだろうか。地方にある町のサイズは、多様で選択できるべきである。大都市を好む人々もいるだろうが、大抵のアメリカ人は、選べるものなら小さな町に住むだろう。それゆえ多くの社会的階層のアメリカ人が、グリーンベルトによって分けられたさまざまなサイズの小さな町に満足を覚えるだろう。しかしどんなに小さな町でも、日常サービスを提供するために5000人程度の人口が必要である。この人口が日常生活に必要なサービスの最小限界量であり、町の健全な核となる。[39] これ以上小さいと、コミュニティに必要なサービスや日常品の買出しのために長距離をドライブしなければならなくなり、地方のもつ回復力が損なわれてしまう。自給自足できる特別な環境がある場合を除いて、小さな町は最小人口5000人まで発展するような対策をとるべきである。この点からもクラスター型に5000人未満の人口を配する開発は、たとえ自然回廊をもつように見えたとしても、地域全体の回復力には貢献しないことがわかる。

ホノルル市の大都市地域が、どのようにこれらの問題にあたってきたのか見てみよう。ホノルル市にとって、ハワイ州の土地利用計画による地域資源の配置が問題だった。州の土地利用計画は、生態学、文化的な背景、観光による経済を考慮しつつ、オアフ島の美しいランドスケープを保全するために作られた。[40] 事実上の地方計画である土地利用計画が、南海岸を重点的かつ高密度に都会化し、海岸や山間部への優れた公共のアクセスを実現してきた。そして北海岸の開発ではこれと正反対に、小さな村々が農地や自然地のなかに散在することとなった。人々が高密度で暮らすホノルル市では、住民ひとりが必要とする土地がアメリカのどの都市地域よりも少ない。[41] その帰結のひとつが、ホノルル市の住民がアメリカのどの主要都市の住民よりも、野生の自然へ簡単にアクセスできることである。幸運が与えた地形が、大きな役割を果たしている。海と険しい内陸の山が、オアフ島の南海岸に簡単に開発で

オアフ島の北海岸では、成長を村に集中させ、「農村を農村のままに」している。村々は農地によって分けられ、バスで結ばれている。生垣の門、灌漑用水、聖なる場所など、水が浸透できる土の地表面のままの境界をどこでも見ることができる

きる一連の小さな土地だけを用意し、これが都市の拡大を限定したのである。[42] これに比べて北海岸は、それほど地形に限定されていない。数千ヘクタールの緩やかに起伏する農地が海岸から遠くの山々にまで広がっている。歴史的にほとんどが大企業の所有する農地で、サトウキビとパイナップルを生産し、ワイアラエ、ハレイワ、サンセットビーチなどのそれぞれまったく独自な風情の村を囲む、一時的なグリーンベルトとなっていた。そう、誰ひとりとしてこのグリーンベルトが、サトウキビやパイナップルが世界の他の地域で安価に生産されるまでの一時的なものだなどとは考えたこともなかったのだ。砂糖製造所が閉鎖されると、住宅分譲やリゾート開発が北海岸全域の農地に散らばって計画、提案されるようになった。しかし地元の住民が望んだのは、村々が隔てられ、農村が維持されることであった。ホノルル市の人々もまた、北海岸に広がった農村から多くを得ていた。彼らは都市とは違うさまざまなペース、変化するペースを享受していたのである。「農村を農村のままに」が集会での合言葉となり、成長を既存の村のなかに集中させ、新しい作物を実験し、農地を保全する計画への参加が呼びかけられた。現在の農地は北海岸の町々を、幅5〜13キロメートルで切り離すグリーンベルトとなっている。各村の人口は5000人以下だが、しかしハレイワには観光業があるので、ここですべての日常的サービスを受けることができる。村々はうまく外部への拡大を限定していて、大都市での生活を快適にし、その成長に貢献しながら、かつそれぞれの村の特徴と聖なる場所を

ハレイワ、ハワイ州

守ってきたのである。ここはさまざまなサイズの都市と、その間に十分な空地をもつ稀有な地方なのだ。ホノルル市が成功裏に、都市の拡大を限定し居住地を集中できたのは、幸運の与えた地形、州の立てた強力な土地利用計画、そして単一の地方自治体であることに拠る。地形による限定の少ない北海岸では、現在でもスプロールを止めるための奮闘が続いている。農村のライフスタイルを守ろうとする市民が、多国籍企業と大地主ともう長いこと闘っている。そして多国籍企業と大地主は、お気に入りのプロジェクトを実行するために、開発規制に例外を設けようと画策している。

合衆国の他の地域、とくに南東部のコミュニティは、ホノルル市の成功とは異なり、都市の範囲を限定することができなかった。ホノルル市とは対照的に南東部では、土地利用規制が弱く、自治体は極端に細分化し、成長を制限する地形上の制約が少ないのである。たとえばノースカロライナ州では、自らの範囲を効果的にコントロールできた地方はひとつもない。50年前のノースカロライナ州には、農産物市場をもつ町が数百もあり、町は互いに50キロメートルは離れ、森林と農地を挟みほぼ均等に立地していた。小さな町々は州の誇りであり、他の州にはない大きな特徴だったのである。しかし大切な町を守る活動はほとんど何もされず、町々を損なうことがあまりに多くなされた。ノースカロライナ州は25年も経たぬうちに、大切な個性を失ってしまった。同州は、1950年には小農業の町が織りなす州だったが(人々の33パーセントだけが都市に住んでいた時代)、1975年には郊外の州へと変貌してしまった(人口の半分以上が大都市の郊外に住む時代)[43]。同じ郡にある農村部が成長しているときでさえ、小さな町の人口は減少していった。ほとんどの住宅地が、町の外で開発されたのである[44]。1970年までには大量の新しい住宅が州道に沿って散らばり、2000平方メートルの敷地に1戸の核家族用の住宅や移動住宅がある今日の形態となった[45]。そして今後75年以内に州全体が完全に開発され、郊外のようなスプロールに覆い尽くされると考えられている[46]。

ロサンゼルスにビッグワイルドという
グリーンベルトを創る

このような困難を前にして、それでも都市を囲み自然な形態を大都市に与えるオープンスペースを創るためには、私たちには正確に何が必要なのだろうか。私たちの会社は1985年以降、ロサンゼルス市周辺にグリーンベルトを創る仕事に携わっている。私たちの顧客はサンタモニカ・マウンテン保全局〔Santa Monica Mountains Conservancy〕である。これは州の機関で、このときにはサンタモニカ・マウンテン・ナチュラル・レクリエーション地区〔Santa Monica Mountains National Recreation Area〕の土地購入を委任されていた。各地方の置かれた状況はそれぞれ異なるだろうが、しかしロサンゼルス地方の経験は、他の場所でも起きる多くの問題を理解し把握するのに役立つだろう。

ロサンゼルスにグリーンベルトを創るというアイデアは、サンタモニカ・マウンテン保全局が、ある場所で困難をきわめた土地取得に成功し、彼らの政治的な戦略も正しいことがわかったときに生まれた。そして生物保全を専門とする研究者らの調査により、保全局の管轄外での広大な土地の購入が必要なことが科学的に明らかにされ、このアイデアがさらに大きく展開した。もしもロサンゼルス市周辺の土地をすべて購入できれば、それは境界を創るすばらしい方法ではないか。都市周辺の土地の取得は、急斜面の開発禁止、強制収用、事実上の開発権移転と同時に行われることが多く、スプロールに対する市民の抗議がこれを後押ししている。ロサンゼルスの人々はオープンスペース債券の是非を問う住民投票では、一貫して賛成票を投じ、その結果広大な土地が購入されてきた。

ロサンゼルス市は、グリーンベルトとは縁がないと思われるだろう。確かにこの都市は高速道路と自動車文化で有名だが、しかし人々の居住密度は驚くほど高く、ダウンタウンからわずか15分の場所に、灌木が繁茂し生き物が躍動する生態系があるのだ。この生態系が今日でも、マウンテンライオンを含む多様な種を支えている。

私たちが活動を始めたとき、サンタモニカ・マウンテン保全局はまだできたばかりで、グリーンベルトの構想などなかった。実施されているすべてのプロジェクトが、保全局が購入した比較的小さな土地のための計画策定であった。それぞれのマスタープランは、参加のプロセスを通してよく話し合われており、近隣地区の住民も満足していた。一つひとつの土地を丁寧に扱うことによって、今日でも保全局は成功裏に事業を進められている。なぜなら、計画が認可され、資金が獲得され、都市の野生が適切に管理されるためには、地元の人々がその場所を世話し、また政治的にも支援することが不可欠だからである。今日では保全局は生態系が機能するか否かを基準に、取得する土地を選択している。そして一つひとつの土地の計画策定には、その地域の住民だけが参加している。

今ではビッグワイルドと呼ばれているグリーンベルトを創ること、その始まりは私たちが、保全局の購入した土地のマルホランド・ゲートウェイ公園計画を立てていたときで、その後、劇的な展開を見せたのだった。この公園は約400ヘクタールの広さで、サンタモニカ・マウンテン北斜面の尾根に沿う大小いくつかの区画からなっていた。私のパートナーであるマーシャ・マクナリ〔Marcia McNally〕が、400ヘクタールあるこの公園はバラバラに分かれていて、このままでは生態学的に十分に機能しないことを指摘した。マーシャが一つひとつの区画をより大きなフレームワークのなかで計画しなければならないと提案し、これがビッグワイルドの起源となったのだ。彼女は明らかに、常識という箱の外で考えていた。私たちは全体のフレームワークを描くたびに、そのフレームワークがさらに大きなフレームワークを求めるということを繰り返し、最終的にこの公園をふたつの谷を挟んだ先にある広大な国有林にまでつなげる絵を描くことになった。

マルホランド・ゲートウェイ公園計画に携わり始めたころ、この公園を横切る高速道路建設をめぐり、ふたつの近隣グループの間に深刻な対立があった。2章「つながり」に出てきた、失われた山と土砂運搬業者の話を覚えているだろうか。レセダ尾根での闘争が、この公園にも影響を及ぼしていた。ある住民集会では高速道路について激論となり、裕福な近隣地区の人々が賛成と反対に分かれ、ついには殴り合いまで始まってしまったのである。ここの公園計画の策定が、どれほど感情的なものを扱わねばならないかを示す事件だった。いくつかの近隣地区では高速道路が渋滞するたびに、地元の通りも交通がマヒしてしまっていた。近隣地区の道路では高速で大量の交通を捌くことはできず、どこからみても危険な状態が生じており、住民は自分たちの地区の渋滞を緩和するために、新たな高速道路建設を支持していたのである。もう一方のグループは、環境面から高速道路建設に反対していた。高速道路建設のための地盤整備が進み、すでにいくつもの美しい山々の尾根が削り取られていた。そして高速道路反対グループのひとつであるアースファースト〔Earth First〕のメンバーや他のグループのメンバーが、自分の身体をブルドーザーに鎖で結わえ、それ

レセダから海岸高速へ

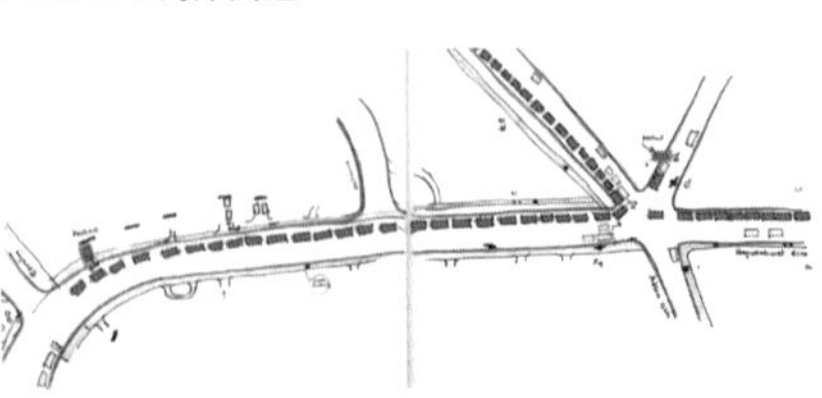
近隣地区で発生する渋滞

以上の破壊を食い止めようとしていた。

　私たちは、感情的な衝突の背後に2点の技術的な疑問があると考えた。新しい高速道路が本当に交通渋滞を改善するのか、本当に地域の生物学的多様性に悪影響を及ぼすのか。そして中立な立場である専門家に依頼し、アドバイスを求めた。

　交通コンサルタントは、新しい高速道路では交通渋滞を緩和できないだろうとの結論を出した。山を横切る新しい高速道路は在来の405号道路と合わせて7500台/時に対応できるが、この箇所にはラッシュ時に毎時1万回以上の移動交通の需要があったのである。ラッシュ時には、移動したくてもできない人たちが2500人以上出ることになる。新しい高速道路はサンセット大通りに接続する予定だったが、ピーク時にはすでにこの大通りでも交通渋滞が発生していた。たとえ新しい高速道路ができても、これを強く支持している近隣地区の混雑は軽減されないのである。そして今度は私たちが雇用した交通の専門家が、最も影響を受ける近隣地区の人々と一緒に、渋滞に対する活動を始めた。彼らは通り抜け交通を最小化する作戦を練り、交通を緩やかにする障害物を設置し、交通を管制する機器を利用し始めた。

　一方で野生動物の専門家は、高速道路が野生動物にとってきわめて重要な東西方向の回廊を分断してしまうことを指摘した。また彼らは高速道路への接続道路が、野生動物の移動のための重要な回廊に沿って計画されていることも発見した。この地域で計画されている他の道路プロジェクトとも相まって、高速道路が島嶼効果を生み出す結果、この地区の現在の種の構成に急激な変化が起きるだろう。大型の捕食動物は、サンタモニカ・マウンテン東部から事実上排除されてしまうだろう。高速道路が計画どおりに造られた場合、多くの種がこの地域では絶滅するのである。

　これが生物学的な原則を、サンタモニカ・マウンテン特有の事情を勘案しながら適応し評価した最初の試みであった。ただこのときの私たちは、その先プロジェクトをどう進めるべきか知らなかった。そこでさらに資料調査を行い、野生動物学者たちのさまざまな知見を空間形態へと翻訳することにした。文献調査からは野生生物の移動回廊のデザインについて、一般的な事項を学んだ。さらに追加調査によりサンタモニカ・マウンテンの中心となるべき種に必要な特別な空間的条件が明らかになった。私たちが依頼した野生動物学者は、健全な個体数のマウンテンライオンが生存できる生息地を保全することが、この地の生態系全体を維持することになると考えた。そしてこれがグリーンベルトを創造する大きな目的となり、この大胆なアイデアが、ロサンゼルス市民の想像力を大いに刺激したのである。これがビッグワイルドと呼ばれ、対象地はさまざまな理由からどうしても大きくなければならなかった。試算によれば、マウンテンライオンの生存に必要な個体数を維持するためには多様な環境を含む生息地2600平方キロメートルが必要であり、すなわち高速道路は中止されるべきであり、さらにバランスの取れた野生動物の個体数を維持するためには、多くのより広大な土地を取得する必要があった。

この時点で、マーシャのビッグワイルドというビジョンは、強力な科学的根拠を得た。事実彼女の考えるビッグワイルドが、この地域の少なくとも80平方キロメートルある主たる生息地のひとつとなるべきで、それら広大な生息地が自生植物の生える幅の広い自然回廊によって接続されねばならなかった。都市内にある核となる生息地が、次から次へと途切れることなく連続し、遠く離れたはるかに大きい野生の土地、国有林へとつながれる必要があったのである。私たちはこの段階でビッグワイルドを実現するための、多くの核となる生息地をつなぐ新しい計画を描いた。

しかしロサンゼルス市議会は長い時間をかけた討論の後、提出された科学的な論拠を無視し、高速道路建設の継続を決定した。そして私たちは、この決定の背後にある政治的な利害関係を理解した。ふたつの近隣住民の間の感情的な対立に見えたものは、実際にはそれ以上のものであった。高速道路建設を政治的に強力

アナグマ（52平方キロメートル）

シカ（25平方キロメートル）

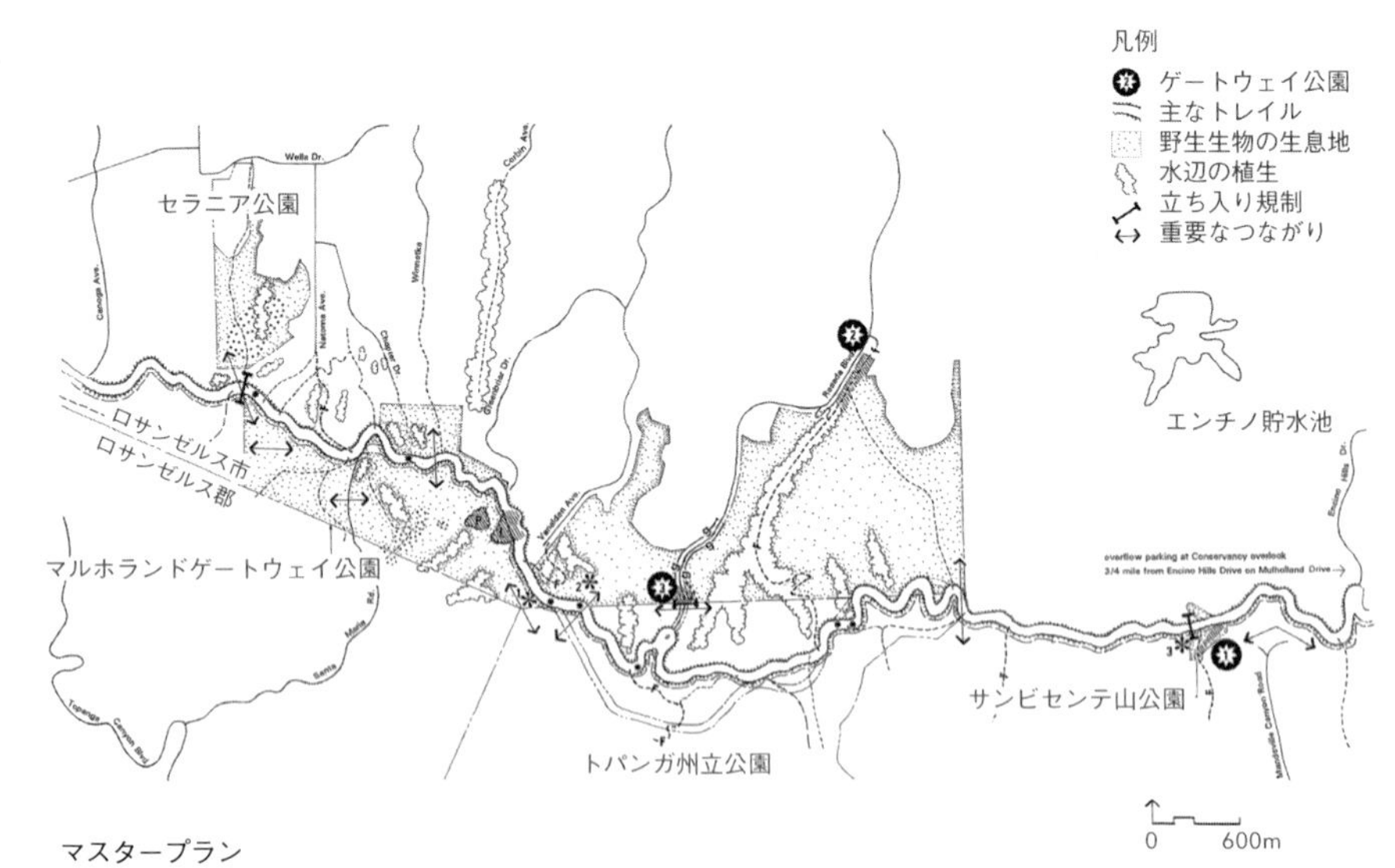

マスタープラン
400ヘクタールもあれば大きな公園に見えるが、プランナーのマーシャ・マクナリは、公園がバラバラに分かれているので、生態学的な全体性は望むべくもないのだと主張した。私たちはより大きなフレームワークのなかで考え始めた。これがビッグワイルドの始まりである

に推進していたのが、不動産開発業者、土地所有者、公共機関だった。これらの者たちが、すでに投機した土地へのアクセスを確保しようと、高速道路の建設をごり押ししていたのである。最初は高速道路建設のために組まれたこの政治的な力には、到底逆らえないように思われた。2章「つながり」で話したパワーマップを覚えているだろうか。

　彼らの力に対抗しうる、誰にでも思いつく唯一の戦略が、都市全域での教育キャンペーンであった。多くの人々に、ビッグワイルドの示すすばらしい可能性を知ってもらうのである。それまでの調査からは、ロサンゼルス市のあらゆる地域の住民、あらゆる社会階層の人々が、自然に分け入り、野生動物を観察することには大きな価値があると考えていること、自然地区を創出するために必要なオープンスペースのためならば、喜んで税金を負担することがわかっていた。私たちはこのままでは野生動物が失われてしまうという事実に、多くの人々が気づいてい

それぞれの種に必要な生息域

マウンテンライオン（2500平方キロメートル）

ボブキャット（85平方キロメートル）

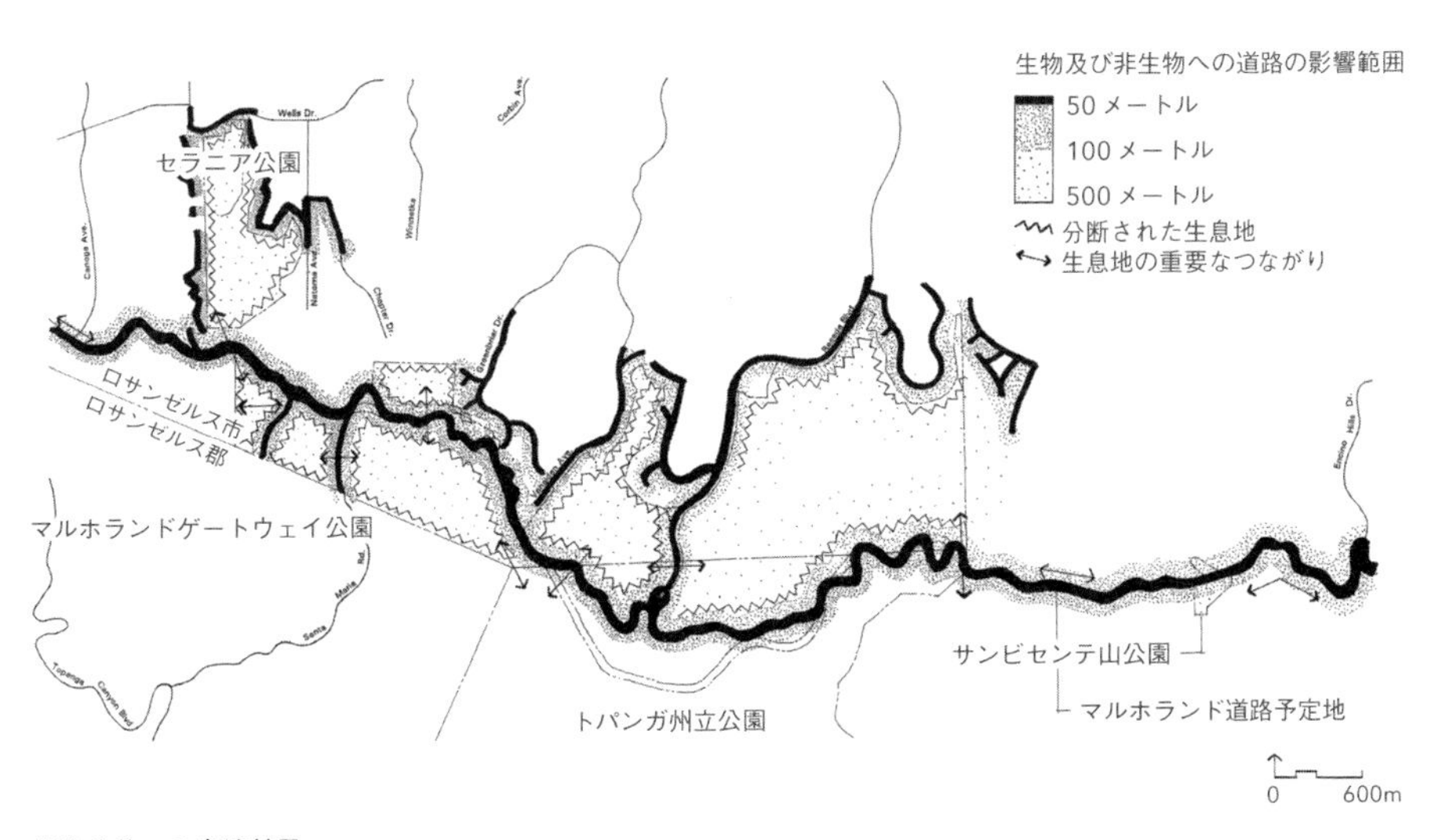

野生生物への島嶼効果
野生生物の調査結果から、計画されている高速道路とこれにつながる道路のネットワークが島嶼効果を生み、この地域の重要な種が絶滅してしまうことがわかった

ないのだろうと考えた。高速道路建設と住宅開発がこのまま継続され、生態系の断片化が進めば、野生動物は消滅してしまうだろう。私たちはバスツアーを催行して、野生動物と交通関連の調査によって明らかになったことを説明し、現場で実感してもらおうと考えた。バスツアーの実施が、ロサンゼルス・タイムスや地域の情報誌、市民グループの口コミ、これまでの会合の参加者のメーリングリストを通して伝わっていった。そしてこのツアーには、何千人もの住民が参加したのである。参加者の半数が、はじめて危機の縁にあるサンタモニカ・マウンテン地区を訪れた。はじめての参加者はとても重要である。それは彼らが、高速道路建設の是非をめぐる利害関係や狭量な既得権と無関係だからだ。それゆえこの人々の意見が、広く一般的な公共の利益を代表しているのである。交通と野生動物の調査結果を解説する簡単なダイアグラムと短い文章を参考にしながら重要な場所をめぐるツアーは、実り多いものとなった。

参加者の圧倒的多数が、高速道路建設を直ちに中止し、ビッグワイルドを創ることを望んだ。彼らはツアーに参加して、そしてまるで夢のようなこの構想を現実のものにしたいと心から望んだのである。再び一連のワークショップが開かれ、人々は自分たちのビッグワイルド計画の詳細を練り上げていった。最後にこれがロサンゼルス議会に提案され、ついに高速道路建設が中止され、そしてビッグワイルド計画が採択されたのであった。現在のロサンゼルス市のグリーンベルトにはどの部分にも、これと同じような

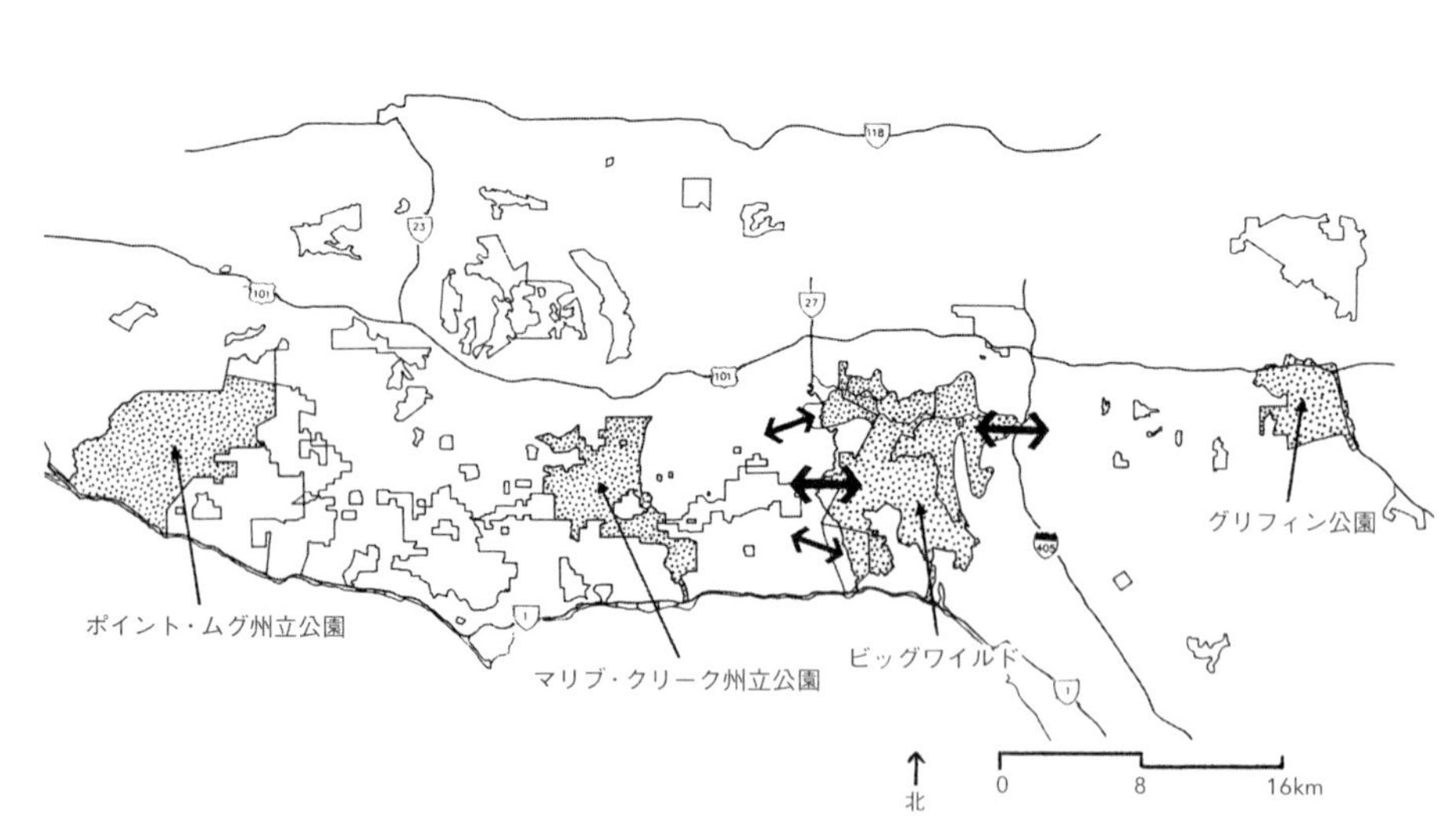

最上位捕食者をロサンゼルスの生態系に迎え入れるためには、マルホランド・ゲートウェイ公園を1万2000ヘクタールのビッグワイルドに変更し、これを他の核となる生息地とつなぐことが必要であった

物語がある。土地を取得するまでの長い闘いがあり、土地所有者、開発業者、住民、近隣地区の団体、環境団体、犬の散歩をする人々、マウンテンバイクのグループの間で延々と交渉が続く。サンタモニカ・マウンテン保全局の役員ジョー・エドミストン〔Joe Edmiston〕にとって、このペースはあまりに遅すぎた。何年もかけて、エドミストンが大胆な戦略をとり始めた。彼は自ら自分の仕事の範囲を拡げ、少しでも多くの選挙区の人々と関わり、山の生態系を直接体験してもらい、野生生物の保護に資する科学的見解を公開討論会にもち込み、そして市民のビジョンを近隣への狭く閉じた関心から、遠く未来を見るものへと変えていったのである。必要な法的手続きと関係部局の了解を得て、今日彼のもつ権限はサンタモニカ山脈全体をカバーしている。

もはや伝説となったエドミストンの能力、すなわち行政の官僚主義の高い壁を乗り越えていく彼の力が、機能的な野生動物の回廊を創り出し、グリーンベルトがロサンゼルスを囲む円を閉じるのに必要な土地を取得するために、今日でもどうしても必要なのである。彼は現在、オレンジ郡が創る野生生物の重要な生息地と、そこからロサンゼルス市南東部にある国有林へつながる自然回廊へと、ロサンゼルス市内から緑道を延ばし接続することを企図している。

1989年、保全局は、子どもたちの教育という目標を立て、山の教育プログラム〔Mountains Education Program〕を策定した。このプログラムは山にある多くの資源を解説し、「環境を大切にすることによって、人々が結びつくコミュニティの形成」を図るもので、大いに成功を収めてきた。[47] エドミストンは、すべてのロサンゼルス市の子どもたちに、遠足やキャンプに行って、サンタモニカ・マウンテンを知ってもらいたいのである。このプログラムには、毎年1万5000人以上の子どもと大人が参加している。[48] そしてほとんどの参加者が、積極的に都市の自然を保全したいと考え始めるのだ。

バスツアー

市全域での教育キャンペーン

ビッグワイルドを経験する

プンスペースがある。都市内では幅30〜500メートルの緑の回廊が近隣地区を隔てている。意識して都市のサイズを限定することは、自分の身体に必要なものをよく知っていて、ぴったりのサイズの貝殻を選ぶヤドカリと同じだ。私たちも彼らの真似をして、人口25万人以下の都市を選ぼう。そして居住地の範囲を限定しよう[56]。人口25万人以下の都市でこそ、私たち人間の努力が最もよく報われるのである。

最後に、都市の範囲を限定することは、都市化されたコミュニティが地方全体に分布するための基礎となる。プラナリアは自身を分割して、新たな器官を再生することができる扁形動物だが、決して肥大化した郊外のプラナリアになることはなく、自分の大きさを制限し、生存可能な大きさにまで自らを小さい部分に分ける。大都市もこれにならうべきで、地方にある小さな都市や町に人口を分散し、トクビルが何世紀も前に観察した、思慮深い民主主義を可能にする行政範囲へと政府を分権化すべきである。同時に地方の生態系に根ざした地方行政府が、都市の成長を導き、その範囲を限定する権限を与えられるのである。

10

回復できる形態

適応性

Adaptability

適応性とは、状況の変化に対応し自らを調整する生態系の能力である。生態系は、不健全なストレスや希少な資源の消費を最小限に抑えながら、この調整を行っている。自然のシステムでは、この適応性から健全であり進化するために必要な持続性が生まれ、適応性のためには「柔軟性を保つことが何よりも重要」である。[1] 適応性をもつ都市は、人々が選択すれば実現できる。環境をさまざまな方法で利用し、自然のシステムが表す形態を変化させ、人工のシステムのデザインを変更するという選択である。この章では都市の形態と、持続性に関する要素に焦点をあてていく。

都市デザインが柔軟性を獲得するのは、おもにふたつの方法による。ひとつが全体的な構造、基本的な形態を維持しつつ変化を受け入れる構造である。もうひとつが部分部分における空間的な配置であり、時代により変わるさまざまな要求に応えられる十分な順応性を備える。

適応性のある都市では、環境のデザインは次のようになるだろう。それは複合的な目的をもち、無関係だと考えられていた物事をつなぎ、新しい使い方に対応でき、柔軟だが完全には開放せず、押しつけるのではなく提案するような、さまざまなデザインである。しかし現在の都市はこれとは反対に、単一の用途に特化した施設（高速道路や下水処理施設や研究施設など）で構成されていて、ほとんど柔軟性がなく、つまり適応性を欠いている。これからは環境を固めてしまうすべての動きを逆転させ、回復力を獲得していかねばならない。[2]

適応性が増大するように作り変えられるべきなのは都市の形態であって、住民ではない。人間は凄まじいほどの適応性をもつが、それでも今日では絶え間なく適応することを強いられ、過度のストレスを受けて、機能障害を引き起こしている。人間は「大きな犠牲を払っても適応する」が、その犠牲が精神的感情的な不適応、疎外、身体の疾患として表れる。[3] また人間が自然を征服し回復能力を超えたストレスをかけている。適応性のある都市は、変化する社会的ニーズに対応しながら、しかし人間活動や生態システムに回復不能な損害を与えることはない。エコロジカル・デモクラシーもまた、人々のもつ価値観やライフスタイルの変化を求める。それは人々にとってストレスになることだろう。しかし人々の価値観の変化だけが不健全な地位の追求を健全にし、密度や小ささが大切にされるようにするのだ。都市の政策やデザインを決定する人々は、住民にどんなストレスがかかるのかを選択しなければならないし、回復力のある都市形態を創るために、必要かつ重要な行動に優先順位をつけなければならず、また付随して引き起こされるさまざまな領域でのストレスを引き下げる努力も払わなければならない。人間が過度に、適応を強いられないように注意すること。また適応に伴うストレス（その場かぎりのストレス、蓄積するストレス、長期間のストレス）が、人間の幸福を阻害したり、機能障害に陥らせたりしないように注意すること。同様に、都市が依存している自然の生態系にも、過度のストレスを与えないように注意すること。適応性のある都市の形態が、必要な変化とかかるストレスのバランスを図ってくれるだろう。

自然のプロセスに従う柔軟な都市の形態

適応性を生み出すのは、6章「特別さ」と9章「都市の範囲を限定する」である。自然のプロセスが都市の形態を決めている場所、たとえば川の流れ、急斜面、地下水の浸透する地表面、森林、湿地が洪水と地崩れの被害を低減し、きれいな飲料水と空気を供給し、大雨後の汚れた氾濫水を吸収し、その他多くの機能を果たしている。[4] さらにそれらの土地が空地のまま残されていれば、時代により変化するさまざまな社会的要請に応えることができる。大災害時にオープンスペースがいかに柔軟に必要な物事に対応できるか観察してみればよい。地震の後には、公園が一夜にして避難テントに覆われ、仮設住宅の場所となる。未開発のオープンスペースや線路跡地や建設中に中止になった高速道路や空地が、適応性の発現する場所となる。[5] 都市オープンスペースは、建蔽地に比べて柔軟な利用を許容する本質をもつ。しかし回復力のある都市デザインには、適応性のあるランドスケープと建築、両者が必要である。蛾のオオシモフリエダシャクは、変化した環境に適応し、自らの保護色を変える。これはノースカロライナ州ダーラム市のダウンタウンで、新たな利用方法に適応して変化した都市公園や倉庫になぞらえられよう。だがこれは比喩を超えて文字どおり同じ現象でもあるのだ。自然のプロセスが、基本的な形態を維持しつつ変化を受け入れられる都市の全体構造を創り、人工的なランドスケープと建築が順応性のある具体的な場所を造るのである。

適応性のランドスケープ

ランドスケープのなかにも、もともと適応性に富むものがある。都市のランドスケープでは、開放的で広大で平坦な場所が、狭小で閉じた急斜面にあるものよりも多くの利用に対応できる。広大なオープンスペースでも、複雑で曖昧な境界をもつものは、はっきりと区画されたものよりもはるかに柔軟である。広大なオープンスペースを分割するときには、同じ大きさではなく、大小の差をつける方が柔軟性に富むものとなる。異なる特徴をもつ空間を伴っているオープンスペース（たとえば、広大で平坦な空間が小さく急な斜面に続く）は、それぞれが単独で存在するときよりも優れた適応性を示す。[6] 木のコブのようにデコボコしたランドスケープは、直線のランドスケープよりも柔軟性に優れる。

自然の芝生、水、砂は豊かな適応力をもつ被覆素材だが、理由はそれぞれに違う。芝生は幅広い活動を許容し、水と砂は関わりを誘い、またその限界を示す。時間や季節や天候により変化するランドスケープは、それらの影響を受けないランドスケープよりも適応力がある。たとえば落葉樹が常緑樹に比べて、適応力のあるランドスケープを創り出すのが典型である。

一般的に、多様な目的をもつランドスケープは、単一の目的に特化したランドスケープよりも柔軟である。マイケル・ハフ（Michael Hough）は、単一の問題を解決することを目的とするランドスケープが、新たな問題を作り出すと言う。[7] 都市デザイナーのロバート・ハリス（Robert Harris）は、ロサンゼルス市のダウンタウン再生を担う建築家の中心人物で、都市作りに関わる人々に「単一の目的のための計画を、決して受け入れない」よう勧告している。彼らの指摘は、大規模な公共事業、上下水道施設、オープンスペース・ネットワーク、近隣地区の公園などにもあてはまることだ。

京都は私が知るなかでも、最も洗練された都市ランドスケープを有している。それは都市の重要なネットワークである飲料用水システムのデザインに、多様な目的をもたせているからだ。京都の水路は歴史的に開渠であり、上水インフラストラクチャーを水道管にして埋設したりはしなかった。京都では用水路が、水を効率よく運び、近隣地区間のわかりやすい境界となり、自然と戯れる場所となり、目も耳も楽しませ、そして都市全体に「つながり」の感覚をもたらしている。哲学の道はこのシステムの最も有名な区間で、水を運び、日々の散策の場所となり、満開の桜で春を迎える。しかしそれほど有名でない部分もまた、多様な目的を有している。京都の町の北部でスケッチをしていたときに、10代の少年が立ち止まって私をじっと見ていたことを思い出す。数分間黙って見ていた彼は、私が描いた小さな水路には、京都でいちばんきれいな水が流れていると言った。その水は彼の住んでいる地区から取水され、幅2メートルの水路で6・4キロメートル先の下

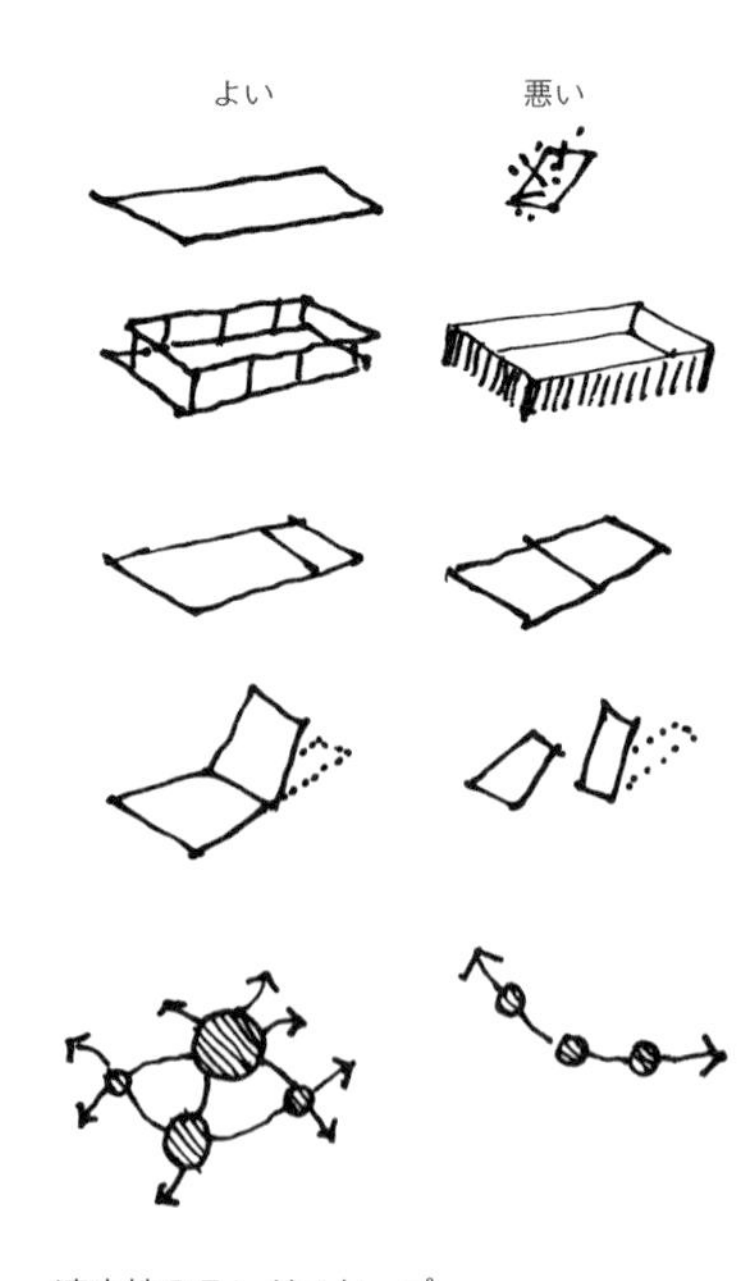

適応性のランドスケープ

鴨神社へと続き、清めの儀式で使われることも教えてくれた。水路沿いでは近隣住民が日々、水路を楽しんでいる。私は少年がこの水路システムをよく知っていることに驚いた。もしも水路が暗渠だったとしたら、彼がこのように水の流れを意識することはなかっただろう。

皆さんは、自分の飲み水がどこから来るか知っているだろうか。家の近くを流れる水の行き先を知っているだろうか。おもな水路の場所を知っているだろうか。私はそのどれも知らない。皆さんは、水が自由に流れる喜びを減らし、私たちを地形から切り離し、場所への無知を助長してしまうのに、技術者たちはなぜ水道管に固執するのか不思議に思わないだろうか。硬直した単一の目的のためのインフラストラクチャーは、多くの機会を失うものなのだ。

マイケル・ローリー〔Michael Laurie〕は、長年にわたり都市ランドスケープを研究してきた人物だ。そして多目的な利用が経済の問題でもあって、投入する資金に見合う価値をもたらすことを明らかにした。また小さなスケールでは、デザインがその役割を果たすことを示した。たとえば人々は、もち運びできる椅子や遊び道具など、ランドスケープの自由な部分が好きで、すべて固定されているランドスケープよりも楽しんでいる。皆の想像力をかきたてるものの方が、あまりに直接的だったり反対に抽象的なものよりもずっとよい。たとえば腰掛けられる低い壁がそうだ。子どもたちが登ったりとび越えたりしたくなるような壁は、ただのベンチなどよりもはるかに頻繁に利用される。変更でき未完成なラ

水が地表を流れているので、京都の給水システムは多くの副次的な機能を果たしている。
桜の花見、自然遊び、水循環への地元住民の気づき、などである

ンドスケープが、人々にさまざまな使い方を見つけさせるのである。[8] 完成されたランドスケープではそうはいかない。美術論の古典である徒然草を記した日本の吉田兼好が、次のように表現している。「し残したるをさて打ち置きたるは、面白く、生き延ぶるわざなり。（『徒然草』第82段、未完成な部分を残すことは、より面白くするし、展開の余地があると人に感じさせる）」[9]。

ノースカロライナ州立大学に隣接するメソッド・デイケアセンターは、この点でとてもうまくいった例である。まったくの偶然なのだが、この施設のデザイン担当になったデザイナーの毎日の散歩コース上に、このセンターがあった。だからこのデザイナーにとってセンターの建設用地に放置されているすばらしいガラクタを拾い集め、遊び場の一角に積み上げるのは、とても簡単なことだったのだ。この遊び場では、次から次に驚くべき宝物が現れ、そのたびに子どもたちがドキドキしている。決められていない部分が、生産的で創造的な遊びを引き出す。[10] ランドスケープの未完成さにより、子どもたち自身が想像力を発揮して、遊び場を作り変えている。この場所では、私がこれまでに調査したどんな遊び場よりも多彩な活動が起きている。簡単に自分のものにでき、象徴的に所有できる身近にあるランドスケープにこそ、適応性が生まれるのである。

ここまでに述べてきた基準を、全体として振り返ってみよう。曖昧で柔軟性のある場所、どんなレクリエーションや社会的な目的にも対応できる場所を創ると、都市オープンスペースがとても

よくなる。[11] そしてこのようなランドスケープだけが、多元的な社会が生み出す新たな価値や喜び、人々の嗜好に応えられる。ミニマリストの手法、すなわちできるだけ手を加えないでおくと、公園に適応性が備わり、広大で未分化な空間が作り出される。それは、さまざまな表情の地表面や水面、太陽の光と影、多くの活動やシンボルからなる豊かな境界に囲まれた空間であり、カリフォルニア州デイビス市のセントラルパークのような空間である（1章「中心性―センター」を参照）。マイケル・ローリーは言う。公園の境界部は、まるでマントルピース（いろいろなものを置いたり掛けたりする暖炉の上のスペース）のように、「つねに何かが置き換えられている、さまざまな物事と歓びと記憶すべき事柄」の舞台であり、特別な催し物や新しい宝物がもち込まれるときには、きれいに片づけて棚を空にできるのだ。[12]

メソッド・デイケアセンター

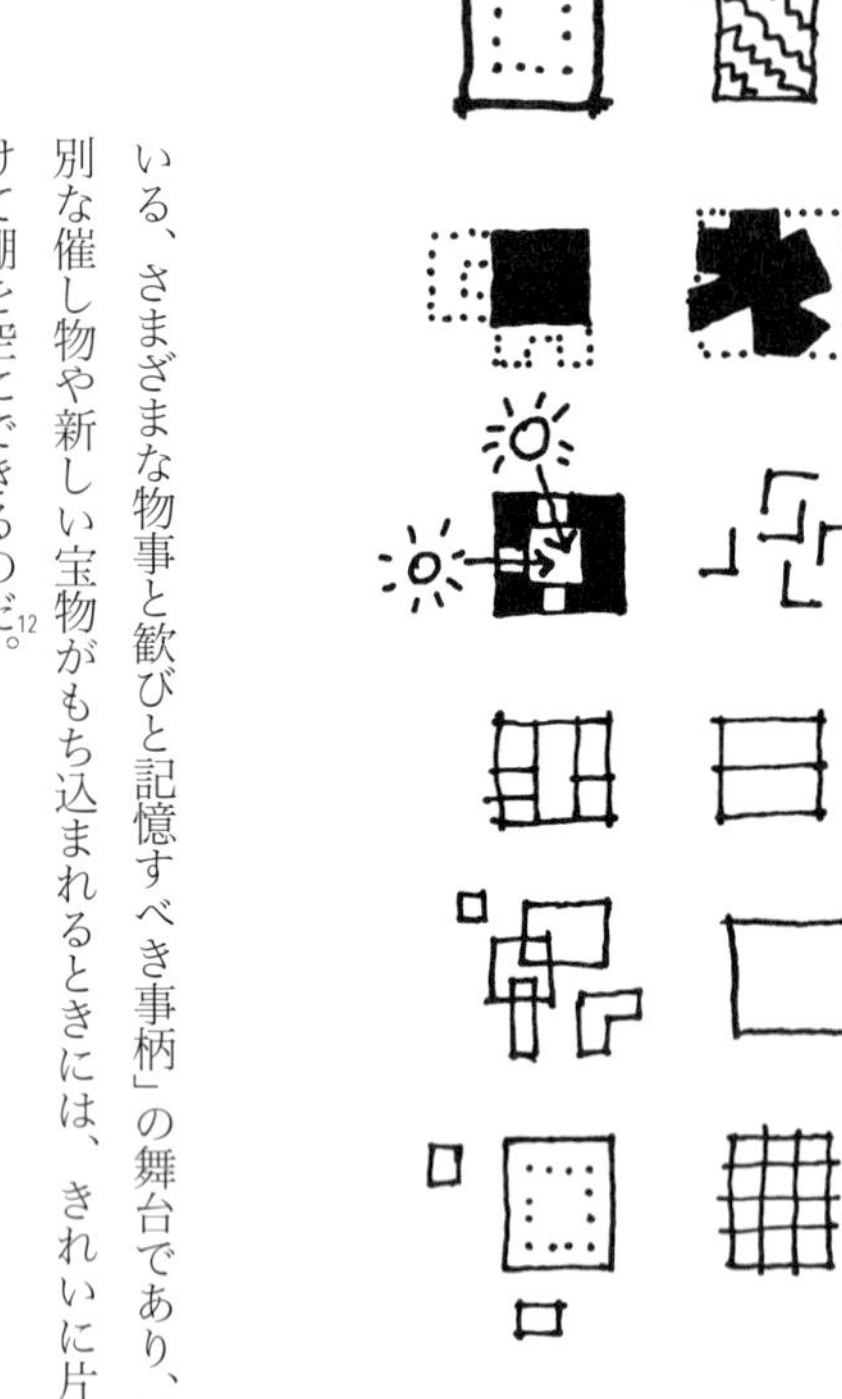

柔軟な建築形態

空っぽであること

日本の独特な美的感覚では、未分化なランドスケープが二重の意味をもつ。古代神道においては、森のなかの開けた場所や鬱蒼とした森に囲まれた岩塊、まわりの何よりも長生きし深い陰を落とし湿った草地を作り出す巨木などが、特別に神聖な場所とされることが多い。これらのランドスケープは聖なる場所と感じられ、境界などを作る必要がない。建物もなく、鳥居もなく、御幣もなく、塀もない。何の印もない。聖なる場所は、開け放たれている。信仰をもたない者には、周囲のランドスケープと見分けがつかない。このような森の多くが今日でも鎮守の森として守られており、古から今日まで続く日々の生活を支えている。鎮守の森は、食糧、衣服、野生動物の生息地、レクリエーションのための場所、そして崇拝をもたらすように管理されてきたし、現在もそうである。抽象的で遠い所にいる神〔god〕と違い、神道の神〔Kami〕は、まさにこのランドスケープに宿っている。礼拝者は、直に神と交わるためにこの広場におもむく。祭礼の儀式では、高位の神官を除いてこの場所には立ち入れない。

14世紀に生きた仏教僧吉田兼好は、皇室の血を引く神官の一族に生まれた。彼がこれら一見空虚で、何もないオープンスペースの本質について古典的な1節を書き残している。「虚空よく物を容る〔『徒然草』第235段〕」[13]。厳格な儀式から日々の食料採集、狐やフクロウ、木霊やその他の霊的な存在の隠棲する場所まで、神社の曖昧なオープンスペースは最大の適応性を見せるのだが、さらにそれ以上でもある。このそれ以上のものについて、山口素堂は、空っぽで自然であった宿の春を句に読み描き出している。「宿の春　何もなきこそ　何もあれ」[14]。自然のオープンスペースが空であることで、たぐいまれな適応性が生まれ、生活に意味をもたらす儀式や象徴の宝庫となる。空であることが私たちの生活を満たす。これがオープンスペースの本質である。空であるためには、デザイナーに自制が求められるが、これができる者はほとんどおらず、オープンスペースを物で埋めつくしてしまう。このような状況に対しては、適応性の創造のためだけでなく、意味の生成のためにも抗わなければならない。オープンスペースを文字どおりオープンにすること。空は空のままに。空は意味だけで満たすこと。

ランドスケープと建築

建築に適応性をもたせるアイデアは、たくさんある。まずは建築の仕上げよりも、構造に多くを投資すること。柱を用いたモジュール構造であれ、箱構造の倉庫であれ、手のひらほどの大きさのブロック積みであれ、とにかく構造に投資するのである。一般的に建築は、はじめは普通の形、慣習的な形に建て、時間とともにそこにしかない特有の姿になるようにすべきで、その逆は好ましくない。オフィス・ランドスケープやパーティションなどによる、見せかけの適応性に騙されてはいけない。しっかりとした外壁と各部屋への自然採光を確保すること。小さな部屋と少しの大きな部屋、一部だけ壁で仕切られている部屋など、多様な組み合わせを創出すること。後から上階を加えられるように、強度のある構造をもたせること。多様な目的に利用され、その時々に求められる広さに対応できる、フラクタル〔自己相似形〕な建物を創ること。

倉庫のような空間は、柔軟性に溢れている。柱や箱構造や観覧席を端部に置き、その境界部分を豊かにデザインすること。屋根裏部屋や納屋や車庫や別の建物によって足りない機能を補完すること。[15]たとえばワシントン州キャッスルロック市の展示ホールが、まさにそうした建物である。このホールは基本的に柱と小さな部屋のある大きな倉庫であり、別棟もある。昔は飼料倉庫になったり自動車修理店になったり、さまざまな用途に供されてきた。キャッスルロック市の人々は、使われなくなったこのビルを廃ビルだと考えていて、取り壊したいと思っていた。しかし建物を検査したデザイナーたちは、主構造が良好な状態であることに気づいた。つまりこの建物はさらに何年間か、町の人々の役に立てることがわかったのである。複雑で微妙な議論を繰り返して、コミュニティの人々はこの建物を少なくともあと一度、活用できることを理解していった。そして展示ホールに改修する計画を立てた。この建物は数世代も前の賢明な投資の結果であり、そのおかげでコ

キール・ビルの転用

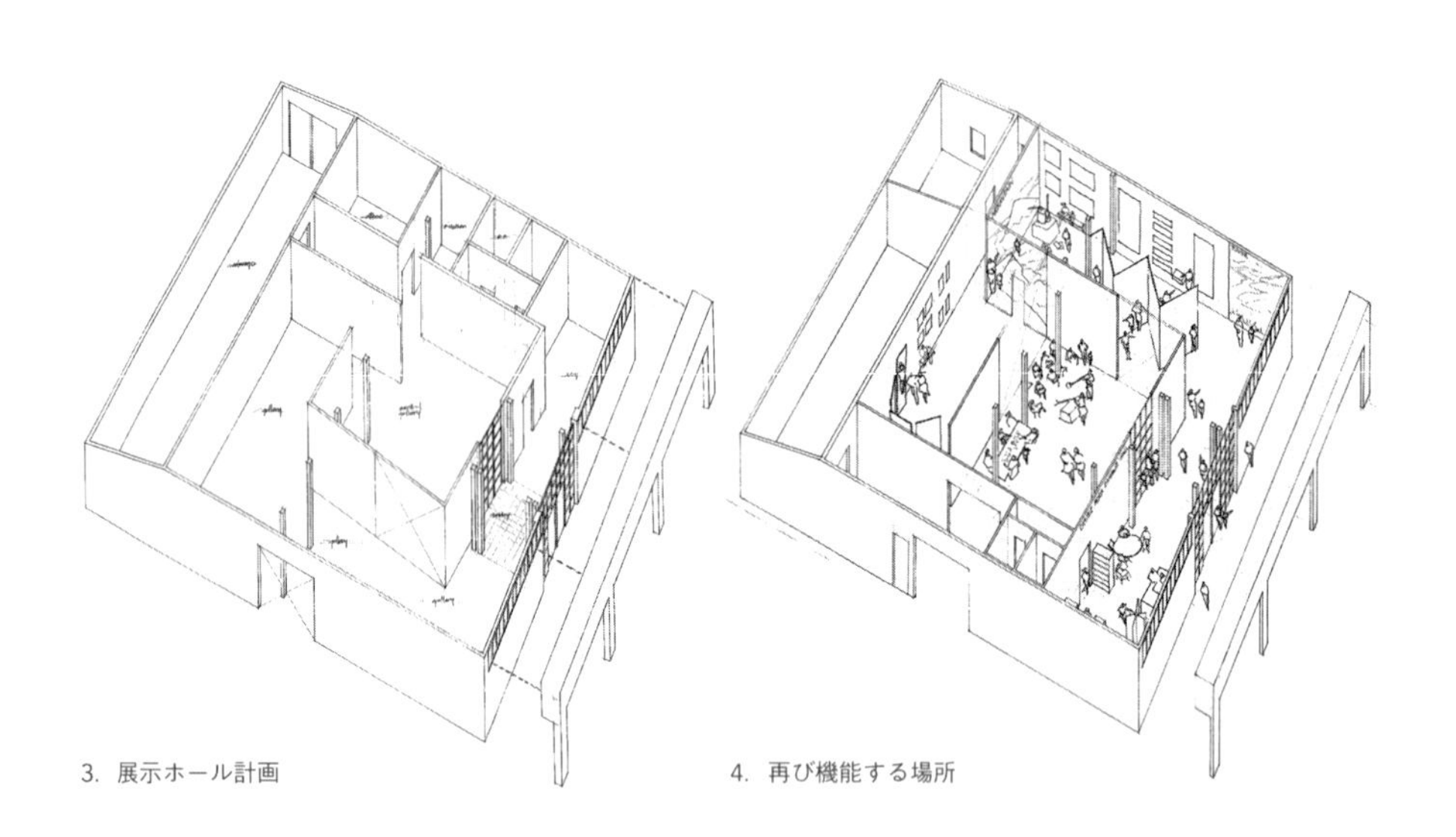

3. 展示ホール計画

4. 再び機能する場所

ミュニティの人々のボランティアとわずか1万1000ドルの出費だけで、新しい目的のために簡単に転用できたのである。現在ではここがコミュニティセンターと博物館になり、1980年のセントヘレンズ山大噴火によって人々が被った苦しみと、非常事態における勇敢な行動を称える記念館として活用されている。

建物のリノベーションは、適応性への第一歩としてとてもよい。では建物とランドスケープの両方に適応性をもたせるには、どうすればよいのだろうか。それにはまず、オープンスペースと建物をひとつのものだと考えることだ。そして全体をひとつのものとして、その構造を決めるのである。見栄えのよさなどではなく、全体の構造にこそ投資すべきだと、何度でも繰り返そう。建物が敷地にドンと鎮座し、その後にこれでもかと花を植えて残りのスペースを埋めるよりも、よく考えて配置された屋内外をつなぐ一連の部屋の方がはるかによいのは自明である。変形で暗くアクセスできないような空間を作らないようにしよう。建物の内部から外部への移行空間は、さまざまな利用が重なる場所であるため幅を広く取り、異なる生態系が重なる自然環境の移行帯〔エコトーン〕のようにしよう。外部空間が必要な機能に合ったスケールか、確かめよう。大きすぎたり小さすぎたりする場所は、結局利用できないことになる。屋内外をつなぐひとつの大きな空間は、たくさんの小さな空間よりも適応性に富む。また屋外空間の利用には、微気象や交通が関係していることが多い。日当たりがよすぎても悪すぎても、ほとんど使われないのである。さらに人間の距離が近

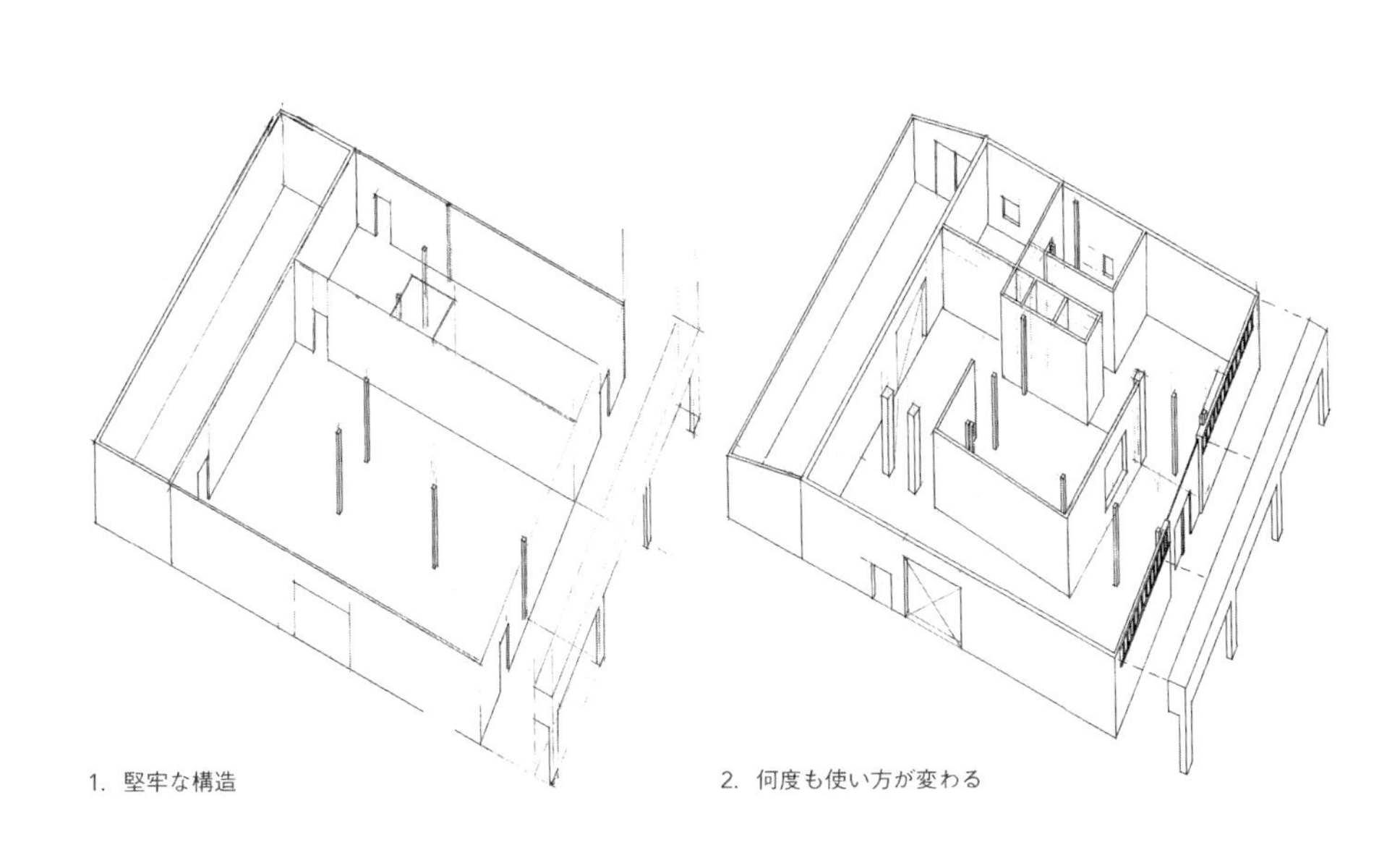

1. 堅牢な構造　　2. 何度も使い方が変わる

ワシントン州キャッスルロックの展示ホール（キール・ビル）
廃ビルと考えられていたが、構造は堅牢であった。長い間、多くの機能を果たしてきた建物である。
最近の市民展示ホールへの改修、転用には、わずか1万1000ドルしかからず、時間の節約にもなった

すぎても遠すぎても、私的、公的な交流はうまくいかない。小さな敷地で屋外空間が広く取れないときは、屋外のサービス空間を整理し、敷地から溢れ出した活動が歩道や道路でもできるようにしよう。

建物とランドスケープが優れた適応性をもつように配置された例が、たくさんある。中国式の中庭、表通りから裏路地へ続く店舗住宅、修道院の中庭、一方の敷地境界に建物を寄せて建てる住宅街、きれいに掃き清められた枯山水の砂、裏庭の物置などだ。中国式の中庭に見られる複合的な空間は、大家族のためのU字型をした屋外の応接間であり、多くの機能を果たす中庭から表通りへと続き、最後には表通りまでも家族の場所にする。表通りから路地へと続く店舗住宅は細長い建物で、屋根と2階部分がにぎやかな表通りのオープンスペースにせり出し、反対側では路地や水路に面した搬出入のための小さな裏庭を覆っている。中庭の複合的な空間も店舗住宅も、通りを私的な領域へと組み込み、大きくて柔軟性のあるオープンスペースを創り出している。

修道院の中庭は、ただひとつの空間からなる優雅で私的なオープンスペースであり、建物の中心に位置し、4面から入れる。どこからも同じように入れることが、4面一つひとつのさまざまな利用を可能にする。中庭に流れる時間と微気象によって、居心地のよい面が変わり、柔軟性が増すのである。修道院の中庭で用いられているこの方法は、様式の確立された宗教建築や住宅建築にかぎったものではない。ソカロ〔ラテンアメリカ各国の都市広場〕は市民が日々行きかう場所で、両者〔多様なアクセスと時間の要素〕を組み合わせている。カリフォルニア州デイビス市Mストリート・コハウジング〔M Street Co-Housing〕も、この形態の応用だ。かつて各戸の敷地境界にあったフェンスを撤去し、居住街区の内側に多目的の修道院のような中庭が創られている。大きさも適応性も増した空間が、出現したのであった。

地区全体で片側の敷地境界に寄せて建物を建てれば、その側のセットバックは必要なくなる。こうして、ゼロロットライン方式〔zero-lot-line structure〕、つまり片側の敷地境界ぎりぎりに住宅を置く街区の構造ができる。隣接した敷地でもこのパターンが繰

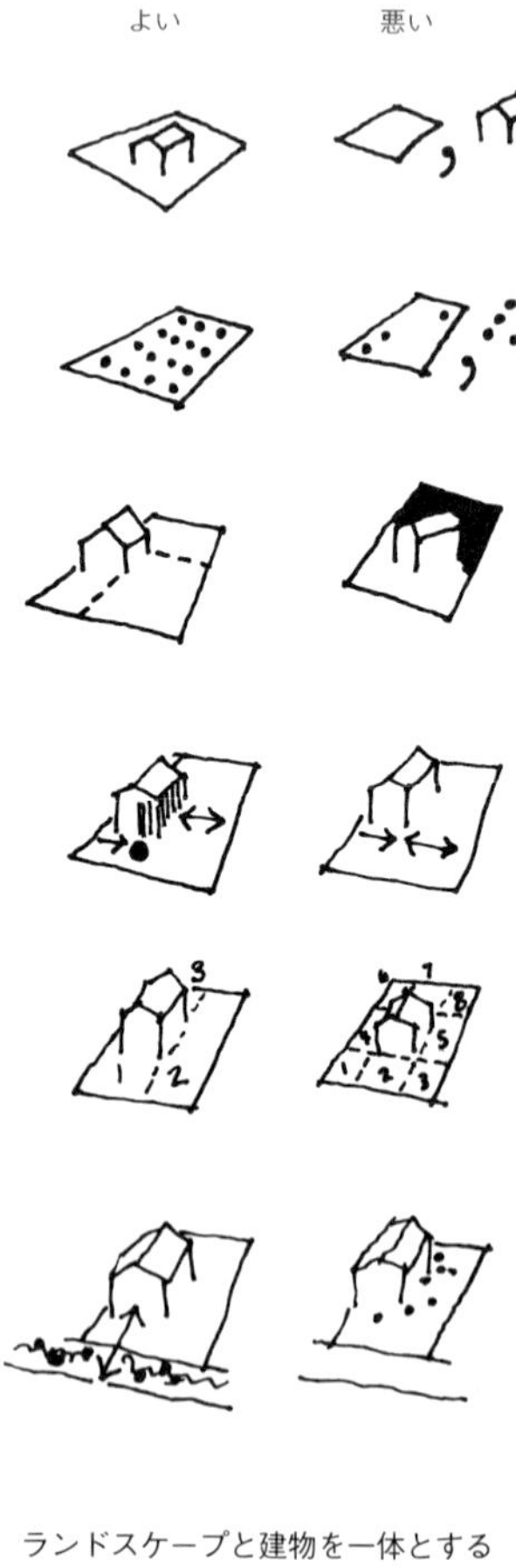

よい　悪い

ランドスケープと建物を一体とする

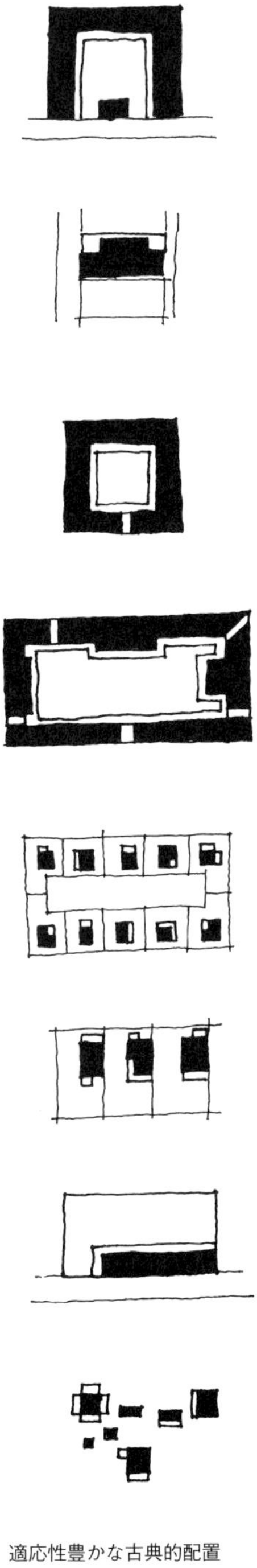

り返される。こうして、バラバラだと小さくて使いにくい住宅回りの土地が集約され、ひとつの柔軟なオープンスペースができる。砂紋のある枯山水の庭には、このゼロロットライン方式に近いものが多い。方丈の建物が片側の敷地境界に沿って建てられ、塀が庭の反対側を区切る。こうして、大仙院や竜安寺の方丈の庭などのように、建物から直接庭に降りられる豊かなオープンスペースが創られる。今日では石庭の使われ方が制限されてしまい、かつては瞑想から大きな儀式まで多目的に利用されていたことは知られなくなった。だが、大空間の掃きならされた簡素な枯山水の砂面は、当時のさまざまな使い方をすべて受け入れていたのである。

農家の裏庭の動物小屋、飼料や道具用の倉庫、農作物の加工場や薪置き場、ガラクタをつめこんだ小屋、作業場の納屋などは、ふつうオープンスペースを囲んで建つか、狭い裏庭に集められる。それぞれの建物を3〜30メートルほど離すと、建物に囲まれたひとつの空間ができて、屋内外をつなぐ多目的な作業場が創り出される。この空間こそ、昔ながらの密度の高い生態移行帯なのである。中心にある庭は適度な大きさをもつ、すばらしく多目的な空間となる。たとえば、新しく生まれた子牛を飼い、トラクターを修理し、かくれんぼや缶蹴りや野球をして遊び、ガラクタから彫刻作品を制作する。建物の間の空間が、柔軟性を生み出すのである。[16]

以上述べた建物とランドスケープの配置関係に適応性をもたせる方法で、今日求められている多目的な場を、簡単に作ることができる。はっきりしていることは、どの配置関係も建物とランドスケープを一緒にし、まとめる構造を有している、ということだ。これは無駄な残地を出さず、中心となるオープンスペースに投資するということだ。屋外空間が適切な大きさに整えられ部分的に囲われると、さまざまな活動がその時々の気候に応じて、建物からランドスケープへと使いやすい場所を求めて広がっていくので

適応性豊かな古典的配置

ある。

重要なフレームワークとバラバラの複雑さ

普通、適応性は次第に導き出されると考えられがちだ。しかし上で述べたすべての事例には、細部の複雑さと強力なフレームワークの両方が始めから存在している。フレームワークこそが、適応性にとって根本的なのである。ランドスケープ・アーキテクトのピーター・ウォーカー〔Peter Walker〕は、これを構造的基盤と呼び、これができた後にはじめて変奏が可能になると言う。この場合フレームワークとは彼の内なる秩序であり、また強固で客観的な考え方である。フレームワークに表れるこれらの本質的な原理が、たとえば庭園のデザインにも、そして回復力のある都市を形作ることにも、同じように適用されるのである。[17] 一つひとつの敷地も、このフレームワークを必要とする。しかし近隣地区や都市には、フレームワークがはるかに強く求められるのだ。実際のところ、敷地単位の構造が過度に強調されると一つひとつの建物に注意が集中し、コミュニティ全体の構造が失われてしまう。

フレームワークが変化することはない。もし変化したとしても、ごくわずかである。しかしまた、フレームワークは変化と結びついてもいる。蛾のオオシモフリエダシャクはその翅(はね)に、森の明暗や汚染の程度に応じてまったく異なる色をまとう。しかし昆虫としての全体の形態が変化することはない。体色が違っても、胴体と翅を調べれば同じ種であることがすぐにわかる。驚くほどの視覚上の色彩の変化は、表面的なものに過ぎないのである。内部構造は、少しも変化していない。「柔らかいものこそ幸いである。曲げられても形が壊れることはないのだから」[18]。アメリカ南部のことわざである。重要なフレームワークは、持続力をもつ。長年にわたり大きな改造を施されてきたキャッスルロックの展示ホールの例では、巧みに配された柱と構造壁が変わることはなく、適応性が生み出された。不易の構造があってこそ、変化が簡単に起こる。賢明な不易こそが、変化を可能にするのである。

このフレームワークは、まるで時とともに増えていくあらゆる種類のものを掛けられる、洋服掛けのようなものだ。うまくできた洋服掛けなら、何十もの一見何の脈絡もないものを、いつでも一緒にぶら下げることができる。洋服掛けは時々に変化する要求に適応するが、自身が変化することはない。ハブラーケン〔Nicoraus John Habraken〕の採る建築構造〔スケルトン・インフィル・オープンビルディング〕も、コミュニティが活動できることを最大の原則としていて、この洋服掛けと同じように機能する。

フレームワークは、全体としての形態を都市に与える骨格システムである。[19] 内骨格が、ちょうどよいたとえだ。内骨格は成長、動作を可能にし、柔軟である。骨に詰まっている骨髄が、赤血球の生成を司っている。このようにフレームワークは、単なる構造以上のもので、都市の生命力を支えるのである。

回復力のある都市を実現するためには、人々が都市の重要なフレームワークをよく知り、それを確立することがどうしても必要である。なすべきことがたくさんあるのに、どれが最も重要な活動なのかわからないことがあるだろう。フレームワークこそが、都市全体を健康にする活動を即座に教えてくれるのだ。回復力を増す難しさは、他にもある。問題の表面に触れるだけで、根本的な解決を怖れることがそのひとつで、これはおおいに害悪をなす態度である。さらに悪いのが、間違った問題を解決して事足れりとすることだ。また取るべき活動がはっきりしていても、最も重要な問題に取り組むことが政治的に難しいときがあるかもしれない。このような場合には、解決の難しい核心的な問題が看過され、さして重要でない事案が制度化されることがある。たとえばカリフォルニア州の大気汚染規制法は、数多くの細かな活動を要請している。わずかに残っている砂利敷きの道路の舗装もあげられていて、これは土埃が大気を汚染するという理由からだ。しかしカリフォルニア州の大気汚染の最大の要因だと考えられている、ひとり乗車の自家用車への対応は書かれていない。こんな場合でも市民が重要なフレームワークにしたがって生態系を考えれば、根本的原因に容易に焦点を合わせられるようになる。

ジェリー・ブラウン〔Jerry Brown〕が、大気汚染とは自動車、ダウンタウンの活性化、経済開発、カリフォルニア州の伝統ともなっているダウンタウンでの住宅の不足、それによる公共交通機関の崩壊などと連動する問題だと指摘した。1998年のオークランド市長選ではブラウンが勝利し、核心的な問題に立ち向かうための明確なフレームワークを創りあげた。オークランドのダウンタウンに、新しい住民1万人を受け入れるための住宅建設を、提案したのである。この提案〔10Kイニシアティブ〕から、多くの課題に向き合うための単純だが想像力を掻き立てる計画が立てられた。ブラウンが指示した包括的調査によれば、ダウンタウンには高さ

変わらない構造

重要なフレームワーク

制限の変更なしに、すぐにでも新住民1万１０００人が暮らし始めることができる。認可手続きの迅速化、バス運行システムの改善、駐車場の必要性の低減、ダウンタウンのオープンスペースへの投資、これらが一気に推し進められた。むろんこれらの提案のどれもが、第一義的には主要な目的である住宅提供のためのものである。

この計画により現在までに、２４６５戸の住宅が建設または認可され、来年度の計画では１３００戸がさらに認可される予定だという。合計６０００の人々がこの町に新たに暮らし始めることになり、この計画はこの50年でダウンタウンを大切に扱う最初のものであり、そして大きな改良がなされたのであった。ブラウンが、住宅と交通とダウンダウンの特質と大気汚染との間にある複雑な相互関係を見出していなかったら、そしてこれら複合的な目的を結びつけるただひとつのフレームワークを作り上げられなければ、以上のことは決して起きなかっただろう。[20]

ここから学ぶべきことは何か。それは最良の情報を手にし、最も重要な活動を決めることだ。多方面にわたり効果的に回復力をもたらす活動を選択すべきなのだ。次に、その活動を支える市全体に関わるフレームワークを確立することだ。法によりいくつかの重要な権限を担保されたフレームワークが、多数の2次的な事柄の制度化などよりも、はるかに効果的なのである。権限を与える活動を必要最小限にとどめること、そしてそれ以外には権限を与えてはいけないこと、これが重要なのである。

河川や山脈のような大きな自然のシステムが、都市の適応性を醸成する絶対的で実効的な骨格であり、その力によって都市のフレームワークをできるだけ早く決めることが最優先である。開発初期に自らのフレームワークを決定できた都市は、必要な土地の取得費用を抑えることができ、大きな恩恵を受けている。長期的に見れば、回復力が持続すると何百万ドルもの経費が削減される。早起きは三文の得〔The early bird gets the worm〕のとおり、先見の明があり自然のフレームワークをもちえた早起きの都市が、最も多くの利益を得る。たとえばシカゴ市はオープンスペースによるフレームワークから大きな恩恵を得ているが、その大部分は市の発展初期の計画により実現したものである。ダニエル・バーナム〔Daniel Burnham〕がシカゴ市のランドスケープを再構成した時代は、まだこの都市の青年期であった。バーナムはまず最初に１８９３年のコロンブス世界博覧会開催のための大胆な計画を立て、次いで１９０９年、あのシカゴ計画を立案した。これらの計画は、１９０４年のドワイト・パーキン〔Dwight Perkin〕のメトロポリタンパーク計画と呼応し、ミシガン湖に沿う連続する公園を創り出し、そして水を基調にした都市のフレームワークを創造した。これはユートピア物語などではなく、現在でも目の当たりにできる現実である。彼らの計画こそが、シカゴの都市形態を作ったのだ。シカゴの計画の多くが、河川と湖岸のパターンから導き出されている。先見性のある計画が、20世紀のシカゴ市に回復力を与え、今日のシカゴ市をすばらしい都市にしているのである。[21]

カリフォルニア州キャスパー市も、シカゴ市と同様の活動を始めている。カリフォルニア州の北部海岸に位置する歴史ある材木の町キャスパー市は、ある日広大な農業用地がスーパーマーケットに変わり、突然脅威に曝されたのだった。市民は一丸となり、市役所への陳情ではなく、直接この危機に対応することに決めた。1年をかけて、コミュニティの再生、教育、なすべき事柄の優先順位などについて民主的に検討し、キャスパラードス(キャスパー人。彼らはこう名乗るのだ)は、自分たちの町の厳格なオープンスペースのフレームワークを創り上げた。骨格となる計画が、維持されるべき構造を明確に特定している。このフレームワークにもとづく最初の活動が、キャスパー渓谷に広がる生態学的に脆弱な土地と海に突き出る岬を公的資金によって取得する提案であった。そしてフレームワークによる次のステップが、牧場地区の開発にあたっては中心市街地に施設を集約させること、農地を見渡す3つの重要な眺望領

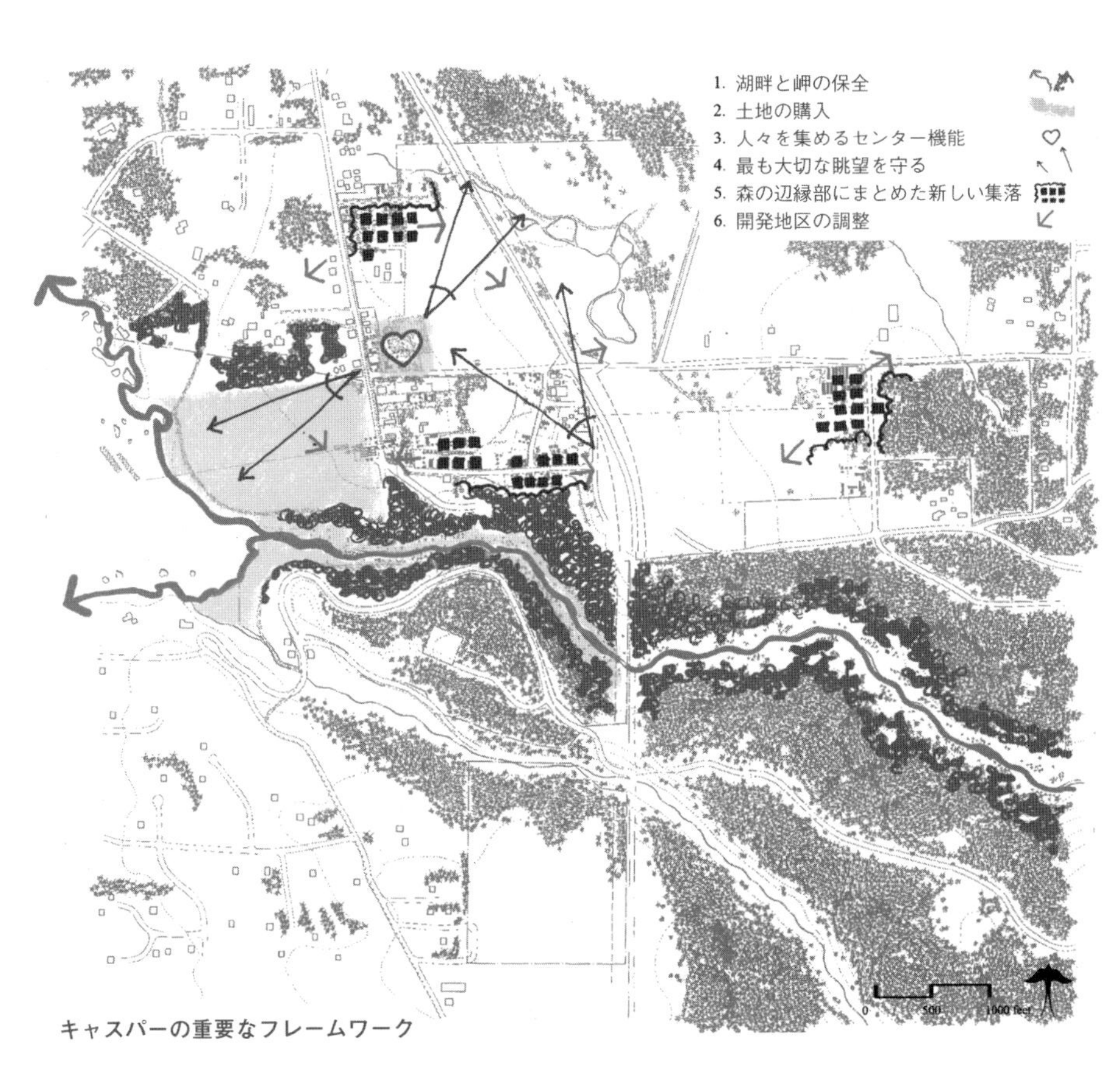

キャスパーの重要なフレームワーク

簡素だが厳格に、優先されるべき活動と柔軟な土地利用を実現し、
キャスパラードスは短期的に優先すべき目的をすべて達成した

域を維持すること、集落内の開発は2次林の縁に集めひとかたまりにすること、であった。ここでも重要なフレームワークが、イメージを喚起する一連の素朴な活動に表れ、それ以外のことは何ひとつ掲げていない。それは、(1)最も神聖な岬に至る腕のような形をした南北に走る自然道とそれにつながる渓谷に沿った背骨を創出すること、(2)センターをコミュニティの心臓にすること、(3)新しくできる集落も昔からの集落のようにひとまとまりにして眺望を守ること、だけなのである。不可侵な部分(キャスパー川の渓谷と岬)が自然へのアクセス地点となり、絶滅危惧種のサケの遡上を保護し、土地固有の植物群を保全する。太平洋に沿って南北に走る自然道が、より大きな海岸の散策道システムの一部となる。そして住民たちがこれに劣らず重要だと考えたのが、キャスパーの心臓部としてセンターを活性化することであった。キャスパラードスは、ひとつの厳格な計画を決めず、センターをよくするためのさまざま

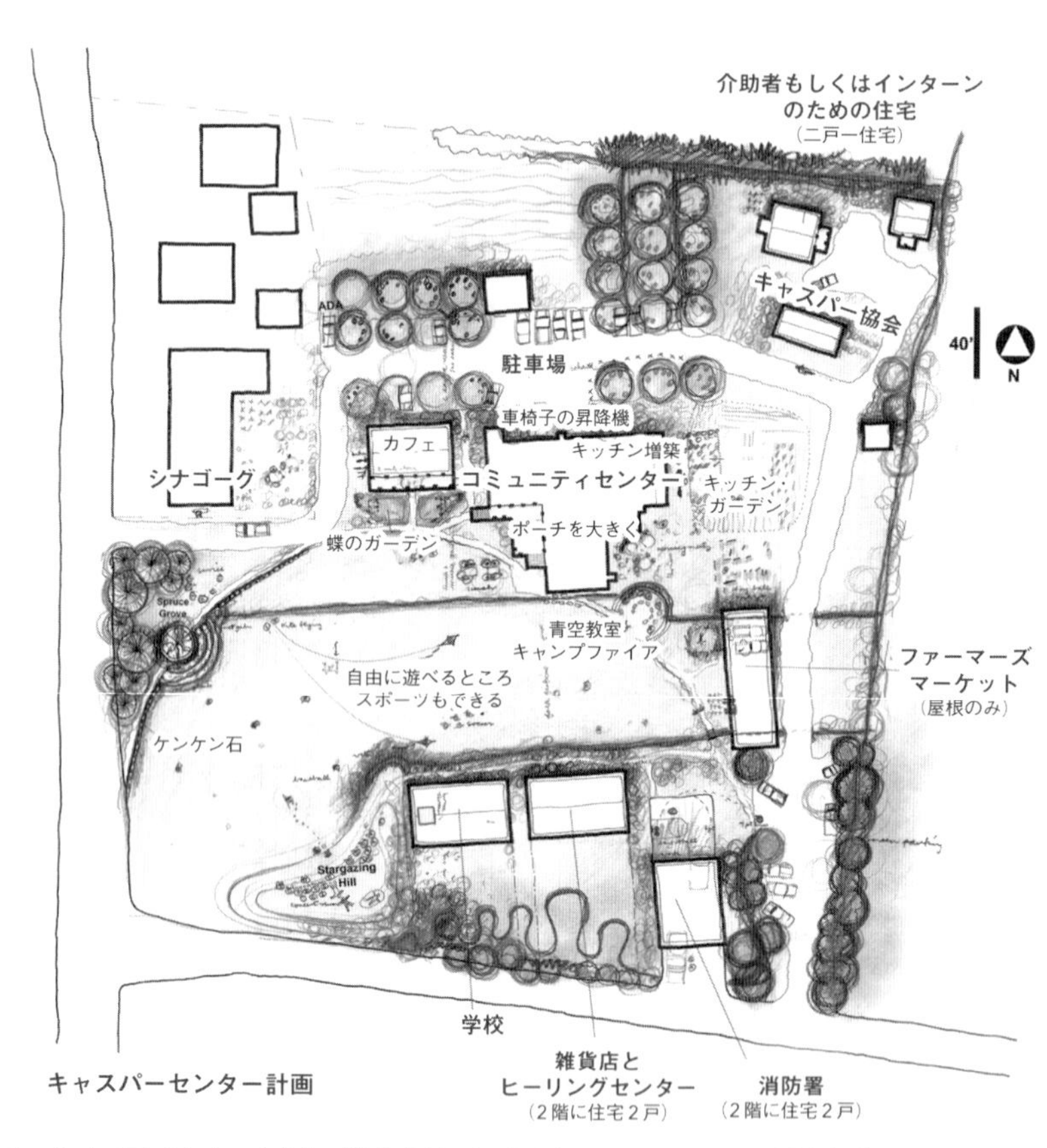

キャスパーセンター計画

キャスパー市のセンターもまた、簡素で変わることのないフレームワークの恩恵を受けている。センターは(用途が未決定の)一群の建物によって創られている。日当たりのよい、車の進入できないオープンスペースが真ん中にあり、眺望と排水は自然に東西に延びていく。その他諸々は交渉次第である

なアイデアを広く受け入れられるようにした。彼らはただ自分たちのセンターにより多くを求めていたのである。キャスパーのセンターには、商店、教会、廃校となった学校などが集まっていて、またその場所から広がっていくつかの方向へ成長できる柔軟性もある。住民たちは一連のワークショップとまち歩きをとおして、ディベロッパーが新規に開発対象としている複数の地区を少しだけずらせば、眺望領域が南北に広げられることを発見

民主的に合意していく

最も重要なもののみをコントロールするという原則にしたがい、キャスパーでは、森林の縁に沿った集落開発を受け入れている。眺望が保護され、密度が上がり、適正な価格であることを求められる

した。そんな風にして開発される住宅地区の位置が決まると、住民たちは今後新しくできる集落もすべて、従前の開発と同程度の規模に抑え、また今回と同様に少しセットバックしてデザインされるのがよいと考えたのである。

キャスパー渓谷と岬の保全が住民全体の最優先事項となり、この最も重要なランドスケープは約2年で取得できた。次に住民たちは、コミュニティセンターに転用するために元学校の校舎を購入した。現在では他の開発提案も、検討している。フレームワークが明瞭なので、個別のプロジェクトを柔軟に検討できるのだ。コミュニティがディベロッパーと上手に取り引きし、センターを活気づけ、戦略的にオープンスペースを残し、そして以前には思いもつかなかったような利益をたくさん得ている。ある土地所有者との協議では、コミュニティの方から開発予定の集落の住戸数を増やし、商業施設の増設も承認することを提案している。その代わり新しい住宅を既存のそれと同様に森の縁に建設することを土地所有者に要請するのだ。これにより、この町にとって重要な眺望のひとつが永久に保全されることになる。またディベロッパーは新たにセンターとなる広場の土地をコミュニティに寄贈しなければならない。そしてディベロッパーの商業ビルがこの広場の1辺を占め、他の重要なコミュニティ施設を集めて広場を完成させるのだ。

細かなことをいちいち取り上げてディベロッパーと争い始めるのではなく、まず重要なフレームワークを示せば、関係者すべてが全体的な意図を知ることができる。3つの主要な目的（背骨、心臓部、眺望）に適っているかぎり、現地での調整に関しては柔軟に対応できるようになる。これによりディベロッパーは実行可能なプロジェクトを策定し、町は学校、コミュニティセンター、商店の増加、センターの郵便局、広場、農業専門校などの改善にあたることができる。キャスパー市の事例では、自然のシステム（コミュニティセンターと眺望領域を形作る川、崖、森林の縁）が、厳格な骨格と柔軟な土地利用の両者を可能にした。ここでは最も大事なことだけが決定されたのであった。

キャスパー市の構造は、特徴ある自然のランドスケープから導き出されたが、フレームワークを得る方法は他にもある。人の手が加えられたシステム（運河、保安林、農地など）、あるいは反復する関係性（回廊をもつ庭、中庭のある建物、店舗住宅など）などである。一方で高速道路システムが、エコロジカル・デモクラシーを実現する都市形態の優れたフレームワークになることは決してない。カリフォルニア州ウェストサクラメント市では、現在も流れる用水路が、優れて合理的なフレームワークを形作っている。水供給システムは必然的に、送水のための水路の規模が階層的になる。したがって水供給システムを利用して、都市を形態的に、近隣地区、レクリエーション地区、学校、さまざまな公共施設、農地の緑地帯など、必要に応じた単位へと簡単に分割できる。

カリフォルニア州ユーントビル市では、非常に重要なフレームワークがこの地方全体に及ぶランドスケープ構造から町中のピスタチオの並木まで、フラクタルに繰り返されている。木々や建物に囲まれた日陰の空間が、時折すばらしい眺望を見せるように開かれ、その連続が空間を組織する原理となっている。これがさまざまなスケールで繰り返されるので、ユーントビルのフレームワークは深く心に残るのだ。農地がグリーンベルトとなり町を囲み、周囲の山々と大地の地層の眺望が開かれる。植物が豊かに茂る散歩コースでは視界が制限され、コミュニティ生活に欠かせない商業施設や公共施設のある3ヵ所からのみ眺望が開けるようになっている。これらの地点では、涼しい緑陰が突然開いて、東西に延びる山々への眺望が一気に広がるのだ。南北に走る2本の主要道路が交わるY字交差点に町のセンターがあるのだが、ここでも大きな建物、神聖な場所、樹木に囲まれ、眺望は丘の頂だけに向かう。町の広場でも、同じパターンが繰り返される。このスケールでは近くの建物によって日陰の囲まれた空間が、形作られている。眺望は狭く限定され、丘がわずかに見えるだけである。メインストリートに沿って長く続く豊かな緑陰の空間が、時折遠くの丘だけが見える眺望を開く。歩くにつれてこのフレームワークが、何度も繰り返される。2列植の並木がほの暗い緑のトンネルで歩行者を包み込み、夏の焼けつくような日差しから守り、そしてトンネルのなかに視線をとどまらせる。しかし道が交差する場所や少し広くなる場所では、視線は東西の丘に点在するブドウ畑へと導かれる。秋には木々の葉が驚くほどの赤に染まり、ピスタチオの並木が艶やかな姿に変わり、人々は息を呑む。このように繰り返されるフレームワークがあまりに強固なので、建物の様式、材料、区画配置、量感、スケールなどの細部に誤ったものが多くあってもなお、全体がひとつのものとなっている。強力な視覚的フレームワークが大きな柔軟性を与えているので、建物ごとに場当たり的に決定された失敗も覆い隠されるのである。

重要なフレームワークが、物理的な形態ではなく政策として表

ユーントビルのフレームワークは、地形と植生によって形作られている。ブドウ畑の広々とした眺望、頭上を覆われた小道、大事な地点からだけ見える山容など、地方スケールから都市デザインのスケールまで、すべて人々が経験しているものだ

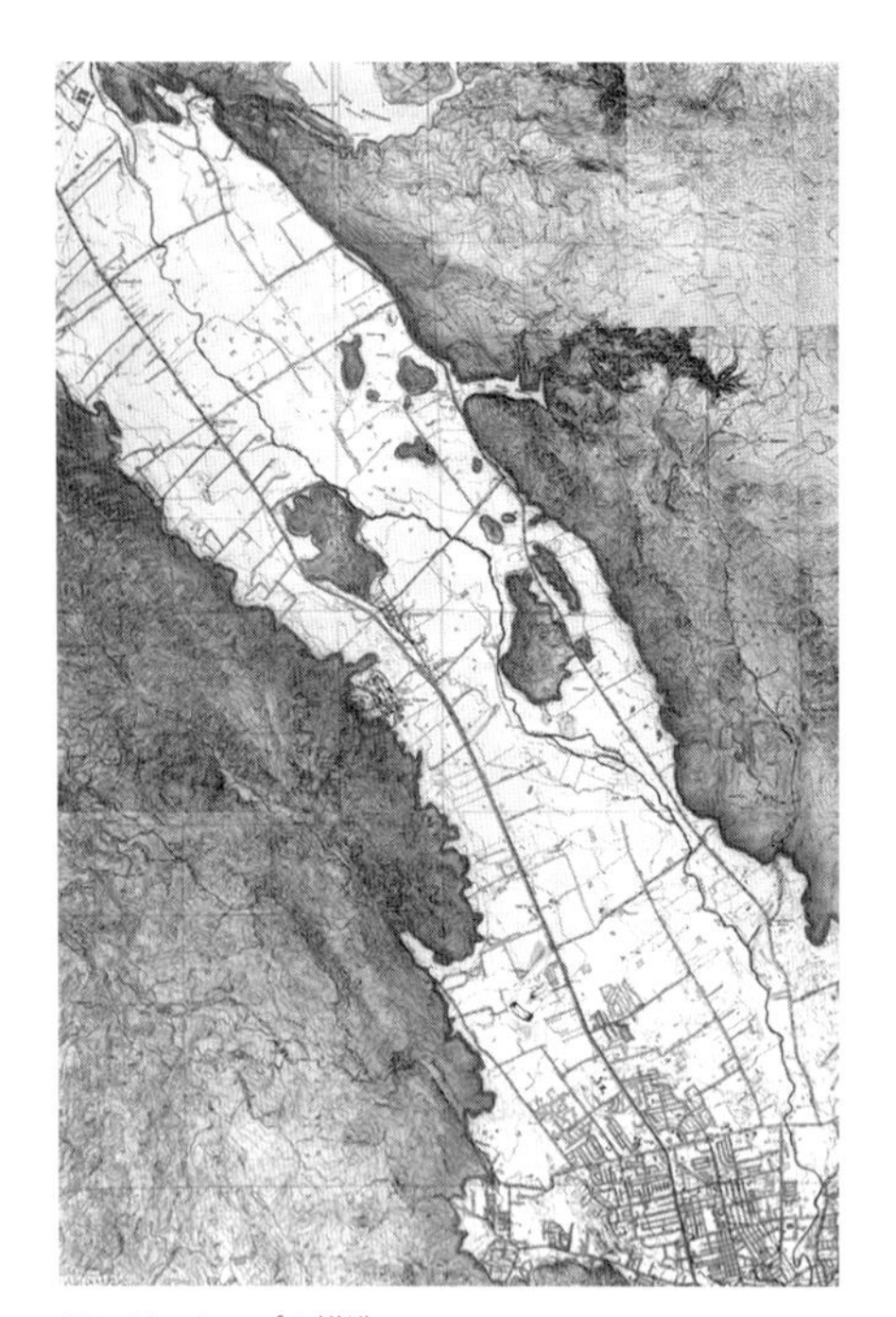

ランドスケープの構造

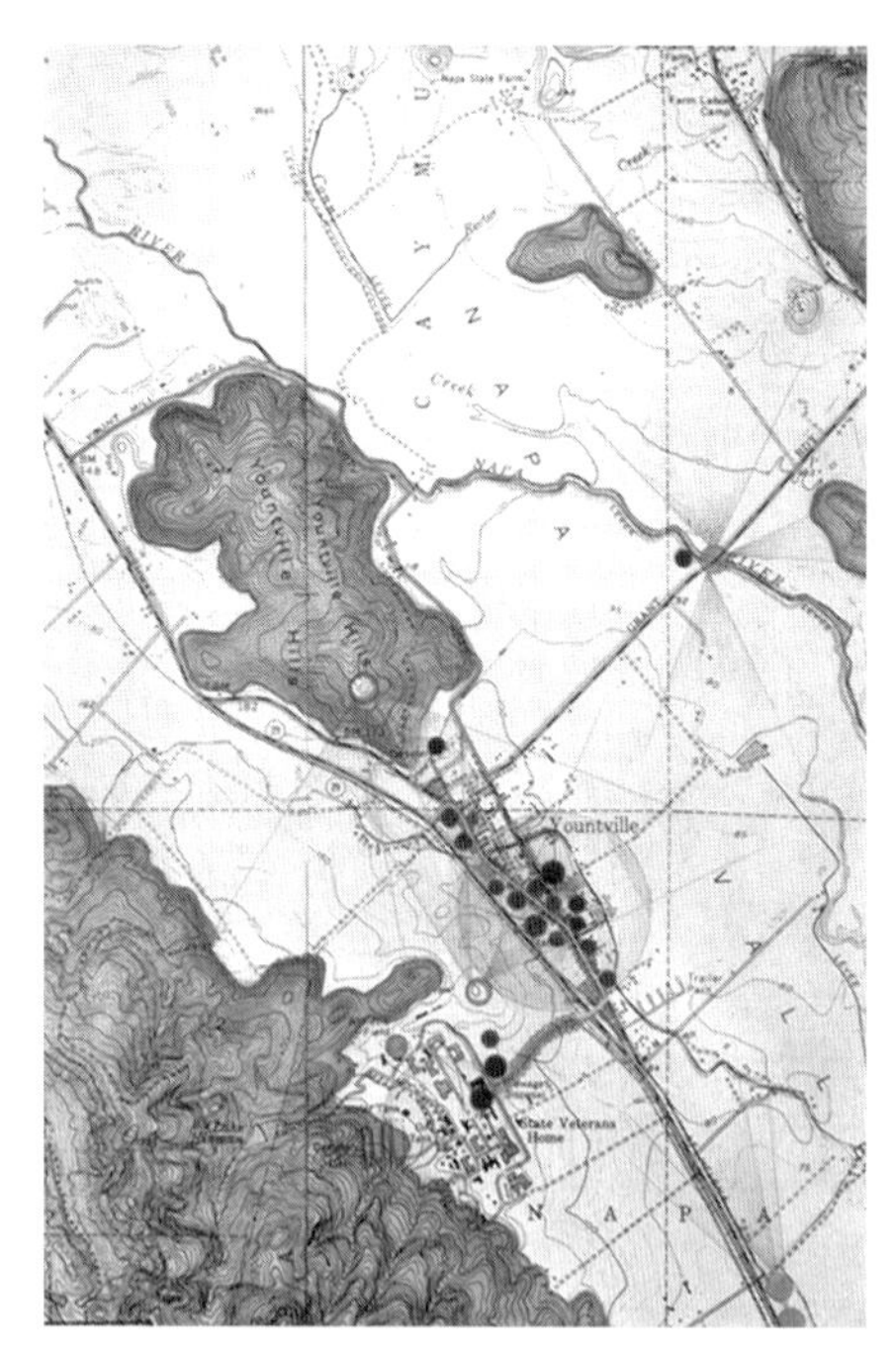

コミュニティ生活に欠かせない場所

大切な場所

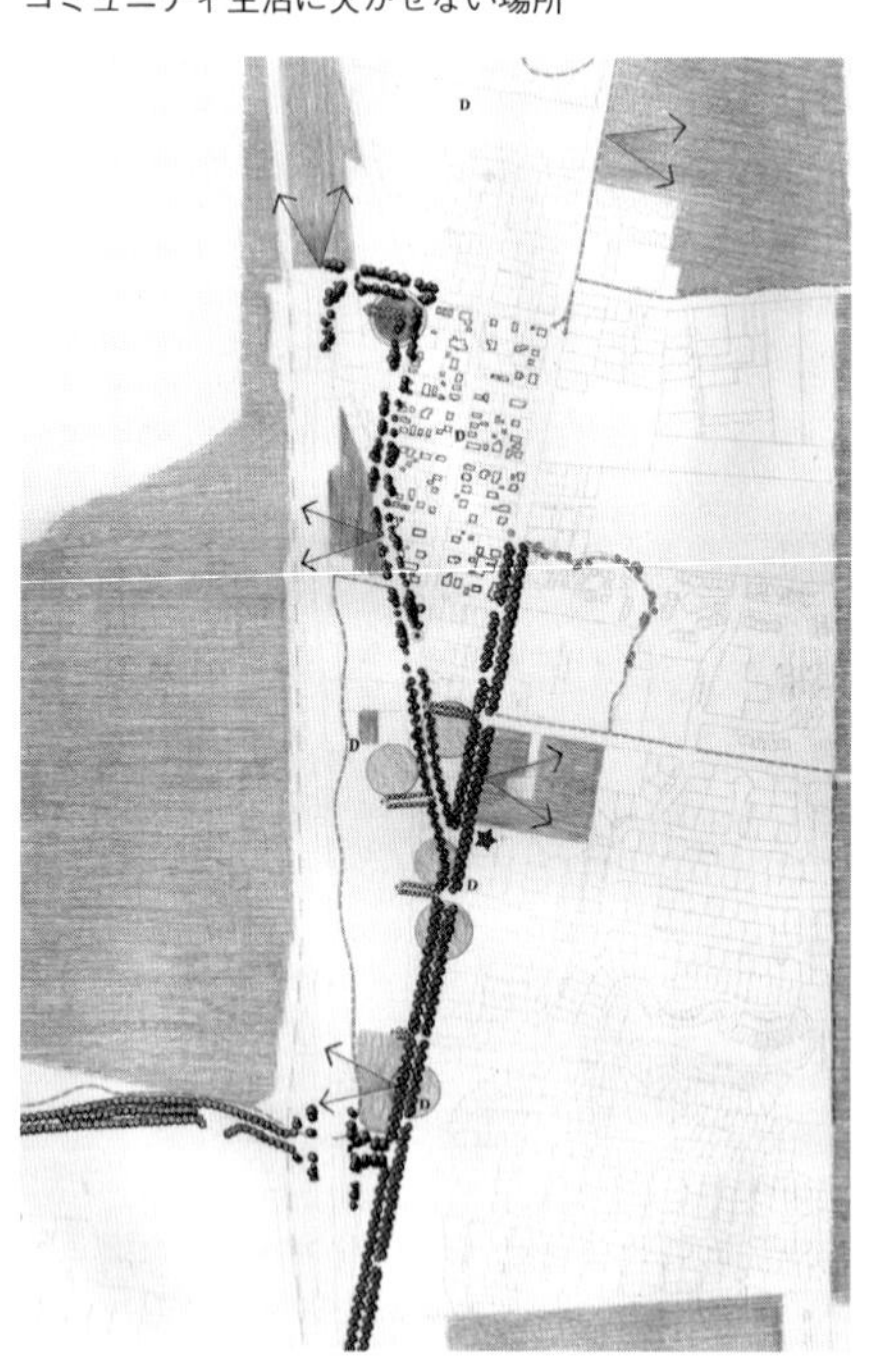

重要な活動

れる事例もある。ブラジルのクリチバ市では、優先すべき少数の活動をとおして多くの目的を達成すべく、ハイメ・レルナー〔Jaime Lerner〕が世界一すばらしい公共バスシステムの構築に取り組んだ。今日では彼のうち立てた都市のフレームワークが、土地利用計画やリサイクルなど多くの活動を支えている。クリチバ市は、交通システムが人間に優しい都市の骨格を形作っている、とても珍しい場所なのである。

しかしフレームワークにも危険が潜んでいる場合がある。それはフレームワークが十分に考えられたものでなく、あるいはうまく扱われていない場合に、柔軟性を許容せず大規模で硬直化した結果を生み出すことだ。ちゃんと機能しているフレームワークは、多様でバラバラなままの複雑さを受け入れる。ここで言う複雑さとは、土地所有者やボランティアによる小さな活動であり、彼らこそが多様性、地域のイニシアティブ、革新的な持続性をもたらしている。複雑さが決定プロセスへの参加を増加させ、そして決定に関与したという感覚をもつ人を増やす。フレームワークによる大きな構想を誇りに思う一方で、複雑さが個人による金銭的、感情的な投資を促し、こうして場所とコミュニティを大切にする活動がどんどん活発になるのである。

今日のアメリカ合衆国の都市デザインには、将来を見据えたフレームワークと小さく柔軟な活動ができる機会、この両方が必要だ。しかしほとんどの都市には、長期的な適応性を生み出すフレームワーク、丁寧に考え抜かれた全体のフレームワークがなく、そしてまさしくこれこそ、切実に必要とされているものなのである。

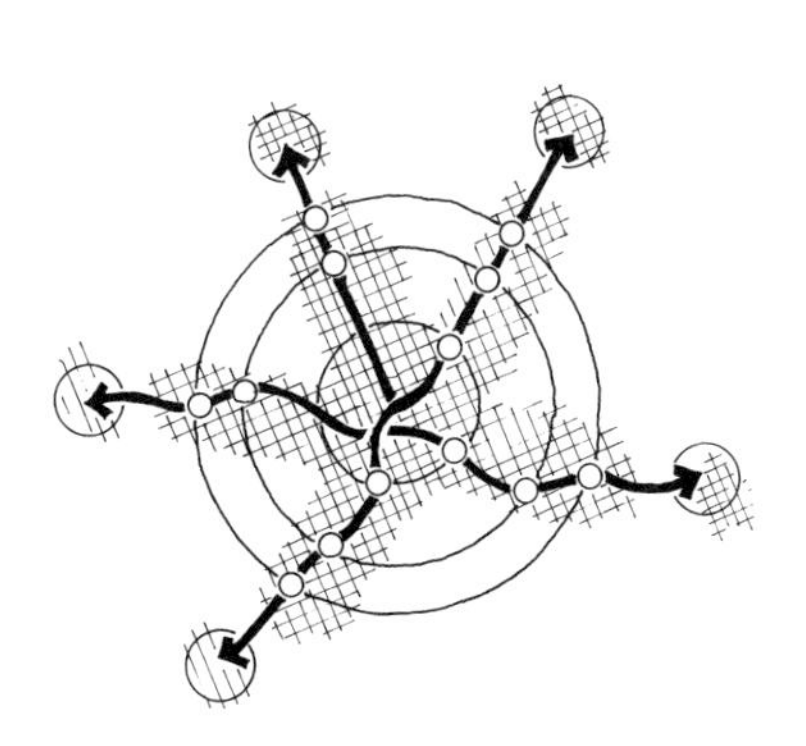

ブラジル、クリチバ市、
バスによるフレームワーク

試みを継続すること、適応性のある管理、機会を捉えること

人々が新しい知識を得て、都市の回復力をより深く理解できたとき、適応性をもつ都市はさらに進化できる。知識ある市民、科学者、都市作りにあたる人々は今日でも多くの活動を行っているが、しかしいまだ都市生態学が示すメカニズムを十分に理解していないことも自覚している。ミッキー・ニューバリー〔Mickey Newbury〕のカントリーソングの1節が、この問題を歌っている。「時は日々を変える術をもつ。真実にはいつでも変わる術がある」。[22] 有

毒な沼沢地が世界的に注目される湿地になったとき、人々は困惑したが、しかし都市の形態が変わった。支払われない労働（シャドウワーク）を担っていた主婦が、労働力として再編成されたとき、人々は困惑したが、しかし都市の形態が変わった。生態学的な事実が明らかにされた現在、人々は困惑している。何世紀も前に、偉大な中国の哲学者である荘子が記している。「計人之所知、不若其所不知――人の知っているところを考えると、その知らないところには及ばない」（『荘子』17・2秋水篇）[23]。最近C・S・ホリング（Crawford Stanley Holling）は、「無知を知ること」としてこのことに言及している[24]。私はホリングがニューベリーや荘子の言葉を知っていたかどうか知らないが、彼らは皆、同じメッセージを発している。なかには回復力のある都市を理解し計画するための人間の能力には限界があり、遠い未来を考えることは難しいのだと言う人々もいる[25]。私は彼らには反対だが、警告には耳を傾けよう。

現在私たちが都市の回復力について知っていることのほとんどが、つい10年前には誰も知らなかったことだ。たとえば、植物が及ぼす都市の温暖化抑制効果に関する新しい科学的な知見は、都市の形態を大きく変え、都市を再構成するだろう。東京ではすでにこの研究が、都市デザインを変え始めている。都市化により東京の平均気温は2・9度も上昇しており、これは地球全体の温暖化の5倍のペースである。東京はアスファルト、コンクリート、黒い屋根でできたオーブンとなり果て、温暖化を抑制する樹木や草が植わっている土地は都心部ではわずか14パーセントでしかない。気温の急上昇によって都市の生態系が変わり、新しい病気や熱帯の植物が侵入し、致命的なほどの環境汚染が増加し、降雪量が激減し、季節の変化のスピードが速くなっている。桜花を愛でる花見は、日本人の重要なアイデンティティである季節行事なのだが、最近では花が美しく色づかないことも多い。そんな状況を受け建築物の放熱を低減するために、１０００平方メートル以上の敷地に建つすべての新築ビルの屋上緑化が法律により義務化された[26]。

同様に科学的な知識が都市の形態を変え、1軒1軒の住宅がこの変化に関係あることを示した事例もある。シカゴ市はその面積の半分以上が、屋根や舗装で覆われている。ヒートアイランド現象を抑える戦略のひとつが、舗装された場所を可能なかぎり緑化することだ。屋上だけでも６８０平方キロメートル、都市全体の25パーセントの緑化となり、屋根は熱溜り現象の原因ではなくなり、逆に都市全体を冷却するシステムの一部となるだろう[27]。

緑化をはじめ、人々の努力による何百という発見から新しい科学が誕生しつつあるが、これを実際に用いることはいまだに難しい。その理由は、私たちの多くが情報過多の泥沼にはまり、生命力に溢れる新しい発見を組み込むべき概念的なフレームワークをもたず、いまだに持続的な都市の形態を嫌っているからである。私たちは持続的なデザインを、まず実験的に試行する必要がある。そしてこの実験には、市民全員が積極的に参加できる。なぜならこれは、私たち全員がデザイナーになり、市民科学者になり、生態学者になる実験だからである[28]。これはエコロジカル・デモクラシーの発展の、根幹に関わることなのだ。

生態システムの管理には適応性のある方法が用いられるが、これを都市の管理に適用しても、同じくらいの力を発揮しうる。単純に表現するならば、適応性のある管理方法は予測不能を予測する。都市の生態システムの変化は予測を超え、そこには必ず驚きが伴う。だから都市作りにあたる人々は、どうしても適応性豊かな人となる。[29] ホリングによる都市デザインの基本条件に照らせば、都市の危機（水、住居、エネルギーの枯渇、時代遅れの公共施設や街路樹の計画）は、成熟した都市形態が硬直化し、もろく、柔軟性を失ったときに生じる。この都市には再構築が必要だという警告が長期にわたり黙殺され、そしてついに激しい危機が、「予期できず」に都市を襲う。各界のリーダー、市民、デザイナー、科学者たちが、これまでにはない相互協力の時を迎え、共同で事態に対応するだろう。危機を乗り越えるために情報が集められ共有され、取りうる選択があげられ評価される。[30] 人々は短期間で危機感をもって問題にあたり、事態へしっかり順応するだろう。そして都市全体やその部分が、大きく変化し再構築されるだろう。[31] 深刻で悲観的な問題は危機を引き起こすが、同時に都市を適応させ、回復力あるものにする機会にもなる。数多くの具体例がある。洪水の氾濫原から移転した都市、[32] 経済に打撃を与えたエネルギー不足を経験し、省エネルギーのデザインを採用した都市、[33] 地震の後に建物を耐震化した都市、[34] などである。印象的な例をひとつあげよう。ロマピリータ地震により、サンフランシスコ市のエンバルカデーロ高速道路は構造にも損傷を受けた。半世紀もの間、町とウォーターフロントを分断していた高架の道路である。多くの議論の後、高速道路は撤去され、二度と再建されなかった。人々は、近年のサンフランシスコ市における最大の都市デザインの改善事業として、高速道路の撤去を歓喜し受け入れた。今では道路沿いを歩く歩行者にも太陽の光が届く。高速道路の撤去など、地震が大きな損害を与える以前には、想像すらできなかっただろう。都市作りにあたる人々は、こうした機会を冷静に捉えなければならず、そうして都市の住環境を回復力あるものにするのだ。そのためにはいつも都市ランドスケープが適応性を備えていなければならず、また

災害から生まれる新しい変化

デザイナーが再建の方向を示す重要なフレームワークを知っていなければならない。

予測できない危機への対応とは異なり、日常的な管理方法は人々が参加し協力できる体制を組むことによって、適応性に富んだものになる。わずかな対応策で大きな効果を発揮した事例として、アメリカ合衆国農業技能向上機構〔U.S. Agricultural Extension Service〕をあげよう。この機構をとおして、科学者たちは農家と一緒に働き、その経験にもとづいて穀物生産や土壌浸食、野生動物の生息地管理に科学的な知見を応用している。試行錯誤こそが、草の根レベルで求められる発明を導き出すのである。[35] もしこれと同じような科学者たちとの協働を実現する都市技能向上機構があれば、市民が近隣地区を改善し、都市農業を拡大し、失われた生態系を再生し、その他多くをなすことを、しっかりと支えてくれるだろう。

水理地質学者のマット・コンドルフ〔Matt Kondolf〕は、河川作用と地形学の基礎的研究に勤しむ一方で、市民グループと一緒に地元を流れる小さな川のサケの産卵場所の環境改善に取り組んでいる。後者の活動が前者の成果に依拠しているのは、農業技能向上機構とまったく同じである。別の例をあげよう。マットとリサ・キンバル〔Lisa Kimbal〕は、ジョンムーア公園を流れる小川の土手の造成のために70年前に使われた捨石が、生物の生息地を改善する現在の取り組みの障害になっていることを知った。石が積まれた当時、この捨石は科学的に正しい工学的な解決策だと考えられていた。真実は日々変わるのだ。この小さな事例を前に、私は考え込んでしまう。今日私が熟慮し描いた計画を修正するために、70年後にはどんな活動が求められるのだろう。

もうひとつの重要なモデルが、モンタナ・スタディと遺産保全プロジェクト〔Montana Study and Heritage Project〕である。これは1945年にできた、地域の文化や歴史を研究する地元のグループを支援するモデル事業だ。支援を受けた多くのグループが、コミュニティの問題を学び、地元の問題の解決を模索し今日に至っている。地域の重要な問題を研究し、考えうる選択肢を作ることが、市民ボランティアに委ねられているのである。これは女性有権者連合〔League of Women Voters〕が採用している紛争解決の方法とよく似ている。問題解決の鍵は、協力して一緒に事実を発見することだ。この方法は、多くの深刻な紛争が事実に対する知識不足か、事実認定の不一致によって引き起こされているという仮定の下で生まれた。つまり解決策とは、すべての対立するグループが一堂に集い、ともに事実を見出すよう努力し、最も事実だと思われる情報をできるだけ統合することなのである。[36]

最後にあげるすばらしいモデル事業は、コーネル大学サップサッカーセンターが考案した市民科学プログラム〔Citizen Science Program〕である。このプログラムは、一般の人々を訓練して野鳥の数を観測するもので、基礎的な科学的方法をボランティアに教授し、実施されている。市民の科学的な努力が重要な発見を導き、適応性を求める多くの活動へとつながるのである。[37] 以上のプログラムはすべて、共同で実験するという解決策を示している。問題解決の鍵を握るのは、多くの社会的セクターにまたがる草の根グループで、そこでは科学者、市民、政治家、デザイナーの人々が役割を交換し合う。そして彼らが共同して問題を特定し、事実を確かめ、科学的に調査し、都市形態を再構成できるような発見を現場で適用し、さらに適応性を高めるための評価を行うのだ。回復力のある都市を実現するためには、私たち全員がこの実験の一部を担う必要があるのである。

選択

さまざまな森林に体色を溶け込ませることができるオオシモフリエダシャクとは異なり、私たちが都市のランドスケープに備える適応力は、選択の問題となる。市民参加による問題解決をとおして（アメリカ合衆国農業技能向上機構やモンタナ・スタディと遺産保全プロジェクトのような）、市民と共同して事実を発見する専門家と科学的知識を手にした市民が、公共のための新しい能力をもち始めている。それは複雑な都市の生態系を体系化し、理解し、全体を把握し、フレームワークを創り出す能力である。[38]このフレームワークには、つねに新しい情報がもたらされ、試される。私たちがもしこの能力をもたなければ、情報をもつ市民として議論に加わることも、自分たちの暮らす町の未来について選択することもできない。柔軟性のある都市では、自然のプロセスが開発を方向づける全体構造とならなければならない。このフレームワークのなかでこそ、個々のランドスケープが多様な目的に対応して形作られ、そして時間をかけて適応性を獲得できる。「都市のマントルピース」や「空っぽさ」などの隠喩が、正しい都市デザインへインスピレーションを与えている。建物とランドスケープもまた、多彩な新しい利用方法に適応できるよう形作ることが可能である。これらすべての活動では、不易である根幹としてのフレームワークが、都市のそこここに生起する目くるめく変化を可能にし、推し進めているのである。

III

推進する形態

Impelling Form

「まちが人々の心に触れるようにしなさい」

の暮らしを根幹で支える水循環の原理をアンクル・イマが熱心に教えてくれた理由であり、また大切な湿地を脅かす連邦法を危惧していた理由だと思う。彼は静かに何度も繰り返し、私たちが計画作成にあたっている間、いつもこれらの問題を心にとどめておくように言った。また、湿地のもつ自然の働きを守るハスの適切な栽培方法を、手を取って教えてくれた。計画の作成中ずっと、彼は町の将来がどれだけ複雑な道をたどるか観察していたし、「可能にする形態」〔Enabling Form〕と「回復できる形態」〔Resilient Form〕の創出こそが、健全な未来にとって決定的に重要なことを知っていた。イマがこれらの言葉を使うことこそなかったが、それでもコミュニティが受け入れなければならない変化には、痛みが伴うこともよくわかっていた。そしてアンクル・イマは、エコロジカル・デモクラシーがとても楽しく、満たされ、意味があるので、どんな選択枝よりも望ましいと思われるように、エコロジカル・デモクラシーをデザインしなさいと私に言ったのだ。今日都市が直面している危機により、あるいは私たちの共同で危機に対処する能力の欠如により社会が衰退してしまうのを座視するのではなく、市民とデザイナーが可能にする形態と回復できる形態を都市に再び創り上げ、ランドスケープを未来への展望と喜びで満たさなければならない。つまり、アンクル・イマは、もし未来が私たちの心を目覚めさせるようにデザインされるなら、それが苦い薬である必要はないと言っていたのだ。

これが「推進する形態」〔Impeling Form〕の真髄であり、それはデザインの高潔さによって心に留まり、抗うことのできないものになる。推進する形態は、必要とされる革新を、人々が受け入れられる方法を用いて導入する。推進する形態は、人々を確信させ、説得する。推進する形態は、私たちに決まりきった生き方を強要し強制する法律と対照をなす。ウサギ狩りで言えば、推進する形態がニンジンであり、強制する形態が棍棒である。だから最後には私たち皆が、エコロジカル・デモクラシーの開花する都市を創りたいと願うようになるに違いない。推進する都市は、エコロジカル・デモクラシーの暮らしを選ぶように私たちを説得するが、それは単にその生活が必要、もしくは道徳的に優れているからではなく、喜びに満ちているからであり、私たちの必要に合い、人生に意味を与えるからであり、そして最も高潔な価値の追求へと私たちを誘うからである。推進する形態は、現在とは異なる都市のあり方を理解しやすくし、人々に参加を促し、私たちにコントロールさせ、人々の想像力や個人的な行動にも関与する。エコロジカル・デモクラシーを推し進めるために、都市は聡明で、楽しく美しく創られなくてはならないのだ。

推進する形態は、これまでに学んできた多くの原則に依拠している。「選択的多様性」〔Selective Diversity〕が推進し、「適応性」〔Adaptability〕が推進する形態の基礎となる。「聖性」〔Sacredness〕、「特別さ」〔Particularness〕、「賢明な地位の追求」〔Sensible Status Seeking〕、「都市の範囲を限定すること」〔Limited Extent〕はすべて推進するし、「中心性—センター」〔Centeredness〕、「公正さ」〔Fairness」もまた同様である。しかし、私たちの都市を聡明で楽しく美しくし、心にとどまり抗うことができないようにするためには、これら以上の原則が必要なのだ。私は、エコロジカル・デモクラシーを推進する形態の5章で、喜びを与え、私たちの心に触れる都市を創ることに直に関わる5つの原則、「日常にある未来」〔Everyday Future〕、「自然に生きること」〔Naturalness〕、「科学に住まうこと」〔Inhabiting Science〕、「お互いに奉仕すること」〔Reciprocal Stewardship〕、「歩くこと」〔Pacing〕を、伝えよう。

11

推進する形態

日常にある未来
Everyday Future

エコロジカル・デモクラシーを支える都市は、私たちの知る現在の都市から根本的にその姿を変えるだろう。しかしその変化は、日常生活のパターンに従って起きるものでなければならない。代替案が人々に強い衝撃を与えるもの、安全性を脅かすもの、基本的な必要性を否定するものであれば、それは当然人々から拒否される。挑発が目的ならばよいが、そうでないならば、人々に「ユートピアで暮らす」よう求めるデザインなどはあり得ない。同時に、非生産的で表面的な変化、外面のみの装飾、公共をネタにした冗談、そんなことにかまけている余裕もまったくないのだ。都市に意味のある変化を起こすためには、人々の日常生活のなかにすでに懐胎されている未来を意識し、デザインすることが肝要なのである。「日常にある未来」とは、日々の生活や経験に根ざした生命力あふれるアイデアである、と定義しよう。創造的な変化がたとえ急進的なものであっても、大切にされている生活の作法を理解し、擁護し、またそれに適合するものであれば、人々は変化を受け入れることができる。[1] エコロジカル・デモクラシーを実現する活動が急速に進み、その展開が劇的であればあるほど、都市デザインは人々の日常生活により深く根ざさなければならない。現在とは異なる未来へと至るための変化は、親しみやすさによって支えられるのである。[2]

カリフォルニア州オークランド市のコートランド谷の自然再生事業がわかりやすい例である。カリフォルニア・アーバンクリーク協議会〔Urban Creeks Council of California〕は、都市河川の自然再生事業を担う非営利組織である。この協議会がランドスケープ・アーキテクトのウォルター・フッド〔Walter Hood〕に、コートランド谷の荒廃した区域における自然再生事業を依頼した。フッドは調査を始めるとすぐ、多くの住民がこの谷を怖がっていることに気づいた。この辺りの住民は、谷をゴミ捨て場としてしか見ていなかったし、実際にこの谷はまるでゴミの山で、到底水が流れているようには見えなかったのである。この地区では谷のすぐ横を走る道路もしくは道路用地が、人々のレクリエーションの場であった。フッドは請け負った区域の自然再生のために、ここに暮らす都市住民が示す特別な日常の利用パターンを組み込んだ提案をした。それはただ生態学的な復元計画を押しつけるものではなかった。彼は、谷に沿うように、人々が集まる細長い公園を創るべ

人びとの日常パターンを観察すると、コートランド谷に沿うように帯状公園を作って、人々が集えるようにするのが解決策だと考えられた。帯状の公園は、小川を怖がっている住民にも喜ばれるだろう。こうしてできた並木道には人が絶えることがなく、小川へのごみ投棄は減少した

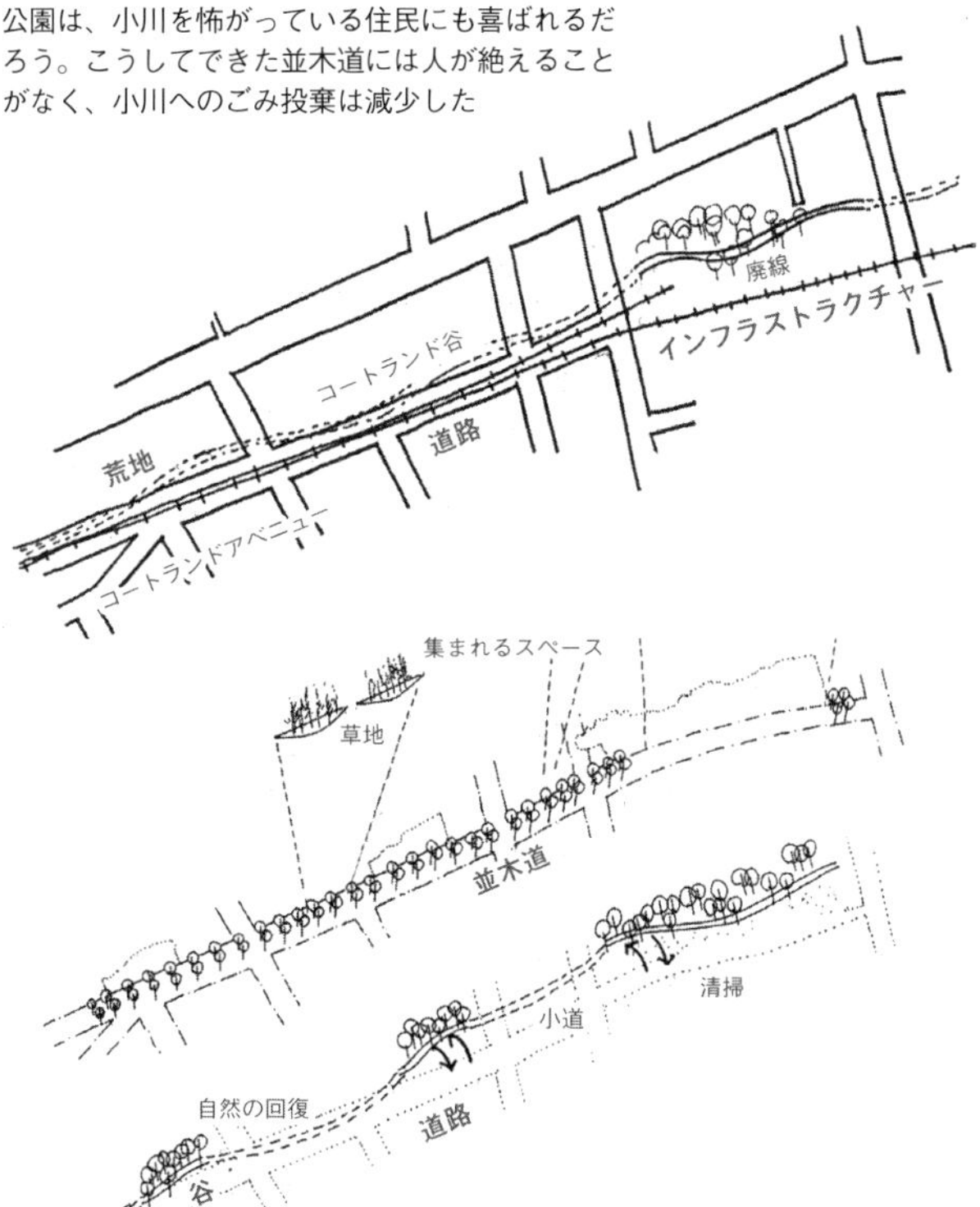

きだと考えたのである。コートランド谷の自然再生事業にはオークランド市の予算が充てられたのだが、その多くがこの公園の整備に用いられ、コートランド谷自体の改善にはほとんど使われなかった。純粋に自然再生だけを考える人々が、この道路公園は生態的に意味がないものだと反対した。しかしフッドの公園計画は、最低限の谷の緑化が加えられた後、ほぼそのまま実施された。公園は間もなく完成し、現在住民たちは、花や実のなる並木路、歩道に沿った芝生広場、自分たちで世話している花と野菜の庭園をよく利用している。川で遊ぶ人は増えていないのだが、谷沿いの帯状公園が多くの活動を生み出したおかげで、不法投棄は激減した。フッドの提案した公園は人々の日常生活を尊重していて、だからこそ谷を保護することにつながった。そして谷の生態的な再生事業としても、一般的な自然環境の改善事業に比べて、はるかに多くの成果をあげたのであった。

日常にある未来を創り出すためには、次の4つのデザイン戦略が重要になる。まず人々の1日の行動のためにデザインし、次に現在の経験に変化を組み込み、そして時間を刻みつける、さらに生き生きとした未来を日常生活のなかから引き出す、この4つである。

人々の1日の行動のためにデザインする

どんなランドスケープのデザインにも、人々が何をしているか、将来は何をするかを知ることが必須だ。コートランド谷のような都市部を流れる小さな川ではどんな活動が起こるのか、コンプトン谷（ロサンゼルス川の支流）などの大きな河川沿い、さらに大きな本流のロサンゼルス川ではどんな活動があるのか、考えてみよう。小さな子どもが走りまわり、泳ぎ、水遊びに熱中し、ダムを作り、イモリを捕まえるのはどこだろう。科学者が水質検査のために水を採取し、若者が人目を避けてデートし、子どもたちが野外授業で自然を学び、鳥を観察し、人々がハイキング、サイクリング、ピクニックを楽しみ、魚を釣り、本を読み、日光浴し、若者がサックスを練習して、子どもたちが近道を駆け抜け、自転車やオートバイや盗んだ車でレースをし、人々が洗礼式を執り行い、麻薬を取り引きし、売春し、あるいは野草を掘り起こし、ついには工場の廃棄物や建設廃材、殺人事件の被害者、ピットブルテリアの死骸まで不法投棄するのはどこだろうか。どんなデザインもうまくいかないように思えるときにこそ、このような行動と場所の織りなすパターンを知ることで、デザイナーは状況を理解し、自らをそれに合わせられるようになる。4つの方法で、行動と場所のパターンを学ぶことができる。対象地の人々や場所に類似する既存の調査報告を参考にすること、人々の話を聞くこと、注意深く観察すること、他者に共感すること、だ[3]。

メリーランド州ボルティモア市都市計画局のシドニー・ブロワー〔Sydney Brower〕たちのすばらしい仕事を例に説明しよう。数年前、市の計画局のスタッフは低所得者が多く住むレザボアヒル地区のオープンスペース改善事業に取り組んでいた。彼らが参考にした既存の調査は、都心部でのレクリエーションにはよく整備された遊び場と公園が望ましいとしていた。この知見により、レザボアヒル地区でのレクリエーションのための環境改善事業は、通例どおり公園を対象とすることになった。ところで計画局のスタッフは、この地区の日常生活をよく観察し、ここならではの独特なパターンを発見していた。子どもたちは公園や遊び場ではあまり遊ばず(10・5パーセント)、道路、路地、家の前のポーチ、裏庭で遊ぶ(89・5パーセント)。10代の男の子の25パーセントが公園や遊び場で遊んでいるが、成人女性が公園や遊び場を利用するのは、外で過ごす時間の2パーセントにも満たない。年齢、性差に関わらず、すべての人々が家の前庭や道路を頻繁に使っていることが調査によって明らかになった。現場での調査結果が文献の知見とは異なっていたのだった。この地域の生活パターンを考慮し、プランナーたちは交差点の4つの角を改善するデザインを提案した。人々が座り、集まり、道で遊び、露店で魚、果物、野菜、アイスクリームを販売できるよう、歩道を広げるデザインである。移動図書館、集団検診車、臨時郵便集配所、移動電話ボックスなど、移動式のサービス設備車が駐車する場所も、何ヵ所か作ることにした。プランナーは住民の日常生活が必要としているものを見出し、それをそのまま計画に反映したのである。[4] アメリカではとくに、都市で繰り広げられる日常生活をよく観察することが有効で、それは、主流をなす文化が想定する規範的な行動とはまったく異なるさまざまな行動が、多様な文化を背景に存在するからなのである。[5]

現在の経験に変化を組み込む

新しい利用の仕方が生じると、それに合わせて都市空間も変容する。都市作りに関わる人々はこのときに、未来の利用を現在のそれにうまく組み込まねばならないのだが、失敗することも少なくない。よくあるのは、新しい利用を禁止し、隔離し、分離し、新しい活動のためだけの空間を作ったり、設備を移動させるといった対応である。スケートボード、ホームレスの野宿、若者たちのたまり場、犬の散歩などは、今日、多くの都市公園でも見られる利用だが、禁止されがちなものでもある。賢明なのは禁止ではなく、まず現在の活動に新しい活動を統合しようと試みることだ。[6]

マサチューセッツ州ケンブリッジ市のダナ公園を例にあげよう。ダナ公園は、建設時には散策庭園としてのデザインが施され、もともとは園路しかなかった。時代が進み公園計画が更新されるたびに、新しい利用方法がもともとの使われ方に付け加えられていった。付加された新たな利用はそれぞれが、高いフェンスで囲まれた場所に隔離され、特定の活動に特化した空間となっている。[7]

こうして1970年ごろには、実際には3つの公園のようになってしまった。今では誰も利用しなくなった時代遅れの散策庭園、フェンスで囲まれ舗装されている遊具のある細い通路、そしてバスケットボールコートのあるアスファルト部分である。かつてひとつだったオープンスペースは、巨大な肉切り包丁でぶった切りにされ、バラバラになってしまったようであった。ダナ公園にはさらに悪いことが続いた。公園がそれぞれの利用方法を主張する住民がぶつかり合う場所となってしまい、ついには警察が閉鎖命令を出すに至ったのである。公園の閉鎖を招いた直接の原因は、若者たちと小さな子どもをもつ親たちとの対立がエスカレートしたことであった。若い親たちは、この近隣地区に最近引っ越してきた人たちである。もともとダナ公園には長い間、若者たちと年配の市民の間の対立があったのだが、どちらにも問題を解決する力はなかった。そこにやってきた小さな子どもの親が、若者たちに脅威を感じたのである。若者の多くが、1日24時間公園を占拠しているダナ公園をなわばりとするダナパークギャングのメンバーであった。一方で短い時間だけ、小さな子どもを公園に連れて来る親たちには、高い収入と学歴がある。こうして裕福な親たちと高齢者は、どちらも若者たちを追い出しにかかった。公園をデザインし直すためのコミュニティ・ミーティングでは、大人たちがさまざまな禁止事項を決め、若者の排除を進めたのである。しかし若者たちには、他に行く場所はなく、また出ていく気もまったくなかった。ダナ公園が、若者の求めるものにぴったりと合っていたからである。彼らは公園を利用する権利を主張した。あるミーティングでは、終始大人たちの敵意が若者たちに向けられた。ギャングのリーダーであるビッグ・リッチーは、ずっと黙ったままであった。そしてミーティングの最後にすっくと立ち上がり、穏やかに事務的に参加者全員に告げた。「もし俺たちの要望を無視するなら、公園をめちゃくちゃにぶっ壊す」。

ダナ公園の行動マップを作成したデザインチームには、この近隣地区で生まれ育った元プロバスケットボール選手が入っていた。彼は地元の若者たちの仲間であり、ヒーローだったから、彼らに徐々に受け入れられていった。彼は若者たちの話に熱心に耳を傾けた。すると若者たちが財布をひったくったことや、若い母親たちにちょっかいをかけたことを話し始めた。木のベンチに下側からのこぎりで切り込みを入れておいてから、茂みに隠れて、何も知らない老人がベンチに座り座板が折れて地面に落ちるのを見て喜んだ、そんなひどいいたずらも認めたのだった。同時にデザインチームの作成した行動マップからは、ギャングの領域には特有のパターンがあることがわかり、利用者間の対立には現在の施設配置が関係していることもわかった。つまり利用者間の対立は、公園の特定の場所で起きていたのだ。問題が起きる場所は、園路が通り抜けるスポーツグラウンドと、遊具のある細い通路の端に集中していた。この園路には6メートルおきにベンチが置かれていて、草野球などのボールゲームはできないのだが、若者はここで高齢者と摩擦を起こしていた。そしてもう1ヵ所、フェンスに囲まれた遊具のある区域こそが、若者がたむろするのに最高な場所であった。そこは周辺を眺めたり、人目を避けたりすることができ、音楽をかけながら車をいじれる広い場所もあり、周辺の住宅からもいちばん離れていたからである。こ

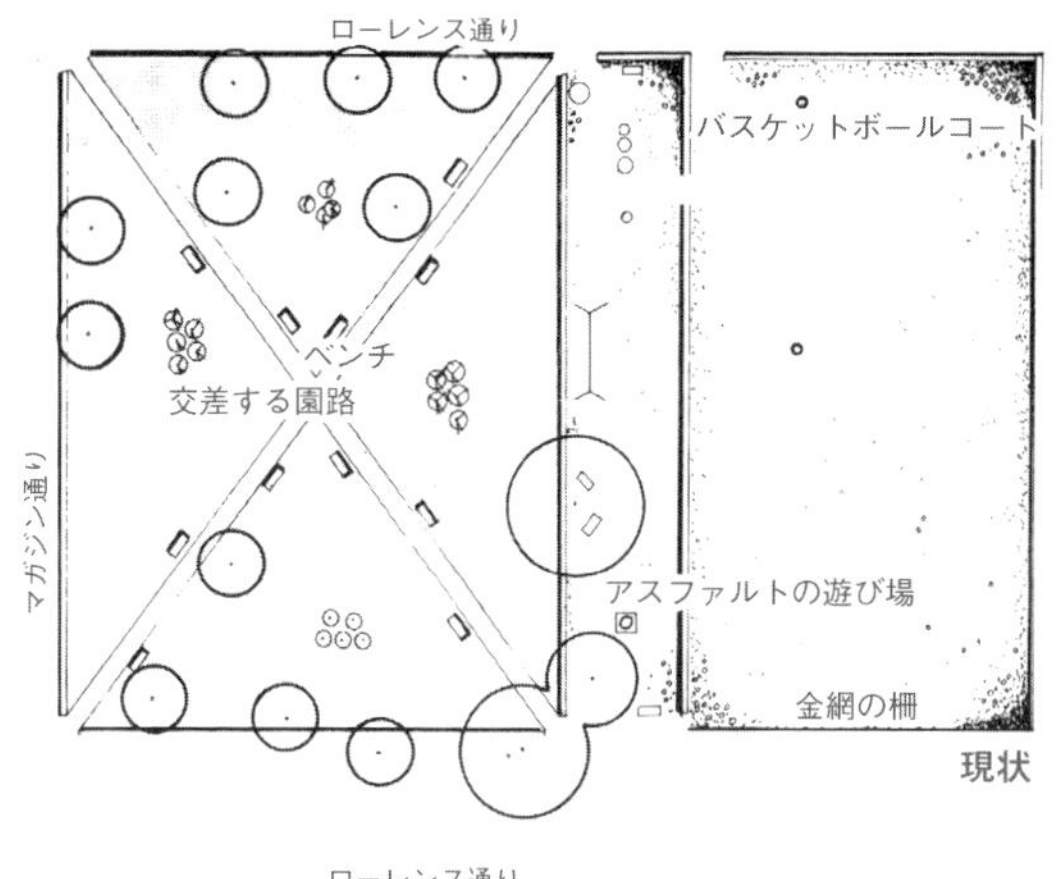

ダナ公園では、交差する園路のデザインが、利用者間の対立を引き起こしていた。若者たちの領域を調査し、高齢者や子どもたちと同様に彼らの必要とする場所も作り、公園は改善された

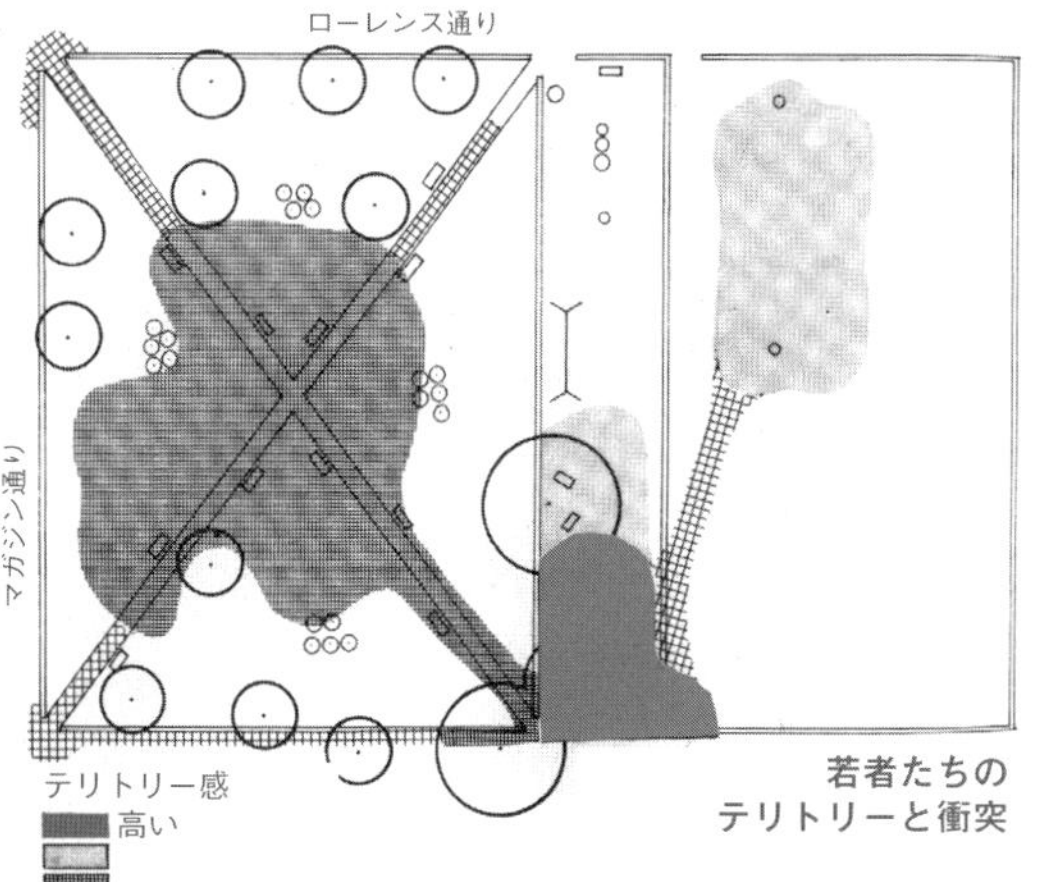

ローレンス通り
テーブルとベンチ
テーブルとベンチ
丘
バスケットボールコート
とホッケーコート
丘
広場
テーブルとベンチ
マガジン通り
アスファルトの遊び場
噴水
砂場
丘
テーブルとベンチ
ダナ公園計画

0 15 30m 北

の区域では、若者たちは他のすべての利用者と問題を起こしていたが、とくに子どもを遊具で遊ばせに来る親たちとの対立が深刻であった。これらの情報を得ながら、何日ものコミュニティ・ミーティングをとおして、社会的な対立の一因となっている空間的な問題を解消し、新しい利用を現在の利用に組み込む計画が作られていった。高齢者が座って、くつろげる区域を公園の端に移動し、遊具も移設し、バスケットボールやストリートホッケーがで

きる多目的コートを新設し、もともとあった利用も新しいそれも何ひとつ排除することなく、デザイナーたちはダナ公園に生じた多くの対立を解決したのであった。若者たちは現在でもこれまで同様、公園をよく使っている。彼らは自分たちのなわばりを支配しているが、しかしすべての利用者が使えるフェンスのない大きな広場の端には、高齢者や若い両親たちが座れる場所がいくつも用意されている。小さな子どもたちが遊ぶための場所も、公園の縁の至るところに組み込まれた。ダナ公園は最近また改修され、広場の縁部にはさらに多くの活動が生まれている。

　若者たちの間でも、高校生と中学生くらいの子どもたちの間には対立があって、これもまた問題だった。10代後半の若者は、自分たちの観衆として年下の子どもたちにまわりにいて欲しかったし、その見返りとして、中学生たちは承認され偉くなったように感じたいのだった。ポール・フリードバーグ〔Paul Friedberg〕は、ニューヨークで遊び場を観察し、このパターンを発見し理解して、若者に必要なこのふたつの「最良のもの」が相互によく見えるように、他方で暴力的ないじめが起こらない距離をとるようにデザインした。[8] この事例は、新たな利用が既存のそれと両立不可能に見えたとしても、まずは両者を、たとえそれが相互に対立するものであっても、統合しようと試みるべきであると教えてくれているのである。

時間を刻み込む

　都市やライフスタイルに変化を起こすことが、エコロジカル・デモクラシーのためにどうしても必要なのだが、多くの場合それは人々が親しんでいる現在の状況を脅かすものとなるだろう。人々は、自分の住む近隣地区や町のように普段から慣れ親しんでいるランドスケープ、当たり前のものと思っているランドスケープが脅かされたときに、それを大切なもの、さらに美しいものとさえ思うようになる。今日の日常生活が価値あるものとして認められ、そして時に刻み込まれることが、現在とは決定的に異なる未来を人々が受け入れていく手助けとなる。家族との死別、要人の暗殺、戦争、爆弾テロ、洪水、飢饉などの悲劇が生む一人ひとりの悲嘆を、都市デザインもまたもつのだ。悲しい出来事がきちんと追悼されてはじめて、私たちは再び前進することができる。このような出来事の後では、私たちの生活が以前と同じに戻ることはないだろうが、しっかりと記憶に刻み込むことで、私たちは再び自由になり、未来を受け入れられるようになる。都市デザインに求められる変化もまた、都市に時間を刻み込み、人々の心の傷を癒すことで、受け入れられやすくなる。そのためには5つのデザイン戦略がとくに重要になる。それは、これまでの文脈を尊重すること、過去の記憶をとどめること、未来を懐古的なものにすること、歴史を積み重ねること、死んでもだめだ、という意見に対してはただ待つこと、である。

現在とは大きく変わる未来が歓んで受け入れられるかは、未来を現在の文脈に合わせられるか否かにかかっている。近隣地区のデザインでは、現在の生活パターンやスケールに合った住居ビルを用いると、高い密度が受け入れられやすくなることはすでに見たとおりである。住民は、戸建て2階住宅からなる自分たちの近隣地区をとても大切にしているので、丁寧に建てられた3、4階建てのビルには、8階建てや10階建てのそれよりもはるかに容易に適応できるのだ。

ペンシルバニア州オレイ市の都市デザイナー、セサ・ロウ〔Setha Low〕が以下のように指摘している。オレイ市には昔ながらのドイツ風石造り建築の伝統があって、これを愛する住民たちは、新しい建物のデザインが伝統的な材料やディテールさえ踏襲していれば、新しい用途でも喜んで受け入れる。つまり歴史的なディテール〔窓のパターンやタイル屋根など〕を大切に守ることが、大きく変化する未来を受け入れることを後押ししてくれるのである。

台湾では2000年に大地震が発生し、壊滅的な被害を出した。この地震の後、台湾の町は、不確実で不安定な未来に直面することとなる。そして多くの町が未来に立ち向かうその前に、過去のための記念碑を建てた。ある先住民の村では、コミュニティ生活の中心であった共同洗濯場が地震によって壊れてしまった。多くの討議を経て住民たちは、この洗濯場の再建こそが重要で最初に行うべきであると決めた。この村ではほとんどの世帯に水道が通っていて、すでに洗濯機をもっている世帯も多かった。しかし洗濯場は過ぎ去った日々の象徴であるだけでなく、コミュニティの結束の象徴でもあったのだ。変化に直面したときに村の文化を保持するためには、人々の結束が最も大切だったのだろう。住民は共同の過去を記憶にとどめることで、未来への共同の活動を準備したのである。実際のところ修復された洗濯場は、村のなかで最も多くの人々が集う場所となり、賢明な民主主義の実践の場となっている。この洗濯場は女性たちの話し合いの場となり、地震の悲劇からの復興計画が細かく決まっていくにつれて、コミュニティ全体のメンバーの場となっていった。

過去を再発見することや未来を懐古的にすることによってのみ、大きな環境的な変化が受け入れられるようになった事例もある。ニューアーバニストによるコミュニティ計画は、植民地時代風の建物や時代遅れの建築ディテールを多用し、過去を過剰にロマンティックに想起させると批判されることがある。しかし高密度で土地利用が混在した地域に住む人にとって、そこに伝統的な建築装飾があれば、より安心して密度や混在を受け入れられるのではないだろうか。1995年の調査では80パーセントの人々が、町に昔風な建築様式があることをよいとしている。密度を嫌う人々の間では、さらに多くが〔10人中9人〕、古めかしい南部様式やニューイングランド様式を模倣したニューアーバニストの近隣地区に魅力を感じている。南部様式やニューイングランド様式による伝統的な町の雰囲気は、それぞれの地方に昔からある固有の建築様式よりも人気が高かったのである。またこの調査からは基本的に密度を嫌う人々であっても、フロントポーチや昔のよき暮らしを象徴する装飾があれば、高密度にさえ魅力を感じることがわかっている。[9] 実際には南部の町や低所得者のコミュニティのようにポーチが日常的に使われることはないのだが、そうであってもニューアーバニストの建築家への批判は不当だと思う。もしも未来を懐古的にすることによって意味ある重要な変化が受容されるならば、もしもロマンティックな懐古趣味を前面に出した害のない建築ディテールが有効ならば、それを用いればよいのである。

時間を刻み込むためのもうひとつのデザイン戦略は、ある場所に施されてきたさまざまなデザインと地学的な時間のなかで変化してきた自然を重ね合わせて、未来への計画を創ることである。3章「公正さ」で取り上げたオークランド市ラファイエット・スクエア公園のデザインは、利用者ごとに異なる多くの要求に応えるものだったが、それは公園に古くから存在していた形のかけらを、新しいデザインに取り込むことによってはじめて可能となった。ここで言う形のかけらとは、ラファイエット・スクエア公園に残る散策庭園時代の少し気取った散策路、展望台、1930年代から否応なしに付け加えられ始めた多くのレクリエーション設備などである。現在の利用者、とくにホームレスの人々や子どもたちが公園を使うので、さらに新しい部分が形成され付け加えられてい

歴史的なディテールを刻み込む

共有されている過去

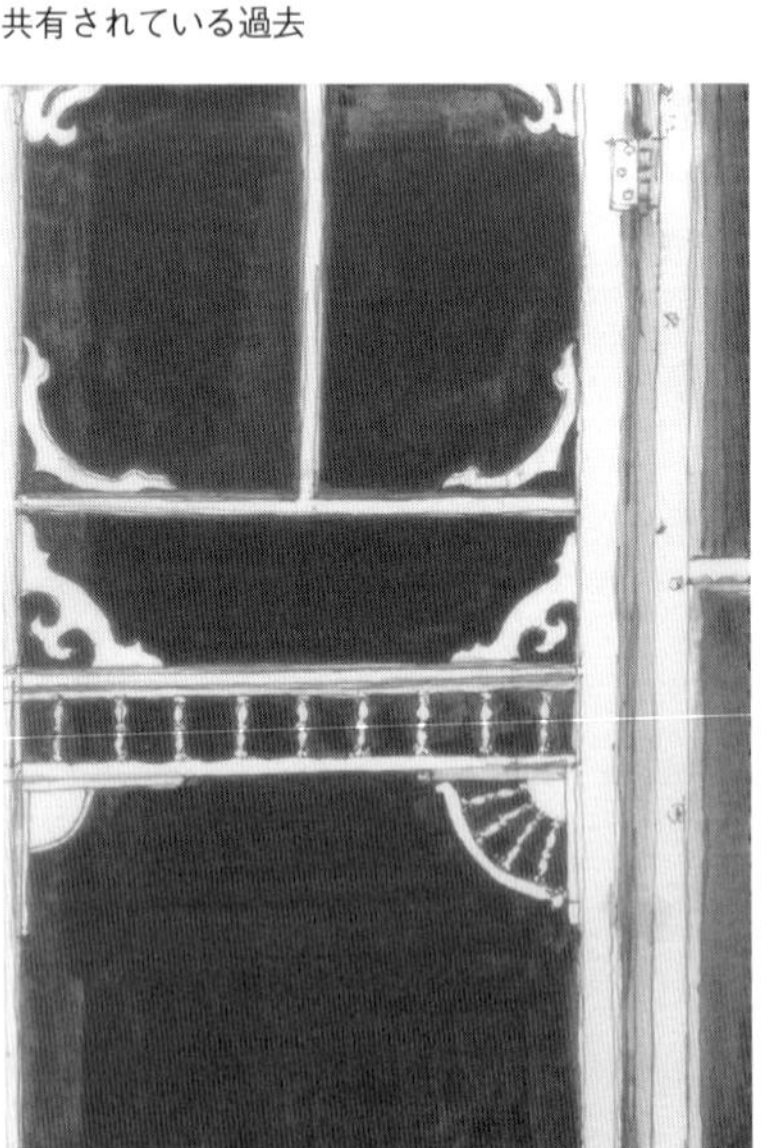
古めかしい様式

った。フッドらのデザインチームは、さまざまな時代の公園の図面を重ねて検討しながら、大切な思い出を表す小さなエリアを抽出した。次にその小さなエリアに、昔の用途とはまったく異なる新しい機能を与えた。こうして新しい計画ができ、展望台を囲むように小さな丘が作られた。公園の歴史を見守ってきた樹々はたどってきたすべての時代を思い出させ、そして人々がくつろぎ、蹄鉄投げをしたり、リラックスできるように木陰を作っている。新しい遊び場が、昔からある散策路の古典的な空間に寄り添うように作られた。このように、この公園を構成する一つひとつの部分がオークランド市のダウンタウンが発展してきたそれぞれの時代の痕跡であり、また一つひとつの部分が新鮮で想像力に富んだビジョンをもち、未来を展望しているのである。

ときには特定の人物、グループ、組織が、エコロジカル・デモクラシーへの重要な変化を妨害することもあるだろう。ひとりの市民がある提案について、「それはコミュニティにとってはよいものだ」と認めながらも、個人的な理由から「私の目の黒いうちは、そんなことは絶対にさせない」と反対することもある。提案の実現を妨害できるだけの権力をもつ人物がそんな宣言をしてしまったら、文字どおり時が刻まれるのを待たねばならない。そして新しい機会を待つ間、進歩が中断したことが町に刻み込まれるのだ。つまり時間はいつでも変化の味方であるとはかぎらない、というだけのことである。変化が大切な日々の生活や、強大で妥協しない権力を脅かすからだ。こうしてデザイナーは賢明になり、見かけ上平凡な日々の生活パターンに、それが脅かされるまで当の本人たちも気づかないような大切な意味が含まれているかもしれないことを学ぶ。そして賢く権力に対処できるようになって、困難な状況も立て直し、進むのである。

生き生きとした未来を日常生活のなかから引き出す

人は誰でも日常生活を続けたいという保守的な態度をもつ。だからまちに日々繰り広げられている平凡な慣習などから、大胆な未来像が引き出されるということに、矛盾を感じる人もいるだろう。そこでデザイナーは、人々の共同の日常パターン、とくに可能とし、回復でき、推進する共同のパターンを明らかにし、それに形態を与えるよう挑戦しなければならない。次にデザイナーは、現在の日常のパターンを尊重しながら未来につながる計画を創らねばならない。ほとんどのコミュニティには、いくつかの共同のパターンが存在している。たとえば、地震後に作られた洗濯場は、悲しみの時を刻み込んだだけではなく、「可能とする形態」の基礎となる「中心性─センター」の明確な表現であった。ラファイエット・スクエア公園では、過去が重ね合わされることから近隣地区の「特別さ」が抽出され、このオープンスペースが時代をとおしてすぐれた「適応性」をもっていたことが明らかにされたのである。

ジョアン・ナッサウアー〔Joan Nassauer〕が指導した、ミネソタ州メイプルウッド市のバーミンガムストリート・プロジェクトは、

の白人系であったため、変わった奴という目で見られたものだった。時とともに私は、チェービスハイツに特有な日常生活のパターンを直に理解していった。地区の人々と生活をともにすることからのみ得られる情報から、やがて新しい革新的な計画が生まれた。私たちはこの地区にすでに存在する、可能にする形態、回復できる形態、推進する形態を教えてくれている、多くの日常生活のパターンを用いて計画を立てた。８つのごく日常的な空間的振る舞いのパターンが、計画立案のために最も重要だった。それは、狭い通りを舞台にした近所付き合い、ポーチでの近所付き合い、通りでの遊び、街角にたむろすること、多様な変化を見せる格子状の通り、居住密度の高いショットガンハウス、放置されている裏庭、カーシェアリングとコミュニティの自助、の８つである。最初の３つのパターンは、既存の資料からもわかることだ。低所得者のコミュニティでは住宅前の通りがよく利用され、中流階級の近隣地区の住民は裏庭をよく利用していることが報告されている。[15] このパターンは、私が住み込んで行った観察によっても確認できた。さらに私たちは近所付き合いが、狭い通りだけでなく通りを囲むさまざまな空間で行われていることに気づいたが、これはどの文献資料にも１行も書かれていない事実だった。地区内の道路は幅６〜７・２メートルほどで、車はほとんど通らず、人々のたまり場になり、おしゃべりができる安全な場所なのだった。そして家のポーチと通りの間でも、通りを挟んだポーチとポーチの間でも、人々は声を掛け合い、社交していたのである。通りが狭く家々が最小限しかセットバックしていないので、ひとつのポーチから通りの反対側のポーチにいる人にも簡単に挨拶できる。ポーチとポーチの間は大抵15メートル以下で、ここでは個人的な話も大声で交わされるので他の人々にも筒抜けである。通りが狭く車も通らないので、路上での遊びも盛んだった。よく見られたのはフットボール、道路用の変則野球、ストリートダンスで、また春や秋の午後は、学校から

狭い通りでの近所付き合い

ポーチでの近所付き合い

通りでの遊び

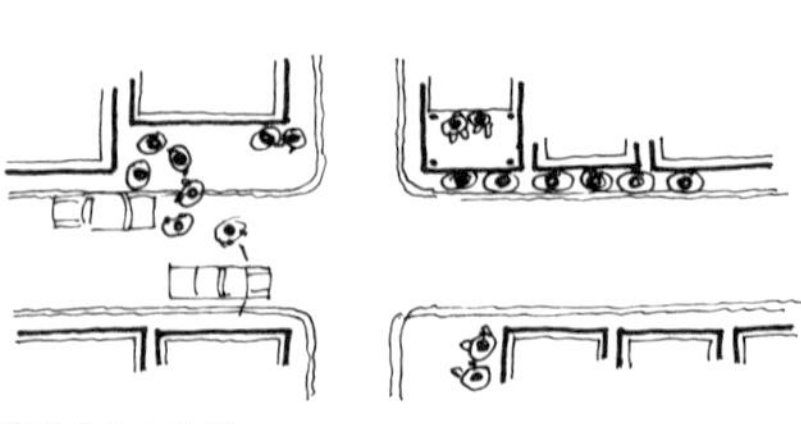

街角のたまり場

帰宅中の子どもたち皆が歌う流行曲のコーラスで賑わうのだった。

　大きな交差点には小さな店が集まっていて、そこを高齢者や失業者がたまり場にしている。歩道やポーチや建物の張り出しの下が、大抵はたまり場になる。若者も行き交いはするが、ここは大人の男のテリトリーなのだ。主要な通りはもっと広くて、バスが走る幹線道路に平行に街区内を格子状に走っている。幹線道路が取り囲む格子状の町の内側には、多様な狭い通りが走り、行き止まり、自然にできた袋小路や車回し、突然広くなる箇所、未舗装の部分、段差などもある。

　住宅敷地は細長く区画されるのが一般的で、なかには6×36メートルというものもある。この地区のほとんどの住宅は賃貸のいわゆるショットガンハウスで、部屋がひとつずつ1列に並んだ家族向け住居であった。正面のドアを入り、次から次へ部屋を抜けて別の部屋へ行くようになっている。各部屋を仕切るドアも1列に並んでいるため、ショットガンを撃てば正面ドアから裏口まで弾が抜ける理屈だし、実際に撃ってみる人もいたのである。また住宅の増築分が、母屋の後ろ側に並ぶことも多かった。住宅の密度は、約40戸／ヘクタールで、市の平均の3倍以上の高密度である。1世帯あたりの人数も市全体の平均の約2倍で、大抵3〜4部屋ある住宅に3世代からなる大家族が居住していた。住宅の状態はさまざまであった。いくつかの街区では住宅のほぼ半数が修繕不能なほどに老朽化していたし、他の街区ではほとんど全戸が修繕可能であった。

　チェービスハイツの日常生活に見られる特徴的なパターンは、

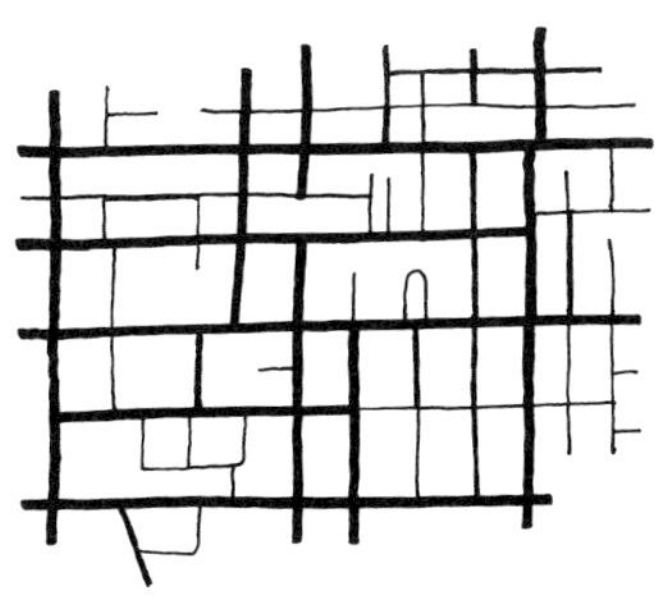
さまざまな通りによる格子状の町

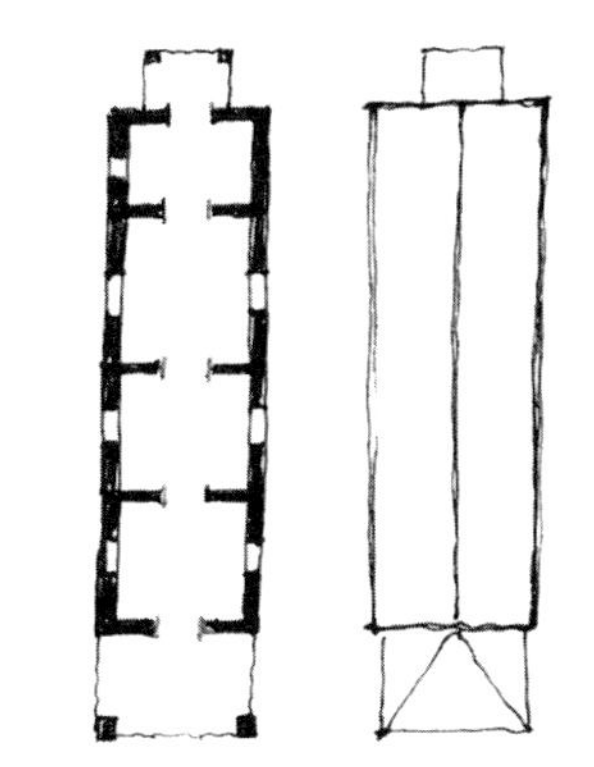
ショットガンハウスの密度

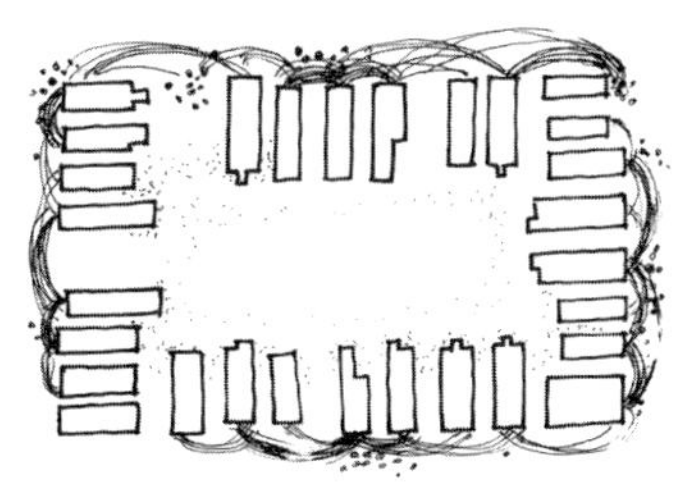
放棄された裏庭

カーシェアリングとコミュニティの自助

人々が裏庭をまったく利用しないことだった。文献資料にも同様の記述はあったのだが、しかしこれほど徹底的に裏庭が放棄されていることは衝撃的ですらあった。私たちはじっくり観察したのだが、すべての裏庭の3分の2は植物が育ち放題でまったく使われていなかった。これらの植物の遷移期間は5〜13年なのだが、それ以前はこれらの敷地には離れが建ち、庭が耕されていたのである。今でも裏庭で野菜を作っている家族はいるのだが、やせた土地をいやいや耕しているだけで、都市農地の再生などには関心を示さなかった。私は、これら使われていない裏庭を再生してコミュニティのために集中的に用いることができると直感したのだが、住民たちがすぐに私の考えの間違いを正してくれた。自分の直感に従って進めたいという衝動を抑えたことと、人々の日常のパターンに従ったことが、実行可能な計画を立てる重要な鍵となった。

この地区の家族の多くが車をもっていないため、盛んにカーシェアリングが行われていた。たとえば私が住んでいた街区では、緊急事態や食料品店での大量の買出しのために、6家族でチャーリーの車を使っていた。土曜日になると朝のうちに車が修理され、私たちは必要な物の買出し、社交、そして一緒にコミュニティを耕す小旅行に出ようと、荷物を車に積み込んだものだ。互いにもてる資源を分かち合うことは、家々の配管や家電の修理などの普段からの助け合い、後に実行されたさまざまな建設技術を用いるコミュニティの自助修繕プロジェクトでも、広く見られた。

住民がもつこれらの技術は、ローリー市による近隣地区の撤去計画に対する反対闘争の初期段階ではとくに重要であった。市は住宅撤去のために、長期間適用されずにいた建築規制条例を復活させ、それを根拠にして代執行するという戦略をとっていた。市職員は些細な建築条例違反を見つけては、住宅に「赤札」を貼りつけていった。一度でも居住不適格に分類されてしまうと、立ち退きと取り壊しがそれに続く。ローリー市がこの戦略をとるとすぐに、チェービスハイツ側では修繕作業班を組織し、市が賃借人を立ち退かせる前に住宅を修繕していった。その手順は次のようなものだ。まず、市の報告書にはチェービスハイツの各住宅に必要な修繕箇所が細かく記載されていて、これを学生ボランティアが読み込む。次に彼らは地元の建築業者と一緒に対象となる近隣地区での修繕作業計画を作成し、必要な作業とコミュニティの誰かがもつ技術を組み合わせ、スケジュールを決めた。こうして次から次へと住宅が修繕され、住民は力をつけていった。なかでも労働者がご満悦だったが、それは住宅の修繕について大学生が彼らを頼りにしなくてはならなかったからである。もはや、市の撤去計画を止めさせることなどできない、といった無力感は消え去り、そしてついに住民たちは大規模な住宅取り壊しに対抗するために、近隣地区全体の将来計画を立てることに着手したのだった。

コミュニティの代替計画は、住民の日常生活が描く幾何学的な構造から導き出された。フロントポーチと通りの集中的な利用と、まったく利用されていない裏庭という対照的な差異が、代替計画の鍵となった。この対比こそが、住民の立ち退きと住宅の撤去なしには近隣地区を更新する手立てはないという市の基本的な主張を論破し、対抗できるアイデアを私たちに授けてくれたのである。私たちの代替計画は、放置されている各街区の内側の空間に新しい通りを創るというものであった。放棄されている裏庭の所有権を整理して新道を通し、これに面してショットガンハウスを新築するのである。新しい住宅は、街区の外側の老朽化した住宅から立ち退きを迫られている住民に、販売か賃貸する。チェービスハイツに数十ある街区の一つひとつのために計画が作成された。すべての街区で、居住している街区から誰ひとり転居しなくてもいいように、十分な住宅が供給された。ひとりとして街区から去る必要がなくなったことは、とくに重要であった。ローリー市は住民が大規模に他地区に集団移転しないと住宅は再生できず、つまりは全面的な取り壊しが必要であると主張していたからである。コミュニティによる代替計画は、近隣地区の全面撤去を主張する市の議論には根拠がないことを証明した。そして表向きは語られない、人種、不動産、交通に関わる薄汚い思惑だけが残った。しかしそれさえも代替計画を支持する数多くのデモ行進と、市の撤去計画への粘り強い抗議の前にコソコソと姿を隠し、そしてついにローリー市はチェービスハイツを取り壊すことを断念したので

緊急を要する住宅修繕

新しい住宅

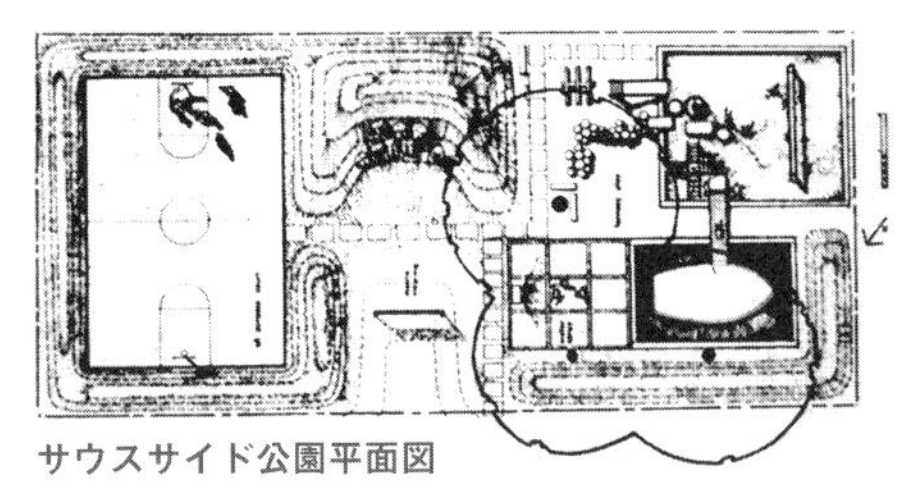

サウスサイド公園平面図

都市再開発に打ち勝った後、住民たちはコミュニティを改善し、住宅を修繕し、新しい住宅と公園を創るために団結した

サウスサイド公園

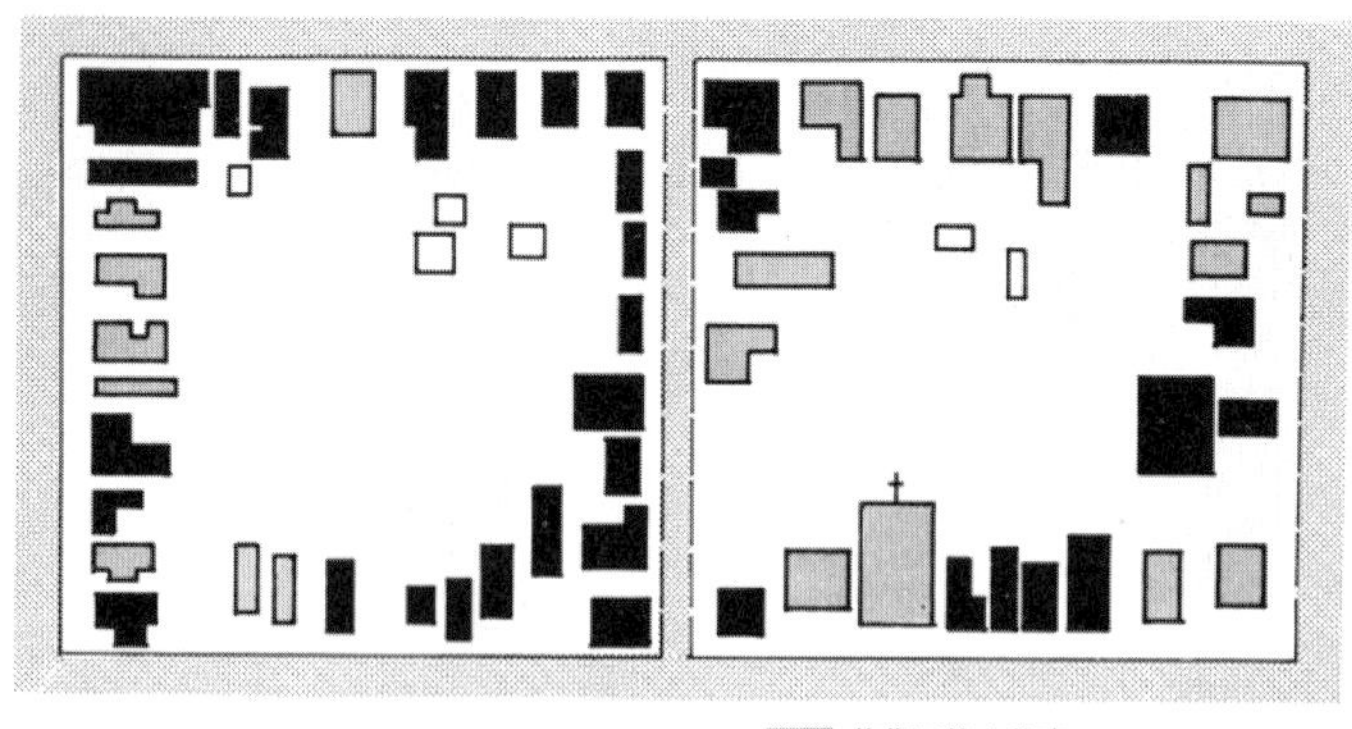

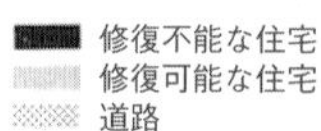

街区の現状

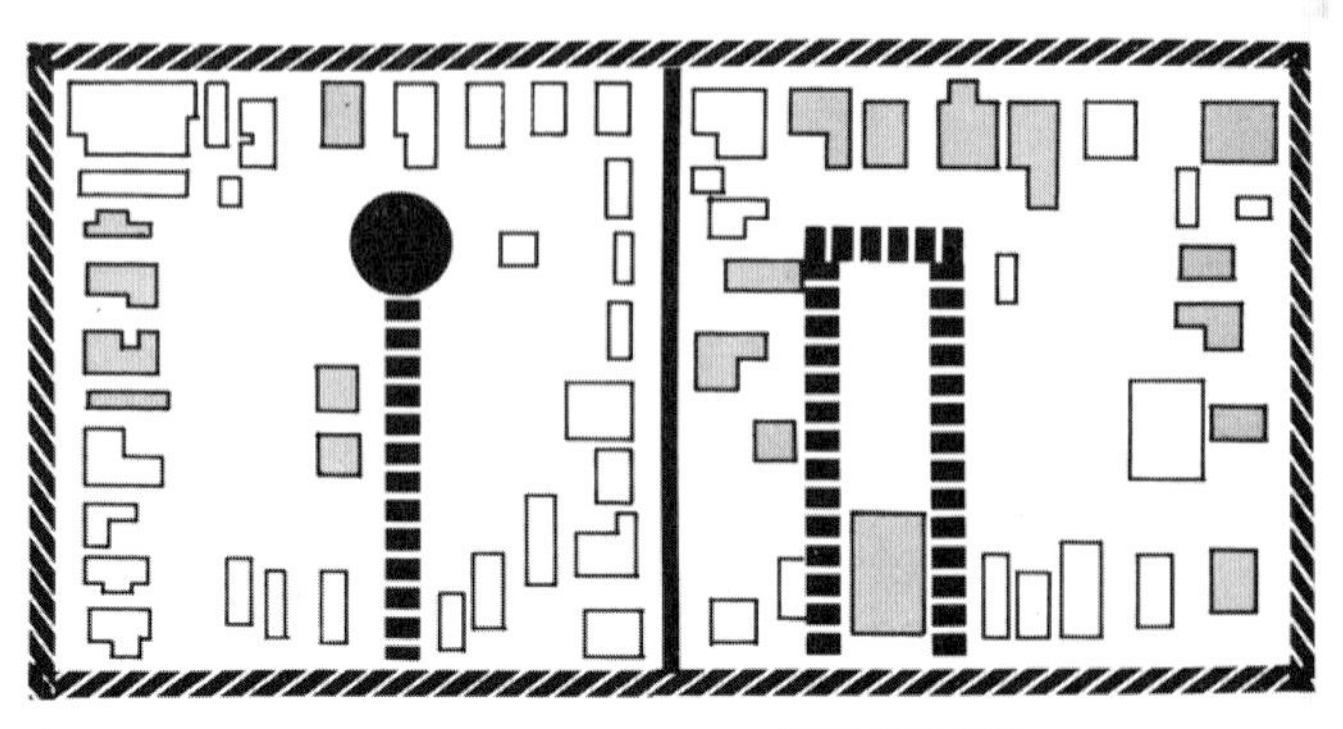

街区改善案：第１段階

あった。

ローリー市は、不動産開発のために収奪されることをチェービスハイツが拒否するという事実を受け入れた。その後、市は大きく政策を転換し、空き地への住宅建設や現存の住宅の修繕、地元住民の要望が大きい公園、デイケアセンター、職業訓練プログラムなどコミュニティ改善のための行政サポートを始めたのであった。

私たちはチェービスハイツのコミュニティと活動した10年間に、考えられるかぎりの期待さえ超える、大きくすばらしい変化を目撃することになった。先見の明のあるコミュニティ計画が近隣地区を救い、そして中流家庭も購入したくなるような瀟洒な住宅が倍増した。住民たちは、アメリカ南部の都会に暮らすアフリカ系アメリカ人の日常生活を深く賛美する、新たな近隣地区のランドスケープを創り出した。彼らは力と誇りを獲得した。彼らは、たくさんの非常にすばらしいもの、たとえば分かち合いやコミュニティ

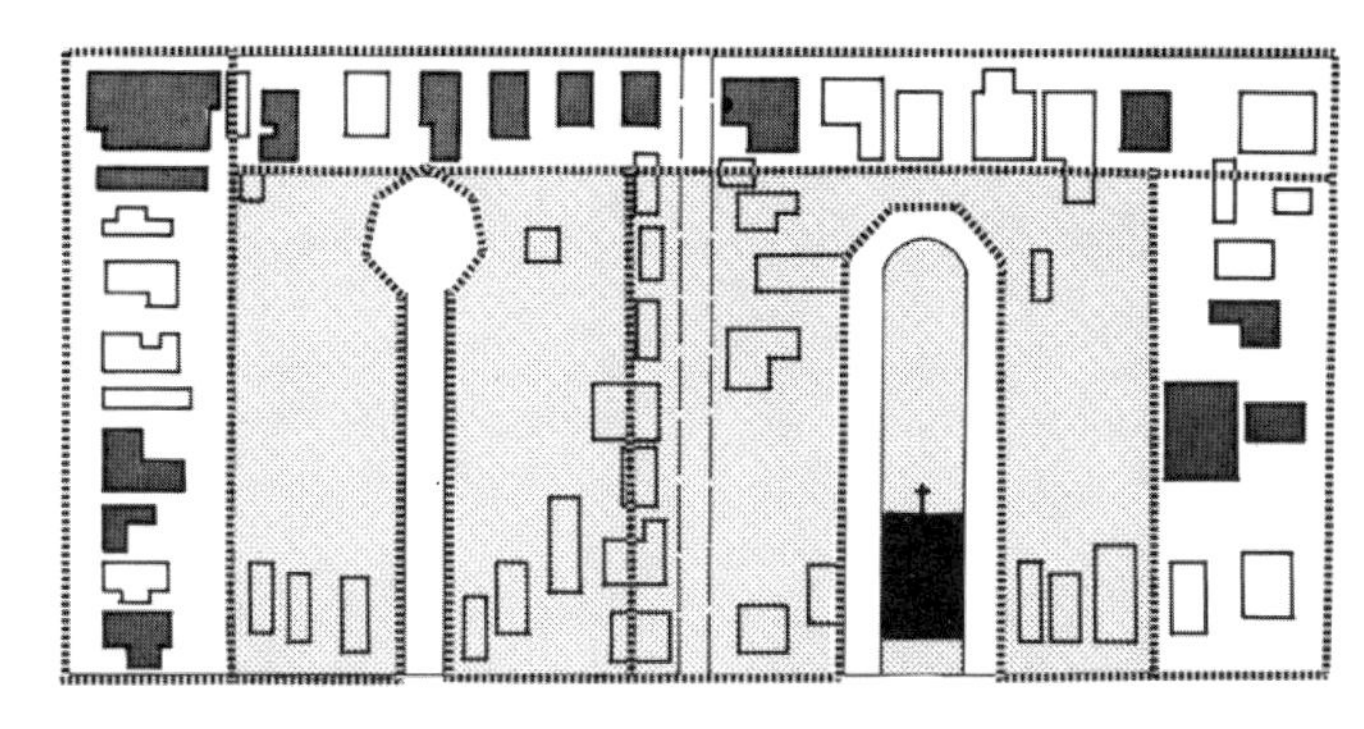

街区改善案：第２段階

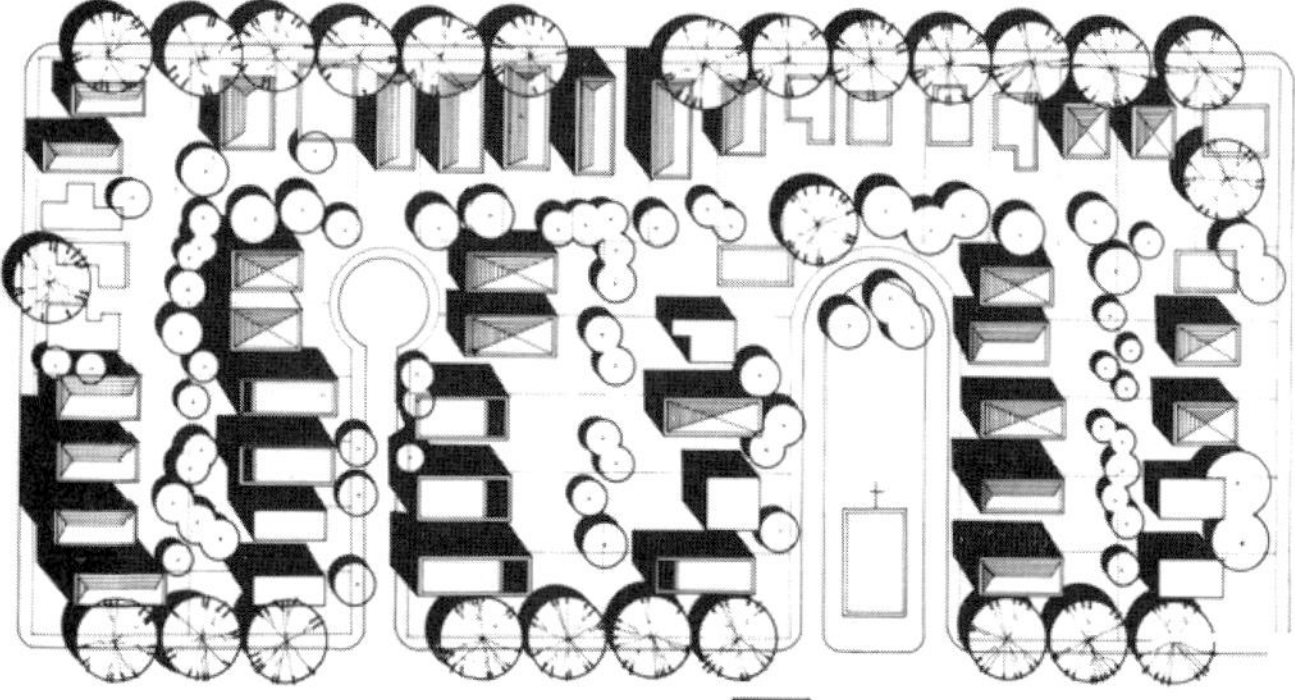

街区改善案：第３段階

チェービスハイツにあった放棄された裏庭は、新しい通りに面した新しい住宅ブロックへと変貌した。そして、都市再開発による全面撤去を断念させ、日常生活のパターンを強化し、住民が同じ街区に住み続けることを可能にした

の自助の力が、自分たちの近隣地区にあることを学んだ。彼らは不健全な地位〔Unhealthy Status〕を求めることに抵抗した。ローリー市全体にとって最大の驚異であった南北を結ぶ破壊的なハイウェイでさえも、最終的には市の交通計画から削除された。今日では再生した公園や新しいコミュニティ施設が増え、チェービスハイツはさらに住みやすい地区になっている。住宅修繕活動は継続している一方、最近建設された住宅には中流層のアフリカ系アメリカ人が移り住んでいる。今日でも市の他の地区に比べて経済的に貧しくこそあるが、チェービスハイツはビジョンの多くを成し遂げた。そしてこのビジョンこそは、日常生活の織りなす幾何学的な構造から直接導き出されたものだったのだ。

デザイナーのための日常のレッスン

ノースカロライナ州ローリー市チェービスハイツ地区に暮らす人々の日常のパ

ターンは、コミュニティの必要を満たす未来への計画に生命の息吹を与え、エコロジカル・デモクラシーを育むことのできるランドスケープを創り上げた。実にチェービスハイツのデザインは、「可能にする形態」と「回復できる形態」に関わる諸原則のほとんどを実現している。フロントポーチや通りの文化を一緒に経験することで、「中心性－センター」や「聖性」が強められる。これが「つながり」とも多くの面で連動している。なかでも特筆すべきは、見過ごされていた資源である放棄された裏庭の利用だろう。この代替計画は環境的な不公正に立ち向かい、「公正」なランドスケープを創造した。住民たちは、自分たちの近隣地区をスラムとして蔑視する表現に抵抗した。彼らは、自分たちのもつ強いコミュニティ感覚を守りたいと主張したのだ。私は、人々がこれほど強く支え合っているコミュニティに住んだことがない。この代替計画は、チェービスハイツ固有の文化とランドスケープから生まれ、育った。この代替計画は、近代化や支配的な文化への統合に脅かされてきた「文化的多様性」を、まったくそのまま保全した（選択的多様性）。この代替計画は、住宅の密度を75戸／ヘクタール以上とそれ以前の倍にまで高めると同時に、おもに核家族が暮らすまちの雰囲気を保持することに成功した。この成功はおもに「小ささ」を実現したことによる（密度と小ささ）。そして取り壊されることになっていたショットガンハウスは、実に「適応性」に優れていることを示した。そして、デザイナーが日常のランドスケープに注目したことから、こうしたすべての成果が生まれた。日常生活のためのデザインには、人々の基本的な要求を満たすことが求められる。つまり安全、新しい経験、社交、他者からの承認などの欲求である。[16]日常生活のためのデザインが、個人的な欲望のための争いが生み出す人間の狭量さを遠ざける。ディック・メイヤー〔Dick Meier〕によれば、日常生活のためのデザインとは人々から英雄的な考えを引き出し、それを実行する方法を見つけ出すプロセスなのである。[17]

デザインプロセスには、日常生活のデザインの実現に不可欠な基本的な活動がふたつある。まずデザイナーは、人々が何を行い求めているかを明確に示さなければならない。そのために既存の調査結果を読み込み、話を聞き、人々がどのように自らのランドスケープと関わり、ランドスケープのなかでお互いに関わっているかを観察し、他者の立場にたち共感するのだ。そうしてはじめて人々の行っていること、求めていることがわかるのである。参与観察や他の社会空間的な分析技術もまた、大いに役立つだろう。しかしこの段階でとどまることは、エコロジカル・デモクラシーとは正反対にある消費モデル分析に陥ることであり、致命的な失敗となってしまう。第2の活動は、これを克服するために必要なものだ。日常生活のパターンは生き生きとした未来へ組み込まれる必要があり、この未来とは個人的な願望の総和以上のものである。多くの場合専門家であるデザイナーか聡明な住民たち、あるいはその両者が新たなパターンを作りながら、未来を日常のパターンに組み込んでゆく。第1の活動には社会調査の高い技術が求められ、第2の活動には創造的な形態を創り上げる力が求められる。実際のところ、このふたつの活動は相互に助け合い進むのであって、一方だけでエコロジカル・デモクラシーを支えることはできない。そしてこのふたつの活動がうまく結婚できるよう、デザイナーは人々への強い信頼と、デザインの力への強い信念をもたなければならないのだ。

台湾の宜蘭市(イーラン)にあるイーラン舞台芸術センターのデザインが、相互に支え合うこのふたつの活動を見事に描き出している。宜蘭市民は長い間、多くの先住民のパフォーマンスアートを上演でき、また先住民文化を保全するためのコミュニティセンターを要望していた。しかし、デザイナーがセンター建設を委託された時点では、標準的な劇場のための設計プログラムしかなかった。そこでまずデザインチームは日常のパターンをじっくりと観察し、イーランの最も豊かで重要な劇場が自然に発生するストリート・パフォーマンスにあることを突き止めた。この町のストリート・パフォーマンスは何百もの人々を魅了し、道をふさいで交通を止めてしまうことも少なくないほどだ。これらのパフォーマンスには、政治集会や結婚式、会社のオープニングセレモニー、葬式、伝統的アートなども含まれ、イーラン市の日常生活を織りなしている。デザイナーたちは、これらのイベントがどのように起こり、それぞれのパフォーマンスがもつ空間的特徴が何であるかを、注意深く記録していった。こうして日々現れては消えるストリートシアターから、国立伝統芸術センターのデザインが生まれた。この劇場を敷地スケールでみると、劇場を含む複合施設が敷地外の道路や公園にまで延びていき、都市生活をセンターに引き込んでいることがわかる。またセンターにある建物や舞台装置が、その間を縫うような1本の通りを創り出している。インフォーマルな円形劇場や舞台が、目立たないようにいくつもの建物のさまざまな場所に作りつけられている。屋根つきの通路やバルコニーは、即興パフォーマンスに流れを生み出すと同時に見物のための場所ともなる。この施設のメインの建物が文化芸術センターで、一見すると大きすぎるが、洗練された通りのようである。メインの入口とエントランスホールは、都市から建物へと入ってきたストリートパレードをそのまま収容できるように、十分に広くとってある。幅が普通の倍にまで広げられたメイン通路は、都市や舞台から流れ

ストリート・パフォーマンス

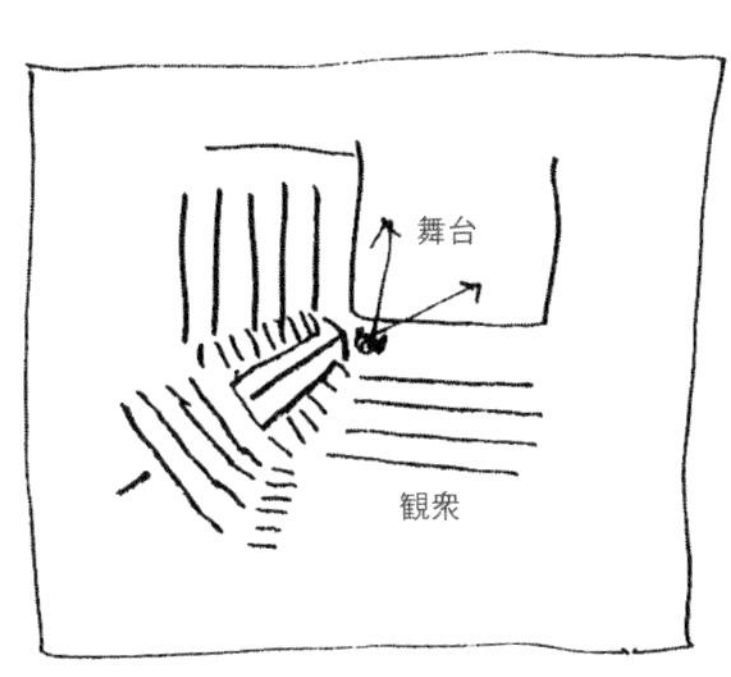

ストリートを内側へと延ばす

舞台芸術センターには、広幅員のアクセス路、豪華なフロントドアとロビー、舞台への規格外に広い通路がある。これにより、自然発生するストリートシアターのイベントを、正統な劇場へと引き込む形態になっている

込んだパフォーマンスが、観客と一体となるように誘う。現代の多くの劇場とは違い中央舞台が客席へと突き出していて、通りにある普段の交流をここにも生み出している。しかし一方でセンターの建物は通りとは大きく異なる点をもち、際立った対照をなしてもいる。この建物は細部まで冷静に検討されていて、快適で洗練され、パフォーマンスへの焦点の合わせ方は正統なものであり、これらは通りでは見られないものだ。さらに通りの活力を取り込み、それを静め、そうしてこれまでイーランになかった活動を生み出している。そう、このためにこそ先に述べたふたつの活動が必要なのだ。ストリート・パフォーマンスが毎日どのように起きるのかを明確に知ること、そのパターンを並外れたデザインによって、それ以上のものに仕立て上げることである。この建物には、日常にある未来のすべてが明らかにされている。建物は現在人々が行っていることのためにデザインされ、徹底した行動分析にもとづき建てられた。そのデザインは、新しい建物を周辺の文脈と切り離し、豚小屋のなかの真珠にしたいという、よくある凡庸な建築家の欲望に抵抗している。この建物は、都市の文脈を十分に自らに組み込んでいるのである。この建物は、今日の経験を現在とは異なる未来へと継ぎ目なく編み上げている。この建物は、周囲の環境を尊重することで、時を刻み込んでいる。そしてこの建物は、人々への確かな信頼と、観察に導かれた斬新なデザインへの強い信念を表している。こうして、エコロジカル・デモクラシーを迎え入れる未来が実現したのである。

形態は日常生活の流れに従う。革新的な未来の形態でさえも、
日常生活の流れに従うのである。

12

推進する形態

自然に生きること
Naturalness

都市は自然で溢れていなければならない。そうすると人々は自然に生きる生活を送るようになり、その恩恵を受け、豊かになる。私たちは都市での暮らしについては相反する感情をもつが、自然への感情は純粋だ。私たちは自然から大きな喜びを得て、自分のアイデンティティの重要な一部とする。私たちは、自然が大きいことを好む。自然が近くにあることを好む。それぞれ自然を楽しんでいる。たとえば、ほとんどのアメリカ人は屋外レクリエーションが大好きだ。どの週末にもアメリカ全体で78パーセントもの世帯がガーデニングを楽しんでいる。また野生生物に関連するレクリエーションには、およそ1億900万人が参加していて、7650万人以上が野生生物を観察し、3560万人が魚釣りをしている。全米野生生物連盟〔NWF〕〔National Wildlife Federation〕は、400万人以上の会員を有する。[1] しかしアメリカ人全員が同じように自然を楽しんでいるわけではないし、全体としては過度に自然を開発し、傷つけている。それでも、多くの人にとって自然はすばらしいものなのだ。なぜ私たちが自然を大切にするのかという素朴な疑問は、今日では遺伝学〔遺伝子に組み込まれた生命への愛〕、地理学〔土地への愛〕、文化、教育〔健康のために環境への影響を最小限にする必要〕、心理学などによって説明されている。おそらくこれらすべてが正しく、そしてそれ以上でもある。

ここではおもに、自然に対して抱くさまざまな感情という点からデザインを検討する。この意味で自然に生きることとは、感情に関わる領域であり、自然が潜在意識レベルで人間に及ぼしてい

自然に生きることは、私たちを健康にし、喜びと自発性を引き出し、自然に根付き自然の市民権を与えてくれる

る情緒的な影響のことである。人間以外の生き物の世界(たとえば植物や野生生物)、その世界を作る力(たとえば大地、風、火)、この両者を経験し、そして抱く感情を始源とするのが、自然に生きることなのである。そして自然に生きることは、人間を真に人間たらしめる性質を、意識されることなく私たちのうちに創り上げる。こういった心情は「自然のなかにいると、元気に、健康に、楽しく、自由に感じる」などと、とても単純な言葉で語られるし、さまざまな基本的な感情で表現される。人間らしくあるための性質(美、自発性、関係性への感覚)が、何よりも重要なのだ。自然に生きることは、自然を経験することから得られる心情と、基本的な人間の性質に強く関係しているのである。学会では、自然の概念についての議論がかまびすしい。すべては自然なのか、何が自然なもので何が自然なものでないのか。その議論はとどまるところを知らない。つまり人間は、自然そのものについてよりも自然に生きることについて、多くの意味を共有しているのだ。[2] しかし私が関心をもつのは、より現実的な物事だ。都市住民の立場からは、自然や自然に生きることの理論的概念についての定説などなくても、経験的に得てきたさまざまな利点をあげることができるし、そうすれば人々の心に触れる都市、もっと健全な生活を送ることができる都市を作ることが可能になるのである。

以下では、人間が自然に関わることで得る無数の感情が生み出すものから3つを取り上げ、簡潔に見ていこう。健康と癒し(自然療法〔Naturopathy〕)、喜びと自発性(自然回帰〔Naturism〕)、自然に根づくこと（移住先の市民権を得ること、植物が土着化すること、帰化〔Naturalization〕）、である。また、健康、喜び、自然に根づくこと、この3つを引き出すランドスケープの本質的な特性についても述べよう。

自然療法

古くから伝わる民間療法は自然療法と呼ばれ、病気の治療に日光や食事、屋外運動を用いる。現代医学からの否定的な見解も少なくないが、自然のもつ治癒の力は世界中で広く認められており、最近では懐疑的な人々の間でも次第に認められ始めている。このきわめて単純な治療法について考えてみよう。何か体調が悪いと感じ、自然の豊かな場所を訪れ、そして帰りにはとてもよくなったという経験をしたことがないだろうか。思いあたる経験があったとしても、それはあなたひとりだけではない。自然療法の効果を口にする人は、実に多いのだ。自然療法に懐疑的であるなら、作家エドワード・アビー〔Edward Abbey〕だけに謳うことのできた、詩的な約束を思い出せばよい。

『モンキー・レンチ・ギャング〔The Monkey Wrench Gang〕』（1975年）の著者であり、環境活動家を輩出した世代に大きな影響を及ぼしたエドワード・アビーは、自然が与える健康への恩恵をよく理解していたし、それを意地の悪いユーモアで表現してもいる。彼はアースファースト〔Earth First〕の集会で、急進的な環境活動家たちは世界を救おうとして燃え尽きてはならないと警告を発している。大地のために闘うだけでなく、私たちは森や丘や川や大気のなかをさまよい、探検し、楽しもうと呼びかけた。そしてちゃんと大地を楽しむことができれば、健康に長生きできると訴えたのだ。これは、計算表や取引明細書だけが重要だと考え、遠く離れた場所から大地を破壊する敵への、甘美な勝利となるだろう。もし自然の喜びを経験できるなら、とアビーは約束している。「人でなしな奴ら、心を貸金庫に預け、目は電卓によって催眠術にかけられ、机に縛りつけられた奴らよりも、諸君は長生きするだろう。私は諸君に約束する。諸君はあの人でなしどもよりも長生きするのだ」。[3]

自然に身を置いて、「私は健康だ！」と叫び出したくなるのは、純粋な感情の発露である。しかし今日では、徐々に科学的な証拠に裏づけられ始めてもいる。アビーは正しかったのだ。自然を体験することが私たちの健康を保ち、病を癒し、手術のための入院期間を短縮し、病気の再発を減らすことに疑いの余地はない。[4] 自然の内に身を置くことには、ストレスを減らし、精神的疲労を抑え、不安を和らげる力がある。[5] その好例がある。アメリカには多動症に苦しむ子どもがおよそ200万人いるのだが、自然は明らかに彼らの症状を軽くするのである。一方で現在用いられている薬物療法は長期的にみれば子どもたちの症状を改善しておらず、さらには深刻な副作用があり、薬効とされる行動改善も部分的に奏功するのみである。しかし、自然の緑が子どもたちのまわりにあれば非社会的行動は減少し、不安、自己否定、抑鬱が和らげられるようなのだ。窓のある部屋にさえ治療効果があるし、広い芝生と大きな木はそれ以上であり、自然のままの緑がある場所では子どもたちが最大限に癒されている。

今日、普通の病院では、このような環境はとても望めない。病院もまた、都市や住宅の置かれた状況を映す鏡である。つまり病気を治療するための機械になっているのだ。高い技術力をもち難しい手術もできる大病院は、医学的には奇跡のような存在である。しかし、人々が必要とする治癒の場所を創ることには、悲惨なほど失敗している。だがこれも、変わり始めている。最近では自然と先端技術を組み合わせ、自然療法を再び導入することが試みられている〔マサチューセッツ州ウェレズレイ町でダグラス・リード〔Douglas Reed〕がデザインした治療のための子どもの庭〔therapeutic Garden for Children〕など〕。ダグラス・リードが、子どもと若者の発達協会〔Institute for Child and Adolescent Development〕の敷地のデザインにあたったときには、できるかぎり多くのオープンスペースを用意

マサチューセッツ州ウェレズレイの治療の庭には、地形を縫うように流れる小川があって、心に傷を負った子どもたちが抑圧された心を表出できるようにしている

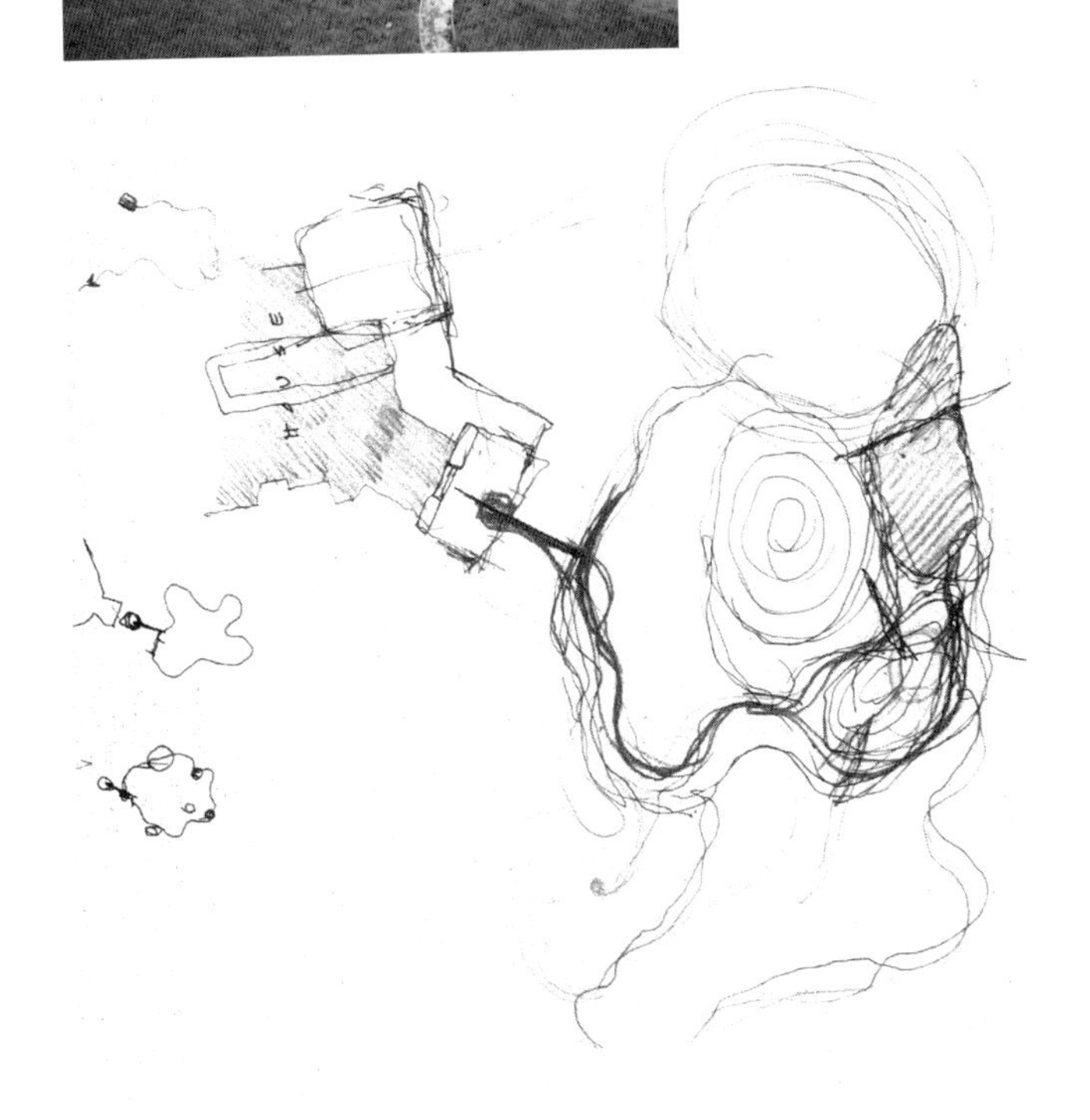

享受するためには、自然が日々の暮らしのすぐ近くになければならない。これは最も重要なことで、離れた場所にある自然にも同じ効用があるのだが、遠くにあるだけでは、自然に生きることは叶わない。自然は、家のなか、家のまわり、楽しく歩いていける範囲になければならない。鉢植え、ペット、水槽、窓から見える緑の景色、陽の当たる部屋が（切り花、自然を描いた絵、おもちゃの噴水などでさえ）、最初に必要なものである。日差しやそよ風、湿度の変化を感じながら座れる家のすぐ外の場所、鳥に餌をやる場所、また庭造りをする場所（鉢植えでもよい）、これらが次に必要になるものである。このための場所は大きくなくてよく、バルコニーや階段で十分なことも多い。サンフランシスコ市の集合住宅のデザインでは、クレア・クーパー・マーカス〔Clare Cooper Marcus〕が、かぎられた予算のなか、各住戸の扉の横の壁に窪み棚をつけることにした。日差しを嫌う植物は、こんな場所でもよく育つ。そしてたくさんの花が開き、色が溢れる大切な時間も生まれた。日本では、ごく小さな庭（坪庭）が同じ役目を果たしている。この小さな庭には、はるかに大きな野生のもつ官能的な喜びが表現されるが、そこはわずか4平方メートルに満たない空間なのだ。私は、捨てられたイワシ缶に苔を植え、庭を作っている日本人を知っている。小さな努力が、希求される回復と変革の力を呼び起こす。家

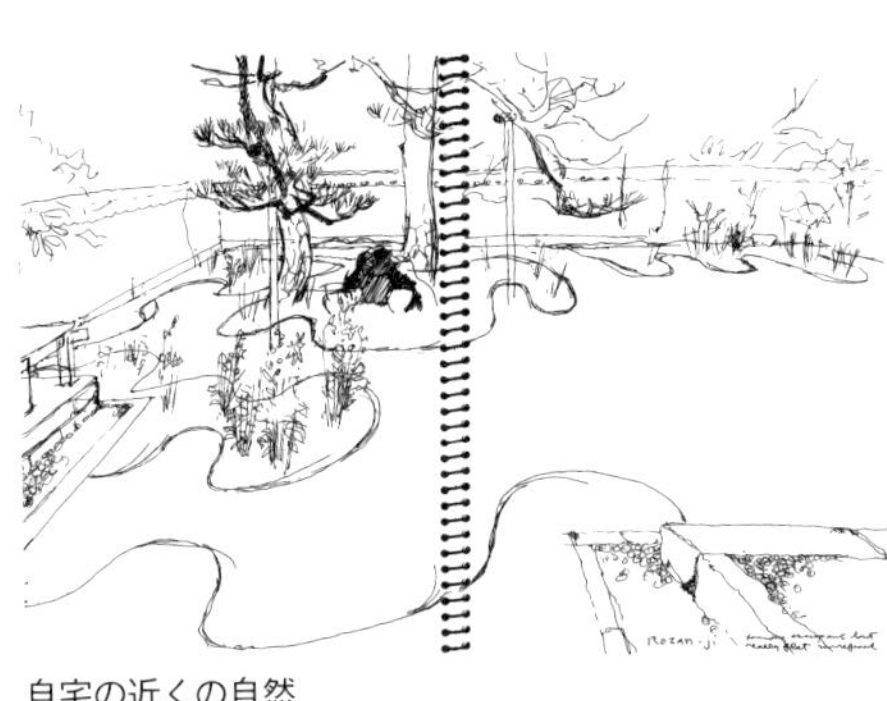
自宅の近くの自然

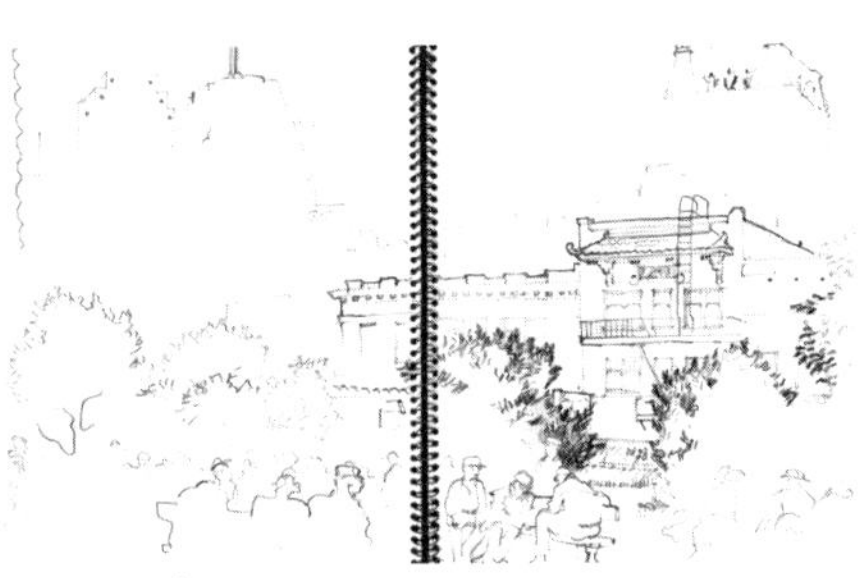
近隣地区の自然

都市の自然

穏やかで安らかな場所

や職場の窓から花をつけた木々が見えるだけで、たとえ無意識であっても日に何十回もそれを見て疲労がとれていく。こうして何度も繰り返し自然について考えていると、皆、自分の家や学校や仕事場へと自然をもち込みたくなるに違いない。自然を手の届くところに置いてみよう。庭作業や住宅を居心地よくする作業をしに外に出ることは、多くの人々にとって大切なことだろう。外で何をするかは、人生の段階や個人の性格に応じて変わる(アメリカ人家庭の4分の3は庭を楽しみ、3分の1は野生生物に関連したレクリエーションを楽しんでいることを覚えているだろうか)。

次は近隣地区のランドスケープである。移動に困難を伴う人、幼い子ども、老人にとっては、自宅のある街区のランドスケープ(家のまわりの植栽、芝生、街路樹、街角のコミュニティガーデン、隣家の花々)が、おもな公共ランドスケープとなる。植物に囲まれて座れる公共の場所が、どの家からも60メートル以内に必要である。谷、丘、小川などが作る小さな流域が、次に求められる。前に述べたように、自然が近隣地区の範囲を決めるべきであって、どの家庭からも走って2分、歩いて5分(約400メートル以内)で、自然にたどり着けなければならない。都市スケールでは、大きな自然地域が都市の境界を決めるべきで、この自然は理想的にはどの家庭からも1・6キロメートル以内にあるべきである。現実的には3・2キロメートルほどになるかもしれないが、多くの人々がアクセスできるためには、それ以上遠くてはいけない。同様に仕事場にも、室内の緑、休憩と昼食がとれる緑の場所が必要である。

人々が自然に生きられるように、ランドスケープは穏やかで安らかな背景となるべきだ。ランドスケープは、はっきりと安心させるものであり、わかりやすく、確実なものであるべきなのだ。ポストモダンが提唱されたのに、自然を捻くり回すぞっとするようなランドスケープが相も変わらず作られ、しかもそのほぼすべてが自然に生きることを蝕んでいる。捻られ苦しんでいる木々、緑のないコンクリート庭園、実体から遊離した自然物を用いた鋭角の幾何学的な形、これらは確かに頭のよい作品だろうが、自然に生きることから得られる、人々が回復するという利点をほとんどもたない。大きな病院で、このような「庭園」作品が作られ、失敗した話があった[23]。人々はその作品に怖れを感じ、最後には撤去されたのだった。多くの研究からはストレスに晒されている人々(患者、家族、友人、病院スタッフ)には、本当の自然が必要であることが明らかになっている。病院は大きな不安を抱える場所なので、穏やかな安らかな緑のオアシスを置くのが妥当なのである。安らかな自然が大切なのは病院だけで、他の環境ではそうでもないのでは、と思うかもしれないが、それは違う。人々は、日光、新鮮な空気、気力体力の回復を求めて、公共のランドスケープへ足を運ぶ。オルムステッド流の穏やかな安らかな緑は、デザイナーにとっては退屈かもしれないが、一般に人々は刺激に晒されることよりも自然に生きることを必要とするのである。

安らかな緑が穏やかな背景となる一方で、ランドスケープの他の要素は自然な気晴らしを演出して、自然に生きることを実践で

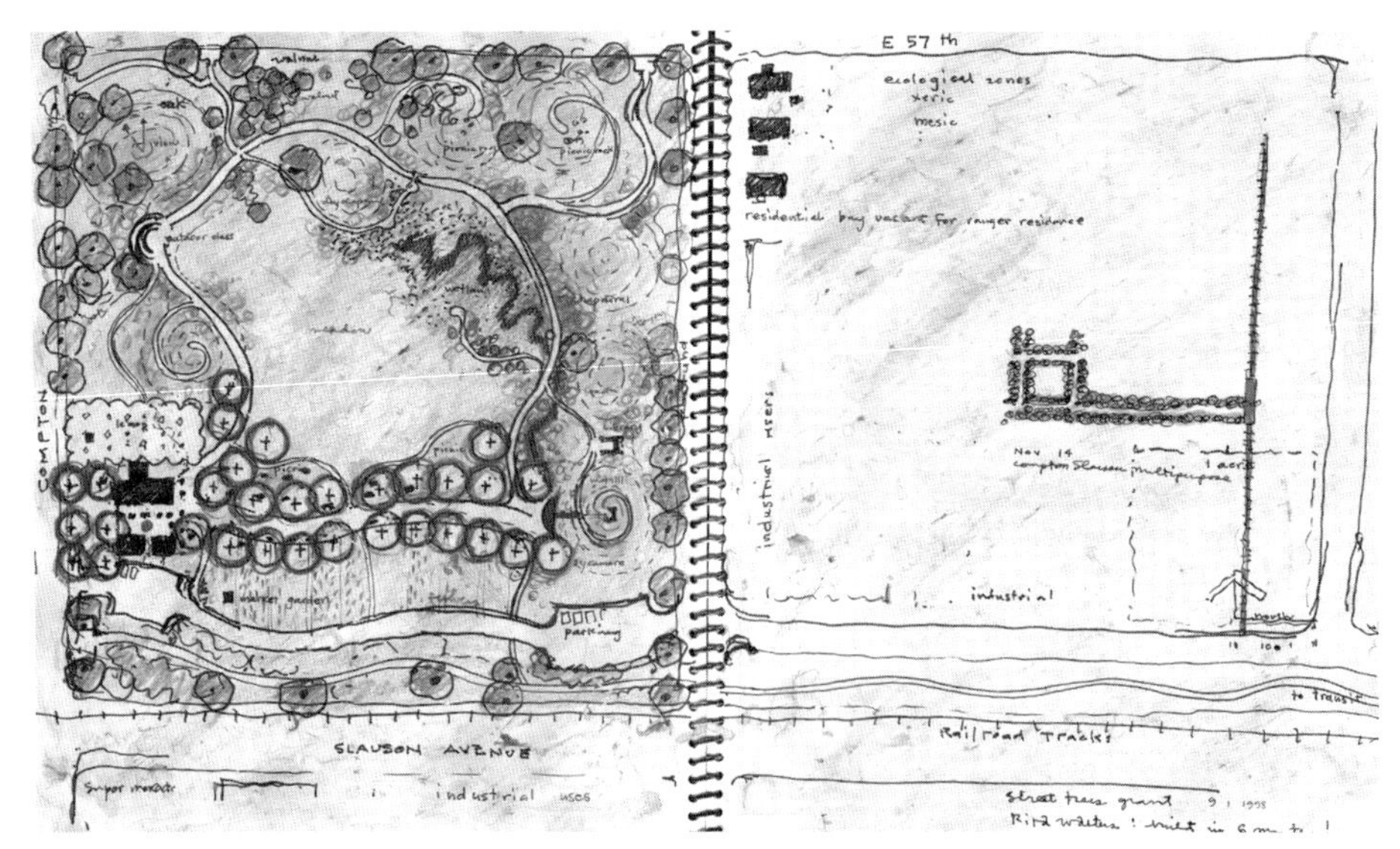

社交のための空間軸には、使いやすい自然がある。コミュニティセンターからプラタナスの道（パセオ）を抜けて池に至るまでの区間だ。そして地形と水の流れが、野生の自然を形作る。湿地から乾燥した斜面まで、環境に適した自生植物が繁茂している

プラタナスの道（パセオ）

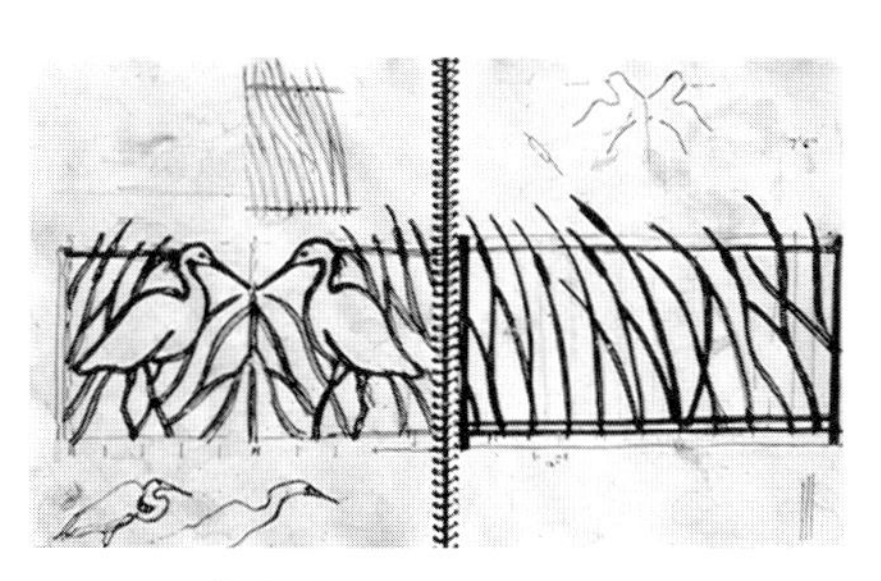

フェンスの造形が進化する

社交の場、センター

ティは、子どもたちが探検できる自然の場所、涸れ川〔arroyo〕、湿地、小川、あちこちに盛り上げられた小さな山を望んだ。そこにはカシの森、南向きの斜面に生える海岸部の灌木、自生種の草原がある。公園の向かいにあるM&Mミニマーケットを営むマーサ・マラビージャは、この自然溢れる場所が故郷を思い出させるという。「ここは自然に戻っている、それがあるべき姿だわ」[36]。広く生い茂る手に負えない植物群落とゆるやかにうねる丘が、自然の基本的要素である水、湿地、草地を取り囲んでいる。人の目に触れずひとりになれる場所、静かに過ごす場所もある。またひとりになれるが、他の人から見られているので安全な場所もある。手を加えられていない自然の喜びや気晴らしがあり、自ずから遊びが生まれる。ここでは若者たちが、「スニーカーを脱ぎ捨て、ただただダンスに興じている」。そこでは子どもたちが、「涸れ川で飛び石遊びをして」、小川で水鉄砲の水をいっぱいにし、スケーターに乗りすごい勢いで丘をすべり降りたりしている。[37] 子どもたちが自然のものを使って作品を作る授業があって、これが人を惹きつける自然の力をさらに強くしている。自然を使った芸術作品が、公園の境界や社交のための空間の境界に置かれ、自然の空間の存在をはっきりと示している。地元の芸術家たちは、直線にして80メートルもの長さの鉄線を使って、ガウディ調の有機的な形や地元の生態系をわかりやすくかたどった作品を作り、公園の周囲のフェンスや門に用いた。またアートシェアというすべての人のなかに芸術家を育てるプロジェクトがあり、コミュニティの人々

涸れ川

は、戸外授業のための円形劇場の色タイルを焼き、モザイクベンチをデザインした。50人以上の地域住民が公園の建設に雇われ、それぞれが彼／彼女のもつ創造的エネルギーをここに傾注した。この集合的な芸術が、不調和な要素が重なる折衷主義の美に結実している。涸れ川へ水をくみ上げる小さな風車、小びとの大砲、トーテム像のかかし、タイル、ジョージ・ワシントン・カーバー〔George Washington Carver、アフリカ系アメリカ人の植物学者〕やウィチョル先住民族の達筆な文字、落書き、などである[38]。これら一つひとつ個性的な芸術品による装飾はそれでも、落ち着いた緑が作り出す全体のまとまりへと見事に吸収されている。地元の若者たちは、自分たちの公園にオリジナルという意味の「o.g.」という名前をつけた。彼らは、この名づけによって、この公園が自分たちを表す本質的な芸術的表現となることを知っていたのだった[39]。自然に生きることから始まる、公園の乱雑さと完璧な喜び、公園が引き出した地元の人々の自発的な芸術作品、これらがこの「o.g.」公園を本当にオリジナルなものにしている。元ギャングメンバーは、こう言っている。「ここは本物なんだよ」[40]。

　ここの自然の本物らしさには、本当に驚かされる。わずか2年前には、この土地は生命のかけらもない空き地だったのだ。今日では豊富な野生生物が生きている。おもに昆虫、地虫、鳥などで、以前には想像すらできなかったことである。ただ、まだこの土地は、断片に過ぎない。より大きな自然システムに組み込まれたと

サウスセントラル地域の水の流れ

灌漑と乾燥地の生態系

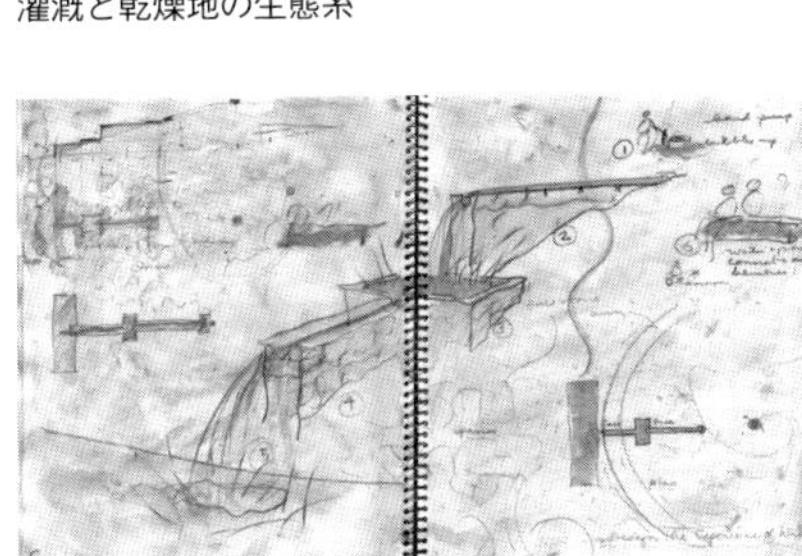

農業用水の流れ

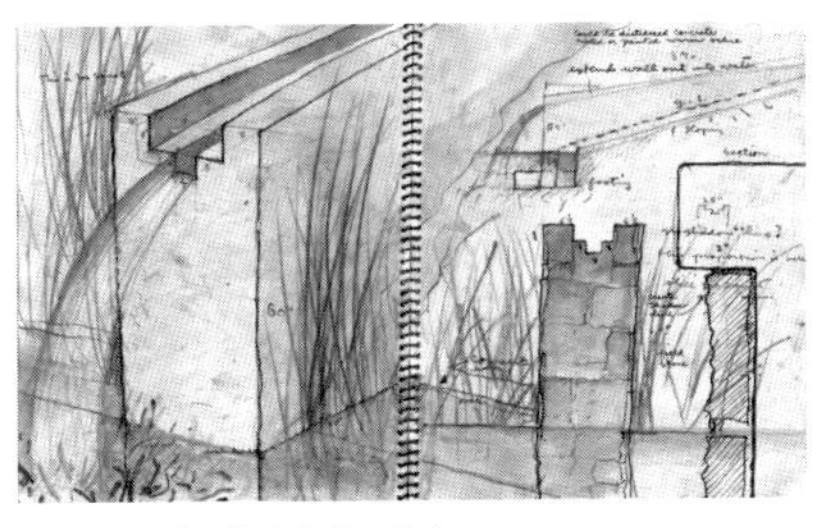

できるかぎり小さな水の流れ

きにはじめて、この公園がもつ自然に戻っていく潜在的な力が発揮されるだろう。この公園を、スローソン通り沿いのグリーンベルトから、トラム駅や自然が回復されているコンプトン川へとつなぐ計画が進行中である。計画が完了すればこの自然公園は、ロサンゼルス川へと続く緑化帯の一部となるだろう。

ここで起こっていることを実証する研究こそないが、住民たちは公園には人々を回復させる力があると言っている。ある住民はこの公園を、この町ではしょっちゅう聞こえる銃声や警察のヘリコプターの音と対比させている。この公園は、不安、緊張、ストレス、疲労を強いる厳しい都市生活の解毒剤なのである。生徒たちを公園へ連れていく教師は、公園ができる前は、この近隣地区でただひとつ美しい場所が、レストランとボクシングセンターのために使われていたと話す。[41] 自然の美があり安全な場所で運動できることは、生徒たちの健康を増進してくれるに違いない。

悪意に満ち勢力を拡大しているギャングの縄張りと隣り合う公園は、どれほど安全だろうか。元ギャングメンバーは、公園ができる前はこの地区は荒廃していて、住民たちは皆、怯えていたと話している。彼はまた、公園はギャングの縄張りへの近道なのだがギャングは公園を尊重するだろう、とも述べている。[42] 今までのところ、ギャングたちは公園を利用しても、ここで喧嘩をするつもりはないようだ。[43] 小さな子ども連れの家族、老人、若者は、公園を安全に感じると言っている。あるプログラムディレクターは、若者たちの行動の変化に気づいた。彼らは公園にいると、攻撃的

水は風力で農業用水から汲み上げられ、半月型の水盤に落ちる。ここから流れ出した小川はくねくねと流れ、川岸の生態系を作り、最後には涸れ川となる。都市の真っ只中なのに、我を忘れてしまうほどの自然が生まれた

でなくなり、礼儀正しくなるようだ、というのだ。若者がより丁寧な態度を示すという報告もある。[44] ホルヘ・ロペス〔Jorge Lopez〕は、公園事業が立案されたときからの近隣地区公園委員会の代表であり、自然公園ができてからコミュニティ全体が変わりつつあると感じている。彼は、近隣地区が「もっと自分たちのコミュニティの世話をするようになるだろう」と言う。[45] 変化が続くかどうか、さらに変化させる力があるかどうかは別として、この緑豊かな場所ができて、自然に生きることが可能になり、住民たちは大きな癒し、喜び、創造性、安全、自尊心、そしてコミュニティを手にしたのである。

自然に生きることは、推進する

都市を緑化すると、都市はエコロジカル・デモクラシーを推進する力を得る。なぜなら自然は、私たちのうちにある最も充実した人間性を呼び覚ますからだ。自然に生きることは、私たちの健康を守り、病気のとき、疲れているとき、ストレスを抱えているときには、癒してくれる。自然に生きることは、無茶をして気ままに遊ぶように私たちをけしかけ、わざとらしい気取った態度や抑制から私たちを解放し、逸脱して考えることを私たちに教え、そして私たちの純真さを思い出させてくれる。自然に生きることは、私たちの根源的な性質に気づかせてくれ（「o. g.」公園、私たちゃコミュニティのオリジナルなもの）、私たちにオウムガイの居住アートを教え（芸術作品を作ることが、すべての人の日々の暮らしに組み込まれる）、私たちがつながり、丁寧になるようにする。

都市をデザインし直し、日々の生活に多くの自然をもち込むことから、これらの利点が生まれる。自然は、近くにあるべきだ。自然は、休息を与えるよう、あくまでも前向きな感情を掻き立てるよう、不安を助長しないようデザインされるべきだ。自然は、過剰なまでに人工的な刺激を受ける毎日の生活で、気晴らしが得られるように形作られるべきだ。自然は、ダンス、歌、詩、創造を巻き起こし、まるで息をするのと同じようにそれらを生命の一部とするべきだ。自然の4元素があれば、以上のことがよく果たされようになる。自然の体験にもとづくデザインが、見通しを与えるべきである。自然のなかには、能動的な環境、受動的な環境、ひとりになれる環境、社交のための環境が必要である。自然は十分に大きく、相互につながるべきで、そうなると帯状の野生生物の生息地とレクリエーションの場ができる。同時に自然は十分に小さくあるべきで、すると居住密度を下げないで人々の暮らしの近くにあるようにできる。そして自然のさまざまな形態が、使いやすいものから野生のものまで、楽しめなければならない。これらすべての組み合わせが、私たちに大きな利点をもたらし、都市をとても魅力的なものにする。つまり、自然に生きることは、私たちの心に触れるのだ。

13

推進する形態

科学に住まうこと
Inhabiting Science

私たちが都市を本当に理解するとき、私たちが都市のなかの自分たちの場所を知るとき、私たちが都市を形作る多くの決定に十分に関わる方法を知るとき、そのようなときにだけ、都市は私たちを前に進めてくれる。理解は喜びであり、私たちを前に進めてくれる。選択もまた、私たちを前に進めてくれる。しかし現在、私たちはその両方を失ってしまった。

日本のランドスケープ研究者でありコミュニティ活動家の永橋爲介（ためすけ）氏は、私たちの現在の状況を表現してこう言う。「間違った情報をもつ善良な人は、間違った人である」。現在の私たちの社会には、健全な都市を実現するデザイン上の知識と技術が欠けていることは明らかだ。デビッド・オー〔David Orr〕が、生態系への無知と名づけたのがこのことだ。[1]

私たちが暮らす都市の生態系は、簡単には読み取ることができない。[2] 情報がありすぎても（そして、たぶんこれも理由になり）、私たちは何が重要なのかを読み取れなくなる。私たちの脳みそは、本物とは違うガラクタでいっぱいになっているからだ。私たちは、企業のロゴマークをたくさん知っているが、地元の植物相や動物相については何も知らない。[3] 富、技術、過度の専門化、専門家への依存、グローバリゼーション、農作業の消滅、標準化、移動社会への変化が、地域の生態系について私たちがあまりにも無知である理由だと繰り返し指摘されてきた。そのとおり、これらすべての理由から、特定の場所に根ざした地域の知識がどんどん失われている。アメリカでは激しい人口流動があり、多くの人はひとと

私たちが住むことを本当に理解し、住むことのなかに私たちの場所を知り、
住む場所を創ることに携わるときにだけ、住むことが私たちを前に進めてくれる

ころに長くとどまり、暮らさなくなっている。その結果、それぞれの都市がもつ生態系を理解できなくなっている。私たちのほとんどが、移住者なのだ。新しく慣れない場所では、人は「ランドスケープを読むことを少しずつ学ばなければならない」のだが、[4]私たちはそんなことに時間を費やしたりはしない。しかし自分が住む場所のランドスケープにある微妙なニュアンスを時間をかけて理解することを諦めたら、メディアによる浮ついたスローガンだけが、都市を作るための唯一の情報となってしまうのだ。このようにして私たちは、間違った情報をもつ善良な人になってしまったのだ。正確には、頭は誤った情報でいっぱいになっていて、現実的な知識も私たちが住まううえで役に立っていないのである。永橋氏の教訓の意味するところは、私たちは生態系の情報を正しく捉えることも、行動もできておらず、それどころか逆向きの誤った動きをしているということなのだ。

都市生態学への無知

その結果私たちは、自分を育んでくれる都市をいまだに創れずにいる。アメリカの建国者たちにとっても、これは重要な問題であった。ベンジャミン・フランクリン〔Benjamin Franklin〕は、情報にもとづく参加こそが道徳的であり、実現されるべきだと考えていた。一人ひとりの市民が発する意見こそが重要だと考えていたのである。これには反論もあった。広範な参加が十分な情報にもとづいたものになることはあり得ず、実際には責任ある民主的な社会が機能することはないだろう、という立場である。[5]トマス・ジェファーソン〔Thomas Jefferson〕はこの論争のなかで、民衆の心と手だけが権力を委ねられる唯一の安全な場所であることを鮮明に述べている。彼が構想したのは、土地に根ざし、土地の知恵をもつ自作農民が統治する国家であった。当時のエリートたちは、民衆はあまりにも暗愚で、慎重に扱うべき権力を任せることなどとても無理だと考えていた。これに対してジェファーソンは、人々から権威をとりあげるのではなく、人々が賢明な決定を下すのに必要で十分な知識をもてるようにすることが大切だと反論したのである。[6]ジョン・アダムス〔John Adams〕もまたこの議論の重要性を知っていて、人々が広範かつ全体的な知識をもたなければ、民主主義を維持することはできないと確信していた。[7]しかし今日でもこの問題は未解決のままで、現代のコミュニティの抱える最も深刻な問題が、人々が十分な情報をもっていないことなのだ。[8]

居住の形態を賢明に選択するために求められる知識のことを、概して**都市生態学**と名づけることができるだろう。都市生態学とは有機的組織体、たとえば人々、藻類、都市と、その周囲のすべての環境の間にある動的な相互作用である。とくに以下に示す3つの知識が重要になる。同じ場所に長く住むことから生まれる生態系のもつ力の理解、都市の生態系に関する科学的な原理の基礎的な知識、そしてこれらふたつにもとづいて、人々が共同で物事を決定するために必要となる公共の言語、である。

場所の経験から生まれる知識は、**土地の知恵**と呼ばれる。森やフォークダンスが生きているように、この知識も生きている。土地の知恵をもつ人は、場所とそこに暮らす人々が育む自然と文化を深く理解している。[9] この知識は、「長期間ひとつの場所で生活するために必要な、多くの事物」と不可分のものであり、土地の知恵とは「これが日々の暮らし、生きる糧と一緒になったもの」である。[10] 環境との密接な関係を観察し、感じ、確かめることから、土地の知恵が獲得される。それは、ある場所が真にそこでしかないことを知る、場所への深い理解なのである。この意味で、アメリカでは先住民、アーミッシュ、農家、漁師が、土地の知恵をもつ人々だと考えられている。土、水、食物連鎖、移ろう天候、これらと深く結びつき生きることで、この人々は自分の土地について、全体的かつ専門的な知識を育んでいる。科学的な研究と比べて、土地の知恵は驚きの感覚や必要性から導き出されることがわかる。[11] 生態系の力に直接頼らなくなった普通の人々に比べて、「生活を通

公共の言葉

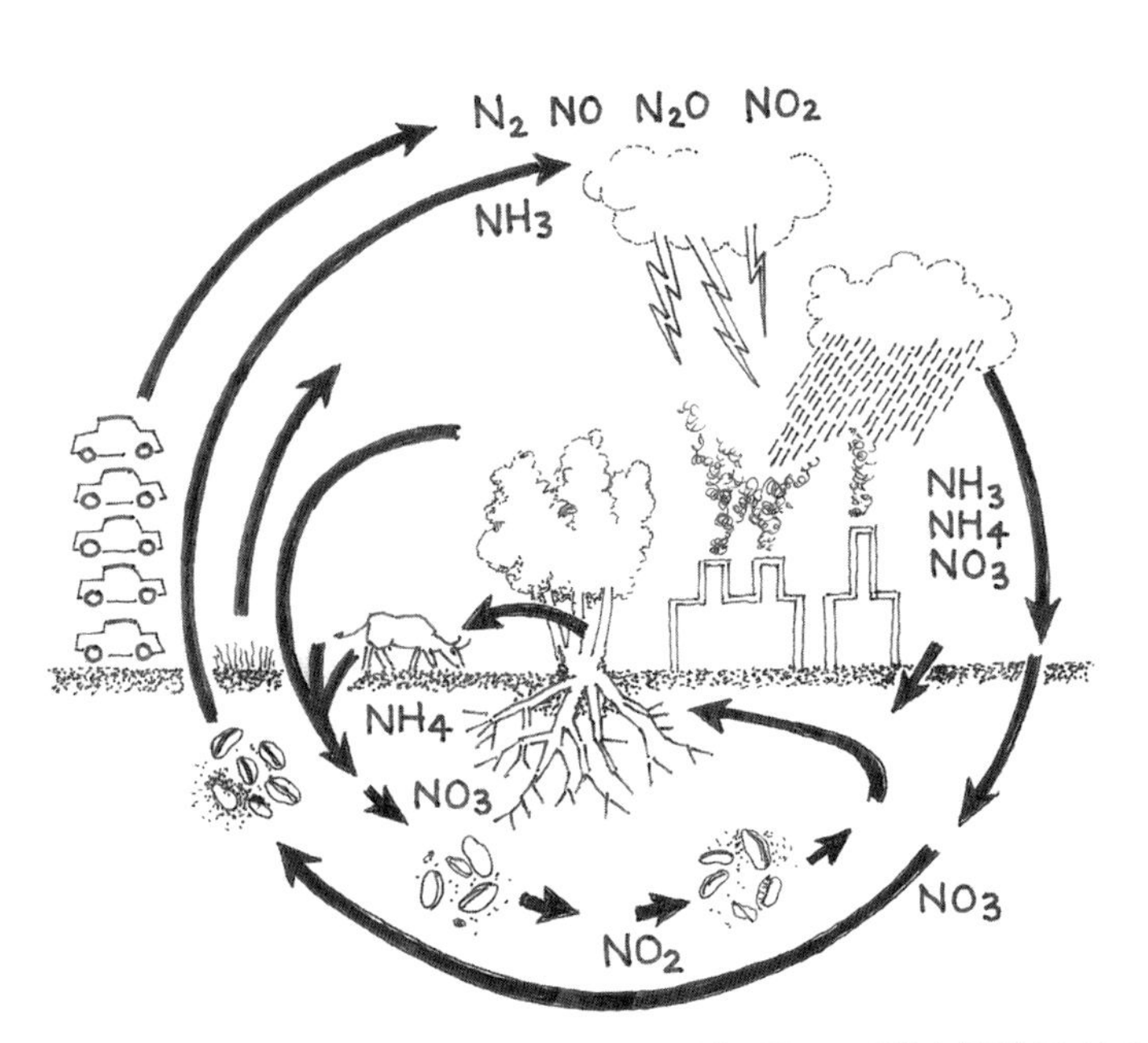

都市生態学とは有機的組織体と、その周囲のすべての環境の間にある動的な相互作用である

して場所との関係に大きな意味を求める人々には、今でも土地の知恵がしっかりと備わっていること」を、研究者は指摘している。[12]

デビッド・オーは、ほとんどのアメリカ人がこの知恵を失っていて、都市生態学に関する知識は再発見されなければならないと言う。私もまったく同感だ。[13] 自分の生活場所にある文化の微妙なニュアンスや生態系プロセスについて、私たちはあまりにも無知なのだ。たとえば従兄のドナルド・ヘスター〔Donald Hester〕と比べると、私は実際に役立つ知識をほとんど忘れてしまった。ドナルドは私たちふたりが育ったヘスター商店でずっと農業を営んでいて、ここの土地のすべてを知っている。私も昔は少しは知っていたのだが、40年も前に引っ越してしまった。私が移動し独立したことへの代償が、場所についての無学として現れているのである。たとえばこんな具合だ。あるときドナルドが、ノースカロライナ州でのウズラの減少を嘆いていた。私はなるほどと思い、「そういえばこの1週間、ウズラの鳴き声を聞いていないよ。ほんとうにいなくなってしまったんだね」と言う。ドナルドは、私の愚かさに驚いたと思うが、それを隠すように優しくこちらを見て言った。「だけどランディー、この時期、ウズラは鳴かないよ」。場所に根づくことによって、ドナルドはウズラのライフサイクルだけでなく、土地のあらゆる生態系プロセスの知識の宝庫となっている。同じように、一生を都市の近隣地区に暮らす人は、その場所の自然的社会的な微妙なニュアンスを知り、街で身を守るための知識を育む。しかし私たちの多くが、頻繁に引っ越すので、生来はもっている賢明さも宝のもち腐れになってしまった。そのうえさらに過保護な両親や多くの便利な技術が、子どもたちを自然のプロセスから隔てている。私たちはどうしてももう一度、土地の知識を育み、耕さねばならないのだ。

私たちにはもうひとつ、学び直しそして理解しなければならない知識がある。それが都市生態の科学の諸原理であり、どの場所へも当てはまる論理的な構築物である。草の根から育まれる土地の知識と対照的に、科学の原理が扱われるのはおもに学術的な生態学の領域だ。知識が厳格に探求され、実験により立証され、講義され、研究者相互が審査する論文として公表される。生態系のもつ基礎的な関係はもう長い間研究されてきたが、しかしごく最近まで、公教育においても、文化的な課題としても、人々の関心を引く対象ではなかった。40代以上のアメリカ人の多くは、学校で生態学を勉強していない。私たち大人は皆、環境的な危機を察知しているのに、生態系の果たす役割については、基礎的な原理すら知らないのである。そして生態系の真理を知らない中年以上の人々が、政策決定を行っている。私たちが学んだのは生態系ではなく、ロシアとの冷戦に勝利するための数学や科学であった。それでも生態系の危機に対して協議する場があれば、条件反射のように反応はする。しかし、本当に私たちが引き起こし、そして引き受けるべき文化的な変容について、科学的に判断する術は知らないのだ。私たちは、窒素、酸素、栄養分の流れ、アリー効果、周縁効果には関係がないと考えている。リサイクルこそするが、しかし廃棄物が出ないように循環の輪を閉じることについては無知である。また生態学の成果を有効に活用できない原因のひとつに、目前の課題に対応するだけの科学や技術、そしてそんな専門家への過度な信頼がある。たとえば、河川水文学における原理が河川工学と矛盾したとき、私たちの世代は往々にして工学的判断を選んでしまう。

都市の生態系の原理については、また少し異なる状況にある。ごく最近まで、自然保護を訴えるエコロジストたちが、都市に関心をもつことはほとんどなかった。その結果、自然の生態系から都市を考えることがなく、学問的に蓄積された知識も都市に適用できるものではなかったのだ。長い間、少数の都市デザイナーが、自然の生態系の分野での発見を都市デザインに応用しようと努めてきただけなのだ〔イアン・マクハーグ〔Ian McHarg〕がカルホーン〔Calhoun〕のネズミの研究を用いて、まちの中心部での人々の行動を導き出したことを思い出してほしい〕。領域を横断する理論的な試み自体が、約30年前に始まったばかりなのである。こうして発見される都市の生態系に関わる基本的な事実が、都市デザインの新しい理論を導き出すべきなのだが、そうはなっていない。都市デザインの実践的な面では、さらにひどい状況である。たとえば、適切な居住密度の必要性は、自然の生態系にあるアリー効果の都市への応用であり、約20年前に発見されている。たとえば健康と自然の密接な関係は、10年ほど前に初めて医学的に実証されている。しかし都市生態系に関する新しい知識は、十分に検証された後でも、受容されるまでに時間がかかる。それは新しい発見が、大抵既存の科学分野や専門家、従来の公共投資や人々の考え方などの強大な既得権益に反するからである。それでもロバート・ライアン〔Robert Ryan〕が、勇気づけてくれる現象を見つけている。新しい考え方が理解されればされるほど、私たちは生態系を大切にする変化を支持するというのである。[14] このような現象は、複雑な問題をときほぐすか、人々が複雑さをそのまま受容できるようにすることで初めて起こりうる。革新とその伝播の歴史からは、複雑な問題をときほぐし、また人々の受容能力を高めることこそが、エコロジカル・デモクラシーを語る公共の言葉を創造する重要な戦略であることを学ぶことができる。[15]

デビッド・オーが明らかにしたのは、私たちの生態系への無知が、いくつかの力の作用の結果だということだ。生態学とは、相互に連関する多くの物事を広範囲に考えることなのだと、彼は指摘する。「本当のところ何が何につながっているのか」。専門化された時代に生きる科学者にも、そして私たちにも、こんな風に考えることができない。オーはレイチェル・カーソンが『沈黙の春』を著したことに驚嘆の意を表しているが、それはこの本が生態系をめぐる複雑さを問うことなしには上梓され得なかったからだ。2章「つながり」で学んだことを思い出してほしい。塩素化炭化水素系の殺虫剤の使用と鳥類の生息数との関係は、従来の調査の範疇を越えなければ見ることができない。この連関を発見するためにカーソンは、農業の実態、鳥類学、化学など一見無関係にも思われる多くの専門分野の知識を学ばねばならなかった。そしてこれらの専門分野の科学者たちこそ、専門ばかと呼ばれる者たちなのだ。[16] 彼らには、そこにある連関がまったく見えていなかった。さらに言えば、私たちもこのような連関を見たがらないことがある。不都合な連関がそれまでの生活の仕方を揺るがし、不安定にしかねないからだ。実際、カーソンが発見した殺虫剤についての事実は、鳥の数の減少の大きな理由が私たちの食習慣や農薬を用いる食糧生産にあることを指していた。「私たちはついに敵を発見した。敵は、私たちの無知であったのだ」とポゴ〔Pogo、ウォルト・ケリー作のアメリカンコミックの主人公〕ならば言ったかもしれない。都市生態学が明らかにする複雑な関係が、これまでは気づかなかった責任を私たちに突きつけ、生活様式を考え直すようにと選択を迫る。だから都市生態学は、私たちにとって不可解で不快であり、生態的な言語の学習への抵抗の理由となるのである。同様に、生態学的な思考がもつ全体性が、あらゆる制度や機構への政治的な脅威となり、それへの挑戦となる。オーは、一方で机上の学習のみを重視する教育者を批判し、同時に都市内の自然の欠如について政策決定者たちを批判している。両者とも、生態学的な無知の推進者なのである。[17] 以上述べてきた理由によって私たちは、生態学の原理を適用し、自分の住む場所を創る、そのための準備ができないでいる。

土地の知恵、科学、そしてエコロジカル・デモクラシーの言語

土地の知恵の方が、科学的な原理よりも重要だという人もいるが、[18] しかし両方とも都市の形成を促すために不可欠であり、どちらか一方だけでは不完全である。ソローが、一方を優先することの致命的な欠陥を述べている。彼は、土地の知恵をもつ者と〔彼の時代には、地元のことはよく知っていても無学だと考えられていたが〕、科学に精通する者を比較し叙述している。「無学な者の知恵は、森のように生きていて豊かであるが、コケや地衣類に覆われており、大部分が理解しづらく無駄になってしまう。科学者の知識は、公共工事の現場に積み上げられた材木のようであり、まだあちこちで芽吹きもするが、そのうち乾燥し枯れるのは避けられない」[19]。土地の知恵は生きているが、明確に表現されない。科学的知識は使いやすいが、去勢され死んだものである。アンクル・イマ〔Ima Kamalani〕は、両者を備えていた稀有な人であった。彼はホノルルにある自分のハス農場の土や水を、自分の頭と身体で知り抜いていた。そして同時にその場所を支える水文学的な原理も十分に理解していて、他の人々にその生態系を説明していた。土地の知恵と科学的知識の間を、自由に行き来していた。私たちが都市を形成するために必要な公共の知識を得られるのは、このように土地の知恵と科学が結びついたときだけなのである。

土地の知恵と都市生態の科学の原理が協調してランドスケープ

の言語を創ると、ジェファーソンが思い描いたように、人々がこの言葉を使って議論できるようになる。[20] ランドスケープの言語は、土地固有の生きている言語であり、特定の場所がもつ微妙なニュアンスをじっくりと経験することから生まれる。一方で精密な生態学と全体像は、連関という原理が示す大きなフレームワークによって理解されるものである。これまで私たちはデモクラシーの言語を知らなければ、優れた市民にはなれなかった。今日では、エコロジカル・デモクラシーの言語を知らなければ、優れた市民になることができない。この本の15の原則が、エコロジカル・デモクラシーの言語のうち居住に関係する部分である。そして真の市民権が、場所に固有の生物学、生態学だけに依拠するわけもなく、私たちがよく知っている民主主義（デモクラシー）のプロセスによってもまた、支えられなければならない。私たちの言語が、正しい情報にもとづいた地域への積極的な参加、過去の利己的な行動に比して他者へ敬意をはるかに多く払う、責任ある参加を語れなければならない。極端に個人主義になってしまった現在の言語に対抗する言語でなければならない。[21] 私たちは、互いに学び、聞く方法を知らねばならない。私たちは、都市生態学を学ぶように、参加し、共同で作業し、価値を分かち合う術をもう一度学ばなければならない。そうすれば私たちの言語が古風な礼儀正しさとの連携、まったく新しく現れる公共の生態系、そして市民による環境保護を表現できるようになるだろう。草の根から沸き起こる正しい情報にもとづいた責任ある力強い民主主義（デモクラシー）を創造するだろう。[22]

土地の知恵を学ぶ

人々に価値を聞く

科学に住まうとは

科学に住まうとはどういうことなのか、と問われるだろうか。都市生態学の知識で十分なのではないのか。そう言ってもいいのだが、都市をデザインする際には、土地の知恵と科学的原理の両方を居住地区に組み込む必要があると私は考えている。住宅が土地の知識を必要とすることは確かなのだが、抽象的な原理もまた日常生活に組み込まれると意味を持ち始める。科学に住まうこととは、都市生態学の原理を日々の経験の一部にする人々の行為である。意識的に学んだり、無意識に身につけたりすることで、都市生態学の原理が、私たちの知識や生活の根幹をなすようになる。現在では多くのアメリカ人が、リサイクルの大切さを自覚し、日々の暮らしに組み入れている。それはもはや私たちの習慣となり、強制的なものでも苦労するものでもない。リサイクルが重要で、生活の一部であることを知っているからリサイクルするのである。科学に住まうことの目的は、都市のデザインと住まい方を、複雑で根源的である生態系のプロセスから学ぶことである。

　場所に息づいている生態系を学ぶことは簡単なことだ。夕日を眺め、先生に教わるといった経験が、感覚的な体験と知的な気づ

生態系のプロセスへの注目
地元のエコロジーの力・知識
科学的な原則の理解
情報に基づく議論
情報にのっとったケア → 奉仕
ライフスタイルの変化
情報をもつ人々のアクション

きを引き起こす。すると今度はすぐに喜びや理解がやってくる。次にこの過程が少しだけ複雑になる。感じることと知ることは、きちんと区別できないからである。感じることがより大きな気づきや学びや直観的な理解のきっかけとなることは、よくあることだ。そして、私たちが場所や生態系のプロセスを知れば知るほど、それがより多くの喜びを与えてくれるようになる。喜びがあれば、私たちはさらに場所や生態系のプロセスに注目し、学び始めることだろう。さらに、知的な気づきと感覚的な体験が同時に起こり、そこからさまざまな知識や抽象的な原理を学ぶことができれば、それは忘れ得ない経験となる。実地教育や現場学習と教室での授業の間には、大きな溝がある。[23] 理解すること（科学に住まうことの目的）は、私たちの無意識の経験からも、自覚的で目的が明確な教育からも、そして両者の相互作用からももたらされる。これを単純化すれば、土地の知恵は無意識の経験から、科学的知識は教育から、とも言えるだろう。しかしこの一般化がとりあえず妥当でも、ことはそれほど単純ではない。たとえば、私の父はとても賢い農民であり、生態学的な知識の大部分を農作業という経験から得ていたことは間違いない。父は、80年に及んだヘスター商店の経営を通して、土と天気の密接な関係から多くを学び、働いた。父はまるで身体のなかに高度計をもっているかのように、等高線に沿って正確に植えつけをした。父の植えた作物の列は、激しい嵐でも決して水に浸らなかったし、列が崩れることもなかった。土が浸食されないよう注意を怠らなかったので、土地はいつも豊かだっ

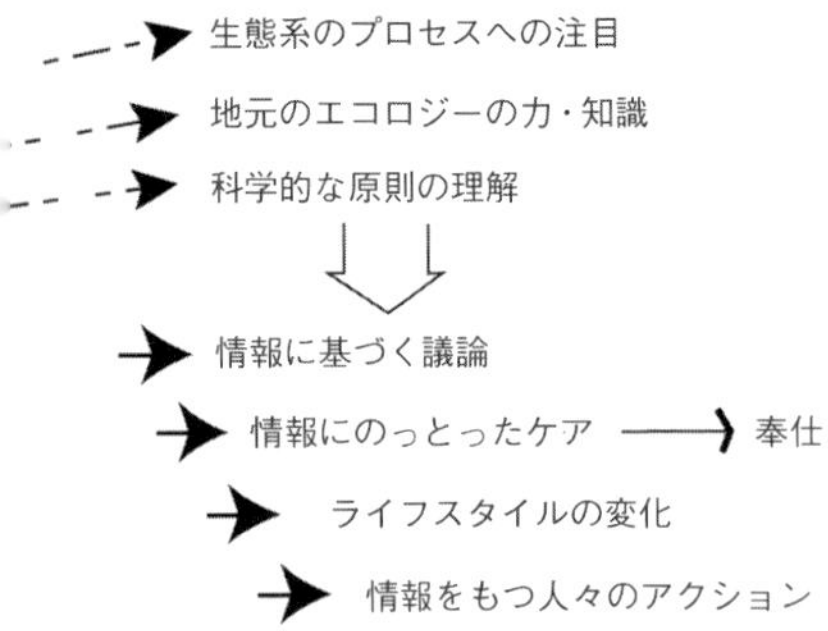

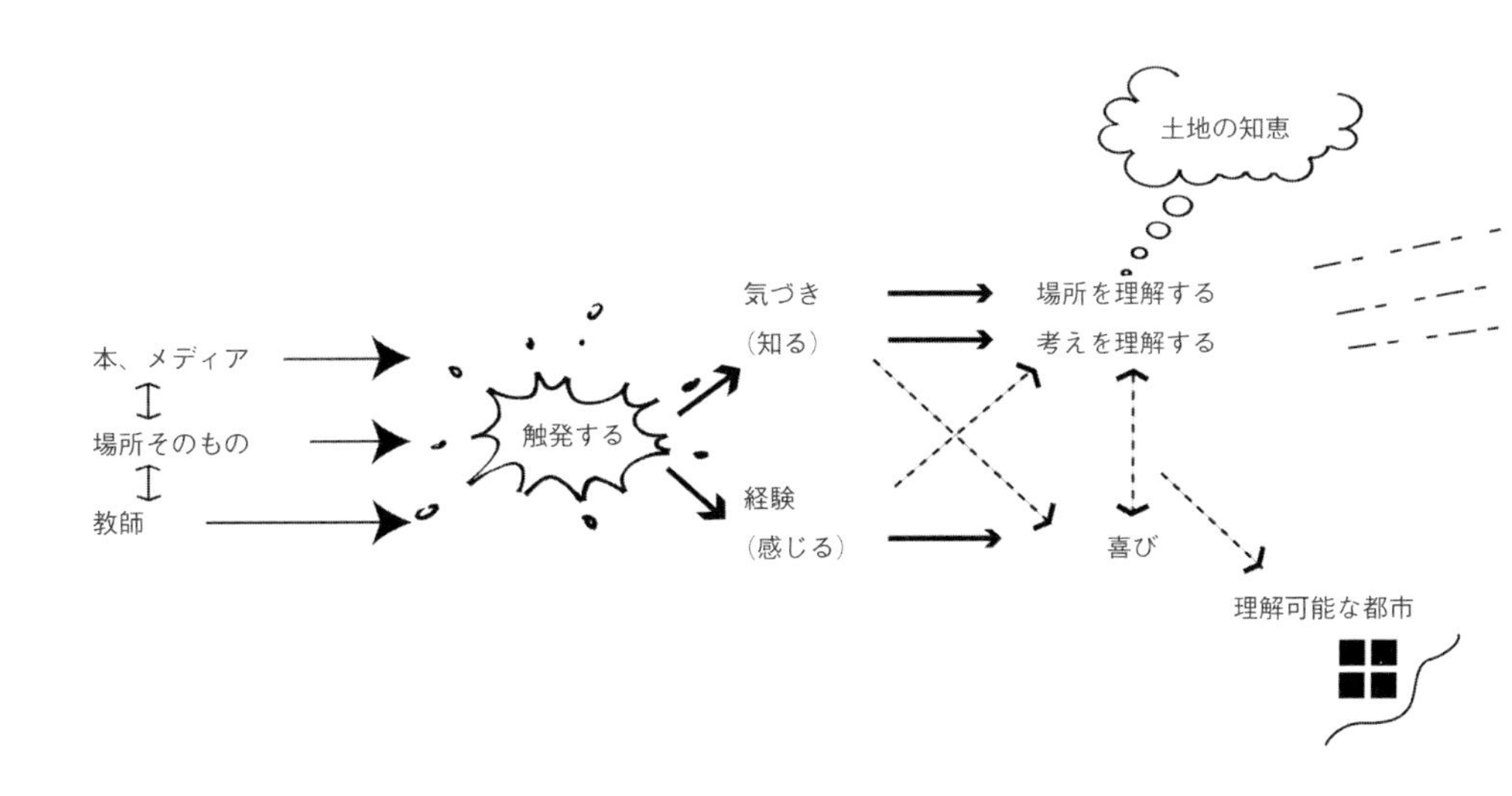

知ることと感じることの両方が、場所を理解し都市生態学を理解するためには重要である

た。私が等高線から外れて畝を切ると、「それ」を身につけていないのはラバかおまえくらいのもんだと、笑いながら軽口をたたいたものだ。父が言ったのは、等高線に沿って耕すなどという土地の知恵は、無意識のうちに知るものだということであった。父は、古くから伝わる地域の知恵や経験から多くを学んでいたが、同時に祖父からの教えで、プログレッシブ・ファーマー誌〔Progressive Farmer〕の土壌浸食の対策管理に関する記事を読み、アメリカ合州国の農務省向け作付面積を調べてもいたのである。科学的な知識を得るためには、土壌と流域の管理に関する特別なトレーニング、数学、太陽の角度や水平や垂直を測る機器の操作方法の習得も必要となる。今日の合衆国にある土地の知恵の多くには、このような生態系の原理についての実践的な教育の結果も組み込まれている。

経験することと教育を受けることが同時に起こると、そこからさまざまな結果が生み出される。自然と都市の生態系のプロセスへの正しい理解とより大きな関心、地域のランドスケープや都市の生態系がもつ特別な力についての知識と知恵、生態系に現れる科学的原理の現地での確認、地域・地方政府の政策や、土地利用や、デザインについての正しい情報にもとづいた議論、環境とコミュニティの管理と果たすべき責任、一人ひとりの生活スタイルの変化、正しい情報にもとづく行動などである。これらによって、私たちは自分の住む都市を理解し、都市のなかの自分たちの場所を本当に知り、都市の未来を意味あるものにする術を知る。ひと

ったのである。

第5に、資源を保護し、リサイクルし、再利用し、検証することを習慣にできるフレームワークが必要である。これがないと、都市を作る際の多くの細かな必要事項に圧倒されてしまう。私たちは専門家ではないから、再生可能な建材やリサイクルの最新技術のすべてを知ることはできないだろう。しかし、環境に配慮した生産、資源利用の輪を閉じること、健康のリスク、長期にわたるコストなどをチェックできる情報システムがあれば、適切なタイミングで正しい質問をすることができるだろう。あそこにある材木は、再生可能な森林で伐採されたものなのか。自分の住む都市は、地球温暖化とどのように関係しているのか。とてもきれいなブルーシートを製造するビニール工場の労働者は、何か健康上の影響を受けているのか。すべての道の幅員を1・5メートル狭めると、何ができるだろうか。原因不明の汚染をどうしたら減らせるだろうか。湿地の回復は可能なのか。環境汚染とコミュニティの破壊を計算に入れると、自動車の社会的コストはどれくらいになるのか。これらのことを問いかけることが、エコロジカル・デモクラシーを強める。時とともにこれらの細かな事々が、私たちの新しい習慣になるだろう。たとえば、放熱システムを技術的に理解するための質問から始めるのもよいだろう。こうして得た科学的な知識を土地の知恵と結び合わせ、都市の草地や森を戦略的に増やす方法を学び、最後には涼しく清潔な都市を実現するための都市デザインを手にするのである。

第6に、私たちが知り得ることには範囲においても規模においても、限界があることをよくよく理解する必要がある。小規模事業は、大規模なそれと比べて世界に害を及ぼさない。しかしグローバル経済によって、部分的な知識しかないにもかかわらず、つまり理解の範囲をはるかに超えているにもかかわらず、人間はますます巨大な決定を下している。無謀な決定が、2次的、3次的な影響を生み、それは到底私たちに予想できるようなものではなく、次々に文化やランドスケープを破壊する。[25] ロバート・セイヤー〔Robert Thayer〕が、これを隠喩的に表現している。私たちは、ほとんど理解していない。なぜなら私たちが見ることができるのは、氷山の一角だけなのだから。[26] ウェンデル・ベリー〔Wendell Berry〕は、私たちの知性と責任、両者に限界があると主張する。「私たちは、巨大規模の事業を遂行できるほど賢くないし、責任を自覚もしていないし、用心深くすらない」[27]。

第7に、私たちはさまざまな変化、たとえば地学、持続、腐敗や死、昆虫の変態などの変化を理解する必要がある。変化は生態系の根本である。しかし、変化を理解し受け入れることは難しい。変化は混乱させるからだ。結局のところ、私たちは世界に、そのまま止まっていてほしいのだ。エコロジカル・デモクラシーにとって必要で本質的な変化を起こすために私たちが学ぶべきなのは、変化を識別することである。きれいな蛹(さなぎ)からまだ翅(はね)の濡れているアゲハが現れること、オタマジャクシのしっぽがなくなること、これらの変態を見て私たちは、奇跡のような喜びを感じる。この変化こそを、私たちは理解する必要があるのだ。

すべて右に述べたような形の知識が、人々の生活と都市の理解に役立つだろう。私たちはこの知識から、意味、参加の力、そしておそらく新たな土地の知恵を受け取るだろう。この知識が、経験と教育の一部になることも重要である。しかし教育は、より多くの知恵を生み出すときにのみ役立つものだ。[28] 知識を身につけるのは簡単なのだ。都市をよくする過程で必要になる、市民の賢明な行動こそが本当に求められている。

都市のランドスケープから学ぶ

知識の蓄積がどのように知恵の会得につながるのか、私には幾分不思議に思われる。コミュニティにとって、何が本当で正しく、いちばんよい方向への活動なのかを判断できる能力は、稀有な才能である。知恵は、経験とともに出現する。経験とは長い期間、ひとつの場所に住むことであり、人間とランドスケープに調和し共感できることであり、苦しむことであり、将来への見通しのなかに潜む無意味な考えを峻別する能力を身につけることである。知恵は知識を必要とし、善良さという特別なフィルターを通してその知識を加工する能力を必要とする。

私たちは居住、生態系のプロセス、都市の創造に関する知識を、さまざまなところから得ている。私たちはきちんとした管理あるいは乱雑さを、家族や友だちから学ぶ。私たちは都市の自然の生態系に関する情報を、テレビやメディア、教科書、書籍、教室での授業から得ている。[29] エコロジカル・デモクラシーを広げるために教育内容を充実するには、公教育を大幅に変更しなければならないだろう。[30] 他にも多くのことが、私たちの都市生態系に関する知識に大きな影響を及ぼしている。私たちは子どものころ、どこで遊んでいただろうか。子どもたちが世界を発見するのを後押しし、旗を振って応援してくれる大人がいなかっただろうか。[31] 子どもの遊びからも（よくできた地図、近所でのガラクタ拾い、旅行やキャンプ、ごっこ遊び〔environmental simulation〕など）、都市の生態系を学ぶことができる。[32] 私の息子が今でも大切にしている経験のひとつがデイキャンプで、そこで子どもたちは自分たちの生態的都市、憲法、政府を創造したのだった。この体験型の総合的な学びが、息子に一生の思い出を残したのである。

しかしこの本の焦点は、物理的な環境から私たちが何を学べるのかにある。都市デザイナーがランドスケープを創造し、意図的にせよそうでないにせよ、そのランドスケープが次へとメッセージを送る。私たちを取り囲むランドスケープは、いつも私たちに何かを教えている。マイケル・サウスワース〔Michael Southworth〕は、20年以上も前にボストンでこれを実践した。彼は、都市で起きるさまざまなプロセス（行政や産業や生態系や社会資本のプロセス）を目に見えるようにし、そして都市生活を理解できるものとした。彼はこれを、**教育的な**都市と名づけている。もし人間と環境との相互依存が目に見えるようになれば、都市政策が引き起こす酷い結果を見逃すことは少なくなるとサウスワースは言う。「本当に酷い過ちなどは、強調され伝えられ、広められるだろう。そして解決策もまた、環境に関わる決定が正しく下された場所を示し、具体的に広報されるだろう」[33]。これこそ、人が教える環境教育とは別の教育なのだ。サウスワースのデザインした都市景観は、それ自体が人々を教育するのである。

ロビン・ムーア〔Robin Moore〕とハーブ・ウォン〔Herb Wong〕も同様に、校庭や空き地などのありふれたランドスケープに地域の生態系がよく見える近隣地区を創った。この地区では、変化のプロセスが簡単に見て取れる[34]。芸術家のニュートン〔Newton〕とヘレン・ハリソン〔Helen Harrison〕も、壊れやすい生態系システムや絶滅危惧種を明示する芸術を製作している。最近ではこの種の芸術は、生態系を明示するエコレベラトリーデザイン〔ecorevelatory design〕と呼ばれている[35]。以上のような都市デザインは、文化的かつ生態的な現象、プロセス、さまざまな関係がランドスケープに明示され、翻訳されることを求める。つまりランドスケープがランドスケープ自体を教えるように求めているのである[36]。

この試みの背景には、3つの問いかけがある。第1に、そのようなランドスケープは私たちの知識に新たな何かを加えているのだろうか。この疑問に直接答える研究はほとんどないのだが、おそらくは何がしかを付け加えているのだろう。しかし、その影響は限定的である[37]。

第2に、ランドスケープは教えるというが、本を読んだりキャンプに行ったりする教育活動と同じくらいの効果があるのだろうか。これに答えることは私たちには荷が重いように思う。それでも都市生態学をさまざまな方法で教育することが、きわめて重要であると思う[38]。幼少期に自然と触れ合うこと、少年期に人生の先輩や時代を画する本と出会うことも重要な教育である。いずれにしても、本から読み取れることだけでは不十分なのだ。なぜなら、自分の経験を通してはじめて、本に書かれていた言葉が意味あるものとなるからである[39]。幼少期の経験や大人からの励ましには、それにふさわしいランドスケープが必要なのである。

第3に、何がランドスケープを経験にふさわしいものにし、都市生態学の知識を伝えられるようにするのだろうか。ランドスケープは野生であるべきなのか、浪漫的で自然主義的なものであるべきなのか、枠にはめられるべきものなのか、大胆に演出されるべきものなのか、それとも内臓を晒しだすように脱構築すべきなのか。単純な答えはない。無骨な野性的で自然主義的なランドスケープは、子どもが大人と一緒に歩き、経験する豊かな自然環境となる。大地、岩、草木、水、空のようなランドスケープは、前章で述べた自然療法、自然主義、自然に根づくことのどれにとっても、重要な役割を果たす。サウスワースは、過剰で大げさな演出が、認知密度を上げてしまい、都市の回復力を損ない、人々にストレスを与えると警告する。余計な情報のない静かな場所が、とくに都市の中心部では、よい情報を与える教育と同じくらい重要なのである[40]。つまり人々が集まって暮らす近隣地区では、ランドスケープは静穏をこそ伝えるべきであり、不安を駆り立てるようなものではいけない、という提案である。同じことが、近隣地区や日常生活の場である公共のランドスケープすべてに該当する。また教育的なランドスケープは、人々が必ず通らなければならない場所でなく、行きたいときに行く、そんな場所でその本領を発揮すべきである。あるいは、教育効果が最も上がりそうな公共の場所のランドスケープとなるべきである。[41] かつて共有していた土地の知恵を急速に失いつつある人々には、控えめな表現のランドスケープが好まれるだろう。このようにランドスケープを表現するデザイン手法が、推進する都市のために非常に重要である。教育的な都市ランドスケープに関しては、次にあげる5つのデザイン手法が、エコロジカル・デモクラシーの展開に役立つだろう。発見するランドスケープ、耕すランドスケープ、教育するランドスケープ、科学的なランドスケープ、論争を呼ぶランドスケープである。

発見するランドスケープ

発見のランドスケープは、そこに居る者が教えて欲しいと思うときにだけ、教えてくれる。このランドスケープの多くが、自然で実用的でときには少しだけ人工的であり、意識して何かを表現するものではない。私は、発見のランドスケープには4つのタイプがあると考える。それは、自然の経験、明快な楽しさのシステム、特徴の示唆、記号と尺度、の4タイプである。

少しだけ自然なランドスケープ、あるいは自然を模倣したランドスケープでも、人々に発見を促す。このランドスケープが、サウスワースの言う「静かな」場所を作る。さらに発見を導くように意識的にデザインすれば、場所が学びを促し、自然がストレスを軽減するようにできる。一人ひとりの発見とランドスケープからもらうアドバイスが、学びとなる。テリー・テンペスト・ウィリアムズ〔Terry Tempest Williams〕が、その例を示している。「私は大地から教えられていることにまた気づいたが、それは立派な2羽のアオサギが私の上空を飛んでいるときだった。鳥たちはゆっくり羽ばたいていた。あまりにもゆっくりだったので、私はすべての場所でエネルギーが保存されていることに突如気づいたのである」[42]。この例では野生のランドスケープが、エネルギーの保存則を教えている。デビッド・オーは、「自然についての多くの本が出版されているが、一方で自然を直接経験する機会が減っているので、人々の生態系を理解する能力が低くなっている」と訴えている。オーの解決策が、「より多くの都市公園であり、サマーキャンプであり、グリーンベルトであり、自然区域であり、公共所有の砂浜」である。多くの木々や川辺のオープンスペースがあり、濃い緑に包まれた都市が必要なのだという[43]。

人々が実際に経験し、教育的な効果を理解すると、こういう場所がもっと必要だと言うようになる。[44] ソロー〔Henry David Thoreau〕はこの戦略を推し進める。彼は、野生のままの自然とは人々が発見することによってのみ出現し、すると今度は生態学の諸原理を教えるすばらしい教師になるということをよく知っていたのだ。都市のバランスをとるのは何かという、自身の問いには、以下のように答えている。

> 滝や湿地のある川、湖、丘、崖、一つひとつの岩、森、1本だけそびえる古木。これらのものは美しい。そして金銭に換算できない高い効用がある。賢明な住民であれば、高い代価を払ってでも川や森を守ろうとするだろう。なぜなら、どんな教師や牧師や学校教育システムよりも、これらの自然がはるかに多くのことを教えてくれるから。[45]

ソローと彼以降の多くの学者は、都市内の半野生を経験するために、意図的に生態系を見せるような細工は要らないという。都市生態学の知恵を学ぶために必要な、唯一で最も重要な都市デザイン上の規格は、野生で自然の場所があることなのである。つまり都市には野生の自然がどうしても必要であり、それが、どの住宅からも400メートル以内にある近隣地区の間の境界となり、さらに互いにつながってどの住居からも3・2キロメートル以内にあるグリーンベルトを形成し、都市の境界となる。これら野生の土地には、積極的に生態系を見せる場所があってもよいが、しかし自ら発見するという教育が主となる。

人々は、自然のランドスケープだけでなく、人工だけれども静謐で目で見ることのできる都市システムにも多くの物事を発見できる。私が何度も思い出すのは、京都の川と疎水だ。ここを流れる水は、美しさのもたらす喜びの源泉であり、直接に、しかし穏やかに人々を教育している。

生態系を最も簡単に、そしてはっきりと示してくれるもののひとつが、水である。[46]教育素材として水を選択するとよい。水は相互につながったシステムであり、水は「つながり」や「特別さ」など、エコロジカル・デモクラシーの多くの原則を明らかにする。水は動植物の生態を知るために、他にはない役割を果たす。水は、参加を招き入れる。京都では疎水が、哲学の道を散策する人々に寄り添い、子どもがはじめて渡り鳥を見る機会を創り、田に水を注ぐための灌漑用の水弁が開いたときには見物人に驚きを与え、子どもたちに水質と生物の多様性について授業し、人々に泳ぎや釣りの場を与えている。植物学、地質学、地形学も同じことを教えてくれるのだが、普通、水ほど劇的な効果はない。

人工的な環境についても同様である。鍵は、生態学の原理を生かしてデザインされた近隣地区に住み発見することにある。コミュニティに活発な市民生活があり、歩いて行ける「センター」があり、適度に高い居住「密度」があれば、その暮らし自体に経験や喜びや多くの利点を与えてくれ、エコロジカル・デモクラシーを教えてくれる。喜びを生み、目に見える循環のシステムに、もしひとつだけ欠点があるとすれば、それは私たちが物事の表面の理解に止まってしまうかもしれないということだ。見えるシステムから、地下水、地下水位、帯水層への水供給、道路からの原因不明の水質汚染、「密度」や「中心性」のように、複雑に絡まりあう人工的環境の複合体のつながりが、発見されることはないだろう。

ランドスケープの特徴を強調して見せるのが、発見のデザインのためのもうひとつの戦略である。デザインする場所が沼地であるなら、より沼地のようにする。デザインする場所が貴重なケスタ地形（一方が険しく他方がゆるやかな山の背の地形）であるならば、ゆるやかな傾斜をよりゆるやかに、険しい崖をより険しくすることで、岩の尾根の特徴を強調する。ランドスケープがただ平坦ならば、その平坦さを特徴とする。最初は普通に見えたとしても、すべての敷地が特徴をもっていて、私たちに何かを教えてくれる。強調すべきランドスケープの特徴とそこにある生態系は、場所と地方に関するものでなければならない。ランドスケープの特徴は、仕掛けで見せるのではなく、本当に現れるものでなければならない。[47]

テリー・ハークネス〔Terry Harkness〕が、イリノイ州に自分の家をデザインしたときには、大地の平坦さを強調し表現した。農地の肥沃さ、点在するフェンスや列植された樹木、そして平坦さが強調する地平線。このデザインが、喜びと発見への招待となっている。[48]ジョージ・ハーグリーブス〔George Hargreaves〕の農場では、普段なら誰も気にかけないような地形へ、人々の興味を向けるように大地の形を強調している。都市でもリンダ・ジョエル〔Linda Jewell〕が同様に大地の形を強調するが、その理由は違っている。リンダは、地下駐車場の構造を誇張するように地表をデザインしたのだ。地下のコンクリート柱との接点が、上部の土や木の重量を支える場所だからだ。彼女は刈り込まれた芝生の気持ちよい緑の海を造り、同時に隠れた地下の構造を示す。控えめに表現されたランドスケープは、人々の好奇心と、自分で発見し学ぶ喜びをもたらしてくれるのである。表示板や標識も同じ働きをもつ。複雑で目に見えないプロセスを、そっと引き出すことができるのだ。「1954年2月洪水時の最大浸水ライン」、ある谷の壁に書かれたサインは、わずかな言葉で多くを語っている。

ジョー・マクブライド〔Joe McBride〕は、カリフォルニア州立ジャクソン森林教育公園〔Jackson Demonstration State Forest〕の学習コースに、ガイドブックの数字に合わせた10センチメートル四方の数字板を配置した。小さな板に書いてある数字は、地元の人た

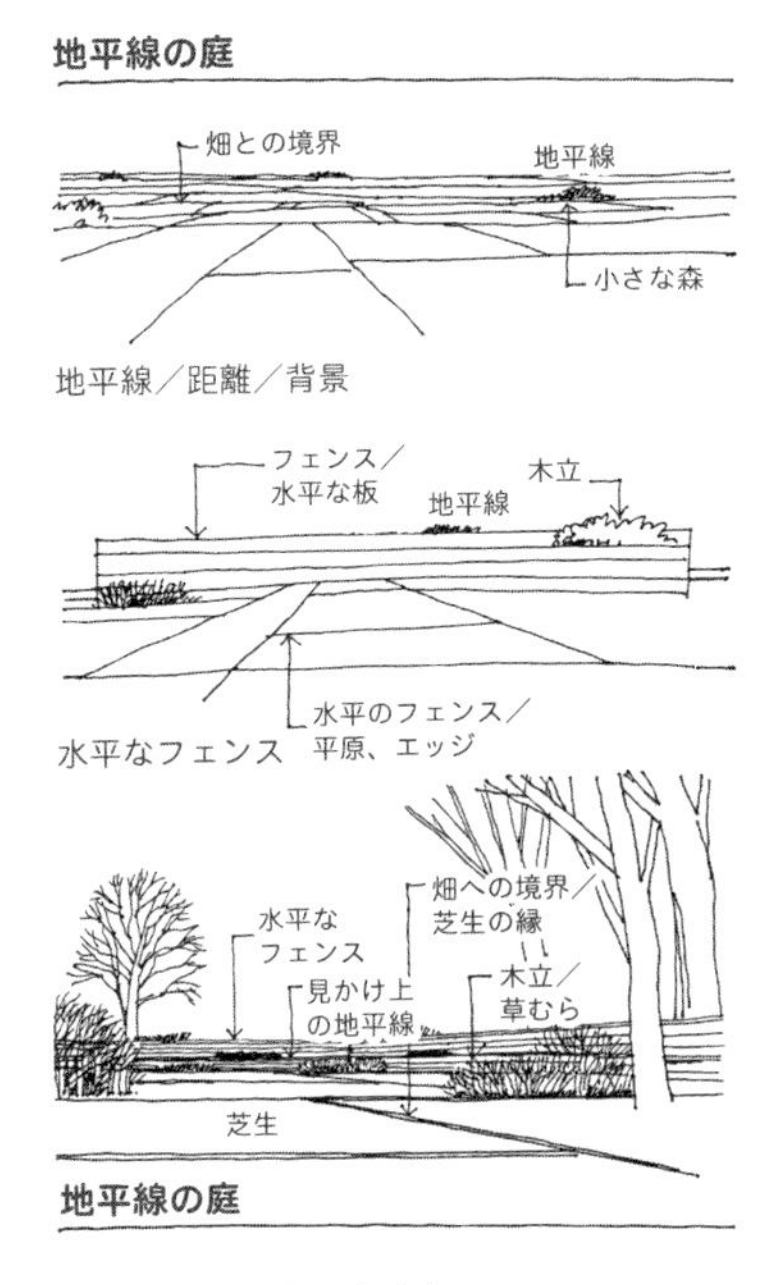

イリノイ州の特徴を表す庭

口2500人以上の町に住むのは、わずか6パーセントだった。そんな小さな町では、まだ農地が日々の暮らしの一部であった。ほとんどの人が、農業の知識をもち、使って生きていた。1960年には、農村人口がわずか37パーセントになった。63パーセントの人々が都市に住み、農業とは切り離された生活を送り始めた。農業は、人にさまざまなことを教えてくれる。それは、自然が人々に教えるのとまったく同じなのだ。自然と農業が両方とも身近にある人々は、自然のプロセスについても学び、能力と自信を得る機会をはるかに多くもつことになる。[52] 農業には、水、酸素、窒素、炭素の循環など、重要で複雑な目に見えないプロセスを理解することが求められる。実際、エコロジカル・デモクラシーを実現する都市デザインのために必要な知識は、そのほとんどを農業から学ぶことができる。人々が都市生態の科学を学ぶために、農業が都市の日常生活に組み込まれるべきであり、この点からは、都市の範囲を画す農地だけでなく、居住密度を高めた近隣地区や、校庭、屋上、バルコニー、コミュニティガーデンにも農地を作ることが重要となる。生態学的な知識を効果的に得るためには、小さい都市農園をそこここに作り、人々が食べものを育てる場を作ることだ。すべての子どもたちに、自分の食べるものを作る機会を与えよう。試行錯誤から学ぼう。収穫が失敗する。子どもたちは驚く。つまり、都市農業が放つ輝きは、私たちが大地を耕しているそのときに、大地もまた私たちの心を耕している、ということなのだ。

耕すランドスケープ

教育するランドスケープ

都市は博物館である。その地方の歴史の入れ物であり、自然と文化の間の生き生きとした相互作用、適応方法の容器である。不幸なことに、都市についての面白くて、しかも重要な知識の多くが、無味乾燥なコンクリート壁や、分断された土地利用、張りめぐらされたフェンス、硬く水を通さない舗装によって隠されてしまった。とくに都市生態学の機能や原理についての知識を得られる現場は、簡単に見ることができない。これらの知識は、武装した警備員、監視カメラ、不法侵入禁止の警告によって監視されている。だからこそ、教育に役立てるために、都市でも生態系が働いていることを積極的に主張するデザインが必要なのである。

マイケル・サウスワースは、教育的な都市を作った経験から3つの希望に満ちた事例を示してくれた。子どもたちを自分の住む都市や地域にあるまだ行ったことのない公園へ連れていくこと、住民や来訪者がその地方の魅力や行事を学べる情報センターを設けること、都市全体を壁のない学校教室にすることである。[53] どの事例も、自然と文化のプロセスをきちんと学習する方法を模索するもので、とても意欲的なプログラムである。すべての事例が重要であったし、今もそうあり続けている。これらのサウスワースの仕事は、多くの物事を目に見えるようにする提案であり、人間形成期にある若い世代が、現在よりもはるかに多様な経験ができるよう、都市をデザインし直す方法を教えている。都市の隠された面を目に見えるようにする必要があり、そうすれば子どもたちは、エコロジカル・デモクラシーが培われる場所として都市を創造する準備ができる。都市の隠された面とは、たとえば以下のものだ。都市のインフラ（上水道網、雨水排水、下水設備、電力供給網、生ゴミ処理、有毒廃棄物の再利用、廃棄物処分、交通網）、あらゆる職種の仕事（ファックス送信事務から屠殺業まで、食品加工業から製造業まで）、行政（そして行政と民間企業の関係、公共の利益のための制度と実態）、都市における自然のプロセス（どのように機能しているのか、どのように共存してきたのか、どのようにうまく管理されているのか）、都市の未来

教育する都市のランドスケープ

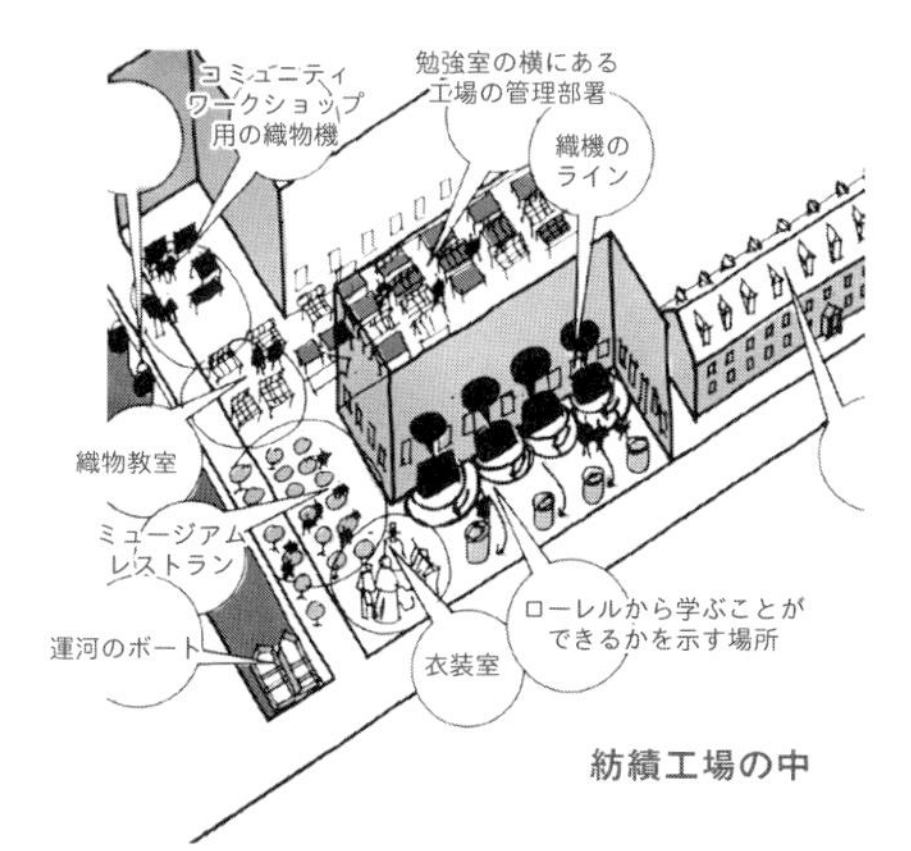

隠れた都市を明らかにする

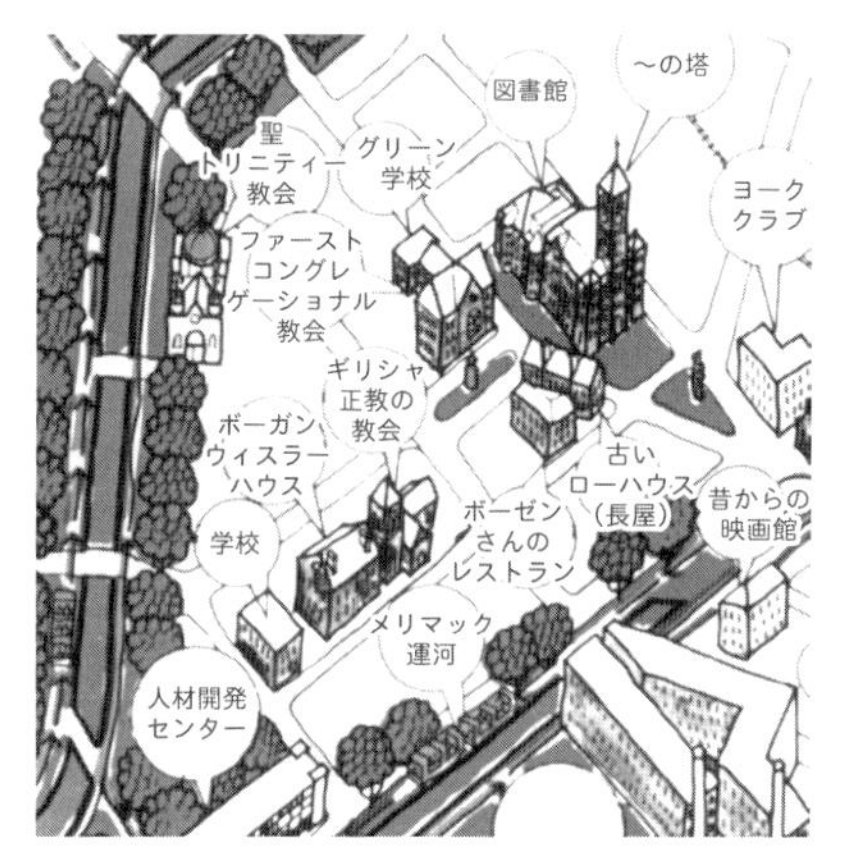

学べる散歩道

への提案（個々の建物やオープンスペースの計画から地方全体のそれまで）、などである。都市における自然のプロセスをつまびらかにするサウスワースの提案のひとつに、大気汚染の監視装置がある。これは、一見、どんな都市にもある大きな時計台や温度計のようなものだが、危険な汚染物質が閾値を越えると黒く色が変わるようになっている。同様の監視装置で、コンクリートや植物の熱吸収を表示したり、排気ガスを測定したり、騒音レベルを示すこともできる。

サウスワースは、マサチューセッツ州ロエル市に作った発見のネットワーク（Discovery Network）で、これら都市の隠された面の多くを明らかにしている。ロエル市は昔日の最先端の織物工業都市であるが、南北戦争後に繊維工場が南部に移り、長い長い低迷が始まった。サウスワースがこの町で仕事を始めたときには、雇用、そして町のアイデンティティが失われてしまっていた。サウスワースには不況を脱出するアイデアがあって、それは運河に沿う歩道ネットワークを作ることであった。この歩道では、ロエル市の過去、現在、未来を学ぶことができる。人々は、歴史的建築、使われなくなった織物工場の施設、ガスタンク、その他過去の仕事を思い出させるもの、そして織物工業の中心にあった運河を見て学習する。彼は、水運と水力発電のための重要施設であったフランシスゲートの修復を呼びかけ、博物館の建設を推し進め、2世紀も前の織物の生産工程を見られるようにした。だが本当の発見は、運河沿いを歩くときに起こる。この町の歴史の断片が、歩

マサチューセッツ州ロエル市は、教育する都市となるデザインを採用した。フランシスゲートのような水路設備が復元され、水力発電が再開された。これらはかつての織物産業にとって非常に重要な施設であった

く人の前に次々に現れるのである。この発見のネットワークは、ワシントンDC以外ではじめて都市部の国立公園として指定された。今日では、サウスワースが提案した運河のボートツアーや線路跡ツアーが実施されている。彼の計画が実施されてから数十年、ロエル市は困難な再生への道を歩み、新しい雇用を創り、新しいアイデンティティを獲得した。このように教育的な都市は、教えることをはるかに超えるのである。[54]

右の事例には、多くの教育するデザインの戦略が示されている。ほとんどの都市インフラは、中央施設、分岐施設、都市の各地区への接続施設からなる。そのような施設を、人々に見えるようにデザインすることができるし、また上下水道や発電所と送電網、その他の都市インフラを、経験しながら学べるようにデザインすることもできる。都市インフラのツアーを学校のカリキュラムに組み込み、あるいはコミュニティの行事にすると、人々は自分たちの生命を支えているサービスをしっかりと学ぶことができる。

他のデザイン戦略は、直に仕事の現場を観察できるようにすることである。のっぺりとした工事用の壁に現場の作業を覗ける窓を設けるなど、本当の仕事が見える安全な場所を用意するのである。今日ではこのデザイン戦略が、とくに重要となっている。最近の子どもたちは、さまざまな仕事を直接見る機会がない。しかしもしそんなチャンスがたくさんあれば、将来就きたい仕事を決めるのにすごく役に立つだろう。ただしこのデザイン戦略を採るときに注意すべきは、ただでさえ過剰な刺激に満ちた現在の都市環境に、さらに視覚的なノイズを加えたりしないことだ。そうではなくて、人々が望んだときにだけ探し出すことのできる仕組みを用意するのである。同じ理由から、もし公共の場所にモニターを設置するのであれば、最も危機的なそのまちに特徴的な生態系の問題に焦点を絞らなければならない。そういった場所だけが重要な場所になり、ランドマークとなるべきなのである。モニターに示されるのが、たとえコミュニティの健全性が損なわれている現実を知らせるものであってもだ。以上のことは、都市がただ機械的に教育する場となってしまわないために大切なことだ。[55]ほとんどの場所では、教育的な装置が、簡単に利用できたり、容易に無視できたり、人々が選択できるよう置かれるべきだ。都市の生態系を見せることが、押しつけになる必要はないのである。

すべての近隣地区センターやその他適当な場所に公共の情報を扱う小さな図書館を設置するべきで、都市の生態系がどこで、どのように現れているのか、人々がどのように政策決定に参加し、ボランティアできるのかを教えるべきである。こうしてエコロジカル・デモクラシーを実践する生活のさまざまな面で、市民たちが互いに影響しあうパートナーとなれるのである。[56]

科学のランドスケープ

多くの都市には、研究のための土地が確保されている。大学や工場や農場の実験区画、植物園、森林公園、学習用の林園、気象観測所、河川や湿地や草地の復元事業、絶滅危惧種の生息地、市民による科学プロジェクトなどの場所である。市民による科学プロジェクトの場所とは、大気汚染と水質の観測ポイントや、毎年やってくる渡り鳥を数える繁殖地など、多岐にわたる。自宅のランドスケープでも、風見鶏や雨量計や大気中の浮遊物測定器などが基礎的な科学研究の場となる。[57] このようなランドスケープは、市民が厳密な観察、研究の体系、データ分析、仮説の検証、さまざまな自然法則、都市の生態系に関する理論を学ぶ場所となる。人々の近くにこのような場所があれば、科学のもつ抽象性が、現場での調査という経験を通して具体的なものになる。科学のランドスケープが、日々の生活のなかで住み込まれるのである。

地域環境の観測を通して、市民たちは科学者となり、都市に関する科学的な諸原理を理解する。すでに市民科学者はボランティアとして体系的に科学的情報を収集していて、専門の研究機関、さまざまな実験プログラム、データバンクなどが、これを利用している。また彼らが地域のデータを集めて、市民活動や自然研究に携わる人々に提供することも少なくない。どの場合でも、市民科学者が、科学に住み込んでいる。

カリフォニア州サンホセ市の近くにある州立ソクェル森林教育公園〔Soquel Demonstration State Forest〕では、市民と科学者が実に多くの調査、研究を実施している。朽木が魚類の多様性に及ぼす影響に関する研究、材木搬出道における土壌浸食のコントロール手法、猛禽類の営巣場所を作るための樹冠部の剪定、馬による木材搬出、水生昆虫の観測などである。この森林教育公園には、郡の教育カリキュラムである野外学校、森林管理ボランティアを育成するための大学キャンパス、市民の調査や科学的実験のための研究施設が整備されている。森林公園周辺に暮らすあらゆる年齢、性別、階層の住民が、これらの施設を利用し科学研究に携わっている。こうした調査、研究が継続された結果、本当に稀有なことなのだが、この地域の市民は自分たちの暮らす流域のことを完全に理解している。市民によるソクェル川の流域管理に関する議論は、詳細な知識に裏打ちされた高いレベルにある。普通、森林で行われるさまざまな活動を人々が目にすることはない。しかしここでは、意識的にそれが見えるようにしているのである。

市民が公共の目的のために科学的な研究を行うこと自体は、新しく始まったことではない。その起源は１００年以上前に、気象庁の天気予報のための天候データを集めた全国の市民ボランティアにある。１９００年には27人のボランティアが、オードボン・クリスマス鳥のカウント調査〔Audubon Christmas Bird Count〕を開始している。これがアメリカで最も長い期間継続されている鳥類学の研究プロジェクトで、今日では5万２０００人のボランティアが参加している。コーネル大学の市民科学プログラムでは、２万人のボランティアが自宅の裏庭に飛来する鳥を数えるプロジェクトに参加している。ボランティアの人々は、他の分野でも、複雑な科学研究に携わっている。鳥やチョウを分類する人々、ウズラの生息数と生息地を分析する人々、野生生物の通り道を地図化する人々などである。また多くの市民ボランティアが、石油精製所の影響を受ける地区の水や大気の汚染を観測し続けている。1993年の調査では、全国で500以上の河川、湖、湿地、井戸の水質監視プログラムが確認されているのだ。[58] これらの研究調査プロジェクトは目覚ましい成果をあげているが、同時に市民が受ける科学的な教育効果も大きい。市民のボランティアたちは科学に貢献するのみではなく、よりよい科学、より情報にもとづいた決定、多くの分野の横断的な検討、これらを主張できる人々になるのである。[59]

以上の理由から、すべての近隣地区に、市民の科学者が正確な調査研究を実施し、観測できる場所をデザインし用意すべきであることがわかる。なかでも、河川の水量と水質を計測する機器を適当な場所に設置し、市民に理解できる常設施設とするのがよい。科学のための場所こそ、積極的なデザインがふさわしい場所であり、とくに「人間が直接知覚するには大きすぎ、小さすぎ、広すぎ、複雑すぎ、速すぎ、遅すぎる」、そんな自然現象を顕わにするためには、独創的なデザインが合うのである。[60]

都市デザイン事業とその成果などは、不確実なものだ。都市デザインは実験として捉えられるべきであり、人々が年月をかけてその価値を評価すべきなのである。[61] スーザン・ガラトビッチ〔Susan Galatowitsch〕が、都市の改善には長期間の努力が必要で、だからこそ独創的なデザインは、結果ではなくプロセスに焦点をあてるべきだと言う。スーザンは、ミネソタ・ランドスケープ樹木園〔Minnesota Landscape Arboretum〕をフィールドに、スゲ群生地の復元に関する調査研究を主導している。調査デザインチームは、フィールドを6区画に分け、それぞれに異なる復元手法を試験していて、入園者はデッキ状の歩道からこの実験を見ることができる。等高線に沿って打たれた120本の杭が、約30センチメートルの標高の違いを示し、また約10メートルおきに設けられた帯状の横断標本地を囲んでいる。これらの杭は、サンプル採取と地下水の観測位置の同定にも用いられている。等高線ごとに違う色の杭にするデザインによって、地形の勾配や植生の帯状分布の微妙な変化が理解できるのである。[62] こういった研究施設は、長期間に及ぶ実験を可能にし、同時に人々を教育するという目的にも貢献する。住宅密度、生息地の分断、生物の多様性についての研究は、喫緊の課題でありながら、成果を得るのが難しい課題でもある。しかし都市の近隣地区で継続されている多くの実験が、その答えを公に知らせることになるだろう。[63]

論争を呼ぶランドスケープ

公民権運動のイメージ、それはアフリカ系アメリカ人のバス乗車拒否と、続く大行進、連帯し固く組まれた腕、警察官の残虐な殴打、爆破された教会、無実の人々の埋葬であり、1960年代を通して、人々の間に熱い論争を引き起こした。文化の力の見えない部分が否応もなく自分たちの目の前に曝されたとき、人々は

完璧にものを見るために、逆立ちすることを勧めている。彼はものの見方を変えること、習慣になっている考え方に縛られないことを、私たちに強く求める。[70] 自分はナマコだと思ってみよ、などと人々を挑発したのだった。[71]

ポール・クラプフェル〔Paul Krapfel〕は、私たちが科学的に理解していると考えていることが、いかに慣習的で誤った見方によるものか述べている。彼は、太陽が沈むという考えを問題にすることから始める。そうではなくて、ある夕暮れに彼は大地が回転するのを見たのだ。[72] デザイナーもまた、同じように頑なに守られてきた認識の方法に挑戦できるだろう。カリフォルニア州ソノマ郡に現れたクリスト〔Cristo〕の〈ランニングフェンス〔Running Fence〕〉が挑戦したようにである。クラプフェルはまた、他の革新的な方法も勧めている。他の動物の目を通して見たり、中州のまわりにできる逆流を観察したり、崖から斜面への変化に気づいたりするための技術である。[73] 彼は、誤って知覚されている生態系の原理を、正確にはっきりと見る方法を教えてくれる。[74] たとえばユキホオジロの採餌にみるアリー効果が見えることで、私たちにも高い密度の必要性がわかる。物事を難しくしないこと、現実と空想を混乱しないこと、科学技術を妄信しないことなど、溢れかえる警鐘の只中で、クラプフェルは、一人ひとりに世界を深く理解する責任があるのだと人々を勇気づけている。そう、世界では、現実と空想と神話と科学の境界が混ざり合っている。

クラプフェルの説く方法のひとつが、遠くを凝視すると近くが理解でき、その逆もそうだというものだ。これは人が、地方という大きなフレームのなかに自分を位置づけるために、きわめて重要なことである。彼は遠方と足元のパターンを、それぞれの反対を観察しながら理解できると述べている。「パターンは、細部によって世界を埋め尽くす。異なる距離には異なるパターンが表れる。私のまわりはヒューマンスケールの小さいパターンである。遠くには、地層や排水路や植生といったより大きなパターンがある。いつも私は、いろいろな距離のパターンを見渡している。私はそれ

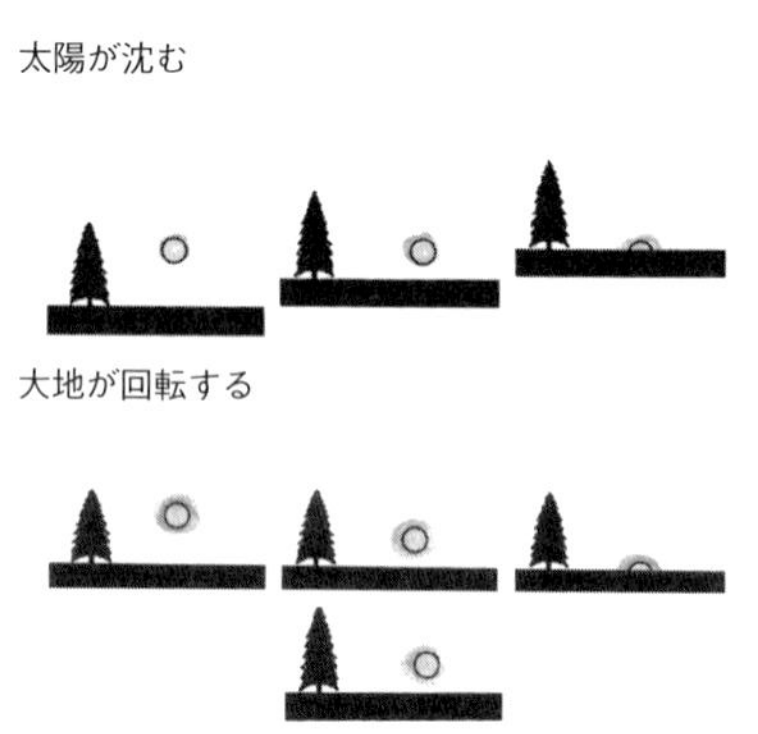

太陽が沈む

大地が回転する

太陽が沈み、大地が回転する

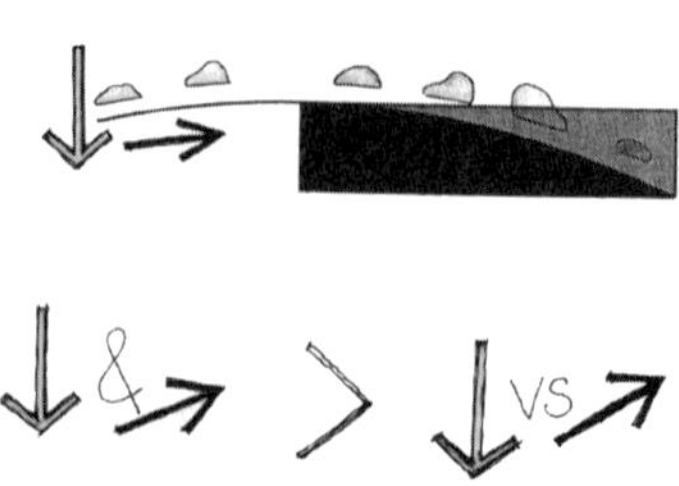

科学と経験を組み合わせる

らをひとまとめにして『あそこだよ』と言う。しかし時間をかければ、焦点を近くに遠くに動かして、それぞれのパターンを結びつけることができる。近くのパターンは遠くの細部に意味を与え、遠くの細部は私たちのまわりにあるのだが気づくには大きすぎるパターンを教えてくれる」。[76]

地方全体と身近な近隣地区を同時に眺められる場所をデザインすることが、科学に住むことの本質であり、そして回復できる都市を創る方法となる。[77] このような場所があれば、以前はわからなかったパターンが明らかになり、見えない関係が理解できるようになる。そこにはＮＩＭＢＹ（Not In My Back Yard）の影響が、折り重なるように残っているだろう。尾根からの景色と展望台のそれが、弁証法のような議論を呼び起こす。遠くを眺め、近くを見ることそのものが、探究心のある市民を「進化のプロセスにできるかぎり近づけよう」とし、同時に「一歩引いた多角的な見方」もできるようにするのである。[78]

標本箱に入った見本も同様に、批判的な考え方を引き起こす。チップ・サリバン〔Chip Sullivan〕はかつて、密閉した広口瓶にミニチュアの庭を入れた一連の作品を作った。瓶の庭は、遠い昔の、今は失われた健全なランドスケープの思い出のすべてだった。[79] 柵で囲われた古木もまるで見本のようで、だから瓶の中の庭と同じメッセージを伝えている。アラン・ゾンフィスト〔Alan Sonfist〕の〈タイム・ランドスケープ〔Time Landscape〕〉は、都会の事物に囲まれた自然の見本であり、人々を精神的な探求へ導き、脆さの感覚を呼び起こす。さまざまな見本が示す力は、縁取ることがもたらす単純さに由来する。[80] また縁取ることにより、簡単に比較や対照ができる。このデザイン手法は、断片化や島嶼効果や絶滅を表し、論争を呼ぶランドスケープを創るために効果的だろう。

最後の予見するランドスケープの戦略は、本来の変化を指摘することで不愉快な乱調を生じさせる。[81] その変化とは多くの場合、劇的であり予期しないものであり、優しく温和であることはほとんどなく、都市における自然のプロセスをあからさまにするからだ。ハリケーン、地震、洪水、干ばつは人々の対話を生み出すのだが、生態系だけを対象とするデザイナーにはこれが利用できない。いつ来るのかわからないことが、それらの災害の力である。マット・コンドルフ〔Matt Kondolf〕の「飢えた水〔Hungry Water〕」の描写は、洪水とダムと堆積物が及ぼす効果を劇的に表現した。次に彼は、〈水の食欲〔Appetite of Water〕〉ということで、論調を変える。[82] 彼のように賢明なデザイナーは、生態系を守る活動への入口として災害をも利用する。

LA96C

サンタモニカの山々の頂上、広大な荒野に囲まれたロサンゼルス市を一望する場所には、１９５６年から１９６８年まで国土防衛のための重要な軍事施設があり、その後は遺構になり残った。東西冷戦の間、史上最高額を費やした軍備の増強が、アメリカ合衆国とソビエト連邦のパワーバランスをきわどく保っていた。両国とも互いを攻撃するための核兵器を開発し、核攻撃からの防御システムを構築した。ソビエトのリーダーだったフルシチョフ〔Nikita Krushchev〕は合衆国を脅し、「歴史は我々の側にある。我々はお前たちを葬り去るだろう」と宣言した。そして、この高い山の頂は、軍事コード名LA96Cと呼ばれるレーダー基地となった。ここのレーダーは、都市を破壊しようとするロシアの爆撃機を迎撃するために、ロサンゼルスの空を間断なく走査していた。十分な高度と360度の視界によって、LA96Cはレーダーの理想的な設置場所であった。近くのサンフェルナンド谷〔San Fernando Valley〕にあったLA96Lには、ナイキミサイルが発射準備を整えていた。レーダーがロシア機の侵入を発見したら、LA96Lから140キロメートルの射程をもつミサイルが発射され、敵の飛行機を爆撃前に破壊するのだ。

軍事基地を建設するため、山の頂上の草木は伐採され、整地された。レーダー塔、コンピューター制御棟、兵舎、支援施設が建設された。エリア全体がフェンスで囲まれ、フェンスの上には蛇腹の鉄条網が張られた。重装備の歩哨詰所が入口にあるフェンスの切れ目にあって、ここで侵入者を罠にかけ閉じ込める手はずであった。基地全体が、外の世界から遮断されていたのである。

1968年に基地が廃止された後、機密施設が取り除かれ、残った軍事施設はただ朽ちていった。自生植物が、基地の跡を再び覆った。この場所の管理はロサンゼルス市に移管され、軍事基地の跡地が公園になった。LA96Cはサンビセンテ・マウンテン公園〔San Vicente Mountain Park〕と名前を変えたが、町から離れているので、あっという間に見る影もないほど破壊された。大きくて不格好な塔とフェンスとコンクリート壕だけが残っていた。市は、1990年代初頭にこの敷地をサンタモニカ・マウンテン保全局〔Santa Monica Mountains Conservancy〕へと移譲し、オープンスペースとして維持しようと試みた。

その当時、保全局はロサンゼルス周辺にグリーンベルトを創るため、積極的に土地を取得していた（9章「都市の範囲を限定する」を参照）。保全局はまず、LA96Cを3方向から囲む野生動物の生息地を優先的に買収したので、これにより公園が都市から自然への

冷戦をふり返る

レーダー塔の復元

入口となり、そして成功裏に発見と教育と科学的研究ができるすばらしいランドスケープとなった。都市における自然の経験に、この入口が新しい次元を加えたのである。冷戦の歴史や、軍が山頂で行った破壊、そしてすばらしい眺望によって、LA96Cは自然の真っ只中に論争を呼ぶランドスケープを表す場所となった。挑発的な風景が、多くの重要な教訓をもたらすことを可能にしたのである。しかしそれでもまだ、科学に住まうことはできていなかった。

公園の名称が、最初の対立の象徴となった。サンビセンテ・マウンテン公園かLA96Cか、公園の未来についての議論を有利に進めるためにも、公園の名称が重要だったのである。名前を考えれば考えるほど、サンタモニカ・マウンテン保全局のエグゼクティブ・ディレクターであるジョー・エドミストン〔Joe Edmiston〕やデザイナーたちは、やはり軍の時代がこの場所の中心にあると考え始めた。彼らはLA96Cという公園名が気に入っていた。しかしはじめは、エドミストンのスタッフも含め、ほぼすべての人々が、サンビセンテ・マウンテン公園の方がよいと考えていたのである。軍が土や岩の塊に変えてしまった山を公園にして名前をつけることに空想的で幻想的なイメージをもつ人もいたのだが、ほとんどの参加者は、軍事施設の痕跡はすべて除去して、自然を回復することを望んでいた。近くの住民は、この一帯でハイキングや自然観察をしてきたので、開発を望んでいなかった。彼らはまた、公園を一般に公開することに反対であり、とくに青少年やマイノリティにはこれまでの破壊行動に責任があるとして彼らの排除を望んでいた。[83] また他の人々は、醜悪な軍事構造物の痕跡をすべて撤去することを求めていた。彼らにとって軍事基地の遺構は、危険で醜いものであったのだ。またある人々は、フェンスが野生動物の行動を阻害するという誤った主張をしていた。これらすべての人々にとって、サンビセンテ・マウンテン公園という名称が自然風の公園デザインを要求するスローガンとなり、彼らはひとつの勢力となったのである。

しかしデザイナーが、詳しく軍事施設建設の歴史を調査した後には、公園に記念物を残すという考えに共感する人も増えた。こ

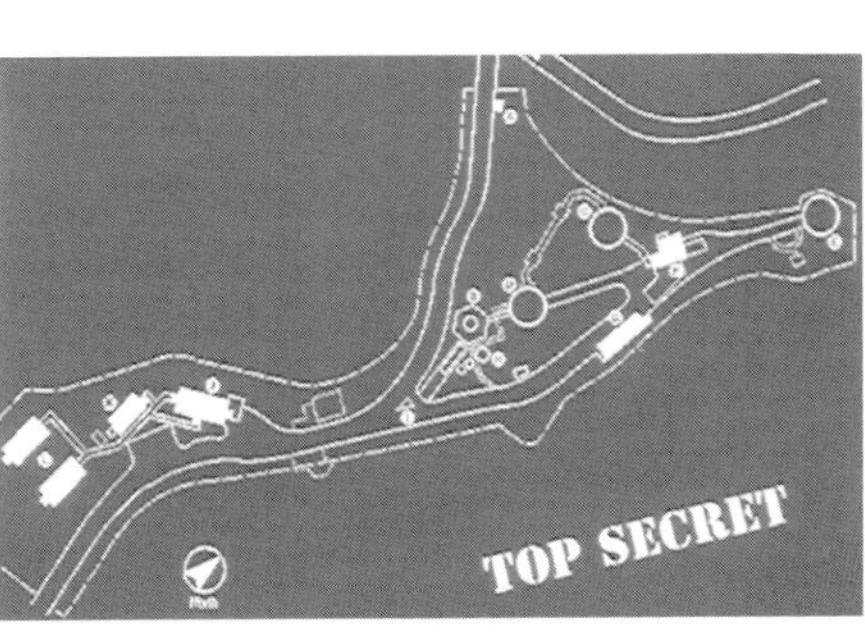

軍事施設図とLA96Cに駐留していた元軍人へのインタビューにより、ここでの規則に縛られ、恐怖に満ちた兵士たちの生活が明らかになった。デザインチームはこの感覚が新しい公園から伝わるようにした

この歴史は、魅力的で、恐ろしく、身につまされ、偏執的であった。たとえばＬＡ96Ｃのレーダー構造物や建物は、迷彩色によってカムフラージュされていなかった。むしろ、まばゆいパステル色と淡い原色に塗装され、これは当時流行していたカリフォルニア陶器や、ロサンゼルス郊外の住宅の色調なのであった。ソビエトの爆弾は主要攻撃目標をプログラムされているので、カムフラージュの必要がなかったのである。もしＬＡ96Ｃの有視界に爆撃機が侵入したら、そのときはすでにロサンゼルスは破壊されているのだ。また、隔離された施設での軍事任務は、ハリウッドが映し出してみせた魅惑的な生活にあこがれていたアメリカ人にとっては、ひどく孤独なものであった。元指揮官は、さまざまな野生動物がやってきては兵士たちをじっと見つめ、そんなときは人間の方が柵のなかに閉じ込められた動物園の動物のようだったと回想している。ガラガラヘビだけが、自分の巣のように兵舎に居座っていたという。おそらくここは本当に彼らの巣だったのだろう。公園のデザインプロセスに参加した人々は、このような基地の物語や計画の細部を知りたがり、とくに軍事構造物の絵や写真に興味をそそられていった。人々はＬＡ96Ｃという名称を好み始めたのだが、今日でもこの公園にはふたつの名前がある。気持ちをなだめる自然風の名前と、論争を呼ぶ歴史的な名前である。

　デザインプロセスを通じて、ふたつの考え方は対立し続けた。元軍事基地の遺構は、公園の導入部に必要な施設として、実にうまく利用できそうだったのだが、力をもつ近隣住民たちが一貫して保存に反対していた。元歩哨詰所は老朽化して屋根と門がなくなっていたが、情報センターに改修し、都市近郊にある野生への入口として利用できる状態だった。かつて兵舎、野営トイレ、食堂が建っていた場所にはコンクリートの基礎が残っており、これを利用してレンジャー用の住居、公衆トイレ、ピクニック施設を

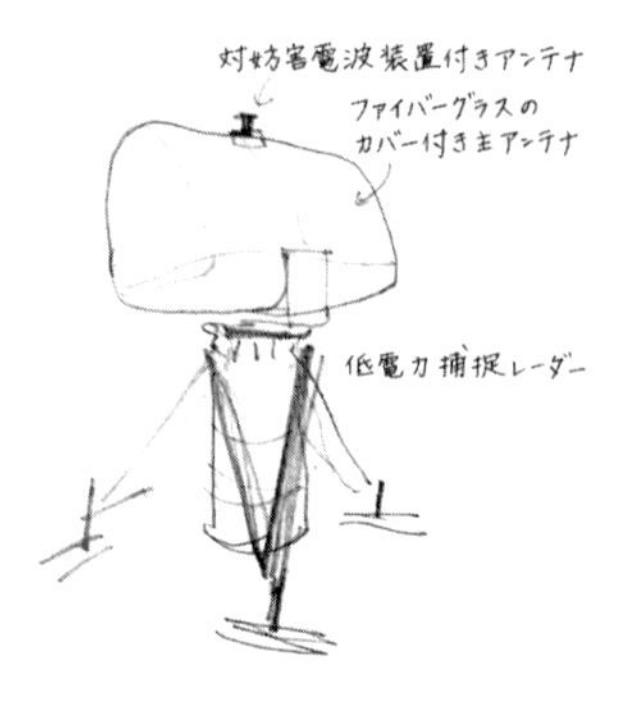

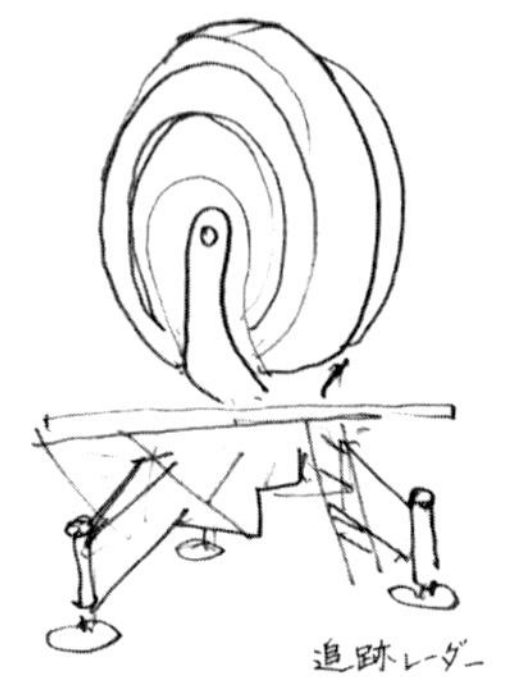

LA96Lの発射台

軍事施設の配置が再現され、人々の冷戦時代の記憶が蘇り、野生動物の棲みかが作られた

作ることが可能だった。険しい地形を縫うように進む歩道は、かつてはいくつものレーダー塔を連結していたのだが、これも再利用が可能であった。自主電源を使ったレーダー塔はやはり損傷していたが、訪問者にこの地方全体の眺望を楽しんでもらうために修繕できることがわかった。ここからの眺望は、かつて敵機を監視するためのものだったのだ。新しい構造物を年代順に設置することで、軍の支配した時代が明らかになり、人々は無料で歴史の授業を受けられるようになる。しかし、近隣の住民は軍の記憶を消し去りたいと思っていた。ある住民はすべて自然に戻すことを望み、他の人々は歴史的遺構の安全性に疑問をもっていた。それでもデザインの工程が進むにつれて、ほとんどの人々が、昔あった機能と新しく求められる機能が、ぴったり合致することを理解していった。近隣のコミュニティと保全局は、軍時代の施設配置をもとにして公園をデザインすることで合意した。ただし、レーダー塔だけは依然として論争の的であった。デザインチーム〔とくにボブ・グレーブス〔Bob Graves〕と彼のコンサルタント〕は、塔からの眺望が優れた教育的価値をもつことを確信していた。この高い山頂からは、ロサンゼルス市で行われた開発のほとんどすべてを把握することができるのだ。しかしレーダー塔は危険な状態であり、立ち入ることができなかった。デザイナーは、費用対効果に配慮しながら、レーダー塔を改修する方法を複数提案した。そして最後には、近隣住民の態度も軟化したのだが、しかし色彩についてだけは断固として譲らなかった。彼らは、塔が周辺に溶け込むよ

うに迷彩の塗装を施したかったのである。デザイナーが、軍事施設のもとの色彩であった少しばかり派手なパステル色の方がよいと訴えたのだが、住民は誰ひとりとして賛成しなかった。最終的に褐色ではなく明るい砂色の迷彩色が採用された。ただしレーダー塔の円柱の内部は、強烈なコバルトブルーである。

修復されたレーダー塔は、息を呑むような眺望をもたらし、心地よくあると同時に挑発的でもある。単純に眺望を楽しみたい人には、教育的な解説はまったくない。学習したい人には、基地内限定と記されたLA96C操作の教育マニュアルが渡され、冷戦当時の技術と費用（LA96Cの建設費用だけで、12章「自然に生きること」の自然公園〔Parque Natural〕を10ヵ所も作ることができる）、ウィリアム・マルホランド〔William Mulholland〕分水路システムや高速道路システムが与える地域への影響、原生動植物の種の維持に必要な正確な土地面積などの情報が、攻撃的で示唆に富む眺望と同時に提供される。元軍事施設の解説板は、基地時代にもあちこちにあった表示版をもとに作られている。表示板からは、各装置の取り扱い方、攻撃された場合の対応など、明確な指令を受け取る。新しい表示板は冷戦がいかにして進行したのか、ナイキミサイルがどのように操作されたのか、正確に説明している。表示板は、LA96Cでの軍隊生活の雰囲気も再現していて、細かいところでは兵士が育てていたサボテンの庭まで表示している。入口の表示板は矛盾したメッセージになっている。「ようこそ」と巨大な文字で書いてあるのだが、しかしこれは言外に立ち入り禁止という意味

なのである。

　敷地内のそれぞれの場所をどうするかも、長い議論を通じて決定された。軍事施設のために整地され削り取られた山頂は、その急な角度を和らげたいという人もいたが、結局そのまま残されることになった。参加者は、在来植物が再び自生することで、整地によるダメージも覆い隠されるだろうという結論に落ち着いたのだった。ある斜面などは、軍事道路のために削られ、不安定なまで残っているが、教育にはよい場所になっている。

　フェンスについても、同じように議論があった。デザインチームの多くのメンバーと軍事マニアたちが、ＬＡ96Ｃにあったフェンスを復活した方がよいとした。メインのレーダー塔、警備施設、貯水タンク、そして堅牢なコンクリート道に沿って張られた威圧的な高さ3メートルのフェンスは、蛇腹の鉄条網が上部についていて、無慈悲に囲い込まれてしまったような感覚を呼び起こす。先の司令官が、動物園のような隔離と孤独な偏執だったと述懐したフェンスによる囲い込みこそが、冷戦時代の軍事施設の特徴なのであり、アメリカを10年以上もの間衰弱させた恐怖を象徴するものなのである。ロサンゼルスや多くのアメリカの都市では冷戦がひとつの時代を特徴づけ、主要な攻撃目標を分散させる郊外開発の要因となり、教育を狭量な科学分野へと集中させた。今日、エコロジカル・デモクラシーの創出のために、これらすべてが改革されなければならない。だからこそデザイナーたちは、この時代の教えを最大限に表現すべきだと感じていた。しかし鉄条網付き

50年前にスパイが見たLA96Cの眺めを、今日ではアメリカライオンが眺めている

のフェンスは、多くの人にとって公園にはまったくそぐわないものだった。受け入れ難いものだったのである。最終的に、1ヵ所を除いて蛇腹のワイヤーは設置せず、新しいフェンスは高さ1・8メートル以下にすることで合意した。ナイキミサイルの区域では、入口に高さ3メートルのフェンスで逃げられないように閉ざされた罠の場所があり、上からは武装した歩哨が見張り、不法侵入者は誰であれ狙撃されることになっていた。公園の建設が始まった後、保全局が眺望のために収容所の片側のフェンスの高さを1・2メートルまで下げるよう命じた。そしてこの命令は、訪問者が軍の罠に落ち入ったように感じる、監禁された感覚を弱めてしまった。

訪問者の評価を見ると、デザイン上の多くの妥協にもかかわらず、人々が軍の歴史に衝撃を受けていることがわかる。この公園では軍の過去が、最も重要なのだ。元司令官などは、昔ここにいたときよりも現在の公園の方が、軍というものを感じさせられると言っている。学校の子どもたちを引率する先生たちは、この場所の教育的な価値を賞賛している。さて、論争を呼ぶランドスケープは、どれくらいあれば十分なのだろうか。傷つけられた地形は、さらに強調されるべきだったのだろうか。フェンス上部には、剃刀のワイヤーをつけるべきだったのか。あるいはこのような疑問自体が、普通の人々にとっては理解できない、エリートの専門家だけが興味を惹かれるものなのだろうか。

軍を解釈することは、とくに論争を呼び起こす可能性が高い。LA96Cの場合、人々はこの地方全体の成長パターン、野生動物への脅威、生息地の断片化、島嶼効果を明瞭に示すべきだという合意に容易に達した。デザインプロセスの参加者は、兵士のまわりにやってくる野生動物からみれば、兵士たちの方が動物園の動物のようだったという冷戦時代の隠喩がとくに気に入っていた。同様に、尾根を走り、野生動物の重要な生態回廊を突っ切るマルホランド・ドライブ道路の、未舗装部分の効果についての解説もまた好評だった。この道路はここのランドスケープのなかでもよく目立ち、ランドスケープをわかりやすくしていて、自生植物の只中を12キロメートル以上にわたり続いている。周辺のランドスケープとの対比により、未舗装の効果が力強く伝えられているのである。

LA96Cのデザインについての人々の議論や事後評価は、科学に住み込むための有効な戦略を示している。公園訪問者のアンケートからは、LA96Cが軍の歴史的影響を明確に示し、レーダー塔からの眺望が日常生活では把握できない地方全体を、住民が見渡し判読できるようにしていることがわかっている。LA96Cで得られる情報が、地方全域での成長管理と広大なグリーンベルトに関する政策決定の結果を教えてくれるのだ。しかし、居住密度や野生動物の生息地の断片化やグリーンベルトに関して、LA96Cで得られる情報が、他の教育方法と比べてどれほど重要であるかは、よくわかっていない。

教育の専門家たちは、論争を呼ぶランドスケープが、発見する

公園を囲んでいるもとのままのフェンスを用いることで、かつての軍隊の閉じ込められた生活を感じられる。一方で、訪れた人々が檻に入る、反転した動物園を作るという新たな目的も付け加えられた

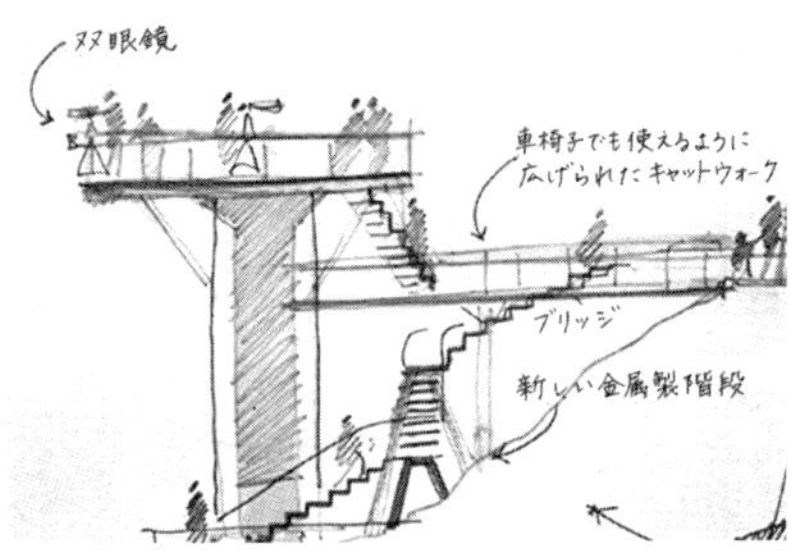

塔のコンセプト図

敵からの攻撃時に必要な指令が書かれていた説明版が、今日では、ナイキミサイルのシステムの解説と、土地の大切な野生動物のための生態的な必要条件を記したものに代わった

ランドスケープ、耕すランドスケープ、教育するランドスケープ、科学的なランドスケープと比して、限定的な価値しかもたないと考えている。彼らは、多様な教育的なランドスケープが、都市生態学を活用する能力にとって不可欠であることには同意する一方、家の近くで大人の適切なサポートを受けて発見する自然や自然的な場所が、ロサンゼルスではいちばん重要であると言う。

土地の知恵を再び耕すこと、都市の生態系デザインの諸原則を学ぶこと、協働のための技術と言語を獲得することが、エコロジカル・デモクラシーが開花する都市を創るために不可欠である。私たちは、すべての利用できるチャンネルを通して、意識的に自分自身を教育しなければならないし、私たちを無知にする生活スタイルや欲望を変革しなければならない。ランドスケープそのものが、この分野での第1の教師である。都市に残る野生と各々の近隣地区にある小さな農地によって、地元の知恵と科学的知識をよく耕すことができる。センターがあり、自然に縁取られ、公共交通が成立する居住密度を保ち、よくデザインされた近隣地区も同様に人々に根源的な教育を施す。これらの活動こそが、都市を理解できるようするのである。

私たちが、どのように土地の知恵を学び直し、都市生態学の知識を獲得できるのか、かなりよくわかってきている。私たちは、知らなければならない物事のいくつかを理解し始めたところなのだ。それは、都市における自然のシステム、食物の連鎖、動植物のコミュニティ、保全生物学、徒歩中心のコミュニティを創る居住密度と中心性のあり方、閉じた循環を創る方法、私たちの限界を悟ることである。以上のことを意識することで、自らの居住地を読み取り、そして把握できるようになるだろう。生態系の科学は、魅力的で、喜びに溢れ、日常生活の一部でなければならず、そうなれば私たちを前に進めてくれるだろう。このことを私たちはすでに知っている。しかしそれでもまだ私たちは、もう一度科学に住まうために取るべき最重要な行動とは何かを、理解し始めたばかりなのである。

14

推進する形態

お互いに奉仕すること
Reciprocal Stewardship

アンクル・イマ・カマラニ〔Ima Kamalani〕が亡くなって以来、ハレイワの友人たちと会うと、いつも彼の話になる。人々はアンクル・イマを、オアフ島の北海岸沿いにあった彼の土地に奉仕し、彼のまわりで暮らしていた人々に奉仕した人として覚えている。ほとんどの人は奉仕という言葉こそ使わないが、代わりに次のように言うのである。「彼は土地を世話する仕方を本当によく知っていた」。これを聞くと私は、イマが湿地保全のための連邦規制が緩和されるのではないかと、心配していたことを思い出す。アンクル・イマは、湿地が開発されれば、すぐに北海岸の全域で飲用水が枯渇し、水田も失われると確信していた。私には彼がどのようにして地域の水文学とワシントンで繰り広げられていた湿地をめぐる議論の両者を詳しく知りえたのか、想像もつかない。一度として彼が新聞を読むのを見たことがないのだ。しかし、彼は帯水層のことをまるで親友のように熟知していたし、またコミュニティを帯水層の友人にしてきたのだった。そうしてコミュニティの人々は、共同で地下水の涵養域の保全に取り組んだのである。

近所の皆に料理をふるまい、ホームレスの人を家に泊めてやり、コミュニティの改善に尽力する彼の姿を覚えている人もいる。「アンクル・イマは一時避難所を建てたんだよ。知ってるだろ、何年もかけてさ」。そして私は、ハレイワの長期計画を立てたときに、イマが私たちを導いてくれたことを思い出すのだ。アンクル・イマは、責任をもってコミュニティを世話し、昔の知識を伝え、今日という日がうまく回るようにし、未来を注意深く見つめていた。

彼は直感的に、「中心性―センター」「聖性」「都市の範囲を限定すること」など、優れた都市がもつ本質的な価値を理解していた。また、それら優れた物事が自然に生まれるわけではない、ということもわかっていた。彼は勤勉な人だった。彼は長い間、都市の優れた物事が実現するよう、身を粉にして努めていた。こんな風に彼を思い出す人もいる。「イマは知っていたよ。コミュニティのありかたをね。私たちがコミュニティに向き合い、お互いに気を配れば、コミュニティはちゃんとなるってね。イマは本当に私たちの世話をやくのが好きだったんだ」。

奉仕する人々の例に漏れず、アンクル・イマも深い知識に支えられて世話をし、それは自らの文化的、生物学的なランドスケープをよく知り、愛することに根ざしていた。そして彼は、まわりの人々と場所に喜んで責任を負った。「自然に生きること」と「科学に住まうこと」の論理的な帰結がここにある。人々と場所がもつ相互の結びつきを理解すれば、人は狭義の利己主義などをはるかに越えて、自ら動き出すようになる。コミュニティの世話をやくことが、市民の責任を生む。

奉仕し、奉仕されること

奉仕の今日的な定義は、自分のコミュニティ、ランドスケープ、広い範囲の生態系を守り、回復し、改善するために人々が取る行動、となるだろう。地元の知恵と都市生態学の原理を知り、世話する感覚と市民としての責任が相まってこのような行動が引き起こされる。公共の土地でも私有地でも、個人やグループが他の人々を助け、環境を守るために動き出している。この動きは自発的だったり、法制度により誘導される場合もあるだろう。世話することは実に多様な公共の利益を生むが、しかしまず最初に、奉仕する人自身が安全、新たな経験、共感、評価などを報酬として受けるのが普通だ。だからこそアメリカ人は、表面的には個人的な犠牲が求められるように思われるのに、好んで奉仕をするのである。この意味でも、奉仕することによって得られる多くの報酬が、コミュニティ、ランドスケープ、人間自身にとって重要なのだ。ハビタット・フォー・ヒューマニティ事業〔Habitat for Humanity〕による住宅建設の手伝い、学校の校舎をPTAや4－Hプログラム〔アメリカ合衆国農務省の実施しているプログラム。4－Hとは、Head（頭）、Heart（心）、Hands（手）、Health（健康）の4つの頭文字〕を通して修繕すること、汚れた砂浜でのゴミ拾い、野生生物の生息地に侵入した外来植物の除去、これらたくさんの奉仕活動の評価書を見ても、最も利益を受けたのが誰かはわからない。[1] なぜなら大変な作業を通して奉仕する人々が、自分たちが援助する人々、都市、生態系が受ける恩恵と同じくらい、自分たちも充実すると答えるからだ。

複雑に絡み合いながら、与え、与えられる恩恵を期待して、研究者たちは、虐待の危険がある若者や情緒不安定な若者を生態系の修復と人間性の回復を同時に図るプログラムに参加させることを推奨している。研究者たちは、生物多様性のためにではなく、むしろ人間の健康のためにこそ都市を改善すべきだと言う。[2] 意図的であっても無意識であっても、奉仕プログラムは、参加する人々、コミュニティ、より広範囲の都市の生態系のすべてを健康にしているのである。[3]

愚直な奉仕活動が、市民生活から撤退する自由と対峙する

かつて地主の奉公人であるスチュワード＝支配人は、伝統的に不在地主のために農場を日々管理していた。支配人が小作農たちを指導していたのである。優秀な支配人は利益を生み出すために、十分に労働者と土地の世話をしていた。何年もの間農場をうまく管理できれば、地主は支配人を高く評価し、さらに引き立てる。だから彼らは、絶えずランドスケープのなかに身を置き、自然の変化や農業という生産活動をよく知り、労働者と土壌の健康に注意することが必要だった。支配人は、農場をよい状態に保守するという、地主の利益に対する信託上の責任を負っていた。彼は管理者であると同時に監督者でもあり、つまり農場という社会のきわめて重要な一員であった。[4] これが保全と生産の繰り返すサイクル、つまり土地、労働者、支配人、地主の間に、アメとムチによって成立する閉じた連関を生み出した。トーマス・ジェファーソン〔Thomas Jefferson〕は、独立自営農であれば、さらにこのシステムがうまく働くだろうと構想した。

私が育ったノースカロライナ州ロクスボロ市には、侵食作用が作ったなだらかな丘の続く辺境の土地に豊かな農場があって、奉仕という言葉はおもに、小農場の所有者が自分の土地を世話することを指していた。優れた支配人は、生計を立てるために、家族と土地をできるかぎり大切に扱った。日々の積み重ねが、小さな川、野生動物、そしてコミュニティを、ひとつの全体として健全に維持することにつながっていた。この努力は、土壌が侵食されないように工夫された段々畑、帯状に異なる作物を植える作付け法、川に沿って設定する緩衝帯などによく表れている。私の家族は、いつも真剣に土地を耕していた。土地は私たちの召使いだったが、私たちも土地に仕えなければならなかった。土地はまた、農業労働者、作物、魚、ウズラ、七面鳥、ミミズ、牛、ニワトリ、キツネ、タカが共同で作る有機的組織であった。私たち家族は、ジェファーソンが構想した独立自営農という土地の支配人の姿そのものであった。こういった愚直な奉仕は、プリミティブアートが描くような単純な善良さを表していてとても魅力的である。小規模な農場経営と土地所有、場所に根ざすこと、土地の生態学をよく知ること、コミュニティと自分自身のバランスのとれた関係、慎ましい金銭的な願望、これらによって奉仕が可能であったし、今日でもそうなのである。

私の父も、右の原則を心に抱き、心の内なる倫理として生きていた。

アルド・レオポルド〔Aldo Leopold〕が『野生のうたが聞こえる〔A Sand County Almanac〕』で、奉仕について叙したとき、私はまだ5

歳だった。父はレオポルドの本を読んだことがなかった。それでも私が最初にこれを読んだ１９６４年以降、父の死んだ後でさえ、レオポルドの思想について私たちは議論を続けたものだ。そう、私たちは今でも議論している。父の墓碑は命じている。「土地に奉仕せよ」。

　レオポルドは奉仕について、重要な考えを記している。「土地がひとつのコミュニティであることは生態学の基本概念だが、しかし土地が愛され、尊重されることは、その倫理面への拡張なのである。土地が文化的な収穫ももたらすことは、昔からよく知られている事実だが、近ごろはそれさえ忘れられていることが多い」[5]。

個人でする奉仕

コミュニティの奉仕

現場での奉仕

レオポルドにとって土地の倫理とは、土地の健康に対する人間の責任であった。人類は、今でも土地から切り離されてはおらず、土地のコミュニティの一員、土地にあるすべての植物、動物、土、水からなるコミュニティの一市民なのである[6]。父はこの考えに賛同していた。とくに後者のイメージが好きだった。しかしレオポルドのふたつの考えには懐疑的だった。レオポルドは、「経済的な自己利益のみを求める土地の保全は、絶望的にいびつ」であったし、現在も「いびつである」と書く。父は、奉仕ときつい仕事のみが、私たちを貧困から解放し、土地を荒廃から救ったのだと信じていた。現在、土地は財産だと考えられているが、かつて財産であった女性や奴隷が今では違うように、いつの日か土地も財産ではなくなるだろうというレオポルドの主張も、父は決して信じなかった。[7] 父はこの部分については、とくに激しく反駁していた。父のアイデンティティや権力を形作っているのは土地の所有なのであり、そして彼は人種差別主義者であって、解放という考え方、とくに自分の生まれた場所での解放などは考えたくもないのだった。

変化が起こり女性や奴隷が解放されたことを語りながら、レオポルドは土地の解放も「進化の可能性であり、生態学的な必要性だ」と予見した。彼は土地を私的に所有する権利の制限を求めたし、それは生存のための闘争の一部であった。[8] 彼が予見し、私の父が抵抗した偉大な進化が実現したことはいまだない。そして、土地を所有する私的権利と市民的義務、この2者の間のバランスは取れていない。アメリカ合衆国では、土地の私的所有権は絶対である。ほとんどの他の先進諸国に比べて、今日のアメリカの土地所有者は種々の制限を受けることもなく、まったくの自由を謳歌し、そこから利益を得ている。レオポルドの展望とは逆に、土地利用の倫理は、短期的で経済的、利己的な利益によって支配されている。[9] レオポルドが土地の倫理を提唱してから時が流れ、現在の土地はもはやコミュニティではなくなってしまった。今日では土地は何よりもまず、不動産である。

土地の所有権の絶対性が、共同生活のあらゆる側面が私有化されていく根拠となっている。土地の私的な所有から生じる特権が、ひと握りの人々への膨大な資本の危険なほどの集中を助長している。そして彼らは自由市場で好き放題に振る舞い、レオポルドが土地のコミュニティと呼んだものなどは、一顧だにしない。このことが次に、富を蓄積したアメリカ社会の上流階層の人々の、「コミュニティにおける市民生活」からの脱退を許してしまう。[10] その結果、教育、交通、法の執行など、あらゆる公的な領域が衰退しているのである。多くの市民の努力にもかかわらず、現在ではこれらの分野へは、25年前のわずか半分の財源しかあてられていない。同時期に私的な領域の環境の質は向上し、夢のわが家や自家用車が手に入り、私立学校、ゲーテッド・コミュニティ、民間の娯楽施設などが増加した。[11] そして、この過程で集中した資本がごくわずかな人々にだけ利益をもたらし、ほとんどの人がそれを支えることになった。しかしそれでも多くの誠実な支配人が、私有化を支持している。アメリカの神話においては、私有財産と個人の自由が深く絡み合っているからである。しかしこれが、奉仕の唯一の障害というわけではない。

生態学的な必要性と自発的な奉仕

ジェファーソンが構想し、私の父が生涯実践した、疑うことを知らない奉仕は、今日の状況ではもう役に立たない。無私の奉仕はただ愚直とされ、さらに悪いことには、洗練されておらず、子どもじみているとみなされ、捨て去られてしまう。「奉仕についての陳腐な決まり文句を繰り返す」のは、もう止めるべき時だという人もいる。[12] しかし、愚直で陳腐に響く言葉のもつ不変の力こそが、奉仕という価値の基礎なのだ。私たちの社会の最も困難な問題の解決のために、あるときは愚直な奉仕が、あるときは華々しく目立つ奉仕が捧げられている。これは近隣地区やコミュニティ感覚が問題解決に果たす役割と同じである。持続可能性に関するアメリカ大統領委員会も、人々の奉仕こそが重要だとしている。私たちが長期間続けてきた資源の浪費、土壌の浸食、都市のスプロールがもたらす結果に対して、個人も会社も皆が責任を負い、それを果たすために、またエネルギー消費を抑え、かぎられた自然資源を保護し、農地を保全するために、奉仕が必要だとするのである。それにしてもあげられたのは、驚くほど困難な問題の一覧ではないか。[13] 奉仕への期待がこれほど大きいのは、ふたつの根本的な問題に向き合っているからだ。第1に、レオポルドが土地の「コミュニティ」と呼んだものに奉仕することが、今日、かつてないほど「生態学的に必要」とされている。第2に、奉仕のような自発的な行動が、民主主義と自由意志というアメリカのビジョンに深く根を下ろしていることだ。だから私たちが間違った奉仕を選んできたという事実は、よりよい奉仕を選ぶかもしれないこともまた意味する。中心的な問題は民主主義（デモクラシー）にありそうで、中心的な解決も同じところにあるだろう。生態学的な必要性が正しく理解されるにつれて、もつれてしまった自由、土地所有の特権、法制度によるコントロールの関係が整理されるにつれて、私たちは創造的な解決方法を手にすることができるだろう。

ここで、もつれてしまったものをひとつ考えてみよう。土地の私的所有による特権という問題は、長く誤解されてきた。問題は私有地なのではない。公共の土地も同じくらい問題なのだ。人々は短期的な利害を優先し行動するが、それが生み出す副作用の責任は誰もとろうとしない。[14] 土地の私的所有と公共の共有地は、どちらもエコロジカル・デモクラシーに貢献できるのだが、それは個人的な利益のための外部費用を、不当に利益を得ている人が負担する場合だけである。[15] 小規模な私有地と大きな公共用地の両方で生態系が壊されているのだが、それはレオポルドの言う土地の「コミュニティ」が、非人間的なスケールで場所性を無視され、土地の知恵を軽んじられ、コミュニティと自己を治めてきた不文律の倫理を欠落させられ、貪欲に商品化されたときに始まった。この状態は社会のなかで人々が満たされていないときに、さらに悪化する。

もうひとつのもつれたものが、おもに奉仕の本質に関わる自発性に関わるもので、大気汚染から都市デザインまですべての法的規制を緩めるべきだ、という議論に用いられることが多い。奉仕は、万能薬ではない。エコロジカル・デモクラシーが開花するためには、強力な規制が不可欠である。同様に、ボランティア活動への公的な支援も不可欠である。私がこれまで仕事をしてきたすべてのコミュニティでは、適切な選択肢とそれを評価するための十分な情報が提示され、じっくり考えるための真に民主的な話し合いの場が設定されると、個人の権利とコミュニティの必要とのバランスをうまく取ることができている。なかには既得権が幅を利かせているコミュニティもあるし、コミュニティとはかくあるべしという幻想に振り回されているところもある。しかしほとんどのコミュニティで、共有された価値から奉仕が生まれるのを見ることができた。小土地所有者が多く、長く同じコミュニティに暮らす人々が地元の知恵を共有し、同時に個人の重要性も認める強固なコミュニティ感覚があり、不健全な地位の探求がない、そんな場所では、はっきりと奉仕を見ることができる。しかし、もし市民の義務が共有され、きちんとそれが果たされていたなら、そして私的な権利がこれほど強く主張されていなかったならば、両者のバランスを取る試みももっとうまくいっただろうし、個人とコミュニティの間のバランスを保つことも容易だったに違いない。個人とコミュニティの双方への思いやりもまた、もっとたくさん生じていただろう。奉仕こそが、熟慮の結果、到達した共同の倫理だと考えることもできる。[16] 人間と人間以外の自然、多様な人々（女性、若者、貧しい人々は、守られるべき存在としてではなく、彼らがなす貢献から評価される）、個人とコミュニティ、規制と自発的な行動、これら相反する両者を、敬意を払いながら対等に扱う倫理である。この意味で奉仕とは新しい倫理であり、多様な集団、政府や企業や個人が、地域コミュニティと生態系を世話し、長い時間をかけて回復させることから生まれる倫理なのである。[17]

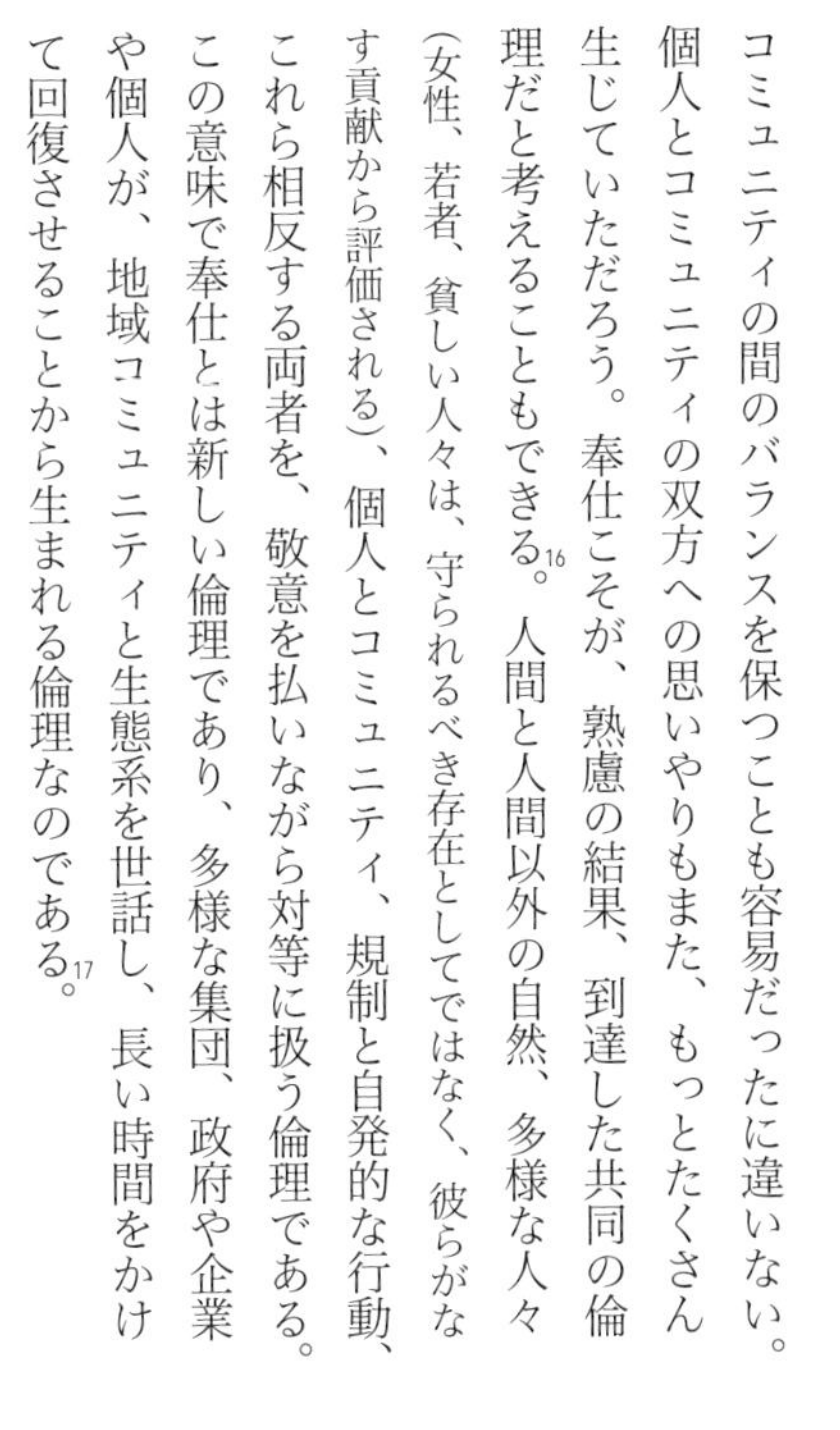

一生懸命になる

空間的に問題を解決する

テーブルに、たくさんの椅子を用意すること

今日の私たちは、奉仕を見直して、自覚するようになっている。新たな奉仕とでも言うべきものは、伝統的なそれとははっきりと異なるものだ。ほとんどの人々にとって奉仕は、もはや貧困から脱け出したり、隣人を助けるための条件反射的な行為ではない。今日の奉仕には、新しく多様な動機がある。自分たちの近隣地区を住みやすくするために、かつて農園の支配人が果たしていた役割を引き受ける人々がいる。教育を受けた中産階級の人々や力を奪われた若者にとっては、地球規模の危機と地域の危機の両者にたとえ個人でも何かができる道筋となっている。土地利用の改善を政治的に働きかけたり、地域の計画策定に加わったりして、奉仕

を形にする人々もいる。また環境保全プロジェクトや都市再生プロジェクトで雇用を生み出し、政府が廃止し解雇してしまった担当機関の代替とし、さらに、会員を募り寄付を集めて財源を確保する、この一連の周到な戦略の要に奉仕を置く人たちもいる。このような事例では、政府、企業、NGOが協議し、奉仕を制度化することもある。また奉仕の多くは、温かみを欠いた行政サービスを地域に取り戻す試みでもある。それは、自発的な組織の方が行政よりも上手にサービスを提供できるという、確信にもとづいている。[18]

科学技術が進歩し、人々と場所との関係が希薄になったことで、地域についての知識がどんどん忘失されている。これに対応するため、失われつつある技能を教え、公共の場所を大切にする人々を生み出そうとするプログラムが数多く実施されている。一度は切り離されてしまった地域の生態系のプロセスを教わり、同時に積極的に行動する技能を学ぶことで参加者たちは、自ら率先して自分たちのコミュニティやより大きな範囲の生態系の世話をするようになる。[19] これらの新たな試みの背後には、近代以降、個人の自由が最優先され、専門分化した人々がもち始めたある種の感覚がある。彼／彼女たちは地域から自由になったが、新しい環境に混乱していて、生態系を大切にする仕方や、日常的に自分のコミュニティに関わる方法が、本当にわからなくなっているのである。しかし人は科学的に理解し、経験を共有することで、自分のコミュニティ、自分が暮らす生態系と、再び結びつくことができる。

コミュニティ・デザインのすべてのプロセスでは、人々と地域が再び結びつき、奉仕が生まれる。私と仲間たちは長い経験を経て、この利点を最大化するデザイン手法を創り上げた。このデザインプロセスは12のステップからなり、すべてのステップは相互に関係しながら、場所を知り、場所を理解し、場所を世話し、行動する、というように進んでゆく。このプロセスは、まず人々と場所の声に耳を傾けることから始まる。[20] 聴くこと①、目標を設定すること②、というステップによって、デザインプロセスへの参加者は、自分のコミュニティについて深く知るようになる。コミュニティ全体の資源目録を作成すること③、それを地図に落とすこと③、コミュニティ自身へコミュニティを紹介すること④、というステップが、都市の生態学に関する知識と理解を広げる。ゲシュタルトを獲得すること⑤、複数の多様な計画を策定すること⑨、というステップでは、コミュニティへの理解が深まり、世話する感覚を発達させられる。将来の行動に必要となる場を明確にすること⑥、地域の特別さがどのように形態に現れるか観察すること⑦、他の場所と比較するための概念的な方法を開発すること⑧、これらのステップで、さらにコミュニティを体得できるようになる。費用便益を評価すること⑩、市民に責任を委譲すること⑪、このステップで、市民が自ら場所の世話をするようになる。この12ステップのプロセスには、全体を取り仕切る支配人が必要で、そうしてはじめてプロジェクトは成功を収めることができる。どのような都市デザインのプロジェクトも、その場所に奉仕するグ

この参加のプロセスは、理論的には直線的だが、実践では何度も行ったり来たりする。
そしてコミュニティを知り、理解し、世話するようにし、奉仕を生み出すのである

ループができるまでは完了したとは言えないのである。[21]

コミュニティ・デザインのプロセスが、奉仕を育む。住民とデザイナーのための話し合いの場を創り、そこで互いに学び合い、ランドスケープからも学ぶことで奉仕が生まれる。このプロセスは、多様な視点を尊重する。地域にとって重要な、すばらしい奉仕をしている人々がいても、コミュニティ・デザインのプロセスに参加しない場合もある。この人々にも、プロセスに参加してもらう必要がある。たとえば、既得権益をもつ人々、発言権の弱い人々、プロジェクトから直接に影響を受ける人々、資金や法制度の制定に不可欠な政治家や財界のリーダーたち、土地の知恵や科学的情報をもつ人々、空想を広げる人々、プロジェクトを手伝ってくれ

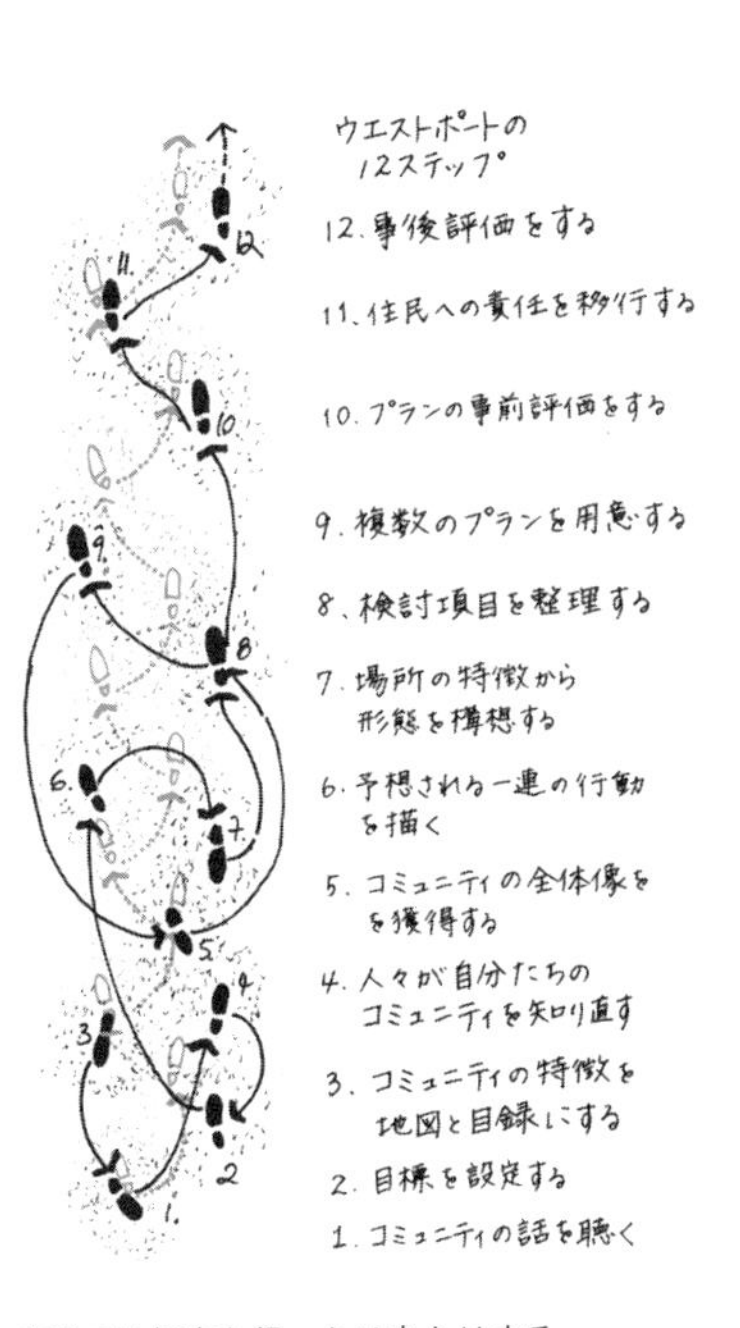

実践では何度も行ったり来たりする

そうな人々、などである。最初は嫌がるかもしれないが、彼らはきわめて重要な参加者になる。コミュニティ・デザインのプロセスでは、都市デザインのあらゆるステップに市民が活発に関わることになる。このプロセスには、直に体験してランドスケープを学ぶことも含まれていて、住民が、生態学的な分析、行動のマッピング、コンセプトの作成、空間的な配置計画などを行う。コミュニティに関するさまざまな分析や決定に、市民が全面的に関与すると、彼らはすぐに場所への責任をもち始める。

市民は目標を設定し、欲求を述べることもできるが、技術的な分析やデザイン、形態の決定は専門家に任せるべきだ、とするデザイナーもいる。これはナンセンスだ。このような排他的な専門化への信奉が、エコロジカル・デモクラシーの推進する力を蝕む。奉仕が盛んに行われるように、市民が都市のあらゆる部分のデザインに関われるようにすることが重要なのだ。テーブルには、すべての人が参加できる席が用意されなければならない。いつでも、多彩なテーブルセッティングが求められるのである。

効果的な奉仕ができる場所を作る

人々が奉仕をするための、多様な場が必要である。自分の庭、近隣地区、農地、自然公園、地方全域、国境を越える渡り鳥の飛行経路、すべてが奉仕の場となる。多様な場は、確信と能力をもった多くのスチュワード=支配人を生み出す。

小さなスケールから大きなそれまで、奉仕の成功事例を検討しよう。そのほとんどが、自宅から始まる。サンフランシスコ市グレースマーチャント・ガーデン〔Grace Marchant Garden〕が、よい例だ。1949年、マーチャントは引退し、フィルバート・ネイピア小路に暮らし始めた。彼女の家の窓からは歩道がよく見えた。しかしそこは生命の兆しさえないごみの山で、退廃の極みだったのだ。ごみの山を前にして、近所付き合いも絶えていた。マーチャントは33年をかけて、小路の荒廃した土地を耕して庭に変え、近所の人々を庭造りに巻き込み、野生生物の生息地を創り、そして美しさを取り戻した。彼女は近隣住民を誘って、この場所に奉仕し続けるグループを創りあげた。コミュニティへのマーチャントの贈り物は、彼女の死後も賛美され、喜ばれている。この庭は、都市的な生活に喜びを呼び起こし、エコロジカル・デモクラシーを推進する魔法の場所なのである。[22]

カリフォルニア州エウレカ市でも、無駄になっていた空間がさまざまな目的のために用いられている。そしてどの部分にも、奉仕の成果が見られるのである。ベトナム戦争の後、モン族の難民がアメリカに移住してきたが、彼らに農地は与えられなかった。しかし農地こそ、彼らのラオスでの半遊牧民的な暮らしの中心にあったのだ。虐殺を生き延び、難民キャンプを経て、不安のなかアメリカへ移住した1000人を超えるモン族の人々が、エウレカで暮らし始めた。彼らは河川を利用できたし、狩猟と漁業の権利も与えられたが、農地を耕すことができなかった。カリフォルニア大学協同技能向上機構〔University of California Cooperative Extension Service〕の農業指導者であるデボラ・ジラウド〔Deborah Giraud〕は、ガーデン・パートナーシップ・プログラムを考案し、モン族の家族と利用されていない裏庭の所有者を引き合わせた。こうして住宅地の裏庭が共有され、モン族の人々は失われた文化的な営為を復活でき、また不毛な土地は見事によみがえったのだった。裏庭の土地の所有者は与え、そして得てもいる。彼らは収穫した野菜を分けてもらっているからだ。しかし最も重要なことは、土地の所有者たちが、モン族の人々が送る厳しい移住の日々を和らげていると思っていることだ。この例では、土地、モン族の人々、土地所有者がガーデン・パートナーシップ・プログラムによって互いに育み、そして育まれているのである。[23]

アメリカの多くの都市でも、コミュニティガーデンが同様の利益を生み出している。ガーデニングをする人は、土、太陽、害虫の知識を得て、同時に友人と食べ物も得る。見捨てられた土地が人々の注目の的になり、それこそが必要なことだ。アメリカ中で最も貧しく、力を奪われたコミュニティが、コミュニティガーデンに奉仕することで、自らの力を取り戻しつつある。[24]

うまく制度化された試みもある。全米野生生物連盟〔National Wildlife Federation〕の裏庭認証プログラム〔Backyard Certification Program〕は、住宅の所有者に自宅の小さな土地を野生生物の生息地にしようと呼びかけている。申請したい家族は、まず現在の裏庭を動物たちの生息環境として評価し、次に自生植物、食物、水、巣作りの材料など用いて、環境を向上させる計画を立てる。プログラムがこの計画を認証するという仕組みである。これまでに2万6000を超える世帯が認証されている。現在ではこのプログラムが拡大され、学校や町全体に対しても認証を与えるようになっている。[25] 同様の草の根の試みもある。隣近所の人と一緒に野生生物の生息地を改善しようという試みで、個人の庭を分断された土地としてではなく、ひと固まりの生息環境として管理するのである。この計画は、近隣地区に連続する動物のための生息地を創り出し、とくに小鳥、チョウ、小動物のためには十分な広さを用意できるのだ。

さらに大きな範囲で生態系を回復するための奉仕プログラムには、実に注目すべきものがある。デール・ロリンズ〔Dale Rollins〕がテキサス州農業技能向上機構〔Agricultural Extension Service〕を通じて結成したコリンウズラ旅団〔Bobwhite Brigade〕は、高校生を対象にした5日間の集中カリキュラムを実施している。このカリキュラムでは、ウズラの生態、営巣中の危険、植物の種の同定、遠隔観察法、生息地の分析や改善手法、そして狩猟技能も教えられる。[26] 卒業生のなかには、ウズラの生息地の改善のためのコミュニティ・プロジェクトを実施している者も出ている。

多くの農民と牧畜業者の私有地には、広大な面積の野生生物のための生息地があり、彼らは自発的に奉仕プロジェクトを行っている。テキサス州の牧畜業者の例をあげよう。シャーマン・ハモンド〔Sherman Hammond〕は、自分の牧場の道沿いに涸れ川を堰止

近隣地区に小鳥の生息地を作る

川とつなぐ

帯状の雨受け
自然センター
自由広場／調整池
柳の木立と流れ
浅い水盤と流れの庭
花をつける生垣
0　6　12m
北

カノガ公園にある小さな自然センターは、小鳥の生息地を創るために住民と協力し、個人の庭をつないでいってロサンゼルス川沿いのオープンスペースにまで連結した

めるように小さな土手を作った。この土手は幅の広いダムとなり、貴重な水が長期間溜まるようになった。水があるので草が繁茂する。ハモンドは、土手が土壌浸食を防いで豊かな牧草地を創るだけでなく、野生生物、とくにウズラのオアシスになることをよく知っていた。彼は、年間降水量35センチメートルを、うまく75センチメートル分の水供給に変えたと計算している。ハモンドのわずかな行動が、1万3000ヘクタールを超える野生生物のための生息地を生み出したのだ。[27]

市役所から国立公園の管理事務所に至るまで多くの行政機関もまた、自然の回復についてはボランティアに頼りきりだ。ルニオン・キャニオン友の会〔Friends of Runyon Canyon〕もそのひとつである。たとえば、ニューメキシコ州ボスケ・デル・アパッチ野生生物保護区〔Bosque del Apache Wildlife Refuge〕ではこの20年間、一貫してスタッフと予算が削減されてきた。この間、保護区の監督官フィル・ノートン〔Phil Norton〕は、多くのボランティアグループを養成したが、ボランティアたちは厳しい予算を埋め合わせ、それ以上の貢献をしている。1986年にはわずかふたりだったのが、2000年には40人のボランティアと、600人の会員を擁する友の会ができていた。ここでの支配人は、自然のなかを歩き回る人々、そしてコミュニティを代表する役割の人々などである。カナダヅルや他の渡り鳥に冬の間給餌する作物を収穫したり、外来植物のギョリュウ杉（水辺のヒロハハコヤナギ群落を侵食している）を除去して本来の生態系を回復したり、自生植物の庭園や展望デッキを作ったり、ボランティアがさまざまな作業に従事している。[28]

ゴールデンゲート国立レクリエーション地区〔Golden Gate National Recreation Area〕に最近加えられた場所にも、よく似た事例を見ることができる。もともと湿地だったクリッシーフィールドには軍事基地が置かれ、舗装された滑走路となっていたが、現在では干潟や自生植物の草原、砂浜を再生し、自然に戻されている。ここでも3000人のボランティアがデザインプロセスに参加し、瓦礫を取り除き、自生植物を育て、外来植物を駆除し、都市に40ヘクタールの自然地を復元したのだ。[29]

これらの事例の多くでは、ボランティア活動が自分の家から広がっていき、はるか遠くの場所まで届いている。チェサピーク湾の自然を回復するための大規模で長期間にわたる試みでは、ボランティアグループのベイキーパーズ〔Bay Keepers〕が、サケ類のための魚梯を整備し、カキの稚貝を養殖し定着させ、海草を植えつけ、環境調査にあたっている。[30] また湾から何百キロメートルも遡上したペンシルバニア州、バージニア州、メリーランド州に跨る上流域では、地元の聖なる場所を調べるプロジェクトがある。「聖性〔Sacredness〕」が人々の奉仕を呼び起こし、チェサピーク湾が健康であるために不可欠な上流域での土地利用の改善を推し進めている。

非営利団体であるバーモント・コバート〔Vermont Coverts〕は、森林の土地所有者に、林業を共有の地方資源として運営するよう働きかけている。木材販売による短期的な利益は魅力的なのだが、それでも多くの所有者が、自発的に経済的な収益と野生生物のために必要な生息地との間のバランスをとり、すばらしい眺望を創り出し、レクリエーションの機会を増やそうとしている。[31] 木材の伐採、草刈り、田畑の耕作を、野生生物の生息地と調和させるように実施する所有者もいる。バーモント・コバートはこの10年間に、バーモント州の4万4000ヘクタールの土地を保全した。[32] ランド・トラストは、全米の560万ヘクタールの土地を保全している。[33] 右に見てきたような支配人にとっては、一地方全域が責任をもつべき家庭となっているのだ。やはり私たちはエコロジカル・デモクラシーを実現すべきで、そうすると住むことについての考え方が本質的に転換される。裏庭のプロジェクトから始まり、広大な自然地でのプロジェクトまで、人々は大いに奉仕し、そして核になる広大な野生生物の生息地や、カナダから中米に至る自然の回廊を創出しているのである。[34]

これらの事例は、奉仕には幅広い機会があることを教えてくれる。そしてこの機会を用いて、人々は自発的に活動し、都市やランドスケープを形作ることができるのだ。つまりランドスケープ・デザインを通じて人々を奉仕へと導くという、一般的な方法があるのである。

日常生活のパターンやそこにある未来を考慮し、慎重に場所を

チェサピーク湾の上流部

聖なる場所を探し、共有する

情報をもって世話をすること、奉仕

決めると、人々の奉仕がエコロジカル・デモクラシーに不可欠な、「中心性―センター」を創造し、「都市の範囲を限定」し、「特別さ」を表現するようになる。このような場所は人々が地域について実地に学習し、身体を使い厳しい労働に従事し、傷ついた生態系を回復できるように、デザインされなければならない。都市に暮らす人々にはこのような機会がなく、だからこそ奉仕できることに充実感を覚えるのである。このすばらしい回路を最大限利用するためには、奉仕できる場所が家の近くになければならない。そしてデザインには、ボランティア活動を推奨したり、妨げたりする力がある。全体としてはしっかりとしたフレームワークを保ちながら、しかし未完成な場所では、ひとりでも、グループでも、何かできることがあるかもしれないと思えるものだ。小さくて慣れ親しんだ未完成な場所は、建設や維持管理のための労働を必要としていて、つまり人々の参加を招いている。なすべきことが明確で、労働の結果が直ちに表れるような仕事や場所もまた、参加を招く。

デザイナーは、永続し、適応性があり、自然のプロセスがある、そんな場所を用意しなければならない。また全体の構造を守るという点からは、維持管理を容易にできることが不可欠である。深く考えず適当に作られた場所は、そのうちにバラバラになり、好ましくない活動を引き寄せ、そしてつねに修繕が必要になる。そのような場所では奉仕は生まれにくい。たとえ、そんな場所が極度の欠乏や哀れみを伝えていたとしても、人々は積極的な行動に出るよりはむしろ引いてしまう。ボランティア活動が終わりのない清掃や修繕に明け暮れるようだと、場所を改善したり生息地の回復を図る活動に比べて、得られる充実感は低くなる。

都市ランドスケープのデザインが、人々と協力する支配人を引き寄せ、専門知識や労働を共有できるように誘わなければならない。さまざまな社会階級、ジェンダー、世代、民族を巻き込むプロジェクトには特別の価値があって、それは都市の生態系を改善し、さらにコミュニティの協働する能力を高めるからだ。デザイナーは、人々の奉仕が祝福され、認められる、そんな場所と目標を作らなければならない。

省資源の生活を実践する支配人になりたいと望む人々が増えている。そして彼らが低消費の生活様式を実験し、資源を保護し、再利用できるような近隣地区や建物が強く求められている。しかし、よき意思を実現する生活スタイルを、かつての都市デザインがさまざまな形で妨害し障害となっている。日々のランドスケープから、人々の奉仕を難しくしている要素を取り除き、そして奉仕が活発に起きるように計画することが、デザイナーの重要な役割になっている。

ガーデンパッチ

デザインがどのように奉仕を進め、目的を達成するのか、ガーデンパッチ〔Garden Patch 、モザイクの庭〕の例から考えてみよう。ガーデンパッチは若者を雇用するための庭だが、その他にもたくさんの目的をもつ。低所得者層の社会的マイノリティが多く住む、カリフォルニア州バークレー市の西部にある。ここは実に教訓に富んだ場所だ。１９９３年、ローラ・ローソン〔Laura Lawson〕がバークレー・ユース・オルタナティブス（ＢＹＡ）の活動として、ガーデンパッチを始めた。ＢＹＡは、学校を中退したり、暴力的な犯罪に手を染めたりする可能性のある6～18歳までの子どものために活動している30年の歴史をもつ非営利組織である。放課後の個別指導、就職のサポート、スポーツ、カウンセリング、職業訓練を行っていて、雇用も提供している。ＢＹＡの革新的プログラムのひとつで有効性が実証されているものに、都市公園でのガーデニングと維持管理のための若者の雇用がある。このプログラムは20年前に始められ、この種の活動の最初のものだ。

ローソンがガーデンパッチを始める際に、プログラム内容からも、立地からも、ＢＹＡとパートナーシップを組むことは当然の選択だった。ＢＹＡのオフィスは近隣地区センターにあった。このセンターには、ストロベリークリーク公園、暗渠を開けて水の流れを復元するプロジェクト本部、高齢者施設、公共事業の作業用地、郵便局、工具店、日用雑貨食料品店、パン屋、その他の店があり、おもに貧困層のアフリカ系アメリカ人、ヒスパニック、アングロ系アメリカ人、最近ではインドからの移民に、さまざまなサービスを提供している。ここに庭を作ることで、ローソンはもともとの「中心性―センター」に新しいものを付け加え、多くの異

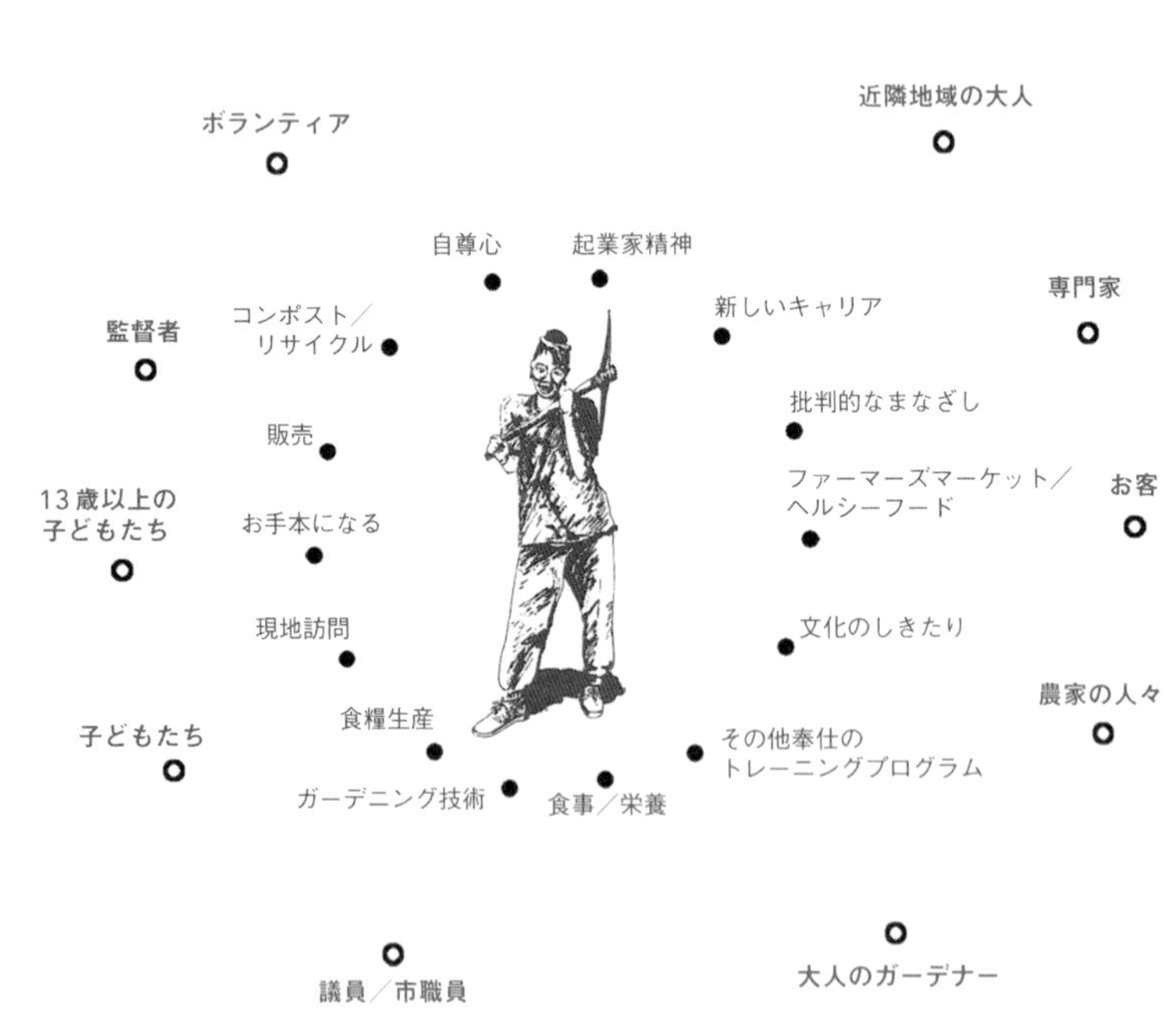

ガーデンパッチではローラ・ローソンが、10代の若者が決定や行動の中心にいるようにした

なるグループが交流し、文化横断的なパートナーシップを生み出しうる場所を創り上げた。[35]

この庭のデザインプロセスは、非常に慎重に進められた。そして普段はこういう活動に関わらない多くの人々を、巻き込むデザインプロセスとなった。ローソンは、10代の若者が中心になって意思決定して欲しいと考えていた。都市デザインへの若者の参加が、お硬い会議での形ばかりのお飾りになることも少なくないからだ。この地区の若者たちにとって最優先されるべきは、職業訓練と雇用であった。これに応えるためのデザインが、若者が耕作する市場向けの菜園となり、10代の若者が雇われ、野菜や花や植物の育て方を教わることになった。そして後には、経営、マーケティング、実験的な隙間商品の販売などの教育へと拡張されていった。BYAのリーダーは子ども用の菜園があるといいと考えたが、それはこの庭で幼い子どもが10代の従業員と遊びながら、食事から採るべき大切な栄養について教えてもらえるからだ。近所の人々は、個人用の菜園区画をほしがった。物置小屋、温室、果樹園、収穫物の展示区画、集会場や教室、堆肥場などのサービス区域が必要だという人もいた。たくさんのものや機能が、この敷地に収められねばならなかった。周辺道路と日照によっていくつかの施設の配置は自動的に決まった。しかしこの庭の基本的なフレームワークは、敷地を端から端まで走る軸となる通路である。建設の第1段階でこの通路ができ上がり、最初の何年かの間、建設

ガーデンパッチのある近隣地区

中で未完成の区画が多く乱雑になりがちな菜園に、秩序ある雰囲気を醸し出していた。ガーデンパッチの最終的なデザインは、多くの会議やワークショップを経て形になった。そのプロセスには、実に多様なグループが参加し、そして彼らがこのプロジェクトを実現するボランティアとなったのである。

0・2ヘクタールの敷地は鉄道の廃線跡地で、砂利とヘドロでコンクリートのように固められていた。草一本生えていなかった。死んだ大地を生き返らせ、実り豊かな農地に変えることが、都市住民が望むまたとない奉仕の機会となった。硬い大地をつるはしで掘り返すのはきつい肉体労働で、毎週末、皆で取り組んで12週かかった。地獄のようにつらい仕事が、ボランティアの若者、近所の人々、スタッフをひとつに結びつけた。この労働から、新し

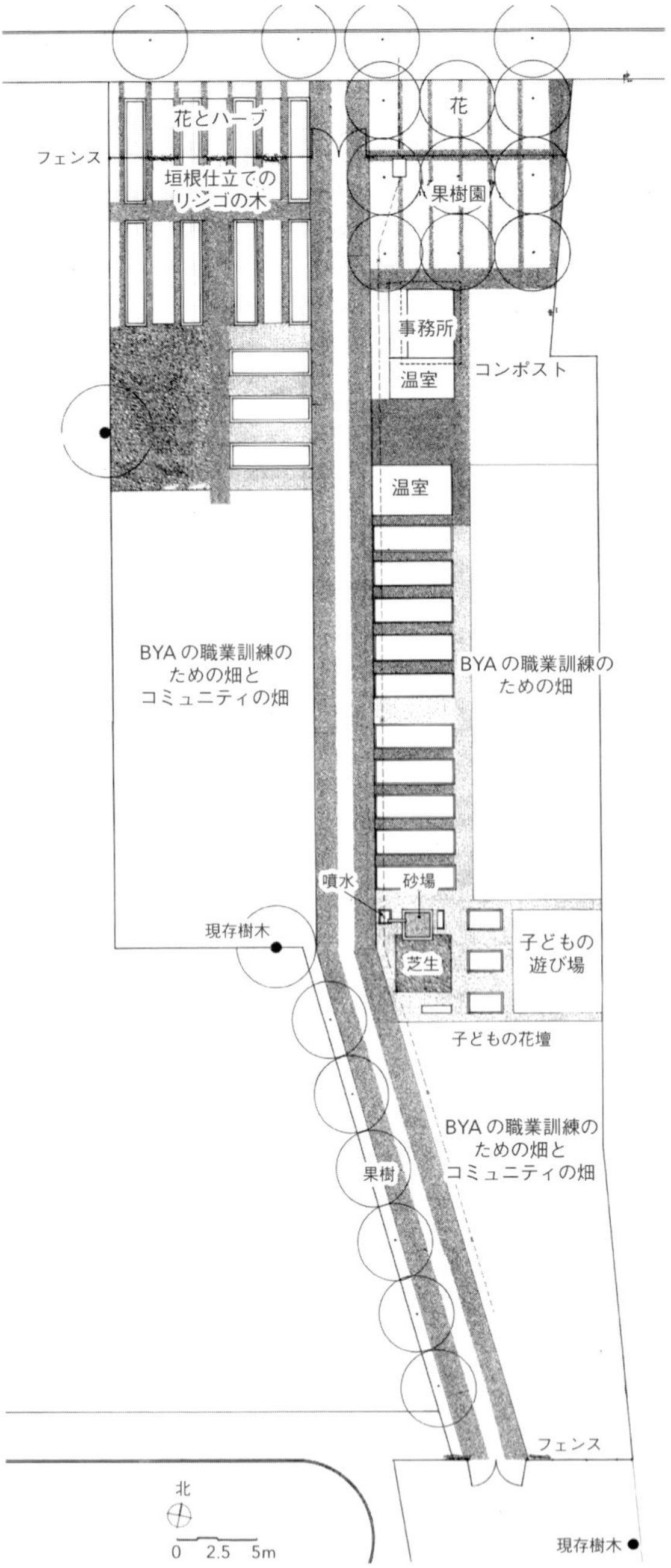

ガーデンパッチには、お互いに両立しないような空間的な要求が多く、サラダのようにバラバラになりがちだったが、デザイナーは強固なフレームワークを創り、楽しく秩序立てた

いコミュニティ感覚と世代や文化を超えた友情関係が生まれ育ったのである。二度にわたって土地を掘り起こし、馬糞とウサギ糞の肥料で土壌を改良し、大地は少しだけ肥沃になった。この作業に参加した人は全員、土質と窒素循環について学んだ。皆、予想を超えて、「科学に住まい」〔Inhabiting Science〕、「自然に生きること」〔Naturalness〕を楽しんだ。大きく見ればさして重要な生態系の回復とは言えないが、しかしわずか0・2ヘクタールの不毛な土地を肥沃にしたことは、ここでともに働いた人々にとっておおいに報われる忘れがたい経験となったのである。[36]

ローソンは注意深くボランティアから庭の支配人を選び育てあげ、同時にすべてのガーデンパッチ・プロジェクトでは、若者を教育し、リーダーシップを発揮できるようにした。彼女はさまざまなプロジェクトを、やるべきことがはっきりわかるように小さく分割した。若者と専門家をペアにして、真ん中の通路、花壇、物置小屋、入口のデザインを任せ、作業にもあたってもらった。それらが完成するたびに落成式を催し、一つひとつの作業に関わったすべての人をねぎらい、それから次のものを作るために、新しいボランティアを募集したのだった。

最初の数年間、若者たちはとてもよい職業訓練を受けることができた。彼らは、庭の計画や建設から、食物の生産や地域のファーマーズ・マーケットでの実験的な販売まで、あらゆる面で大活躍した。ただ現在では建設作業は完了していて、若者はマネージメントとマーケティングの訓練を受けているが、実際に身体を動

土地の改良前後の風景は、相互の奉仕が生み出した劇的な変化を見せている。土地は健康になり、住民も健康になり、ガーデンパッチを作った人も皆、健康になったのだ

速度は、都市を魅惑的で陽気にするが、制御されない速度は人々をせき立て、浅はかなものになってしまう

「速度が人を殺す」、何十年も前から、ドライバー向けのこの標語が訴えている。速度が都市を支配し、そして都市は本当に大きな損害を被ってきたのだ。狂気じみた速度が、「中心性―センター」を朽ちさせ、「聖性」を排除し、「特別さ」を均質に変え、距離を無化し便利になると私たちを欺き、そして実際には多くの「つながり」を断ち切っている。熱狂が支配し「科学に住まうこと」を不可能にし、せき立てられ「自然に生きること」の恩恵をゆったりと受けることもできない。速度には、慎重な意思決定のための暇などない。つまり速度が、エコロジカル・デモクラシーを衰弱させるのだ。

　エコロジカル・デモクラシーを推進する都市には、あらゆるテンポが必要なのである。映画に出てくる光速の移動からカタツムリのペースまでだ。太陽が一瞬緑に見える緑色閃光や流れ星、野ウサギやカメ、時代遅れの人々や地質的な年代、都市にはこれらのための場がなければならない。私たちには多様なテンポが必要で、とくにアンダンテ〔歩くような速さで〕とアダージョ〔ゆっくりと〕が必要なのである。私たちには、注意深く観察し話を聞き、ゆったりと会話し、何度も考え直し、じっくり考え抜くための空間が必要なのだ。私たちには、ぶらぶら歩いたり、ただ眺めたり、瞑想したり、あるいは日本の能舞台のような場所も必要だ。私たちには、じっとしていられる空間も必要である。[2] そしてこれらの空間は、速度に支配されたランドスケープのなかで特別に催されるイベントや出来事のための場ではなく、より穏やかなペースが都

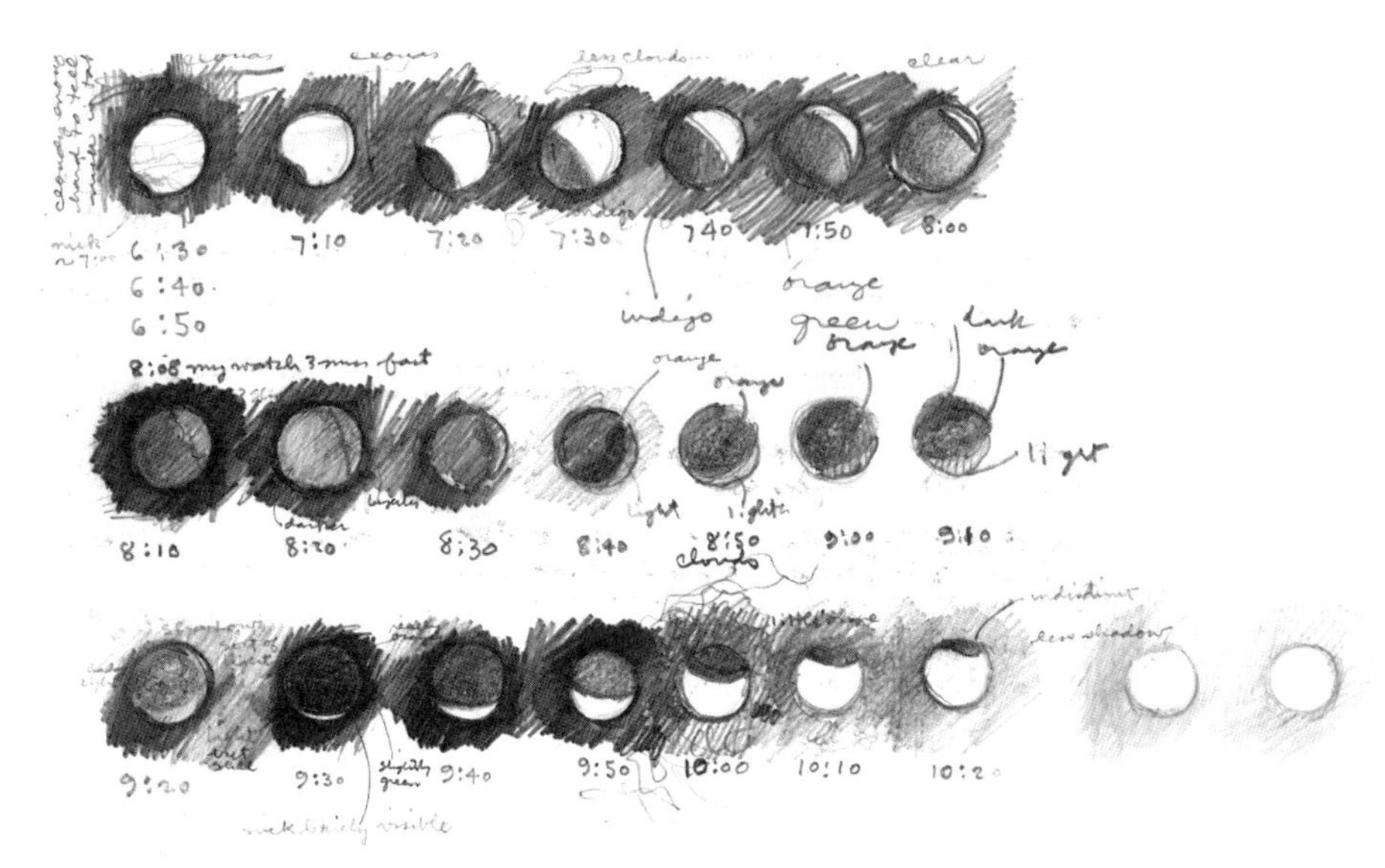

もしも世界がもっとゆっくり動いたら、いつも休日みたいなのに

市と生活に浸透する場でなければならない。そう、たとえばスローピッチ・ソフトボールがアメリカの国民的スポーツになったとき、私たちは、ああ変化が起こったんだと、気がつくのだろう。

居住のペース

ゆっくりしたペースに順応できるように都市をデザインし直して、穏やかさが浸透できるようにしなければならない。居住スペースの基準があるように（私たちは、建築家が堅牢な基礎、雨漏りしない屋根、断熱性の壁を作るのは当然のことだと考えている）、居住のペースのデザイン・ガイドラインもあってしかるべきなのだ。

ヘンリー・デイビッド・ソロー〔Henry David Thoreau〕は、「男にとって」、あるいは女にとって「急がない、という決意以上に役に立つものはない」と書いている。[3] ソローは、居住の本質を記したのだ。住むこととは、ただ住所をもつことではない。それは、家庭を作り、人生を形作ることを意味する。住むことはまた、速度を落とし、急がないと心に決めることである。これが居住のペースのデザインの最初のテーゼだ。家庭を、近隣地区を、つながりを、職場をデザインし直して、人々の急がないという努力に応えられるようにしよう。建築家は、まずキッチンから始めるのがよいだろう。キッチンをもっと広くして、家族みんなで食事を準備できる調理スペースを確保しよう。皆で食事し、顔を合わせて座ることができる丸テーブルを置く場所を作ろう。家族の皆が朝食を食べたくなるように、朝日が入る部屋を作ろう。とくに話題がなくても、夕食後に皆がテーブルに残っていられるように、細かなデザインを施そう。そしてこの考えを住宅から庭へ、近隣へと広げよう。大人がただぶらぶらできる場所を用意しよう。なぜ10代の若者と失業者だけが、公共のランドスケープにたむろしてぶらぶらできるのだろう。日本の東京・足立区のデザイン協議会では、子どもたちが自分たちの都市を設計し直しているのを見た。小学校1年生から高校生までの子どもたちだ。いちばん小さな子どもたちのグループのプレゼンテーションは、とても丁寧な挨拶から始まった。「私たちはまだ小さいですけど、ベストを尽くします」。そして次から次に、実にすばらしい提案が披露されたのだった。たとえば、小さな農業用の区画を町に確保して、誰もが学校や仕事の行き帰りに立ち止まって、イチゴを摘んで食べられるようにする。あるいは、バス停に本棚を作り図書館の本でいっぱいにして、町の人がちょっと立ち寄ったり、本を読んだり、友だちや知らない人と話したりする、といった提案である。子どもたちは皆、コミュニティのテンポを一生懸命に変えようとしたのだった。スローフード運動も同じ試みで、ゆったりしたペースを創り出し、居住のためのまともな速度を広めて、都市生活のあらゆる面に浸透させせようとしている。

　オアフ島の北岸部に暮らす住民は、ずっと前から、自分たちの生活のペースがホノルルの住民に比べて、とてもゆっくりであると思っている。ハレイワの人々は、多彩に変化するペースがいつも身近にあるように、コミュニティをデザインしてきたのだ。彼らのテンポを脅かすプロジェクトが提案されると、すぐに「急ぐな、急ぐな〔No Rush Rush〕」キャンペーンが繰り広げられ、住民たちに警告が発せられる。バイパスの高速道路が提案されたときには、住民の急ぐな急ぐな精神が惹起され、リゾート開発案が出たときも同じだった。いつでも、急ぐな急ぐなが回答だったのである。この地域の人々は長い年月、マクドナルドのドライブスルーの窓口で闘ってきた。物事には必要以上の時間をかけるというこの地域の倫理を、ドライブスルーが脅かしたからであり、住民たちはスローペースこそがコミュニティによいと信じているからである。しかしハレイワのコミュニティが、遅さが象徴するとされる鈍感さ、エネルギーの欠如、時代遅れを体現しているということではまったくない。ハレイワは実際のところ、賑やかで、エネルギッシュで、創意に富んだ町なのだ。この町は優雅で、思いやりに溢れる。人々は家族のため、お互いのために時間を取る。住民たちは、自分たちのランドスケープにまつわる多くの物事を知っている。彼らは満ち足りて、豊かな人生を楽しんでいる。そう、急ぐことなく暮らしているのである。

　彼らが言う「急ぐな、急ぐな」は、日常生活で何かを決めるときにもおおいに役立っている。私たちの会社はコミュニティ計画の作成にあたっていて、準備していた計画作成のプロセスは、短期間に効率的に進められるものだった。ハレイワの人々は、私たちが用いたプロセスと、しっかり組まれた計画作成のステップをこそ賞賛してくれたが、速いペースについては違った。アンクル・イマは、「待て待て、ゆっくりやろう。計画を作る前に、私たちと話をしよう」と言ったものだ。こうして、私たちは地域の細かなニュアンスに耳を傾けることができ、住民は新しい情報をよく検討し、その重要性を議論し、本当のフィードバックを行うための時間をもつことができた。住民は、都市デザインの性急な決定を拒んだ。コミュニティ計画は公式にはコミュニティ・ミーティングで議論されたのだが、それは住民がマツモトのカキ氷を食べながら、アイスハウスでライトビールを飲みながら、バーニーズビーチのハワイ式の宴会場で、アンクル・イマの家の木陰で、その他数え切れないほど多くの場所で、非公式の話し合いがもたれ、私たちの提案が徹底的に検討された後のことだった。ゆっくりと慎重なペースでいこう。誰にだって言い分があることに注意していこう。急ぐな、急ぐな。

　都市デザインのあらゆる面で、ゆったりと暮らせるテンポが求められている。都市デザインのためのプロセスと形態が、これに貢献できるだろう。キッチンのレイアウトからイチゴ畑やバス停に本棚を創ることまで、デザインは人々の生活のリズムを変えることができる。進歩の速度を緩め、必要のない高速道路やダムの建設を止めさせることができる。速度を落とすための活動は、車のスピードを遅くすることであれ、ダムから放水される激しい流れによる侵食を食い止めることであれ、すべて都市デザイナーの崇高な仕事である。人々の活動が広範な公共の利益に関わるようになり、単なるNIMBY〔Not In My Back Yard〕活動から脱却したとき、専門家としてのデザイナーがそれらの活動を支援し、先導すべきである。そしてどんな場合でも私たちは、慎重な民主主義（デモクラシー）を尊重するゆっくりしたプロセスを提供しなければならない。

歩くことを学ぶ

速度について、その日常的な側面を考えてみよう。昔のアメリカ人は、行きたいところには何処にでも歩いて行ったものである。ソローは、歩くことは神からの贈り物だと書いた。ソローは、私たちは「生まれながらの歩行者なのであり、後天的に作られるのではない〔Ambulator nascitur, non fit〕」と記したのだった。[4] 私たちはずっと歩行の民族であったし、歩くための技術を世代から世代へと伝承し、受け継いできたのである。人々は、移動のために歩き、楽しみのために歩いた。しかしすでに1850年ごろには、歩く人が少なくなったことにソローは気づいていた。馬や馬車や電車の方が速かったのである。歩く人は、ごくわずかになってしまった。ソローは自分とただひとりの友人だけが、残された真の歩行者であることを危惧していた。[5]

　その後歩くことは、ソローが想像した以上に蔑ろにされてきた。自動車による高速の移動が主流になってからは、歩行のための場所は用済みになり、自動車の交通環境の一部になり果てた。今日、歩いて仕事や買い物や友人に会いに行ったり礼拝に赴く、社会的な重要人物はまずいない。彼らは誰も歩こうとしない。一部の子どもたちと貧しい人々は、今でも必要に迫られて歩いているが、権力を握っている人々がほとんど歩かないので、歩行者のための環境は無視され、捨て去られている。その結果アメリカ人は、ますます歩かなくなっている。そして多くの人が、歩き方さえ忘れてしまった。

都市に楽しさを発見するために、私たちはもう一度、歩き方を学ばなければならない。私たちは歩く能力をもって生まれたかもしれないが、練習が必要なのだ。「生まれながらの歩行者も、練習して創られる〔Ambulator nascitur et fit cum practicus〕」。

歩きたいと思うために、私たちはまず、歩くことが与えてくれる恩恵を知る必要がある。まず、歩くことでしか得られない楽しさがある。たとえば、私は大学へ歩いて行く途中に多くの美を発見するが、車で行くと見逃してしまう。ダービーストリートの歩道には、住民たちが新しく舗装した1区画があって、ハート型のタイルが何十枚も張られている。あるいは、ほとんど毎朝、高齢者のための福祉施設の前の歩道を掃除している年配の男性がいる。「おはようございます」と挨拶を交わし、私は彼の奉仕に感心する。シャタック通りに入り振り返れば、港への眺めが広がる。トベラの花の香りの季節がある。歩くことは楽しみであるだけでなく、自分の居住地をよく知る手段でもある。フレデリック・ロー・オルムステッド〔Frederick Law Olmsted〕は、南部の諸州を徹底的に歩き踏査してはじめて、奴隷制による搾取と土壌の荒廃の間にある明らかな関係を発見できたのだと述べている。彼の報告書は、ゆっくりとした旅のペースと、歩くことで実施できた詳細な調査によって作成されたのだった。そしてオルムステッドが学びの旅を経て書いたこの本が、奴隷解放に影響を与えたのである。[6] もちろん、私たちが歩くことから学ぶのはもっと身近な物事で、しかし近隣地区の改善には大切なことだ。日常的なこと、たとえば一時停止標識をどこに置けば子どもたちの通学路がより安全になるか、どの土地をコミュニティガーデンにできるかなど、歩いて学ぶことができる。さらに、歩くことで大切に思う地域が広がる。旅先の町でも、少し歩けば心が落ち着き、なじんでいく。[7] 広大なランドスケープでも、そこを歩ければ、奉仕し世話することができる。さて、歩くことのもうひとつの重要な利点は、もちろん健康によいということである。[8] 次の節でこれを詳しく考えてみよう。その前に都市デザインを扱う本書の各章との関係を確認しておこう。歩くことは、「中心性―センター」を守り、「都市の範囲を限定」し、「密度と小ささ」をうまく維持し、有害な「地位の探求」を逆転させるために不可欠である。歩くことからこれほど大きな利益が得られることを学べば、アメリカ人は再び歩きたいと思うようになるだろう。

今日では、歩くことを学ぶことも難しい。私たちは、何十億ドルという公的資金を交通関係の施設に投資してきたが、それはおもに自動車のためであり、逆に歩行のための環境を破壊してきたのである。今日、歩行に捧げられた場所がすべての近隣地区、都市、地方に必要である。そこは、安全で心地よく、センターにも目的地にもちゃんとつながっていて、自然へも、社会的に重要な場所にも簡単にアクセスできなければならない。しかし、まず人々が歩くことを学ぶ場所を確保しなければならない。このためには、高速道路、一般道路、駐車場、その他自動車のためのインフラへの税金の投入を止め、街路を歩行者に取り戻し、歩くための道の敷地と権利を獲得し、分断されている地域をつなぎ直すためにこそ、予算をつけることが必要である。

自動車の速度で、だらしなく肥満する

都市デザインは、人間の健康と深く関係している。中世以降、このことはときに深刻な事態を経て、広く知られてきた（12章「自然に生きること」を参照）。現代でも政府の保健担当部局が、深刻な慢性疾患の多くが都市の形態、その構成と配置に関連していると指摘している。最近の調査では、水質、食物、土壌の汚染による疾病や、ヒートアイランド現象による病気、それに暴力犯罪による負傷、これらが都市生態系のデザインと深く関係していることが明らかになった。社会的な孤立による身体的および精神的疾患、大気汚染による疾病、交通事故による怪我、ストレスによる健康問題、運動不足による病気は、私たちの居住地がとる形態と関係がある。そしてこれらの病気は、ペースにより引き起こされている。つまり、速度と自動車が都市に与えている直接的あるいは間接的な影響によって誘発されているのである。これらすべてを同時に考えてみよう。

社会的に孤立すると、慢性的ストレスや心臓病、その他の病気の危険性が高くなる。弱い社会的絆しかもたない人々が著しく高い死亡率を示し、場合によっては、社会に居場所のある人の3倍にものぼる。[9] 社会的な孤立には多くの原因があるが、都市デザインをそのひとつとして批判する声はますます大きくなっている。機能により分断された土地利用と建物のデザイン、公共交通機関の不足、地元で簡単にアクセスできサービスが集積していたセンターの消滅、運動できる場所の喪失、これらすべてが疎外の原因となっている。多くの人々、とりわけ高齢者は、段差や距離によってサービスにアクセスできないと病気になったり亡くなることさえある。[10]

土地利用が機能により分断された都市形態、それにともない増加する住居と職場の間の移動距離、そして通勤のための自動車の利用、これが合衆国で年間600万人を喘息にしているスモッグの原因であり、つまり都市デザインに大きな責任があるのだ。[11] 都市は速度を上げるようデザインされ、ドライバーや同乗者、歩行者にとって危険な場所となってしまった。アメリカ人が徒歩で外出する機会は6パーセント以下であるが、交通事故による死亡者の13パーセントが歩行者である。[12] 歩行者の負傷、死亡事故は、広幅員で交通の激しい道路や横断歩道、ガードレールのない場所で頻発している。すべて速度を上げるために作られ、そして作られ

引き起こす力に満ちた連続する風景を創ること、地表面に注意を払うことである。私は、公共の屋外空間では、歩行や他の健康的な移動方法をとるべきだと強調したい。歩くことが公共の生活を作り出し、運動と「自然に生きること」の恩恵を与えてくれるのである。

自動車を制限する先駆的な人々

自動車が及ぼす悪影響に対しては、直接それを治療するための措置が必要となる。そうするとすぐにできる簡単な対策により、膨大な社会的利益が得られるのだ。たとえばアトランタでは、1996年のオリンピック期間中、車両を制限し、交通量が減少した。普段ピークを迎える平日朝の交通量などは、22・5パーセントも下がった。これにより、オゾン濃度が27・9パーセント、喘息発作の発生件数が41・6パーセント減少した。つまり自動車での外出を2割ほど抑えると、喘息の救急患者を4割も減らすことができたのである。[19] このように自動車交通の抑制が、歩行者の安全につながり、都市デザイン上の恩恵をもたらすのだ。[20]

自動車の重量が増し、速度が上がるのに比例するように、歩行者のための環境はどんどん軽視されるようになった。歩くためには、自動車の量と速度を抑え、土地利用や都市デザインへの圧倒的な影響を緩和することがどうしても必要なのである。すべての地域の土地利用と交通計画では、歩行者にこそ優先権が与えられるべきである。しかし現在では、自動車交通政策が優先され、つまるところ都市政策のすべての決定が自動車交通に従属してしまっている。歩行者を優先することで、一時的には自動車の渋滞が増えるかもしれない。しかし100年もの間、積み重ねられてきた歩行者へのひどい仕打ちを覆すためには、ときにドライバーに痛みを与えてでも、歩く人々を大切にすることが必要なのである。

私は自動車の使用を禁止すべきだと提言しているわけではない。そうではなくて、人間的な都市のペースを創出するためには、歩行者が優位にならなければならないということなのである。そのためには、歩行環境が自動車のそれと同等かそれ以上に快適になるように、都市政策が改善されなければならない。こうした知的な戦略はすでにいくつかの都市で採用され、たとえばポートランド市のスキニーストリート・プログラム〔Skinny Streets program〕や歩行者道路計画は、歩行の優先を実現している。

高速道路や街路やその他自動車に関連した補助金を、歩行者を支援するプロジェクトに振り向けて、両者の不均衡を是正しなければならない。このような変化がすでに起こり始めていることを示すのが、カリフォルニア州知事が自動車を優遇する交通計画を終焉させるとした宣言である。ロサンゼルス東部のフットフィル・フリーウェイの竣工式で、知事はこれがカリフォルニア州の最後の高速道路になると宣言した。[21] 高速道路の建設は中止されねばならず、その資金を歩行者のための環境の改善に向ける必要があるのだ。同様にガソリン税を大幅に増加し、街路樹や緑道や大気汚染を緩和するための都市林などの整備にあて、歩行環境を改善するべきである。私たちは、文字どおり、地に足がつく、そんな所にお金をかけなければならないのである。

土地利用とゾーニングの変更もまた、歩くことを支援できる。前述したように、密度の高い住宅地だけが十分な人口を抱え、家から歩いて行ける距離に多目的なセンターを維持できる。1ヘクタールあたりわずか45戸という居住密度が、公共交通機関を支え、歩いて行ける範囲に日々の買い物のための商店やサービスや職場を維持する根拠となる。商店や行政機関や職場がセンターを形成すれば、そこにさまざまな用事をしに歩いていく目的ができる。センターの成立は、「都市の範囲を限定」し、「小ささ」を大切にし、複合的な土地利用を実現できるか否かにかかっている。駐車場と車道を作る必要が小さくなれば、センターに建築物を集中し、そして屋外空間や駐輪場を設けられるようになる。

もうひとつ、どうしても必要になるデザインが、センターや重要なオープンスペースに接続する遊歩道だ。多くの場合遊歩道は自動車交通量の多い道路で分断されるか、あるいはただ単に無視され、そして断片化してしまう。これらの断片を、再びつなぎ合わせなければならない。歩くためのコースを創り出す最良の方法は、まずセンターから始め、多くの人が歩いている所を発見し、人々の毎日の歩行のパターンや密度を観察し、整備すべき道の優先順位を決めることである。まず最も優先順位の高い遊歩道を改善し、安全でとても魅力的なものにする。この遊歩道と交差する道路では、車の制限速度を低く抑える。さらに道路幅員も狭くして、そこに芝生の緑地帯や樹木を密植した中央分離帯を作り、車を減速させる（こうすれば芝生や森の気持ちのよい場所ができ、同時にドライバーは減速させられる）。近隣地区内にある格子状の街路では、X交差を設けることで車の速度と量を抑えることができる。またX交差とクルドサックは、速度を落とさせると同時に、格子状の街路へと全体の交通量を拡散することができる。これらは、一方通行、バンプ、ボンエルフ（歩行者を優先する街路で、自動車は低速でしか進入できない）、行き止まりなどを設置することによって、さらに効果的になる。また自転車が通れるように、歩道を広げることも有効だ。自転車と歩行者を完全に分離し、平行する歩道と緑道の両方に歩行コースを設けるよりも、それらが同じ空間に並存するよ

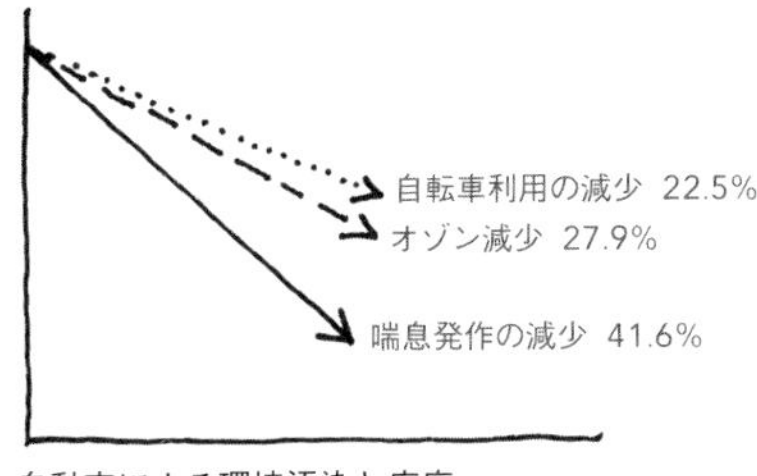

自動車による環境汚染と疾病

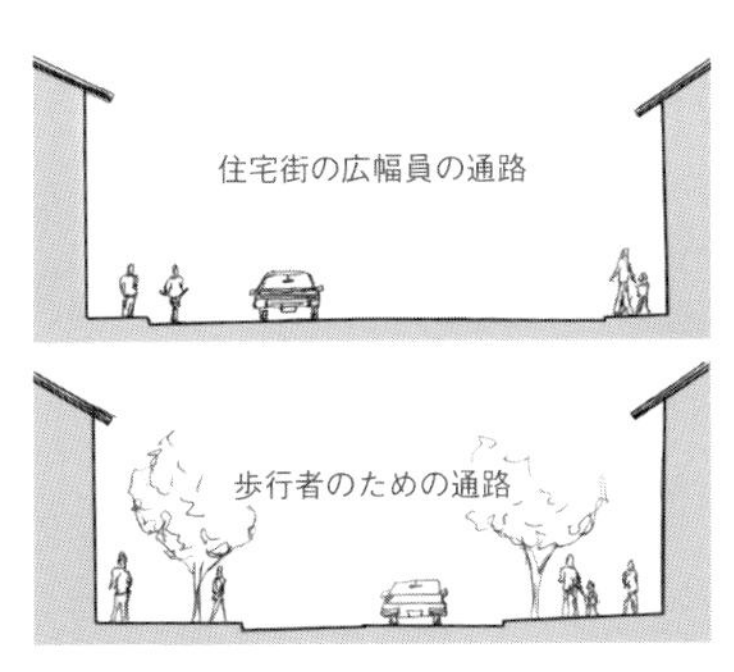

自動車を制限する

うにすることも重要だ。コースを分離するアイデアは魅力的なのだが、現在では歩行者専用の道路システムを維持できるほどには、歩行の需要が十分に高くないことが多いのである。需要が低いのにコースを分離すると、どちらも十分に利用されず、危険なものになり、結局無視されることになってしまう。優先順位を明確にすることで、数本のよく利用される遊歩道を早急に整備し、歩行システムの背骨を形成するのである。事故が起きやすい地点の立体交差化、歩行者の横断を容易にするおもな交差点での道路幅員の縮小、信号機のある視認性のよい横断歩道、夜間照明と冬季照明、緑豊かなランドスケープ、ぶらぶらできる場所などへ資金を集中して整備すると、本当に安全で、魅力的で、連続する歩行コースを作ることができる。必ず連続的に舗装を整え、道路断面の勾配がベビーカーや車椅子、杖を使う人や体の弱い人にも安全であるように配慮する。これらのすべての整備が相まって、自動車の及ぼす悪影響が軽減され、日常生活に歩行のペースが回復されるのである。

　こうなれば運動やレクリエーションのためのウォーキングもずっと魅力的になるのだが、さらに留意すべき点もある。健康のため仲間と一緒に歩く人がいる。だから、社交できるセンターまでの距離を示す表示板をつけた歩行コースを用意する。ランニングコースは友人と出会う場所であり、またペットの愛好グループも賑やかに交流する。最優先すべきことはウォーキングクラブの結成であって、これは都市デザイナーの仕事なのだ。並木のコースが、健康のためにすばらしい効用をもたらす。定期的にあるいは偶発的に起こる巡礼のような歩行者の一団が、コミュニティセンターから出発していくだろう。自然のなかでウォーキングをしたい人々もいる。ソローは、自分には都市の野生とそのための土地が必要であると訴えた。彼は、健康と精神を守るために、木々の間を縫うように散歩し、丘や野原を越え、すべての世俗的な関わりから完全に解放されることが必要だったのだ。[22] 彼は野生のランドスケープのなかを16キロメートル、毎日昼下がりにそぞろ歩きたいと思っていた。ソローの要求である16キロメートルの自然のなかでの散歩は、センターから４００メートルほどの距離にある小川の流れで境界が区切られる近隣地区、そしてこの境界であるオープンスペースによって相互に接続されている近隣地区では、簡単に実現できる。多様なペースを作るためには、運動と健康のための緑道が必要であり、この緑道がこれまで見てきたエコロジカル・デモクラシーの原則、コミュニティの「範囲を限定」し、「選択的多様性」を維持し、「自然に生きること」を実現する意義を、さらに高めるのである。

生き生きとした交響曲のようなシークエンス

　遊歩道を単に自動車の代替手段にするのではなく、歩くペースを楽しくするためには、人々の心に触れるように歩行コースをデザインしなければならない。すばらしい遊歩道とは、美しい旋律を奏でる経験のシークエンスなのである。まるで交響曲のように、遊歩道が丁寧に作曲され、演奏される。すばらしいウォーキングは、叙情的な変奏曲により強弱が生まれ、かつしっかりとした構造をもつパフォーマンスアートである。[23] そこには、論理的な連続の秩序がある。始まりがあり、歩行の楽しさが紹介され、そして自宅から街区や近隣地区へ、おもなコースへと転調しながら進む道、すなわち交響曲がある。ペースは多彩で、思考を誘い、あるいは感情を呼び起こす。歩行者は驚嘆しながらコースを進み、一つひとつの区間はそれぞれ自己反復しながら、全体としての調和を保つ。歩くことへの集中がクレッシェンドし、ハイライトへの盛り上がりに至る。そこには、忘れられない、掻き立てられるような美的な経験がある。自然のランドスケープでは、8つの要素の配置によって、この体験が創り出される。それは、観察者の位置(ランドスケープの上方にいるか下方であるか)、囲われる程度(植生と地形が、壁や天蓋となっているか)、囲いの長さ(囲いの距離)、太陽の光と陰、色と質感、細部(咲いている花や彫刻的な木のような)、である。そして何よりもランドスケープのもつ、はかない側面(野生生物、変化する天候、そして季節)が最も強い力を発揮する。[24] 都市の景観においては、固有の地形、植生のモザイク、建物とランドスケープの関係、そして人間、これらの組み合わせによって8つの要素とテンポと驚きが決められている。高い場所からの眺め、水辺へ降りる低い場所、深い森、その他の明確な特徴のある場所が、クレッシェンドとなる。クレッシェンドは、ランドマークの建物や社交の場を囲む建物群、特別な建物でできた街区、街区の間にあるすばらしい境界部などからも醸し出されるだろう。[25] 都市においては、交響曲のようなシークエンスが、自然の要素を建築の形態に結合させ、力強い効果を生む。2列植の並木は、まっすぐ伸びる軸線や曲がりくねった小道を作りたいという建築的な要請に応えるだろう。一定の間隔で交わる歩道と草地が、ペースの変化、多彩な眺め、人々の交流を生むだろう。人々もまた大勢集まってクレッシェンドを演出し、友情でクレッシェンドを楽しむことができる。バークレーでは、ジョセフ・チャールズ〔Joseph Charles〕がこの30年間、毎朝、オレゴン通りとマーティン・ルーサー・キング・ジュニア通りの角に立って、通勤通学の人々に手を振って挨拶している。挨拶されたのは延べ3600万人になるという。彼は「おはよう」と挨拶し、急ぎ足で職場や学校へ通う人々のペースを、少しだけ緩めたのであった。[26]

よくデザインされた歩道は、官能的な感覚の働きに溢れ、調和のとれた空間の構成であり、楽曲である。それは、忘れがたく、決して飽きるということがない経験である。[27] それは日本の回遊式庭園を連想させるが、実際に都市を歩くことだって、庭園のようにすばらしく構成され、作曲され、ペースをつけられるべきなのだ。そう、桂離宮の庭園のようにである。桂離宮は宮廷の力を見せつつ、なお控えめで黙想的である。園路はすばらしくデザインされ、感覚を楽しませ、知性を刺激し、詩的な創造力を呼びさまし、魂を掻き立てる。主園路が、来訪者の経験を支配する。植物の背後に池を隠し、その反射だけを見せ、花に目を奪われるようにし、しかしそれは曲がり角で別の眺めが広がるまで見る者の気をそらせるためであり、注意深く配された石で歩くペースを変え、飛び石は互いに十分離れ、踏み外さぬよう思わず立ち止まるほど面白く置かれ、そして複雑に入り組んだ入り江を越え、息を呑むような眺望が突然広がるのである。園路のすべての曲がり角、すべての登り坂にある一つひとつの岩の形姿や植物の群落、東屋や橋には意図が込められ、全体のシークエンスを造っている。確かに都市の公共のランドスケープは、日本の宮廷の庭園のようにデザインに支配されてはいけない。しかし、都市の歩道をデザインする際にも、庭で学べることを捨て去ることはない。庭園に見られる、視覚的に統一され共鳴するシークエンスを創るための基準は、都市の経験にも適用できるからである。パリのセーヌ川沿いをそぞろ歩き、バルセロナのランブラス通りを歩き下ると、人は誰でもウキウキとした気分になる。それは、庭園と同じ原理が作用するからだ。セーヌ川沿いを統合するテンポは、水そのもののペースである。水のペースは、シテ島辺りの左岸を散歩する際の背景となり、焦点ともなる。見事な建築が長く流れるように、厳粛な雰囲気を背景に醸し出す。多くの橋が、音楽のような水の動きに区切りをつけている。水平に続く建物を映す並木のエリアが、眺望とランドマークの間に打たれた小休止となっている。くつろぎと深呼吸でペ

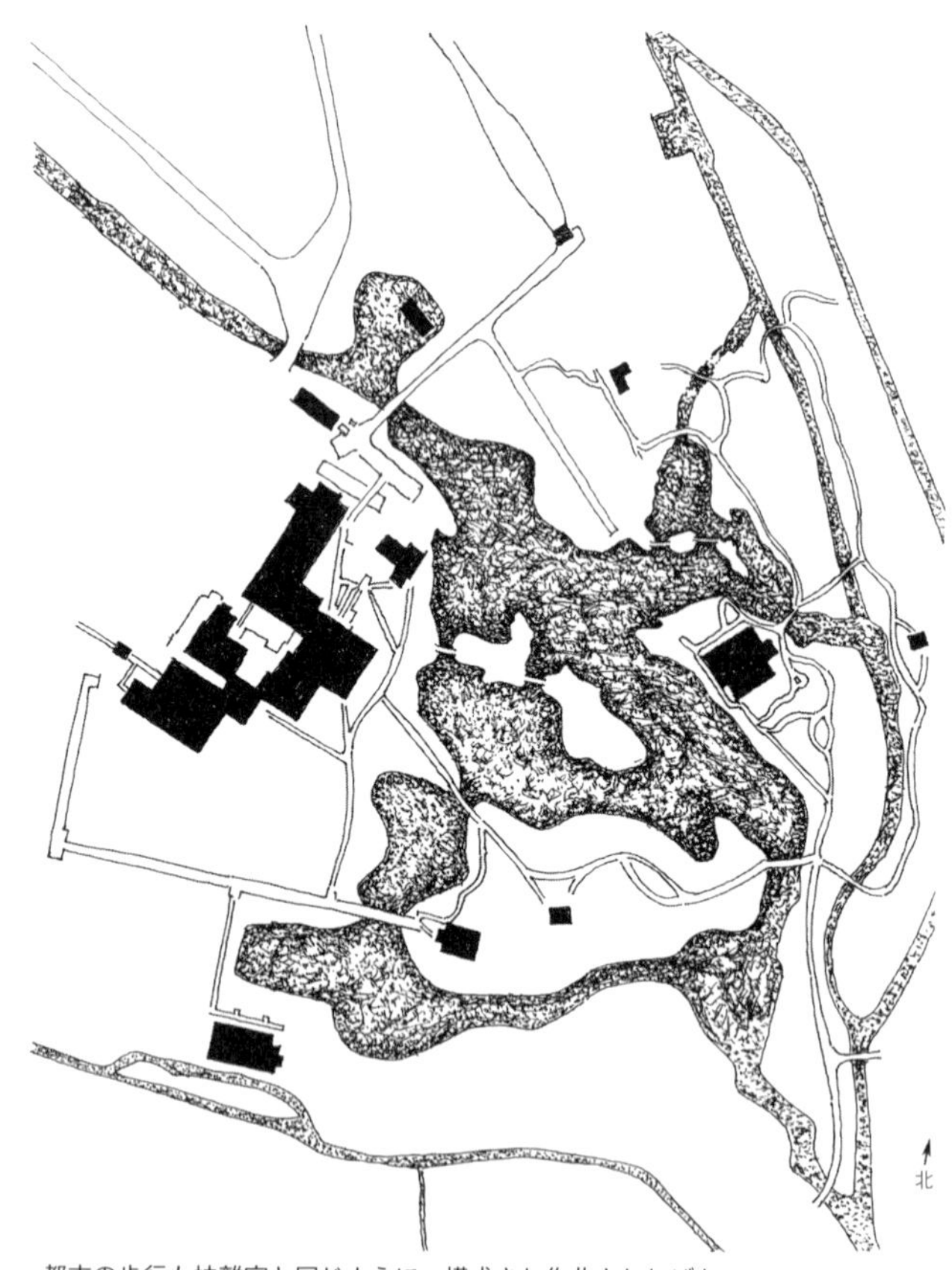

都市の歩行も桂離宮と同じように、構成され作曲されねばならない。地形や植栽や面白い場所を配して歩くペースを変え、感覚を楽しませ、詩的創造力を掻き立てるように

桂離宮。神秘性を登り、超える

ゆっくりと開けていく

わくわくしながら渡る

ースは遅くなり、再び樹々のトンネルを抜けて木漏れ日を目にすると次のランドマークへの期待が高まり、ペースは速くなる。私はパリをしょっちゅう訪れるわけではないから、見たいところはいつもはっきりしている。私のペースは、ノートルダム大聖堂の上で踊っているだろう光あるいは影を予想して、速くなる。ふたつの流れがシテ島の下流で出合い、逆巻く流れが川を再会させる。ここはクレッシェンドの地点であり、心地よく物憂いというセーヌの流れの世評とは対照的に、水は精力に溢れている。この道に沿って祝祭の儀式や音楽や露店が集まり、そのペースによってテンポが変わるが、これも明らかにセーヌ川そのものを反映したものなのである。

ランブラス通りはテンポを変える。テンポは、建物に囲まれる感覚と一つひとつの区間にある樹木と人々の数によって刻まれる。いくつかの区間、一定の時間帯には、人の流れがゆっくりで、建物が連続的なファサードを投げかける。建物がウインクし、うなずき、静かに手招きする。まるで木々や通行人たちと、かくれんぼしているようである。ガウディ〔Antonio Gaudí〕の建築物がちらりと見えて、気持ちよく驚かせてくれる。そして商店の入口が増えてきて、歩道が人で混み合い始めるとペースは速くなる。大道芸人が人だかりを作る。この地点では、すべてが騒がしくなり、祝祭の群集の背景となる。ここには、瞑想などは一切ない。人々が川を眺めているセーヌ川沿いを歩くのとは対照的に、ここでは一人ひとりが、歓喜し流れる人々の川を創り出しているのだ。人間の川が激しくなり、今にも溢れそうになったころ、その流れはレストランやバーや商店やわき道に流れ込み、そして引いていくのである。

これらすべてが、交響曲のシークエンスと歩行のそれの間にある重要な類似点と相違点を教えてくれる。セーヌ川沿いやランブラス通りの本当にすばらしいそぞろ歩きには、さまざまなテンポの変化がある。曲がりくねり、上り下りすることで、ランドスケープは歩行者を静め、じらし、ぞくぞくさせ、明らかにする。すべてはシークエンスのなかで調和している。しかし、音楽と歩行には決定的な違いもある。

音楽や劇やダンスでは、参加型のパフォーマンスもあるとはいえ、聴衆は演者と区別されている。対照的に歩行者は、聴衆であると同時に演者であり、能動的でありかつ受動的である。歩く人々こそが、どこを歩くか、どこに注意を向け、いつ立ち止まり、どのような細部に気づくかを選んでいるのである。しかし歩行者であっても、選択は通路、地形、植生、水によって限定されている。桂離宮では、デザインがすべての動きを規定している。セーヌ川やランブラス通りには、ずっと多くの選択肢がある。こうして歩行が生む美的な体験は、舞台芸術や絵画の鑑賞とは明らかに異なるものとなる。歩くことは、建物でもランドスケープでも、3次元の要素からできた多様な眺めを生む。歩くことは、移り変わる3次元の場面の連続であり、画廊で絵画を見るのとは異なる経験なのだ。アーノ・ゴールドフィンガー〔Erno Goldfinger〕は、これこそが空間の感覚であるとした。彼は、2次元の絵画の基準をランドスケープのデザインに適用しないように警告している。ゴールドフィンガーの警告は、歩行だけが生む全体としての美の経験をよく説明しているが、ひとつだけ例外がある。それは歩行者が立ち止まり、遠くを眺めたり建物のファサードを凝視するときで、人は確かに絵画的な構図として景色を見ているのかもしれない。しかしこの例外は、それほど重要ではない。なぜなら、都市のランドスケープは大抵、多くの要素が変化する眺望、つまり3次元的なシークエンスだからである。歩くことは、私たちを取り囲む。決して平坦ではない。歩きながら経験する環境の多くが、意識的には見られていない、あるいは気づかれないものだ。環境には私たちが処理できるよりも、はるかに多くの情報がある。それゆえ私たちは、自分が意識的に経験するものを選択している。しかし意識下では、ずっと多くのことが経験されているのである。都市のランドスケープでは、私たちの注意がひとつの対象に固定されることはほとんどない。対照的なのが、ギャラリーの絵画や建物のファサードを凝視するときであり、画家も建築家も私たちが意識的に観ることを前提としている。しかし歩くときには私たちは皆、シークエンスの編成に気づきさえしないかもしれないのである。さて歩行と絵画には、もうひとつ相違点がある。それは、私たちは歩行しながら気づく本当に多くの物事それぞれに対して、違う反応をするということである。私たちは視覚芸術に対してよりもずっと多くの反応を見せるのだが、それはランドスケープが生きているからなのだ。[28]

すばらしい歩行体験は交響曲のようであり、同時に明らかに異なるものでもある。私たちは単なる聴衆ではなく、演者でもある。歩行の美的な体験を、2次元芸術と比較することは誤りである。ランドスケープは私たちを取り囲み、意識し理解できる以上の情報をもたらし、私たちは潜在意識でずっと多くのものを吸収している。歩行者がじっとしていることはほとんどなく、集中して視覚芸術を鑑賞するようにはふるまわない。私たちと生きたランドスケープとの関係が、歩くことを他の芸術と区別する。要するに、歩くことは、独自の芸術形態(生きている交響曲のシークエンス)なのだ。それにもかかわらず、多くの歩道があまりにもつまらないので、交響曲のハーモニーをランドスケープにもち込むために、私たちはiPODを使う。都市の通り道がよくデザインされ心が豊かになるならば、こんなテクノロジーは放棄されるかもしれない。豊かなデザインのなかを歩くとき、生きたオーケストラが歩行者と歩行者を取り囲むランドスケープそれ自身のうちで演奏を始めるからである。

ハルプリン〔Lawrence Halprin〕はずっと、生き生きとしたシークエンスという原則を都市ランドスケープのデザインに応用してきた。ダンスからアイデアを拝借し、歩行を記号化し楽譜を作成した。この楽譜によって、人々は協力してすばらしい公共の場所を創ることができる。[29] ハルプリンは、ダンスの楽譜を使った計画を、カリフォルニア州ユーントビルの市民と一緒に策定した。彼は、歩行のフレームワークを作り出したのである。運動や日々の買い物、学校の催事や町の祭りがこのフレームワークに組み込まれ、多様なテンポも、セントラル・ナパの谷と丘に特有のランドスケープを使ったいろいろな仕掛けも、歩行のフレームワークに取り入れられた。人々は25年経った今日でも、ハルプリンの歩行のための楽譜を覚えている。そして、ウォーキングの町というアイデンティティに、強い誇りをもっている。近年の町の計画でもこの誇り

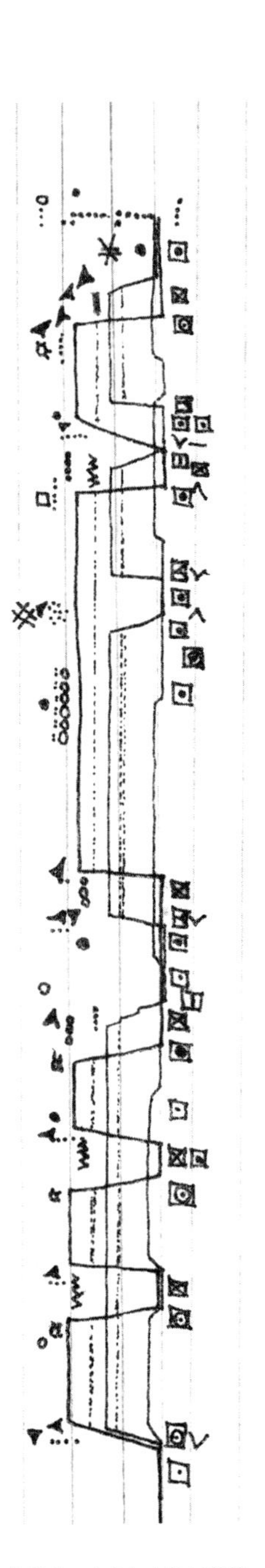

交響曲のような歩行を楽譜にする

がさらに具体化され、大通りに沿ってプロムナードが創られ、2列植のピスタチオの並木が歩く人々を包み込み、夏の暑さから守り、忘れられないような素敵な散歩道を作り出している。この散歩道は幅を変え中央では5メートルほどになり、そしてふたつのテンポを指示する。速く同調した3拍のペースか、7拍のゆっくりしたペースか。並木の散歩道はどちらの方向からも、ブドウ園越しに見える向こう側の丘への眺めとともに始まり、小川を越えて、村の中心へと進んでいく。視覚的な面白みの少ない箇所では、木々に覆われた散歩道が速いペースを作る。社交の場所、目的の場所、聖なる場所、建物の間の狭い隙間から遠くの山々が眺められる場所では、ペースが遅くなり、ゆっくりできるように道は広くなる。中心となる散歩道の3ヵ所では、小さなブドウ園が農地のオープンスペースとなり、そこでペースが一旦止まり、人工的な形態と耕された農地との壮観ともいえる共存を見せ、この地方の農業ランドスケープと人とのつながりを深く感じさせる。立ち止まり座る場所が、休憩と瞑想を生み出している。村の中央ではテンポが速くなるが、これとても相対的なものである。ランブラス通りほど激しくなることはなく、それがユーントビルの賑やかな社会的センターなのである。町の広場には、たくさんの人々が集まることもできるし、日々の出来事が起こす人々の小さな渦もできる。ここでは、速いテンポと最も遅いテンポが結合する。きびきびと行進するようなピスタチオの並木の散歩道と、くつろぐ公園がひとつになる。このプロムナードはあまりにすばらしく忘れ得ないもので、それは2列植の並木により全体として統合されているからで、この並木が内側から多様なリズムを創り出し、テンポを設定しているのである。秋の燃えるような色彩もまた、忘れがたいものである。散歩道の構造に、この地方の町とランドスケープの特色が現れる。それは一群の建物とブドウ園と丘である。歩道がうまく組織され、この3つの特色をそれぞれはっきりと表現し、すべてをハーモニーのなかに編み込んでいる。この散歩道は地域の人々の大切な楽しみであり、彼らは平均的なア

行き先を示すペース

見とれて、思わず立ち止まる

メリカ人の2倍以上を歩く。ユーントビルから学ぶべき教訓は、すぐれて本質的である。すべての都市が、歩くために捧げるすばらしい街路を作ることができる。人々はすばらしい散歩道のために、京都やパリやバルセロナに住む必要はない。歩くきっかけになり、健康的なコミュニティの誇りとアイデンティティとなり、場所の唯一性を実用的かつ詩的に表現する、そんな散歩道をすべての都市に作ればよいのだ。

変化を起こす歩行

私の母は30年以上の間、小学校1年生を教えていた。そして何百人もの子どもに、岩石の変成や動物の変態が見せてくれる不思議を伝えた。母は石に夢中だったが、昆虫や両生類もとても好きだった。教室は野外へと広がり、幼虫、蛹（さなぎ）、成虫など、考えられるすべての変化が教室へもち込まれた。あるとき、オタマジャクシはどのように卵から現れ、尾を失い、カエルになるのか、母が説明したのだが、それは亜麻色の髪の毛をもつ1年生の男の子にはとても信じられない話だった。

私の母は、よく思い出していた。「こうしてオタマジャクシは、カエルになります」と言ったとき、コールマンの大きな青い目が母の目と合った。そして彼は叫んだものだ。「ヘスター先生、まさか僕がそんな話を信じるとは思わないよね」。私がこの話を聞いたとき、コールマンは大学院生になっていて、私と机を並べて勉強していた。母もコールマンも、20年経っても、そのひとこまを生き生きと細かいところまで覚えていた。母はいつもクラスを外に連れ出し、生き物の変態を観察して歩いていた。この散歩には、生

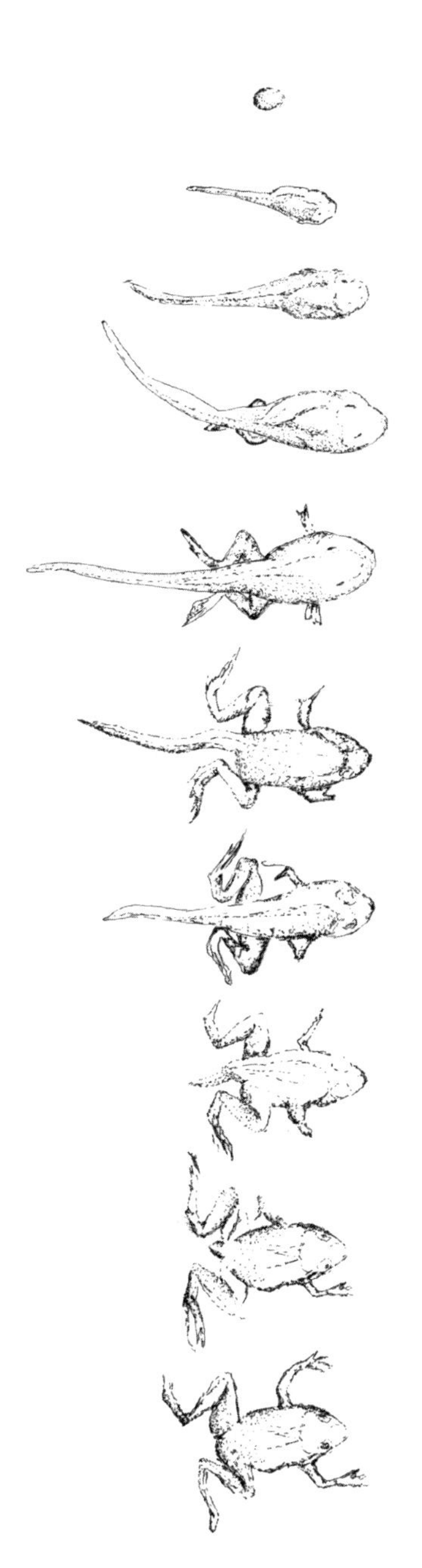

母のクラスが出かけた、
生き物の変態を発見する散歩

のは歓迎されない。日本の偉大な哲学者、西田幾太郎は、最初に東洋と西洋の思想を統合した人物であるが、自宅から京都大学へ通う道を気まぐれに選んだりはしなかった。西田が選び毎日歩いた道は、後に彼にちなんで哲学の道と名づけられた。今日でも哲学の道は、来る日も来る日も瞑想のように単純に静かにほとんどペースを変えずに水が流れる、素朴な並木に囲まれた水路の横に往時のままにある。

第4の変化の旅は、際限のない歩行である。人々はこの歩行を、強い目的をもつスパルタ式の訓練のようにイメージし、荒涼とした変化のないランドスケープを貫く打ち捨てられた線路用地や道路用地などの長く一直線の殺伐とした往復コースとして思い描く。簡単には解消できない問題や危機を抱えた歩行者は、その問題が消え去るか、新たな行動方針が立てられるまで、元気なペースで歩き続ける。ほんの数百メートル歩けばよい場合もあり、6、7キロメートルを要する場合もある。その距離は、前もって決められるものではないのだ。解決策がはっきりと見えるまで、振り返ってはいけない。カリフォルニア州フォートブラッグのある人が、砂浜を走る廃道となった木材伐採用の道を歩いている。完璧に真っ直ぐで、太平洋と平行し、道には変化がない。植生はまばらで単調だ。砂浜が見えるかぎりに伸びている。道は地平線のなかに消えていくか、流れる砂、波しぶき、霧で消えかかっているかだ。もっとも、彼は歩くとき、フォートブラッグからテンマイルビーチまで片道20キロメートルを往復するのであった。問題は複雑だったが、ついに彼は人生を変える解決策を得た。このような歩行

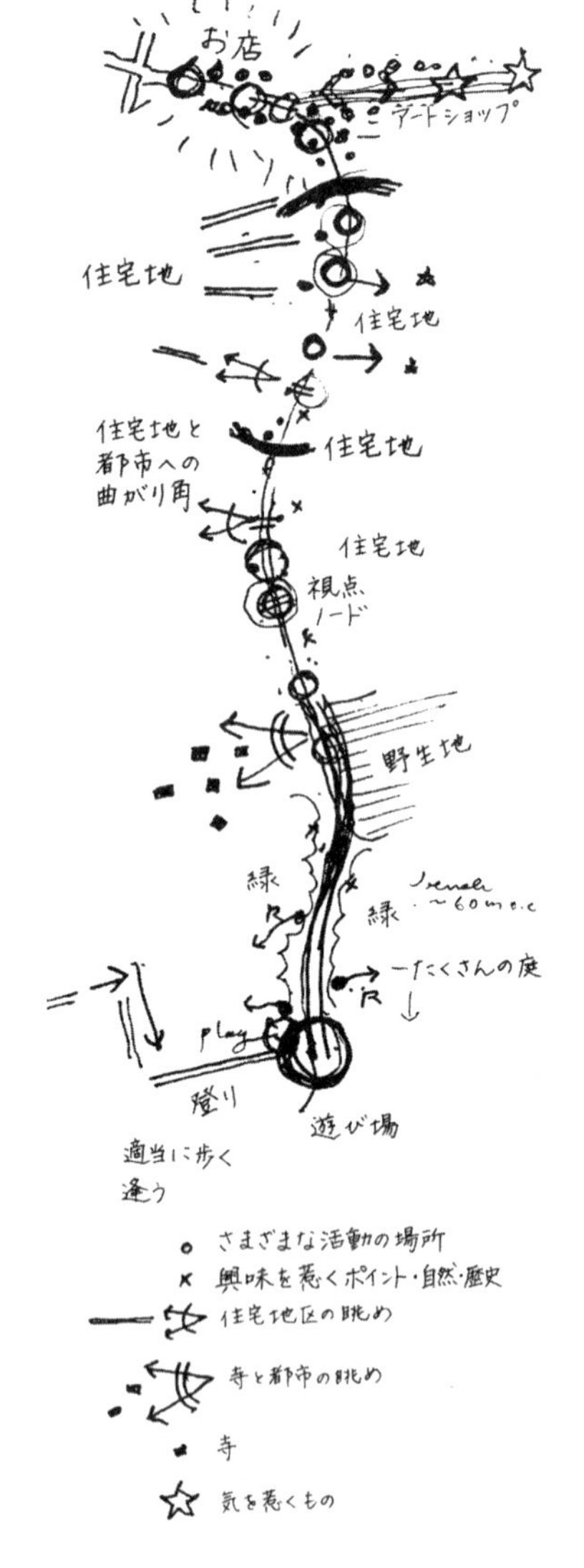

決まりきった道：哲学の道

を実現するデザインの基準は、見捨てられ、単純で、厳しくさえあるランドスケープを貫き、抜ける、長くて完璧に真っ直ぐな道である。禁欲的な経験を創り出すために、デザイナーもまた自らを抑制せねばならない。雨のサンフランシスコのクリッシーフィールド沿いのように、変化を起こす歩行はすべての都市にとって貴重な宝物である。この歩行を作る機会を逃してはならない。

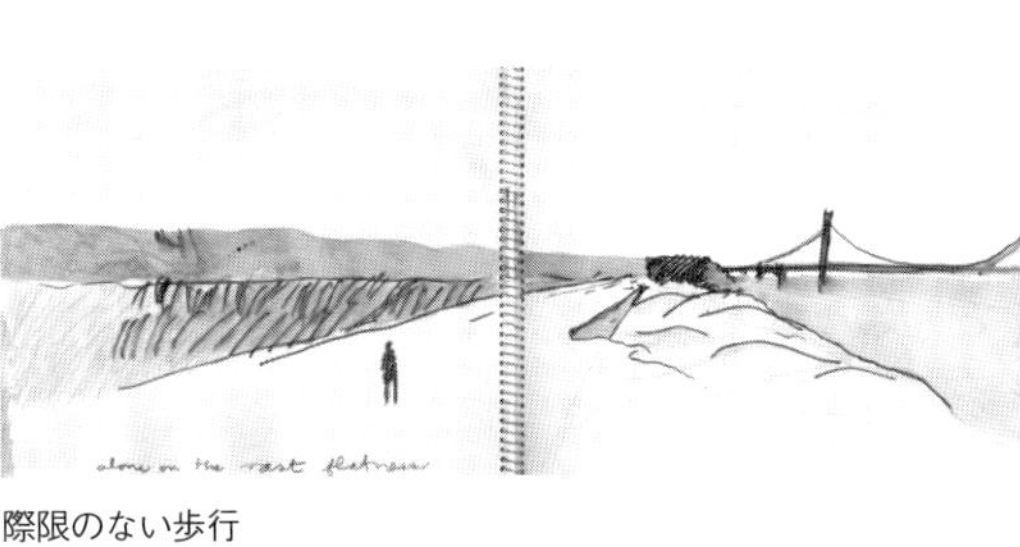

際限のない歩行

社交的な遊歩道

地表面

神話であっても日常生活であっても、歩くことに関して最も重要なのが地面である。地面のデザインが、ペースをコントロールする。単純化するなら、広くて平坦あるいは少し下りの真っ直ぐな道を作り、素っ気ないコンクリートで舗装すれば、速いテンポを演出することができる。道を狭くし、曲げて、上り坂にし、表面の素材の質感を粗くし、間隔を置き、多様にすると、ペースは遅くなる。模様の向きや素材に変化をつけたり、垂直および水平方向に踏み石を変化させることで、人々は地面に注意を向け、危険を避ける。このようなデザインはまた、ペースを制御し、人の視線を地面だけでなく、周囲に向けるように操作する強力な手段となる。たとえば、慣れない地形に刻まれた踏み段に注意を払っているとき、3メートル以上先にあるものを見ることはできなくなる。手と目は、手堅くかつ賢くなければならないのだ[38]。地表面が人に集中を要求するとき、それはまるで世界を遮断する壁であるかのような効果を発揮するのである。

地面に払うべき注意の大きさを変えることは、居住のペースを多様化し、ランドスケープの経験を編曲するための重要なデザイン手法である。また地面に注意を払うことは、単なる危険の回避に留まるものではない。地表面は、私たちを大地に結びつけ、私たちとランドスケープ・エコロジーとの基本的な関係を形作り、私たちを根づかせ、とてつもなく大きな美の喜びをもたらす。

せる。京都では、公共のランドスケープにもこの装置がもち込まれている。石造りの亀が、賀茂川と高野川を渡る飛び石になっているのだ。この飛び石をつたって川を渡り終えると、若者も老人も、はしゃぐ人も控え目な人も、誰もが遊び好きな子どもに変わってしまう。これらの例では、地表面だけが、自由な喜びを創り出している。狭い木道である八橋も（幅は35センチメートル以下であることが多く、角度をつけて継ぎ合わされている）このような装置で、池を渡り、アヤメの沼沢を抜け、交互のリズムを作り出す。これにより、対照的である固体と植物に覆われた液体の地表面へと、一挙に注意が注がれる。小川沿いの散歩や、倒れた丸太をつたって沼地を渡ること、狭いボードウォークで湿地を横断することや、飛び込み板の上を飛び歩きながらバランスを取ることなども同様の装置によるもので、人々に大きな喜びを与えてくれる。

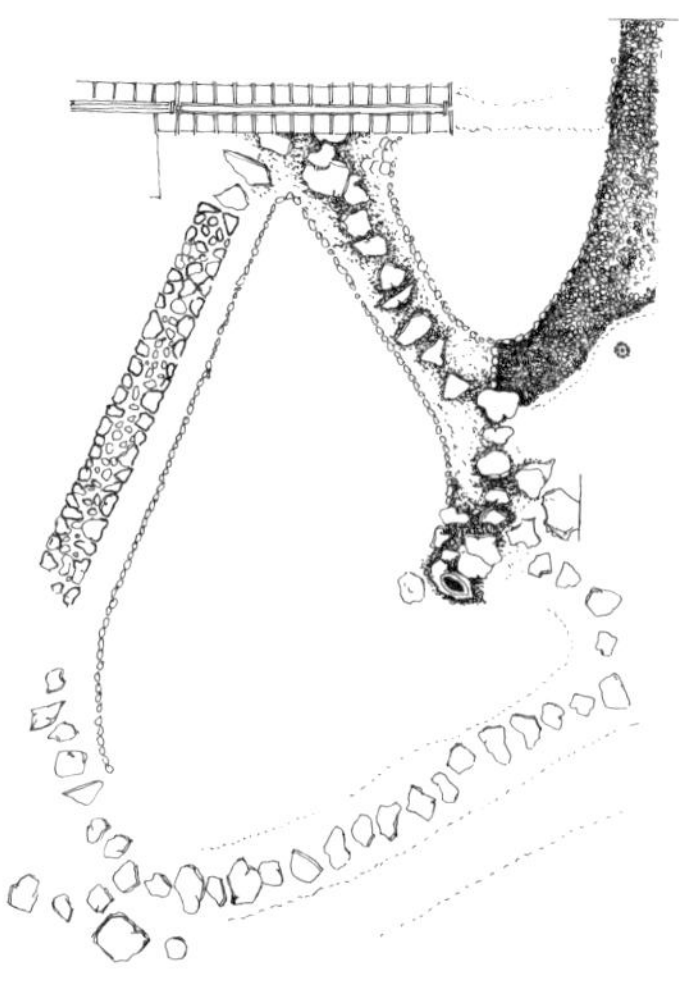
飛び石を歩く。桂離宮

コンクリート製の亀が賀茂川と高野川に置かれ、冒険のような飛び石になっている。大人も遊び好きな子どもに戻る

都市デザイナーにとって、地表面は挑戦と機会の両方である。地表面は多くの場合スピードのために作られるので、実用的で単調で平らな広がりと見なされ、あるいは（より正確には）意識すらされてこなかった。ここで言う挑戦とは都市の作り手たちに、地表面のもつ可能性を意識させることである。私たちは大地の表面を大切に扱うことで、生活のペースを変えることができ、居住者を場所に結びつけることができ、生態学的に正すことができ、美しさとアイデンティティをもたらすことができる。そしてそれには、デザイン上の注意深さと決断が必要なのである。

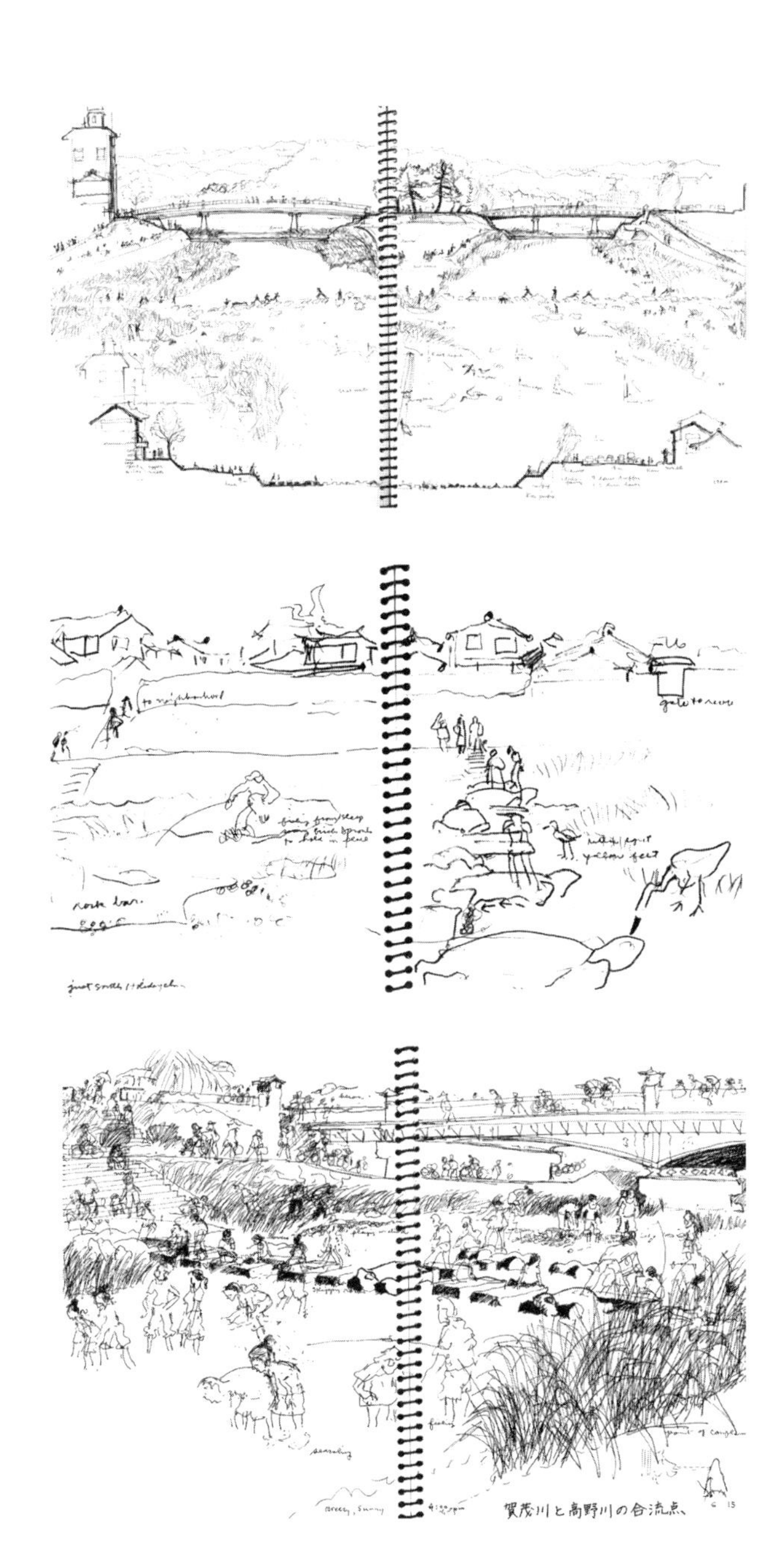

賀茂川と高野川の合流点

歩き回る

この章では、ペースを研究し、アメリカ人の暮らしのテンポが性急さと軽率さに覆われてしまい、機能障害を起こしていることを見てきた。迅速性が、私たちの都市に悲惨な結果をもたらした。病気を引き起こす公害や、高速道路、高速道路によって分断された近隣地区、歩行者が危険を冒さなければ横断できない街路などは、大きな惨禍なのだ。速度に捧げられた環境が、ゆっくりとした居住のペースに取って代わってしまった。歩行者のための環境は、無視されるようになった。アメリカ人は歩くことを捨て、コミュニティと個人の健康が徐々に悪化した。その結果、肥満、心臓病、糖尿病、運動不足による病気が増加しているのである。

現段階では、ゆっくりとした日常生活に休日のようなペースをもたらす世界は、想像することしかできない。それでも私たちが暮らす場所をデザインし、ペースを変えるならば、すぐに大きな恩恵を目の当たりにすることになる。まともなテンポを歓ぶ多くの声が合わさり、前向きに歌い始める。アンダンテとアダージョのテンポが、より慎重な意思決定を可能にし、迅速だが有害なプロジェクトをちゃんと拒否できるようにする。高速道路やダムなどが、一時的な解決にすぎないことが暴露される。アンダンテとアダージョが、「可能にする形態」を支える。とくに「中心性―センター」での人々の触れ合い、長居すること、ぶらつくこと、バラの匂いを嗅ぐこと、イチゴをつまんで味見すること、バス停で図書館の本を読むこと、そぞろ歩き、散歩、ぶらぶら歩きを支えるのである。遅さが、「自然に生き」、「科学に住まう」ようにする。重要なデザインは、自動車を抑制すること、生き生きとした交響曲のようなシークエンスの、精神に満ちた散歩道を作ること、魂に触れ喚起し超越する歩行ルートを創り出すこと、大地の豊穣さに気づかせる慎重なペースだけを刻んだ地表面を作ること、などである。

私たちが真夜中を過ぎても、町中を歩き回れるようになれば、都市はエコロジカル・デモクラシーを推進する力をもつだろう。デザイナーには、すべての近隣地区に歩いたり運動したりできる安全で心地よい場所を用意することが求められる。都市デザインに関するどんな決定でも、それが大きかろうが小さかろうが、自動車よりも歩行者が優先されていなければならない。デザインによって、自動車交通の速度と量を落とさなければならない。歩行者道路をあらゆる方法で作らねばならず、これは人々が集まり、社会的な安全を保つためにも必要なのである。歩行者道路は、センターと目的となる場所に接続され、野生の自然と社会的な生活の両方へ、短時間で歩いてアクセスできるようにする。このためには、用途の混在する統合された土地利用、高い居住密度、自宅と職場と日常的に通う場所の間の距離の短縮が、どうしても必要となる。

都市が立地する地方のどこにでも、歩いて行けるようになるべきであり、15～30キロメートルの歩道が整備され、数週間ないしは数ヵ月かけてのハイキングができればすばらしい。近隣地区や家などの小さなスケールの空間でも、生活のなかで歩くことが、言葉にならないような歓びをもたらすようすべきである。

最近私たちは、自宅の小さな裏庭に、このような実用的な空間があることに気がついた。現在、私の仕事場である元ガレージだった納屋は、母屋の裏口から大またで10歩ほどの所に建っている。家の者は皆、毎日少なくとも10回かそれ以上、ここを行き来している。長い間、ふたつの建物の間の最短距離を移動していたが、それはそれが機能的で速いペースだったからである。つまり、私たちは歩くことに空間を与えていなかった。あるときこの無視されている通路、ありふれた日常的な経路を、特別な出来事に変えられるのではないかと考えた。そして、この道をもう一度デザインし始めた。

まず道を遠回りにし、多様な地表面を作った。今では小屋のある東南方向に行くために、まず道は北の隣宅に向かい、木製の玄関ポーチを越えて、階段(ひとつは木製、ひとつはリサイクルされた石灰岩の柵の支柱を転用したもの)を降りて、砂岩がひび割れたところにイチゴが育ち、隅にシダが揺れている踊り場に至る。宝物のような岩石でいっぱいのこの空間は、近所の人も使えるようにしてある。それで私たちは、以前よりも近所の人たちと会話を交わすようになった。次にこの道は、東に3歩進む。ここでの一歩一歩は、タイムの強い香りに包まれる。3つの石がよく注意されるようにと、十分な間隔をおいて置かれている。3番目の踏み石は、真ん中が窪んでいる。その窪みに水が3センチメートルほどたまっていて、光を反射している。水に映る影はとても面白いが、でも足を濡らさないよう気をつけて歩かなければいけない。この踏み石は大きいので私たちは両足をそろえて立ち止まり、積み上げられた薪の上に被さっているクルミの枝を透かして、早朝の太陽を見あげる。それから道は南に向かい、さまざまな石を渡り、15センチメートルほど降りて、60センチメートルの柱頭をもつ高さ1メートルの円柱が道を狭めている場所に出る。この円柱には、思わず立ち止まって触りたくなる。立ち止まると、はるか東の方角にある私の故郷の町を指す、ヘスター商店まで2400マイル、という標識に目が移る。踏みつぶされたパイナップルミントの葉の香りが、濃い紫の陰を作る密植された6本のイチジクの木の短いトンネルへの入口を教えてくれる。川で磨かれた滑らかな岩が目を捉える。道は南に6歩、オレンジ色の砂岩に囲まれた白いサンゴまで続く。8歩で抜けるトンネルの出口には大きな赤い支柱があるのだが、これがとてもあざやかで神秘的な形をしているので、私は何百回となく通っても飽かず眺めている。そしてこの支柱が今度は、すぐ隣にあるコミュニティの神様の像へと私を引き寄せるのだ。こうして私は、一歩一歩足元に集中したり、また赤色に目線が戻ったりを繰り返して、やっと支柱にたどり着くことになる。ここで道はまっすぐ東に、スタジオのドアの方に向きを変えるが、私はいつもここで立ち止まって辺りを眺める。トンネルを出るとすぐ、南側にさまざまな材質の石と天気によって色を変える岩、西側にカキツバタで一部を隠された小さな池が、姿を見せるからである。ここでは、オウゴンヒワとシジュウカラが、私に挨拶してくれる。すべての物事が私の注意を引きつけ、私を行き先からそらす。私はいつもここでゆっくりする。1匹の蛾がユリの花の中心にいる。そしてようやく私は身体の向きを変え、仕事場に入る。

この道では地表面を感じることが肝心で、植栽によってこの経験が強められている。植物が道を囲んだり開いたりして多様なテンポを作り、いちばんよいときまでランドスケープの見せ場を隠し、隅々まで行きわたる官能的な歓びをもたらし、そして野生生物の生息地を創っている。私たちが、唯一完全に包まれるのは、イチジクの木が作る暗いトンネルである。スイカズラの壁とアメリ

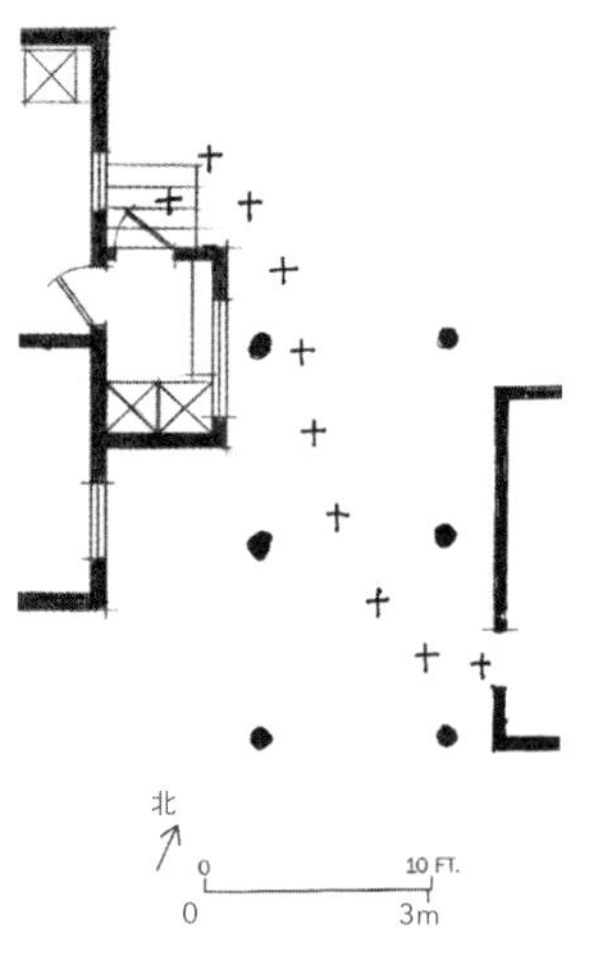

速くて空間のない通路

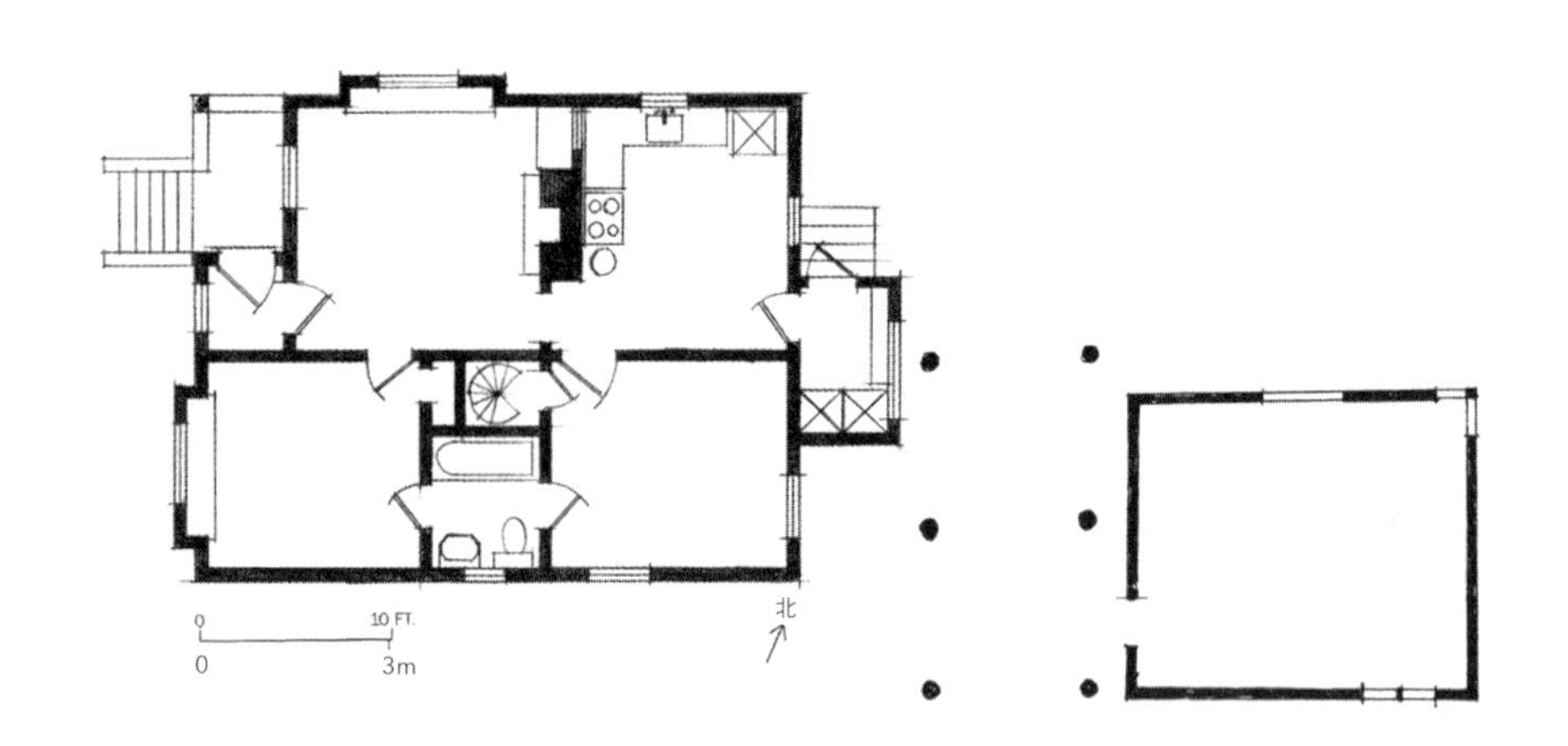

私たちは、家と仕事場を結ぶ最短距離を速いペースで歩くので、そこは空間とはいえないものだった

カノウゼンカズラとアイリスとジャスミンが、一部だけ囲まれた場所を作っている。この緑の壁は歩行者の目線を誘い、良くない眺めの目隠しとなり、彫刻や池も隠してくれる。歩行者はちょうどよい場所でそれらを発見し、立ち止まってじっくりと眺めるのである。花々は、季節の色と香りで歩道を変化させる。たとえば野生のアイリスが咲くと、私は近くで観察しようとして道をそれて歩く。池がリュウキンカで賑わうときには、カキツバタのなかにぎこちなく配された丸岩を渡って、遠回りしなければならない。水生植物はまた、オタマジャクシと幼魚の生息地となり、これが抗しがたい魅力なのである。ゆっくり歩くことは、いつだって野生生物を見ながら歩くことである。アカタテハ、ヒョウモンチョウ、モンシロチョウ、セセリチョウ、ハチドリ、ヤブガラ、マネ

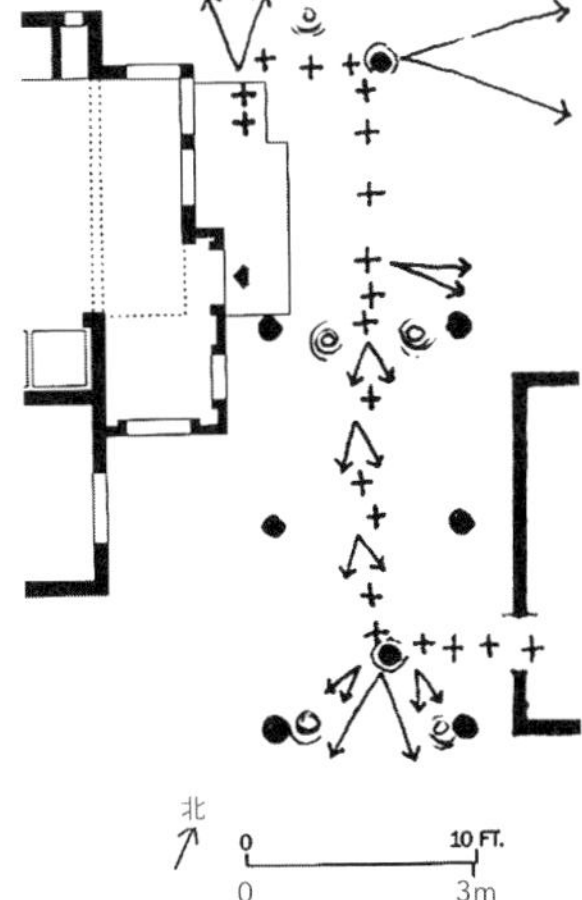

楽しみの通路

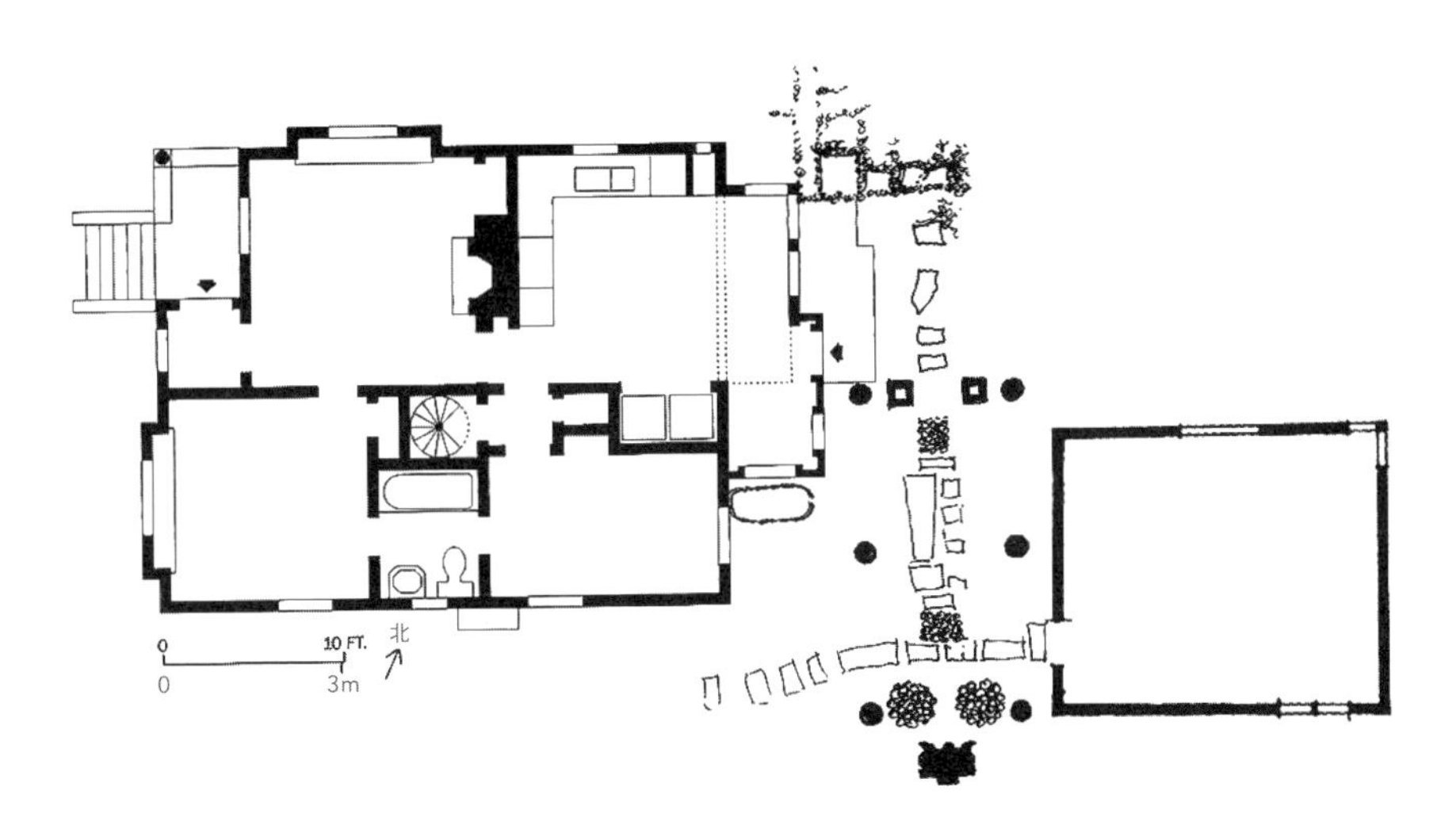

デザインし直した通路は、南に行くのにまず北に向かう。この通路では、近所の人とよく話すようになり、地面をよく見て歩かなければならなくなり、立ち止まると足元を見ていて気がつかなかった物事に驚かされるのだ

シツグミ、リスなどはいつでもよく見られる。サギ、高く舞い上がるタカ、ヒメアカタテハ、タイランチョウなどに出会うのは、非常にまれなことで、何週間もの間、興奮が心に残るのである。

　こうしてテンポを変えることで、母屋から仕事場までの5秒間の大急ぎのダッシュが楽しい30秒の歩行になった。そして日常生活で体験するすべてが変わった。私たちは、以前とは異なる暮らしを送っている。長くなった道をゆっくり歩き、道が曲がるたびに楽しみを見出している。慎重にペースをとることがもつ力とはこういうものであって、それはどんなにつまらなく見える場所であっても、変わらずその力を発揮するのである。

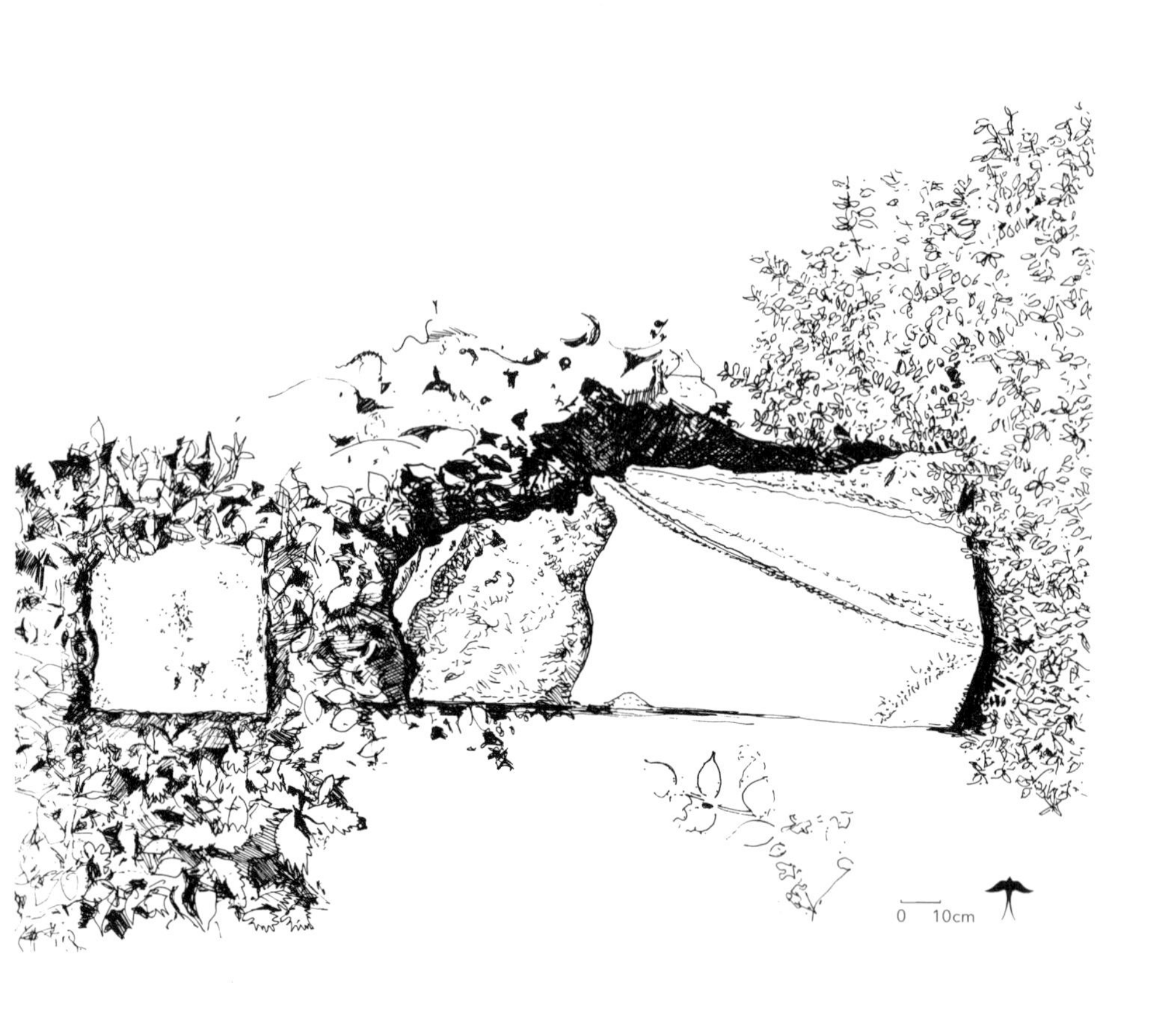

砂岩の道は白いサンゴとオレンジ色の岩のところで交差し、疲れた人々を
オアフ島とミシガン湖へ招待する。石に彫られたトンボは人が近づいても
逃げはしない。東には仕事場、西には優雅な曲線をもつ平らな石があって、
その向こうにはいまだ知らないランドスケープが広がっている

北へ向かう道は、海の生き物の化石が見える石灰岩の支柱へと下り、砂岩の
踊り場に降り立つが、ここは一度止まって、ゆっくりと東に向けるくらい広
い。次の3つの石はよく注意して歩かなければならない。狭い砂岩、小さな
御影石、真ん中の窪んだ3番目の石、不安定に思え、踏むのを躊躇する

エピローグ

この本を書いて、私の楽観主義はますます強くなった。私たちを取り囲む絶望や日々暮らす環境の貧弱さに私が打ちひしがれていたまさにそのときにも、エコロジカル・デモクラシーはそこここに根を下ろし、芽を出し、花を咲かせていたのである。この本で、たくさんの事例を紹介してきたとおりなのだ。私はこれらの事例を見て、エコロジーとデモクラシーが結びつき、永続し充実する未来をもたらすことを確信した。私はエコロジーとデモクラシーを織り合わせ、そしてとるべき都市形態に関する理論とした。エコロジーとデモクラシーの混合が、私の主張の核心である。客観的に見ても、これは真実のように思える。同様に、可能にする形態、回復できる形態、推進する形態〔Enabling, Resilient, and Impelling Form〕を一緒に実現できる都市が形作られたときにのみ、都市が健康になることも確信する。このためにはまず、私たちの暮らす環境が変わり、隣人を知り、ともに活動することを可能にしなければならない。そして、この人間関係が簡単には壊れず、すぐに回復できるようでなければならない。最後に、日々の暮らしの中にある美しさを愛で、心が喜びで満たされ、私たちを前へ推し進めてくれる、そんな環境を創らなければならない。この3つの形態は、すべてエコロジカル・デモクラシーの本質なのであって、どれかひとつだけでは無意味なのだ。

私たちの抱く価値の転換が、これら3つの都市形態を実現する。人々にとって本当に大切な物事や、住むという価値を具体的に表す都市とは何か、一度立ち止まって考え、そして行動に移さなければ、巨大技術と不動産投機と誤った社会的な地位の追求が、都市を形作り続けるだろう。それでは決してよい都市を創ることはできない。だからこそ「聖性」〔Sacredness〕が、エコロジカル・デモクラシーの15原則の中心となる。日常的なものも精神的なものも、聖性が情熱的で永続的な価値に形態を与える。これが私の理論の核心である。「都市の範囲を限定する」〔Limited Extent〕、「つながり」〔Connectedness〕、「中心性ーセンター」〔Centeredness〕、「特別さ」〔Particularness〕の原則は、聖性と関連しながら繰り返し現れる都市のパターンであり、私の思考を展開させる原動力となった。この4原則は、その他の諸原則とも強く関係し、そして真理の鐘を鳴らしつづけている。

　未来のデザイン理論はいまだ模索の只中にあり、それを求める多くの試みは、新たな秩序を予測できることを前提とし、文章がとる階層構造論やビッグバン理論のような単純さに引きつけられている。私の理論では、各原則がとる中心との距離と相互の関連の程度によって等級が作られる。したがって聖性が最大の推進力となるが、しかしそれは単独のビッグバンなどではない。この理論は乱雑で、数理的な回帰分析よりは交尾中のサンショウウオが作る塊のようだ。それぞれの原則は1匹1匹の両生類であり研究の対象なのだが、しかしこの理論の価値は、絡み合い、のたくっている15の原則の塊という全体性にある。一つひとつが、多かれ少なかれ相互に影響をもたらし、しかしすべてはひとつとして動く。交尾というただひとつの目的のために、多くの谷から一点に引き寄せられるサンショウウオのように、15原則も、可能にし、回復し、推進する都市の形態を創造することをただひとつの目標として思考されたときにのみ、理論として成立するのである。

　このような理論の提示は、私の能力を超えた試みだと言われるかもしれない。私はいまだに、すべての原則がどのように相互に変化を与え、影響し合っているのか、正確にはわかっていない。15原則の関係を、よく見えるように図解できるのみである。それぞれの原則は明確に、可能にする形態、回復できる形態、推進する形態のいずれかに仕えるのだが、しかし3つの形態の間に引かれる気まぐれな境界線を越えて、影響し合うことも私は学ん

impelling enabling resilient

エコロジカル・デモクラシーの3つの形態

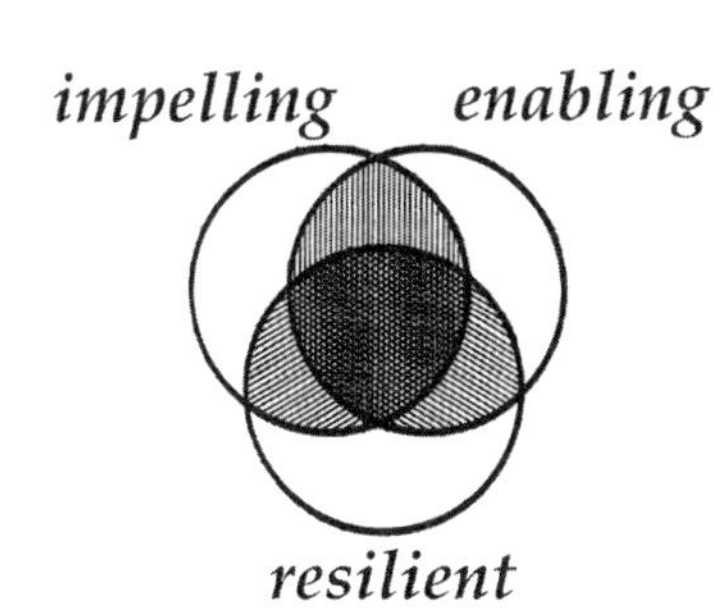

重なりあってひとつの目的となる

1-6.
15 Report to the Public Health Institute, funding provided by the U.S. Department of Agriculture through the California Nutrition Contracts #1003305 and #1002737, November 15, 2001.
16 Jackson and Kochtitsky, *Creating a Healthy Environment*, 8.〔前掲、第 8 章 27〕
17 Chomei, *The Ten-Foot Square Hut*, 19.〔前掲、第 9 章 56〕
18 Kenneth Chang, "Diet and Exercise Are Found to Cut Diabetes by Half," *New York Times*, August 9, 2001, A1.
19 M. S. Friedman et al., "Impact of Changes in Transportation and Commuting Behaviors during the 1996 Summer Olympic Games in Atlanta on Air Quality and Childhood Asthma," *Journal of American Medical Association* 285 (2001): 897-905.
20 Appleyard, *Livable Streets*.〔前掲、第 1 部 11〕
21 James Sterngold, "Primacy of the Car Is Over, California Governor Declares," *New York Times*, August 21, 2001, A8.
22 Thoreau, "Walking," in *Walden and Other Writings*, 629.〔前掲、第 14 章 45〕
23 Walker, "A Personal Approach to Design," 10.〔前掲、第 10 章 17〕
24 R. B. Litton Jr., "Forest Landscape Description and Inventories: A Basis for Land Planning and Design," USDA Forest Service Research Paper PSW-49, 1968, 64.
25 Lynch, *The Image of the City*.〔前掲、第 1 章 2〕
26 Douglas Martin, "Joseph Charles, Ninety-one: A Symbol of Street Corner Friendliness," *New York Times*, March 20, 2002, A25.
27 Lyndon and Moore, *Chambers for a Memory Palace*〔前掲、第 10 章 6〕; Appleyard, *Livable Streets*〔前掲、第 1 部 11〕; Appleyard, Lynch, and Myer, *The View from the Road*.
28 Appleton, *The Experience of Landscape*〔前掲、第 4 章 13〕; Lovelock, *The Ages of Gaia*.〔前掲、第 5 章 6〕
29 Halprin, *The RSVP Cycles*.〔前掲、第 12 章 20〕
30 Martin Luther King Jr., "I See the Promised Land," in *I Have a Dream: Writings and Speeches That Changed the World* (193-203), ed. James M. Washington (San Francisco: Harper, 1992).
31 Thoreau, "Walking," in *Walden and Other Writings*, 247, 261.〔前掲、第 14 章 45〕
32 Ovid, *Metamorphoses*, trans. Horace Gregory (New York: Signet, 2001), 46.
33 Thoreau, *Journal*, 42.〔前掲、第 13 章 19〕
34 Thoreau, "Walking," in *Walden and Other Writings*, 629, 637.〔前掲、第 14 章 45〕
35 同上、627.
36 Thoreau, *Journal*, 26.〔前掲、第 13 章 19〕
37 Thoreau, "Walking," in *Walden and Other Writings*, 631〔前掲、第 14 章 45〕
38 Ovid, *Metamorphoses*, 59〔前掲、32〕

章 56〕

17 Fern Heit Kamp, "Using Stewardship as a Guide for Planning," *Plan Canada* 36, no. 4 (1996): 28-30.
18 Robert Ogilvie, "Recruiting, Training, and Retaining Volunteers," in *Democratic Design in the Pacific Rim: Japan, Taiwan, and the United States* (243- 249), ed. Randolph T. Hester Jr. and Corrina Kweskin (Mendocino: Ridge Times Press, 1999).
19 Chanse and Hester, "Characterizing Volunteer Involvement."〔前掲、第 2 章 31〕
20 Hester, *Planning Neighborhood Space*, Chapter 5.〔前掲、第 2 章 42〕
21 McNally, "On the Care and Feeding of the Grassroots."〔前掲、第 1 章 3〕
22 Gray Brechin, "Grace Marchant and the Global Garden," in *The Meaning of Gardens: Idea, Place, and Action* (226-229), ed. Mark Francis and Randolph T. Hester Jr. (Cambridge: MIT Press, 1990)
23 Deborah D. Giraud, "Shared Backyard Gardening," in *The Meaning of Gardens: Idea, Place, and Action* (166-171), ed. Mark Francis and Randolph T. Hester Jr. (Cambridge: MIT Press, 1990).
24 Mark Francis, Lisa Cashdan and Lynn Paxon, *Community Open Spaces: Greening Neighborhoods through Community Action and Land Conservation* (Washington, DC: Island Press, 1984); Rebecca Severson, "United We Sprout: A Chicago Community Gardening Story," in *The Meaning of Gardens: Idea, Place, and Action* (80-85), ed. Mark Francis and Randolph T. Hester Jr. (Cambridge: MIT Press, 1990).
25 Chanse and Hester, "Characterizing Volunteer Involvement."〔前掲、第 2 章 31〕
26 Larry D. Hodge, "Bobwhite Boot Camp: A Program to Teach Kids about Quails Is Flushed with Success," *Progressive Farmer* (March 1995): 38, 40.
27 同上
28 U.S. Fish and Wildlife Service, "Bosque del Apache National Wildlife Refuge," 1999.
29 Chanse and Hester, "Characterizing Volunteer Involvement"〔前掲、第 2 章 31〕; Crissy Field Center, "Crissy Field Fact Sheet: The Restoration," January 22, 2001.
30 Chanse and Hester, "Characterizing Volunteer Involvement."〔前掲、第 2 章 31〕
31 Stephen Long, "Vermont Coverts Bring People Close to Their Neighbors... and to the Land," *Woodlands for Wildlife Newsletter* (1998): 28-32.
32 David Dobbs, "Private Property, Public Good," *Audubon* 100, no. 4 (1998): 120.
33 President's Council on Sustainable Development, *Sustainable America*, 112.〔前掲、第 7 章 22〕
34 *Wild Earth*, 9, no. 2 (1999): inside cover.
35 Laura Lawson, "Linking Youth Training and Employment with Community Building: Lessons Learned at the BYA Garden Patch," in *Democratic Design in the Pacific Rim: Japan, Taiwan, and the United States* (80-91), ed. Randolph T. Hester Jr. and Corrina Kweskin (Mendocino: Ridge Times Press), 1999.
36 Lawson, "Linking Youth Training," 86.〔前掲、35〕
37 同上、85.
38 Laura Lawson and Marcia McNally, "Putting Teens at the Center: Maximizing Public Utility of Urban Space through Youth Involvement in Planning and Employment," *Children's Environments* 12, no. 2 (1995): 209-221.
39 Lawson, "Linking Youth Training," 90.〔前掲、35〕
40 Laura Lawson, personal communication with author, May 22, 2002.
41 McNally, "On the Care and Feeding of the Grassroots."〔前掲、第 1 章 3〕
42 Connie Barlow, "Because It Is My Religion," *Wild Earth* 6, no. 3 (1996): 5-11.
43 Duane Elgin, *Voluntary Simplicity: Toward a Way of Life That Is Outwardly Simple, Inwardly Rich* (New York: Morrow, 1981), 21-41〔デュエイン・エルジン著、星川淳訳『ボランタリー・シンプリシティ（自発的簡素）──人と社会の再生を促すエコロジカルな生き方』TBS ブリタニカ、1987〕
44 Berry, "The Futility of Global Thinking," 19.〔前掲、第 13 章 27〕
45 Henry David Thoreau, *Walden and Other Writings*, ed. Brooks Atkinson (New York: Modern Library, 2000)〔ヘンリー・D・ソロー著、今泉吉晴訳『ウォールデン 森の生活』小学館、2004〕
46 Wendell Berry, *The Long-Legged House* (New York: Harcourt, Brace and World, 1969), 61.
47 Sidey, "The Two Sides of the Sam Walton Legacy."〔前掲、第 1 章 5〕
48 Charles A. Lewis, "Gardening as Healing Process," in *The Meaning of Gardens: Idea, Place, and Action* (244-251), ed. Mark Francis and Randolph T. Hester Jr. (Cambridge: MIT Press, 1990), 248.

第 15 章　歩くこと Pacing

1 E. B. White, *The Trumpet of the Swan*〔E・B・ホワイト著、エドワード・フラシーノ絵、松永ふみ子訳『白鳥のトランペット』福音館書店、2010〕
2 Kenko, *Essays in Idleness*, 66-67.〔前掲、第 4 章 16〕
3 Thoreau, *Journal*, 33〔前掲、第 13 章 19〕
4 Thoreau, "Walking," in *Walden and Other Writings*, 628〔前掲、第 14 章 45〕
5 同上、628-629.
6 Olmsted, *The Slave States*.〔前掲、第 7 章 12〕
7 Thoreau, "Walking," in *Walden and Other Writings*, 627〔前掲、第 14 章 45〕
8 Jackson and Kochtitzky, *Creating a Healthy Environment*, preface.〔前掲、第 8 章 27〕
9 Carolyn R. Shaffer and Kristen Arundsen, "The Healing Powers of Community," *Utne Reader*, 71 (1995): 64-65.
10 J. L. Gilderbloom and J. P. Markham, "Housing Quality among the Elderly: A Decade of Changes," *International Journal of Aging and Human Development* (1998); Marcus and Sarkissian, *Housing as If People Mattered*〔前掲、第 3 章 10〕
11 Jackson and Kochtitsky, *Creating a Healthy Environment*, 7.〔前掲、第 8 章 27〕
12 同上、11.
13 同上、9.
14 State of California, "SB 1520 Child Obesity Prevention Fact Sheet" (Sacramento: State of California Senate Health Committee, Senator Deborah Ortiz, Chair, March 2002),

the Field (New York: Pantheon books, 1994), 12.
43 Orr, *Ecological Literacy*, 89〔前掲、第1部15〕
44 Susan Galatowitsch, "Ecological Design for Environmental Problem Solving," *Landscape Journal* (special issue on Eco-Revelatory Design) (1998): 99.
45 Thoreau, *Journal*〔前掲、19〕
46 Thayer, "Landscape as an Ecologically Revealing Language," 129.〔前掲、26〕
47 Galatowitsch, "Ecological Design," 99-100.〔前掲、44〕
48 Terry Harkness, "Garden from Region," in *The Meaning of Gardens: Idea, Place, and Action* (110-119), ed. Mark Francis and Randolph T. Hester Jr. (Cambridge: MIT Press, 1990).
49 Joe McBride and Chris Reid, "Forest History Trail Guide" (California Department of Forestry and Fire Protection, 1991).
50 Richard Hansen, "Watermarks at the Nature Center," *Landscape Journal* (special issue on Eco-Revelatory Design) (1998): 21-23.
51 Mozingo, "The Aesthetics of Ecological Design," 46-59.〔前掲、第4章45〕
52 Orr, *Ecological Literacy*, 87-89.〔前掲、第1部15〕
53 Southworth, "The Educative City."〔前掲、33〕
54 Michael Southworth and Susan Southworth, "The Educative City," in *Alternative Learning Environments* (274-281), ed. Gary Coates (Stroudsburg: Dowden, Hutchinson & Ross, 1974).
55 Southworth, "The Educative City," 26.〔前掲、33〕
56 Carolyn Merchant, "Partnership with Nature," *Landscape Journal* (special issue on Eco-Revelatory Design) (1998): 69-71.
57 "The Wide World of Monitoring: Beyond Water Quality Testing," *Volunteer Monitor*, 6, no. 1 (1994): 9.
58 同上、4-5.
59 Chanse and Hester, "Characterizing Volunteer Involvement," 11.〔前掲、第2章31〕
60 Thayer, "Landscape as an Ecologically Revealing Language," 129.〔前掲、26〕
61 Hester, *Neighborhood Space*, 162〔前掲、第1部10〕, and *Planning Neighborhood Space*, 163-167〔前掲、第2章42〕; Galatowitsch, "Ecological Design," 101-103.〔前掲、44〕
62 Galatowitsch, "Ecological Design," 105.〔前掲、44〕
63 Galatowitsch, "Ecological Design," 105〔前掲、44〕; Thayer, "Landscape as an Ecologically Revealing Language," 129.〔前掲、26〕
64 Newton Harrison, e-mail message to author, August 27, 2003.
65 Patricia Phillips, "Intelligible Images: The Dynamics of Disclosure," *Landscape Journal* (special issue on Eco-Revelatory Design) (1998): 109.
66 Phillips, "Intelligible Images," 117.〔前掲、65〕
67 Gans, *People and Plans*.〔前掲、第1章11〕
68 Thayer, *Gray World*.〔前掲、第2章5〕
69 Timothy P. Duane, "Environmental Planning Policy in a Post Rio World," *Berkeley Planning Journal* 7 (1992): 27-47.
70 Thoreau, *Journal*, 2.〔前掲、19〕
71 Henry David Thoreau, *Cape Cod*, as quoted in *Thoreau: A Book of Quotations* (Mineola: Dover, 2000), 41〔ヘンリー・デイヴィッド・ソロー著、飯田実訳『コッド岬——海辺の生活』工作舎、1993〕
72 Krapfel, *Shifting*.〔前掲、第2章1〕
73 Krapfel, *Shifting*〔前掲、第2章1〕; *Landscape Journal* (special issue on Eco-Revelatory Design)〔前掲、第2章23〕; Kristina Hill, "Rising Parks as Inverted Dikes," 35-37; Julie Bargmann and Stacy Levy, "Testing the Waters," 38-41; Harkness, "Foothill Mountain Observatory," 42-45〔前掲、35〕; Margaret McAvin with Karen Nelson, "Horizon Revealed and Constructed," 46-48; Catherine Howett, "Ecological Values in Twentieth-Century Landscape Design: A History and Hermeneutics," 80-98.
74 Krapfel, *Shifting*〔前掲、第2章1〕; Howett, "Ecological Values in Twentieth-Century Landscape Design," 83-85.〔前掲、73〕
75 Thayer, "Landscape as an Ecologically Revealing Language," 119〔前掲、26〕, and *Gray World*, 313, 321.〔前掲、第2章5〕
76 Krapfel, *Shifting*, 74.〔前掲、第2章1〕
77 Harkness, "Foothill Mountain," 42.〔前掲、35〕
78 Phillips, "Intelligible Images," 116.〔前掲、65〕
79 Sullivan, *Garden and Climate*, 226.〔前掲、第2章29〕
80 Thayer, *Gray World*, 317.〔前掲、第2章5〕
81 Frederick Turner, "A Cracked Case," *Landscape Journal* (special issue on Eco-Revelatory Design) (1998): 135.
82 Kondolf, "Hungry Water," 551-553.〔前掲、第2章15〕
83 Hester, Blazej, and Moore, "Whose Wild," 137-146.〔前掲、第9章49〕

第14章　お互いに奉仕すること Reciprocal Stewardship

1 Chanse and Hester, "Characterizing Volunteer Involvement."〔前掲、第2章31〕
2 Terry Hartig, P. Bowler, and A. Wolf, "Psychological Ecology," *Restoration and Management News* 12, no. 2 (1994): 133-137.
3 Merchant, "Partnership with Nature."〔前掲、第13章56〕
4 Bob Scarfo, "Stewardship in the Twentieth Century," *Landscape Architectural Review* 7, no. 2 (1986): 13-15.
5 Aldo Leopold, *A Sand County Almanac, and Sketches Here and There* (New York: Oxford University Press, 1969), ix.〔アルド・レオポルド著、新島義昭訳『野生のうたが聞こえる』講談社、1997〕
6 Leopold, *A Sand County Almanac*, 204, 221〔前掲、5〕
7 同上、201-203.
8 同上、202-203.
9 同上、209.
10 Leopold, *Almanac*, 204, 221〔前掲、5〕; Shutkin, *The Land That Could Be*, 41-44.〔前掲、第13章22〕
11 Shutkin, *The Land That Could Be*, 43-44.〔前掲、第13章22〕
12 Howett, "Ecological Values," 94.〔前掲、第13章73〕
13 President's Council on Sustainable Development, *Sustainable America*, 110-130.〔前掲、第7章22〕
14 Garrett Hardin, "The Tragedy of the Commons," *Science* 162 (1969): 1243-1248.
15 Bonnie J. McCay and James M. Acheson, "Human Ecology of the Commons," in *The Question of the Commons: The Culture and Ecology of Communal Resources* (1-34), ed. Bonnie J. McCay and James M. Acheson (Tucson: University of Arizona Press, 1987).
16 Merchant, "Partnership with Nature," 69-71〔前掲、第13

40 同上、F9.
41 同上
42 同上
43 Sorvig, "The Wilds of South Central," 75.〔前掲、32〕
44 同上、73-74.
45 Brown, "A Park Offers Nature," F9.〔前掲、第 3 章 19〕

第 13 章　科学に住まうこと Inhabiting Science

1 Orr, *Ecological Literacy*.〔前掲、第 1 部 15〕
2 Lynch, *The Image of the City*〔前掲、第 1 章 2〕
3 Reed Noss, "A Citizen's Guide to Ecosystem Management," distributed as Wild Earth Special Paper #3 (Boulder: Biodiversity Legal Foundation, 1999).
4 Williams, *Refuge*, 10〔前掲、第 12 章 16〕
5 Hester, "The Place of Participatory Design."〔前掲、第 1 部 7〕
6 Thomas Jefferson, "Letter to William Charles Jarvis, 28 September 1820," quoted in *Ecological Literacy: Education and the Transition to a Postmodern World* by David W. Orr (Albany: State University of New York Press, 1992), 77.
7 John Adams, "A Dissertation on the Canon and Feudal Law," 1765.
8 Duane, "Regulations Rationale," 471-540.〔前掲、第 10 章 33〕
9 Randolph T. Hester Jr., "Native Wisdom amidst Ignorance of Locality," in *Building Cultural Diversity through Participation* (435-443), ed. John Liu (Taipei: Building and Planning Research Foundation, National Taiwan University, 2001), 435.
10 Orr, *Ecological Literacy*, 31-32.〔前掲、第 1 部 15〕
11 Hough, *City Form*, 244-246〔前掲、第 2 章 1〕; Orr, *Ecological Literacy*, 86-87〔前掲、第 1 部 15〕
12 John Liu, ed., *Building Cultural Diversity through Participation* (Taipei: Building and Planning Research Foundation, National Taiwan University, 2001), 451.
13 Orr, *Ecological Literacy*, 33〔前掲、第 1 部 15〕
14 Robert L. Ryan, "Magnetic Los Angeles: Planning the Twentieth-Century Metropolis [book review]," *Landscape Journal* 17, no. 1 (1998): 88-89; Robert L. Ryan and Mark Lindhult, "Knitting New England Together: A Recent Greenway Plan Represents Landscape Planning on a Vast Scale," *Landscape Architecture* 90, no. 2 (2000): 50, 52, 54-55.
15 Rogers, *Diffusion of Innovations*.〔前掲、第 1 章 16〕
16 Orr, *Ecological Literacy*. 87.〔前掲、第 1 部 15〕
17 同上、88.
18 同上、86.
19 Henry David Thoreau, *Journal*, as quoted in *Thoreau: A Book of Quotations* (Mineola: Dover, 2000), 6.〔ヘンリー・D・ソロー著、H・G・O・ブレーク編、山口晃訳『ソロー日記 秋』彩流社、2016；他に同『夏』2015、『春』2013〕
20 Spirn, *The Language of Landscape*.〔前掲、第 5 章 24〕
21 Bellah et al., *Habits of the Heart*.〔前掲、第 1 章 1〕
22 Hester, *Community Design Primer*〔前掲、第 2 章 2〕; Daniel Kemmis, *The Good City and the Good Life* (Boston: Houghton Mifflin, 1995); Hiss, *The Experience of Place*〔前掲、第 2 章 2〕; Benjamin Barber, *Strong Democracy: Participatory Politics for a New Age* (Berkeley: University of California Press, 1984)〔ベンジャミン・R・バーバー著、竹井隆人訳『ストロング・デモクラシー——新時代のための参加政治』日本経済評論社、2009〕; Dewitt John, *Civic Environmentalism* (Washington, DC: Congressional Quarterly Press, 1994); William A. Shutkin, *The Land That Could Be: Environmentalism and Democracy in the Twenty-first Century* (Cambridge: MIT Press, 2001).
23 Ervin H. Zube, J. L. Sell, and J. G. Taylor, "Landscape Perception: Research, Application and Theory" *Landscape Planning* 9, no. 1 (1982): 1-33; Relph, *Place and Placelessness*〔前掲、第 1 部 9〕; David Seamon, "Phenomenology and Environmental Research," in *Advances in Environment, Behavior, and Design* (3-27), ed. Gary T. Moore and Ervin H. Zube (New York: Plenum Press, 1987).
24 Ryan, "Magnetic Los Angeles"〔前掲、14〕; Ryan and Lindhult "Knitting New England Together."〔前掲、14〕
25 Schumacher, *Small Is Beautiful*, 22〔前掲、第 4 章 22〕
26 Robert L. Thayer, Jr., "Landscape as an Ecologically Revealing Language," *Landscape Journal* (special issue on Eco-Revelatory Design) (1998): 118-129.
27 Wendell Berry, "The Futility of Global Thinking," *Harper's* 279, no. 1672 (1989): 22.
28 Schumacher, *Small Is Beautiful*, 61, 63-64.〔前掲、第 4 章 22〕
29 Thayer, "Landscape as an Ecologically Revealing Language."〔前掲、26〕
30 Michael Southworth, Susan Southworth, and Nancy Walton, *Discovery Centers* (Berkeley: Institute of Urban and Regional Development, University of California, 1990); Orr, *Ecological Literacy*, 97-124, 163-166〔前掲、第 1 部 15〕; Shepard, *Thinking Animals*, 129〔前掲、第 4 章 3〕; Gary Coates, *Alternative Learning Environments* (Stroudsburg: Dowden, Hutchinson & Ross, 1974).
31 Orr, *Ecological Literacy*, 88.〔前掲、第 1 部 15〕
32 Denis Wood with John Fels, *The Power of Maps* (New York: Guilford Press, 1992); Southworth, "City Learning," 35-48〔前掲、第 3 章 1〕; Peter Bosselmann and Kenneth H. Craik, *Perceptual Simulations of Environments* (Berkeley: Institute of Urban and Regional Development, University of California, 1987); Hester, *Community Design Primer*.〔前掲、第 2 章 2〕
33 Michael Southworth, "The Educative City," in *Cities and City Planning* (19-29), ed. Lloyd Rodwin (New York: Plenum Press, 1981), 29.
34 Robin C. Moore and Herb H. Wong, *Natural Learning: The Life History of an Environmental Schoolyard: Creating Environments for Rediscovering Nature's Way of Teaching* (Berkeley: MIG Communications, 1997).
35 *Landscape Journal*, special issue on Eco-Revelatory Design: x-xvi〔前掲、第 2 章 23〕; Terry Harkness, "Foothill Mountain Observatory: Reconsidering Golden Mountain," *Landscape Journal* (special issue on Eco-Revelatory Design) (1998): 42-45.
36 *Landscape Journal*, Special Issue on Eco-Revelatory Design, xvi.〔前掲、第 2 章 23〕
37 Thayer, *Gray World*, 310-312.〔前掲、第 2 章 5〕
38 Orr, *Ecological Literacy*, 88.〔前掲、第 1 部 15〕
39 同上、89.
40 Southworth, "Educative City," 27.〔前掲、33〕
41 同上
42 Terry Tempest Williams, *An Unspoken Hunger: Stories from*

4 Ulrich, "View through a Window," 420-421〔前掲、第 8 章 6〕; Kaplan and Kaplan, *The Experience of Nature*.〔前掲、第 8 章 72〕
5 Kaplan and Kaplan, *The Experience of Nature*〔前掲、第 8 章 72〕; Clare Cooper Marcus and Marni Barnes, eds., *Healing Gardens: Therapeutic Benefits and Design Recommendations* (New York: Wiley, 1999); Frances E. Kuo and William C. Sullivan, "Aggression and Violence in the Inner City: Effects of Environment via Mental Fatigue," *Environment and Behavior*, 33, no. 4 (2001): 543-571.
6 Kuo, Sullivan, and Taylor, "Coping with ADD," 54-77.〔前掲、第 8 章 6〕
7 "Winning Big," *Landscape Architecture*, 87, no. 11 (1997): 42-49.
8 Ulrich, "View through a Window"〔前掲、第 8 章 6〕; Terry Hartig, M. Mang, and Gary W. Evans, "Restorative Effects of Natural Environment Experience," *Environment and Behavior* 23, no. 1 (1991): 3-26; B. Limprich, "Development of an Intervention to Restore Attention in Cancer Patients," *Cancer Nursing* 16 (1993): 83-92; Victoria I. Lohr, Caroline Pearson-Mims, and Georgia K. Goodwin, "Interior Plants May Improve Worker Productivity and Reduce Stress in a Windowless Environment," *Journal of Environmental Horticulture* 14, no. 2 (1996): 97-100.
9 Rachel Kaplan, Stephen Kaplan and Robert L. Ryan, *With People in Mind: Design and Management of Everyday Nature* (Washington, DC: Island Press, 1998)〔R・カプラン、R・L・ライアン著、羽生和紀訳『自然をデザインする——環境心理学からのアプローチ』誠信書房、2009〕
10 Paul Shepard, *The Tender Carnivore and the Sacred Game* (New York: Scribner, 1973)〔ポール・シェパード著、小原秀雄、根津真幸訳『狩猟人の系譜——反農耕文明論への人間学的アプローチ』蒼樹書房、1975〕and *Nature and Madness* (San Francisco: Sierra Club, 1982).
11 Robin Moore, "Plants as Play Props," *Children's Environments Quarterly*, 6, no. 1 (1989): 3-6; Gary P. Nabham and Stephen Trimble, *The Geography of Childhood: Why Children Need Wild Places* (Boston: Beacon, 1994); Hart, *Children's Experience of Place*.〔前掲、第 1 部 15〕
12 Yoji Sasaki, ed., *Peter Walker: Landscape as Art*, No. 85, 94.〔前掲、第 10 章 17〕
13 "Landscape as Art: A Conversation with Peter Walker and Yoji Sasaki," in *Peter Walker: Landscape as Art (No. 85)* (25-32), ed. Yoji Sasaki, 32.〔前掲、第 10 章 17〕
14 Bellah et al., *Habits of the Heart*〔前掲、第 1 章 1〕; Studs Terkel, *American Dreams, Lost and Found* (New York: Pantheon, 1980)〔スタッズ・ターケル著、中山容訳『アメリカン・ドリーム』白水社、1990〕and *The Great Divide: Second Thoughts on the American Dream* (New York: Pantheon, 1988); Riesman, *The Lonely Crowd*〔前掲、第 1 部 3〕; Whyte, *Organization Man*.〔前掲、第 4 章 23〕
15 Ann Whiston Spirn, "The Poetics of City and Nature," *Landscape Journa*, 7, no. 2 (1988): 109.
16 Terry Tempest Williams, *Refuge: An Unnatural History of Family and Place* (New York: Vintage, 1992), 75〔テリー・テンペスト・ウィリアムス著、石井倫代訳『鳥と砂漠と湖と（アメリカン・ネーチャー・ライブラリー）』宝島社、1995〕
17 Susanne K. K. Langer, *Philosophy in a New Key: A Study in the Symbolism of Reason, Rite, and Art* (Cambridge: Harvard University Press, 1979)〔S・K・ランガー著、矢野万里、池上保太、貴志謙二、近藤洋逸訳『シンボルの哲学』岩波書店、1960〕; Rollo May, *The Courage to Create* (New York: Norton, 1975)〔小野泰博訳『創造への勇気（ロロ・メイ著作集 4）』誠信書房、1981〕
18 Bachelard, *The Poetics of Space*〔前掲、第 5 章 2〕; Eliade, *Mystic Stories*〔前掲、第 5 章 2〕; Martin Heidegger, "Building Dwelling Thinking," in *Poetry, Language, Thought* (New York: Harper & Row, 1971); Spirn, "The Poetics of City and Nature," 109,〔前掲、15〕and *The Language of Landscape* (New Haven: Yale University Press, 1998)〔前掲、第 5 章 24〕; Charles W. Moore, Gerald Allen, and Donlyn Lyndon, *The Place of Houses* (New York: Holt, Rinehart and Winston, 1974)〔チャールズ・ウィラード・ムーア著、石井和紘訳『住宅とその世界』鹿島出版会、1978〕
19 Spirn, "The Poetics of City and Nature," 115.〔前掲、15〕
20 Lawrence Halprin, *The RSVP Cycles: Creative Processes in the Human Environment* (New York: Braziller, 1969) and *The Sea Ranch: Diary of an Idea* (California: Comet Studios, 1995).
21 Kuo and Sullivan, "Aggression and Violence"〔前掲、5〕; Steven Kaplan, "Mental Fatigue and the Designed Environment," in *Public Environments* (55-60), ed. J. Harvey and D. Henning (Edmond: Environmental Design Research Association, 1987).
22 Kuo and Sullivan, "Environment and Crime," 343-367.〔前掲、第 3 章 20〕
23 Marcus and Barnes, *Healing Gardens*.〔前掲、5〕
24 Nicholson, *Community Participation*.〔前掲、第 1 部 12〕
25 Hester, "Womb with a View," 475-481, 528.〔前掲、第 4 章 8〕
26 Appleton, *The Experience of Landscape*〔前掲、第 4 章 13〕
27 Marcus and Barnes, *Healing Gardens*〔前掲、5〕; Rachel Kaplan, "The Nature of the View from Home: Psychological Benefits," *Environment and Behavior* 33, no. 4 (2001): 507-542; Linda Jewell, "The American Outdoor Theater: A Voice for the Landscape in the Collaboration of Site and Structure" in *Re-envisioning Landscape/Architecture*, ed. Catherine Spelman (Barcelona: Actar, 2003).
28 Clare Cooper Marcus and Carolyn Francis, eds., *People Places: Design Guidelines for Urban Open Space* (New York: Van Nostrand Reinhold, 1998)〔クレア・クーパー・マーカス、キャロライン・フランシス編、湯川利和、湯川聡子訳『人間のための屋外環境デザイン——オープンスペース設計のためのデザイン・ガイドライン』鹿島出版会、1993〕
29 Sheauchi Ching, Joe R. McBride, and Keizo Fukunari, "The Urban Forest of Tokyo," *Arboricultural Journal* 23 (2000): 379-392.
30 Linn, "White Solutions," 23-25.〔前掲、第 2 章 37〕
31 Hester, *Neighborhood Space*.〔前掲、第 1 部 10〕
32 Kim Sorvig, "The Wilds of South Central," *Landscape Architecture*, 92, no. 4 (2002): 66-75.
33 Anne Canright, "Nature Comes to South Central L.A.," *California Coast and Ocean* 18, no. 1 (2002): 33-38.
34 Sorvig, "The Wilds of South Central," 70.〔前掲、32〕
35 Brown, "A Park Offers Nature," F1, F9.〔前掲、第 3 章 19〕
36 Brown, "A Park Offers s Nature," F9.〔前掲、第 3 章 19〕
37 同上
38 Sorvig, "The Wilds of South Central," 70, 72.〔前掲、32〕
39 Brown, "A Park Offers Nature," F1.〔前掲、第 3 章 19〕

ed. John Zukowsky (Munich: Prestel-Verlap, 1987).
22 Mickey Newbury, "If you See Her," song, from *I Came to Hear the Music*, produced by Chip Young, 1974.
23 Chou, "Chuang Tzu," 46.〔前掲、第4章27〕
24 Holling, *Resilience*, 1-21.〔前掲、第2部9〕
25 Donald Schon, *The Reflective Practitioners* (New York: Basic Books, 1983).〔ドナルド・A・ショーン著、佐藤学、秋田喜代美訳『専門家の知恵――反省的実践家は行為しながら考える』ゆみる出版、2001；柳沢昌一、三輪建二訳『省察的実践とは何か――プロフェッショナルの行為と思考』鳳書房、2007〕
26 James Brooke, "Heat Island Tokyo Is in Global Warming's Vanguard," *New York Times*, August 13, 2002, A3.
27 Hashem Akbari and Leanna Shea Rose, *Characterizing the Fabric of the Urban Environment: A Case Study of Metropolitan Chicago, Illinois*, Report LBNL-49275 (Berkeley: Lawrence Berkeley National Laboratory, October 2001).
28 Hester, "Life, Liberty," 15.〔前掲、第1章20〕
29 Lance H. Gunderson, C. S. Holling, and Stephen S. Light, eds. *Barriers and Bridges to the Renewal of Ecosystems and Institutions* (New York: Columbia University Press, 1995).
30 Randolph T. Hester, Jr., "Landstyles and Lifescapes: Twelve Steps to Community Development," *Landscape Architecture* 75, no. 1. (1985): 78-85; Scott T. McCreary, John K. Gamman, and Bennett Brooks, "Refning and Testing Joint Fact-Finding for Environmental Dispute Resolution: Ten Years of Success," *Mediation Quarterly* 18, no. 4 (2001): 329-348.
31 Gunderson, Holling and Light, *Barriers and Bridges*.〔前掲、29〕
32 Wagner and Korsching, "Flood Prone Community Landscapes."〔前掲、第6章24〕
33 Timothy P. Duane, "Regulations Rationale: Learning from the California Energy Crisis," *Yale Journal on Regulation* 19, no. 2 (2002): 471-540.
34 Comerio, *Disaster Hits Home*.〔前掲、第2部6〕
35 Rogers, *Diffusion of Innovations*.〔前掲、第1章16〕
36 Hester, "Life, Liberty," 15〔前掲、第1章20〕; McCreary, Gamman, and Brooks, "Refining and Testing Joint Fact-Finding," 329-348〔前掲、30〕; Susskind and Cruikshank, *Breaking the Impasse*〔前掲、第1部6〕; Innes and Booher, *Consensus Building*〔前掲、第1章1〕and *Planning Institutions in the Network Society: Theory for Collaborative Planning* (Berkeley: Institute of Urban and Regional Development, University of California, 1999).
37 Chanse and Hester, "Characterizing Volunteer Involvement."〔前掲、第2章31〕
38 Ittelson et al., *An Introduction to Environmental Psychology*, 97-98〔前掲、第8章33〕

第11章　日常にある未来　Everyday Future

1 Rogers, *Diffusion of Innovations*〔前掲、第1章16〕
2 Dovey, "Home," 27-30〔前掲、第5章8〕; Appleyard, *Inside vs. Outside*〔前掲、第9章23〕; Edward C. Relph, "Modernity and the Reclamation of Place," in *Dwelling, Seeing, and Designing: Toward a Phenomenological Ecology* (25-40), ed. David Seamon (New York: State University of New York Press, 1993); Randolph T. Hester Jr., "Sacred Structures and Everyday Life: A Return to Manteo, N.C.," in *Dwelling, Seeing, and Designing: Toward a Phenomenological Ecology* (271-297), ed. David Seamon (New York: State University of New York Press, 1993); Tuan, *Cosmos and Heart*.〔前掲、第5章4〕
3 Clare Cooper Marcus, *Easter Hill Village: Some Social Implications of Design* (New York: Free Press, 1975); Appleyard et al., *A Humanistic Design Manifesto*〔前掲、第3章10〕; Hester, *Community Design Primer*〔前掲、第2章2〕; John Zeisel, *Inquiry by Design: Tools for Environment-Behavior Research* (Cambridge: Cambridge University Press, 1987).
4 Hester, *Planning Neighborhood Space*, 19, 41〔前掲、第2章42〕; Sydney Brower, *Good Neighborhoods: A Study of Intown and Suburban Residential Environments* (Westport: Praeger, 1996).
5 John Chase, Margaret Crawford, and John Kaliski, eds., *Everyday Urbanism* (New York: Monacelli Press, 1999).
6 Galen Cranz, *The Politics of Park Design: A History of Urban Parks in America* (Cambridge: MIT Press, 1982).
7 Hester, *Neighborhood Space*, 34.〔前掲、第1部10〕
8 David Lowenthal, *The Past Is a Foreign Country* (Cambridge: Cambridge University Press, 1985); J. B. Jackson, *The Necessity for Ruins, and Other Topics* (Amherst: University of Massachusetts Press, 1980).
9 American LIVES, "1995 New Urbanism Study," 31.〔前掲、第8章30〕
10 Joan Iverson Nassauer, "Urban Ecological Retrofit," *Landscape Journal* (special issue on Eco-Revelatory Design) (1998): 15-17.
11 Brenda Brown, "Holding Moving Landscapes," *Landscape Journal* (special issue on Eco-Revelatory Design) (1998): 56.
12 同上
13 Alinsky, *Rules for Radicals*.
14 Gans, *Urban Villagers*〔前掲、第1章11〕and *People and Plans*〔前掲、第1章11〕
15 Hester, *Neighborhood Space*, 40.〔前掲、第1部10〕
16 Edmund H. Volkart, ed., *Social Behavior and Personality: Contributions of W. I. Thomas to Theory and Social Research* (New York: Social Science Research Council, 1951), 120-139.
17 Hester, *Community Design Primer*, 2.〔前掲、第2章2〕

第12章　自然に生きること　Naturalness

1 Rod Nash, *Wilderness in the American Mind* (New Haven: Yale University Press, 1967); Moulton and Sanderson, *Wildlife Issues in a Changing World*, 457〔前掲、第2章31〕; Francis and Hester, *The Meaning of Gardens*, 8〔前掲、第5章6〕; Chanse and Hester, "Characterizing Volunteer Involvement," 2-3.〔前掲、第2章31〕
2 Carolyn Merchant, *The Death of Nature: Women, Ecology, and the Scientific Revolution* (San Francisco: Harper & Row, 1980); Marx, *The Machine in the Garden*〔前掲、第2章5〕; Thayer, *Gray World*〔前掲、第2章5〕; Mozingo, "The Aesthetics of Ecological Design," 46-59〔前掲、第4章45〕; Nassauer, *Placing Nature*.〔前掲、第2部14〕
3 Edward Abbey, "Personal Bests," *Outside Magazine* (October 2001): 66.

Alexander et al., *A Pattern Language*, 71- 74〔前掲、第 1 章 19〕; Goodman and Goodman, *Communitas*〔前掲、第 1 部 2〕; Milton Kotler, *Neighborhood Government: The Location Foundations of Political Life* (New York: Bobbs-Merrill, 1969); Hester, *Neighborhood Space*〔前掲、第 1 部 10〕and *Planning Neighborhood Space*.〔前掲、第 2 章 42〕
27 Appleyard, *Inside vs. Outside*, 2, table 1.〔前掲、23〕
28 Lozano, *Community Design*.〔前掲、第 7 章 42〕
29 Mitchell, "Urban Sprawl," 65〔前掲、第 8 章 3〕
30 "The Race to Save Open Space," *Audubon* (March/April 2000): 69.
31 Beatley and Manning, *The Ecology of Place*, 45-46.〔前掲、第 7 章 36〕
32 Mayor's Institute on City Design West, "1994 Institute Summary," paper presented at the College of Environmental Design, University of California, Berkeley, November 3-5, 1994.
33 Beatley and Manning, *The Ecology of Place*, 46, 48.〔前掲、第 7 章 36〕
34 同上、46.
35 Randall Arendt, "Principle Three," in *The Charter of the New Urbanism* (29- 34), ed. Michael Leccese and Kathleen McCormick (New York: McGraw-Hill, 2000).
36 Eric Frederickson, "This Is Not Sprawl," *Architecture* 90, no. 12 (2001): 48.
37 Calthorpe, *The Next American Metropolis*, 51〔前掲、第 1 部 10〕
38 Alexander et al., *A Pattern Language*, 20〔前掲、第 1 章 19〕
39 Lozano, *Community Design*.〔前掲、第 7 章 42〕
40 David L. Callies, *Preserving Paradise: Why Regulation Won't Work* (Honolulu: University of Hawaii Press, 1994).
41 Frederickson, "This Is Not Sprawl," 49.〔前掲、36〕
42 Callies, *Preserving Paradise*.〔前掲、40〕
43 Richard R. Wilkinson and Robert M. Leary, *Conservation of Small Towns* (Charleston: Coastal Plains Regional Commission, 1976), 7.
44 同上、13.
45 同上、15.
46 同上、12.
47 Marcia McNally, "Making Big Wild," *Places* 9, no. 3 (1995): 44.
48 McNally, "Making Big Wild," 44.〔前掲、47〕
49 Randolph T. Hester Jr., Nova J. Blazej, and Ian S. Moore, "Whose Wild? Resolving Cultural and Biological Diversity Conflicts in Urban Wilderness," *Landscape Journal* 18, no. 2 (1999): 137-146.
50 Hise and Deverell, *Eden by Design*.〔前掲、第 2 章 19〕
51 Chris Lazarus, "LUTRAQ: Looking for a Smarter Way to Grow," *Earthword*, no. 4—Transportation (n.d.): 23-27; Donald Phares, "Bigger Is Better, or Is It Smaller? Restructuring Local Government in the St. Louis Area," *Urban Affairs Quarterly* 25, no. 1(1989): 5-17.
52 Calthorpe, *The Next American Metropolis*〔前掲、第 1 部 10〕
53 Larry Siedentop, *Tocqueville* (Oxford: Oxford University Press, 1994).〔ラリー・シーデントップ著、野田裕久訳『トクヴィル』晃洋書房、2007〕
54 Bellah et al., *Habits of the Heart*, vi.〔前掲、第 1 章 1〕
55 Alexander et al., *A Pattern Language*, 70-74〔前掲、第 1 章 19〕; Hester, *Neighborhood Space*〔前掲、第 1 部 10〕; Kotler, *Neighborhood Government*.〔前掲、26〕
56 Kamo-no Chomei, *The Ten Foot Square Hut and Tales of the Heike*, trans. A. L. Sadler (Rutland: Tuttle, 1972), 17-18.〔鴨長明『方丈記』1212〕

第 10 章　適応性 Adaptability

1 Holling, *Resilience*, 1-23.〔前掲、第 2 部 9〕
2 Sennett, *The Fall of Public Man*, 197-298.〔前掲、第 1 部 4〕
3 Ittelson et al., *Environmental Psychology*, 264.〔前掲、第 8 章 33〕
4 Hough, *City Form*, 94-95.〔前掲、第 2 章 1〕
5 Trancik, *Finding Lost Space*.〔前掲、第 2 章 48〕
6 Donlyn Lyndon and Charles W. Moore, *Chambers for a Memory Place* (Cambridge: MIT Press, 1994), 53-78.〔ドンリン・リンドン著、チャールズ・W・ムーア著、有岡孝訳『記憶に残る場所（SD 選書 252）』鹿島出版会、2009〕
7 Hough, *City Form*, 94.〔前掲、第 2 章 1〕
8 Hester, "Life, Liberty," 12〔前掲、第 1 章 20〕; Michael Laurie, "The Urban Mantelpiece," *Landscape Design*, no. 216 (1992): 22.
9 Kenko, *Essays in Idleness*, 70〔前掲、第 4 章 16〕
10 Nicholson, *Community Participation*.〔前掲、第 1 部 12〕
11 Laurie, "The Urban Mantelpiece," 22.〔前掲、8〕
12 同上、22.
13 Kenko, *Essays in Idleness*, xiii, 192.〔前掲、第 4 章 16〕
14 Yamaguchi Sodo, in *Anthology of Japanese Literature, from the Earliest Era to the Mid-nineteenth Century*, ed. Donald Keene (New York: Grove Press, 1960), 385.
15 Lyndon and Moore, *Chambers for a Memory Place*〔前掲、6〕; Brand, *How Buildings Learn*〔前掲、第 2 章 7〕; Yasuhiro Endoh, "The Contemporary Meaning of Cooperative Housing: Case Study—M-Port (Kumamoto)," in *Democratic Design in the Pacific Rim: Japan, Taiwan, and the United States* (178-191), ed. Randolph T. Hester Jr. and Corrina Kweskin (Mendocino: Ridge Times Press, 1999); Moudon, *Built for Change*〔前掲、第 2 章 40〕; Alexander et al., *A Pattern Language*〔前掲、第 1 章 19〕; N. John Habraken, *Supports: An Alternative to Mass Housing* (New York, Praeger, 1972).
16 Gehl, *Life between Buildings*〔前掲、第 1 章 26〕
17 Peter Walker, "A Personal Approach to Design," in *Peter Walker: Landscape as Art*〔『ピーター・ウォーカー――アートとしてのランドスケープ』（日英併記）〕(No. 85) (10-13), ed. Yoji Sasaki (Tokyo: Process Architecture, 1989), 10.
18 Cathy Newman, "Welcome to Monhegan Island, Maine. Now Please Go Away," *National Geographic* 200, no. 1 (2001): 108.
19 Habraken, *Supports*.〔前掲、15〕
20 City of Oakland, *Report to the City Planning Commission*, September 1, 1999; Alex Greenwood and Patrick Lane, "Oakland's 10K Race for Downtown Housing," *Planning* 38, no. 8 (2002): 14-17.
21 John Zukowsky, "Introduction to Internationalism in Chicago Architecture," in *Chicago Architecture 1872-1922: Birth of a Metropolis* (15-26), ed. John Zukowsky (Munich: Prestel-Verlap, 1987); John E. Draper, "Paris by the Lake: Sources of Burnham's Plan of Chicago," in *Chicago Architecture 1872-1922: Birth of a Metropolis* (107-120),

1963).
76 Rapoport, *Human Aspects*, 51.〔前掲、第 4 章 36〕
77 David Lowenthal, "The American Scene," *Geographical Review* 58, no. 1 (1968): 61-88.
78 Francis, Cashdan, and Paxon, *The Making of Neighborhood Open Spaces*.〔前掲、第 1 部 3〕
79 Chanse and Hester, "Characterizing Volunteer Involvement."〔前掲、第 2 章 31〕
80 American LIVES, "1995 New Urbanism Study," 31〔前掲、30〕
81 Cervero and Bosselmann, *An Evaluation*, 73.〔前掲、40〕
82 John Landis, Subharjit Guhathakurta, and Ming Zhang, *Capitalization of Transit Investments into Single-Family Home Prices: A Comparative Analysis of Five California Rail Transit Systems* (Berkeley: Institute of Urban and Regional Development, University of California, 1994), 619.
83 Calthorpe, *The Next American Metropolis*, 56〔前掲、第 1 部 10〕
84 Richard K. Untermann, *Accommodating the Pedestrian: Adapting Towns and Neighborhoods for Walking and Bicycling* (New York: Van Nostrand Reinhold, 1984).
85 Hester, *Planning Neighborhood Space*, 69.〔前掲、第 2 章 42〕
86 Rapoport, *Human Aspects*, 207.〔前掲、第 4 章 36〕
87 Lynch, *The Image of the City*.〔前掲、第 1 章 2〕
88 American LIVES, "1995 New Urbanism Study," 31〔前掲、30〕
89 Alexander et al., *A Pattern Language*〔前掲、第 1 章 19〕; Lee, "The Urban Neighborhood"〔前掲、第 1 章 19〕; Hester, *Planning Neighborhood Space*, 39.〔前掲、第 2 章 42〕
90 American LIVES, "1995 New Urbanism Study," 31〔前掲、30〕
91 Cervero and Bosselmann, *An Evaluation*, 73.〔前掲、40〕
92 John Geluardi, "Officials Knock Down Building Height Initiative," *Berkeley Daily Planet*, July 25, 2002, 1, 6.
93 Joe South, "Rose Garden," song from *Introspection*, 1968, reissued by Raven Records, 2003.
94 Appleyard et al., *A Humanistic Design Manifesto*.〔前掲、第 3 章 10〕

第 9 章　都市の範囲を限定する Limited Extent

1 American LIVES, "1995 New Urbanism Study," 31〔前掲、第 8 章 30〕
2 McHarg, *Design with Nature*, 2〔前掲、第 2 章 1〕
3 同上、57.
4 Joel Garreau, *Edge City: Life on the New Frontier* (New York: Doubleday, 1991).
5 Lozano, *Community Design*〔前掲、第 7 章 42〕; Mumford, *The City in History*〔前掲、第 1 章 2〕
6 Beatley and Manning, *The Ecology of Place*, 41-42.〔前掲、第 7 章 36〕
7 Schumacher, *Small Is Beautiful*, 46-56〔前掲、第 4 章 22〕; Hawken, *The Ecology of Commerce*, 91-104.〔前掲、第 2 章 3〕
8 Corbett, *A Better Place*〔前掲、第 4 章 33〕; Todd and Todd, *From Eco-Cities*〔前掲、第 2 章 8〕; Donella Meadows et al., *The Limits to Growth* (New York: Potomac Associates, 1972)〔D・H・メドウズ、D・L・メドウズ、J・ランダース、W・W・ベアランズ 3 世著、大来佐武郎監訳『成長の限界――ローマ・クラブ「人類の危機」レポート』ダイヤモンド社、1972〕; Beryl L. Crowe, "The Tragedy of the Commons Revisited," *Science* 166 (1969): 1103-1107; Rene Dubos, "Half Truths about the Future," *Wall Street Journal*, May 8, 1981, 26.
9 Lester R. Brown and Jodi L. Jacobson, "The Future of Urbanization," *Urban Land* 46, no. 6 (1987): 4.
10 Mike Geniella, "Water Export Plan under Microscope," *Press Democrat* March 17, 2002, 1, 6-7.
11 "Last Gasp," *Fresno Bee*, Special Report on Valley Air Quality, December 15, 2002, accessed July 16, 2003, available at http://valleyairquality.com/ special/valley_air/part1; Andy Weisser, "American Lung Association Applauds Governor for Signing Important Smog Check II Bill," American Lung Association of California, September 27, 2003, accessed July 26, 2003, available at http://www.californialung.org/press/020927smogcheckii.html; Adelia Sabiston, "Meeting the Test: The Bay Area and Smog Check II," *Bay Area Monitor*, August/September 2002, accessed July 16, 2003, available at http://www.bayareamonitor.org/aug02/test.html; California State Assembly, AB 2637, accessed July 16, 2003, available at http://www.leginfo.ca.gov/pub/01-02/bill/asm/ab_2601-2650/ab_2637_bill_20020927_cha.
12 Aristotle, *Ethics, Nichomachean Ethics*, book 9, trans. J. A. K. Thomson (London: London Allen & Unwin, 1953)〔アリストテレス著、高田三郎訳『ニコマコス倫理学〈上〉〈下〉』岩波書店、1971〕
13 Lynch, *Good City Form*, 241〔前掲、第 1 部 13〕
14 Plato, *The Republic* (Cambridge: Cambridge University Press, 2000), 119〔プラトン著、藤沢令夫訳『国家〈上〉〈下〉』岩波書店、1979〕; Lozano, *Community Design*〔前掲、第 7 章 42〕; Irving Hoch, "City Size Effects, Trends and Politics," *Science* 193, no. 3 (1976): 856-863; P. A. Stone, *The Structure, Size and Cost of Urban Settlements* (Cambridge: Cambridge University Press, 1973), 109-127; Dowall, *The Suburban Squeeze*.〔前掲、第 3 章 15〕
15 Schumacher, *Small Is Beautiful*, 49.〔前掲、第 4 章 22〕
16 Alexander et al., *A Pattern Language*, 4.〔前掲、第 1 章 19〕
17 Lynch, *Good City Form*, 240.〔前掲、第 1 部 13〕
18 Schumacher, *Small Is Beautiful*, 48.〔前掲、第 4 章 22〕
19 同上、47.
20 Appleyard et al., *A Humanistic Design Manifesto*.〔前掲、第 3 章 10〕
21 Register, *Ecocity Berkeley*, 120-130〔前掲、第 7 章 34〕; Alexander et al., *A Pattern Language*, 24-25.〔前掲、第 1 章 19〕
22 Dovey, "Home"〔前掲、第 5 章 8〕; Lynch, *The Image of the City*〔前掲、第 1 章 2〕; MacCannell, *The Tourist*〔前掲、第 4 章 1〕; Lowenthal, "The American Scene," 61-88.〔前掲、第 8 章 77〕
23 Donald Appleyard, *Inside vs. Outside: The Distortions of Distance* (Berkeley: Institute of Urban and Regional Development, University of California, 1979), 307.
24 Lynch, *The Image of the City*.〔前掲、第 1 章 2〕
25 Aristotle, *Politics* (Chicago: University of Chicago Press, 1984), 204-205〔アリストテレス著、山本光雄訳『政治学』岩波書店、1961；北嶋美雪、松居正俊、尼ヶ崎徳一、田中美知太郎ほか訳『政治学』中央公論新社、2009〕
26 Perry, "The Neighborhood Unit〔前掲、第 1 章 2〕;

Taylor, "Coping with ADD: The Surprising Connection to Green Play Settings," *Environment and Behavior* 33, no. 1 (2001): 54-77 and "Views of Nature and Self-Discipline: Evidence from Inner City Children," *Journal of Environmental Psychology* 22, issues 1-2 (2002): 49-63.
7 Perry, "The Neighborhood Unit," 37.〔前掲、第1章2〕
8 Lozano, *Community Design*, 162-166.〔前掲、第7章42〕
9 Perry, "The Neighborhood Unit," 80.〔前掲、第1章2〕
10 Beyard and O'Mara, *Shopping Center Development Handbook*, 12-13〔前掲、第1章12〕; Calthorpe, *The Next American Metropolis*, 77, 82〔前掲、第1部10〕
11 Bernick and Cervero, *Transit Villages*, 43, 64.〔前掲、第2章8〕
12 Urban Ecology, *Blueprint*, 86.〔前掲、第1章4〕
13 Bernick and Cervero, *Transit Villages*, 43.〔前掲、第2章8〕
14 同上、98.
15 同上、75.
16 同上、82.
17 Calthorpe, *The Next American Metropolis*, 58.〔前掲、第1部10〕
18 Bernick and Cervero, *Transit Villages*, 83.〔前掲、第2章8〕
19 Calthorpe, *The Next American Metropolis*, 83-84.〔前掲、第1部10〕
20 Bernick and Cervero, *Transit Villages*, 83.〔前掲、第2章8〕
21 Lozano, *Community Design*, 158.〔前掲、第7章42〕
22 Calthorpe, *The Next American Metropolis*, 48.〔前掲、第1部10〕
23 Stephanie Mencimer, "The Price of Going the Distance," *New York Times*, April 28, 2002, 34.
24 Calthorpe, *The Next American Metropolis*, 30.〔前掲、第1部10〕
25 Urban Ecology, *Blueprint*, 111.〔前掲、第1章4〕
26 同上
27 Richard J. Jackson and Chris Kochtitzky, *Creating a Healthy Environment: The Impact of the Built Environment on Public Health* (Washington, DC: Sprawl Watch Clearinghouse, 2001), 7.
28 Bernick and Cervero, *Transit Villages*, 44.〔前掲、第2章8〕
29 Rapoport, *Human Aspects*, 318.〔前掲、第4章36〕
30 American LIVES, Inc., "1995 New Urbanism Study: Revitalizing Suburban Communities," paper presented at the Urban Land Institute Seminar on Master Planned Communities 2000 and Beyond, November 2, 1995, 31.
31 Morton White and Lucia White, *The Intellectual versus the City: From Thomas Jefferson to Frank Lloyd Wright* (New York: Oxford University Press, 1977); R. E. Farris and H. W. Dunham, *Mental Disorders in Urban Areas* (Chicago: University of Chicago Press, 1939).
32 Randy Newman, "Baltimore," song, Warner Bros., 1978.
33 William H. Ittelson et al., *An Introduction to Environmental Psychology* (New York: Holt, Rinehart & Winston, 1974)〔ウィリアム・H・イッテルソン著、望月衛訳『環境心理の基礎』彰国社、1977〕
34 McHarg, *Design with Nature*, 193〔前掲、第2章1〕; J. B. Calhoun, "Population Density and Social Pathology," *Scientific American* 206 (1962): 139-148.
35 Lynch, *Good City Form*〔前掲、第1部13〕
36 Rapoport, *Human Aspects*, 98.〔前掲、第4章36〕
37 Gans, *The Urban Villagers*〔前掲、第1章11〕
38 Ittelson et al., *Environmental Psychology*, 256.〔前掲、33〕
39 Rapoport, *Human Aspects*, 278.〔前掲、第4章36〕
40 Robert Cervero and Peter Bosselmann, *An Evaluation of the Market Potential for Transit-Oriented Development Using Visual Simulation Techniques* (Berkeley: Institute of Urban and Regional Development, University of California, 1994), 42.
41 Rapoport, *Human Aspects*, 201.〔前掲、第4章36〕
42 同上
43 同上、51.
44 Cervero and Bosselmann, *An Evaluation*, 73.〔前掲、40〕
45 Horton, *The Politics of Diversity*.〔前掲、第1章33〕
46 American LIVES, "1995 New Urbanism Study," 30〔前掲、30〕
47 同上、4.
48 Cervero and Bosselmann, *An Evaluation*, 73.〔前掲、40〕
49 Rapoport, *Human Aspects*, 201.〔前掲、第4章36〕
50 Marcus and Sarkissian, *Housing As If People Mattered*.〔前掲、第3章10〕
51 Cervero and Bosselmann, *An Evaluation*, 73-74.〔前掲、40〕
52 American LIVES, "1995 New Urbanism Study," 31-33.〔前掲、30〕
53 同上、31.
54 Rokeach, *Beliefs, Attitudes, and Values*.〔前掲、第1部16〕
55 Chanse and Hester, "Characterizing Volunteer Involvement".〔前掲、第2章31〕
56 Rapoport, *Human Aspects*, 200-201〔前掲、第4章36〕; Ittelson et al., *Environmental Psychology*, 151, 259.〔前掲、33〕
57 Newman, *Community of Interest*〔前掲、第4章38〕
58 American LIVES, "1995 New Urbanism Study," 31〔前掲、30〕
59 Marcus and Sarkissian, *Housing As If People Mattered*.〔前掲、第3章10〕
60 American LIVES, "1995 New Urbanism Study," 31.〔前掲、30〕同上
62 Lloyd Bookout and James D. Wentling, "Density by Design," *Urban Land*, 47, no. 6 (1988): 10-15.
63 Marcus and Sarkissian, *Housing As If People Mattered*.〔前掲、第3章10〕
64 Rapoport, *Human Aspects*, 330.〔前掲、第4章36〕
65 Hester, *Neighborhood Space*, 35.〔前掲、第1部10〕
66 Cervero and Bosselmann, *An Evaluation*, 5-6.〔前掲、40〕
67 Rapoport, *Human Aspects*, 51, 61-62, 201.〔前掲、第4章36〕
68 Cervero and Bosselmann, *An Evaluation*, 6〔前掲、40〕; Calthorpe, *The Next American Metropolis*, 87〔前掲、第1部10〕
69 Marcus, "House -as-Symbol," 2-4.〔前掲、第5章7〕
70 J. Constantine, "Design by Democracy," *Land Development* 5, no. 1 (1992): 11-15.
71 Cervero and Bosselmann, *An Evaluation*.〔前掲、40〕
72 Rachel Kaplan and Stephen Kaplan, *The Experience of Nature: A Psychological Perspective* (Cambridge: Cambridge University Press, 1989); Ulrich, "View," 420-421〔前掲、6〕; Kuo, Sullivan, and Taylor, "Coping with ADD," 54-77.〔前掲、6〕
73 American LIVES, "1995 New Urbanism Study," 31.〔前掲、30〕
74 Rapoport, *Human Aspects*, 51, 61.〔前掲、第4章36〕
75 Sim Van der Ryn and William R. Boie, *Value Measurement and Visual Factors in the Urban Environment* (Berkeley: College of Environmental Design, University of California,

Ecologist's Perspective (Princeton: Princeton University Press, 1979), 195-197.
8 Dramstad, Olson, and Forman, *Landscape Ecology Principles*.〔前掲、第2章8〕
9 Jeffrey Hou, "From Activism to Sustainable Development: The Case of Chigu and the Anti-Binnan Movement," in *Democratic Design in the Pacific Rim: Japan, Taiwan, and the United States* (124-133), ed. Randolph T. Hester, Jr. and Corrina Kweskin (Mendocino: Ridge Times, 1999).
10 Joel L. Swerdlow, "Global Culture," *National Geographic* 196, no. 2 (1999): 2-5; "Vanishing Cultures," *National Geographic* 196, no. 2 (1999): 62-90; Hawken, *The Ecology of Commerce*, 136.〔前掲、第2章3〕
11 "Vanishing Cultures," *National Geographic*.〔前掲、10〕
12 Frederick L. Olmsted, *The Slave States* (New York: Capricorn, 1959); Hester, *Neighborhood Space*.〔前掲、第1部10〕
13 Gans, *The Urban Villagers*〔前掲、第1章11〕
14 Schlesinger, *The Disuniting of America*.〔前掲、第1部7〕
15 Nicholas Black Elk, with John G. Neihardt, *Black Elk Speaks: Being the Life Story of a Holy Man of the Oglala Sioux* (Lincoln: University of Nebraska Press, 1972), 9-10, 28〔ジョン・G・ナイハルト著、彌永健一訳『ブラック・エルクは語る――スー族聖者の生涯』社会思想社、1977；阿部珠理監修、宮下嶺夫訳『ブラック・エルクは語る』めるくまーる、2001〕; Rina Swentzell, "Conflicting Landscape Values," *Places* 7, no. 1 (1990): 19-27.
16 Calthorpe, *The Next American Metropolis*, xvi.〔前掲、第1部10〕
17 Hester, *Planning Neighborhood Space*, 50-51.〔前掲、第2章42〕
18 Hough, *City Form*, 250-251.〔前掲、第2章1〕
19 Relph, *Place and Placelessness*〔前掲、第1部9〕; MacCannell, *The Tourist*.〔前掲、第4章1〕
20 Berry, *A Continuous Harmony*, 67.〔前掲、第5章26〕
21 Van der Ryn and Cowan, *Ecological Design*, 23.〔前掲、第2章29〕
22 President's Council on Sustainable Development, *Sustainable America: A New Consensus for Prosperity, Opportunity, and a Healthy Environment* (Washington, DC: President's Council, 1996), 101-103.
23 Hawken, *The Ecology of Commerce*, 27.〔前掲、第2章3〕
24 同上、146.
25 同上、xiii.
26 同上、146.
27 Dramstad, Olson and Forman, *Landscape Ecology Principles*, 31.〔前掲、第2章8〕
28 Curtis Hayes, "No Fear of Change," *Farm Bureau News*, January 2002, 14.
29 McHarg, *Design with Nature*, 128.〔前掲、第2章1〕
30 Jacobs, *Death and Life*.〔前掲、第1部10〕
31 Peter Calthorpe, "The Region," in *The New Urbanism: Towards an Architecture of Community* (xi-xvi), ed. Peter Katz (New York: McGraw-Hill, 1994), xvi.
32 Andres Duany and Elizabeth Plater-Zyberk, "The Neighborhood, the District, and the Corridor," in *The New Urbanism: Towards an Architecture of Community* (xvii-xx), ed. Peter Katz, xvii-xx (New York: McGraw-Hill, 1994), xvii.
33 Duany and Plater-Zyberk, "The Neighborhood, the District, and the Corridor," xix.〔前掲、32〕
34 Richard Register, *Ecocity Berkeley: Building Cities for a Healthy Future* (Berkeley: North Atlantic Books, 1987), 23〔リチャード・レジスター著、霍田栄作訳『エコシティ――バークリーの生態都市計画』工作舎、1993〕
35 Duany, Plater-Zyberk, and Kreiger, *Towns*, xix, 2.〔前掲、第1章3〕
36 Timothy Beatley and Kristie Manning, *The Ecology of Place: Planning for Environment, Economy, and Community* (Washington, DC: Island Press, 1997), 63.
37 Porteous, *Environment and Behavior*, 75-76.〔前掲、第1章7〕
38 Rapoport, *Human Aspects*, 248-265.〔前掲、第4章36〕
39 Porteous, *Environment and Behavior*, 76.〔前掲、第1章7〕
40 Richard Sennett, *The Uses of Disorder: Personal Identity and City Life* (New York: Norton, 1992).〔リチャード・セネット著、今田高俊訳『無秩序の活用――都市コミュニティの理論』中央公論社、1975〕
41 Rapoport, *Human Aspects*, 264.〔前掲、第4章36〕
42 Eduardo E. Lozano, *Community Design and the Culture of Cities* (Cambridge: Cambridge University Press, 1990), 144.
43 Odum, *Fundamentals*, 281.〔前掲、第2章1〕
44 Schumacher, *Small Is Beautiful*, 48.〔前掲、第4章22〕
45 King, "Letter from Birmingham Jail."〔前掲、第2章33〕
46 Jacobs, *Making City Planning Work*〔前掲、第1部3〕; Donald Appleyard, *Planning a Pluralist City: Conflicting Realities in Ciudad Guayana* (Cambridge: MIT Press, 1976).
47 Lynch, *The Image of the City*.〔前掲、第1章2〕
48 Rapoport, *Human Aspects*, 93〔前掲、第4章36〕; Urban Ecology, *Blueprint*, 18-29.〔前掲、第1章4〕
49 Rapoport, *Human Aspects*, 248-265.〔前掲、第4章36〕
50 Lozano, *Community Design*, 158.〔前掲、42〕
51 David M. Halbfiner, "Yes in Our Backyards: A Shelter's New Value," *New York Times*, February 24, 2002, 26.
52 Rysavy, "Tree People," 19〔前掲、第6章15〕; McBride, "Urban Forestry," 106-109.〔前掲、第2章29〕
53 Relph, *Place and Placelessness*〔前掲、第1部9〕; MacCannell, *The Tourist*.〔前掲、第4章1〕
54 Porteous, *Environment and Behavior*, 278-286.〔前掲、第1章7〕
55 Richard Scarry, *What Do People Do All Day?* (New York: Random House, 1968).
56 Van der Ryn and Cowan, *Ecological Design*, 126.〔前掲、第2章29〕
57 同上、126.
58 Beatley and Manning, *The Ecology of Place*, 62.〔前掲、36〕

第8章　密度と小ささ　Density and Smallness

1 Odum, *Fundamentals*, 217-221, 493.〔前掲、第2章1〕
2 Hinrichsen, "Putting the Bite," 41.〔前掲、第7章5〕
3 John G. Mitchell, "Urban Sprawl," *National Geographic* 200, no. 1 (2001): 43-73.
4 Reed F. Noss and Robert L. Peters, *Endangered Ecosystems: A Status Report on America's Vanishing Wildlife and Habitat* (Washington, DC: Defenders of Wildlife, 1995).
5 Kathrin D. Lassila, "The New Suburbanites: How America's Plants and Animals Are Threatened by Sprawl," *Amicus Journal* 21, no. 2 (1999): 18.
6 Roger Ulrich, "View through a Window May Influence Recovery from Surgery," *Science* 224 (1984), 420-421; Frances E. Kuo, William C. Sullivan, and Andrew Faber

18 Relph, *Place and Placelessness*〔前掲、第1部9〕; J. B. Jackson, "The Westward-Moving House: Three American Houses and the People Who Live in Them," *Landscape*, 2, no. 3 (1953): 8-21.
19 Hester, *Planning Neighborhood Space*.〔前掲、第2章42〕
20 Garrett Kaoru Hongo, *Volcano: A Memoir of Hawai'i* (New York: Vintage, 1996), 258.
21 William R. Morrish et al., *Planning to Stay: A Collaborative Project* (Minneapolis: Milkweed Editions, 1994).
22 E. F. Schumacher, *Small Is Beautiful: Economics As If People Mattered —Twenty-five Years Later... with Commentaries* (Vancouver: Hartley & Marks, 1999), 47-48.〔E・F・シューマッハー著、小島慶三、酒井懋訳『スモール・イズ・ビューティフル——人間中心の経済学』講談社、1986〕
23 Packard, *The Status Seekers*, 105〔前掲、第2章4〕; William H. Whyte, *The Organization Man* (New York: Simon and Schuster, 1972)〔W・H・ホワイト著、岡部慶三、藤永保訳『組織のなかの人間〈上〉〈下〉——オーガニゼーション・マン』東京創元社、1959〕
24 Packard, *The Status Seekers*, 54.〔前掲、第2章4〕
25 United States Census Bureau, *Statistical Abstract of the United States* (80th ed.) (Washington, DC: U.S. Census Bureau, 1960) and *Statistical Abstract of the United States* (120th ed.) (Washington, DC: U.S. Census Bureau, 2000).
26 Gyogy Kepes, ed., *Structure in Art and in Science* (New York: Braziller, 1965), i.
27 Chuang Chou, "Chuang Tzu," in *The Columbia Anthology of Traditional Chinese Literature: Translations from the Asian Classics* (45-57), ed. Victor Mair (New York: Columbia University Press, 1994), 46.
28 Schumacher, *Small Is Beautiful*, 49, 89, 206.〔前掲、22〕
29 Alexander et al., *A Pattern Language*〔前掲、第1章19〕; Donald MacDonald, *Democratic Architecture: Practical Solutions to Today's Housing Crisis* (New York: Whitney Library of Design, 1996); Solomon, *Rebuilding*〔前掲、第2章40〕; Sam Davis, *The Architecture of Affordable Housing* (Berkeley: University of California Press, 1995); Michael Pyatok, "Martha Stewart vs. Studs Terkel? New Urbanism and Inner Cities Neighborhoods That Work," *Places* 13, no. 1 (2000): 40-43.
30 Martin H. Krieger, *What's Wrong with Plastic Trees? Artifice and Authenticity in Design* (Westport: Praeger, 2000).
31 Hester, *Neighborhood Space*, 38.〔前掲、第1部10〕
32 Kenko, *Essays in Idleness*, 137.〔前掲、16〕
33 Robert L. Thayer Jr., "Conspicuous Non-Consumption: The Symbolic Aesthetics of Solar Architecture," in *Proceedings of the Eleventh Annual Conference of the Environmental Design Research Association* (Washington, DC: EDRA, 1980); Clare Cooper Marcus, *House as a Mirror of Self: Exploring the Deeper Meaning of Home* (Berkeley: Conari Press, 1995); Michael N. Corbett, *A Better Place to Live: New Designs for Tomorrow's Communities* (Emmaus: Rodale Press, 1981).
34 Hester, *Planning Neighborhood Space*, 192-193.〔前掲、第2章42〕
35 Thayer, "Conspicuous Non-Consumption," 182.〔前掲、33〕
36 Amos Rapoport, *Human Aspects of Urban Form: Toward a Man-Environment Approach to Urban Form and Design* (Oxford: Pergamon, 1977); Porteous, *Environment and Behavior*.〔前掲、第1章7〕
37 Edward J. Blakely and Mary Gail Snyder, *Fortress America: Gated Communities in the United States* (Washington, DC: Brookings Institutions Press, 1997).〔エドワード・J・ブレークリー、メーリー・ゲイル・スナイダー著、竹井隆人訳『ゲーテッド・コミュニティ——米国の要塞都市』集文社、2004〕
38 Oscar Newman, *Community of Interest* (Garden City: Doubleday, 1980).
39 Rapoport, *Human Aspects*.〔前掲、36〕
40 Packard, *The Status Seekers*, 16-17, 78.〔前掲、第2章4〕
41 Thayer, *Gray World*〔前掲、第2章5〕; and Berry, *Unsettling of America*.〔前掲、第2章7〕
42 Joan Iverson Nassauer, "Messy Ecosystems, Orderly Frames," *Landscape Journal*, 14, no. 2 (1995): 161-170.
43 Tsutsumi Chunagon Monogatari, "The Lady Who Loved Insects," in *Anthology of Japanese Literature, from the Earliest Era to the Mid-nineteenth Century* (170-176), ed. Donald Keene (New York: Grove Press, 1960).〔編者不詳『堤中納言物語』「虫めづる姫君」13世紀頃〕
44 *Landscape Journal*, Special issue on "Eco-Revelatory Design"〔前掲、第2章23〕; Southworth, "City Learning," 35-48.〔前掲、第3章1〕
45 Louise A. Mozingo, "The Aesthetics of Ecological Design: Seeing Science as Culture," *Landscape Journal*, 16, no. 1 (1997): 46-59; Nassauer, "Messy Ecosystems," 161-170.〔前掲、42〕
46 Hester, *Neighborhood Space*, 180-181.〔前掲、第1部10〕

第5章　聖性 Sacredness

1 Relph, *The Modern Urban Landscape*.〔前掲、第1部9〕
2 Gaston Bachelard, *The Poetics of Space*, trans. Maria Jolas (Boston: Beacon, 1969)〔ガストン・バシュラール著、岩村行雄訳『空間の詩学』筑摩書房、2002〕; Mircea Eliade, *Mystic Stories: The Sacred and the Profane* (New York: Columbia University Press, 1992).
3 Christopher Norberg-Schulz, *Genius Loci* (New York: Rizzoli, 1980).〔クリスチャン・ノルベルグ＝シュルツ著、加藤邦男、田崎祐生訳『ゲニウス・ロキ——建築の現象学をめざして』住まいの図書館出版局、1994〕
4 William R. Lethaby, *Architecture, Nature and Magic* (London: Duckworth, 1956); Yi-Fu Tuan, *Cosmos and Heart: A Cosmopolite's Viewpoint* (Minneapolis: University of Minnesota Press, 1996).〔イーフー・トゥアン著、阿部一訳『コスモポリタンの空間——コスモスと炉端』せりか書房、1997〕
5 Susanne K. Langer, *Feeling and Form: A Theory of Art* (New York: Scribner, 1953).
6 James Lovelock, *The Ages of Gaia: A Biography of Our Living Earth* (New York: Norton, 1995)〔ジェームズ・ラブロック著、竹田悦子、松井孝典訳『ガイア——地球は生きている』産調出版、2003〕; Appleton, *The Experience of Landscape*; "Religion and Biodiversity," *Wild Earth* 6, no. 3 (Fall 1996)〔前掲、第4章13〕; Marshall Berman, *All That Is Solid Melts into Air: The Experience of Modernity* (New York: Simon and Schuster, 1982); Mark Francis and Randolph T. Hester Jr., eds., *The Meaning of Gardens: Idea, Place, and Action* (Cambridge: MIT Press, 1990).〔マーク・フランシス編、ランドルフ・T・ヘスター編、佐々木葉二、吉田鉄哉訳『庭の意味論』鹿島出版会、1996〕
7 Langer, *Feeling and Form*〔前掲、5〕; Tuan, *Cosmos*〔前掲、

3 Gans, *Urban Villagers*〔前掲、第1章11〕
4 Gans, *People and Plans*〔前掲、第1章11〕.
5 Hester, "Participatory Design and Environmental Justice" 289-300〔前掲、第1部7〕
6 King, "Letter from Birmingham Jail," 91.〔前掲、第2章33〕
7 Lynch, *Good City Form*.〔前掲、第1部13〕
8 Anthony Downs, *New Visions for Urban America* (Washington, DC: Brookings Institution, 1994).
9 Hester, "Participatory Design and Environmental Justice"〔前掲、第1部7〕
10 Donald Appleyard et al., *A Humanistic Design Manifesto* (Berkeley: University of California, 1982); Leslie K. Weisman, *Discrimination by Design: A Feminist Critique of the Man-Made Environment* (Urbana: University of Illinois Press, 1992); Clare Cooper Marcus and Wendy Sarkissian, *Housing As If People Mattered: Site Design Guidelines for Medium-Density Family Housing* (Berkeley: University of California Press, 1986)〔クレア・クーパー・マーカス、ウェンディ・サーキシアン著、湯川利和訳『人間のための住環境デザイン――254のガイドライン』鹿島出版会、1989〕; Louise A. Mozingo, "Women and Downtown Open Spaces," *Places* 6, no. 1 (1989): 38-47.
11 Dolores Hayden, *Seven American Utopias: The Architecture of Communication Socialism, 1790-1975* (Cambridge: MIT Press, 1977).
12 Hester, "Participatory Design and Environmental Justice."〔前掲、第1部7〕
13 Southworth, "City Learning"〔前掲、1〕and *Oakland Explorers: A Cultural Network of Places and People for Kids —Discovery Centers* (Berkeley: Institute of Urban and Regional Development, University of California, 1990).
14 "After Outcry: Greenwich Retreats from Beach Policy and Offers Daily Passes," *New York Times*, March 9, 2002, B15.
15 David Dowall, *The Suburban Squeeze: Land Conversion and Regulation in the San Francisco Bay Area* (Berkeley: University of California Press, 1984).
16 Richard C. Hatch, ed., *The Scope of Social Architecture* (New York: Van Nostrand Reinhold, 1984).
17 Peter Marcuse, "Conservation for Whom?," in *Environmental Quality and Social Justice in Urban America* (17-36), ed. James N. Smith (Washington, DC: Conservation Foundation, 1972); Sherry R. Arnstein, "A Ladder of Citizen Participation," *Journal of the American Institute of Planners* 35, no. 4 (1969): 216-224; Frances Fox Piven, "Whom Does the Advocate Planner Serve?" *Social Policy* 1, no. 1 (1970): 32-37.
18 Robert D. Bullard, *Dumping in Dixie: Race, Class, and Environmental Quality* (Boulder: Westview Press, 2000).〔ロバート・ブラード著、原口弥生、長谷川公一訳「アメリカ南部諸州の投棄問題――人種・階級と環境の質」『権利と価値（リーディングス環境）』に収録、有斐閣、2006〕
19 Patricia L. Brown, "A Park Offers Nature, Not Just Hoops," *New York Times*, December 28, 2000, F1.
20 Frances Kuo and William Sullivan, "Environment and Crime in the Inner City: Does Vegetation Reduce Crime?," *Environment and Behavior* 33, no. 3 (2001): 343-367.
21 Pyatok Architects, Inc., Gateway Commons housing project, Emeryville, California, http://www.pyatok.com.
22 Hester, *Community Design Primer*, 4〔前掲、第2章2〕
23 Mozingo, "Women and Downtown."〔前掲、10〕
24 Hester, *Community Design Primer*〔前掲、第2章2〕
25 Dolores Hayden, *The Power of Place: Urban Landscapes as Public History* (Cambridge: MIT Press, 1995)〔ドロレス・ハイデン著、後藤春彦、佐藤俊郎、篠田裕見訳『場所の力――パブリック・ヒストリーとしての都市景観』学芸出版社、2002〕; Donna Graves, "Construction Memory: Rosie the Riveter Memorial, Richmond, California," *Places* 15, no. 1 (2002): 14-17.
26 Randolph T. Hester Jr. et al., *Our Children Need Open Space: Fruitvale Open Space Proposal* (Berkeley: Institute of Urban and Regional Development and Department of Landscape Architecture and Environmental Planning, June 1999), 1.
27 Hester, *Community Design Primer*〔前掲、第2章2〕
28 Randolph T. Hester Jr. et al., *Learning about Union Point: Waterfront Park Site Environmental Analysis* (Berkeley: Institute of Urban and Regional Development, University of California, 1998), 15-17.
29 Union Point Park Partnership Team, *Union Point Park Master Plan* (October 1999).

第4章　賢明な地位の追求 Sensible Status Seeking

1 Relph, *Place and Placelessness*〔前掲、第1部9〕; Dean MacCannell, *The Tourist: A New Theory of the Leisure Class* (New York: Schocken Books, 1989).
2 Bellah et al., *Habits of the Heart*, 148-149〔前掲、第1章1〕
3 Paul Shepard, *Man in the Landscape: A Historic View of the Esthetics of Nature* (New York: Knopf, 1967) and *Thinking Animals: Animals and the Development of Human Intelligence* (New York: Viking, 1978)〔ポール・シェパード著、寺田鴻訳『動物論――思考と文化の起源について』どうぶつ社、1991〕; Rogers, *Diffusion*.〔前掲、第1章16〕
4 Berry, *Unsettling of America*.〔前掲、第2章7〕
5 Packard, *The Status Seekers*.〔前掲、第2章4〕
6 J. B. Jackson, "Other-Directed Houses," *Landscape*, 6, no. 2 (1956): 29-35; Relph, *Place and Placelessness*〔前掲、第1部9〕
7 Rogers, *Diffusion*, 160.〔前掲、第1章16〕
8 Randolph T. Hester Jr., "Womb with a View: How Spatial Nostalgia Affects the Designer," *Landscape Architecture*, 69, no. 5 (1979): 475-481, 528.
9 Packard, *The Status Seekers*, 55.〔前掲、第2章4〕
10 Hester, *Neighborhood Space*.〔前掲、第1部10〕
11 Packard, *The Status Seekers*, 70.〔前掲、第2章4〕
12 Hester, "Life, Liberty," 9-10.〔前掲、第1章20〕
13 Jay Appleton, *The Experience of Landscape* (New York: Wiley, 1996).〔ジェイ・アプルトン著、菅野弘久訳『風景の経験――景観の美について』法政大学出版局、2005〕
14 Gans, *Urban Villagers*〔前掲、第1章11〕; Jacobs, *The Death and Life*.〔前掲、第1部10〕
15 *Unstrung Heroes*, dir. Diane Keaton, 93 min., Hollywood-Roth-Arnold, film, from the book by Franz Lidz.
16 Kenko, *Essays in Idleness: the Tsurezuregusa of Kenko*, trans. Donald Keene (Tokyo: Tuttle, 1997), 158.〔吉田兼好『徒然草』1332〕
17 Kathleen Norris, *Dakota: A Spiritual Journal* (New York: Houghton Mifflin, 1993), 169.

Development by Design, *Runyon Canyon Four: Cutout Workbook* (Berkeley: Community Development by Design, 1985).〔前掲、第１章 29〕)
21 Community Development by Design, *Runyon Canyon Master Plan and Design Guidelines* (Berkeley: Community Development by Design, 1986).
22 "Runyon Canyon Master Plan and Design Guidelines," *Landscape Architecture* 77, no. 6 (1987): 60-63.
23 *Landscape Journal*, Special issue on "Eco-Revelatory Design: Nature Con-structed/Nature Revealed," ed. Brenda Brown, Terry Harkness, and Douglas Johnston (1998).
24 Orr, *Ecological Literacy*.〔前掲、第１部 15〕
25 Hough, *City Form*〔前掲、1〕; Frederick R. Steiner, *The Living Landscape: An Ecological Approach to Landscape Planning* (New York: McGraw-Hill, 1991).
26 Mathis Wackernagel and William E. Rees, *Our Ecological Footprint: Reducing Human Impact on the Earth*, New Catalyst Bioregional Series, no. 9 (Gabriola Island: New Society Publishers, 1996).〔マティース・ワケナゲル、ウィリアム・リース著、池田真里、和田喜彦訳『エコロジカル・フットプリント——地球環境持続のための実践プランニング・ツール』合同出版、2004〕
27 Urban Ecology, *Blueprint*, 28.〔前掲、第１章 4〕
28 Rocky Mountain Institute, *Rocky Mountain Institute Newsletter* 5, no. 3 (1989).
29 Chip Sullivan, *Garden and Climate* (New York: McGraw-Hill, 2002); Joe R. McBride, "Urban Forestry: What We Can Learn from Cities around the World," Paper presented at the National Urban Forest Conference, 1999; Sim Van der Ryn, *The Toilet Papers: Designs to Recycle Human Waste and Water—Dry Toilets, Greywater Systems and Urban Sewage* (Santa Barbara: Capra, 1978)〔ヴァン・デァ・リン著、西村肇、小川彰訳『トイレットからの発想——人と自然をよみがえらせる法』講談社、1980〕; Sim Van der Ryn and Stuart Cowan, *Ecological Design* (Washington, DC: Island Press, 1996).
30 Lowell W. Adams and Louise E. Dove, *Wildlife Reserves and Corridors in the Urban Environment: A Guide to Ecological Landscape Planning and Resource Conservation* (Columbia: National Institute for Urban Wildlife, 1989).
31 Victoria Chanse and Randolph T. Hester Jr., "Characterizing Volunteer Involvement in Wildlife Habitat Planning," in *CELA 2002: Groundwork*, Proceeding of the Annual Meeting of the Council of Educators in Landscape Architecture, State University of New York, Syracuse, NY, September 25-28, 2002; Michael P. Moulton and James Sanderson, *Wildlife Issues in a Changing World* (Boca Raton: Lewis, 1999).
32 Todd and Todd, *Ecocities*.〔前掲、8〕
33 Martin Luther King Jr., "Letter from Birmingham Jail," in *I Have a Dream: Writings and Speeches That Changed the World*, ed. James M. Washington (San Francisco: Harper, 1992), 85.〔「バーミンガム獄中からの手紙」、クレイボーン・カーソン編、梶原寿訳『マーティン・ルーサー・キング自伝』日本基督教団出版局、2002 内に収録〕
34 Randolph T. Hester Jr. et al., *Goals for Raleigh: Interview Results Technical Report One* (Raleigh: North Carolina State University, 1973); Nadine Cohodas, "Goals for Raleigh Issues Report," *News and Observer*, May 27, 1973, vi-l; Michael J. Hall, "Goals for Raleigh: Coming Up with Answers," *Raleigh Times*, June 27, 1973, 9A.
35 Frank J. Smith and Randolph T. Hester Jr., *Community Goal Setting* (Stroudsburg: Dowden, Hutchinson & Ross, 1982).
36 Chanse and Hester, "Characterizing Volunteer Involvement."〔前掲、31〕
37 Hester, *Neighborhood Space*〔前掲、第１部 10〕; Karl Linn, "White Solutions Won't Work in Black Neighborhoods," *Landscape Architecture* 59, no. 1 (1968): 23-25; S. William Thompson, "Hester's Progress," *Landscape Architecture* 86, no. 4 (1996): 74-79, 97-99.
38 Hester, *Community Design Primer*, 84〔前掲、2〕
39 Victor Papanek, *Design for the Real World* (New York: Pantheon, 1971)〔ヴィクター・パパネック著、阿部公正訳『生きのびるためのデザイン』晶文社、1974〕; Hough, *City Form*, 244-245〔前掲、1〕
40 Daniel Solomon, *Rebuilding* (New York: Princeton Architectural Press, 1992); Anne Vernez Moudon, *Built for Change: Neighborhood Architecture in San Francisco* (Cambridge: MIT Press, 1986).
41 Marc Treib, "A Constellation of Pieces," *Landscape Architecture* 92, no. 3 (2002): 58-67, 92.
42 Randolph T. Hester Jr., *Planning Neighborhood Space with People* (New York: Van Nostrand Reinhold, 1984).
43 Solomon, *Rebuilding*〔前掲、40〕; Urban Ecology, *Blueprint*, 44.〔前掲、第１章 4〕
44 Jacobs, Macdonald, and Rofe, *The Boulevard Book*〔前掲、11〕; Calthorpe, *The Next American Metropolis*〔前掲、第１部 10〕; Duany, Plater-Zyberk, and Kreiger, *Towns*.〔前掲、第１章 3〕; Anton C. Nelessen, *Visions for a New American Dream: Process, Principles, and an Ordinance to Plan and Design Small Communities* (Chicago: Planners Press, 1994); Allan B. Jacobs, *Great Streets* (Cambridge: MIT Press, 1993).
45 Louise P. Fortmann, "Talking Claims: Discursive Strategies in Contesting Property," *World Development* 23, no. 6 (1995): 1053-1063; Sally Fairfax et al., "The Federal Forests Are Not What They Seem: Formal and Informal Claims to Federal Lands," *Ecology Law Quarterly* 25, no. 4 (1999): 630-646; Elinor Ostrom, "Institutional Arrangements for Resolving the Commons Dilemma: Some Contending Approaches," in *The Question of the Commons: The Culture and Ecology of Communal Resources* (250-265), ed. Bonnie J. McCay and James M. Acheson (Tucson: University of Arizona Press, 1987) and *Governing the Commons: The Evolution of Institutions for Collective Action* (New York: Cambridge University Press, 1990).
46 Carol Kaesuk Yoon, "Aid for Farmers Helps Butterflies, Too," *New York Times*, July 9, 2002, Science, 1, 4.
47 Randolph T. Hester, Jr., "It's Just a Matter of Fish Heads: Using Design to Build Community," *Small Town* 24, no. 2 (1993): 4-13.
48 Roger Trancik, *Finding Lost Space: Theories of Urban Design* (New York: Van Nostrand Reinhold, 1986).

第３章　公正さ　Fairness

1 Michael Southworth, "City Learning: Children, Maps, and Transit," *Children's Environments Quarterly* 7, no. 2 (1990): 35-48.
2 Paul Davidoff, "Advocacy and Pluralism in Planning," *Journal of the American Institute of Planners* 31, no. 4 (1965): 331-338.

22 Delbecq, *Group Techniques*〔前掲、第１部 6〕; Robert Sommer, "Small Group Ecology," *Psychological Bulletin*, no. 67 (1967): 145-152.
23 David Stea, "Space, Territoriality, and Human Movements," *Landscape* 15, no. 4 (1965): 13-16; Robert Sommer, "A Better World Not Utopia," keynote address, in *Proceedings of the International Association for the Study of the People and Their Physical Surroundings* (57-61) (West Berlin: I.A.P.S. [I.A.S.P.P.S.], 1984).
24 Hester, *Neighborhood Space*〔前掲、第１部 10〕, 51, 57.
25 Robert Greese, *Jens Jensen* (Baltimore: John Hopkins University Press, 1992), 176-178.
26 Jan Gehl, *Life between Buildings* (New York: Van Nostrand Reinhold, 1987)〔ヤン・ゲール著、北原理雄訳『建物のあいだのアクティビティ（SD 選書 258）』鹿島出版会、2011〕
27 Hester, *Neighborhood Space*, 72.〔前掲、第１部 10〕
28 Edward T. Hall, *The Hidden Dimension* (Garden City: Doubleday, 1966)〔エドワード・ホール著、日高敏隆、佐藤信行訳『かくれた次元』みすず書房、1970〕
29 Community Development by Design, *Runyon Canyon Four: Cutout Workbook* (Berkeley: Community Development by Design, 1985).
30 Sommer, "Small Group Ecology," 147.〔前掲、22〕
31 同上、147-148.
32 Amos Rapoport, *House Form and Culture* (Englewood Cliffs: Prentice-Hall, 1969)〔アモス・ラポポート著、大岳幸彦、佐々木史郎、山本正三訳『住まいと文化（FCG シリーズ）』大明堂、1987〕
33 John Horton, *The Politics of Diversity: Immigration, Resistance, and Change in Monterey Park, California* (Philadelphia: Temple University Press, 1995).

第２章　つながり　Connectedness

1 Eugene P. Odum, *Fundamentals of Ecology* (Philadelphia: Saunders, 1959)〔E・P・オダム著、京都大学生態学研究グループ訳『生態学の基礎』朝倉書店、1956〕; Paul Krapfel, *Shifting* (Cottonwood: Self-published, 1989); Michael Hough, *City Form and Natural Process* (New York: Van Nostrand Reinhold, 1984); Ian McHarg, *Design with Nature* (Garden City: Natural History Press, 1969)〔イアン・L・マクハーグ著、下河辺淳、川瀬篤美監訳『デザイン・ウィズ・ネーチャー』集文社、1994〕
2 Randolph T. Hester, Jr., *Community Design Primer* (Mendocino: Ridge Times Press, 1990)〔ランドルフ・T・ヘスター著、土肥真人著『まちづくりの方法と技術――コミュニティー・デザイン・プライマー』現代企画室、1997〕; Michael Hough, *Out of Place: Restoring Identity to the Regional Landscape* (New Haven: Yale University Press, 1990); Tony Hiss, *The Experience of Place* (New York: Knopf, 1990)〔トニー・ヒス著、樋口明彦訳『都市の記憶――「場所」体験による景観デザインの手法』井上書院、1996〕
3 Paul Hawken, *The Ecology of Commerce: A Declaration of Sustainability* (New York: HarperBusiness, 1993).〔ポール・ホーケン著、鶴田栄作訳『サステナビリティ革命――ビジネスが環境を救う』ジャパンタイムズ、1995〕
4 Vance O. Packard, *The Status Seekers* (New York: Pocket Books, 1967), 33.〔V・パッカード著、野田一夫、小林薫訳『地位を求める人々』ダイヤモンド社、1969〕
5 Robert L. Thayer Jr., *Gray World, Green Heart: Technology, Nature, and the Sustainable Landscape* (New York: Wiley, 1994); Leo Marx, *The Machine in the Garden: Technology and the Pastoral Ideal in America* (Oxford: Oxford University Press, 2000).〔L・マークス著、榊原胖夫、明石紀雄訳『楽園と機械文明――テクノロジーと田園の理想』研究社出版、1972〕
6 Jane Smiley, *A Thousand Acres* (New York: Knopf, 1991); Rachel L. Carson, *Silent Spring* (New York: Houghton Mifflin, 1962).〔レイチェル・カーソン著、青樹簗一訳『沈黙の春』新潮社、1974〕
7 Stewart S. Brand, *How Buildings Learn: What Happens After They're Built* (New York: Penguin, 1994); Wendell Berry, *The Unsettling of America: Culture and Agriculture* (New York: Avon, 1978); McHarg, *Design with Nature*〔前掲、1〕
8 Wenche E. Dramstad, James D. Olson, and Richard T. T. Forman, *Landscape Ecology Principles in Landscape Architecture and Land-Use Planning* (Washington, DC: Island Press, 1996); Nancy Jack Todd and John Todd, *From Eco-Cities to Living Machines: Principles of Ecological Design* (Berkeley: North Atlantic, 1994); Michael Bernick and Robert Cervero, *Transit Villages in the Twenty-first Century* (New York: McGraw-Hill, 1997); Randolph T. Hester Jr., "Community Design: Making the Grassroots Whole," *Built Environment* 13, no. 1 (1987): 45-60.
9 Hiss, *Experience*, 126-143〔前掲、2〕
10 Perry, "Neighborhood Unit," 23.〔前掲、第１章 2〕
11 Allan Jacobs, Elizabeth Macdonald, and Yodan Rofe, *The Boulevard Book: History, Evolution, Design of Multiway Boulevards* (Cambridge: MIT Press, 2002).
12 Allan Jacobs, "Where the Freeway Meets the City," Paper presented at the University of California Transportation Center Symposium on the Art of Designing Bridges and Freeways, Berkeley, CA, September 20, 2002.
13 Kevin Lynch, *Wasting Away* (San Francisco: Sierra Club, 1990)〔ケヴィン・リンチ著、有岡孝、駒川義隆訳『新装版 廃棄の文化誌――ゴミと資源のあいだ』工作舎、2008〕; Mira Engler, "Waste Landscapes: Permissible Metaphors in Landscape Architecture," *Landscape Journal* 14, no. 1 (1995): 10-25.
14 Hough, *City Form*〔前掲、1〕; Thayer, *Gray World*〔前掲、5〕; Ann Whiston Spirn, *The Granite Garden: Urban Nature and Human Design* (New York: Basic Books, 1984).〔アン・W・スパーン 著、高山啓子訳『アーバン エコシステム――自然と共生する都市』公害対策技術同友会、1995〕
15 G. Mathias Kondolf, "Hungry Water: Effects of Dams and Gravel Mining on River Channels, " *Environmental Management* 21, no. 4 (1997): 551-553.
16 Patricia L. Brown, "The Chroming of the Front Yard," *New York Times*, June 13, 2002, D1, D6.
17 Hart, *Children's Experience*.〔前掲、第１部 15〕
18 Judy Corbett and Michael N. Corbett, *Designing Sustainable Communities: Learning from Village Homes* (Washington, DC: Island Press, 2000).
19 Greg Hise and William Deverell, *Eden by Design: The 1930 Olmsted-Bartholomew Plan for the Los Angeles Region* (Berkeley: University of California Press, 2000).
20 Community Development by Design, *Runyon Canyon One-Seven* (Berkeley: Community Development by Design, 1985).（このうち下に記すものは前掲 Community

〔ロバート・N.ベラー、ウィリアム・M.サリヴァンほか著、島薗進、中村圭志訳『心の習慣――アメリカ個人主義のゆくえ』筑摩書房、1991〕; Hester, *Neighborhood Space*〔前掲、第1部10〕; Robert D. Putnam et al., *Making Democracy Work: Civic Traditions in Modern Italy* (Princeton: Princeton University Press, 1994)〔ロバート・D・パットナム著、河田潤一訳『哲学する民主主義――伝統と改革の市民的構造（叢書「世界認識の最前線」）』NTT出版、2001〕; Judith E. Innes and David E. Booher, *Consensus Building as Role-Playing and Bricolage: Toward a Theory of Collaborative Planning* (Berkeley: Institute of Urban and Regional Development, University of California, 1997); Susskind and Cruikshank, *Breaking the Impasse*〔前掲、第1部6〕

2 Lewis Mumford, *The City in History: Its Origins, Its Transformations, and Its Prospects* (New York: Harcourt, Brace, Jovanovich, 1961)〔ルイス・マンフォード著、生田勉訳『歴史の都市　明日の都市』新潮社、1969〕; Jacobs, *Death and Life*〔前掲、第1部10〕;Robert E. Park, Ernest W. Burgess, and Roderick D. McKenzie, *Human Communities: The City and Human Ecology* (Chicago: University of Chicago Press, 1967); Suzanne Keller, *The Urban Neighborhood: A Sociological Perspective* (New York: Random House, 1968); Clarence Perry, "The Neighborhood Unit: A Scheme of Arrangement for the Family-Life Community," in *Regional Survey of New York and Its Environs*, Vol. 7, *Neighborhood and Community Planning* (22-140) (New York: Committee on The Regional Plan of New York and Its Environs, 1929)〔クラレンス・ペリー著、倉田和四生訳『近隣住区論――新しいコミュニティ計画のために』鹿島出版会、1975〕; Clarence Stein, *Toward New Towns in America* (Cambridge: MIT Press, 1966); Kevin Lynch, *The Image of the City* (Cambridge: MIT Press, 1960)〔ケヴィン・リンチ著、丹下健三、富田玲子訳『都市のイメージ（新装版）』岩波書店、2007〕and *Good City Form*〔前掲、第1部13〕; John Simonds, *Landscape Architecture: A Manual of Site Planning and Design* (New York: McGraw-Hill, 1983)〔ジョン・オームスビー・サイモンズ著、久保貞ほか訳『ランドスケープ・アーキテクチュア』鹿島出版会、1967〕

3 Hester, *Neighborhood Space*〔前掲、第1部10〕; Simonds, *Landscape Architecture*〔前掲、2〕; Perry, "Neighborhood Unit"〔前掲、2〕; Andres Duany, Elizabeth Plater-Zyberk, and Alex Kreiger, *Towns and Town-Making Principles* (New York: Rizzoli, 1991); Marcia McNally, "On the Care and Feeding of the Grassroots," in *Democratic Design in the Pacific Rim: Japan, Taiwan, and the United States* (214-227), ed. Randolph T. Hester Jr. and Corrina Kweskin (Mendocino: Ridge Times Press, 1999).

4 Urban Ecology, *Blueprint for a Sustainable Bay Area* (Oakland: Urban Ecology, 1996), 64.

5 Hugh Sidey, "The Two Sides of the Sam Walton Legacy," *Time*, April 20, 1992, 50-52.

6 Urban Ecology, *Blueprint*, 56〔前掲、4〕

7 J. Douglas Porteous, *Environment and Behavior: Planning and Everyday Life* (Reading: Addison-Wesley, 1977), 72-83; Melvin M. Webber, "Order in Diversity: Community Without Propinquity," in *Cities and Space* (23-54), ed. L. Wingo (Baltimore: John Hopkins Press, 1963), "The Urban Place and the Nonplace Urban Realm," in *Explorations into Urban Structure* (79-153), ed. Melvin M. Webber (Philadelphia: University of Pennsylvania Press, 1964), and "Culture, Territoriality, and the Elastic Mile," *Papers and Proceedings of the Regional Science Association* 13 (1964): 59-69.

8 Svend Riemer, "Villagers in Metropolis," *British Journal of Sociology* 2, no. 1 (1951): 31-43; Richard Meier, *A Communications Theory of Urban Growth* (Cambridge: MIT Press, 1962).

9 Porteous, *Environment and Behavior*, 80〔前掲、7〕

10 Mark Francis, "Making a Community Place," in *Democratic Design in the Pacific Rim: Japan, Taiwan, and the United States* (170-177), ed. Randolph T. Hester Jr. and Corrina Kweskin (Mendocino: Times Press, 1999).

11 Herbert Gans, *The Urban Villagers: Group and Class in the Life of Italian-Americans* (New York: Free Press, 1962)〔ハーバート・J・ガンズ著、松本康訳『都市の村人たち――イタリア系アメリカ人の階級文化と都市再開発（ネオ・シカゴ都市社会学シリーズ1）』ハーベスト社、2006〕and *People and Plans: Essays on Urban Problems and Solutions* (New York: Basic Books, 1968).

12 Michael D. Beyard and W. Paul O'Mara, *Shopping Center Development Handbook* (Washington, DC: Urban Land Institute, 1999), 12-13.

13 Perry, "The Neighborhood Unit"〔前掲、2〕; Duany, Plater-Zyberk, and Kreiger, *Towns*〔前掲、3〕

14 Hester, *Neighborhood Space*, 99〔前掲、第1部10〕

15 同上、108.

16 Everett M. Rogers, *Diffusion of Innovations* (New York: Free Press, 1995)〔エベレット・M・ロジャーズ著、藤竹暁訳『技術革新の普及過程』培風館、1966；青池慎一、宇野善康訳『イノベーション普及学』産能大学出版部、1990；三藤利雄訳『イノベーションの普及』翔泳社、2007〕; M. Tucker and T. L. Napier, "The Diffusion Task in Community Development," *Journal of the Community Development Society* 25, no. 1 (1994): 80-100.

17 Victor Steinbrueck, *Market Sketchbook* (Seattle: University of Washington Press, 1968).

18 Urban Ecology, *Blueprint*, 65〔前掲、4〕

19 Christopher Alexander et al., *A Pattern Language* (New York: Oxford University Press, 1977)〔クリストファー・アレグザンダー著、平田翰那訳『パタン・ランゲージ――環境設計の手引』鹿島出版会、1984〕; Terrence Lee, "The Urban Neighborhood as a Sociospatial Schema," in *Environmental Psychology: Man and His Physical Setting* (349- 369), ed. Harold M. Proshansky, William H. Ittelson, and Leanne G. Rivlin (New York: Holt Rinehard and Winston, 1970); Walter Hood, *Urban Diaries* (Washington, DC: Spacemaker Press, 1997).

20 Urban Ecology, *Blueprint*, 68-113〔前掲、4〕; Randolph T. Hester Jr., "Life, Liberty and the Pursuit of Sustainable Happiness," *Places* 9, no. 3 (1995): 4-17.

21 H. Osmond, "Function as the Basis of Psychiatric Ward Design," *Mental Hospitals* (Architectural Supplement) 8 (1957): 23-29; M. P. Lawton, "The Human Being and the Institutional Building," in *Designing for Human Behavior: Architecture and the Behavioral Sciences* (60-71), ed. Jon T. Lang et al. (Stroudsburg: Dowden, Hutchinson and Ross, 1974); Robert Sommer, *Personal Space: The Behavioral Basis of Design* (Englewood Cliffs: Prentice-Hall, 1969); Whyte, *The Social Life of Small Urban Spaces*.〔前掲、第1部13〕

註釈
Notes

第１部　可能にする形態　Enabling Form

1 Robert D. Putnam, *Bowling Alone: The Collapse and Revival of American Community* (New York: Simon and Schuster, 2000).〔ロバート・D・パットナム著、柴内康文訳『孤独なボウリング――米国コミュニティの崩壊と再生』柏書房、2006〕
2 Percival Goodman and Paul Goodman, *Communitas: Means of Livelihood and Ways of Life* (New York: Columbia University Press, 1990).〔ポール・グッドマン、パーシバル・グッドマン著、槇文彦、松本洋訳『コミュニタス――理想社会への思索と方法』彰国社、1968〕
3 Goodman and Goodman, *Communitas*〔前掲、2〕; David Riesman, *The Lonely Crowd: A Study of the Changing American Character* (New Haven: Yale University Press, 1969)〔デイヴィッド・リースマン著、加藤秀俊訳『孤独な群衆（始まりの本）〈上〉〈下〉』みすず書房、2013〕; Mark Francis, Lisa Cashdan, and Lynn Paxon, *The Making of Neighborhood Open Spaces: Community Design, Development and Management of Open Spaces* (New York: City University of New York, Center for Human Environments, 1982); Allan B. Jacobs, *Making City Planning Work* (Chicago: American Society of Planning Officials, 1978).〔アラン・B・ジェイコブス著、蓑原敬、若林祥文、蓑原建、小川富由、中井検裕、佐藤滋訳『サンフランシスコ都市計画局長の闘い――都市デザインと住民参加』学芸出版社、1998〕
4 Putnam, *Bowling Alone*〔前掲、1〕;Richard Sennett, *The Fall of Public Man* (New York: Knopf, 1977)〔リチャード・セネット著、北山克彦・高階悟訳『公共性の喪失』晶文社、1991〕
5 Robert Gurwitt, "The Casparados," *Preservation* 52, no. 6 (2000): 38-45.
6 Roger Fisher, *Getting to Yes: Negotiating Agreement without Giving In* (Boston: Houghton Mifflin, 1981)〔ロジャー・フィッシャー、ウィリアム・ユーリー著、金山宣夫訳『ハーバード流交渉術』阪急コミュニケーションズ、1982〕; Andre L. Delbecq, *Group Techniques for Program Planning: A Guide to Nominal Group and Delphi Processes* (Glenview: Scott, Foresman, 1975); Lawrence Susskind and Jeffrey Cruikshank, *Breaking the Impasse: Consensual Approaches to Resolving Public Disputes* (New York: Basic Books, 1987).
7 Randolph T. Hester Jr., "Participatory Design and Environmental Justice: Pas de Deux or Time to Change Partners?," *Journal of Architectural and Planning Research* 4, no. 4 (1987): 289-300, and "The Place of Participatory Design," in *Democratic Design in the Pacific Rim: Japan, Taiwan, and the United States* (22-41) ed. Randolph T. Hester Jr. and Corrina Kweskin (Mendocino: Ridge Times Press, 1999); Arthur M. Schlesinger Jr., *The Disuniting of America: Reflections on a Multicultural Society* (New York: Norton, 1993)〔アーサー・M・シュレージンガー著、都留重人訳『アメリカの分裂――多元文化社会についての所見』岩波書店、1992〕
8 Hester, "Place of Participatory Design."〔前掲、7〕
9 Edward C. Relph, *Place and Placelessness* (London: Pion, 1976)〔エドワード・レルフ著、高野岳彦、石山美也子、阿部隆訳『場所の現象学――没場所性を越えて』筑摩書房、1991〕and *The Modern Urban Landscape* (London: Croom Helm, 1987)〔エドワード・レルフ著、高野岳彦、岩瀬寛之、神谷浩夫訳『都市景観の20世紀――モダンとポストモダンのトータルウォッチング』筑摩書房、1999〕
10 Peter Calthorpe, *The Next American Metropolis: Ecology, Community and the American Dream* (New York: Princeton Architectural Press, 1993)〔ピーター・カルソープ著、倉田直道、倉田洋子訳『次世代のアメリカの都市づくり――ニューアーバニズムの手法』学芸出版社、2004〕; Jane Jacobs, *The Death and Life of Great American Cities* (New York: Random House, 1961)〔ジェイン・ジェイコブズ著、山形浩生訳『（新版）アメリカ大都市の死と生』鹿島出版会、2010〕; Randolph T. Hester Jr., *Neighborhood Space* (Stroudsburg: Dowden, Hutchinson & Ross, 1975).
11 Michael Southworth and Eran Ben-Joseph, *Streets and the Shaping of Towns and Cities* (New York: McGraw-Hill, 1997); Donald Appleyard, *Livable Streets* (Berkeley: University of California Press, 1981).
12 Simon Nicholson, *Community Participation in City Decision Making* (Milton Keynes: Open University Press, 1973); Robin C. Moore, *Childhood's Domain: Play and Place in Child Development* (London: Croom Helm, 1986).
13 William H. Whyte, *The Social Life of Small Urban Spaces* (Washington, DC: Conservation Foundation, 1980); Kevin Lynch, *Managing the Sense of a Region* (Cambridge: MIT Press, 1976)〔ケヴィン・リンチ著、北原理雄訳『知覚環境の計画』鹿島出版会、1979〕and *Good City Form* (Cambridge: MIT Press, 1981).〔ケヴィン・リンチ著、三村翰弘訳『居住環境の計画――すぐれた都市形態の理論』彰国社、1984〕
14 Appleyard, *Livable Streets*〔前掲、11〕
15 Moore, *Childhood's Domain*〔前掲、12〕; Roger Hart, *Children's Experience of Place* (New York: Irvington, 1979) and *Children's Participation: The Theory and Practice of Involving Young Citizens in Community Development and Environment Care* (London: Earthscan, 1997)〔ロジャー・ハート著、木下勇、田中治彦、南博文監修、IPA（子どもの遊ぶ権利のための国際協会）日本支部訳『子どもの参画――コミュニティづくりと身近な環境ケアへの参画のための理論と実際』萌文社、2000〕; David W. Orr, *Ecological Literacy: Education and the Transition to a Postmodern World* (New York: State University of New York Press, 1992).
16 Milton Rokeach, *Beliefs, Attitudes, and Values: A Theory of Organization and Change* (San Francisco: Jossey-Bass, 1970).

第１章　中心性―センター　Centeredness

1 Relph, *Place and Placelessness*〔前掲、第１部9〕; Robert N. Bellah et al., *Habits of the Heart: Individualism and Commitment in American Life* (New York: Perennial, 1986)

Charleston: Coastal Plains Regional Commission, 1976.
Williams, Terry Tempest. *Refuge: An Unnatural History of Family and Place*. New York: Vintage, 1992.〔第 12 章 16〕
——. *An Unspoken Hunger: Stories from the Field*. New York: Pantheon, 1994.
Winn, Marie. *Red-tails in Love*. New York: Vintage, 1999.
"Winning Big." *Landscape Architecture*. 87, no. 11 (1997): 42-49.
Wood, Denis, with John Fels. *The Power of Maps*. New York: Guilford Press, 1992.
Wrenn, Douglas M. "Making Downtown Housing Happen." *Urban Land* 46, no. 1 (1987): 16-19.
Wright, Thomas K., and Ann Davlin. "Overcoming Obstacles to Brownfield and Vacant Land Redevelopment." *Land Lines*, 10, no. 5 (1998): 1-3.
Yoon, Carol Kaesuk. "Aid for Farmers Helps Butterflies, Too." *New York Times*, July 9, 2002, Science, 1, 4.
——. "Alien Invaders Reshape the American Landscape." *New York Times*, February 5, 2002, D1, D4.
Zeisel, John. *Inquiry by Design: Tools for Environment-Behavior Research*. Cambridge: Cambridge University Press, 1987.
Zube, Ervin H., J. L. Sell, and J. G. Taylor. "Landscape Perception: Research, Application and Theory." *Landscape Planning* 9, no. 1 (1982): 1-33.
Zukowsky, John, ed. *Chicago Architecture 1872-1922: Birth of a Metropolis*. Munich: Prestel-Verlap, 1987.
Zukowsky, John. "Introduction to Internationalism in Chicago Architecture." In *Chicago Architecture 1872-1922: Birth of a Metropolis* (15-26). Edited by John Zukowsky. Munich: Prestel-Verlag, 1987.

Landscape Journal (special issue on Eco-Revelatory Design) (1998): 118-129.
Thompson, J. William. "Hester's Progress." *Landscape Architecture* 86, no. 4 (1996): 74-79, 97-99.
——. "Saving the Last Dance." *Landscape Architecture* 87, no. 12 (1997): 38-43.
Thompson, J. William, and Kim Sorvig. *Sustainable Landscape Construction: A Guide to Green Building Outdoors*. Washington, DC: Island Press, 2000.
Thoreau, Henry David. *Cape Cod,* as quoted in *Thoreau: A Book of Quotations*. Mineola: Dover, 2000. 〔第 13 章 71〕
——. *Journal,* as quoted in *Thoreau: A Book of Quotations*. Mineola: Dover, 2000. 〔第 13 章 19〕
——. *Walden and Other Writings*. Edited by Brooks Atkinson. New York: Modern Library, 2000. 〔第 14 章 45〕
Todd, Nancy Jack, and John Todd. *From Eco-Cities to Living Machines: Principles of Ecological Design*. Berkeley: North Atlantic, 1994.
Trancik, Roger. *Finding Lost Space: Theories of Urban Design*. New York: Van Nostrand Reinhold, 1986.
Treib, Marc. "A Constellation of Pieces." *Landscape Architecture* 92, no. 3 (2002): 58-67, 92.
Tuan, Yi-Fu. *Cosmos and Heart: A Cosmopolite's Viewpoint*. Minneapolis: University of Minnesota Press, 1996. 〔第 5 章 4〕
——. *Topophilia: A Study of Environmental Perception, Attitudes, and Values*. Englewood Cliffs: Prentice-Hall, 1974. 〔第 5 章 9〕
Tucker, M., and T. L. Napier. "The Diffusion Task in Community Development." Journal of the Community Development Society 25, no. 1 (1994): 80-100.
Turner, Frederick. "A Cracked Case." *Landscape Journal* (special issue on EcoRevelatory Design) (1998): 131-140.
Ulrich, Roger. "View through a Window May Influence Recovery from Surgery." Science 224 (1984): 420-421.
Union Point Park Partnership Team. *Union Point Park Master Plan*. October 1999.
United States Census Bureau. *Statistical Abstract of the United States (80th ed.).* Washington, DC: U.S. Census Bureau, 1960.
——. *Statistical Abstract of the United States* (120th ed.). Washington, DC: U.S. Census Bureau, 2000.
United States Fish and Wildlife Service. "Bosque del Apache National Wildlife Refuge." 1999.
Unstrung Heroes. Directed by Diane Keaton, 93 min., Hollywood/Roth-Arnold, film. From the book by Franz Lidz. Untermann, Richard K. Accommodating the Pedestrian: Adapting Towns and Neighborhoods for Walking and Bicycling. New York: Van Nostrand Reinhold, 1984.
Urban Ecology. Blueprint for a Sustainable Bay Area. Oakland: Urban Ecology, 1996.
Van der Ryn, Sim. *The Toilet Papers: Designs to Recycle Human Waste and Water? Dry Toilets, Greywater Systems and Urban Sewage*. Santa Barbara: Capra, 1978. 〔第 2 章 29〕
Van der Ryn, Sim, and William R. Boie. *Value Measurement and Visual Factors in the Urban Environment*. Berkeley: College of Environmental Design, University of California, 1963.
Van der Ryn, Sim, and Stuart Cowan. *Ecological Design*. Washington, DC: Island Press, 1996.
"Vanishing Cultures." *National Geographic* 196, no. 2 (199): 62-90.
Vente, Rolf E. *Urban Planning and High-Density Living: Some Reflections on Their Interrelationship*. Singapore: Chopman Enterprises, 1979.
Volkart, Edmund H., ed. *Social Behavior and Personality: Contributions of W. I. Thomas to Theory and Social Research*. New York: Social Science Research Council, 1951.
Wackernagel, Mathis, and William E. Rees. *Our Ecological Footprint: Reducing Human Impact on the Earth*. Gabriola Island: New Society Publishers, 1996. 〔第 2 章 26〕
Wagner, Mimi, and Peter F. Korsching. "Flood Prone Community Landscapes: The Application of Diffusion Innovations Theory and Community Design Process in Promoting Change." Paper presented at the Society for Applied Sociology, Denver, Colorado, October 22-24, 1998.
Walker, Peter. "A Personal Approach to Design." In *Peter Walker: Landscape as Art (No. 85) (10-13). Edited by Yoji Sasaki.* Tokyo: Process Architecture, 1989. 〔第 10 章 17〕
Walsh, Tom. "A Modest Proposal: Freeze the Urban Growth Boundary." *Earthword no. 4—Transportation: 28-29.*
Webber, Melvin M. "Culture, Territoriality, and the Elastic Mile." *Papers and Proceedings of the Regional Science Association* 13 (1964): 59-69.
——. "Order in Diversity: Community without Propinquity." In *Cities and Space* (23-54). Edited by L. Wingo. Baltimore: John Hopkins Press, 1963.
——. "The Urban Place and the Nonplace Urban Realm." In *Explorations into Urban Structure* (79-153). Edited by Melvin M. Webber. Philadelphia: University of Pennsylvania Press, 1964.
Weenig, Mieneke W. H., Taco Schmidt, and Cees J. H. Midden. "Social Dimensions of Neighborhoods and the Effectiveness of Information Programs." *Environment and Behavior* 22, no. 1 (1990): 27-54.
Weisman, Leslie K. *Discrimination by Design: A Feminist Critique of the Man-Made Environment*. Urbana: University of Illinois Press, 1992.
Weisser, Andy. "American Lung Association Applauds Governor for Signing Important Smog check II Bill." American Lung Association of California, September 27, 2002, accessed July 16, 2003, available at http://www.californialung.org/press/020927smogcheckii.html.
West, Troy. "Education in the 1970's: Teaching for an Altered Reality." *Architectural Record* 148, no. 4 (1970): 130.
White, E. B. *The Trumpet of the Swan*. New York: HarperCollins, 2000. 〔第 15 章 1〕
White, Morton, and Lucia White. *The Intellectual versus the City: From Thomas Jefferson to Frank Lloyd Wright*. New York: Oxford University Press, 1977.
Whyte, William H. *The Organization Man*. New York: Simon and Schuster, 1972. 〔第 4 章 23〕
——. *The Social Life of Small Urban Spaces*. Washington, DC: Conservation Foundation, 1980.
"The Wide World of Monitoring: Beyond Water Quality Testing." *Volunteer Monitor 6, no. 1 (1994): 9.*
Wild Earth (Citizen Science: Looking to Protect Nature). Vol. 11, no. 3/4 (2001- 2002).
——. Inside cover. Vol. 9, no. 2 (1999).
——. (Religion and Biodiversity). Vol. 6, no. 3 (1996).
Wilkinson, Richard R., and Robert M. Leary. *Conservation of Small Towns: A Report on Community Development.*

Sevin, Josh. "A Disappearing Act." *Grist Magazine,* February 23, 2000, accessed July 15, 2003, available at http://www.gristmagazine.com/grist/counter022300.htm.
Shaffer, Carolyn R., and Kristen Arundsen. "The Healing Powers of Community," *Utne Reader* 71 (1995): 64-65.
Shepard, Paul. *Man in the Landscape: A Historic View of the Esthetics of Nature*. New York: Knopf, 1967.
——. *Nature and Madness*. San Francisco: Sierra Club, 1982.
——. *The Tender Carnivore and the Sacred Game*. New York: Scribner, 1973.〔第 12 章 10〕
——. *Thinking Animals: Animals and the Development of Human Intelligence. New York: Viking, 1978.*〔第 4 章 3〕
Shutkin, William A. *The Land That Could Be: Environmentalism and Democracy in the Twenty-first Century*. Cambridge: MIT Press, 2001.
Sidey, Hugh. "The Two Sides of the Sam Walton Legacy." *Time,* April 20, 1992, 50-52.
Siedentop, Larry. *Tocqueville*. Oxford: Oxford University Press, 1994.〔第 9 章 53〕
Simonds, John. *Landscape Architecture: A Manual of Site Planning and Design*. New York: McGraw-Hill, 1983.〔第 1 章 2〕
Smiley, Jane. *A Thousand Acres*. New York: Knopf, 1991.
Smith, Frank J., and Randolph T. Hester Jr. *Community Goal Setting*. Stroudsburg: Dowden, Hutchinson & Ross, 1982.
Sodo, Yamaguchi. In *Anthology of Japanese Literature, from the Earliest Era to the Mid-nineteenth Century*. Edited by Donald Keene. New York: Grove Press, 1960.
Solomon, Daniel. *Rebuilding*. New York: Princeton Architectural Press, 1992.
Sommer, Robert. "A Better World Not Utopia." Keynote address. In *Proceedings of the International Association for the Study of the People and Their Physical Surroundings* (57-61). West Berlin: I.A.P.S. [I.A.S.P.P.S.], 1984.
——. *Personal Space: The Behavioral Basis of Design*. Englewood Cliffs: Prentice Hall, 1969.
——. "Small Group Ecology." *Psychological Bulletin,* no. 67 (1967): 145-152.
Sorvig, Kim. "The Wilds of South Central." *Landscape Architecture* 92, no. 4 (2002): 66-75.
South, Joe. "Rose Garden." Song from *Introspection,* 1968, reissued by Raven Records, 2003.
Southworth, Michael. "City Learning: Children, Maps, and Transit." *Children's Environments Quarterly* 7, no. 2 (1990): 35-48.
——. "The Educative City." In *Cities and City Planning* (19-29). Edited by Lloyd Rodwin. New York: Plenum Press, 1981.
——. *Oakland Explorers: A Cultural Network of Places and People for Kids—Discovery Centers*. Berkeley: Institute of Urban and Regional Development, University of California, 1990.
Southworth, Michael, and Eran Ben-Joseph. *Streets and the Shaping of Towns and Cities*. New York: McGraw-Hill, 1997.
Southworth, Michael, with Susan Southworth. "The Educative City." In *Alternative Learning Environment* (274-281). Edited by Gary Coates. Stroudsburg: Dowden, Hutchinson & Ross, 1974.
Southworth, Michael, Susan Southworth, and Nancy Walton. *Discovery Centers*. Berkeley: Institute of Urban and Regional Development, University of California, 1990.
Spirn, Ann Whiston. *The Granite Garden: Urban Nature and Human Design*. New York: Basic Books, 1984.〔第 2 章 14〕
——. *The Language of Landscape*. New Haven: Yale University Press, 1998.
——. "The Poetics of City and Nature: Toward a New Aesthetic for Urban Design." *Landscape Journal* 7, no. 2 (1988): 108-125.
Stapleton, Richard M. "Wild Times in the City." *Nature Conservancy* 45, no. 5 (1995): 10-15.
Stea, David. "Space, Territory, and Human Movements," *Landscape* 15, no. 4 (1965): 13-16.
Stein, Clarence. *Toward New Towns in America*. Cambridge: MIT Press, 1966.
Steinbrueck, Victor. *Market Sketchbook*. Seattle: University of Washington Press, 1968
Steiner, Frederick R. *The Living Landscape: An Ecological Approach to Landscape Planning*. New York: McGraw-Hill, 1991.
Steinitz, Carl. *A Comparative Study of Resource Analysis Methods*. Cambridge: Department of Landscape Architecture Research Office, Harvard University, 1969.
——. *Defensible Processes for Regional Landscape Design*. Washington, DC: American Society for Landscape Architects, 1979.
Sterngold, James. "Primacy of the Car Is Over, California Governor Declares." *New York Times,* August 21, 2001, A8.
Stitt, Fred. *Ecological Design Handbook*. New York: McGraw-Hill, 1999.
Stone, P. A. *The Structure, Size and Cost of Urban Settlements*. Cambridge: Cambridge University Press, 1973.
Sullivan, Chip. *Garden and Climate*. New York: McGraw-Hill, 2002.
Susskind, Lawrence, and Jeffrey Cruikshank. *Breaking the Impasse: Consensual Approaches to Resolving Public Disputes*. New York: Basic Books, 1987.
Susskind, Lawrence, Paul F. Levy, and Jennifer Thomas-Larmer. *Negotiating Environmental Agreements: How to Avoid Escalating Confrontation, Needless Costs, and Unnecessary Litigation*. Washington, DC: Island Press, 2000.
Susskind, Lawrence, Mieke Van der Wansem, and Armand Ciccarelli. *Mediating Land Use Disputes: Pros and Cons*. Cambridge: Lincoln Institute of Land Policy, 2000.
Swentzell, Rina. "Conflicting Landscape Values." *Places* 7, no. 1 (1990): 19-27.
Swerdlow, Joel L. "Global Culture." *National Geographic* 196, no. 2 (1999): 2-5.
Szulc, Tad. "Abraham Journey of Faith." *National Geographic* 200, no. 6 (2001): 90-128
Tangley, Laura. "Watching Birds—in the Field and on the Web." *National Wildlife 39, no. 6 (2001): 14.*
Taylor, Barbara. *Butterflies and Moths*. New York: DK, 1996.
Terkel, Studs. *American Dreams, Lost and Found*. New York: Pantheon, 1980.〔第 12 章 14〕
——. *The Great Divide: Second Thoughts on the American Dream*. New York: Pantheon, 1988.
Thayer, Robert L., Jr. "Conspicuous Non-Consumption: The Symbolic Aesthetics of Solar Architecture." In *Proceedings of the Eleventh Annual Conference of the Environmental Design Research Association,* Washington, DC, 1980.
——. *Gray World, Green Heart: Technology, Nature, and the Sustainable Landscape*. New York: Wiley, 1994.
——. "Landscape as an Ecologically Revealing Language."

Proshansky, Harold M., William H. Ittelson, and Leanne G. Rivlin. *Environmental Psychology*. New York: Holt, Rinehart and Winston, 1976.〔H・M・プロシャンスキー、W・H・イッテルソン、L・G・リブリン編、今井省吾ほか訳『環境心理学（全6巻）』誠信書房、1974-1976〕

Pukui, Mary Kowena, trans., with Laura C. S. Green. *Folktales of Hawai'i*. Honolulu: Bishop Museum Press, 1995.

Putnam, Robert D. *Bowling Alone: The Collapse and Revival of American Community*. New York: Simon and Schuster, 2000.〔第1部1〕

Putnam, Robert D., et al. *Making Democracy Work: Civic Traditions in Modern Italy. Princeton: Princeton University Press, 1994.*〔第1章1〕

Pyatok, Michael. "Martha Stewart vs. Studs Terkel? New Urbanism and Inner Cities Neighborhoods That Work." *Places* 13, no. 1 (2000): 40-43.

Pyatok Architects, Inc., Gateway Commons housing project, Emeryville, California, http://www.pyatok.com.

"The Race to Save Open Space." *Audubon* (March-April 2000): 69.

Radke, John. "Boundary Generators for the Twenty-first Century: A ProximityBased Classification Method." *Department of City and Regional Planning Fiftieth Anniversary Anthology*. Edited by John Landis. Berkeley: University of California, 1998.

——. "The Use of Theoretically Based Spatial Decompositions for Constructing Better Datasets in Small Municipalities." Paper. University of Michigan, Ann Arbor, June 20, 1999.

Rapoport, Amos. *House Form and Culture*. Englewood Cliffs: Prentice-Hall, 1969.〔第1章32〕

——. *Human Aspects of Urban Form: Toward a Man-Environment Approach to Urban Form and Design*. Oxford: Pergamon, 1977.

——. "Toward a Redefinition of Density." *Environment and Behavior* 7, no. 2 (1975): 133-155.

Register, Richard. *Ecocity Berkeley: Building Cities for a Healthy Future*. Berkeley: North Atlantic Books, 1987.〔第7章34〕

——. *Ecocities: Building Cities in Balance with Nature*. Berkeley: Berkeley Hills Books, 2002.

Relph, Edward C. "Modernity and the Reclamation of Place." In *Dwelling, Seeing, and Designing: Toward a Phenomenological Ecology* (25-40). Edited by David Seamons. New York: State University of New York, 1993.

——. *The Modern Urban Landscape*. London: Croom Helm, 1987.〔第1部9〕

——. *Place and Placelessness*. London: Pion, 1976.〔第1部9〕

Report to the Public Health Institute. Funding provided by the U.S. Department of Agriculture through the California Nutrition Contracts #1003305 and #1002737, November 15, 2001.

Riegner, Mark. "Toward a Holistic Understanding of Place: Reading a Landscape through Flora and Fauna." In *Dwelling, Seeing, and Designing: Toward a Phenomenological Ecology* (181-215). Edited by David Seamon. New York: State University of New York Press, 1993.

Riemer, Svend. "Villagers in Metropolis." *British Journal of Sociology* 2, no. 1 (1951): 31-43.

Riesman, David. *The Lonely Crowd: A Study of the Changing American Character. New Haven: Yale University Press, 1969.*〔第1部3〕

Rocky Mountain Institute. *Rocky Mountain Institute Newsletter* 5, no. 3 (1989).

Rogers, Everett M. *Diffusion of Innovations*. New York: Free Press, 1995.〔第1章16〕

Rokeach, Milton. *Beliefs, Attitudes, and Values: A Theory of Organization and Change*. San Francisco: Jossey-Bass, 1970.

"Runyon Canyon Master Plan and Design Guidelines." *Landscape Architecture* 77, no. 6 (1987): 60-63.

Ryan, Robert L. "Magnetic Los Angeles: Planning the Twentieth-Century Metropolis." Book review. *Landscape Journal* 17, no. 1 (1998): 88-89.

Ryan, Robert L., and Mark Lindhult. "Knitting New England Together: A Recent Greenway Plan Represents Landscape Planning on a Vast Scale." *Landscape Architecture* 90, no. 2 (2000): 50, 52, 54-55.

Rysavy, Tracy. "Tree People." *Yes! A Journal of Positive Futures* no. 12 (2000): 19.

Sabiston, Adelia. "Meeting the Test: *The Bay Area and Smog Check II*." Bay Area Monitor, August/September 2002, accessed July 16, 2003, available at http:// www.bayareamonitor.org/aug02/test.html.

Sadler, A. L., trans. *The Ten Foot Square Hut and Tales of the Heike*. Rutland: Tuttle, 1972〔鴨長明『方丈記』、作者不詳『平家物語』ともに鎌倉時代、の英訳〕

Samuels, Sam H. "Making the Best of What Remains of Shrinking Habitats." *New York Times*. January 8, 2002, D5.

Sasaki, Yoji, ed., *Peter Walker: Landscape as Art (No. 85)*. Tokyo: Process Architecture, 1989.〔第10章17〕

Scarfo, Bob. "Stewardship in the Twentieth Century." *Landscape Architectural Review* 7, no. 2 (1986): 13-15.

Scarry, Richard. *What Do People Do All Day?* New York: Random House, 1968.

Schlesinger, Arthur M., Jr. *The Disuniting of America: Reflections on a Multicultural Society*. New York: Norton, 1993.〔第1部7〕

Schon, Donald. *The Reflective Practitioners* (New York: Basic Books, 1983).〔第10章25〕

Schumacher, E. F. *Small Is Beautiful: Economics As If People Mattered-Twenty-five Years Later ...with Commentaries*. Vancouver: Hartley & Marks, 1999.〔第4章22〕

Seamon, David. *Dwelling, Seeing, and Designing: Toward a Phenomenological Ecology*. New York: State University of New York Press, 1993.

——. "Phenomenology and Environmental Research." In *Advances in Environment, Behavior, and Design* (3-27). Edited by Gary T. Moore and Ervin H. Zube. New York: Plenum Press, 1987.

——. "A Singular Impact." *Environmental and Architectural Phenomenology Newsletter* 7, no. 3 (1996): 5-8.

Searles, Harold F. *Nonhuman Environment in Normal Development and in Schizophrenia*. New York: International Universities Press, 1960.〔第5章9〕

Sennett, Richard. *The Fall of Public Man*. New York: Knopf, 1977.〔第1部4〕

——. *The Uses of Disorder: Personal Identity and City Life*. New York: Norton, 1992.〔第7章40〕

Severson, Rebecca. "United We Sprout: A Chicago Community Gardening Story." In *The Meaning of Gardens: Idea, Place, and Action* (80-85). Edited by Mark Francis and Randolph T. Hester Jr. Cambridge: MIT Press, 1990.〔第5章6〕

195, no. 2 (1999): 42-59.
——. "The Variety of Life." *National Geographic* 195, no. 2 (1999): 6-31.
Morrish, William R., et al. *Planning to Stay: A Collaborative Project*. Minneapolis: Milkweed Editions, 1994.
Moudon, Anne Vernez. *Built for Change: Neighborhood Architecture in San Francisco. Cambridge: MIT Press, 1986.*
Moulton, Michael P., and James Sanderson. *Wildlife Issues in a Changing World. Boca Raton: Lewis, 1999.*
Mozingo, Louise A. "The Aesthetics of Ecological Design: Seeing Science as Culture." *Landscape Journal* 16, no. 1 (1997): 46-59.
——. "Women and Downtown Open Spaces." *Places* 6, no. 1 (1989): 38-47.
Mumford, Lewis. *The City in History: Its Origins, Its Transformations, and Its Prospects*. New York: Harcourt, Brace, Jovanovich, 1961.〔第1章2〕
Nabham, Gary P., and Stephen Trimble. *The Geography of Childhood: Why Children Need Wild Places*. Boston: Beacon, 1994.
Nagahashi, Tamesuke, et al. "Citizen Leap Participation or Government Led Participation: How Can We Find a Watershed Management Alternative for Yoshino River in Tokushima, Japan?" Paper presented by the Kyoto University Team for Yoshino River Alternative at the Fourth Annual Pacific Rim Conference on Participatory Community Design, Hong Kong Polytechnic University, Hong Kong, December 2002.
Nasar, Jack L. *The Evaluative Image of the City*. Thousand Oaks: Sage, 1998.
Nash, Rod. *Wilderness in the American Mind*. New Haven: Yale University Press, 1967.
Nassauer, Joan Iverson. "Messy Ecosystems, Orderly Frames." *Landscape Journal* 14, no. 2 (1995): 161-170.
——. *Placing Nature: Culture and Landscape Ecology*. Washington, DC: Island Press, 1997.
——. "Urban Ecological Retrofit." *Landscape Journal* (special issue on EcoRevelatory Design) (1998): 15-17.
Nelessen, Anton C. *Visions for a New American Dream: Process, Principles, and an Ordinance to Plan and Design Small Communities*. Chicago: Planners Press, 1994.
Newbury, Mickey. "If You See Her." Song from *I Came to Hear the Music,* produced by Chip Young, 1974.
Newman, Cathy. "Welcome to Monhegan Island, Maine. Now Please Go Away," National Geographic 200, no. 1 (2001): 92-109.
Newman, Oscar. *Community of Interest*. Garden City: Doubleday, 1980.
Newman, Randy. "Baltimore." Song. Warner Bros., 1978.
Nicholson, Simon. *Community Participation in City Decision Making*. Milton Keynes: Open University Press, 1973.
Norberg-Schulz, Christopher. *Genius Loci*. New York: Rizzoli, 1980.〔第5章3〕
Norris, Kathleen. *Dakota: A Spiritual Journey*. New York: Houghton Mifflin, 1993.
Noss, Reed F. "A Citizen's Guide to Ecosystem Management." Distributed as the Wild Earth Special Paper #3. Boulder, CO: Biodiversity Legal Foundation, 1999
Noss, Reed F., and Robert L. Peters. *Endangered Ecosystems: A Status Report on America's Vanishing Wildlife and Habitat*. Washington, DC: Defenders of Wildlife, 1995.
Oakland, City of. *Report to the City Planning Commission*. September 1, 1999.
Odum, Eugene P. *Fundamentals of Ecology*. Philadelphia: Saunders, 1959.〔第2章1〕
Ogilvie, Robert. "Recruiting, Training, and Retaining Volunteers." In *Democratic Design in the Pacific Rim: Japan, Taiwan, and the United States* (243-249).
Edited by Randolph T. Hester Jr. and Corrina Kweskin. Mendocino: Ridge Times Press, 1999.
Okuzumi, Hikaru. *The Stones Cry Out*. Translated by James Westerhoven. New York: Harcourt Brace, 1998.〔第6章22〕
Olmsted, Frederick L. *The Slave States*. New York: Capricorn, 1959.
Orr, David W. *Ecological Literacy: Education and the Transition to a Postmodern World*. Albany: State University of New York Press, 1992.
Osmond, H. "Function as the Basis of Psychiatric Ward Design." *Mental Hospitals (Architectural Supp.) 8 (1957): 23-29.*
Ostrom, Elinor. *Governing the Commons: The Evolution of Institutions for Collective Action*. New York: Cambridge University Press, 1990.
——. "Institutional Arrangements for Resolving the Commons Dilemma: Some Contending Approaches." In *The Question of the Commons: The Culture and Ecology of Communal Resources (250-265). Edited by Bonnie J. McCay and James M. Acheson. Tucson: University of Arizona Press, 1987.*
Ovid. *Metamorphoses*. Translated by Horace Gregory. New York: Signet, 2001.
Packard, Vance O. *The Status Seekers*. New York: Pocket Books, 1967.〔第2章4〕
Papanek, Victor. *Design for the Real World*. New York: Pantheon, 1971.〔第2章39〕
Park, Robert E., Ernest W. Burgess, and Roderick D. McKenzie. *Human Communities: The City and Human Ecology*. Chicago: University of Chicago Press, 1967.
Perry, Clarence. "The Neighborhood Unit: A Scheme of Arrangement for the Family-Life Community." In *Regional Survey of New York and Its Environs*. Vol. 7, *Neighborhood and Community Planning* (22-140). New York: Committee on the Regional Plan of New York and Its Environs, 1929.〔第1章2〕
Phares, Donald. "Bigger Is Better, or Is It Smaller? Restructuring Local Government in the St. Louis Area." *Urban Affairs Quarterly* 25, no. 1 (1989): 5-17.
Phillips, Patricia. "Intelligible Images: The Dynamics of Disclosure." *Landscape Journal* (special issue on Eco-Revelatory Design) (1998): 109-117.
Phillips, Patrick. "Growth Management in Hardin Co., Kentucky: A Model for Rural Areas." *Urban Land* 46, no. 6 (1987):16-21.
Piven, Frances Fox. "Whom Does the Advocate Planner Serve?" *Social Policy* 1, no. 1 (1970): 32-37.
Plato. *The Republic*. Cambridge: Cambridge University Press, 2000.〔第9章14〕
Porteous, J. Douglas. *Environment and Behavior: Planning and Everyday Life*. Reading: Addison-Wesley, 1977.
President's Council on Sustainable Development. *Sustainable America: A New Consensus for Prosperity, Opportunity, and a Healthy Environment* (Washington, DC: President's Council, 1996).

of Science. New York: DK Publishing, 1998.
Mair, Victor, ed. *The Columbia Anthology of Traditional Chinese Literature*. New York: Columbia University Press, 1994.
Marc, Olivier. *Psychology of the House*. London: Thomas and Hudson, 1977.
Marcus, Clare Cooper. "Designing for a Commitment to Place: Lessons from the Alternative Community Findhorn." In *Dwelling, Seeing, and Designing: Toward a Phenomenological Ecology* (299-330). Edited by David Seamen. New York: State University of New York Press, 1993.
——. *Easter Hill Village: Some Social Implications of Design*. New York: Free Press, 1975.
——. *House as a Mirror of Self: Exploring the Deeper Meaning of Home*. Berkeley: Conari Press, 1995.
——. "House as-Symbol-of-Self." *HUD Challenge* (U.S. Department of Housing and Urban Development) 8, no. 2 (1977): 2-4.
Marcus, Clare Cooper, and Wendy Sarkissian. *Housing as If People Mattered: Site Design Guidelines for Medium-Density Family Housing*. Berkeley: University of California Press, 1986.〔第 3 章 10〕
Marcus, Clare Cooper, and Marni Barnes, eds. *Healing Gardens: Therapeutic Benefits and Design Recommendations*. New York: Wiley, 1999.
Marcus, Clare Cooper, and Carolyn Francis, eds. *People Places: Design Guidelines for Urban Open Space*. New York: Van Nostrand Reinhold, 1998.〔第 12 章 28〕
Marcuse, Peter. "Conservation for Whom?" In *Environmental Quality and Social Justice in Urban America* (17-36). Edited by James N. Smith. Washington, DC: Conservation Foundation, 1972.
Marsh, George Perkins. *Man and Nature*. Edited by David Lowenthal. Cambridge: Harvard University Press, 1965.
Martin, Douglas. "Joseph Charles, Ninety-one: A Symbol of Street Corner Friendliness." *New York Times,* March 20, 2002, A25.
Martin, Frank E. "Field Trips into History: William Tishler, FASLA, Teaches Us the Cultural Values of Everyday Landscape." *Landscape Architecture* 92, no. 2 (2002): 80-81, 91.
Marx, Leo. *The Machine in the Garden: Technology and the Pastoral Ideal in America. Oxford: Oxford University Press, 2000.*〔第 2 章 5〕
May, Rollo. *The Courage to Create*. New York: Norton, 1975.〔第 12 章 17〕
Mayor's Institute on City Design West. "1994 Institute Summary." Paper presented at the College of Environmental Design, University of California, Berkeley, November 3-5, 1994.
McAvin, Margaret, with Karen Nelson. "Horizon Revealed and Constructed." Landscape Journal (special issue on Eco-Revelatory Design) (1998): 46-48.
McBride, Joe R. "Urban Forestry: What We Can Learn from Cities around the World." Paper presented at the National Urban Forest Conference, 1999.
McBride, Joe R., and Chris Reid. "Forest History Trail Guide." California Department of Forestry and Fire Protection, 1991.
McCamant, Katheryn, and Charles Durrent. *Cohousing: A Contemporary Approach to Housing Ourselves*. Berkeley: Habitat Press, 1988.〔斎藤日登美「コーハウジング：わたしたちの住まいに対する現代的なアプローチ」『建築雑誌』1992, 107, 1327 号 , pp.65-66〕
McCay, Bonnie J., and James M. Acheson. "Human Ecology of the Commons." In *The Question of the Commons: The Culture and Ecology of Communal Resources* (1-34). Edited by Bonnie J. McCay and James M. Acheson. Tucson: University of Arizona Press, 1987.
McCay, Bonnie J., and James M. Acheson, eds. *The Question of the Commons: The Culture and Ecology of Communal Resources*. Tucson: University of Arizona Press, 1987.
McCreary, Scott T., John K. Gamman, and Bennett Brooks. "Refining and Testing Joint Fact-Finding for Environmental Dispute Resolution: Ten Years of Success." *Mediation Quarterly* 18, no. 4 (2001): 329-348.
McCreary, Scott, et al. "Applying a Mediated Negotiation Framework to Integrated Coastal Zone Management." *Coastal Management* 29, no. 3 (2001): 183-216.
McDonough, William, and Michael Braungart. *Cradle to Cradle: Remaking the Way We Make Things*. New York: North Point Press, 2002.〔第 2 部 17〕
McHarg, Ian. *Design with Nature*. Garden City: Natural History Press, 1969.〔第 2 章 1〕
McLaren, Duncan. "Compact or Dispersed? Dilution is No Solution." *Built Environment* 18, no. 4 (1992): 268-284.
McNally, Marcia. "Making Big Wild." *Places* 9, no. 3 (1995): 38-45.
——. "On the Care and Feeding of the Grassroots." In *Democratic Design in the Pacific Rim: Japan, Taiwan, and the United States* (214-227). Edited by Randolph T. Hester Jr. and Corrina Kweskin. Mendocino: Ridge Times Press, 1999.
Meadows, Donella, et al. *The Limits to Growth*. New York: Potomac Associates, 1972.〔第 9 章 8〕
Meier, Richard. *A Communications Theory of Urban Growth*. Cambridge: MIT Press, 1962.
Mencimer, Stephanie. "The Price of Going the Distance." *New York Times,* April 28, 2002, 34.
Merchant, Carolyn. *The Death of Nature: Women, Ecology, and the Scientific Revolution*. San Francisco: Harper & Row, 1980.
——. "Partnership with Nature." *Landscape Journal* (special issue on EcoRevelatory Design) (1998): 69-71.
Miller, Dan. "Making Money out of Thin Air." *Progressive Farmer* 117, no. 2 (2002): 14-16.
Mitchell, John G. "Urban Sprawl," *National Geographic* 200, no. 1 (2001): 43-73.
Monogatari, Tsutsumi Chunagon. "The Lady Who Loved Insects." *In Anthology of Japanese Literature, from the Earliest Era to the Mid-nineteenth Century* (170-176). Edited by Donald Keene. New York, Grove Press, 1960.〔第 4 章 43〕
Moore, Charles W., Gerald Allen, and Donlyn Lyndon. *The Place of Houses*. New York: Holt, Rinehart and Winston, 1974.〔第 12 章 18〕
Moore, Robin C. *Childhood's Domain: Play and Place in Child Development*. London: Croom Helm, 1986.
——. "Plants as Play Props." *Children's Environments Quarterly* 6, no. 1 (1989): 3-6.
Moore, Robin C., and Herb H. Wong. *Natural Learning: The Life History of an Environmental Schoolyard: Creating Environments for Rediscovering Nature's Way of Teaching*. Berkeley: MIG Communications, 1997.
Morell, Virginia. "The Sixth Extinction." *National Geographic*

Landscape 21, no.2 (1977): 15-20.
Landecker, Heidi. "Green Architecture: Recycling Redux." *Architecture* 80, no. 5 (1991): 90-94.
Landis, John, Subharjit Guhathakurta, and Ming Zhang. *Capitalization of Transit Investments into Single-Family Home Prices: A Comparative Analysis of Five California Rail Transit Systems*. Berkeley: Institute of Urban and Regional Development, University of California, 1994.
Landis, John, and Anupama Sharma. *First-Year Consolidated Plans in the Bay Area: A Review Document*. Berkeley: Bay Area Community Outreach Partnership, 1996.
"Landscape as Art: A Conversation with Peter Walker and Yoji Sasaki." In *Peter Walker: Landscape as Art (No. 85)* (25-32). Edited by Yoji Sasaki. Tokyo: Process Architecture, 1989.〔第10章17〕
Landscape Journal. Special issue on Eco-Revelatory Design: Nature Constructed/ Nature Revealed. Edited by Brenda Brown, Terry Harkness, and Douglas Johnston (1998).
Langer, Susanne K. *Feeling and Form: A Theory of Art*. New York: Scribner, 1953.
——. *Philosophy in a New Key: A Study in the Symbolism of Reason, Rite, and Art. Cambridge: Harvard University Press, 1979.*〔第12章17〕
Lassila, Kathrin D. "The New Suburbanites: How America's Plants and Animals Are Threatened by Sprawl." *Amicus Journal* 21, no. 2 (1999): 16-21.
"Last Gasp." Fresno Bee Special Report on Valley Air Quality. December 15, 2002. Accessed July 16, 2003. Available at http://valleyairquality.com/special/ valley_air/part1.
Laurie, Michael. "The Urban Mantelpiece." *Landscape Design* no. 216 (1992): 21-22.
Lawson, Laura. "Linking Youth Training and Employment with Community Building: Lessons Learned at the BYA Garden Patch." In *Democratic Design in the Pacific Rim: Japan, Taiwan, and the United States* (80-91). Edited by Randolph T. Hester Jr. and Corrina Kweskin. Mendocino: Ridge Times Press, 1999. Lawson, Laura, and Marcia McNally. "Putting Teens at the Center: Maximizing Public Utility of Urban Space through Youth Involvement in Planning and Employment." Children's Environments 12, no. 2 (1995): 209-221.
Lawton, M. P. "The Human Being and the Institutional Building." In *Designing for Human Behavior: Architecture and the Behavioral Sciences (60-71). Edited by Jon T. Lang et al. Stroudsburg: Dowden, Hutchinson, and Ross, 1974.*
Lazarus, Chris. "LUTRAQ: Looking for a Smarter Way to Grow." *Earthword,* no.4—Transportation: 23-27.
Leccese, Michael, and Kathleen McCormick, eds. *Charter of the New Urbanism. New York: McGraw-Hill, 2000.*
Lee, Terrence. "The Urban Neighborhood as a Sociospatial Schema." In *Environmental Psychology: Man and His Physical Setting* (349-369). Edited by Harold M. Proshansky, William H. Ittelson, and Leanne G. Rivlin. New York: Holt, Rinehart and Winston, 1970.
Leopold, Aldo. *A Sand County Almanac, and Sketches Here and There*. New York: Oxford University Press, 1968.〔第14章5〕
Lethaby, William R. *Architecture, Nature and Magic*. London: Duckworth, 1956.
Lewis, Charles A. "Gardening as Healing Process." In *The Meaning of Gardens: Idea, Place, and Action* (244-251). Edited by Mark Francis and Randolph T. Hester Jr. Cambridge: MIT Press, 1990.
Lewis, Philip H., Jr. *Tomorrow by Design: A Regional Design Process for Sustainability*. New York: Wiley, 1996.
Limprich, B. "Development of an Intervention to Restore Attention in Cancer Patients." *Cancer Nursing* 16 (1993): 83-92.
Linn, Karl. "White Solutions Won't Work in Black Neighborhoods." *Landscape Architecture* 59, no. 1 (1968): 23-25.
Litton, R. B., Jr. "Forest Landscape Description and Inventories: A Basis for Land Planning and Design." USDA Forest Service Research Paper PSW-49, 1968.
Liu, John. "A Continuing Dialogue on Local Wisdom in Participatory Design." In Building Cultural Diversity Through Participation, edited by John Liu, 444-450. Taipei: Building and Planning Research Foundation, National Taiwan University, 2001.
——. "The Tawo House: Building in the Face of Cultural Domination." In *Democratic Design in the Pacific Rim: Japan, Taiwan, and the United States* (64- 75). Edited by Randolph T. Hester Jr. and Corrina Kweskin. Mendocino: Ridge Times Press, 1999.
Liu, John, ed. *Building Cultural Diversity Through Participation*. Taipei: Building and Planning Research Foundation, National Taiwan University, 2001.
Lohr, Victoria I., Carolina Pearson-Mims, and Georgia K. Goodwin. "Interior Plants May Improve Worker Productivity and Reduce Stress in a Windowless Environment." *Journal of Environmental Horticulture* 14, no. 2 (1996): 97-100.
Long, Stephen. "Vermont Coverts Bring People Close to Their Neighbors… and to the Land." *Woodlands for Wildlife Newsletter* (1998): 28-32.
Lovelock, James. *The Ages of Gaia: A Biography of Our Living Earth*. New York: Norton, 1995.〔第5章6〕
Lowenthal, David. "The American Scene." *Geographical Review* 58, no. 1 (1968): 61-88.
——. *The Past Is a Foreign Country*. Cambridge: Cambridge University Press, 1985
Lozano, Eduardo E. *Community Design and the Culture of Cities*. Cambridge: Cambridge University Press, 1990.
Lyle, John T. *Design for Human Ecosystems: Landscape, Land Use, and Natural Resources*. New York: Van Nostrand Reinhold, 1985.
——. *Regenerative Design for Sustainable Development*. New York: Wiley, 1994.
Lynch, Kevin. *Good City Form*. Cambridge: MIT Press, 1981.〔第1部13〕
——. *The Image of the City*. Cambridge: MIT Press, 1960.〔第1章2〕
——. *Managing the Sense of a Region*. Cambridge: MIT Press, 1976.〔第1部13〕
——. *Wasting Away*. San Francisco: Sierra Club, 1990.〔第2章13〕
Lyndon, Donlyn, and Charles W. Moore. *Chambers for a Memory Palace*. Cambridge: MIT Press, 1994.〔第10章6〕
MacCannell, Dean. *The Tourist: A New Theory of the Leisure Class*. New York: Schocken Books, 1989.
MacDonald, Donald. *Democratic Architecture: Practical Solutions to Today's Housing Crisis*. New York: Whitney Library of Design, 1996.
Maiklem, Lara, and William Lach, eds. *Ultimate Visual Dictionary*

and the People Who Live in Them," *Landscape* 2, no. 3 (1953): 8-21.
Jackson, Richard J., and Chris Kochtitzky. *Creating a Healthy Environment: The Impact of the Built Environment on Public Health*. Washington, DC: Sprawl Watch Clearinghouse, 2001.
Jackson, Wes. *Becoming Native to This Place*. Washington, DC: Counterpoint, 1996.
Jacobs, Allan B. *Great Streets*. Cambridge: MIT Press, 1993.
——. *Looking at Cities*. Cambridge: Harvard University Press, 1985.
——. *Making City Planning Work*. Chicago: American Society of Planning Officials, 1978.〔第 1 部 3〕
——. "Where the Freeway Meets the City." Paper presented at the University of California Transportation Center Symposium on the Art of Designing Bridges and Freeways, September 20, 2002.
Jacobs, Allan B., Elizabeth Macdonald, and Yodan Rofe. *The Boulevard Book: History, Evolution, Design of Multiway Boulevards*. Cambridge: MIT Press, 2002.
Jacobs, Jane. *The Death and Life of Great American Cities*. New York: Random House, 1961.〔第 1 部 10〕
Jeavons, John. *How to Grow More Vegetables and Fruits, Nuts, Berries, Grains, and Other Crops Than You Ever Thought Possible on Less Land Than You Can Imagine* (6th ed.). Berkeley: Ten Speed Press, 2002.
Jefferson, Thomas. "Letter to William Charles Jarvis, 28 September 1820." Quoted in *Ecological Literacy: Education and the Transition to a Postmodern World* by David Orr. New York: State University of New York Press, 1992.
Jehl, Douglas. "Development and Drought Cut Carolina's Water Supply." *New York Times*, August 29, 2002, 1, 6.
Jewell, Linda. "The American Outdoor Theater: A Voice for the Landscape in the Collaboration of Site and Structure." In *Re-envisioning Landscape/Architecture*. Edited by Catherine Spelman. Barcelona: Actar Publications, 2003.
John, Dewitt. *Civic Environmentalism*. Washington, DC: Congressional Quarterly Press, 1994.
Jones, Tom. *Good Neighbors: Affordable Family Housing*. Melbourne: Images, 1995.
Jung, Carl G. *Man and His Symbols*. Garden City: Doubleday, 1964.〔第 5 章 15〕
Kamp, Fern Heit. "Using Stewardship as a Guide for Planning." *Plan Canada* 36, no. 4 (1996): 28-30.
Kanter, Rosabeth M. *Commitment and Community*. Cambridge: Harvard University Press, 1972.
Kaplan, Rachel. "The Nature of the View from Home: Psychological Benefits." *Environment and Behavior* 33, no. 4 (2001): 507-542.
Kaplan, Rachel, and Stephen Kaplan. *The Experience of Nature: A Psychological Perspective*. Cambridge: Cambridge University Press, 1989.
Kaplan, Rachel, Stephen Kaplan, and Robert L. Ryan. "With People in Mind: Design and Management of Everyday Nature." *Places* 13, no. 1 (2000): 26-29.
——. *With People in Mind: Design and Management of Everyday Nature*. Washington, DC: Island Press, 1998.〔第 12 章 9〕
Kaplan, Steven. "Mental Fatigue and the Designed Environment." In *Public Environments* (55-60). Edited by J. Harvey and D. Henning. Edmond: Environmental Design Research Association, 1987.
Katz, Peter. *The New Urbanism: Toward an Architecture of Community*. New York, NY: McGraw-Hill, 1994.
Keene, Donald, ed. *Anthology of Japanese Literature, from the Earliest Era to the Midnineteenth Century*. New York: Grove Press, 1960.〔第 4 章 43〕
Keller, Suzanne. *Creating Community: The Role of Land, Space, and Place*. Cambridge: Lincoln Institute of Land Policy, 1986.
——. *The Urban Neighborhood: A Sociological Perspective*. New York: Random House, 1968.
Kelley, Klara B., and Harris Francis. *Navajo Sacred Places*. Indianapolis: Indiana University Press, 1994.
Kemmis, Daniel. *The Good City and the Good Life*. Boston: Houghton Mifflin, 1995.
Kenko. *Essays in Idleness: The Tsurezuregusa of Kenko*. Translated by Donald Keene. Tokyo: Tuttle, 1997.〔第 4 章 16〕
Kepes, Gyogy, ed. *Structure in Art and in Science*. New York: Braziller, 1965.
Kilbridge, Maurice D., Robert P. O'Block, and Paul V. Teplitz. *Urban Analysis*. Cambridge: Harvard University Press, 1970.
King, Martin Luther, Jr. "I See the Promised Land." In *I Have a Dream: Writings and Speeches That Changed the World* (193-203). Edited by James M. Washington. San Francisco: Harper, 1992.
——. "Letter from Birmingham Jail." In *I Have a Dream: Writings and Speeches That Changed the World* (83-100). Edited by James M. Washington. San Francisco: Harper, 1992.
Kinoshita, Isami. "The Apple Promenade." In *Democratic Design in the Pacific Rim: Japan, Taiwan, and the United States* (92-99). Edited by Randolph T. Hester Jr. and Corrina Kweskin. Mendocino: Ridge Times Press, 1999.
Kondolf, G. Mathias. "Hungry Water: Effects of Dams and Gravel Mining on River Channels." *Environmental Management* 21, no. 4 (1997): 551-553.
Kotler, Milton. *Neighborhood Government: The Location Foundations of Political Life*. New York: Bobbs-Merrill, 1969.
Krapfel, Paul. *Shifting*. Cottonwood: Self-published, 1989.
Krieger, Martin H. *What's Wrong with Plastic Trees? Artifice and Authenticity in Design*. Westport: Praeger, 2000.
Kuhn, Richard G., Frank Duerden, and Karen Clyde. "Government Agencies and the Utilization of Indigenous Land Use Information in the Yukon." *Environments* 22, no. 3 (1994): 76-84.
Kuo, Frances E., and William C. Sullivan. "Aggression and Violence in the Inner City: Effects of Environment via Mental Fatigue." *Environment and Behavior* 33, no. 4 (2001): 543-571.
——. "Environment and Crime in the Inner City: Does Vegetation Reduce Crime?" *Environment and Behavior* 33, no. 3 (2001): 343-367.
Kuo, Frances E., William C. Sullivan, and Andrea Faber Taylor. "Coping with ADD: The Surprising Connection to Green Play Settings." *Environment and Behavior* 33, no. 1 (2001): 54-77.
——. "Views of Nature and Self-Discipline: Evidence from Inner City Children." *Journal of Environmental Psychology* 22, issues 1-2 (2002): 49-63.
Ladd, Florence. "Residential History: You Can Go Home Again."

Enough to Be Happy." *Proceedings for Urban Ecology Sustainable City Proceedings*. 1994.

——. "Native Wisdom amidst Ignorance of Locality." In *Building Cultural Diversity through Participation* (435-443). Edited by John Liu. Taipei: Building and Planning Research Foundation, National Taiwan University, 2001.

——. *Neighborhood Space*. Stroudsburg: Dowden, Hutchinson & Ross, 1975.

——. "Participatory Design and Environmental Justice: Pas De Deux or Time to Change Partners?" *Journal of Architectural and Planning Research* 4, no. 4 (1987): 289-300.

——. "The Place of Participatory Design: An American View." In *Democratic Design in the Pacific Rim: Japan, Taiwan, and the United States* (22-41). Edited by Randolph T. Hester Jr. and Corrina Kweskin. Mendocino: Ridge Times Press, 1999.

——. *Planning Neighborhood Space with People*. New York: Van Nostrand Reinhold, 1984.

——. "Sacred Structures and Everyday Life: A Return to Manteo, N.C." In *Dwelling, Seeing and Designing: Toward a Phenomenological Ecology* (271-297). Edited by David Seamons. New York: State University of New York, 1993.

——. "Social Values in Open Space Design." *Places* 6, no. 1 (1989): 68-76.

——. "Subconscious Landscapes of the Heart." *Places* 2, no. 3 (1985): 10-22.

——. "Wilderness in L.A.?" *Urban Ecologist* no. 1 (1997): 6, 22.

——. "Womb with a View: How Spatial Nostalgia Affects the Designer." *Landscape Architecture* 69, no. 5 (1979): 475-481, 528.

Hester, Randolph T., Jr., Nova J. Blazej, and Ian S. Moore. "Whose Wild? Resolving Cultural and Biological Diversity Conflicts in Urban Wilderness." *Landscape Journal* 18, no. 2 (1999): 137-146.

Hester, Randolph T., Jr., et al. *Goals for Raleigh: Interview Results Technical Report One*. Raleigh: North Carolina State University, 1973.

Hester, Randolph T., Jr., with Marcia McNally. *The Language of Wildlands Appreciation: A Literature Review of Descriptions and Values*. Prepared for the Pacific Southwest Forest and Range Experiment Station. Berkeley: Department of Landscape Architecture and Environmental Planning, 1987.

Hester, Randolph T., Jr., et al. *Learning about Union Point: Waterfront Park Site Environmental Analysis*. Berkeley: Institute of Urban and Regional Development, University of California, 1998.

Hester, Randolph T., Jr., and Corrina Kweskin, eds. *Democratic Design in the Pacific Rim: Japan, Taiwan, and the United States*. Mendocino: Ridge Times Press, 1999.

Hester, Randolph T., Jr., et al. *Our Children Need Open Space: Fruitvale Open Space Proposal*. Berkeley: Institute of Urban and Regional Development and Department of Landscape Architecture and Environmental Planning, June 1999.

Hill, Kristina. "Rising Parks as Inverted Dikes." *Landscape Journal* (special issue on Eco-Revelatory Design) (1998): 35-37.

Hinrichsen, Don. "Putting the Bite on Planet Earth: Rapid Human Population Growth Is Devouring Global Natural Resources." *International Wildlife* 24, no. 5 (1994): 36-45.

Hise, Greg, and William Deverell. *Eden by Design: The 1930 Olmsted-Bartholomew Plan for the Los Angeles Region*. Berkeley: University of California Press, 2000.

Hiss, Tony. *The Experience of Place*. New York: Knopf, 1990.〔第2章2〕

Hoch, Irving. "City Size Effects, Trends and Politics." *Science* 193, no. 3 (1976): 856-863.

Hodge, Larry D. "Bobwhite Boot Camp: A Program to Teach Kids about Quail Is Flushed with Success." *Progressive Farmer* (March 1995): 38-40.

Holling, C. S. *Resilience and Stability of Ecological Systems*. Vancouver: Institute of Resource Ecology, University of British Columbia, 1973.

Holtzclaw, John. "Northeast SF Factoids." Memo to Paul Okamoto, September 22, 1995.

Hongo, Garret Kaoru. *Volcano: A Memoir of Hawai'i*. New York: Vintage, 1996.

Hood, Walter. *Urban Diaries*. Washington, DC: Spacemaker Press, 1997.

Horton, John. *The Politics of Diversity: Immigration, Resistance, and Change in Monterey Park, California*. Philadelphia: Temple University Press, 1995.

Hou, Jeffrey. "From Activism to Sustainable Development: The Case of Chigu and the Anti-Binnan Movement." In *Democratic Design in the Pacific Rim: Japan, Taiwan, and the United States* (124-133). Edited by Randolph T. Hester Jr. and Corrina Kweskin. Mendocino: Ridge Times Press, 1999.

——. "From Dual Disparities to Dual Squeeze: The Emerging Patterns of Regional Development in Taiwan." *Berkeley Planning Journal* 14 (2000): 4-22.

——. "Social, Intellectual, and Political Actions in Environmental Planning and Design: The Case of Anti-Binnan Movement in Chiku, Taiwan." Proceedings of the Thirty-first Annual Conference of the Environmental Design Research Association. San Francisco, CA, May 10-14, 2000, 19-25.

Hough, Michael. *City Form and Natural Process*. New York: Van Nostrand Reinhold, 1984.

——. *Out of Place: Restoring Identity to the Regional Landscape*. New Haven: Yale University Press, 1990.

Howett, Catherine. "Ecological Values in Twentieth-Century Landscape Design: A History and Hermeneutics." *Landscape Journal* (special issue on EcoRevelatory Design) (1998): 80-98.

Innes, Judith E., and David E. Booher. *Consensus Building as Role-Playing and Bricolage: Toward a Theory of Collaborative Planning*. Berkeley: Institute of Urban and Regional Development, University of California, 1997.

——. *Planning Institutions in the Network Society: Theory for Collaborative Planning*. Berkeley: Institute of Urban and Regional Development, University of California, 1999.

International Union for Conservation of Nature and Natural Resources (IUCN). "Species Extinction." IUCN Red List, n.d., accessed July 15, 2003, available at http://iucn.org/themes/ssc and www.redlist.org.

Ittelson, William H., et al. *An Introduction to Environmental Psychology*. New York: Holt, Rinehart & Winston, 1974.〔第8章33〕

Ivy, Robert A., Jr. *Fay Jones*. New York: McGraw-Hill, 2001.

Jackson, J. B. *The Necessity for Ruins, and Other Topics*. Amherst: University of Massachusetts Press, 1980.

——. "Other-Directed Houses," *Landscape* 6, no. 2 (1956): 29-35.

——. "The Westward-Moving House: Three American Houses

Gans, Herbert J. *People and Plans: Essays on Urban Problems and Solutions*. New York: Basic Books, 1968.
——. *The Urban Villagers: Group and Class in the Life of Italian-Americans*. New York: Free Press, 1962.〔第 1 章 11〕
Garreau, Joel. *Edge City: Life on the New Frontier*. New York: Doubleday, 1991.
Gehl, Jan. *Life between Buildings*. New York: Van Nostrand Reinhold, 1987.〔第 1 章 26〕
Geluardi, John. "Officials Knock Down Building Height Initiative." *Berkeley Daily Planet,* July 25, 2002, 1, 6.
Geniella, Mike. "Water Export Plan under Microscope." *Press Democrat,* March 17, 2002, 1, 6-7.
Gilderbloom, J. L., and J. P. Markham. "Housing Quality among the Elderly: A Decade of Changes." *International Journal of Aging and Human Development* 46, no. 1 (1998): 71-90.
Giraud, Deborah D. "Shared Backyard Gardening." In *The Meaning of Gardens: Idea, Place, and Action* (166-171). Edited by Mark Francis and Randolph T. Hester Jr. Cambridge: MIT Press, 1990.
Gobster, Paul H., and R. Bruce Hull, eds. *Restoring Nature: Perspectives From the Social Sciences and Humanities*. Washington, DC: Island Press, 2000.
Goldberger, Paul. "Let Us Now Praise Famous Men [Samuel Mockbee]." *Architecture* 91, no. 3 (2002): 60-67.
Golden Gate Audubon Society. *The Gull* 87, no. 5 (2002).
Goodman, Percival, and Paul Goodman. *Communitas: Means of Livelihood and Ways of Life*. New York: Columbia University Press, 1990.〔第 1 部 2〕
Graves, Donna. "Construction Memory: Rosie the Riveter Memorial, Richmond, California." *Places* 15, no. 1 (2002): 14-17.
Greenwood, Alex, and Patrick Lane. "Oakland's 10K Race for Downtown Housing." *Planning* 38, no. 8 (2002): 14-17.
Greese, Robert. *Jens Jensen*. Baltimore: John Hopkins University Press, 1992.
Gunderson, Lance H., C. S. Holling, and Stephen S. Light, eds. *Barriers and Bridges to the Renewal of Ecosystems and Institutions*. New York: Columbia University Press, 1995.
Gurwitt, Robert. "The Casparados." *Preservation* 52, no. 6 (2000): 38-45+.
Haag, Richard. "Eco-Revelatory Design: the Challenge of the Exhibit." *Landscape Journal* (special issue on Eco-Revelatory Design) (1998): 72-79.
Habraken, N. John. *Supports: An Alternative to Mass Housing*. New York: Praeger, 1972.
Halbfiner, David M. "Yes in Our Backyards: A Shelter's New Value." *New York Times,* February 24, 2002, 26.
Hall, Edward T. *The Hidden Dimension*. Garden City: Doubleday, 1966.〔第 1 章 28〕
Hall, Michael J. "Goals for Raleigh: Coming Up with Answers." *Raleigh Times,* June 27, 1973, 9A.
Halprin, Lawrence. *Cities*. New York: Reinhold, 1963.〔ローレンス・ハルプリン著、伊藤ていじ訳『都市環境の演出——装置とテクスチュア』彰国社、1970〕
——. *The RSVP Cycles: Creative Processes in the Human Environment*. New York: Braziller, 1969.
——. *The Sea Ranch: Diary of an Idea*. Berkeley: Spacemaker, 2002.
Handy, Susan L., and Kelly J. Clifton. "Local Shopping as a Strategy for Reducing Automobile Travel." *Transportation* 28, no. 4 (2001): 317-346.
Hansen, Richard. "Watermarks at the Nature Center," *Landscape Journal* (special issue on Eco-Revelatory Design) (1998): 21-23.
Hardin, Garrett. "The Tragedy of the Commons." *Science* 162 (1968): 1243-1248.
Harkness, Terry. "Foothill Mountain Observatory: Reconsidering Golden Mountain." *Landscape Journal* (special issue on Eco-Revelatory Design) (1998): 42-45.
——. "Garden from Region." In *The Meaning of Gardens: Idea, Place, and Action* (110-119). Edited by Mark Francis and Randolph T. Hester Jr. Cambridge: MIT Press, 1990.
Hart, Roger. *Children's Experience of Place*. New York: Irvington, 1979.
——. *Children's Participation: The Theory and Practice of Involving Young Citizens in Community Development and Environmental Care*. London: Earthscan, 1997.〔第 1 部 15〕
Hartig, Terry, P. Bowler, and A. Wolf. "Psychological Ecology." *Restoration and Management News* 12, no. 2 (1994): 133-137.
Hartig, Terry, M. Mang, and Gary W. Evans. "Restorative Effects of Natural Environment Experience." *Environment and Behavior* 23, no. 1 (1991): 3-26.
Hatch, C. Richard, ed. *The Scope of Social Architecture*. New York: Van Nostrand Reinhold, 1984.
Haupt, Hannah Beate, Joy Littell, and Sarah Solotaroff, eds. *The Environment. Evanston: McDougal, Little, 1972*.
Hawken, Paul. *The Ecology of Commerce: A Declaration of Sustainability*. New York: HarperBusiness, 1993.〔第 2 章 3〕
Hayden, Dolores. *The Power of Place: Urban Landscapes as Public History*. Cambridge: MIT Press, 1995.〔第 3 章 25〕
——. *Seven American Utopias: The Architecture of Communitarian Socialism, 1790-1975*. Cambridge: MIT Press, 1977.
Hayes, Curtis. "No Fear of Change." *Farm Bureau News,* January 2002, 14.
Hayward, D. G. "Home as an Environmental and Psychological Concept." *Landscape* 20, no. 1 (1975): 2-9.
Heidegger, Martin. "Building Dwelling Thinking." In *Poetry, Language, Thought*. New York: Harper & Row, 1971.
Helson, W. H., et al. *An Introduction to Environmental Psychology*. New York: Holt, Rinehart and Winston, 1974.
Hester, Randolph T., Jr. "The City of the Twenty-first Century." In *Make Our City Safe for Trees* (176-180). Edited by Phillip D. Rodbell. Washington, DC: American Forestry Association, 1990.
——. "Civic and Selfish Participation." Presented at the Yokohama Urban Design Forum. Yokohama, Japan, March 16-19, 1992.
——. "Community Design: Making the Grassroots Whole." *Built Environment* 13, no. 1 (1987): 45-60.
——. *Community Design Primer*. Mendocino: Ridge Times Press, 1990.〔第 2 章 2〕
——. "It's Just a Matter of Fish Heads: Using Design to Build Community." Small Town 24, no. 2 (1993): 4-13.
——. "Landstyles and Lifescapes: Twelve Steps to Community Development." Landscape Architecture 75, no. 1 (1985): 78-85.
——. "Life, Liberty and the Pursuit of Sustainable Happiness." *Places* 9, no. 3 (1995): 4-17.
——. "Making a Place Clean Enough to be Happy and Dirty

Darwin, Charles. *On the Origin of Species by Means of Natural Selection*. Cambridge: Harvard University Press, 1964.〔第6章2〕
Davidoff, Paul. "Advocacy and Pluralism in Planning." *Journal of the American Institute of Planners* 31, no. 4 (1965): 331-338.
Davis, Sam. *The Architecture of Affordable Housing*. Berkeley: University of California Press, 1995.
Delbecq, Andre L. *Group Techniques for Program Planning: A Guide to Nominal Group and Delphi Processes*. Glenview: Scott, Foresman, 1975.
Derr, Mark. "Acrobatic Ape in Java is in High-Wire Scramble." *New York Times,February 5, 2002, D5.*
Dobbs, David. "Private Property, Public Good," *Audubon* 100, no. 4 (1998): 120.
Dovey, Kim. *Framing Places: Mediating Power in Built Form*. New York: Routledge, 1999
——. "Home: An Ordering Principle in Space." *Landscape* 22, no. 2 (1978): 27-30.
Dowall, David. *Applying Real Estate Financial Analysis to Planning and Development Controls*. Berkeley: Institute for Urban and Regional Development, University of California, 1984.
——. *The Suburban Squeeze: Land Conversion and Regulation in the San Francisco Bay Area*. Berkeley: University of California Press, 1984.
Downs, Anthony. *New Visions for Urban America*. Washington, DC: Brookings Institution, 1994.
Dramstad, Wenche E., James D. Olson, and Richard T. T. Forman. *Landscape Ecology Principles in Landscape Architecture and Land-Use Planning*. Washington, DC: Island Press, 1996.
Draper, John E. "Paris by the Lake: Sources of Burnham's Plan of Chicago." In *Chicago Architecture 1872-1922: Birth of a Metropolis* (107-120). Edited by John Zukowsky. Munich: Prestel-Verlap, 1987.
Duane, Timothy P. "Environmental Planning Policy in a Post-Rio World." *Berkeley Planning Journal* 7 (1992): 27-47.
——. "Regulations Rationale: Learning from the California Energy Crisis." *Yale Journal on Regulation* 19, no. 2 (2002): 471-540.
Duany, Andres, and Elizabeth Plater-Zyberk. "The Neighborhood, the District, and the Corridor." In *The New Urbanism: Towards an Architecture of Community* (xvii-xx). Edited by Peter Katz. New York: McGraw-Hill, 1994.
Duany, Andres, Elizabeth Plater-Zyberk, and Alex Kreiger. *Towns and TownMaking Principles*. New York: Rizzoli, 1991.
Dubos, Rene. "Half Truths about the Future." *Wall Street Journal,* May 8, 1981, 26.
Edwards, Brian, and David Turrent, eds. *Sustainable Housing Principles and Practice*. New York: E&FN SPON, 2000.
Egan, Timothy. "Sprawl-Weary Los Angeles Builds Up and In." *New York Times*, March 10, 2002, 1, 30.
Elgin, Duane. *Voluntary Simplicity: Toward a Way of Life That Is Outwardly Simple, Inwardly Rich*. New York: Morrow, 1981.〔第14章43〕
Eliade, Mircea. *Mystic Stories: The Sacred and the Profane*. New York: Columbia University Press, 1992.
Endoh, Yasuhiro. "The Contemporary Meaning of Cooperative Housing: Case Study—M-Port (Kumamoto)." In *Democratic Design in the Pacific Rim: Japan, Taiwan, and the United States* (178-191). Edited by Randolph T. Hester Jr. and Corrina Kweskin. Mendocino: Ridge Times Press, 1999.
Engler, Mira. "Waste Landscapes: Permissible Metaphors in Landscape Architecture." *Landscape Journal* 14, no. 1 (1995): 10-25.
Fabos, Julius. *Planning the Total Landscape: A Guide to Intelligent Land Use*. Boulder: Westview Press, 1978.
Fairfax, Sally, et al. "The Federal Forests Are Not What They Seem: Formal and Informal Claims to Federal Lands." *Ecology Law Quarterly* 25, no. 4 (1999): 630-646
Farris, R. E., and H. W. Dunham. *Mental Disorders in Urban Areas*. Chicago: University of Chicago Press, 1939.
"Finding Our Place." *Ecojustice Quarterly: Exploring Critical Issues of Ecology and Justice*. 14, no. 2 (1994).
Findley, Lisa. "Colorful License Plates Join Wood Shingles and Recycled Goods in the Hester/McNally House." *Architectural Record* 188, no. 7 (2000): 224-228.
Fisher, Roger. Getting to yes: *Negotiating Agreement without Giving In*. Boston: Houghton Mifflin, 1981.〔第1部6〕
Flink, Charles A., and Roberts Sears. *Greenways: A Guide to Planning, Design and Development.* Washington, DC: Island Press, 1993.
Flourney, W. L. *Capital City Greenway: A Report to the Council on the Benefits, Potential, and Methodology of Establishing a Greenway System in Raleigh*. Raleigh: n.d.
Forman, Richard T. T. *Landscape Ecology*. New York: Wiley, 1986.
Fortmann, Louise P. "Talking Claims: Discursive Strategies in Contesting Property." World Development 23, no. 6 (1995): 1053-1063.
Francis, Mark, Lisa Cashdan, and Lynn Paxon. *Community Open Spaces: Greening Neighborhoods through Community Action and Land Conservation*. Washington, DC: Island Press, 1984.
——. *The Making of Neighborhood Open Spaces: Community Design, Development and Management of Open Spaces*. New York: City University of New York, Center for Human Environments, 1982.
Francis, Mark. "A Case Study Method for Landscape Architecture." *Landscape Journal* 20, no. 1 (2001): 15-29.
——. "Making a Community Place: The Case of Davis' Central Park and Farmers' Market." In *Democratic Design in the Pacific Rim: Japan, Taiwan, and the United States* (170-177). Edited by Randolph T. Hester Jr. and Corrina Kweskin. Mendocino: Ridge Times Press, 1999.
Francis, Mark, and Randolph T. Hester Jr., eds. *The Meaning of Gardens: Idea, Place, and Action*. Cambridge: MIT Press, 1990.〔第5章6〕
Fredericksen, Eric. "This Is Not Sprawl." *Architecture* 90, no. 12 (2001): 48-49.
Friedman, M. S., et al. "Impact of Changes in Transportation and Commuting Behaviors during the 1996 Summer Olympic Games in Atlanta on Air Quality and Childhood Asthma." Journal of the American Medical Association 285 (2001): 897-905.
Fuller, R. Buckminster. *Pound, Synergy, and the Great Design*. Moscow: University of Idaho, 1977.
Fuller, R. Buckminster, and Robert Marks. *The Dymaxion World of Buckminster Fuller*. Garden City: Anchor Books, 1973.〔第2部16〕
Galatowitsch, Susan M. "Ecological Design for Environmental Problem Solving." *Landscape Journal* (special issue on Eco-Revelatory Design) (1989): 99-107.

Brown, Brenda. "Holding Moving Landscapes." *Landscape Journal* (special issue on Eco-Revelatory Design) (1998): 53-68.
Brown, Brenda, Terry Harkness, and Douglas Johnston, eds. "Eco-Revelatory Design: Nature Constructed/Nature Revealed." *Landscape Journal* (special issue) (1998).
Brown, Lester R., and Jodi L. Jacobson. "The Future of Urbanization." *Urban Land 46, no. 6 (1987): 2-5.*
Brown, Patricia L. "The Chroming of the Front Yard." *New York Times,* June 13, 2002, D1, D6.
——. "A Park Offers Nature, Not Just Hoops." *New York Times,* December 28, 2000, F1, F9.
Bullard, Robert D. *Dumping in Dixie: Race, Class, and Environmental Quality.* Boulder: Westview Press, 2000. 〔第3章18〕
Calhoun, J. B. "Population Density and Social Pathology." *Scientific American* 206 (1962): 139-148.
California State Assembly. AB 2637, accessed July 16, 2003, available at http://www.leginfo.ca.gov/pub/01-02/bill/asm/ab_2601-2650/ab_2637_bill_20020927.
California State Senate. "SB 1520 Child Obesity Prevention Fact Sheet." Sacramento: State of California Senate Health Committee, March 2002.
Callies, David L. *Preserving Paradise: Why Regulation Won't Work.* Honolulu: University of Hawaii Press, 1994.
Calthorpe, Peter. *The Next American Metropolis: Ecology, Community and the American Dream.* New York: Princeton Architectural Press, 1993. 〔第1部10〕
——. "The Region." In *The New Urbanism: Towards an Architecture of Community* (xi-xvi). Edited by Peter Katz. New York: McGraw-Hill, 1994.
Canright, Anne. "Nature Comes to South Central L.A." *California Coast and Ocean18, no. 1 (2002): 33-38.*
Carson, Rachel L. *Silent Spring.* New York: Houghton Mifflin, 1962. 〔第2章6〕
Cervero, Robert, and Peter Bosselmann. *An Evaluation of the Market Potential for Transit-Oriented Development Using Visual Simulation Techniques.* Berkeley: Institute of Urban and Regional Development, University of California, 1994.
Chang, Kenneth. "Diet and Exercise Are Found to Cut Diabetes by Half." *New York Times,* August 9, 2001, A1.
Chang, Shenglin. "Real Life at Virtual Home: Silicon Landscape Construction in Response to Transcultural Home Identities." Dissertation, University of California, Berkeley, 2000.
Chang, Shenglin, et al. *A Study of the Environmental and Social Aspects of the Taiwanese and US Companies in the Hsinchu Science-based Industrial Park. Policy report for California Global Corporate Accountability Project.* Berkeley: Nautilus Institute for Security and Sustainable Development and the Natural Heritage Institute and Human Rights Advocates, 2001.
Chanse, Victoria, and Randolph T. Hester Jr. "Characterizing Volunteer Involvement in Wildlife Habitat Planning." In *CELA 2002: Groundwork,* Proceedings of the Annual Meeting of the Council of Educators in Landscape Architecture, State University of New York, Syracuse, NY, September 25-28, 2002.
Chase, John, Margaret Crawford, and John Kaliski, eds. *Everyday Urbanism.* New York: Monacelli Press, 1999.
Ching, Sheauchi, Joe R. McBride, and Keizo Fukunari. "The Urban Forest of Tokyo." *Aboricultural Journal* 23 (2000): 379-392.
Chomei, Kamo-no. *The Ten-Foot Square Hut and Tales of the Heike.* Translated by A. L. Sadler. Rutland: Tuttle, 1972. 〔第9章56〕
Chou, Chuang. "Chuang Tzu." In *The Columbia Anthology of Traditional Chinese Literature: Translations from the Asian Classics* (45-57). Edited by Victor Mair. New York: Columbia University Press, 1994.
Coates, Gary. *Alternative Learning Environments.* Stroudsburg: Dowden, Hutchinson & Ross, 1974.
Cohodas, Nadine. "Goals for Raleigh Issues Report." *News and Observer,* May 27, 1973, vi-l.
Colinvaux, Paul. *Why Big Fierce Animals Are Rare: An Ecologist's Perspective.* Princeton: Princeton University Press, 1979.
Comerio, Mary C. *Disaster Hits Home: New Policy for Urban Housing Recovery.Berkeley: University of California Press, 1998.*
Community Development by Design [Community Development Planning and Design]. *Restricted Use: Educational Operating Manual for LA96C: The Former U.S. Army NIKE Missile Control Reservation and the Present San Vicente Mountain Park, Gateway to Big Wild.* Berkeley: Community Development by Design, 1996.
——. *Runyon Canyon One: Summary of Listening.* Berkeley: Community Development by Design, 1985.
——. *Runyon Canyon Two: Goals, Objectives and Policies.* Berkeley: Community Development by Design, 1985.
——. *Runyon Canyon Three: Revisions to Goals, Objectives and Policies.* Berkeley: Community Development by Design, 1985.
——. *Runyon Canyon Four: Cutout Workbook.* Berkeley: Community Development by Design, 1985.
——. *Runyon Canyon Five: Environmental Analysis.* Berkeley: Community Development by Design, 1985.
——. *Runyon Canyon Six: She's a Hollywood Natural.* Berkeley: Community Development by Design, 1985.
——. *Runyon Canyon Seven: Program and Environmental Review.* Berkeley: Community Development by Design, 1985.
——. *Runyon Canyon Master Plan and Design Guidelines.* Berkeley: Community Development by Design, 1986.
——. "Runyon Canyon Master Plan and Design Guidelines." *Landscape Architecture* 77, no. 6 (1987): 60-63.
Condon, Patrick, and Stacy Moriarty, eds. *Second Nature: Adapting LA's Landscape for Sustainable Living.* Beverly Hills: TreePeople, 1999.
Constantine, J. "Design by Democracy." *Land Development* 5, no. 1 (1992): 11-15.
Corbett, Judy, and Michael N. Corbett. *Designing Sustainable Communities: Learning from Village Homes.* Washington, DC: Island Press, 2000.
Corbett, Michael N. *A Better Place to Live: New Designs for Tomorrow's Communities.* Emmaus: Rodale Press, 1981.
Cranz, Galen. *The Politics of Park Design: A History of Urban Parks in America.* Cambridge, MIT Press, 1982.
Crissy Field Center. "Crissy Field Fact Sheet: The Restoration." January 22, 2001.
Crowe, Beryl L. "The Tragedy of the Commons Revisited." *Science* 166 (1969):1103-1107.
Croxton, Randolph R. "Sustainable Design Offers Key to Control." *Architectural Record* 185, no. 6 (1997): 76, 78.

参考文献および推薦図書
References and Suggested Reading

※〔 〕は邦訳があり、当該書を参照した註釈番号を示している

Abbey, Edward. "Personal Bests." *Outside Magazine* (October 2001): 66.

Abram, David. *The Spell of the Sensuous*. New York: Vintage, 1997.

Adams, John. "A Dissertation on the Canon and Feudal Law." 1765.

Adams, Lowell W., and Louise E. Dove. *Wildlife Reserves and Corridors in the Urban Environment: A Guide to Ecological Landscape Planning and Resource Conservation*. Columbia: National Institute for Urban Wildlife, 1989.

"After Outcry: Greenwich Retreats from Beach Policy and Offers Daily Passes," *New York Times,* March 9, 2002, B15.

Akbari, Hashem, and Leanna Shea Rose. *Characterizing the Fabric of the Urban Environment: A Case Study of Metropolitan Chicago, Illinois,* Report LBNL-49275. Berkeley: Lawrence Berkeley National Laboratory, October 2001.

Alexander, Christopher, et al. *A Pattern Language*. New York: Oxford University Press, 1977.〔第1章19〕

Alinsky, Saul D. *Rules for Radicals: A Practical Primer for Realistic Radicals*. New York: Random House, 1971.

American LIVES, Inc. "1995 New Urbanism Study: Revitalizing Suburban Communities." Paper presented at the Urban Land Institute Seminar on Master Planned Communities 2000 and Beyond, November 2, 1995.

Appleton, Jay. *The Experience of Landscape*. New York: Wiley, 1996.〔第4章13〕

Appleyard, Donald. *Inside vs. Outside: The Distortions of Distance*. Berkeley: Institute of Urban and Regional Development, University of California, 1979.

——. *Planning a Pluralist City: Conflicting Realities in Ciudad Guayana*. Cambridge: MIT Press, 1976.

Appleyard, Donald, with M. Sue Gerson and Mark Lintell. *Livable Streets*. Berkeley: University of California Press, 1981.

Appleyard, Donald, Kevin Lynch, and John R. Myer. *The View from the Road*. Cambridge: MIT Press, 1964.

Appleyard, Donald, et al. *A Humanistic Design Manifesto*. Berkeley: University of California, 1982.

Arendt, Randall. "Principle Three." In *The Charter of the New Urbanism* (29-34). Edited by Michael Leccese and Kathleen McCormick. New York: McGrawHill, 2000.

Aristotle. *Ethics, Nichomachean Ethics*. Translated by J. A. K. Thomson. London: London Allen & Unwin, 1953.〔第9章12〕

——. *Politics*. Chicago: University of Chicago Press, 1984.〔第9章25〕

Arnstein, Sherry R. "A Ladder of Citizen Participation." *Journal of the American Institute of Planners* 35, no. 4 (1969): 216-224.

Bachelard, Gaston. *The Poetics of Space*. Translated by Maria Jolas. Boston: Beacon, 1969.〔第5章2〕

Bargmann, Julie, and Stacy Levy. "Testing the Waters." *Landscape Journal* (special issue on Eco-Revelatory Design) (1998): 38-41.

Barber, Benjamin. *Strong Democracy: Participatory Politics for a New Age*. Berkeley: University of California Press, 1984.〔第13章22〕

Barlow, Connie. "Because It Is My Religion." *Wild Earth* 6, no. 3 (1996): 5-11.

Beatley, Timothy, and Kristy Manning. *The Ecology of Place: Planning for Environment, Economy, and Community. Washington, DC*: Island Press, 1997.

Bellah, Robert N., et al. *Habits of the Heart: Individualism and Commitment in American Life*. New York: Perennial, 1986.〔第1章1〕

Berman, Marshall. *All That Is Solid Melts into Air: The Experience of Modernity*. New York: Simon and Schuster, 1982.

Bernick, Michael, and Robert Cervero. *Transit Villages in the Twenty-first Century*. New York: McGraw-Hill, 1997.

Berry, Wendell. *A Continuous Harmony: Essays Cultural and Agricultural*. New York: Harcourt Brace Jovanovich, 1972.

——. "The Futility of Global Thinking." *Harper's* 279, no. 1672 (September 1989): 16-19, 22.

——. *The Landscape of Harmony*. Madley: Five Seasons Press, 1987.

——. *The Long-Legged House*. New York: Harcourt, Brace and World, 1969.

——. *The Unsettling of America: Culture and Agriculture*. New York: Avon, 1978.

Beyard, Michael D., and W. Paul O'Mara. *Shopping Center Development Handbook. Washington, DC*: Urban Land Institute, 1999.

Black Elk, Nicholas, with John G. Neihardt. *Black Elk Speaks: Being the Life Story of a Holy Man of the Oglala Sioux*. Lincoln: University of Nebraska Press, 1972.〔第7章15〕

Blakely, Edward J., and Mary Gail Snyder. *Fortress America: Gated Communities in the United States*. Washington, DC: Brookings Institution Press, 1997.〔第4章37〕

Bloomer, Kent C., and Charles W. Moore. *Body, Memory and Architecture*. New Haven: Yale University Press, 1977.

Bookout, Lloyd, and James W. Wentling. "Density by Design." *Urban Land* 47, no.6 (1988): 10-15.

Bosselmann, Peter, and Kenneth H. Craik. *Perceptual Simulations of Environments*. Berkeley: Institute of Urban and Regional Development, University of California, 1987.

Bourdier, Jean-Paul. *Drawn from African Dwellings*. Bloomington: Indiana University Press, 1996.

Bourdier, Jean-Paul, and Nezar AlSayyad, eds. *Dwellings, Settlements, and Tradition: Cross-Cultural Perspectives*. Lanham: University Press of America, 1989.

Brand, Stewart S. *How Buildings Learn: What Happens after They're Built*. New York: Penguin, 1994.

Brechin, Gray. "Grace Marchant and the Global Garden." In *The Meaning of Gardens: Idea, Place, and Action* (226-229). Edited by Mark Francis and Randolph T. Hester Jr. Cambridge: MIT Press, 1990.

Brooke, James. "Heat Island Tokyo Is in Global Warming's Vanguard." *New York Times,* August 13, 2002, A3.

Brower, Sydney. *Good Neighborhoods: A Study of Intown and Suburban Residential Environments*. Westport: Praeger, 1996.

図版クレジット
Image Credits

Cover painting by Nathaniel Hester, *They Missed the First Snowstorm of the Season but the View from the Top of the Mexican Pyramid Teotihuacan Wasn't That Great Anyhow—At Least Not on an Empty Stomach*. Oil on canvas. 64×64 inches. 2005. Private collection, Boston, Massachusetts.

Unless otherwise credited, illustrations were done by Randolph Hester, Rachel Berney, and Amy Dryden or by students and staff under my supervision at North Carolina State University, the University of California at Berkeley, Community Development by Design, and SAVE International.

Numerous graphics have been redrawn from others' work. These include the following:

p. 27 : Central Park, Davis, California, Landscape architects Mark Francis and CoDesign/MIG.
pp. 35-36, 167, 171, 173-174, 330 : Diagrams, plans, and sections of Orchid Island, Matsu, and Lalu, from John Liu.
p. 32 : Siena time-of-day series, drawn from photographs in *Natural Light and the Italian Plaza*, Sandra Davis Lakeman.
p. 39 写真 2 点 , p. 124 下 2 点 : Neighborhood Space, Marge Smith.
p. 42 : Yountville, Susi Marzoula.
p. 59 上 2 点 : Street neighboring, from *Livable Streets*, Donald Appleyard.
p. 60 : Octavia Boulevard, Allan Jacobs and Elizabeth Macdonald.
p. 67 下 : Food web, from *Biology*, Ceci Starr and Ralph Taggart.
p. 92 : Fairness diagrams, Mira Engler and Michael Boland.
p. 89 : Bus Line 57, Michael Southworth.
pp. 90-91 : Lafayette Square Park, Hood Design.
pp. 93-94 : Gateway Commons, Pyatok Architects, Inc.
pp. 104, 105 下 1 点 : Union Point Park masterplans, EDAW, Mario Schjetnan Garduno, and Michael Rios.
pp. 110-111 : Astoria, Oregon, Brian Scott.
pp. 118, 131-132, 134, 136-142 : Manteo illustrations and photos, Foster Scott, Aycock Brown, Jerry Blow, Brian Scott, Billie Harper, Patsy Eubanks, John Wilson, and Bill Parker.
p. 120 : Small houses, Dan Solomon.
p. 124 上 2 点 : Village Homes, zero-runoff swale photo, Rob Thayer.
p. 123 : Village Homes Plan, Michael and Judy Corbett, plan courtesy of Judy Corbett.
p. 147 : Thornhill Chapel, from *Fay Jones*, Robert A. Ivy Jr.
p. 162 : Southern California watershed, *Design for Human Ecosystems*, John Lyle.
p. 163 : Raleigh and Piedmont Greenway diagrams, W. L. Flourney Jr. and Chuck Flink.s
pp. 166, 168 上 : Yoshino River, Tamesuke Nagahashi.
p. 169 上 2 点 : Zero-runoff retrofit and gravel infiltration, from *Second Nature*, Patrick Condon and Stacy Moriarty, eds.
p. 177 上 1 : Sea Ranch color sketch, Larry Halprin.
p. 178 : Sea Ranch plan, based on drawings by Jane Sheinman and Larry Halprin.
p. 183 下 : Cherokee Town Relocation Plan, Mimi Wagner.
pp. 189 写真 , 191 : Spoonbill photos, SAVE International, Jeff Hou.
pp. 204-205 : Transit-oriented development and access to transit diagrams, from *The Next American Metropolis*, Peter Calthorpe.
pp. 226-231, 236,238 : Pasadena master plan, axonometrics adapted from Lyndon/Buchanan.
p. 234 : Tiny Gardens (Small Gardens in the City), Garrett Eckbo student project at Harvard, 1937, Garrett Eckbo Collection (1990-1991), Environmental Design Archives, University of California, Berkeley.
p. 251 : Berkeley over time, from *Eco-City Berkeley*, Richard Register.
p. 291 : Curitiba bus routes, from *Our Ecological Footprint*, Mathis Wackernagel and William E. Rees.
pp. 302-303 : Courtland Creek, Hood Design.
p. 312 : Birmingham Street photos, Chris Faust.
pp. 318-319 : Chavis Heights, Don Collins.
pp. 321 下 1 点 , 322-323 : Ilan Performing Arts Center, John Liu.
pp. 324, 329 : Tanner Fountain, Peter Walker and Associates.
p. 327 : The Therapeutic Garden, Reed Hildebrand Associates Inc., Landscape Architecture.
pp. 342-343 : The Natural Park, Larry Moss and Associates.
pp. 367-368 : Illinois Landscape Gardens, Terry Harkness.
p. 369 : King Estate Park, Louise Mozingo.
pp. 371-372 : Lowell, Massachusetts, illustrations, Michael Southworth and Susan Southworth, photo, Michael Southworth.
p. 378 : Sun setting, earth rotating, based on *Shifting*, Paul Krapfel. Copyrighted graphics and projects include the following:
p. 381 : LA96C, Bob Graves.
pp. 404-410 : Garden Patch, Laura Lawson.
pp. 428, 440 : Katsura drawings, Kyoto University Library.
p. 431 : Scored Symphonic Walk, Larry Halprin.
p. 438-439 : Denver, Sixteenth Street Mall, Olin Partnership.

●や―よ

●ら―ろ

●その他、数字、アルファベット

●な―の

●は―ほ

●ま―も

●さ―そ

●た―と

索引
Index

※ 人名は本文の表記に合わせた

●あ—お

●か—こ

日本語版に寄せて

都市をデザインすることはとても複雑な過程だが、エコロジカル・デモクラシーのデザインは単純明快である。①横暴な政治家の専制や大企業の支配から私たちが自由になるとき、デモクラシーが働きだし、市民は人間としての真の力を発揮できるようになる。こうして自分たちの暮らす都市環境を意志をもって変えてゆくことができると、さらにこの状況が進む。日々の参加がデモクラシーを強くし、意義あるものとし、同時に人々を利己的にもする。②するとエコロジーがデモクラシーに都市デザインを教え始める。自分のためだけでなく、他の人のため、マイノリティのため、未来の世代のために、責任ある決定を下せるよう、環境に関わるあらゆる科学を人々に教えるのである。エコロジーとデモクラシーが一緒になり、都市を歓びで満たし、健康にし、安定させるただひとつの道を示す。

私は、日本の都市のエコロジーがこの数十年でひどく傷んでしまったこと、しかし今日では人々が意識して、そこここにエコロジカル・デモクラシーの場所を創り育てようとしていることを知っている。だから「エコデモ、ここでも、あそこでも」という呼び声は正しいのだ。エコロジカル・デモクラシーへの旅は長く、私たちは、ここで、あそこで、エコデモの種を蒔き始めたばかりである。日本の友人たちにはよく、この本の考え方を説明してほしいと頼まれる。皆、エコロジカル・デモクラシーを、日本には馴染みのない理解しにくい思想だと考えるようだ。友人たちは言う。日本のデモクラシーはアメリカのように強くない。日本人の多くは宗教をもたず、だから「聖性」は合わない。日本のデモクラシーは多様性を尊重しない。日本はものすごい勢いで自然の生態系を破壊し大切なことを忘れてしまっている。*Design for Ecological Democracy* を日本で出版するにあたり、私は考え込んでしまう。なぜなら友人たちが嘆くこれら4つのことこそが良い都市を開発するための理論的な中心なのであり、そして私は日本に暮らし働いた経験から、これらの課題を深く理解できたからである。

数十年にわたり、私たちはデモクラティック・デザインを共有してきた

第1に、デモクラティック・デザインがもつ可能性についての私の考えは、私たちが創設した「デモクラティック・デザイナー・パシフィックリム会議」のなかで鍛えられた。1999年の設立以降、私たちは2年に一度集まり、お互いの優れた仕事を紹介しあい、共有してきた。デモクラティック・デザインの素晴らしいテクニックを、浅海義治さんや木下勇さんたちと教え学びあった。林泰義さんと延藤安弘さんが、物理的なコミュニティを造るときに同時に社会的なコミュニティも創る方法を教えてくれた。こうして日本の「まちづくり」は、この会議に集った私たち全員の頭の隅々にまでしみ込んでいる。古いデモクラシーが若いそれから学べること、その反対もあることも学んだ。こうして私のビジョンは、古いデモクラシーと新しいデモクラシー、両方を組み合わせたものになった。まちづくりが豊かに広がるとき、エコロジカル・デモクラシーが根を下ろし芽吹き、そして古人が言うように、ときに新しい芽吹きの強い力が老いた葉を落とすのだ。

日本人が、聖性とは敬意であることを教えてくれた

第2に、私は日本の文化を知ってから、聖性が大切だという確信をさらに深めた。聖性とは宗教のことだけを言うのではない（ノースカロライナ州にある自宅の庭に設けた祠には日本の神様が宿り、私は神様とお話しできることを尊く思っているのだが）。そうではなくて、聖性とは日々の暮らしでの出会い、生きとし生けるもの、まったき自然、素朴な美しさ、未知の世界、あらゆる場所に宿る心魂に向けた敬意の表現である。このような敬意は多くの形で表現される。鞍馬山の魔王尊の物語に、吉田兼好の「徒然草」に（エコロジカルな行為の基本が第155段および184段に記されている）、能に、空の思想に、どの町にもある祭りに、表れる。古の人が築いた室生寺の急な階段や徳島市の上流部に見られる吉野川の氾濫への備えに、表れる。現代のデザイナーが造った世田谷の北沢川緑道に、大阪の釜ヶ崎にあるホームレスの人々のテントに、表れる。私はこれら一つひとつに、聖なる知恵が込められていることを経験してきた。エコロジカル・デモクラシーは、私が日本で学んだ敬意というものの上に成立しているのだ。

多様性がエコロジカル・デモクラシーを可能にする

第3に、日本は一見すると非常に同質な社会だが、地域ごとの多様性が優れて豊かであることとも時とともに理解できるようになった。そして日本での学びを、私たちの文化へ調和させることの困難も理解できた。佐藤滋さんが、一本一本の通りのデザインの違いを示しながら、地区ごとに微妙に異なる場所の価値を描き出し、教えてくれた。多様性は実にさまざまな形をとる。エコロジカル・デモクラシーが花開くためにどうしても必要なのが土地利用の多様性だが、これこそゾーニングの導入以降、アメリカの都市計画にかけられた呪いである。京都の修学院に妻と暮らすまで、一見居住密度の低い住宅地なのに、暮らしに必要な品は車など使わずとも

手に入る、そんな近隣地区があることを私はついぞ知らなかった。なんでも歩いて行ける範囲にあり、そしてそれは偶然そうなったのではなく、適度な居住密度、小ささ、農と工と自然が住居と商店とちょうどよく混在していることによる。これらが、私たちがこれまで住んだ町のなかでも最もサステナブルで暮らしやすい地区を創り上げている。それ以来、私たちはアメリカでもそんな近隣地区を創ることを試み、励んでいる。日本が多様性について教えてくれることは、真剣に検討されるべきなのだ。

自然を愛し、生態系を壊す

第4に、日本は人々と環境の関わりにおいて、最悪と最善のケースを私に教えてくれる。生態系の破壊は、日本中に広がっている。沿岸域は誤った経済開発が財政的に破綻した跡で埋め尽くされ、大規模に削り取られた山の斜面が林業用の単一の樹種で造林されている。原子炉のメルトダウンなどの深刻な技術災害が頻発し、有害なヒートアイランド現象も広がっている。一方で、自然に感謝する伝統が今日でも市民をランドスケープにつなぎ止め、エコロジーを慈しむ行動を引き起こしている。人々はメダカやトンボを愛し、都市のなかに彼らの生息地をデザインする。桜の花や紅葉を愛でる心が、都市の森を守っている。住居の近くの小さな自然は、坪庭も鎮守の森も、それは素晴らしく豊かなのだ。しかし自然とともにあるデザインには、もっと注目しなければならない。より大きなスケール、たとえば都市全体の生態系の改善、グリーンベルト、水と大気の流域計画、津波と海面上昇への対策には、これら自然とともにあるデザインが必要になる。大きなスケールの自然環境に働きかけることを、狭い領域に閉じた専門家、政府の技術者、企業の技術開発に委ねることはできない。またそここに咲く小さな花だけでも足りない。自然科学と生物学、生態系の科学の基礎である両者が全体的に統合されねばならず、そうなればエコロジカル・デモクラシーは大きく前進する。まちづくりは、エコロジカル・

デモクラシーに関わる多くの専門領域を横断し、大小のスケールを行き来しながら、おもわず怯んでしまうような困難な挑戦に立ち向かわねばならない。

まちづくりはエコロジカル・デモクラシーへとスケールアップする

この挑戦には、斬新な考え方と決意が必要である。私は足立区の小学生がまちを良くしようと考えた提案を思い出す。子どもたちは密集住宅地に織り込むようにイチゴ畑をデザインした。そうすれば学校や仕事の行き帰りに、みんな立ち止まってイチゴを摘んで食べられるでしょ、という。ここに、新鮮な食料と斬新な考えがある。しかし地方全体にわたる自然や生態系をデザインするという決意はどうだろう。これに関して私は、一緒に活動してきた土肥さんを頼りにしている。土肥さんのこの10年の仕事は、敷地のスケールを超え、まちづくりを生態系のスケールに引き上げ、地方のスケールで対抗しがちな都市間の協力関係を模索し、国際的なスケールで絶滅に瀕する生物種の生息地と文化を守り創造するための協力関係を希求する、そのようなものだ。土肥さんと彼の学生たちのプロジェクトに、私はスケールアップの希望をみる。土肥さんはエコロジカル・デモクラシーへのさまざまにネットワークされたビジョンをもっている。彼が先に述べた生態科学系をまちづくりへと招待したのである。

エコロジカル・デモクラシー、感謝をこめて

私は、この4半世紀にわたって土肥さんが教えてくれたことに深く感謝したい。日本語版の出版もすばらしいことだ。彼でなければこの仕事はできなかっただろう。なぜなら土肥さんはいつでも私の考えを理解し、それを私もわかっていなかったような仕方で私に言うのだ。彼はときに、私よりも明確に私の考えを表すことができる。私たちはもう長いこと一緒に働いてき

たから、私が〝言いたいこと〟を土肥さんは大抵わかっている。だから彼は重要な点を強調し、そうでもないところはそのように訳している。こんなに深く理解された翻訳はそうあるものではない。彼と仲間たちが、日本に固有な課題に対応できるよう日本語のこの本を作ってくれたのだ。また土肥さんたちは、２０１６年に「エコロジカル・デモクラシー財団」を設立し、この理念を学問の領域から現実の世界に広げようとしている。エコロジカル・デモクラシー財団を応援し、彼と一緒にこの運動を進めてくれているたくさんの方々の名前を教えてもらった。

　エコロジカル・デモクラシーをともに進めてくれる、佐藤滋先生、佐々木葉先生、山下三平先生、佐谷和江さん、服部圭郎先生、杉田早苗先生、中西正彦先生、臼井敬太郎先生、林泰義さん、所谷茜さん、丸谷耕太先生、福永順彦さん、坂村圭先生、藤村龍至先生。

　エコロジカル・デモクラシー財団を応援しサポートしてくれる、鵜尾雅隆さん、阿部治先生、西村幸夫先生、佐々木雅幸先生、吉田憲司さん、美濃部真光さん、紙幅の都合上ここには記すことができない１５０名の方々、エコロジカル・デモクラシー財団のメンバーの中井検裕先生、小島直子さん、古山周太郎先生、土屋陽子さん、伊東拓也さん、清野隆先生、天野裕さん、吉田祐記さん、同財団に協力してくれる河西奈緒さん、矢作理歩さん、土肥翼さん、小林勇輝さん、谷内田絢子さん、山本真紗子さん、伊藤美希子さん、たくさんのエコロジカル・デモクラシーの種を蒔いてくれた友、延藤安弘先生。私からも皆さんに深く感謝したい。そしてこの本が、日本のエコロジカル・デモクラシーを強く育てるだろうことを信じ、楽しみにしている。

ランドルフ・T・ヘスター

エコロジカル・デモクラシーと日本——訳者あとがき

ランドルフ・T・ヘスター先生（皆、親しみをこめてランディーと呼ぶ）のことを知ったのは、もう30年も前になる。当時博士課程の学生であった私は、ランディーの小論文"Ivory Tower Designers may be Hazardous to Your Neighborhood's Health"（*Landscape Architecture* 1975 July）を読み、参加のデザインの可能性に魅せられた。1993年にはカリフォルニア大学バークレー校環境デザイン学部で1年間、ランディーからじっくりとコミュニティ・デザインを学ぶ機会を得た。その後、『庭の意味論』（マーク・フランシス、ランドルフ・ヘスター共編、鹿島出版会、1996年）の翻訳を分担し、*Community Design Primer* を日本に紹介した（『まちづくりの方法と技術——コミュニティー・デザイン・プライマー』現代企画室、1997年）。1999年からは「デモクラティック・デザイナー・パシフィックリム会議」を2年に一度、ランディーたちと開催している。この国際会議では、格差が広がり環境破壊を止められない世界に、都市デザインやランドスケープデザインがどのように貢献できるのか、世界中の専門家が議論し行動している。ランディーも私も他の参加者とともに多くの論考を発表し、自分たちのプロジェクトを紹介し、切磋琢磨してきた。この20年間、コミュニティ・デザインが多くの国で普及し、人々が身近な自然やコミュニティについて心を配り、環境に関わる決定に参加し、奉仕できるようになったことは大きな成果であり進歩なのだ。しかし、まるでこれと逆行するように、現在の世界には不寛容で排外的な思潮が広がり民主主義の危機がささやかれ、また温暖化や原子力発電、遺伝子操作などを止めることができず、地球規模の環境の危機が高まっている。デモクラティック・デザイナー会議では、実現し始めた身近な範囲での民主主義と自然の保全を、より大きなスケールで実現する方法や思想が重要な議題となっている。その答えのひとつがエコロジカル・デモクラシーで、それはデモクラシーの基本となる「私たち」を、エコロジーのつながりで具体的に示し（たとえば流域や渡り鳥の飛来圏）、場所に根付いた選択と民主的な決定を大きなスケールで実現しようと試みるものである。

ランディーとはずっとこのような話をしてきたと思う。私が『環境と都市のデザイン』（学芸出版社、2004年）で、機能別に構成されている現在の都市で、参加と自然はそこに収まることなく別種の都市の構成原理を示していると書いた際にも、今から振り返るならば、エコロジカル・デモクラシーについての議論を深めたことを覚えている。

ランディーは、穏やかな風貌といたずらっ子のような目をもち、いつもスケッチブックに何か描いていて、物を話すときにはじっくり考え、言葉を選び、丁寧に表現する。こちらが何かを言いたいときには、かなりの時間でもじっと待って、そして本当に理解しようする、そんな人である。カリフォルニア大学バークレー校の職を3年ほど前に辞し、現在は故郷のノースカロライナ州にパートナーであるマーシャ・マクナリ先生と暮らしている。農作業にいそしみ、子どものころの友人だったアフリカ系アメリカ人のショーティーおじさん（人生で出会ったなかでもいちばん働く人だったそうだ。当時は黒人は嘘つきの怠け者と言われていたのだと教えてくれた）の記念館を手作りで建てている。また新しい本ももうすぐできるということだから、楽しみである。

飛躍的な技術革新を成し遂げている人類の新たな課題が、再び自然とつながり、新たにコミュニティを形成することであり、これは人類の目指すべき歴史的な段階である、というのがエコロジカル・デモクラシーの世界観である。つまりエコロジカル・デモクラシーとは、人類の歴史的な発展という大きな文脈を描き出す、生産や文化や政治や経済などの広範な分野に関係するひとつの文明論なのであり、エコロジカル・デモクラシーの都市のビジョンもそれに立脚している。

本書『エコロジカル・デモクラシー』はこのような大きな文明観にもとづき、しかしそのものを論じようとするものではない。ランディーは、自らを都市デザインの専門家とし、だから最もよく知る、地方・都市・コミュニティのデザイン分野からエコロジカル・デモクラシーを実現することの意味、方法、価値について記すとする。

私はこの叙述の方法、あるいはエコロジカル・デモクラシーに対するスタンスが、本書が深く広い世界観をもちながらあくまでも具体的である理由のひとつだと思う。人類的な課題である新たな文明の在り方、などと大上段に構えることなく、しかしそれを前提とし、そこに至る地方・都市・コミュニティのデザインの方法を描くことは、結果として目指すべきエコロジカル・デモクラシーの輪郭を、私たちの前に明らかにしてくれる。エコロジカル・デモクラシーの姿が、さまざまな空間のスケールで描き出され、生き生きと具体的にその姿を現すのである。

本書ではまた、エコロジカル・デモクラシーを支える新しい価値が、明らかにされる。多様性と固有性、身近な自然と世界的な環境、経済的文化的な格差と公正さ、共感と聖性、過去と未来、場所と奉仕などが、15のデザイン原則として提出され（それにしても「都市デザイン」の用語としては奇妙なものばかりだが）、エコロジカル・デモクラシーを可能にし、回復でき、推進する都市の3つの形態にまとめられる。これらはすべて人々の価値観の変更あるいは気付きと同時に、実現されるものだ。エコロジカル・デモクラシーの都市のためには、人々の心のありようや生き方が変わらねばならず、そして都市の形態がその変化に大きな影響を及ぼすという。これはまた急激な変化ではだめで、ゆっくりと考え、良きものを残し、悪しきものを変えること、そのなかで人々もまた喜んで価値観の変化を受け入れるのである。

本書を読まれた方は、このような現在と未来との接続に不思議な感じを覚えるのではないだろうか。ランディーは「私が打ちひしがれていたまさにそのときにも、エコロジカル・デモクラシーはそこここに根を下ろし、芽を出し、花を咲かせていたのである」とエピローグに書いている(446ページ)。エコロジカル・デモクラシーは新たな自然と社会の関係を目指す未来・ビジョンでありながら、今日の日常にすでに懐胎され、そこここに実現しているというのである。これを反映して本書には、実に多くの事例が挙げられている。その一つひとつが、大胆で、慎重で、前例がなく、伝統的で、ひとりの愛から生まれ、多くの人の力で実現し、自然と語り合い、弱い者たちの声に耳を傾け、楽しさと悲しさを引き受け、それらをそこにしかない場所に刻み込んでいる。世界中で繰り広げられている、その土地ならではの知恵と科学的な知識の融合、豊富なアイディアと困難な状況を突破する力が、エコロジカル・デモクラシーの実物として私たちの目前にある。

このようにエコロジカル・デモクラシーへの行程は、すでに多くの場所で歩みだされている。ランディーはこれを日本で出会った多くのエコロジカル・デモクラシーにより確信したとも言う。京都の町や疎水、吉野川の流域保全や世田谷のまちづくり、「徒然草」や「方丈記」などの古典、「石の来歴」や「虫愛づる姫君」の物語、参道や禅まで、実に幅広く日本文化を渉猟し、未来への大切な価値として位置づけてくれた。

私たちはいまだこれらの新しい価値に、はっきりとは気が付いていないのだろう。自然と社会を別々にしか認識できず、両者の関係が私たちの身体を通して都市に実現され得ることを見過ごしている。しかし私たち自身が自然の産物であり、肉体的にも精神的にも社会的にも、自然のなかで生存戦略として獲得した習慣や本能を宿している。自然が身の回りにあると、自然から生まれた種である人間、つまり私たちの内なる自然が容易に発現する。それは支え合いの気持ちであり、交流し楽しむ心であり、好奇心と正義感である。現在の都市は自然から切り離されていて、だから都市に住む人間も自然から切り離されている。都市が私たちと自然を切り離していることは、私たちに大きなストレスをかけ、非人間的にしてしまう。自然と人間の間に都市が介入して、もともとあった両者の不可分な関係を断ってしまったのだ。だからエコロジカル・デモクラシーのデザインは本物の自然や農を都市に呼び込み、人々の心の内に自然の喜びを呼び起こすことを目的とする。地方全体のデザインや都市デザイン、コミュニティ・デザインには、これらを実現する力と責務があり、デザイナーにとって今世紀最大の挑戦になるだろうとランディーは言うのである。

エコロジカル・デモクラシーの原著を初めて読んだときには大きな衝撃を受け、むさぼるようにページを繰ったことを思い出す。美しい文章と図版に目を惹かれ、数々の事例の描写に世界中を旅し、そして新しい世界へのビジョンを得心するとともに、自らの生すら問い直し充実させてくれる、そんな本だったからだ。その醍醐味は、佐々木葉さんの素敵な解説に委ねるが、この本は専門書の枠を超え、エコロジカル・デモクラシーという新たな文明論としても、生きることを思考する哲学の書としても読むことができる。この確信はまた、インターネット上での読書会（エコデモセミナー。エコロジカル・デモクラシー財団主催の勉強会）を通して、多くの方と一緒にこの本を学び、実に多様な読み方があることを教えてもらったことによる。これまでともに本書を読んできた方々は、自身の専門領域である建築、土木、造園、景観、まちづくり、都市計画、環境影響評価、防災、歴史的建築物保全、観光、広告、公共政策、公共経済、コミュニティ開発などに、エコロジカル・デモクラシーを引きつけて理解し、あるいは自分の暮らす町や都市、子どもの頃に過ごした田舎のまちに（これまでにあげられたのは、鎌倉、弘前、金沢、名古屋、岡崎、前橋、福岡、京都、横浜、東京の下町や郊外など）エコロジカル・デモクラシーを発見し、あるいはさまざまな市民活動、例えば子どもの冒険遊び場、ホームレスの支援活動、絶滅危惧種の鳥の保全、町の緑を増やす活動、古民家の活用、暮らしのなかで茶の湯を楽しむ活動などに、エコロジカル・デモクラシーの価値を見出してくれた。すべて、私たちの日常に多くの豊かなエコロジカル・デモクラシーがあることの証左である。世界の東の端に、人も生物も植物もいろいろなものがたどり着き、混ざり合い、多様な自然と文化とを生み出した日本が、エコロジカル・デモクラシーを世界に先駆けて実現し発信するのは当然なのではないかという方もいる。エコロジカル・デモクラシーの15原則はまるで茶の湯の教えと同じだと驚き、喜んでくれる方もいる、この本を読まれた一人ひとりの方に、それぞれの読み方を通して、エコロジカル・デモクラシーの価値を見出していただきたいと思う。

本書では出版事情から、ランディーの許可を得ていくつかの大きな変更を加えた。変更した点は以下の通りである。原著にある謝辞、約150点の図表、索引（原著約2000語から固有名詞だけ約400語を採録）、献辞（本稿に採録）を削除した。判を小さくし、カラーを白黒にした。これらの点を確認し、また堪能したい方は、ぜひ原著に当たって欲しいと思う。なお充実した参考文献、註釈はすべてを残した。これはときに大胆にみえる本書の展開が、実際には詳細かつ綿密に根拠づけられていることを示す必要があると判断したためである。

最後に本書の翻訳・出版にあたってお世話になった方に感謝したい。2006年にアメリカで出版されたこの本を翻訳し始めてからもう10年になる。この間、京都大学農学部造園学研究室およびコミュニティー・デザイン・チームの同窓である、野嶋政和さん、安場浩一郎さん、朝倉慎一さん、山田拓広さん、永橋爲介さん、そして東京工業大学社会工学専攻の卒業生である杉田早苗さん、柴田久さん、土井良浩さん、古山周太郎さん、天野裕さん、木村直紀さん、清野隆さんと一緒に、エコデモの勉強会を開きながら翻訳を進めたことも懐しい。若き専門家の方々と、楽しく勉強できたことに感謝したい。その後、私がほぼひとりで作業を進めたこともあり、翻訳の責任は私が負うことにした。エコデモ財団の吉田祐記さん、研究室の卒業生の河西奈緒さんには、図版および註釈、参考文献、索引の整理と作成を担ってもらった。藤村龍至さん、川尻大介さん、久保田昭子さんには、出版についてのアドバイスや編集の労をとっていただいた。すべて皆さんの力がなければこの本が日本語で読めることにはならなかった。記して感謝するものである。

また佐々木葉さんには、すばらしい解説を寄せていただいた。これ以上ないエコロジカル・デモクラシーのデザインの評論を載せられたことがとても嬉しく、ただ感謝している。

ランディーは原著を、パートナーであるマーシャに捧げている。エコロジカル・デモクラシーの3つの形態をマーシャと拓いてきたという、とても美しい献辞である。

「この本をマーシャに捧げる。マーシャは関わるすべてのコミュニティで草の根のデモクラシーを可能にし、明確なビジョンと整然とした理論をもって想像もできなかったような方法で都市が回復できるようにし、そして彼女の美しさが私を推進してくれた。それはまるで、いつの日かエコロジカル・デモクラシーの都市が、皆を推進するのと同じようにである」。

ときに孤独な翻訳作業をいつも心の中で応援してくれた下平瑠衣さんに感謝したい。これからもあなたと一緒にエコロジカル・デモクラシーに向かおうと思う。私は本書のイントロダクションの最後で繰り返される文章に胸を打たれる。「あのときに、もしこの本があれば、どれほど私を助けてくれたことだろう」(14ページ)。そして私たちはこの本を手にしている。さあ、どのように意志をもって未来のビジョンを描き、選択し、創造し、今日をそのための一日にするか。読者のみなさんと一緒に「いつでも笑いながら、エコロジカル・デモクラシーに向かい歩んでいくことができるだろう」ことを信じている。

2018年3月7日
土肥真人

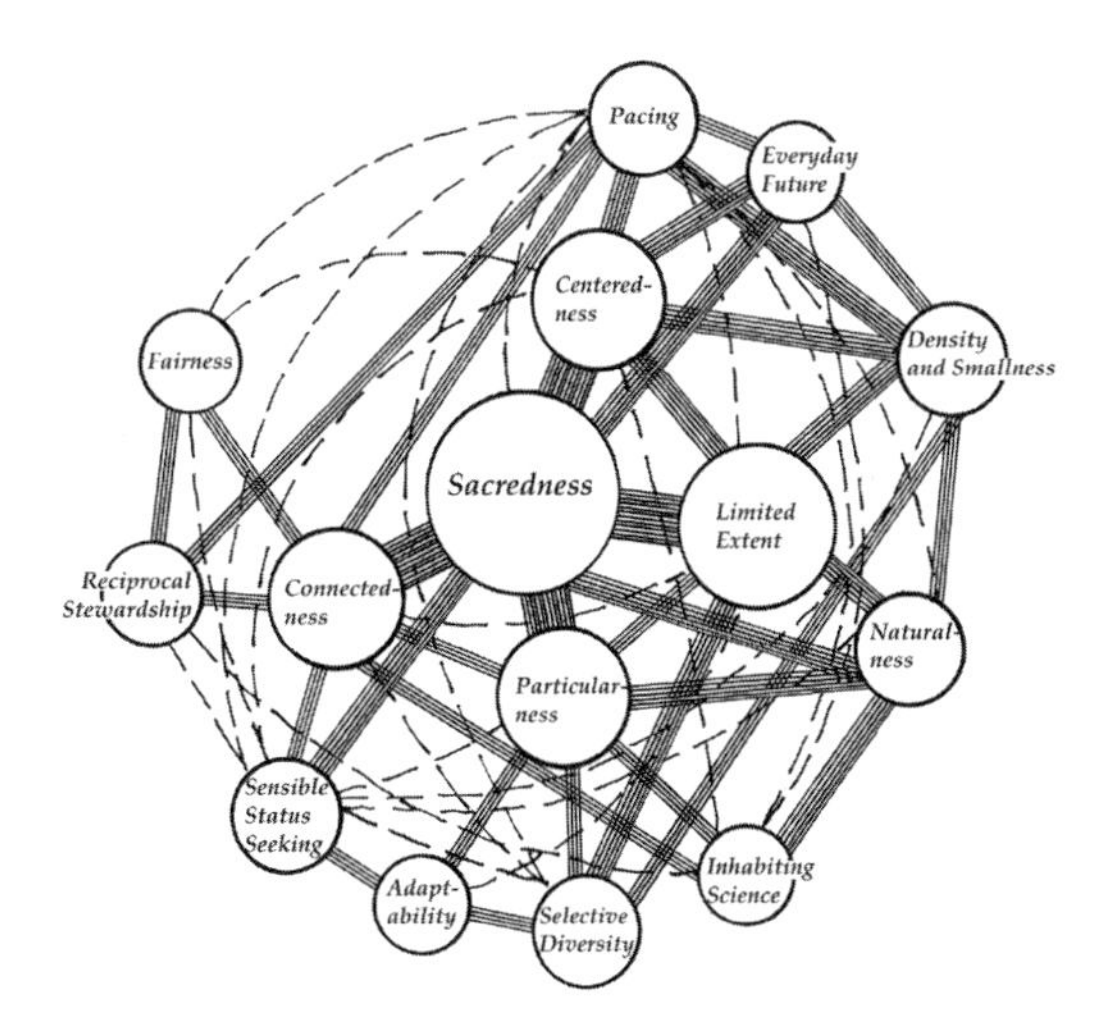

Pacing
Everyday Future
Centeredness
Density and Smallness
Fairness
Sacredness
Limited Extent
Reciprocal Stewardship
Connectedness
Naturalness
Particularness
Sensible Status Seeking
Adaptability
Selective Diversity
Inhabiting Science

解説

エコロジカル・デモクラシーのデザインを読む

佐々木 葉

すごい本である。この本を読むのは大変だ。しかし、まずこのたび日本語で読めるようになったことは何よりもありがたい。しかも著者のランディーを深く理解し、愛し、この本を実践することに全エネルギーをかけている土肥真人さんの翻訳によって。そしてさらには、エコデモ財団（後述）という場が用意されているなかで。

私はあるきっかけでこの原書の存在を知った。アマゾンで注文。届いたのは509ページの重たいハードカバー。お洒落な表紙。パラパラとめくり、ほぼすべてのページにあるイラスト、スケッチ、図面の多様さと味わいに目を見張った。4ページにわたる目次に並ぶフレーズを追う。具体的でデザインや計画の本らしい語句の次に、何のことかよくわからない不思議なワードがつづく。これはなかなか大変そう、とそのまま本棚に収めた。挟んだままになっていた送付書には、2012年1月6日と記されている。

時は流れて2016年11月。ローカルガバナンスを考えるシンポジウムの会場で、偶然土肥さんと隣り合わせになった。何年ぶりか。そこでエコデモ財団のことを知る。そして2017年1月、エコデモ・セミナーとして原著、*Design for ecological democracy* を読む旅が始まった。

この本のアウトライン

旅の話は後にして、まずはこの本の紹介をしよう。著者はランドルフ・T・ヘスター。親愛の情を込めて皆ランディーと呼ぶ。カリフォルニア大学バークレー校ランドスケープ・アーキテクチャー&環境計画学科名誉教授。1944年生まれの御歳73歳。60年代にハーバードのGSDを首席で卒業し、誰もが知る高名なランドスケープデザイナーの事務所を蹴って、地元ノースカロライナの黒人居住地に住み込み、コミュニティのための仕事を選んだという。キャリアの最初からすごい。スリムで長身。長い髪を後ろで束ねた風貌は、まさにそういう感じのかっこよさに満ちている。土肥さんと共著の『まちづくりの方法と技術——コミュニティー・デザイン・プライマー（*Community Design Primer*）』は日本の住民参加のまちづくりに大きなエールをくれた。このランディーが2006年に62歳で世に問うたのがこの大著である。原書は米国建築・都市計画部門の年間最優秀出版物となりポール・ダビドフ賞を受賞している。

能書きはこれくらいにして、中身について私の理解としての紹介をしていきたい。まずこの本は、エコロジカル・デモクラシー（以下エコデモ）を実践することを目的としたときにのみ成立するデザインの理論書である。エコデモ概念の解説書ではなく、エコデモ概念を使って何かを分析するための本でもない。あくまでエコデモを実践し、それによって世界を変える。そのために生きているランディーが自らの実践をより確実にするための基盤、チェックリストとして体系化したデザインの理論書であり、手引書である。それゆえ、この理論はランディー自らが実践してきたプロジェクトから学び、実践の糧として参照された多くの事例、そして決断を支持する多彩な研究やデータに根ざして展開される。

全体は3部、15章からなり、長いイントロダクションと対照的に短いエピローグが付される。3部は、可能にする形態（Enabling Form）、回復する形態（Resilient Form）、推進する形態（Impelling Form）とされ、それぞれ5つの章があてられる。この3つの形態の力がデザインによってエコデモを実践するために必要かつ十分なベクトルであり、15の章にそれぞれつづられる具体的な価値と要件がデザインの原則である。15の原則の関係は、エピローグの図（本書450ページ、以下同）に示されているように、相互に共鳴、補完しあっている。

3つのベクトル

3部のそれぞれ始まりに、図版を全く含まない数ページの解説が掲げられている。この部分からエコデモのデザインのエッセンスを確認してみよう。

まず「可能にする形態」である。サブタイトルに「隣の人たちと知り合いになれた」とある。これは、セレブがたくさん住むハリウッドでランディーがかっこいい公園を提案した際に、住民である映画プロデューサーがそのデザインを評して、「これは実にいい計画だよ。しかしこのプロジェクトで何よりもすばらしかったのは、私たち皆がコミュニティの隣人と知り合えたということなんだ」と言ったエピソードとして語られる（18ページ）。かっこよさに自信をもっていたランディーは、デザイナーとしてのエゴに対する忘れえぬパンチを食らった。そこから、エコデモにおいて何よりも重要なデザインとは、まず様々な活動や人を包摂し、そしてコミュニティメンバーがともに活動できる場所を創造することであることが示される。それを可能にする形態はもちろんよいデザインでなければならない。ただその「よい」というのは、どういうことなのか。それが続く5つの章「中心性—センター」「つながり」「公正さ」「賢明な地位の追求」、そして「聖性」の原則であり、エコデモのデザインがそなえる質をここでつかむことができる。

第2部の「回復する形態」では、「生活、自由、そしてずっと続く幸福の追求」がヘッドラインに上がる。ここでエコロジーとの関係が最も強く示される。人間あるいは生き物は、環境とのいかに強い関係性のなかで生存している、生存してきたか。過酷な環境や急激な環境の変化のなかを生き延びてきたか。その知恵を十分に体現することがエコデモのデザインの要件となる。続くことにフォーカスした持続性というよりも、続くために必要なダメージからの回復力、しなやかさ、その都度学び蓄積され、展開していく回復の形としてのデザイン。さらに回復のモチベーションとなる希望、幸福へのまなざし。そういったベクトルが「回復する形態」であり、現代では失われてしまったこの回復する形態を、様々な時間的、空間的スケールにおいて修復していくためのデザインの要件。これを定量的にも押さえながら5つの原則、「特別さ」「選択的多様性」「密度と小ささ」「都市の範囲を限定する」「適応性」に集約する。

最後の「推進する形態」には、「まちが人の心に触れるようになさい」という言葉が添えられる。これはハワイのハレイワに暮らす寡黙な賢者からランディーが授けられた言葉である。彼の暮らし、振る舞い、庭は、エコロジーとコミュニティが深く結びついた世界、しかしそれが現代において損なわれつつあることも自覚した静かで高貴な形態であった。ランディーはそこに目指す世界を感じ、学ぼうと耳を傾けた。語られたのは、具体的な操作の知恵ではなく、「まちが人の心に触れるようにしなさい」(297ページ)であった。ノスタルジックに過去をモデルとするのではなく、情緒的に自然や人々とたわむれるのでもなく、我々の置かれた状況を賢く把握し、高い意識と潔さを備え、規範となるデザインを推進すること。それによって人々が共鳴し、賛同し、受け入れ、愛していくような革新を、ごく自然で身近な場面において実践する。そのための原則が第3部で示される。「日常にある未来」「自然に生きること」「科学に住まうこと」「お互いに奉仕すること」「歩くこと」である。いずれも時間軸が重要な原則である。ここに述べられた着眼点とデザインへのスタンスに、私は最もユニークさを感じ、同時にエコデモの射程の長さに感じいった。

以上のような3つの形態がエコデモの実践のためのデザインのベクトルとして掲げられている。もちろん私の解釈だ。ちなみにこの3つの形態はエコデモの基盤(foundation)と記されており、ベクトルという語は用いられていない。しかし私には意志の方向性というような運動感を伴って感じられたので、あえてこう記してみた。それは本書を実践のための理論書として読んだこととも繋がっている。

この本のメソドロジーとレトリック

本は、コンテンツとレトリックでできている。エコデモというコンセプトと15の原則の中身がコンテンツであり、その内容は現代にとっていうまでもなく意義深い。しかし同時に、あるいはそれ以上に私にはこの本の書かれ方、つまり論の組み立てのメソドロジーと表現のレトリックに、すごさを感じた。ちゃんとそれが分析できるほど繰り返し丁寧に読んだわけではない。後述するエコデモ・セミナーに参加して、翻訳を1章ずつ読み進んでいった限りでの、あるいはそういった読み方をしたがゆえの、疑問と驚きと感心の一端をご紹介したい。

まずイントロダクションを読み始めて直感的に思ったのは、「こうした価値観を共有できない人に対してどうエコデモを説くのか」であった。第二パラグラフからたたみかけるように現代の都市の、社会の問題が指摘される。例えば「1週間に1000種もの動植物が絶滅し続けていて、これはおもに生息地の破壊によるものだ」「私たちは進歩の名の下に、本当にすばらしい近隣地区を破壊して高速道路を建設したが、いまだに交通渋滞は解消されていない」「本当に必要か怪しい便利さ、エアコン、テレビ、戸別の郵便配達、個人邸のプール、インターネット、地下に埋設された雨水排水システムなどが、私たちを地域の環境から切り離し、エコロジーに関して無知にしている」(2〜4ページ)という具合だ。こうした言葉は、森や湿地やサンゴ礁の開発や高速道路を必要とし、コンビニエントなサービスを高度化していくことを目指す人たちの耳に入るのか。あるいは、なんとなく気にはなるけれど面倒臭いし、よくわかんないからとスルーする人たちを、この声高な問題提起の声は振り向かせることができるのか。エコデモが社会を変える運動である以上、広がりを獲得しなければならない。それなのに、イントロがこんな風でよいのだろうか。ちょっと引いちゃうのではないか。

しかしランディーは意に介さない。そして、この冒頭の批判の連続と、だから今こそエコデモが必要という宣戦布告のようなアグレッシブなトーンは、これ以上高まることはない。なぜならこれは批判の書ではなく、実践のためのクールな、しかし情熱的な思考の体系であるから。読み進むうちに、ランディーは心の底から憂い、喜んだことを書いているのだとわかってくる。表現上のレトリックとしてオブラートに包んだり、逆に煽ったりすることはないのだ。なおこの長いイントロダクションは本書の総括でもあるので、全体を読み終わった時に読むことで理解が一段深まると思う。イントロでつまずきそうになったらそこできりあげて、豊富な図版が入った本論に進んだほうが楽しめる。

ではその本論はどのように書かれていくのか。そのメソドロジーは、先にも述べたが、基本的にすべて経験と事例および拠りどころとするデータや先行研究の上に展開する形で進む。

原書では、各章は見開きの左ページ全面にスケッチや写真、右ページに章の概念の定義という形で始まる。このスケッチは章の中程でその全体が披露される。スケッチブック見開きいっぱいに描かれた、恐れ入るほどの味わいと洗練さに溢れたランディーの水彩スケッチ。その一部分が拡大されて章の冒頭を飾る。残念ながら翻訳版にはレイアウト変更や図版のモノクロ化がある。できれば原書を手元において翻訳を読んでいただきたい。

さてどの章も始まりのテキストでは、何が大切か、どうあるべきかを潔く述べている。例えば「中心性―センター」の章では「コミュニティで人々がともに活動するには、興味と場所を分かち合う必要がある」(23ページ)。「適応性」の章では「適応性とは、状況の変化に対応し自らを調整する生態系の能力である」(269ページ)。そして私の好きなのは「聖性」の章の「形態があまりに厳密に機能に従うとき、形態は効率性や心のこもらない利便性だけをもたらす」(129ページ)。すごいと感服したのは「日常にある未来」の章で、「エコロジカル・デモクラシーを支える都市は、私たちの知る現在の都市から根本的にその姿を変えるだろう。しかしその変化は、日常生活のパターンにしたがって起きるものでなければならない」（３００ページ）。

こうした確信にみちた論述は、単にランディー一人の考えではなく、多くのレファレンスに彩られ、世界の仲間へ触手を広げ、それらに支えられた論考の帰結なのである。そのことが「聖性」の章では28の、最も多い「密度と小ささ」の章では94のノートによって示されている。この真面目さと厳密さは、ときに驚くべき飛躍のように思える論の展開を含むこの本が、入念に練られ、多面的にチェックされた完成品であることを保証している。

実践と体験からの展開

さて、章の始まりのすくっとした思考の言葉は、すぐさま具体の例に突入していく。人でも場所でもいきなり固有名詞を伴って、読む者を現場へ連れていく。それゆえ、なぜこの事例？という疑問を持たれるかもしれない。位置付けは？　と。なぜってこれは素晴らしい実践だからさ。ランディーのそんな声が聞こえてきそうだ。しかし、こうした事例ベースの論は、当然のことながらその事例および背景について読者がどの程度の情報を有しているかによって、伝わってくる内容が大きく異なる。かなり丁寧に紹介されたアメリカの事例をたどりつつ、徳島の吉野川の斜め堰や浮き屋根が登場すると、やはりそれぞれの事例のどこにランディーがピンときたのかの理解、というか想像のレベルが違うことを感じる。嬉しいことに日本の事例が随所に登場する。彼が京都にしばらく住み、日本各地を訪ね歩いたためでもある。

いずれにしてもそれぞれに異なる具体の事例、そこにランディーが見出したその場所固有の何かは、エコデモの世界に広く通じる大切な質である。この揺るぎない信念が、徹底的に事例から、ランディー自身が取り組んできた実践から本書を語るというメソドロジーを選択させている。このことはすなわち、エコデモの本質は個別具体のそれぞれの場所、まち、地域、ランドスケープからしか形になりえないということなのである。

デザインの質とデザイナーの資質

ところでこの本はデザインの本である。よってデザインの質、あるいはデザイナーの資質に対して、どのようなスタンスを取っているのか気になるところである。エコロジー派やコミュニティ派は、いわゆるフォルムに対してさほどこだわりを持たないため、洗練さやコンセプチュアルな新しさを重視するデザイナーからはダサいとも評される。そんな漠然とした認識もいまだ消えてはいないだろう。ではエコデモのデザインはどうなのか。そういった文脈から、なるほどと思った部分をあげてみたい。

「回復する形態」の最初の章「特別さ」は、環境と人の暮らしのなかで時間をかけてそれぞれの場所で形成されてきた、機能的でしなやか、かつユニークな形態について論じられる。バナキュラーでアノニマスなデザインが有する質ともいえる。そういった特質を見出すためには、現場での丁寧な観察と今で言えばＧＩＳを駆使して多様な情報を分析、統合していくアプローチが必要ということになる。そのなかで、突然、瞑想というキーワードが登場する。ローレンス・ハルプリンと一緒に公園設計をした際に、ハルプリンが夜中から明け方まで現場にじっと佇み瞑想と呼べるような時間を過ごすことで、サイト特有のパターンを見出した。そこから、情報が豊富に入手できる現代でもデザイナーはこうした瞑想によって本質を見抜き、統合することが必要だという。これは誰にでもできることではない。

ついで「推進する形態」の最初の章「日常にある未来」において。この章では、災害や社会の変化、避けられない開発などによって環境がダメージを受けた地域をエコデモによって再生させていく際にも、その変化はコミュニティの日常との連続性を尊重しなければならないと説く。その中で、慣れ親しんだ、ある意味わかりやすい懐古的なデザインの記号を住民が望むのであれば、それは取り入れても構わないという。つまり造形としてのデザインに対して寛容なスタンスをとる。

この2ヵ所だけからも、本書はデザインの質およびデザイナーの資質に対して、きわめて振幅の大きな評価の物差しを持っていることが窺える。デザインはモノや空間の造形として体現される。この本では、造形のあり方に対しては寛容であるが、決して造形を軽視はしない。造形を生み出すデザイナーに頼ることはないが、デザイナー個人の空間や場所、造形に対するきわめて深い洞察力と創造力の資質なしには、エコデモの未来は切りひらけないという。それはすなわちランディー自身の歩んできた道である。さらには、エコデモはデザインのみによって実現できるわけではなく、経済や政治、あるいは教育といった分野からの実践も必要であると考えられている。そのなかにあって、ランドスケープデザイナー、都市デザイナーは何をなすべきか。そうした自問が、デザイン、デザイナーに対する強い責任感として、この本を支えている。

セミナーで読む

この本を読み進めるなかで、驚き、感心し、疑問を持ち、そうなのかと膝を打った点はまだまだある。もちろん未消化だらけで、もう一度読めばまた別な何かが見えてくるであろう。それほどに多面的で、深い本である。そのような本をともかく読むことができたのは、ひとえにエコデモ・セミナーという場があったおかげである。冒頭に述べたこの本を読む旅のことを紹介しよう。土肥さんが代表を務められるエコロジカル・デモクラシー財団の活動のひとつとして、ランディーの原書を読むセミナーが提供されている。私は2期生として2017年1月から約6ヵ月のセミナーに参加した。原書と同じレイアウトの日本語訳が1章ずつ定期的に提供され、その感想文を提出する。それに対して土肥さんが個別にまた受講生全体に対してのコメントをフィードバックしてくれる。他の受講生の感想はセミナー参加者はウェブ上で読むことができる。そして期間中に3回、受講者が集まり交流する場が設定される。すべての感想を提出すると修了証をいただくことができる。これがセミナーの概要である。さらに2017年にはランディーとパートナーのマーシャが来日し、直接対話する機会も得られた。

このセミナーに参加しなければ、原書は棚に収めたままであっただろう。日本語訳を読んだとしても、普通に読む多くの本のように読了後には、ああすごい本だった、という感想は残っても、どこがどうすごかったのかは頭の中から抜けて行ってこのような解説を書くことはできなかっただろう。一人旅でなく、頼れるガイドと道連れがいる旅の記憶はあざやかだ。

この世界の片隅を

最後に、この本との幸運な出会いを経た私自身の変化について述べる猶予を頂きたい。変化といっても未だささやかな、しかし長く続くであろう変化について。私は風景、景観を考え、その実践としてのまちづくりやデザインを仕事としている。そのなかで、風景をつくる人をつくる風景、人をつくる風景をつくる人、といったことがますます大事な関心ごととなってきた。世界がみるみる変わっていくなかで、この好循環がかろうじて生き残っている地域と人、そのセットを種の多様性の確保よろしく未来へ繋いでいくために何をしていけばよいのか。そんなことを考えている。でもどうやって？　手探りで進むなかでこの本に出会った。

イントロダクションに以下の一節がある。「不安定で根無し草になった人々が不安定で根無し草の都市を作り、この都市がさらに不安定で根無し草な人々を作るという悪循環」（5ページ）。まさに同じ視軸に乗った眼差し。そしてこれを断ち切るためのチャレンジがエコデモであるという。その実践の手引書をひとまず読み終えた今、幾つかの思考の武器を手にしたように感じる。それは、本当に心の底に触れる質を求めること、自然と人を信じること、広く深く丁寧に学ぶこと、である。15の原則には取扱説明書のついた武器もたくさん散りばめられている。しかしそれらを使う者の一人としてどうあるべきか、その道のかたちを授けられたことこそがこれからの力となる気がする。日常の力を多くの人の心に深く刻んだ日本映画「この世界の片隅に」という作品に寄せて言うならば、この世界の片隅を変えていく仕事、それも空間と振る舞いという目に見える形で変えていく仕事の大切さを改めて確認しながら、「さて、銜わずにまっすぐ進んでいくかな」と心と気持ちがふっと軽くなった。この本を読み終えたときに訪れる、あなた自身の小さな変化が楽しみである。

（ささき・よう／早稲田大学教授）

● 著者

ランドルフ・T・ヘスター **Randolph T. Hester**

カリフォルニア大学バークレー校ランドスケープ・アーキテクチャー＆環境計画学科名誉教授。Center for Ecological Democracy 共同創立者、Community Development by Design 事務所主宰、SAVE International 代表。原著 *Design for Ecological Democracy*（２００６）は、米国建築・都市計画部門の年間最優秀出版物となり、ポール・ダビドフ賞を受賞。『まちづくりの方法と技術——コミュニティー・デザイン・プライマー』（土肥真人共著、現代企画室、１９９７）はわが国における住民参加型まちづくりに大きな影響を与えた。

● 訳者

土肥真人 **Masato Dohi**

エコロジカル・デモクラシー財団代表理事。東京工業大学環境・社会理工学院准教授。博士（農学、京都大学）。１９９３－９４年、カリフォルニア大学バークレー校客員研究員を務め、ヘスター氏にコミュニティ・デザインを学ぶ。著書に『まちづくりの方法と技術』（ヘスターと共著）、『環境と都市のデザイン』（学芸出版社、２００４）他。２０１６年、「一般財団法人エコロジカル・デモクラシー財団」を仲間とともに設立。

エコロジカル・デモクラシー

まちづくりと生態的多様性をつなぐデザイン

二〇一八年四月一五日　第一刷発行
二〇二一年四月三〇日　第四刷発行

著者　ランドルフ・T・ヘスター
訳者　土肥真人
発行者　坪内文生
発行所　鹿島出版会
〒一〇四－〇〇二八
東京都中央区八重洲二－五－一四
電話　〇三－六二〇二－五二〇〇
振替　〇〇一六〇－二－一八〇八八三

印刷　壮光舎印刷
製本　牧製本
装丁　石田秀樹

ISBN 978-4-306-07342-5 C3052

本書の内容に関するご意見・ご感想は左記までお寄せ下さい。
URL: http://www.kajima-publishing.co.jp/
e-mail: info@kajima-publishing.co.jp